深蓝装备理论与创新技术丛书

项目资助：山东省重点研发计划（科技示范工程）课题“深远海适养鱼类的高效健康养殖技术研发与工艺集成”（课题编号：2021SFGC0701）

深远海养殖工业装备技术

谌志新　崔铭超　张　彬　高志龙　著

哈尔滨工程大学出版社
Harbin Engineering University Press

内容简介

本书主要介绍了深远海养殖工业的需求与意义、国内外养殖技术综合发展状况;着重介绍了深远海养殖工业装备研究设计,深远海养殖重点系统设备的研制、深远海养殖工业的关键技术研究、深远海健康养殖工艺与病害防控技术、深远海养殖工业展望等。

本书适于对深远海养殖工业的研究人员及感兴趣的读者参考阅读。

图书在版编目(CIP)数据

深远海养殖工业装备技术 / 谌志新等著. —哈尔滨:哈尔滨工程大学出版社, 2023.1

ISBN 978-7-5661-3794-4

Ⅰ.①深… Ⅱ.①谌… Ⅲ.①深海-海水养殖-养殖工程-机械设备 Ⅳ.①S951

中国国家版本馆 CIP 数据核字(2023)第 043285 号

深远海养殖工业装备技术

SHENYUANHAI YANGZHI GONGYE ZHUANGBEI JISHU

选题策划 田立群 唐欢欢

责任编辑 章 蕾

特约编辑 田立群 钱 华 赵宝祥

封面设计 李海波

出 版 哈尔滨工程大学出版社

社 址 哈尔滨市南岗区南通大街 145 号

邮政编码 150001

发行电话 0451-82519328

传 真 0451-82519699

经 销 新华书店

印 刷 哈尔滨午阳印刷有限公司

开 本 787 mm×960 mm 1/16

印 张 27.25

字 数 538 千字

版 次 2023 年 1 月第 1 版

印 次 2023 年 1 月第 1 次印刷

定 价 150.00 元

http://www.hrbeupress.com

E-mail:heupress@hrbeu.edu.cn

深蓝装备理论与创新技术
丛书编委会

前 言

随着我国人民生活水平的日益提高,人们对于鱼类产品的需求量也越来越大,对其品质要求也越来越高。据联合国粮食及农业组织报告提到,我国对渔业产品的需求量占世界总量的50%以上,而且这一占比还会越来越大。

近年来,我国鱼类养殖的能动力越来越高。渔业已成为我国具有非常良好前景的产业。

养殖工业是发展渔业生产的重要环节,但是,长期以来占我国养殖事业主角的是陆地养殖和近海养殖。由于陆地养殖的鱼类品质遇到瓶颈,以及近海养殖的污染与环保问题,使其发展受限。因此,发展深远海养殖工业已经成为我国发展渔业养殖的必然趋势。

养殖装备是养殖工业发展的核心和主要抓手。发展深远海养殖装备不可能一蹴而就,我国在技术、建树、积累等各个方面与日本和欧洲一些国家相比还有一定差距,这需要相关人员努力创新、开拓进取、抓住机遇,将近海养殖转型升级为深远海养殖,转变养殖装备的落后状态,创新建造深远海养殖装备,使我国真正成为世界养殖工业强国。为了迎接深远海养殖工业的大发展,我们编写了本书,抛砖引玉,以供行业内相关人员参考。

本书共分为7章。

第1章深远海养殖工业,主要介绍了需求与意义、国内外养殖技术综合发展状况。

第2章深远海养殖工业装备研究设计,主要介绍了深远海大型养殖工船的设计技术、养殖工船的改装设计、国内典型深水网箱设计及人工鱼礁。

第3章深远海养殖重点系统设备的研制,主要介绍了循环水处理系统、养殖舱排污水循环处理技术、深水变水层取水系统、大型养殖工船的真空式吸鱼泵、工船养殖颗粒饲料气力输送系统优化及养殖工船鱼产品加工系统。

第4章深远海养殖工业的关键技术研究,主要介绍了深远海养殖的鱼与船适配性技术、排污技术、网箱和人工鱼礁养殖的无人与智能化技术、深远海养殖安全保障系统的体系技术。

第5章深远海健康养殖工艺与病害防控技术，主要介绍了深远海的健康养殖工艺和深远海养殖的病害防控。

第6章深远海养殖工业展望，主要介绍了养殖工业新思维与新技术、建设蓝海鱼米粮仓的可复制工业经济园区、深远海养殖工业数字信息技术及前沿综合保障基地。

最后为结束语。

目前比较全面介绍养殖工业装备技术的书较少，希望本书的出版能够对相关人员的研究工作有所帮助。由于著者水平有限，错误之处在所难免，肯请广大读者批评指正。

著　者

2022年9月

目　　录

第1章
深远海养殖工业

1.1 需求与意义

人类社会面临巨大挑战，到 21 世纪中叶世界人口将超 90 亿，气候变化和环境退化对资源基础造成的严重影响将进一步加深。地球表面积约为 5.1 亿 km^2，其中海洋面积近 3.6 亿 km^2，约占地球表面积的 71%。海洋是全球生命支持系统的一个基本组成部分，是全球气候的重要调节器，是自然资源的宝库，也是人类社会生存和可持续发展的战略资源接替基地。

随着人口的增多、经济的发展和科学技术的进步，当今世界新技术不断取得重大突破，孕育和催生新的海洋产业，为解决人类社会发展面临的食物、健康、能源等重大问题开辟了崭新的路径。

联合国《2030 年可持续发展议程》包括 17 个可持续发展目标，它为推动世界走上可持续和具有抵御力的道路且不让任何一个人掉队提供了一种独特、革新和综合性的方式。

粮食和农业是实现全部可持续发展目标的关键，其中多个目标与渔业和水产养殖直接相关，尤其是可持续发展目标 14（保护和可持续利用海洋和海洋资源以促进可持续发展）。在公众和政界关注的推动下，联合国于 2017 年 6 月在纽约召开了支持落实可持续发展目标的高级别海洋会议。会议召开后不久，联合国即任命联合国秘书长海洋问题特使并启动"海洋行动社区"倡议以跟进和推动海洋会议期间提出并宣布的 1 400 多项自愿承诺。

对于我国来说深远海养殖工业意义非凡，具体如下。

（1）发展深远海养殖工业为国家海洋战略提供支撑，是海洋强国战略发展的需要。

海洋产业经济是指开发、利用和保护海洋的各类产业活动，以及与之相关联活动的总和。海洋经济生产总值是指按市场价格计算的沿海地区常住单位在一定时期内海洋经济活动的最终成果，是海洋产业和海洋相关产业增加值之和。其中，海洋产业是指开发、利用和保护海洋所进行的生产和服务活动，包括海洋渔业、海洋装备工程、海洋交通运输业、海洋利用业、滨海旅游等主要海洋产业。

国务院印发的《“十三五”国家战略性新兴产业发展规划》，提出以全球视野前瞻布局前沿技术研发，不断催生新产业，重点在空天海洋、信息网络、生命科学、核技术等核心领域取得突破。

以近海为依托的海洋经济已不再适应当前海洋经济发展的模式，国家的海洋经济和养殖工业的发展趋势必然体现在深远海的经济战略能力上。

海洋特别是深海作为战略空间和战略资源在国家安全与发展中的战略地位日益凸显，海洋疆域实际占有与体现也在于有标志性的结构物及生产和生活活动。

因此，发展深远海养殖工业产业链工业园区（深远海养殖园区）建设是目前最有效、最平和、最具战略意义的项目。

（2）发展深远海养殖装备，建成生态保护与养殖工业示范区可最大限度地维持海域环境的原生态。

面向海洋，研究与国家民生紧密相关的，原创性、颠覆性、国际领先的重大装备技术和整体解决方案，建设以养殖工船为核心的线上与线下结合、虚拟与实体结合、数字与物理结合、技术与经济结合的海洋原生态园区是建设海洋强国的关键基础。

同时，深远海养殖工业产业链的物理与数字工业体系的建立，将引导深远海养殖工业向智能化、模块化、流程化、数字化的高端服务业转化，确立我国海洋强国的优势和地位。

深远海养殖园区的建设以超大型养殖工船结构物为中心，综合了深水网箱、人工岛礁等多形式的基地。我国南海的海水水质较好，海温为 25 ~ 28 ℃，自然条件优越，生态环境复杂多样，物种资源丰富，可为优质水生生物的索饵、繁育、避害等活动提供良好的环境条件。

南海是重要渔场，也是重要的渔业开发生产基地，盛产金带梅鲷、旗鱼、箭鱼、金枪鱼、海参、龙虾等。该海域还属于特殊的珊瑚礁生态系统区，珊瑚礁的生物量较高，形成五光十色的“海底花园”。珊瑚的生长对水温、盐度、水深和光照等都有非常严格的要求，具有极强的环境敏感性。

今后南海的深度开发必定需要在各个中心位置建立补给站物流中心与海洋

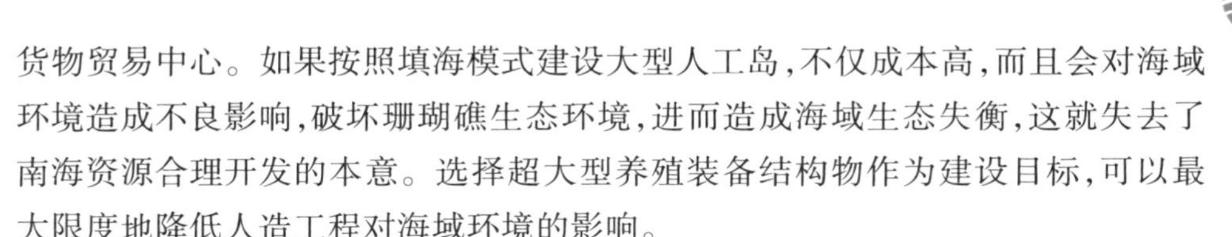

货物贸易中心。如果按照填海模式建设大型人工岛,不仅成本高,而且会对海域环境造成不良影响,破坏珊瑚礁生态环境,进而造成海域生态失衡,这就失去了南海资源合理开发的本意。选择超大型养殖装备结构物作为建设目标,可以最大限度地降低人造工程对海域环境的影响。

为了维持海域环境的原生态,我国将研究和实施区域废污全回用与零排放工程,以及基于环境反馈机制的生态预警与修复工程;还将依托超大型养殖装备结构物开展海洋生态保护研究,从而建成多功能的海上生态保护示范区,实现海洋开发与保护的可持续发展。

在超大型智能化养殖装备研制、现场运行管理、海洋产品营销等环节,我国将建立数字工业体系,实现线上线下、远程可视、装备定制、鱼品编号特供、产品即时保鲜等个性化的高端服务。

(3)建设超大型智能化养殖装备是发展海洋渔业的重大举措。

渔业是我国社会水产品保障供给的基础产业。随着我国人口数量的增加和生活水平的提高,人们对水产品的需求量越来越大。据联合国粮食及农业组织(FAO)在最新的全球渔业和水产养殖报告中指出,根据模型计算全球鱼虾价格将会逐渐上升。

联合国粮食及农业组织表示未来 10 年里,全球鱼类价格将处于上升通道,水产品消费市场居民收入的增长,以及人口增长、耕地限制等因素使全球对蛋白质等水产肉类需求的增加是驱动其价格上涨的主要原因。另外报告特别指出中国消费因素不可忽视,尤其中国渔业政策为保证海洋及环境可持续性,其野生捕捞渔业产量会逐步下降,与此同时养殖渔业在成本(人工、饲料、能源等)不断上升的情况下产量增长也会放缓。产量的提速跟不上消费需求的增加,将会刺激水产品价格在中国上涨,由此产生多米诺骨牌效应,对全球价格产生影响。

2016 年,联合国粮食及农业组织表示,预测期内养殖产品平均价格将上涨 19%,野生捕捞产品(食用)平均价格将上涨 17%。总体来说,相对于 2016 年,到 2030 年国际交易鱼类的平均价格将上涨 25%。

由于全球对鱼类需求的增加,预计到 2030 年鱼粉以及鱼油等产品价格也将上涨 20%和 16%。

饲料价格的上涨可能会对水产养殖中的产品构成产生影响。对于个别渔业大宗商品而言,由于供应或需求波动,价格波动可能更为明显。在世界海洋渔业捕捞产量增长放缓甚至萎缩的情况下,水产品的供应将主要依赖水产养殖业的发展。

由于水产养殖在世界鱼类供应中所占份额较高,因此其对整个行业(生产和贸易）的价格形成可能会产生较大影响。

我国的水产养殖业经过数十年发展取得了举世瞩目的成就。根据《2019 中国渔业统计年鉴》统计，2018 年全国海洋捕捞产值 2 228.76 亿元，海水养殖产值 3 572 亿元，淡水捕捞产值 465.77 亿元，淡水养殖产值 5 884.27 亿元，水产苗种产值 664.62 亿元，如图 1－1 所示。水产品产量中，海水产品与淡水产品基本对半占比，如图 1－2 所示。养殖产品产量中，海水养殖产量占比 40.7%，淡水养殖产量占比 59.3%，如图 1－3 所示。

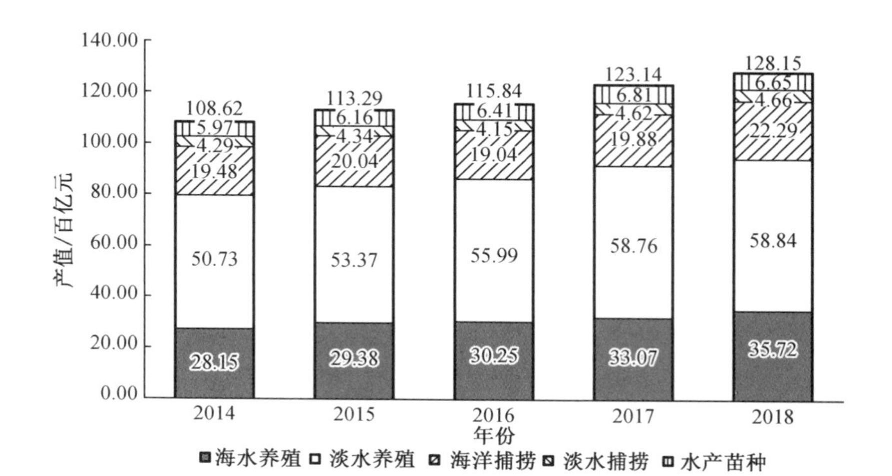

图 1－1　2014—2018 年全国渔业产值及构成

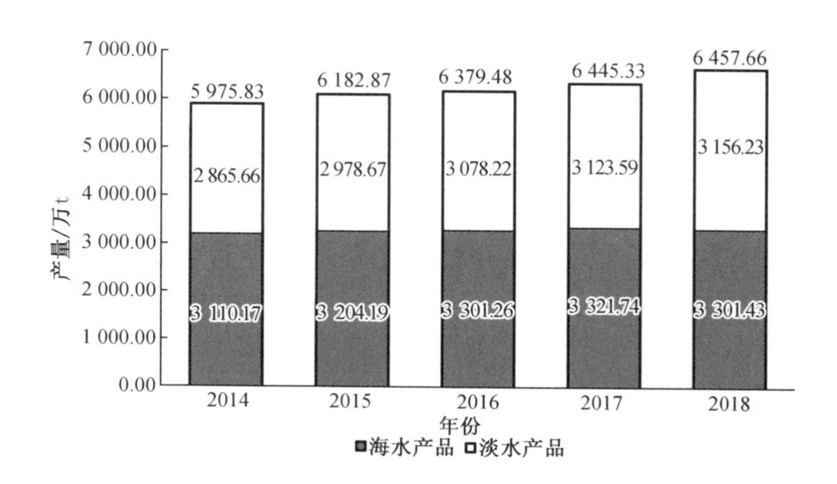

图 1－2　2014—2018 年全国水产品产量及构成

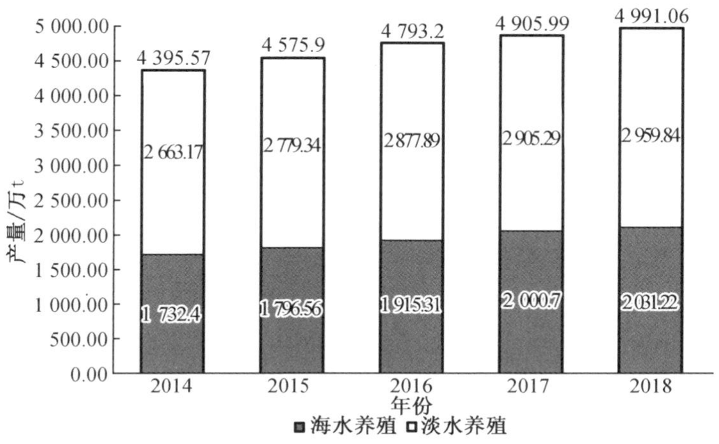

图 1－3　2014—2018 年全国养殖产品产量及构成

我国水产品总产量呈上升趋势，2018 年度比 2017 年度上升 0.19%，其中捕捞产量 2018 年度比 2017 年度下降 4.73%，养殖产量上升 1.73%，其中海水养殖产量增长 1.53%。据估计，到 2030 年，将要有 2 000 万 t 水产品的缺口需要弥补，其中海水养殖业是水产品产量提高的主要途径，如表 1－1、表 1－2、图 1－4、图 1－5 所示。

表 1－1　2018 年我国捕捞汇总

生产方式	产量/万 t	说明
近海捕捞	1 044.46	合计捕捞渔船 37.4 万艘、总功率 1 653 万 kW；鱼类 68.6%，虾蟹 18.95%
远洋捕捞	225.75	合计捕捞渔船 2 654 艘、总功率 255.1 万 kW；公海大洋性作业产量占比 70%
淡水捕捞	196.39	鱼类 74.89%，虾蟹 13.16%

表 1－2　2018 年我国养殖汇总

海水养殖方式	产量/万 t	淡水养殖方式	产量/万 t
海上养殖	1 163	围栏	8.4
滩涂养殖	622.8	网箱	59.1
其他	245.3	工厂化	21.3

表 1－2(续)

海水养殖方式	产量/万 t	淡水水域	产量/万 t
池塘	246.6	池塘	2 211
网箱	74.85	湖泊	97.8
筏式	612.6	水库	295
吊笼	127.8	河沟	63.8
底播	531.2	其他	59
工厂化	25.5	稻田	233.3

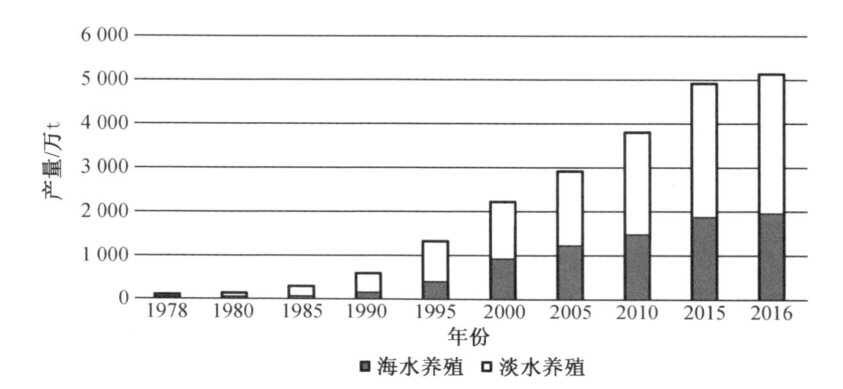

图 1－4　1978—2016 年我国水产养殖总量变化及海淡水结构

（数据来自国家统计局年度统计）

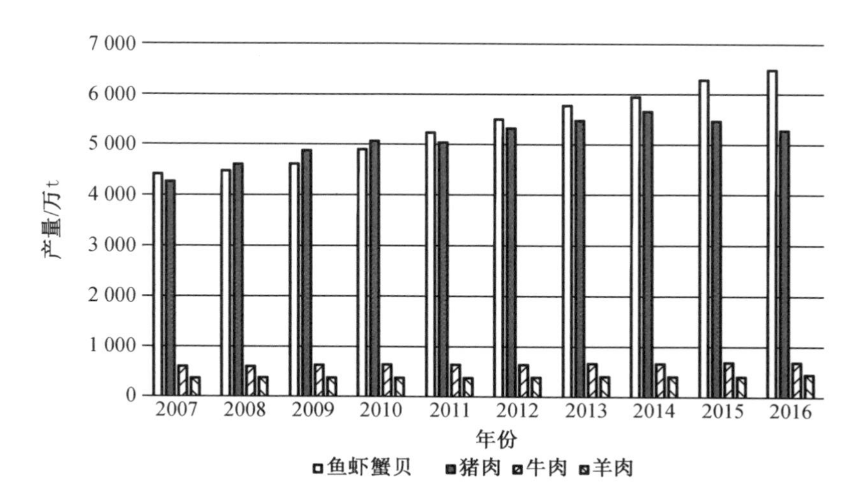

图 1－5　2007—2016 年我国主要动物农产品变化情况

（数据来自国家统计局年度统计）

海洋捕捞资源衰退已成现实问题,而现阶段我国水产养殖生产方式总体上还比较粗放。受外部水域环境恶化与内部水质劣化的影响,内陆和沿海近岸的养殖空间受到挤压;养殖密度过大、病害频发和环境恶化等问题日益突出;在养殖过程中药物的使用泛滥,造成了水产品品质下降等恶劣影响。

未来近海渔业的重点将是水域资源环境的生态修复及旅游发展,海洋捕捞和近海养殖空间将再次受到限制,水产品供给与需求的矛盾将更加突出。

我国拥有近300万 km^2 的海洋国土面积,除占比较小的近海外,绝大部分海洋国土基本未开发利用。而养殖业无论对提高我国人民的生活水平,还是对我国经济的发展都是至关重要的。

水产养殖对全球鱼类总产量(不包括水生植物)的贡献如图1-6所示。

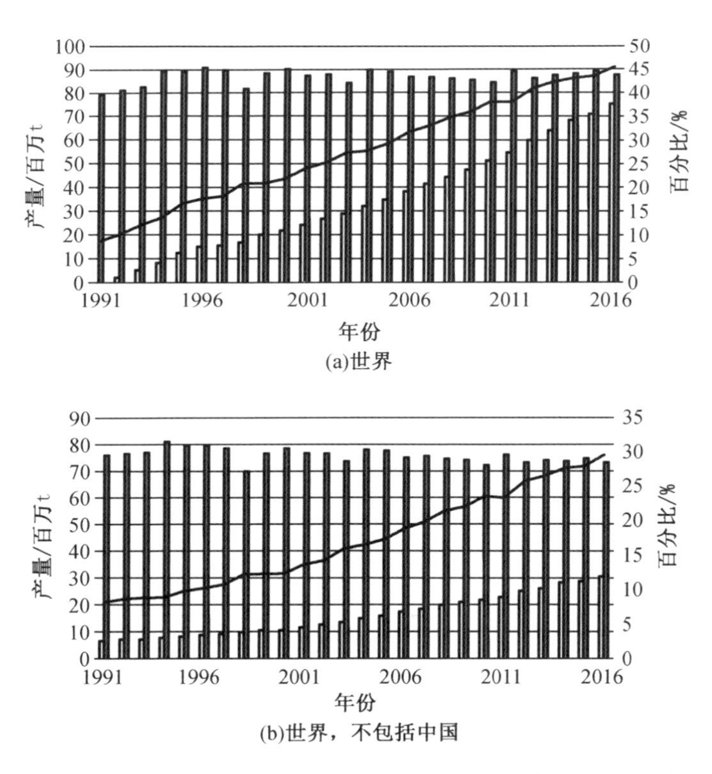

图1-6　水产养殖对全球鱼类总产量(不包括水生植物)的贡献

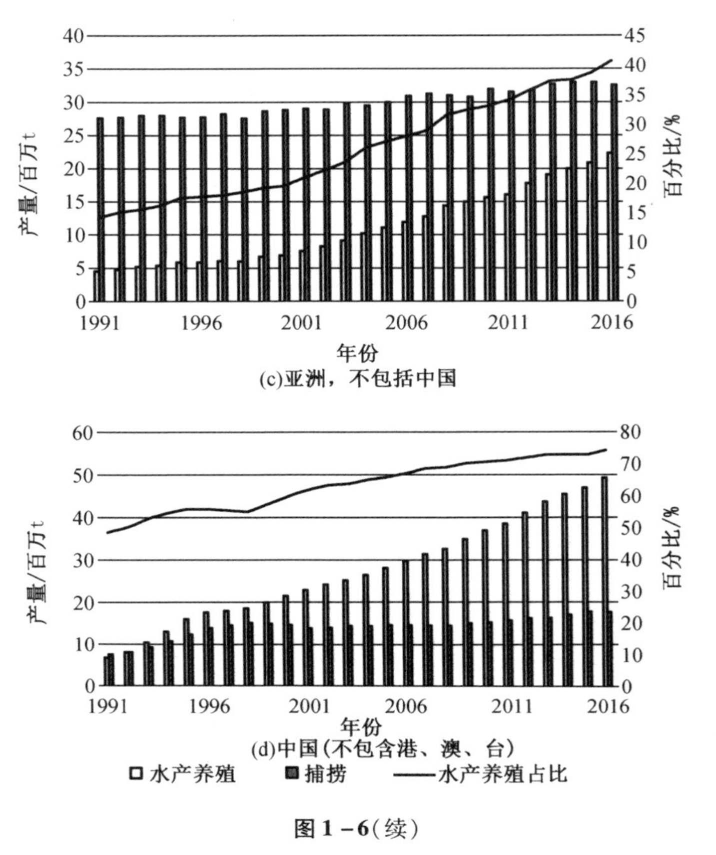

图 1－6(续)

世界各区域和部分主要生产国养殖食用鱼类产量见表 1－3。

表 1－3　世界各区域和部分主要生产国养殖食用鱼类产量

区域/若干国家		1995 年	2000 年	2005 年	2010 年	2015 年	2016 年
非洲	产量/ $\times 10^3$ t	110	400	646	1 286	1 772	1 982
	占全球总产量的百分比	0.5%	1.2%	1.5%	2.2%	2.3%	2.5%
埃及	产量/ $\times 10^3$ t	72	340	540	920	1 175	1 371
	占全球总产量的百分比	0.3%	1.1%	1.2%	1.6%	1.5%	1.7%

表 1 – 3(续 1)

区域/若干国家		1995 年	2000 年	2005 年	2010 年	2015 年	2016 年
北非 (不包括埃及)	产量/ $\times 10^3$ t	4	5	7	10	21	23
	占全球总产量的百分比	0%	0%	0%	0%	0%	0%
尼日利亚	产量/ $\times 10^3$ t	17	26	56	201	317	307
	占全球总产量的百分比	0.1%	0.1%	0.1%	0.3%	0.4%	0.4%
撒哈拉以南非洲 (不包括尼日利亚)	产量/ $\times 10^3$ t	17	29	43	156	259	281
	占全球总产量的百分比	0.1%	0.1%	0.1%	0.3%	0.3%	0.4%
美洲	产量/ $\times 10^3$ t	920	1 423	2 177	2 514	3 274	3 348
	占全球总产量的百分比	3.7%	4.4%	4.9%	4.2%	4.3%	4.2%
智利	产量/ $\times 10^3$ t	157	392	724	701	1 046	1 035
	占全球总产量的百分比	0.6%	1.2%	1.6%	1.2%	1.4%	1.3%
拉丁美洲及 加勒比其他国家	产量/ $\times 10^3$ t	284	447	785	1 154	1 615	1 667
	占全球总产量的百分比	1.2%	1.4%	1.8%	2.0%	2.1%	2.1%
北美洲	产量/ $\times 10^3$ t	479	585	669	659	613	645
	占全球总产量的百分比	2.0%	1.8%	1.5%	1.1%	0.8%	0.8%
亚洲	产量/ $\times 10^3$ t	21 678	28 423	39 188	52 452	67 881	71 546
	占全球总产量的百分比	88.9%	87.7%	88.5%	89.0%	89.3%	89.4%
中国(不包括港、 奥、台)	产量/ $\times 10^3$ t	15 856	21 522	28 121	36 734	47 053	49 244
	占全球总产量的百分比	65.0%	66.4%	63.5%	62.3%	61.9%	61.5%
印度	产量/ $\times 10^3$ t	1 659	1 943	2 967	3 786	5 260	5 700
	占全球总产量的百分比	6.8%	6.0%	6.7%	6.4%	6.9%	7.1%

表 1-3(续2)

区域/若干国家		1995 年	2000 年	2005 年	2010 年	2015 年	2016 年
印度尼西亚	产量/ $\times 10^3$ t	641	789	1 197	2 305	4 343	4 950
	占全球总产量的百分比	2.6%	2.4%	2.7%	3.9%	5.7%	6.2%
越南	产量/ $\times 10^3$ t	381	499	1 437	2 683	3 438	3 625
	占全球总产量的百分比	1.6%	1.5%	3.2%	4.6%	4.5%	4.5%
孟加拉国	产量/ $\times 10^3$ t	317	657	882	1 309	2 060	2 204
	占全球总产量的百分比	1.3%	2.0%	2.0%	2.2%	2.7%	2.8%
亚洲其他国家	产量/ $\times 10^3$ t	2 824	3 014	4 584	5 636	5 726	5 824
	占全球总产量的百分比	11.6%	9.3%	10.4%	9.6%	7.5%	7.3%
欧洲	产量/ $\times 10^3$ t	1 581	2 051	2 135	2 523	2 941	2 945
	占全球总产量的百分比	6.5%	6.3%	4.8%	4.3%	3.9%	3.6%
挪威	产量/ $\times 10^3$ t	278	491	662	1 020	1 381	1 326
	占全球总产量的百分比	1.1%	1.5%	1.5%	1.7%	1.8%	1.7%
欧盟 28 国	产量/ $\times 10^3$ t	1 183	1 403	1 272	1 263	1 264	1 292
	占全球总产量的百分比	4.9%	4.3%	2.9%	2.1%	1.7%	1.6%
欧洲其他国家	产量/ $\times 10^3$ t	121	157	201	240	297	327
	占全球总产量的百分比	0.5%	0.5%	0.5%	0.4%	0.4%	0.4%
大洋洲	产量/ $\times 10^3$ t	94	122	152	187	186	210
	占全球总产量的百分比	0.4%	0.4%	0.3%	0.3%	0.2%	0.3%
全球总产量		24 383	32 418	44 298	58 962	76 054	80 031

世界渔业与水产养殖产量的出口量如图 1－7 所示。

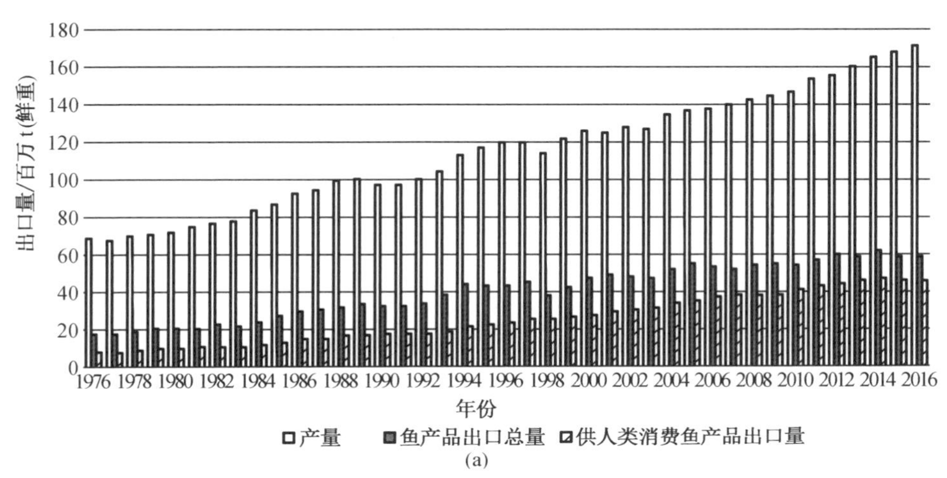

(a)

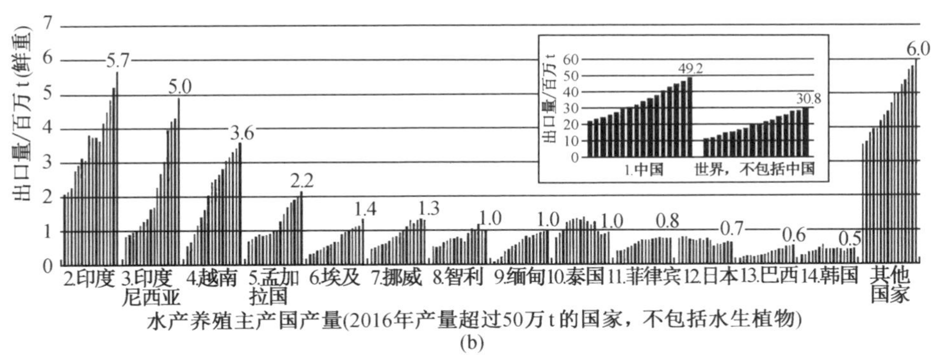

(b)

图 1－7　世界渔业与水产养殖产量的出口量

世界前 10 位鱼和鱼产品出口国出口情况见表 1－4。

表 1－4　世界前 10 位鱼和鱼产品出口国出口情况

出口国	2006 年		2016 年		APR①/%
	贸易额/百万美元	占全球总额的比例/%	贸易额/百万美元	占全球总额的比例/%	
中国	8 968	10.4	20 131	14.1	8.4
挪威	5 503	6.4	10 770	7.6	6.9
越南	3 372	3.9	7 320	5.1	8.1

表 1－4(续)

出口国	2006 年		2016 年		APR[①]/%
	贸易额/百万美元	占全球总额的比例/%	贸易额/百万美元	占全球总额的比例/%	
泰国	5 267	6.1	5 893	4.1	1.1
美国	4 143	4.8	5 812	4.1	3.4
印度	1 763	2.0	5 546	3.9	12.1
智利	3 557	4.1	5 143	3.6	3.8
加拿大	3 660	4.2	5 004	3.5	3.2
丹麦	3 987	4.6	4 696	3.3	1.7
瑞典	1 551	1.8	4 418	3.1	11.0

注:①APR 为年度百分比。

联合国粮食及农业组织发表的鱼类价格指数(1990—2017 年)如图 1－8 所示。

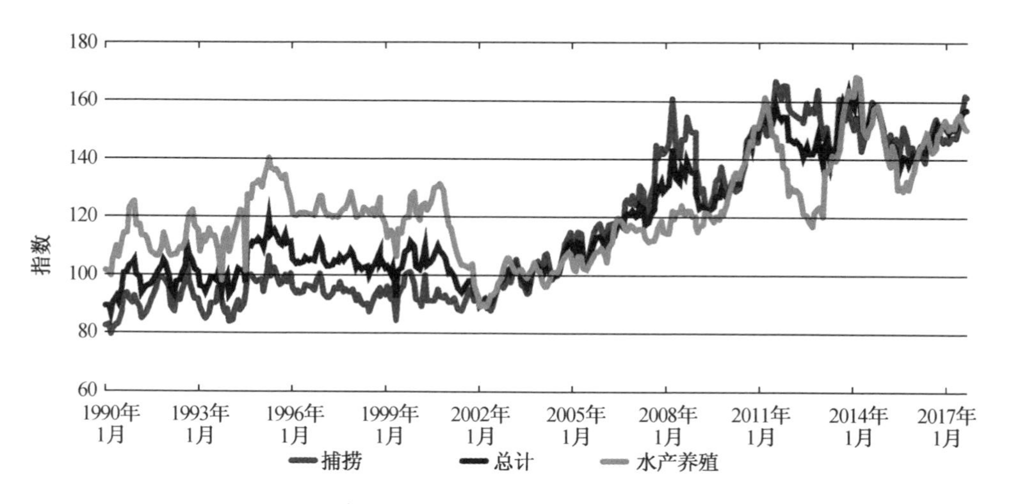

图 1－8　联合国粮食及农业组织发表的鱼类价格指数(1990—2017 年)

上述数据说明:海洋养殖产业的发展是我国海洋经济发展的主要标志,而我国远离大陆的深远海水域又拥有发展水产养殖的优良条件,包括优质的水源、适宜的区域性或洋流性水温等。

我们坚定地认为,走向深远海,发展绿色养殖生产方式,确保养殖水产品高

品质发展已是必然趋势。发展深远海规模化、工业化、智能化的水产养殖对我国的海洋经济发展具有长远的战略意义。

(4)建设超大型智能化养殖装备是发展深远海工程装备制造业的需要。

发展深远海养殖产业，关键是安全可靠的装备设施，前提是品种与生产系统的经济性，途径是规模化生产与工业化管理。智慧渔业大型养殖工船的构建，正是围绕上述目标，以工业化养殖技术、海洋工程装备技术、渔获物捕捞加工技术为基础，并与深水网箱、人工岛礁等进行系统集成和模式创新，以期形成集海上规模化养殖、渔获物搭载与物资补给、水产品储藏、加工、物贸为一体的养殖工业系统园区与经略海洋的支撑基地。其自航式、移动式功能，可以追逐适温海流，驶入特定渔场，躲避台风侵袭。若其与捕捞渔船相结合，也可以构建驰骋深远海大洋、持续开展绿色渔业生产的"航空母舰"船队。

超大型深远海养殖工船作为现代海洋装备中最先进的综合性的养殖平台，具有使命复杂、技术难度高的特点，其对设计与制造提出了不同于一般海洋工程装备的许多特殊技术要求。

超大型深远海养殖工船是浮动的海上养殖生产工业园区的核心装备，并可配有先进的生产加工、生活设施、工业旅游、科学考察等系统，可以在一个比陆地小得多的空间范围内，配备无人机及相关的起降、存放、修理设施。

超大型深远海养殖工船结构物体系是一种新型结构形式，证明了我国大型海洋工程装备技术及其建造能力已达到世界一流水平，促进了我国超大型海洋工程装备技术的快速发展，极大提升了我国海洋工程装备研制的核心竞争能力。

(5)建设超大型智能化养殖装备是保卫我国海疆的有力保障。

在当前和未来较长一段时期内，我国海洋方面的安全形势不容乐观，大国军事遏制迹象明显，维护国家统一、保卫海洋国土和资源安全，需要我们建设更加强大的海洋维权机构。目前我国周边的海域与资源也非常需要海监部门的保护，因此强化维权机构和海监装备是适应形势变化的必然趋势。

我国南海海域的渔业与石油资源极为丰富，整个南海盆地群石油地质资源量为230亿~300亿t，天然气总地质资源量约为16万亿m^3，占我国油气总资源量的1/3，其中70%蕴藏于153.7万km^2的深海区域，尤其以南沙等南海南部地区油气储量最为丰富，其中南沙群岛的曾母暗沙盆地是南海石油和天然气开发较好的地区之一，蕴藏量约200亿t，有"第二波斯湾"之称。以越南为例，迄今为止越南在南沙群岛开采石油30余年已获利超过250亿美元。同时，由于南海地处重要的战略地位，特别是南沙群岛，既是太平洋与印度洋之间的咽喉，扼守两洋海运的要冲，是多条国际海运线和航空运输线的必经之地，也是扼守马六甲海峡的关键所在；在国际上，南海问题又成为某些国家牵制中国的战略砝码。然而，长期以来，部分东南亚沿海国家一方面对此地进行大肆开采，争抢油气等资源，另一方面又将世界主要大国牵扯进这一区域，使问题国际化，致使我国在处理南海问题时面对的不利因素大大增加，从而在政治上造成不利于中国的态势，这也对我国南疆的国土安全构成了威胁。

以超大型的养殖工船作为海监装备的监测、信息处理传输基地，可将我国的防卫和维权体系推进到南海各个地区，是我国适应南海形势和维护南海权益的重大举措。

部分国家在南海海域钻采石油的装备情况统计表见表1－5。

因此，从国家资源安全与海域维权斗争的需要，以及南海的全局战略和国家发展的大局谋划养殖工船装备制造业的发展，选择工程作为后勤基地，将是我国南海开发的有力支援，也将带动军工行业及其相关企业的发展，更是保卫南海海疆的务实举措。

综上，发展超大型深远海养殖工船结构物，对渔业发展、科学研究、技术研发、经济建设和南海经济开发具有重要现实意义，将进一步带动我国海洋工程与海监装备制造相关经济的发展，并对南海维权与国防建设具有重要战略意义。

表 1－5　部分国家在南海海域钻采石油的装备情况统计表

	马来西亚	越南	印度尼西亚	文莱
自升式平台				
型号说明	KFELS MODV B、F & G L－780、LeTourneau EXL、Baker Marine Pacific Class 375、CJ－46－X100D、Mitsui Modec 400 C－35 等	CDB Korrall、ODECO Victory class、Keppel Fels KFELS、BMC Pacific Class 375、LeTourneau LeTourneau Super 116－E 等	Keppel Fels、MLT 84－CE、JU－200 MC、L－780 MOD II、J－46－X 100D、BMC－300－IC 等	KFELS B Class、Baker Marine Pacific Class 375
数量	300 ft[①] 2 个、400 ft 3 个、350 ft 3 个、375 ft 2 个、480 ft 1 个	300 ft 6 个、400 ft 5 个、331 ft 1 个、375 ft 1 个	200 ft 1 个、300 ft 2 个、350 ft 1 个、375 ft 2 个、400 ft 2 个	350 ft 1 个、375 ft 1 个
钻井水深	300 ft、350 ft、375 ft、400 ft、480 ft	300 ft、331 ft、375 ft、400 ft	200 ft、300 ft、350 ft、375 ft、400 ft	350 ft、375 ft
最大钻深	21 000 ft、25 000 ft、30 000 ft、40 000 ft	20 000 ft、25 000 ft、30 000 ft	21 000 ft、30 000 ft	30 000 ft、35 000 ft
半潜式平台				
型号说明	Keppel Fels Enhanced Victory Class 与 Mitsubishi MD－501、MD25－SP	ODECO Victory class、Gotaverken GVA－7500－N	Aker H－3	Ensco 8500 series
数量	3 个	2 个	1 个	1 个
钻井水深	6 500 ft、1 640 ft、10 000 ft	8 000 ft、10 000 ft	1 300 ft	8 500 ft
最大钻深	35 000 ft、30 000 ft	25 000 ft、32 800 ft	25 000 ft	35 000 ft

注：①1 ft＝0. 304 8 m。

1.2 国内外养殖技术综合发展状况

世界沿海各国高度重视发展海洋经济,力争抢占海洋科技和产业发展的制高点。超前谋划、布局高端,加快发展海洋未来产业是培育新的经济增长点的重要举措,是构建“高、新、软、优”现代产业体系,建设国家创新型城市、打造“高质量经济”的重大战略部署,是转变发展方式、实现科学发展的重要路径。全球新一轮科技革命和产业变革孕育兴起,将推动全球海洋产业发展深刻变革。

发达国家凭借资本和技术的优势,不断提高海洋产业的技术含量,向资本密集型产业转型。新兴国家抓住海洋产业给本国带来的发展机遇,利用本国的廉价劳动力和强大的市场需求优势,加快发展海洋相关产业。

此外,在海洋新兴产业领域,发达国家还没有形成稳定的领先优势,新兴国家有望抓住这一历史机遇进行弯道赶超。

1.2.1 国外海洋养殖产业的发展情况

水产养殖和捕捞与人类的消费有着极其重要的关系。水产养殖和捕捞的产品在人类消费的蛋白中所占的比例分别为70%与40%左右,且比例逐年提高,如图1-9所示。

19世纪80年代中期,水产养殖业迅猛发展,而捕捞渔业却止步不前,这两种趋势明确反映了两个部门的特点。随着水产养殖业的规模不断壮大,养殖的鱼类在人们膳食中的比例快速提高。2013年是一个转折点,人类消费的水产养殖的鱼类数量首次超过野生捕捞鱼类。初步估算结果表明,养殖水产品在鱼类食品消费总量中的比例2015年为51%,2016年为53%,而1966年、1986年和2006年分别为6%、14%与41%(图1-9)。与捕捞渔业相比,水产养殖业对鱼类生产过程的控制更多,水产养殖部门也更利于生产和供应链的横向、纵向整合。

水产养殖业有可能打造出效率更高的供应链,更快速地将鱼类从生产者送到消费者手中,这对于保障食品安全十分重要。

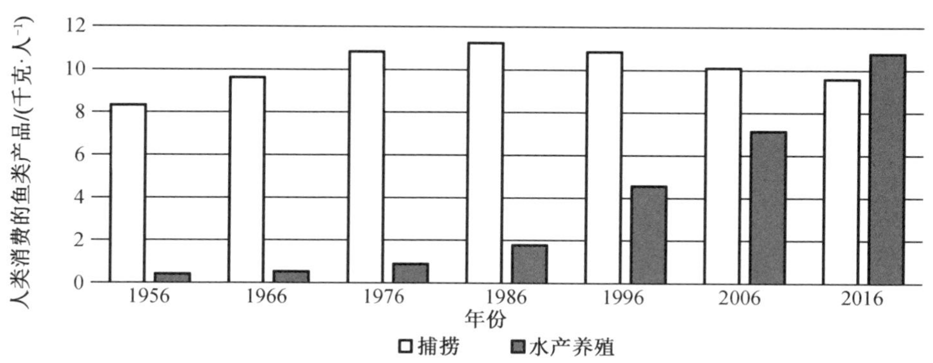

图 1－9　捕捞鱼类与水产养殖鱼类的对比

（数据来自联合国粮食及农业组织的报告）

1. 国外海洋养殖产业发展

近几十年，养殖产业驱动全球鱼类消费增长，伴随着总体经济趋势发展方式的转变而转变着，人们选择、购买、制备和消费鱼类产品的需求日益旺盛。由此，也更进一步推动着海洋养殖产业的发展。

2002 年，约翰内斯堡可持续发展世界首脑会议呼吁建立海洋环境（包括社会经济方面）状况全球报告和评估经常程序。

2016 年，《第一次全球海洋综合评估》（也称为《世界海洋评估 I》），作为海洋环境（包括社会经济方面）状况全球报告和评估经常程序第一轮结果发布。该报告覆盖面广，涉及科学与政策关系的核心，为今后评估和可持续发展目标相关工作提供了依据。作为《联合国气候变化框架公约》海洋行动议程的共同牵头机构，联合国粮食及农业组织加强了各国尤其是发展中国家对于气候变化背景下渔业和水产养殖对实现粮食安全与营养所发挥不可或缺作用的认识，以支持实现《联合国气候变化框架公约》缔约方大会第二十三届会议（COP 23）上通过的“科罗尼维亚农业联合工作”。

2017 年召开的联合国海洋会议（正式名称为“联合国支持落实可持续发展目标即保护和可持续利用海洋与海洋资源以促进可持续发展会议”）是联合国专门针对海洋问题组织的第一个全球活动。会议通过了重视具体切实行动建议的“行动呼吁书”与涉及今后为落实可持续发展目标所开展工作的 1 300 多项自愿承诺。

2018 年 5 月，在美国纽约联合国总部召开的《执行 1982 年 12 月 10 日 <联合国海洋法公约> 有关养护和管理跨界鱼类种群和高度洄游鱼类种群的规定的协定》(UNFSA)缔约方第十三轮非正式磋商会议上继续讨论了科学与政策关系问题。

自《2016年世界渔业和水产养殖状况》发布以来,多数国际讨论都以全球积极落实可持续发展目标为大背景。2016年6月5日,《预防、制止和消除非法、不报告和不管制捕鱼港口国措施协定》(以下简称《港口国措施协定》)生效。《全球渔船、冷藏运输船和补给船记录》(以下简称《全球记录》)是第一个在海洋养殖工业方面可操作的版本,于2017年启动。《全球记录》提供来自国家主管部门认证船舶数据的阶段性和合作性全球倡议。针对捕捞野生鱼品用于商业目的的《粮农组织渔获登记制度自愿准则》于2017年7月获批。

《港口国措施协定》《全球记录》及上述自愿准则的成功实施将成为打击非法、不报告和不管制捕鱼的转折点,推动海洋生物资源长期养护和可持续利用。

《2018年世界渔业和水产养殖状况》突出了渔业和水产养殖对亿万民众的食物、营养与就业的至关重要性。

由于捕捞渔业产量相对稳定、浪费减少且水产养殖规模持续增长,2016年渔业总产量创下1.71亿t的历史新高,其中88%供人类直接消费。渔业的高产量导致2016年人均鱼类消费量打破纪录,高达20.3 kg。自1961年起,世界渔业消费量就保持着两倍于人口增速的年增速,说明渔业部门对于实现联合国粮食及农业组织打造无饥饿和无营养不良世界的目标至关重要。尽管水产养殖年增速近年来有所下降,但一些国家仍实现了显著增长,尤其是非洲和亚洲的国家。渔业部门对经济增长和抗击贫困的贡献不断增加。2017年,强劲的增长和价格提升使鱼类产品出口额达到1 520亿美元,其中54%来自发展中国家。

然而渔业和水产养殖部门并非没有挑战,如需要降低超出生物可持续水平的鱼类种群捕捞百分比(目前为33.1%);确保成功应对生物安全和动物疫病挑战;保持完整、精确的国家统计数据以支持政策的制定和实施。

面对上述及其他挑战,联合国粮食及农业组织"蓝色增长倡议"应运而生,采取创新、综合和多部门水生资源管理方法,实现海洋、内陆水域和湿地提供生态系统产品与服务最大化,同时产生社会和经济效益。

2. 国外深远海养殖工程装备发展现状与趋势

深远海养殖工程装备是海上超大型浮式结构物(VLFS)之一,是指那些尺度以几百米乃至千米计的海洋浮式结构物,以区别于目前尺度近百米计的船舶和海洋工程结构物。

一般而言,VLFS以岛屿或岛屿群为依托,带有永久或半永久性,具有综合

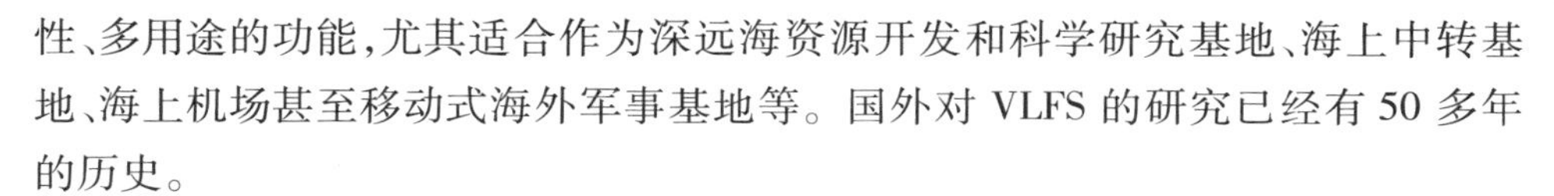

性、多用途的功能，尤其适合作为深远海资源开发和科学研究基地、海上中转基地、海上机场甚至移动式海外军事基地等。国外对 VLFS 的研究已经有 50 多年的历史。

20 世纪 80 年代后期，国际海洋工程界掀起了一股研究 VLFS 的热潮，并相继在 1991 年、1996 年和 1999 年分别召开了三届超大型浮式结构物的国际研讨会，在超大型浮式结构环境载荷、运动及结构弹性方面的研究迅速展开，并在理论上有了较为实质性的进展。

20 世纪 90 年代中期开始，VLFS 还成为其他一些著名国际会议，如国际海洋和极地工程会议（ISOPE）、海洋、离岸及极地工程国际会议（OMAE）、危险材料技术国际会议（ICHMT）等的主要议题。许多国家都已开始研究并发展有关技术，其中研究最广泛、最深入的是日本和美国。

美国对超大型浮式结构的研究主要出于国防战略的考虑。20 世纪 80 年代中期以后，美国国家科学基金会资助夏威夷大学启动超大型浮式结构研究计划，从事超大型浮式结构动力特性的理论与试验研究。1992 年，美国国防部启动可移动式离岸基地研究计划，计划到 2010—2015 年，使美国拥有有史以来世界上最大的海上漂浮建筑物，届时不但可以使美军后补给线大大缩短，保证美军在世界上的任何地方都能实施有效的海上作战；更重要的是，使美军的打击范围和势力范围得到无限延伸。1997 年，美国海军研究机构提出 4 种超大型浮式结构模块，分别是铰接半潜式、柔性半潜式、独立半潜式及混凝土半潜式。美国 Weidlinger 设计院也曾为纽约 4 号机场设计了浮动海上机场方案，面积达 6 km^2（3 600 m × 1 680 m），包括滑行跑道 2 条、飞行跑道 4 条，能够满足包括 747 大型客机在内的每小时 100 架次的起降要求。2002 年 6 月，美国海军又提出“21 世纪的海军战略构想”，并依据“海上基地”概念来推动“海上浮动基地”建设。据有关报道显示，美国海军设想中的“海上浮动基地”在基础设施上将包括一个能起降战机的庞大浮动平台、一个预置的两栖作战群（由潜艇和驱逐舰提供火力支持）和一支由众多设备先进的货船组成的联合运输舰队。在地域选择上，美军计划在亚太的关岛基地、印度洋的迪戈加西亚基地周围率先建造这样的“浮动基地”。1996 年美国海军研究局就提出了“战斗岛”概念，如图 1－10 所示。

此外，以旅游、度假、观光为目的的“海上浮动城市”和海上酒店建设也在美国启动。据报道，美国自由之船国际公司正打算建造一座世界上最大的超级邮轮——“自由之船”。它长 1 400 m、高 110 m，排水量达到 300 万 t，个头相当于目前全球最大邮轮“玛丽女王二世”号的 4 倍。船上规划 1.8 万套“海景房”、剧院、赌场、高尔夫球场、100 英亩[①]的户外公园、商业中心、机场、学校和医院，可供 6 万人同时居住，其总造价高达 110 亿美元，有望在 3 年内完工。

图 1 – 10　1996 年美国海军研究局提出的“战斗岛”概念

3. 深远海养殖工程装备

在深远海养殖工程装备方面，国外发展也很快，主要为深水网箱和养殖工船。

(1) 深水网箱

国外深水网箱养殖已有 30 多年的历史。其间，以挪威、美国、日本为代表的大型深水网箱取得了极大的成功，引领了海洋养殖设施发展潮流。近 10 年来，国外深水网箱主要向大型化发展，如挪威大量使用的重力式全浮网箱，通常网箱外圆周长 80 ~ 100 m，最大周长达 120 m，网深 40 m，每箱可产鱼 200 t。挪威深水网箱自动化、产业化程度高，配套设施齐备，有完善的集约化养殖技术和网箱维护与服务体系。

美国的碟形网箱采用钢结构柔性混合制造主架，周长约 80 m，容积约 300 m^3，其最大特点是抗流能力强，在 1.0 ~ 1.5 m/s 海流冲击下箱体不变形。

日本的浮绳式网箱由绳索、浮桶、网囊等组成，最大特点是全柔性，随波浪波动，网箱体积大。除此之外，还有适用于近岸海湾的浮柱锚拉式网箱和适用于远海的强力浮式网箱、钢架结构浮式海洋养殖“池塘”，以及张力框架网箱和方形组合网箱等。

---

① 1 英亩 = 0.004 047 km^2。

以色列的网箱养殖业也很发达,海水养殖产量的90%来自网箱养殖。采用的网箱多为周长40 m和50 m的聚乙烯(PE)圆形重力式网箱,单网箱养殖水体1 000~2 000 m^3。为发展地中海网箱养殖,以色列开发了一种抗风浪养殖网箱系统,采用的主要技术是柔性框架结构、单点锚泊和可升降技术。该网箱系统可设置于水深60 m的开放式海域,抵御15 m波高的风浪袭击。网箱养殖多功能工作船上配备有饵料加工和气力输送集中供食系统。

(2)养殖工船

养殖工船是一种在船舱内养殖鱼类的工业船舶,以可控、安全、可移动与产量大等优势而具有很好的发展前景,也得到了养殖界的认可,并迅速发展。

法国在布列塔尼海岸与挪威合作建成了一艘长270 m的养殖工船,其总排水量为10万t。有70 000 m^3养鱼水体,用电脑控制养鱼,每天从20 m深处换水150 t,该养殖工船定员10人。年产鲑鱼3 000 t,占全国年总进口数量的15%,相当于10艘捕捞渔船的产量。

欧洲渔业委员会建造的半潜式养殖工船,船长189 m、宽56 m,主甲板高47 m,航速8 kn。该船为双甲板,中间是种鱼暂养池,甲板上为鱼的繁殖生长区,甲板下的船舱有3个储存箱为幼鱼养殖池,在船的中前部还有一个半沉式水下网箱用来暂养成鱼。该船可去金枪鱼渔场接运活捕金枪鱼400 t,运往日本销售或在船上加工,也可去产卵区,捕野生金枪鱼幼鱼,转运至适宜地肥育,年产量700~1 200 t。该船设置养殖网箱12万 m^3,养殖密度小于4.2 kg/m^3。

西班牙的养殖工船,兼孵化与养殖双重功能,可养300 t每尾4 kg左右的亲鱼,其中200 t放养在6万 m^3的水下箱中,100 t分养在控温的50 t箱中。船体结构为双甲板,箱中有封闭式循环过滤海水系统。

日本长崎县的“蓝海”号养殖工船,质量4.7万t,船长110 m、宽32 m,能抗12.8 m海浪,10个鱼舱共4 662 m^3,投鱼种2万尾,年产量100 t。

4. 国外养殖装备发展趋势

国外网箱装备工程技术进展的主要情况如下。

(1)网箱容积日趋大型化

挪威的高密度聚乙烯(HDPE)网箱的最大容积达到2万 m^3以上,单个网箱产量可达250 t,大大降低了单位体积水域养殖成本。

(2)抗风浪能力增强

各国开发的深水网箱抗风浪能力普遍达5~10 m,抗水流能力也均超过1 m/s;在抗变形方面,有效容积率仍可保持在90%以上。

(3)新材料、新技术广泛应用

网箱在结构上采用了HDPE、轻型高强度铝合金和特制不锈钢等新材料,并采取了各种抗腐蚀、抗老化技术和高效无毒的防污损技术措施,极大地改善了网箱的整体结构强度,使网箱的使用寿命得以成倍延长。

(4)自动化程度高

网箱的自动化养殖管理技术得到快速发展,如OceanFarm网箱可完全不需人工操作。

(5)注重环境保护

运用系统工程方法将网箱及其所处环境作为一个系统进行研究,尽量减少网箱养殖对环境的污染和影响。

(6)大力发展网箱配套装置和技术

国外已成功开发了各类多功能工作船、各种自动监测仪器、自动喂饲系统及其他相关配套设备,形成了完整的配套工业及成熟的深水网箱养殖运作管理模式。

(7)养殖工船的大型化、标准化

从日本的4.7万t、110 m长的养殖工船,到欧洲渔业委员会建造的长189 m的半潜式养殖工船,再到法国与挪威合作建成的总排水量为10万t、长270 m的养殖工船,从产能与经济方面考虑,养殖工船的大型化趋势非常明显。同时,标准化是船舶发展的趋势,养殖工船的发展也遵循着这一发展趋势。

(8)养殖工船的智能化、无人化

智能化数字工程并不是虚拟项目,而是以数字和试验(含数字试验和数字模型试验)形式实现特定,在真实环境与条件下进行的完整的工程项目。首先,从基本设计智能数字工程开始到生产设计数字工程与数字制造工程,展现出的是数字化的整体智能产品模型、局部智能产品模型、智能过程产品模型及其研制过程的无纸文件与报告。其次,体现了智能网联与养殖云等无人化的能力和生产管理水平、新一代的信息技术、人工智能等先进技术在超大型深远海养殖工船中的充分应用。

由于国外的海洋环境与条件具有一定优势,所以国外在超大型深远海养殖工船装备方面的发展并不很快,这就给我国的养殖工船发展留有很大的上升空间。国信中船(青岛)海洋科技有限公司与中国水产科学研究院渔业机械仪器研究所等机构合作建造的30万t养殖工船的实施,证明我国在超大型养殖工船方面的建造水平与能力正在赶超国际先进水平。

(9)典型、先进的养殖工程装备

目前,世界上较先进的深水养殖工程装备系统——挪威 Nordlaks 公司于2020年建成的游弋式开放养殖平台 Havfarm(图1-11)如下。

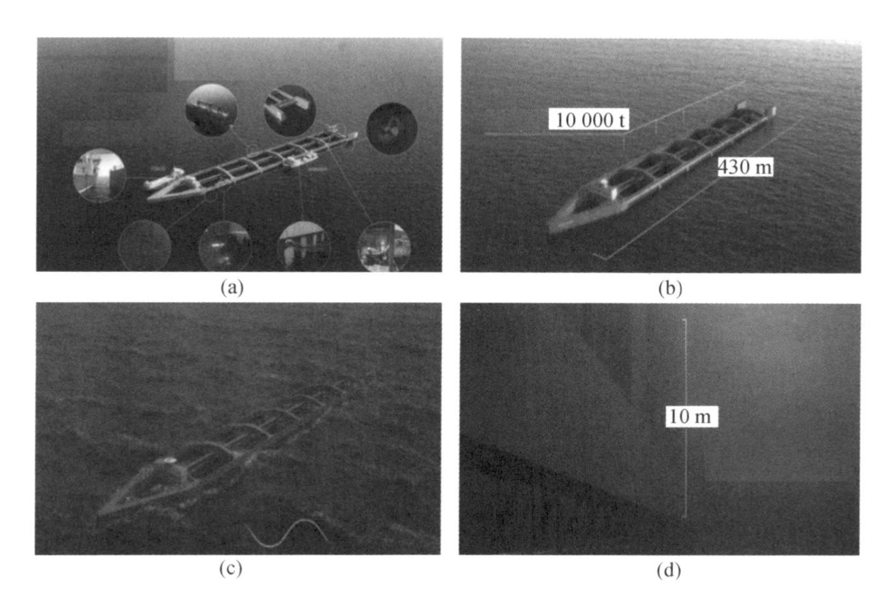

(a)　(b)　(c)　(d)

图1-11　游弋式开放养殖平台 Havfarm

参数:长度430 m、宽度54 m、吃水深度10 m、舌深度60 m。水下探照灯用来监测深水养殖工船中三文鱼的生长状况。

活鱼运输船将三文鱼幼鱼通过管道输送到养殖工船中。

饲料运输船将散装的饲料直接通过管道输送到养殖工船的饲料存储仓中,这些饲料可供短期内使用。三文鱼饲料由自动旋转机通过喷洒喉,均匀地喷洒到养殖工船内部的养殖池中。

大型深远海养殖工船上面有供工人操作的走廊,其配套的自动化机械可以更好地帮助工人检查和操作。

水下增氧机的运转,保证养殖工船内部的水体中有足够的溶解氧,满足三文鱼的生长需求。

养成的大规格三文鱼通过管道输送到活鱼运输船中,活鱼运输船将其运送到大型加工厂。在加工厂加工成冰鲜和冷冻的整条三文鱼或三文鱼鱼柳、鱼段等,出口到世界各国。

深远海养殖工船因为离岸较远，工人需要乘船上下班，因此需配备工人乘坐的通勤船。通勤船也用于携带一些工具和养殖工船上的补给等。

1.2.2 我国海洋养殖产业发展

2016 年与 2030 年（预计）全球捕捞和水产养殖产量及全球食品表观消费量对比如图 1－12 所示。

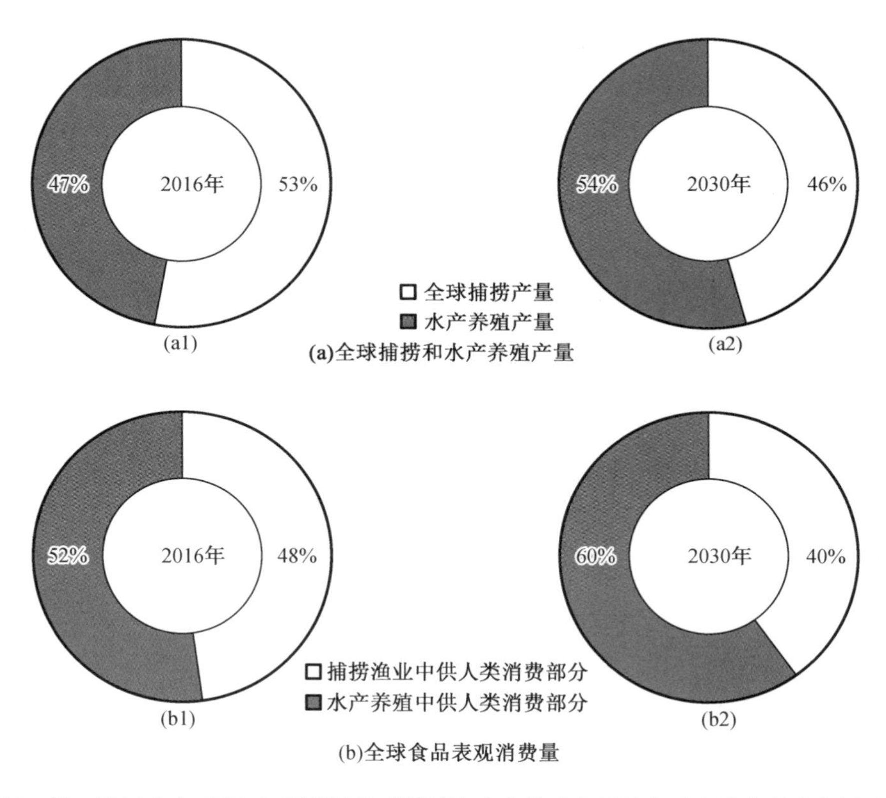

图 1－12　2016 年与 2030 年（预计）全球捕捞和水产养殖产量及全球食品表观消费量对比
（数据来自联合国粮食及农业组织的报告）

2016—2030 年，在我国"十三五"规划不同落实情况的背景下，中国和世界鱼类产量增长情况（图 1－13）说明，我国养殖业在世界渔业发展中占有重要地位。

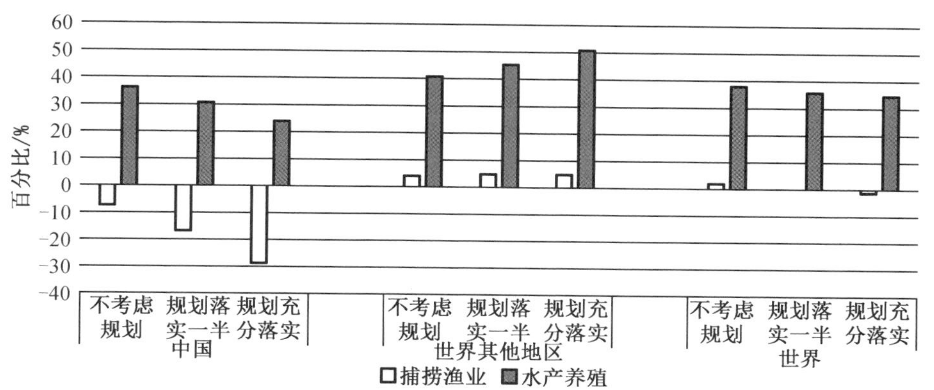

图1-13　2016—2030年，在我国"三十五"规划不同落实情况的背景下，中国和世界鱼类产量增长情况

（数据来自联合国粮食及农业组织的报告）

1. 我国深远海养殖工程发展策略

随着我国社会经济的发展，食物需求总量显著增长，食物消费结构发生了根本变化，水产品需求总量显著上升。我国有限的内陆水资源将难以担负水产品生产总量持续增长的负荷，开发蓝色国土资源成为必然。受生态环境恶化、沿岸工程及过度捕捞的影响，我国海洋水产生物资源总体上处于衰竭状态。开发蓝色国土资源，保障水产品供给必须以发展蓝色农业为核心，即大力发展水产养殖与放牧型海洋渔业。我国的蓝色农业还处在初级发展阶段，300多万 km^2 的海域大多还处在未开发状态，发展蓝色农业的潜力巨大。

发展蓝色农业，需要发展深远海集约化养殖工程。我国海洋水产品年生产总量为2 797万t，占水产品总量的52%，海水养殖产品1 428万t，占水产品总量的27%。海水养殖的生产方式以沿岸陆基养殖、滩涂养殖和内湾普通网箱养殖为主，面向远海的离岸深水养殖尚处在研究起步阶段。海水养殖业深受沿岸水域环境影响，如果沿岸水域环境恶劣，养殖条件就劣化，产品品质就会下降，养殖系统的排放问题也将被社会所诟病。发展农牧化蓝色农业，必须远离沿岸水域，进入深水、远海。为应对远海多变的海洋条件，需要构建规模化的产业链及安全可靠的生产设施，以工业化的生产经营方式发展集约化养殖，包括深水网箱养殖设施、大型固定式养殖平台和大型移动式养殖平台等离岸深远海养殖工程。

发展深远海集约化养殖工程，需要构建全面适应海洋工况的深水网箱养殖设施。我国地处太平洋西部，海域分布与大陆架延伸广阔，沿海海域广受台风的影响，海洋养殖工况较为恶劣，大风、大浪和强水流考验着养殖设施的安全。深水网箱养殖在我国已有10多年的发展历程，在设施构建等方面有了一定的研究基础。深远海养殖工程已具有较好的发展基础，但仍需进一步开发安全可靠的大型结构设施或养殖平台，完善设施系统与供给、流通条件，以全面适应海洋工况规模化养殖生产的需要。深海大型养殖设施的构建，如同远离大陆的定居型海岛。在我国与一些周边国家领海纠纷突出、海岛海域被侵扰的情势下，发展深海大型养殖工程就是"屯渔戍边"、守望领海，以实现海洋水域资源的合理利用与有效开发。

2. 我国深远海养殖工程装备发展

(1)我国网箱养殖工程发展现状

海水网箱养殖是20世纪70年代末我国南方海区以暂养出口石斑鱼为目的而发展起来的海水鱼类养殖新模式，具有单位面积产量高、养殖周期短、饲料转化率高、养殖对象广、操作管理方便、劳动效率与集约化程度高、经济效益显著等特点。随着我国经济的高速、持续发展和人民生活水平的不断提高，20世纪90年代以后浅海网箱养殖发展迅速，1994年全国网箱达到16万只以上，年产量在10万t左右，养殖的鱼类品种有20余种，养殖技术逐渐成熟。此后，浅海网箱得以更进一步发展，并成为我国海水鱼类养殖的主要方式。截至2010年，我国浅海普通网箱达1 722万m^3，养殖产量32万t，分布在各沿海地区的内湾水域。

1998年，我国引进HDPE深水抗风浪重力式网箱。2000年以后，国产化大型深水抗风浪网箱的研发得到了国家与各级政府部门的大力支持，发展至今，已基本解决了深水抗风浪网箱设备制造及养殖的关键技术。全国深水网箱养殖达503万m^3，养殖产量5.5万t，养殖海区可到达30 m等深线的半开放海域，主要养殖鱼类品种有大黄鱼、鲈鱼、美国红鱼和军曹鱼等10余种。

我国对网箱设施系统的研究，尤其在离岸抗风浪网箱设施系统方面的研究取得了多方面的技术突破，获得了一批研究成果。升降式深水网箱养殖系统已形成了一套比较优化的设计方法与制作工艺，提高了网箱的抗风浪能力，可承受水流速度超过1 m/s。在网箱材料选择和性能试验等方面，自主研发的HDPE网箱框架专用管材和聚酰胺(PA)网衣，在主要性能指标和总体性能上都接近或超过挪威网衣水平，同时开发出包括抗流网囊、网箱踏板、新型水下监视器、太阳能警示灯、锄头锚、充塑浮筒、水下清洗机和远程自动投饵样机等配套装备。

当前，深水网箱养殖设施系统抵抗台风等自然灾害侵袭能力还很弱，装备性能有待进一步提高。我国近岸海域水质总体上处于轻度污染，在一些主要的河口海域,40%以上为劣Ⅳ类[①]海水。只有设置在远离海岸、依附岛屿、具有一定规模的深水网箱养殖,并在水质的保障下才有发展的可能。我国深水网箱的主要结构形式,大体上与引进的挪威用于三文鱼养殖的 HDPE 重力式网箱相同。其主要设置在近岸湾口或有岛礁作为屏障的半封闭水域,一般可抵御0.5 m/s以下的水流,在1 m/s的水流下将损失80%的养殖容量。每当深水网箱养殖区受到台风的正面袭击,在浪、流的夹击下,一旦网箱的承受能力超出极限,往往损失惨重。可见,目前的深水网箱养殖设施系统还不具备远离陆基的条件,需要研发具有迈向深远海能力的新一代深海大型网箱。

(2)我国网箱养殖工程面临的主要问题

①深水网箱设施构建模式尚未确定

网箱系统装备的构建模式对产业发展具有重要意义,相关的配套设施如投饵机、网衣清洗机、换网机械、起捕装置等需要围绕网箱形式进行研发。我国推广的网箱主要是挪威的 HDPE 网箱和日本的浮绳式网箱,占深水网箱总数量的90%以上。然而,这两类网箱均属于重力式网箱,依靠配重维持有效养殖体积,且受配套技术的限制,多数没有升降功能。因此,在我国尤其是东海区等浪高流急、台风频发的海域,网箱不能很好地适应环境,其多数仍布置于15 m以内的浅海域,尚不能称为真正意义上的深水网箱。

②网箱抗风浪、抗流性能及结构安全研究理论比较落后

从国外引进的网箱在没有得到充分理论和试验论证的前提下不建议大范围推广,因其缺少研究基础,试验技术和科学理论都比较匮乏。近几年,我国在网箱的抗风浪和抗流性能研究方面取得了长足进展,相关研究机构和高校在发展试验技术与相关理论方面做出了较大贡献,目前已基本突破各类网箱结构的模型试验技术,实现了 HDPE 重力式网箱的数值模拟。但在其他形式的网箱数值模拟理论研究方面仍比较落后,技术创新不足。

③新型专用网箱材料技术仍未突破

我国沿海多数海域浪高流急,应用最广的 HDPE 网箱和浮绳式网箱并不适合我国深海海况特征,新型网箱结构和网箱材料尚待研发。当前,我国钢质网箱的防腐蚀技术多采用喷铝或喷锌结合环氧漆涂抹技术,防腐性能有限,重点突破网箱专用材料的防腐蚀技术是当务之急。

---

① 依据地表水水域环境功能和保护目标,我国的地表水按功能高低分为5类,即Ⅰ、Ⅱ、Ⅲ、Ⅳ、Ⅴ。Ⅳ类,主要适用于一般工业用水区及人体非直接接触的娱乐用水区。

④配套设施与技术研究依然落后

网箱装备的发展在很大程度上依赖于配套设施的研发，没有配套设施的强力支持，网箱装备无法推广应用。受产业基础的限制，现有的网箱制造公司并没有过多地涉及配套装备的研发，也未能找到合适的配套企业，这是我国深水网箱养殖产业面临的最大问题。

(3)未来深远海养殖工程发展趋势

①养殖设施系统大型化

规模化生产是深水网箱养殖发展的必由之路，大型化则是规模化生产为提高生产效率对设施装备的必然要求。国外先进的网箱养殖生产系统的网箱设施已达到一定规模。随着我国深水网箱产业的发展和生产规模的不断扩大，大型网箱养殖设施及配套系统将成为未来深远海养殖产业发展之必需。

②养殖环境生态化

养殖生产对生态环境的负面影响已越来越为社会所关注，普通网箱养殖产业的发展已受到制约，深水网箱的问题会随着产业规模的扩大而逐渐显现。增强网箱养殖设施系统对环境生态的调控功能，将成为兼有渔业资源修复功能的系统工程，并对消减近海海域富营养化发挥积极作用。

③养殖地域向外海发展

当海洋的自然生产力不能满足人类增长与发展的需要时，海洋生产力必然由"狩猎文明"——海洋捕捞，向"农耕文明"——海洋养殖转移。海洋养殖的主要领域在广阔的外海，网箱养殖是海洋养殖的主要单元，网箱养殖设施系统需要具有向外海发展的能力。

④养殖工程装备研制智能化、数字化

养殖工程装备研制的智能化、数字化主要基于新一代信息技术，如云计算、物联网、工程数据库、并行工程、虚拟仿真、北斗通信等技术。

实现现代智能化设计与制造模式。基于物联网、工程数据库、专家系统与数值仿真技术，实现全过程设计的信息一体化、并行工程与无纸化、制造技术成组与模块化、产品数据管理系统等。

养殖工船产品具有生命力管理系统(人员的安全与环境和谐)、运营的智能信息化管理(设备管理与维护系统)、运行过程的自动化与智能化、信息传输与通信技术(诊断与远程服务)、岸基决策支持中心等。

养殖工船产品交付之前可以看到一个真实、完整的养殖工船与其生产过程的数字化模型。

⑤养殖过程低碳化、智能化与无人化

研究人员充分利用20年来的创新技术，采用风能、太阳能、潮流能和波浪能技术，高效利用洁净、绿色、可再生能源，摆脱网箱动力源完全以石油作为燃料的困境，实现网箱生态、环境保护养殖；充分利用工业互联网、云计算、大数据、5G通信技术、北斗卫星导航系统、人工智能等技术实现深远海养殖装备的网联与养殖云，促使我国的深远海养殖产业走向世界的前列。

(4)我国深远海养殖工程发展战略定位、发展思路、战略目标

①战略定位

离开沿岸水域，进入深海，构建"安全、高效、生态"的规模化养殖生产平台及物流通道，是我国深远海网箱(养殖设施)发展的基本战略定位。

我国沿岸海域水质因受大陆沿海经济发展的影响而持续劣化，对养殖产品的优质与安全要求的威胁日益严重。养殖生产自身的富营养物质排放更加剧了环境水域的恶化。养殖设施必须离开内湾，走出沿岸水域，离开沿岸富营养化水域，进入深海，充分利用深远海水域优质的水资源，发展养殖生产，耕耘蓝色国土，培育新型产业。

设施装备安全可靠、能全面适应海洋工况的特殊要求、保障人身安全及创造适宜的生产环境，是深远海养殖网箱(设施)构建的基本要求。

完善的养殖生产与流通体系、相当的生产规模、完备的机械化与信息化装备系统、工业化管理模式、实现高效生产和提升生产效益，是深远海养殖网箱(设施)发展的主要方向与重点。

创造良好的养殖环境、控制病害、实现生态化养殖与环境友好，是深远海养殖网箱(设施)可持续发展的基本定位。

②发展思路

a. 优化现有网箱设施，构建深水生态工程化网箱设施系统。进一步研究与优化现有HDPE重力式深水网箱设施的箱体沉降牵引、箱形抗流和锚泊构筑性能，使深水网箱具备走出湾区、走入深远海的能力。

研发新型沉式深水网箱；结合人工鱼礁、构建海底人工藻场技术，建立区域性海流可控、自净能力增强、牧养结合的生态工程化海洋牧场。

b. 构建深远海养殖基站，发展新型抗风浪网箱。开发远海岛屿，利用原海洋钻井平台，建立深远海养殖基站。

研发具有深远海抗风浪及抵御特殊海况性能的新型抗风浪网箱，构建以海洋基站为核心的规模化网箱养殖设施系统。

c. 研发大型养殖工船，构建游弋式海上渔业平台。以老旧大型船舶为平台，变船舱为养殖水舱，变甲板为辅助车间，成为具有游弋功能、能在适宜水温和水质条件海区开展养殖生产、可躲避恶劣海况与海域污染的大型海上养鱼工厂，并

成为深远海渔业生产的补给、流通基地。

d. 研发机械化、信息化海上养殖装备与专业化辅助船舶，提高生产效率，保障养殖生产。

针对海上规模化安全、高效养殖生产的要求，研发起网、投饵、起捕、分级等机械化作业装备及数字化控制系统，构建具备生产控制、环境预报、科学管理等功能的信息系统；研发燃油、淡水、食物供给及活鱼运输专业辅助船，为深远海养殖生产提供保障。

③战略目标

针对我国深远海海域区域性特点及渔业发展要求，加强科技创新与装备研发，建立积极的扶持政策与财政专项，引导大型企业介入海洋渔业，逐步推进，形成工业化的海上养殖生产。在近海开放性海域，充分利用现有岛礁环境，构建一批集深水网箱、人工鱼礁、海底藻场于一体的生态工程化海洋牧场，达到以修复区域性水域生态环境为前提的网箱养殖生产效应。在远海海域，利用岛礁或原钻井平台建立深远海养殖基站，发展一批大型养殖网箱，开展以区域性特定品种为主的规模化养殖生产。利用老旧大型船舶，改造一批集成鱼养殖、苗种繁育、饲料加工、捕捞渔船补给及渔获物冷藏与冷冻等功能于一体的大型海上养殖工船，在南方及北方海区“逐水而泊”，利用最佳水温与水质条件，发展南方温水性鱼类及北方冷水性鱼类规模化养殖平台。2020 年，我国已全面形成面向深远海、合理分布于主权海域的海上水产品养殖生产与流通体系，实现了海洋渔业由“捕”向“养”的根本性转变，建立了领先于世界的工业化蓝色农业生产体系。

（5）战略任务与重点

①加强技术创新与系统集成研究，构建近海生态工程化网箱设施系统。重点以近海海域生态保护与修复为前提，通过网箱结构的技术创新及网箱养殖设施系统与人工鱼礁、海底藻场的系统集成，建立近海生态工程化海洋牧场与网箱养殖生产技术体系，逐步完善并形成适合于不同海洋环境与养殖生产要求的系统模式，在沿岸近海开放性海域合理分布，形成一定规模的近岸蓝色农业产业带。

②应用现代海洋工程技术，研发大型深远海网箱，构建海上养殖基站。针对我国沿海海域海况特点，以现代海洋工程技术为支撑，远离近岸富营养化水域，发展离岸养殖设施，通过研发大型深水网箱，以南海、东海海域为重点，构建依托原钻井平台或适宜岛屿的海上养殖基站，形成具有开发海域资源、守护海疆功能的渔业生产基地。

③结合现代船舶工程技术，研发大型海上养殖工船，构建游弋式海洋渔业生产与流通平台。以现代船舶工业技术为支撑，应用陆基工厂化养殖技术，研发具有游弋功能，能获取优质、适宜的海水，可躲避恶劣海况与水域环境污染，在海上

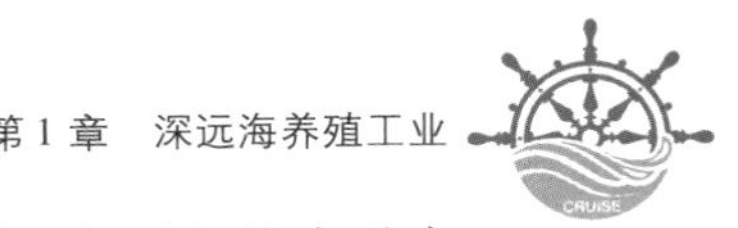

开展集约化、工业化生产的养殖工船，并以南海海域资源开发、海疆守护为重点，在养殖工船的基础上，形成兼有捕捞渔船、渔获中转、物资补给、海上初加工等功能的游弋式海洋渔业生产平台。

(6)科技发展策略与重点

①发展战略

按照进入深远海，构建符合"安全、高效、生态"的要求，开展集约化、规模化海上养殖生产体系的发展定位，以近海生态工程化网箱设施系统、远海海上养殖基站、远海游弋式养殖工船为重点，通过技术研发与集成创新，提升深水抗风浪网箱设施的整体性能，形成开放性海域深水网箱设施生态工程化构建技术体系。

突破深海大型网箱设施结构工程技术，形成深海养殖基站构建技术体系；研发专业化游弋式海上养殖平台，建立养殖工船技术体系；研发机械化、信息化关键装备，形成海上集约化、规模化养殖全面配套的装备技术。通过集成示范，不断完善技术体系，构建技术规范，形成较为完善的深远海养殖设施技术体系与装备配套企业群，不断推进海上养殖设施向深水、远海发展，如图 1 – 14 所示。

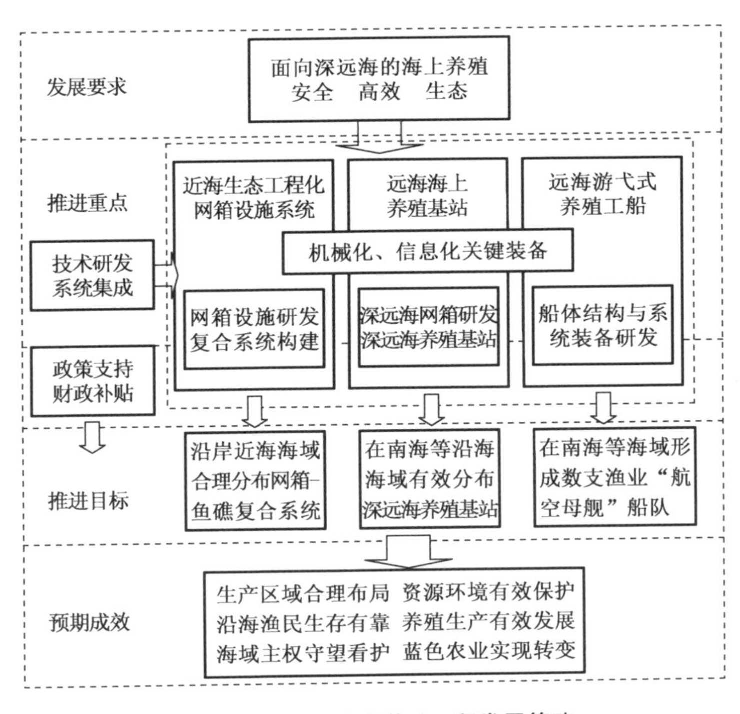

图 1 – 14　我国离岸养殖工程发展策略

②发展重点

a. 深远海网箱结构优化与养殖环境生态工程化构建

围绕开放性海域网箱设施生态工程化模式构建，通过关键技术研究与集成创新，优化重力式网箱框架、锚泊与箱形结构，研发新型的沉式网箱设施，提高设施抗风浪与箱形抗水流性能。

构建网箱 - 鱼礁复合养殖生产与环境修复渔业模式，集成机械化装备与高效健康养殖技术，形成网箱养殖与环境修复的核心示范区。

b. 大型深远海网箱设施研发

针对深远海海域海况条件，开发结构可靠、便于操作的大型网箱设施及高效监控操作装备，利用岛礁或原钻井平台，探索建立深远海养殖基站，建立生产模式。

c. 养殖工船系统化构建

集成陆基工厂化养殖系统构建技术，研发利用船舱进行高密度集约化养殖、能获取优良水质与适宜水温、具有相当抗风浪和游弋能力的专业化养殖渔船及其生产管理机械化装备，建立试验型生产系统，逐步形成系统化、工业化生产模式。

3. 我国深远海养殖工程装备发展成果

近年来，我国深远海养殖工程装备在国家海洋战略的指引下，取得了长足的进步，一些具有先进水平的养殖工程装备已经具备了自主设计、建造的能力，有些已经完成研制，交付企业运营。主要成果如下。

(1) 中国水产科学研究院渔业机械仪器研究所的成果

中国水产科学研究院渔业机械仪器研究所正在利用船舶和海洋工程装备的技术优势，与渔业养殖跨界合作，研发设计深远海养殖工程装备，成果累累。

我国第一艘养殖工船“鲁岚渔养 61699”号是由山东万泽丰海洋开发集团有限公司出资、中国水产科学研究院渔业机械仪器研究所和中国海洋大学设计的。2017 年 7 月 2 日上午，日照黄海冷水团绿色养殖研究院揭牌暨养殖工船启航仪式在日照港达船舶重工有限公司码头举行。随后我国第一艘养殖工船启航开赴日照以东 100 n mile 外的黄海冷水团区域，正式开启了它的使命。

“鲁岚渔养 61699”号养殖工船(图 1 - 15)长 86 m、宽 18 m、深 5.2 m，拥有 14 个养鱼水舱，主机总功率 1 856 kW，满载排水量 4 832 t，配备饲料舱、加工间、鱼苗孵化室、鱼苗实验室等设施齐全的舱室和设备，可满足冷水团养殖鱼苗培育和养殖场看护要求。该养殖工船相当于一个超大的浮动网箱，深入到普通养殖网箱无法到达的深远海区。冷水团养殖工船通过循环抽取海洋冷水团中的低温海水，可以低成本进行三文鱼等高价值的海洋冷水鱼类养殖。

(a)

(b)

图 1 –15　“鲁岚渔养 61699”号养殖工船

该养殖工船和多类网箱组成的离岸养殖系统，开创了陆海衔接的养殖模式，打通山东省黄海冷水团优质鱼养殖与内地苗种供应基地的联系；可催生深远海养殖产业带，形成海洋经济新增长点；是率先建造的养殖工船 – 网箱 – 观测一体化工程示范平台，引领我国新一轮海水养殖浪潮；在世界上首创温带海域冷水鱼类规模化养殖模式，促进了我国由水产养殖大国向水产养殖强国的转变。

由中国水产科学研究院渔业机械仪器研究所与广州船舶及海洋工程设计研究院、青岛蓝粮海洋工程科技有限公司共同设计，青岛国信发展（集团）有限责任公司、中国船舶集团有限公司投资建造的全球首艘 10 万吨级“国信 1 号”智慧渔业大型养殖工船（图 1 –16）已于 2022 年 1 月 25 日，在中国船舶集团青岛北海船厂顺利实现出坞下水。

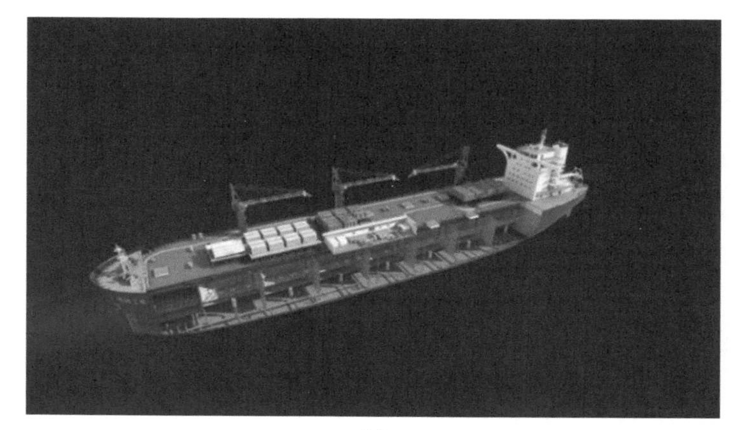

(a)

(b)

图 1－16 “国信 1 号”智慧渔业大型养殖工船

“国信 1 号”智慧渔业大型养殖工船是深远海智慧渔业的重要载体，可提供近 8 万 m^3 养殖水体，能在 12 级台风下安全生产，并能移动躲避超强台风，能实现养殖过程的工厂化、智能化管理。还可以形成以超大型养殖工船为核心的深远海养殖工业园区，其模式如图 1－17 所示。

该养殖工船通过自主航行可全年找到最优质水源和最佳养殖水温，采用封闭工船式养殖系统，营造鱼类最佳生长环境。通过大型养殖工船及其配套设施建设构建多功能、全产业智慧渔业养殖平台。

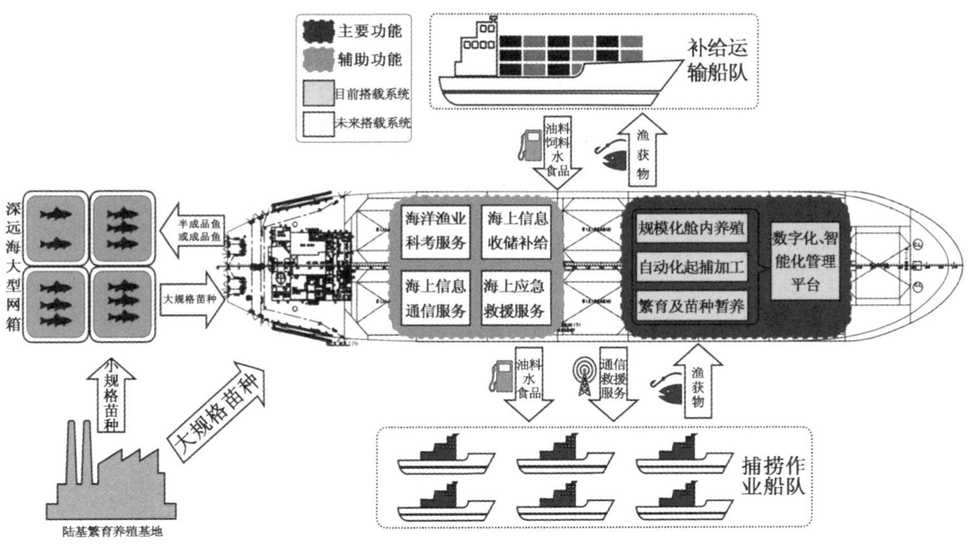

图1-17　以超大型养殖工船为核心的深远海养殖工业园区

(2)中集来福士海洋工程有限公司的成果

中集来福士海洋工程有限公司是我国研发设计建造养殖工程装备较早的企业,已经从浅海走向了深远海。借助于深厚的深海海洋油气工程装备的设计建造能力,其养殖工程装备的设计建造能力位于国内前列。主要各类养殖工程装备成果如下。

①自升式多功能海洋养殖平台(图1-18)

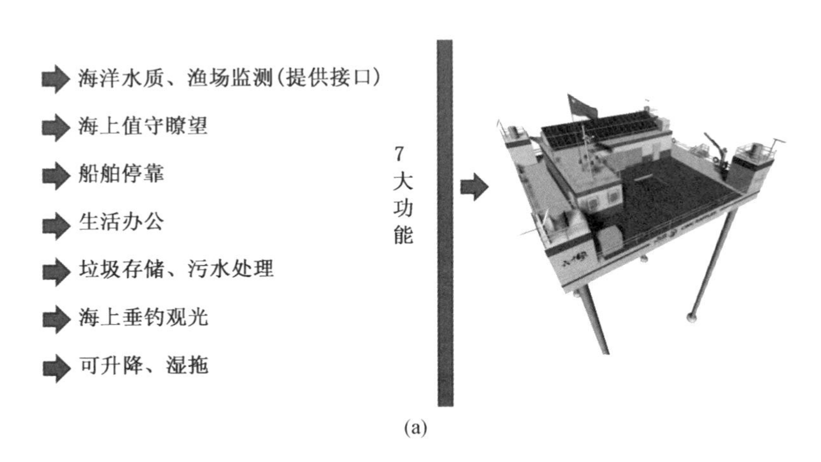

(a)

图1-18　自升式多功能海洋养殖平台

设计船型：自升式平台

船级社：无须入级

归属管理单位：海洋与渔业局

目标海域：山东省莱州湾

居住人数：4 人

设计建造周期：47 d

工作水深：10 m

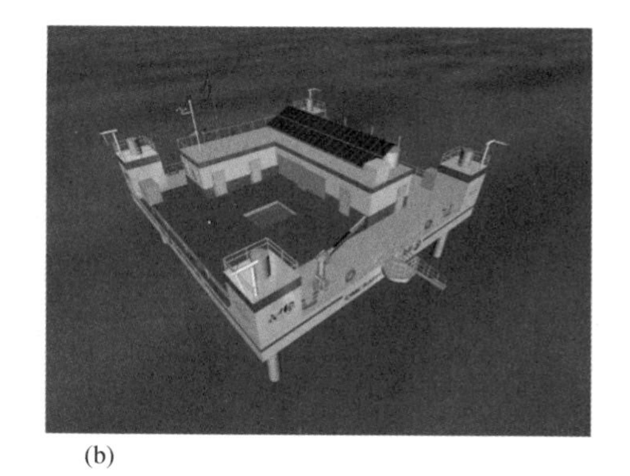

(b)

图 1 – 18(续)

主要参数如下。

- 设计水深：10 m。
- 结构设计温度：–10 ℃。
- 最大波高：6 m。
- 气隙：6 m。
- 入泥：10 m。
- 额定人数：4。
- 可变载荷：16 t。
- 拖航吃水：1.25 m。

②新渔场概念船型

a.“耕海 1 号”深水网箱(图 1 – 19)

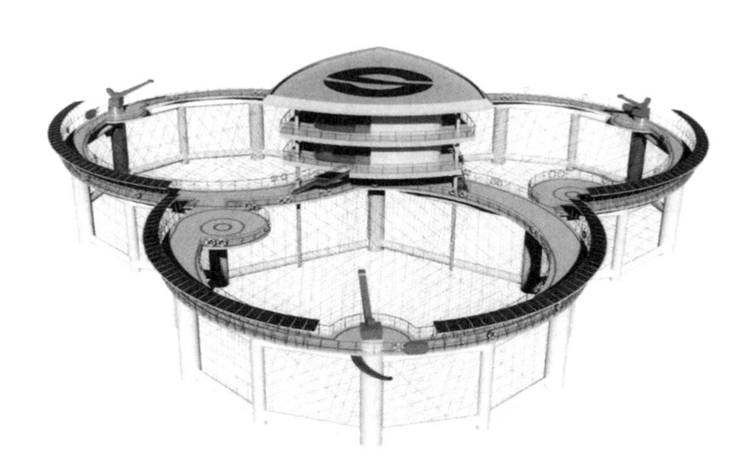

图 1 – 19 “耕海 1 号”深水网箱

“耕海 1 号”深水网箱是由烟台中集蓝海洋科技有限公司和山东海洋集团有限公司联合设计的座底式网箱，由 3 个直径 40 m 的大型网箱组合而成，总体积 2.7 万 m^3。3 个网箱中设有面积 600 m^2 的中心平台，采用太阳能和柴油机发电器作为电力来源，配备多种自动化系统。

b.“华屿 1 号”深水网箱（图 1－20）

“华屿 1 号”深水网箱是由国内某研发机构设计的坐底式半潜网箱，总体尺寸长约 150 m，宽约 72 m，高约 24 m，并配备有多种自动化养殖系统。

(a)“华屿1号”深水网箱实物图

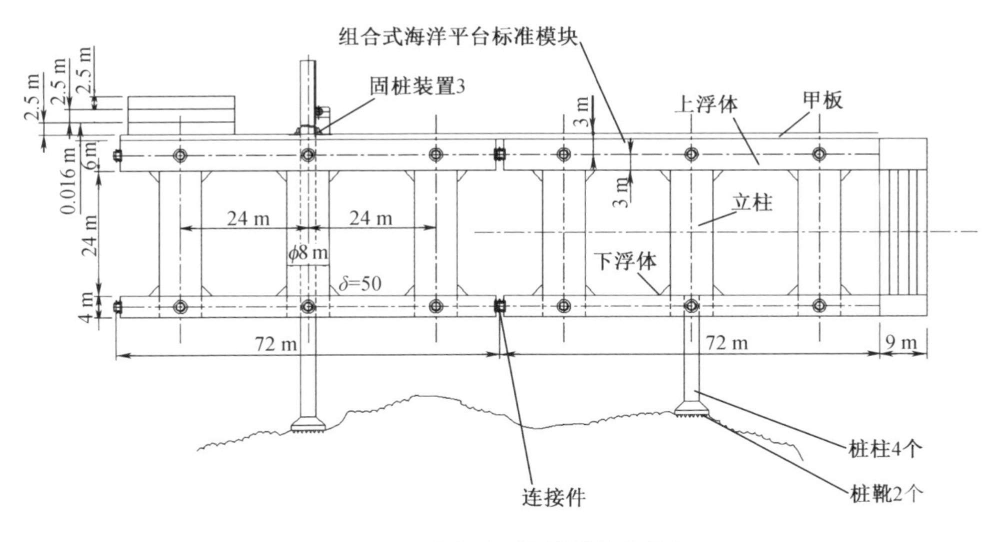

(b)“华屿1号”深水网箱主视简图

图 1－20　“华屿 1 号”深水网箱

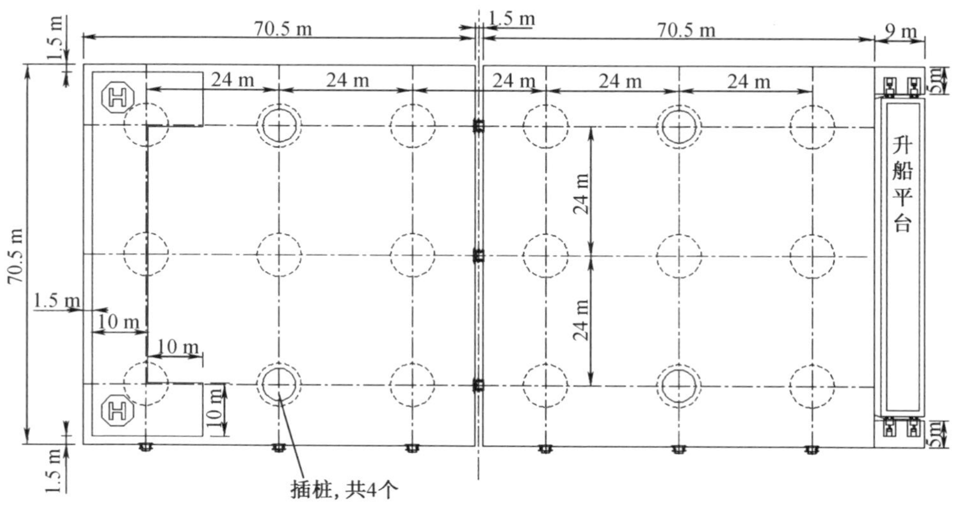

(c)“华屿1号”深水网箱俯视简图

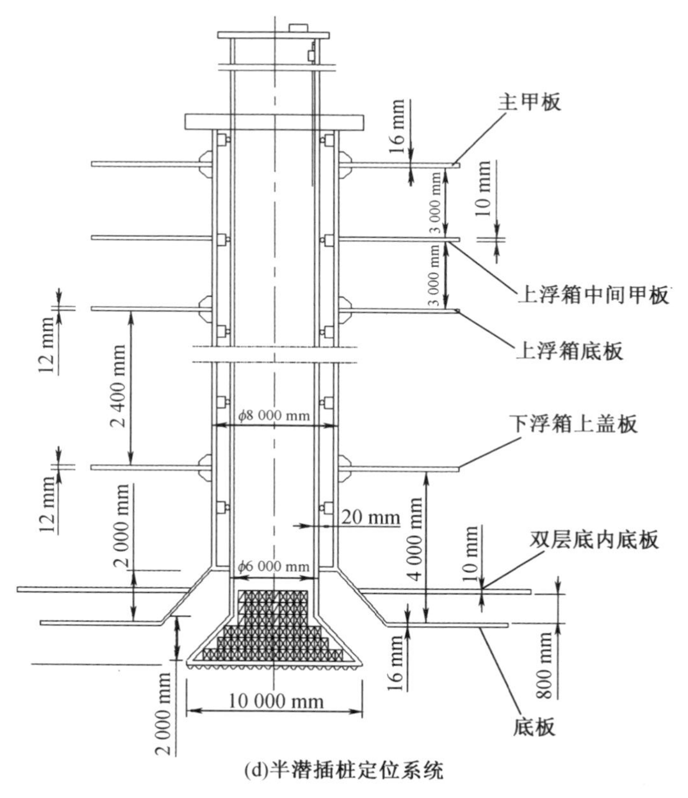

(d)半潜插桩定位系统

图 1 – 20(续)

③交付的工程装备

a. 2018 年 3 月 1 日，烟台中集蓝海洋科技有限公司交付了一座自升式海洋牧场平台，该项目船体为钢制结构，设计型长 25 m、型宽 25 m、型深 2.5 m。采用 4 条长 34 m 的圆柱形桩腿并配有液压插销式升降系统，可通过太阳能绿色发电配合传统柴油发电机保障长期不间断供电。根据功能需求，该平台可升级改造，适用于海上水质观测科研、海上养殖、海上旅游休闲、海上观光酒店、海上垂钓娱乐等多个领域。

b. 2019 年 4 月 25 日，烟台中集蓝海洋科技有限公司为长岛弘祥海珍品有限责任公司（以下简称“长岛弘祥”）设计建造的智能网箱“长鲸 1 号”在烟台基地交付。这是目前国内首座深远海智能化坐底式网箱，其将被拖往长岛海洋生态文明综合试验区大钦岛附近渤海海域，稳稳“坐”在海床上，成为国内深远海智能渔业养殖和海上休闲旅游的新“地标”。

c. 2020 年 3 月 31 日，全球最大三文鱼养殖工船将奔赴挪威，其被命名为 JOSTEIN ALBERT，并将在中集国际物流有限公司的协同下，通过运输船“Boka Vanguard”以“干拖”形式运输至挪威哈德瑟尔区域。该养殖工船全长 385 m，装载质量约 3.75 万 t，可容纳 10 000 t 三文鱼。

（3）其他典型的养殖装备

①迪玛仕半潜式深海渔场（图 1－21）

图 1－21　迪玛仕半潜式深海渔场

半潜式深海渔场由荷兰迪玛仕（De Maas SMC）船舶技术咨询公司设计，福建省马尾造船股份有限公司承建。不同于烟台中集蓝海洋科技有限公司的设计，荷兰迪玛仕船舶技术咨询公司的设计在保证容积的条件下，尽可能减小质量，减少钢材用量。渔场直径 140 m、高度 12 m、容积 15 万 m^3、单位造价 1 亿～1.3 亿元，合每立方米养殖水体的成本是 650 元。

该渔场可以潜入海平面下，在海洋风暴最强的时刻规避“浪差”。如果暴露在海面，渔场结构必须十分稳定，要能承受巨大的风吹和浪打；但降至2～3倍浪高以下的水面，渔场受海浪的影响较小。

②“德海1号”智能化渔场（图1-22）

图1-22 “德海1号”智能化渔场

2019年9月，中国水产科学研究院南海水产研究所与天津德赛环保科技有限公司共同研制的万吨级半潜船渔场“德海1号”投放至珠海。该渔场总长度91.3 m、宽度27.6 m、养殖水体3万m^3，每立方米水体造价500～700元，可抵抗17级台风、9 m浪高，使用年限20年以上。

③“深蓝1号”全潜式深海渔场（图1-23）

图1-23 “深蓝1号”全潜式深海渔场

中国船舶重工集团公司旗下武昌船舶重工集团有限公司建造的“深蓝1号”

全潜式深海渔场于 2019 年 5 月交付日照市万泽丰渔业有限公司使用。“深蓝 1 号”拥有养殖水体 5 万 m^3，一次可养育三文鱼 30 万条，实现产量 1 500 t。

“深蓝 1 号”安装在日照市以东 150 km 的黄海海域，以冷水团进行三文鱼养殖生产，其潜水深度可在 4 ~ 5 m 调整，依据水温控制渔场升降，可使鱼群生活在适宜的温度层。

④“海王牧场”半潜式渔场（图 1 – 24）

图 1 – 24　“海王牧场”半潜式渔场

“海王牧场”半潜式渔场由舟山海王星蓝海开发有限公司设计，项目承建企业威海海恩蓝海水产养殖有限公司拟在山东威海附近投资黄海冷水团三文鱼养殖场，投资额约 10 亿元。

此渔场将三文鱼限定在一定的深度下，利用增氧机维持空气压力，使三文鱼能够定时给自身鱼鳔充气，保持生物活性。

（4）深海渔场智能化辅助设备技术

①渔场集中控制检测（图 1 – 25）

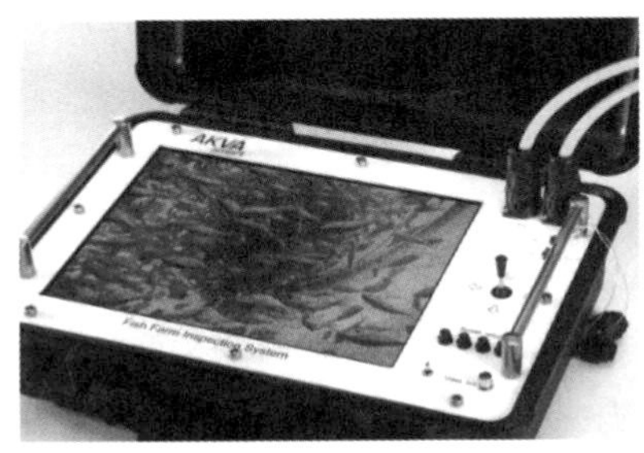

(a)渔场检测系统

(b)控制中心

图 1 – 25　渔场集中控制检测

渔场集中控制检测,采用中心控制平台或网箱上建立控制中心,便于网箱各类检测。

②水下养殖各种传感器(图1-26)

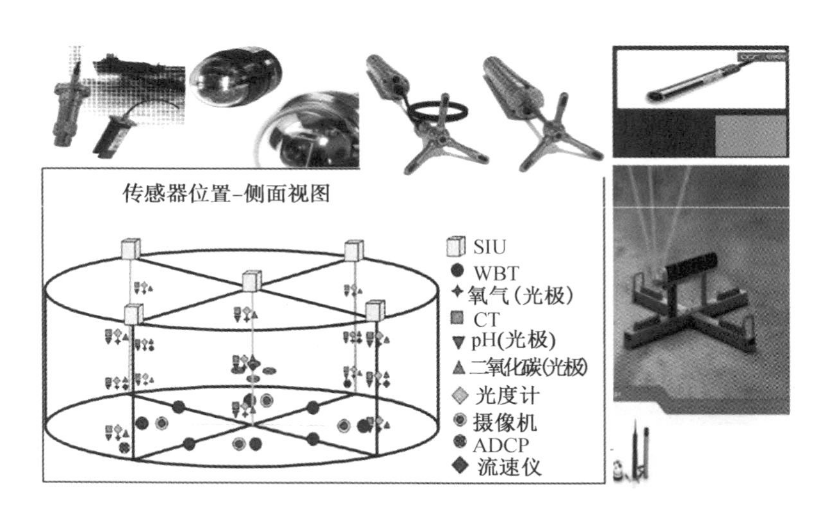

图1-26　水下养殖各种传感器

③水面饲料抛洒设备(图1-27)

图1-27　水面饲料抛洒设备

水面饲料抛洒设备采用电脑控制,利用管道低压输送。一台风机投饵系统可实现多达60路远程输送,通常采用8~24路,每路为一个网箱输送。投饵输送风机功率为7.5~48 kW,输送距离为30~1 400 m,最大喂料量为648~5 220 kg/h。

④死鱼处理设备(图1－28)

(a)

(b)

图1－28　死鱼处理设备

为了预防死鱼引起交叉感染,同时分析鱼病及死亡原因,通常在网箱底部安装伤、残、死鱼收集系统和监视器。可采用吸入法或者利用小网箱对伤、残、死鱼进行收集。

⑤渔网清洗设备(图1－29)

图1－29　渔网清洗设备

渔网清洗设备采用机械清理系统,清洗附着在围网上的海洋生物。

⑥养殖水下灯具

养殖水下灯具主要用于为鱼类养殖提供合适的光照方案,以提升鱼类的生长和健康水平。

⑦深远海渔场工作艇

深远海渔场工作艇主要用于往返陆地和养殖网箱,输送饲料及其他物质,具备快速到达的能力。

第2章

深远海养殖工业装备研究设计

深远海养殖事业的关键环节是要有现代化的养殖工程装备，因此，发展养殖工程装备，尤其是具有自主知识产权的养殖工程装备是我国的重中之重。

深远海养殖装备包括养殖工船、深水网箱等，下面将介绍这些装备的设计技术、重点设备系统等。

2.1 深远海大型养殖工船的设计技术

2.1.1 深远海大型养殖工船的总体设计

深远海养殖工船的总体设计包括船型主尺度、总体布置、性能分析等，其主要研究内容如下。

1. 深远海养殖工船船型与布置

目前研究设计的大型深远海养殖工船目标船型是10万吨级，其主要尺度是根据船型设计的目标技术与经济指标要求，依据船级社相关船型及其环境要求而设计确定，选择的规范如下。

(1)《海上移动平台法定检验技术规则》。

(2)《海上移动平台入级规范》。

船型主要参数与总布置图如表2－1、图2－1所示。

表2－1 船型主要参数信息表

总长	—	249.80 m
规范船长	—	241.40 m

表 2-1(续)

垂线间长	L_{pp}	241.00 m
型宽	B	48.00 m
型深	D	18.50 m
设计吃水	d	12.00 m
结构吃水	ds	12.50 m
设计排水量	Δ	121 289.64 t
最大排水量	Δs	126 916.25 t
定员	C	74+1P
推进电机	—	TC6540MC-C9　1set
	MCR	5 000 kW×70 r/min
设计航速	—	-9.75 kn
总吨位	GT/净吨位 ST	70 176/28 559
航区	—	无限航区
淡水舱舱容	—	3 426.4 m^3
燃油舱舱容	—	5 698.7 m^3
柴油舱舱容	—	234.7 m^3
养殖舱舱容	—	116 467.1 m^3
滑油舱舱容	—	154.2 m^3
压载水舱容	—	1 398.9 m^3

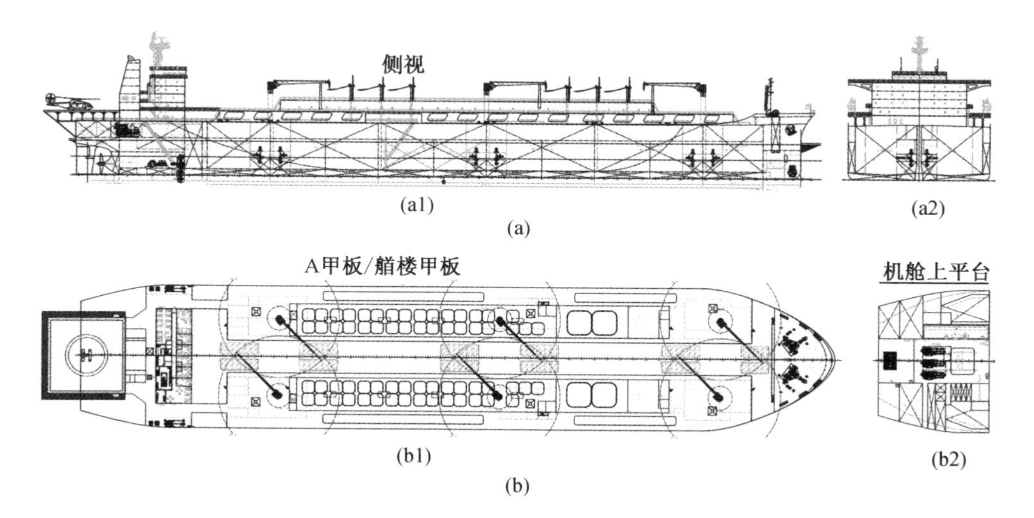

图 2-1　总布置图

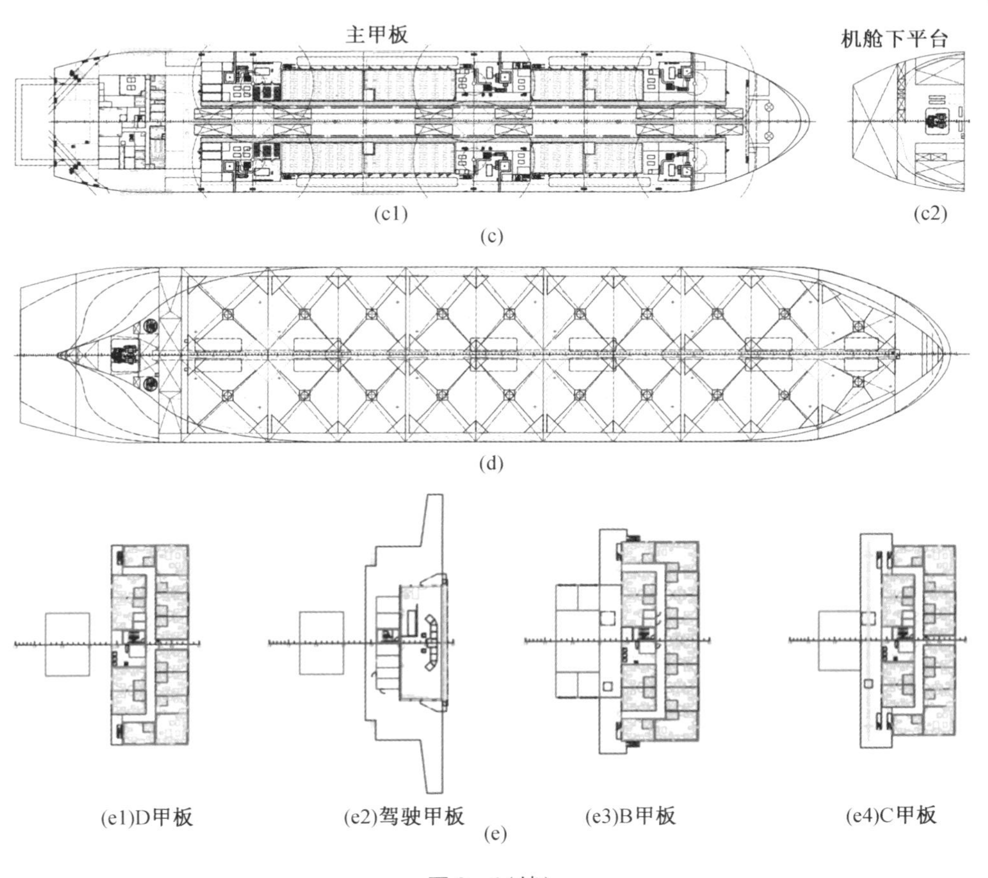

图 2-1(续)

2. 深远海养殖工船稳性设计准则及校核方法

深远海养殖工船作为一种典型的具有自航能力且长期系泊在固定海域作业的工程船舶及一种新型的海洋工程装备,国内外对其相关的研究还很少,目前还没有专门的养殖工船稳性设计规范。相比于其他船舶,养殖工船的稳性问题更加突出,一方面,养殖工船布置有大量的养殖水舱,这些养殖水舱会产生较大自由液面,从而对船体稳性造成不利影响;另一方面,为满足养殖需求,养殖工船布置有狭长的设备舱贯穿整个养殖舱段,这无疑对船体破损稳性提出了更高的要求。稳性安全至关重要,需要通过分析养殖工船的作业特点,结合相关规范要求,建立养殖工船稳性设计准则。这一稳性设计准则,以及基于设计衡准的校核方法的研究具有重要意义。

(1)目标工船简介

本部分以某养殖工船实际设计项目为研究对象。已知该船垂线间长 249 m、型宽 45 m、型深 21.5 m、设计吃水 12 m、设计排水量约 110 000 t。其在正常工作状态下通过系泊装置固定在作业海域进行养殖作业,同时具备自航能力以完成定期的出港、返港和紧急情况下的逃脱,设计航速为 15 kn。该船船体为双底、双壳、纵骨架式结构,全船共布置有 15 个养殖水舱,其中 1 号养殖水舱为布置在船中的独立舱,2 ~ 15 号养殖水舱为左右对称布置的对称舱,养殖工船示意图如图 2 - 2 所示。

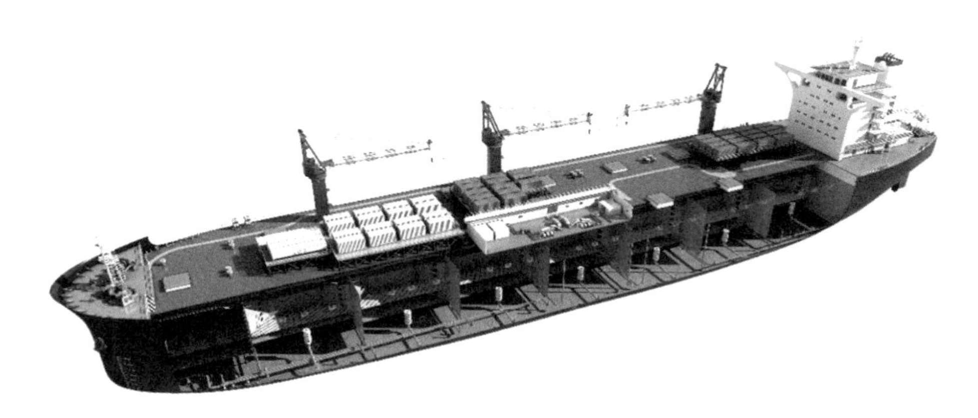

图 2 - 2　养殖工船示意图

(2)养殖工船稳性设计准则

深远海养殖工船作为一种新兴的海上渔业养殖设施,目前国内外还没有形成统一的设计准则。

首先,养殖工船具备自航能力,需要定期出港、返港及在紧急情况下逃脱,应满足主管机关对海上航行船舶的相关要求。

其次,由于养殖工船长期系泊于固定海域进行养殖作业,还应满足主管机关对海上作业平台的相关要求。

最后,养殖工船作为一种渔业养殖设施,还应满足主管机关对渔业船舶的相关要求。

2019 年 8 月 1 日,中国船级社颁布了《海上渔业养殖设施检验指南(2019)》(以下简称《检验指南》),将"船式海上渔业养殖设施"单独成章,比较系统地阐述了中国船级社对于养殖工船的设计要求。《检验指南》是目前国内深远海养殖工船设计的指导性文件,它明确了"船式海上渔业养殖设施"的含义,即具备限定

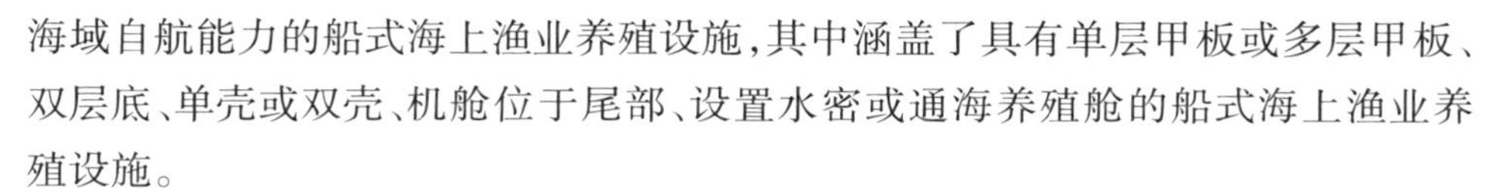

海域自航能力的船式海上渔业养殖设施，其中涵盖了具有单层甲板或多层甲板、双层底、单壳或双壳、机舱位于尾部、设置水密或通海养殖舱的船式海上渔业养殖设施。

在完整稳性方面，《检验指南》要求：在航行工况下应满足《钢质海船入级规范》第 2 篇第 1 章第 9 节的相关规定，有限航区船舶适用于《钢质海船入级规范》第 10 篇第 2 章的相关规定；在养殖工况下应满足《海上移动平台入级规范》第 3 篇第 2 章第 3 节对水面式平台的相关规定。上述规定主要对复原力臂值与复原力臂曲线下的面积、初稳性高度及气象衡准等做了具体要求，在此不再赘述。

在破损稳性方面，《检验指南》要求：在航行工况下应满足《钢质海船入级规范》第 2 篇第 1 章第 10 节的相关规定，有限航区船舶适用于《钢质海船入级规范》第 10 篇第 2 章的相关规定；在养殖工况下应满足《海上移动平台入级规范》第 3 篇第 2 章第 4 节对水面式平台的相关规定。上述两种规范对船舶的破损范围及破损后需满足的衡准都有不同的要求，需要分别校核、同时满足。

《检验指南》作为指导性文件，规定了入级中国船级社的养殖工船需要满足的设计要求，按照具体作业阶段执行不同的衡准，更加符合实际情况。目前其他船级社也出台了一些关于海上渔业养殖设施的指导性文件，如挪威船级社（DNV－GL）发布的《海上渔业养殖设施和装置》（*Offshore fish farming units and installations*）（DNVGL－RU－OU－0503），规定了海上渔业养殖设施主要执行《海上移动式钻井平台构造和设备规则》，但《海上渔业养殖设施和装置》还针对网箱一类的渔业养殖设施，并不完全适用于养殖工船，因此在养殖工船实际设计中，建议主要参考《检验指南》相关规定执行，如果主管机关另有要求，则应优先满足主管机关的要求。

（3）小结

本书通过分析养殖工船作业特点，结合《检验指南》《钢质海船入级规范》《海上移动平台入级规范》等主要规范要求，初步建立了养殖工船稳性设计准则，继而以某养殖工船实际设计项目为依托，对船体进行完整稳性和破损稳性计算分析，并根据设计准则进行了校核，针对自由液面过大的问题，对养殖水舱进行了优化设计。结果表明，该类型养殖工船能够较好地满足稳性设计准则的要求，为该类船型的设计工作提供了参考。

3. 深远海养殖工船规则波下船体阻力特性计算

船舶在水中航行过程中，由于船身与水流的相互作用，会使得船体受到较大的水流阻力。在过去很长的一段时间内，船模试验一直是研究船舶性能最主要的方法。但是模型试验一般都是在简化之后的工况下进行的,不能考察实际航行状态下的复杂情况,并且船模与实际船体之间尺度差别很大,并不能完全模拟。近年来,借助于计算机技术的迅速发展,计算流体力学(CFD)逐渐兴起。CFD通过计算机来模拟相关物理现象,与传统模型试验相比,更为经济高效,可以模拟试验水池中难以做到的复杂现象。与势流理论计算相比,CFD基于黏性流,流体更为真实,模拟研究范围更加广泛。

船在海水中航行时,海面不可能是平静的,而是表现出各种复杂的波浪形态。为了研究船在真实海况中航行时的运动特性,就需要在自由液面中进行造波来模拟真实海况。但在拖曳水池内进行造波研究波浪对船体阻力的影响时,存在比尺效应大、成本较高等问题,而基于CFD的数值波浪,水池能够在一定程度上解决这些问题。本书基于CFD数值仿真方法,采用VOF(目标流体的体积与网格体积的比值)方法对自由液面进行模拟,研究S60船型在静水面中及在规则波中的运动。通过将计算得到的阻力系数和船体波高与试验值进行对比,验证了本书研究方法的可行性;在此基础上,研究规则波参数对船体兴波和阻力特性的影响,力图为考虑波浪影响的船舶阻力预报提供参考。

(1)计算模型

这是基于有限体积法对S60船型在静水面和规则波中的运动进行的数值模拟计算,S60船型模型如图2-3所示,长度$L=4.2$ m。将S60船型模型导入软件ICEM中进行网格划分,然后在软件ANSYS Fluent中设置边界条件进行数值仿真计算。由于S60船型左右对称,为了简化计算,节省计算资源和仿真时间,在研究中仅针对S60船型的一半进行数值仿真计算。

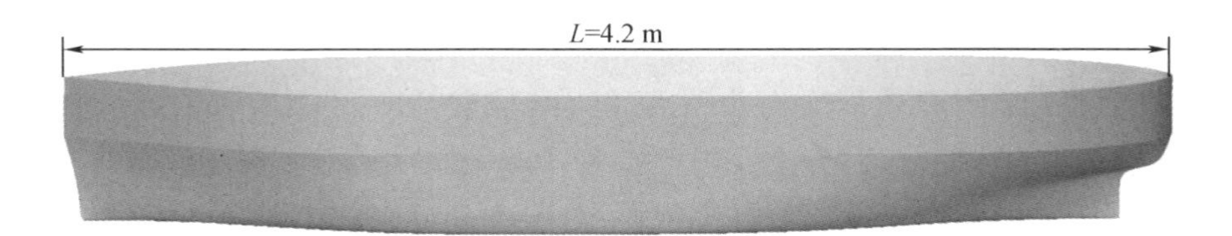

图2-3 S60船型模型图

图2-4给出的是数值仿真计算中计算域的大小和计算域的边界条件设置,其中L是S60船型的长度。从图中可以看到,计算域上面的长方体区域高度为$0.1L$,计算域下面的1/4圆柱区域的半径为船的长度L,来流从左侧流向右侧,S60船型前方的长度为$0.5L$,后方的长度为$2L$。在计算的过程中,采用来流流过

S60 船型的方式,左侧设置为速度入口,右侧设置为压力出口。由于只针对 S60 船型的一半进行仿真计算,所以将 S60 船型的中纵剖面所在的平面设置为对称边界,如图 2-5 所示,S60 船型表面和其余的面均设置为壁面边界。计算域上面长方体区域介质为空气,下面 1/4 圆柱区域介质为水,中间的分界面为自由液面。从图 2-5 中可以看到,S60 船型模型分成了两个颜色,上面的蓝色代表 S60 船型在空气中,下面的绿色代表 S60 船型在水中。S60 船型模型在软件 ICEM 中进行网格划分,采用结构网格的划分方式,对于 S60 船型的表面和水平面进行网格加密。

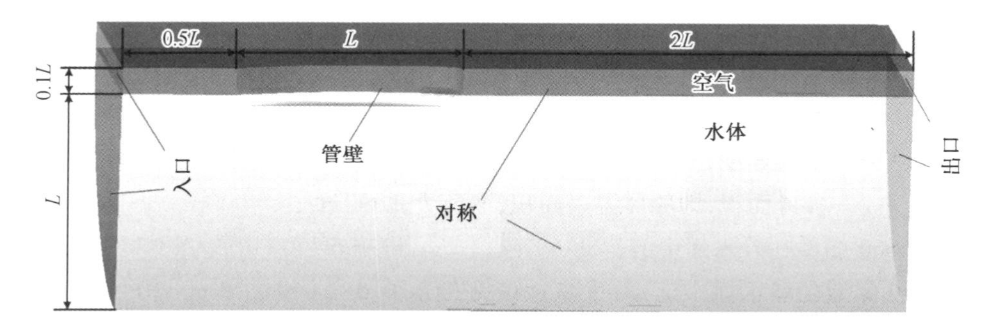

图 2-4 计算域和边界条件

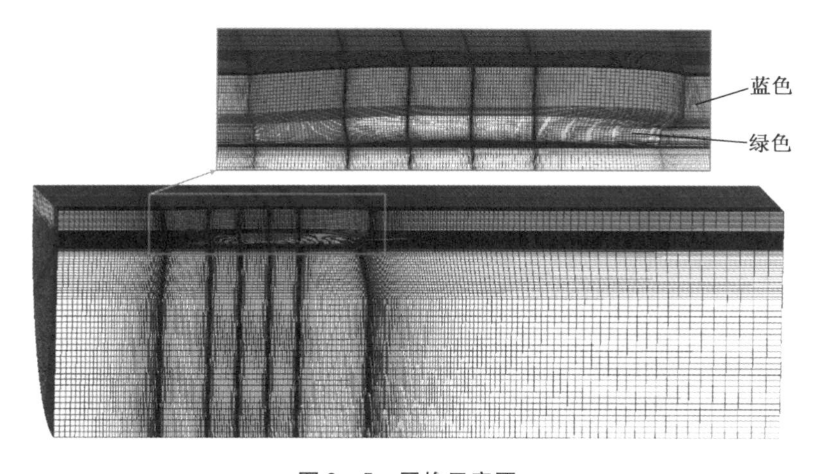

图 2-5 网格示意图

对于静水中运动的 S60 船型,只需要在速度入口处给一个稳定的速度即可。而对于 S60 船型在规则波中的运动,除了在速度入口处给定一个稳定的速度,还需要通过编写自定义函数(UDF)来控制入口处水面高度的变化规律,使得速度入口处的水面高度遵循正弦变化规律,从而在水平面上产生波高和波长都稳定可控的规则波。

(2)数值仿真分析

计算结果分为两部分:第一部分是S60船型以不同速度在静水面中的运动;第二部分是S60船型在不同波高和波长的规则波中运动。对于不同的工况,计算结果均涉及阻力系数。阻力系数的计算公式为

$$C_D = \frac{F_D}{\frac{1}{2}\rho V^2 S} \tag{2-1}$$

式中 F_D——S60船型运动时受到的阻力;

ρ——水的密度,取值为998.2 kg/m^3;

V——来流速度;

S——参考面积,即船体湿表面积,取值为2.68 m^2。

①S60船型在静水面中的运动

S60船型在静水面中运动,来流速度分别取0.55 m/s、0.75 m/s、0.95 m/s、1.15 m/s和1.50 m/s,计算得到的阻力系数与实验值的对比见表2-2。由图2-6可以看出,在不同来流速度下,船体阻力系数计算值与实验值误差均小于1%。因此,可以认为本书计算方法与计算模型的选取比较准确,可靠性较高。

表2-2 阻力系数计算值与实验值对比表

$V/(\mathrm{m \cdot s^{-1}})$	0.550 0	0.750 0	0.950 0	1.150 0	1.500 0
Fr	0.087 8	0.119 7	0.151 7	0.183 6	0.239 5
C_D(计算值)	$4.470\ 3\times10^{-3}$	$4.376\ 9\times10^{-3}$	$4.168\ 9\times10^{-3}$	$4.063\ 4\times10^{-3}$	$3.989\ 2\times10^{-3}$
C_D(实验值)	$4.479\ 0\times10^{-3}$	$4.349\ 0\times10^{-3}$	$4.165\ 3\times10^{-3}$	$4.086\ 9\times10^{-3}$	$4.008\ 5\times10^{-3}$
误差/%	-0.190 0	0.640 0	0.090 0	-0.570 0	-0.480 0

从图2-6中可以看出,在5个不同的来流速度下,船头和船尾的波高均比船中间位置的波高大,并且随着来流速度的增大,在S60船型中间位置的波高增大得不明显。当来流速度为1.50 m/s时,中间位置的波高最大,在其余4个来流速度的工况下,波高曲线有交叉,不能确切地说明波高随来流速度增大有增大或减小的趋势。而对于船头和船尾的波高,从图2-6中可以看出,它们随着来流

速度的增大而增大。图 2－7、图 2－8、图 2－9 分别为来流速度为 0.55m/s、0.75 m/s、0.95 m/s、1.15 m/s 和 1.50 m/s 时的波形图。从图中可以看出，随着来流速度的增大，波形变化较为显著。首先是船头和船尾水面高度随着来流速度的增大而增大，当来流速度较小时，船尾后方出现一个水面较高的区域。当来流速度较大时，如图 2－8 所示，船头水面较高的区域逐渐向后方延伸发展，船身两侧也出现了水面较高的区域，在水面较高的区域和船身之间存在一个水面较低的区域。

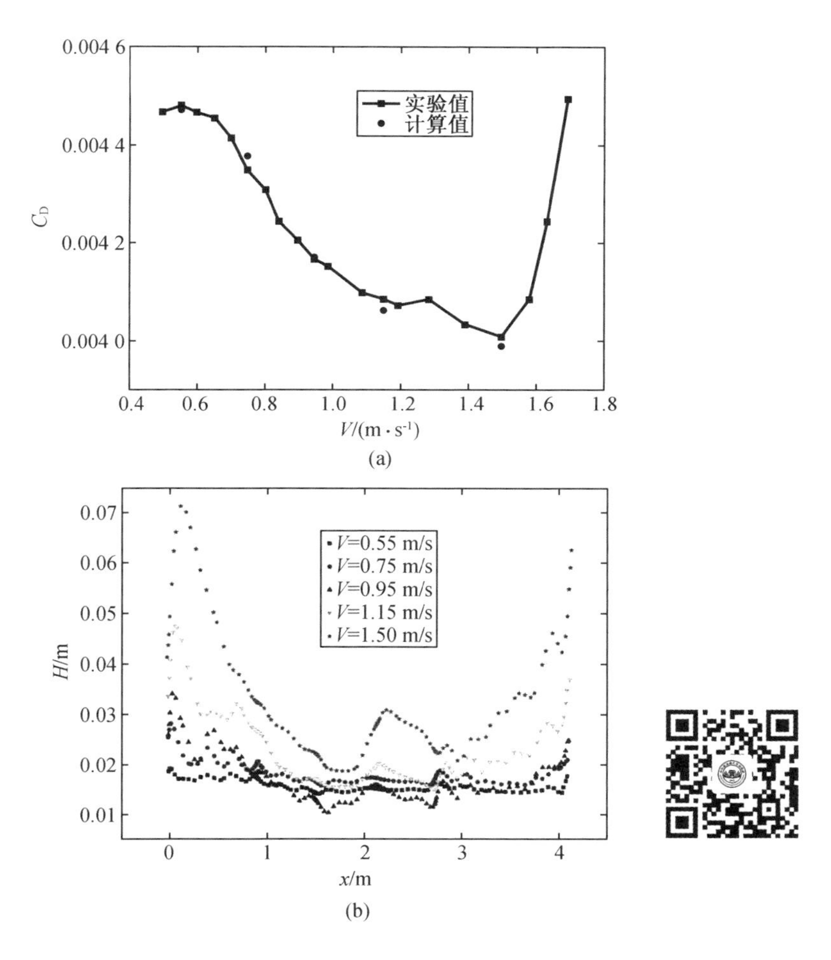

图 2－6　计算阻力系数与实验值对比与不同来流速度下的沿船体表面波高分布图

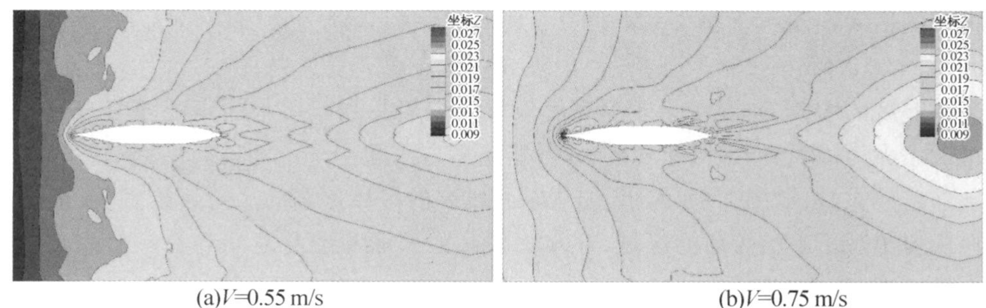

(a)V=0.55 m/s　　(b)V=0.75 m/s

图 2-7　V=0.55 m/s 时波形图与 V=0.75 m/s 时波形图

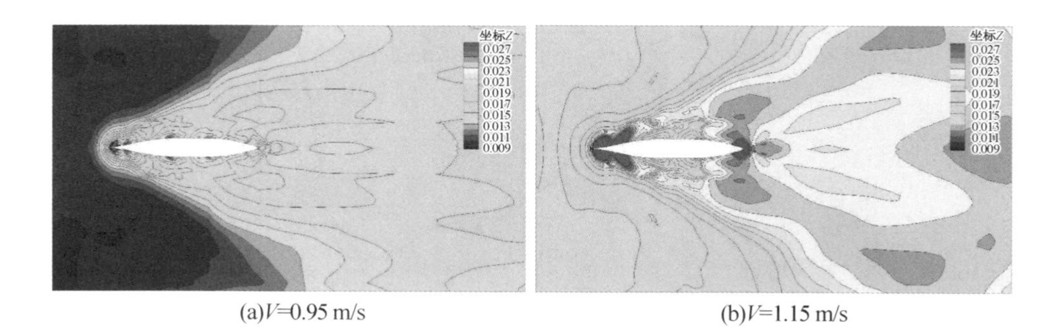

(a)V=0.95 m/s　　(b)V=1.15 m/s

图 2-8　V=0.95 m/s 时波形图与 V=1.15 m/s 时波形图

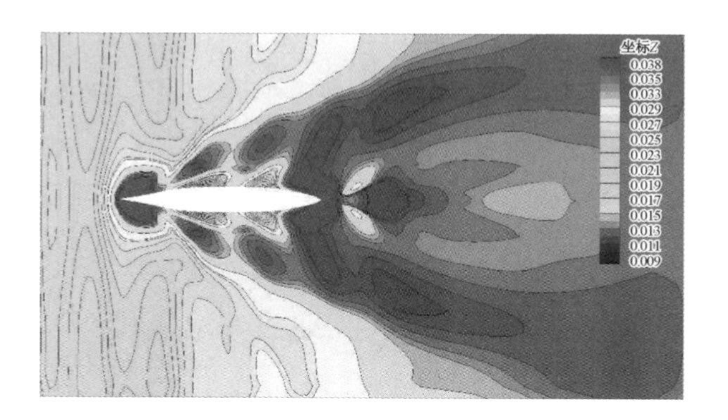

图 2-9　V=1.50 m/s 时波形图

②S60 船型在规则波中的运动

S60 船型在规则波中运动时，考虑典型来流速度 0.95 m/s。规则波的参数有波高和波长，在计算的过程中，选取了 3 个不同波高 H=0.05 m、0.15 m、0.25 m 和 3 个不同波长 λ=2 m、3 m、4 m。在入口处加载 UDF，使入口处的水面高度以正弦规律变化，从而产生规则波。但是由于重力的作用，随着与入口处距离的增加，波高会有所衰减。表2－3给出了S60船型在9个计算工况下的阻力系数，从表中可看到9个阻力系数均比S60船型以0.95 m/s的速度在静水面中运动时的阻力系数大。图2－10(a)、图2－10(b)、图2－11分别是波高$H=0.05$ m、0.15 m、0.25 m时的船体表面波高分布曲线。由于规则波正弦变化，船体波高时刻都在变化，因此在一个规则波周期内每个1/4周期选取一个时刻读取一次船体波高。在一个周期内共读取5个时刻，然后对5个时刻的船体波高取平均值，最终得到船体表面波高分布曲线。从图2－10中可看出，当波高$H=0.05$ m和0.15 m时，3个波长计算得到的船体波高均比S60船型在静水面中计算得到的船体波高大，而且3个波长计算得到的船体波高曲线图均呈现出两边高中间低的趋势。从图2－11中可看出，当波高$H=0.25$ m时，3个波长计算得到的船体波高曲线与S60船型在静水面中计算得到的船体波高曲线有交叉，说明在这种情况下S60船型在规则波中运动时船头位置的水面高度比在静水面中运动时船头位置的水面高度大。在船尾处，3个波长计算得到的3条波高曲线图与静水面中波高曲线图差异不明显，可以看出，当$\lambda=3$ m时，波高曲线图与静水面中的波高曲线图交叉多次；当$\lambda=2$ m时，船尾处的水面高度比S60船型在静水面中运动时船尾处的水面高度小；当$\lambda=4$ m时，整个船体波高曲线除了在一些很小的范围内与静水面中船体波高曲线图交叉之外，其余位置均在静水面中船体波高曲线图上方。

表2－3　S60船型在9个计算工况下的阻力系数表

计算工况	$\lambda=2$ m	$\lambda=3$ m	$\lambda=4$ m
$H=0.05$ m	0.004 784	0.004 953	0.005 068
$H=0.15$ m	0.005 145	0.005 400	0.005 311
$H=0.25$ m	0.005 496	0.004 942	0.005 299

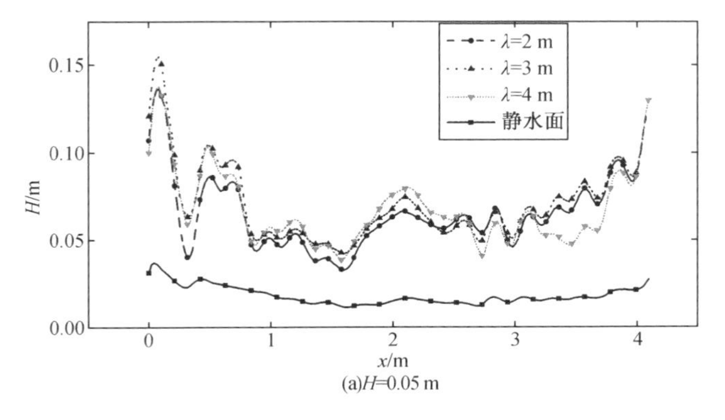

图2－10　波高$H=0.05$ m时不同波长下沿船体的波高分布图与波高$H=0.15$ m时不同波长下沿船体的波高分布图

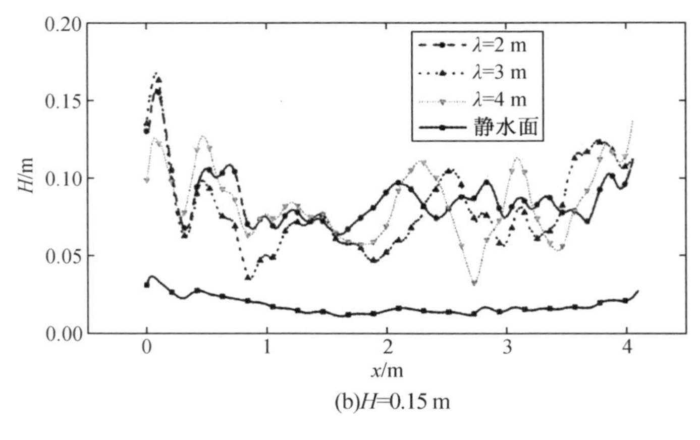

(b)H=0.15 m

图 2－10(续)

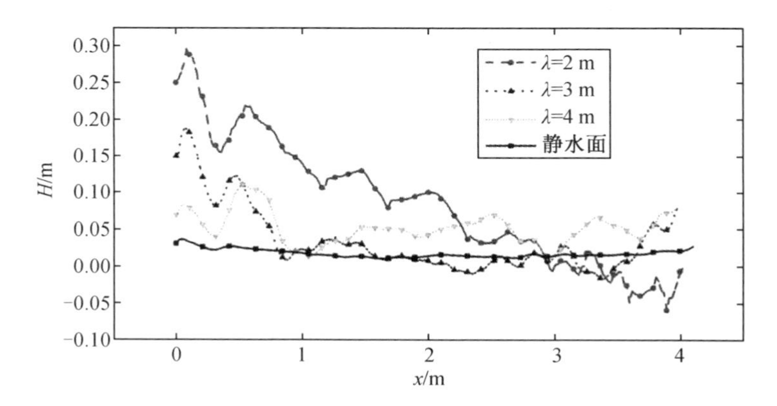

图 2－11　波高 H＝0. 25 m 时不同波长下沿船体的波高分布图

图 2－12 至图 2－16 为规则波经过船体时的波形图,由于规则波的参数不同,所以产生的波形图有明显的差别。水面的高度是瞬时变化的,产生的波形图也随时间变化。在图 2－12 和图 2－13(b)中未明显看到水面高度存在正弦波的变化规律。其中,图 2－12 的波形图与 S60 船型在静水面中运动时产生的波形图相似,不同的是,在图 2－12(a)中显示的是船体周围的水面高度很小,船尾后方也产生了一个水面高度较小的区域。在图 2－12(b)中 S60 船型头部位置的水面高度较大,将船体前后一分为二,前半部分船体周围的水面高度比后半部分船体周围的水面高度小。在图 2－13(a)中可以看到水面高度很明显遵循正弦的变化规律,船体头部两侧的水面高度较大,船尾两侧也出现了水面高度较大的区域,船尾后方则出现了两个水面高度较小的区域。在图2－13(b)中船体头部水面高度较大,船体后半部分及船尾后方的水面高度较小。在图 2－14(a)中船型头部两侧水面高度较小,船

尾两侧则出现了水面高度较大和较小的区域，并且这些区域交替出现，船尾后方也出现了一个水面高度较小的区域。在图 2 - 14(b)中水面高度以正弦规律变化最为明显，可以看出，船尾两侧的水面波高较船头两侧的水面波高大。在图 2 - 15(a)中水面高度以正弦规律变化不明显，船头两侧和船体中间部分两侧的水面高度较大，船尾后方则出现了一个水面高度较小的区域。在图2 - 15(b)中船头和船尾两侧的水面高度较大，船体中间部分两侧的水面高度较小，船尾后方也出现了水面高度较小的区域。在图 2 - 16 中，整个船体两侧的水面高度均较小，只在船头前方出现了一个水面高度较大的波峰，船尾后方则出现了一个水面高度较小的波谷和一个水面高度较小的区域。

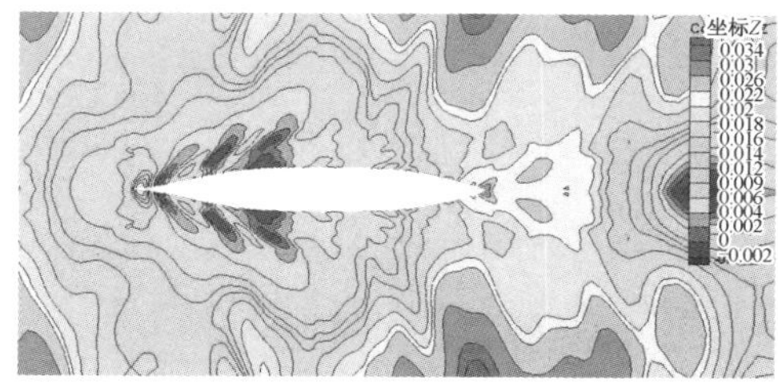

(a)H=0.05 m、λ=2 m、V=0.95 m/s

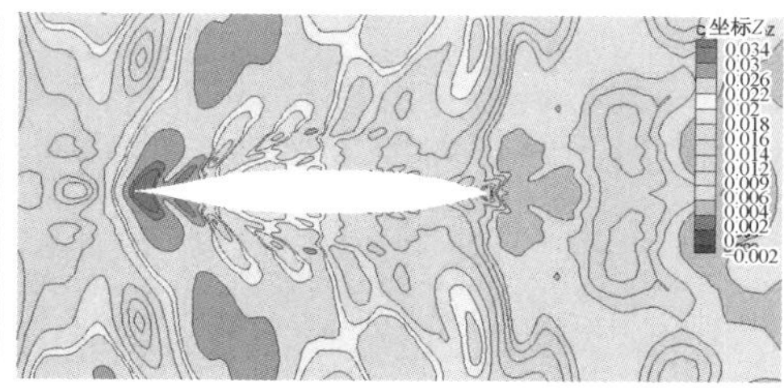

(b)H=0.05 m、λ=3 m、V=0.95 m/s

图 2 - 12　规则波经过船体时的波形图(一)

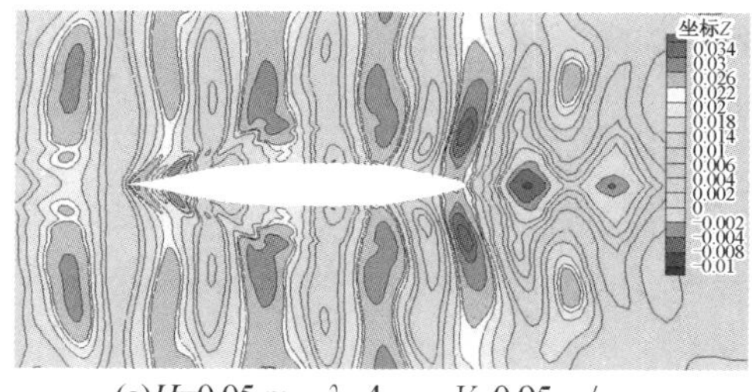

(a)H=0.05 m、λ=4 m、V=0.95 m/s

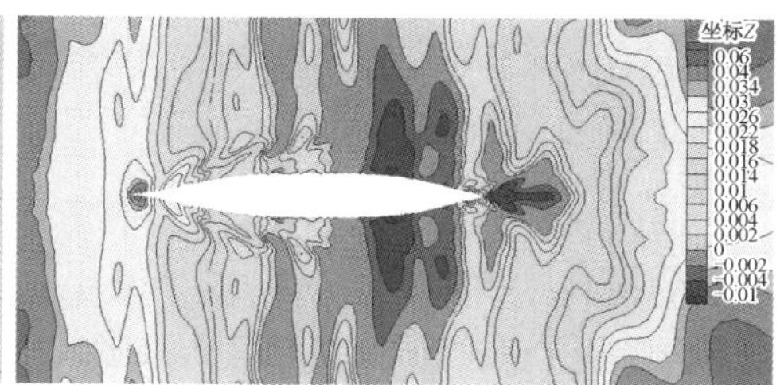

(b)H=0.15 m、λ=2 m、V=0.95 m/s

图 2 - 13　规则波经过船体时的波形图(二)

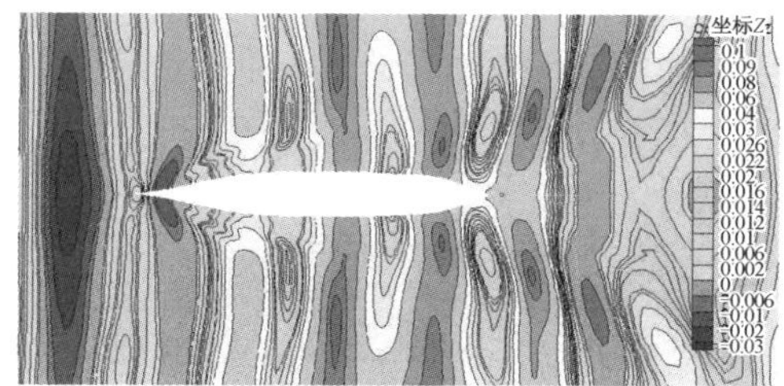

(a)H=0.15 m、λ=3 m、V=0.95 m/s

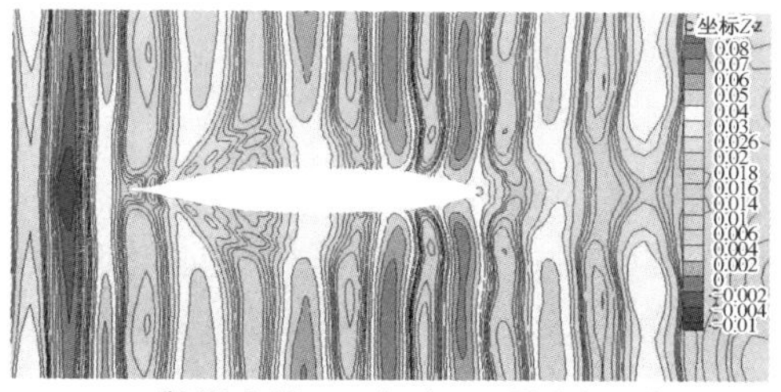

(b)H=0.15 m、λ=4 m、V=0.95 m/s

图 2 - 14　规则波经过船体时的波形图(三)

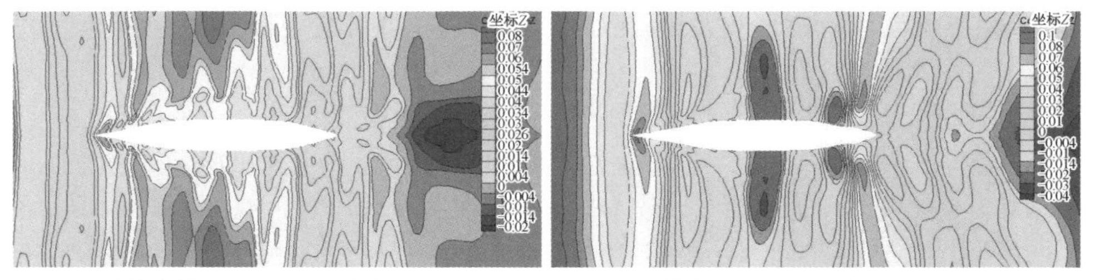

(a)H=0.25 m、λ=2 m、V=0.95 m/s　　(b)H=0.25 m、λ=3 m、V=0.95 m/s

图 2－15　规则波经过船体时的波形图(四)

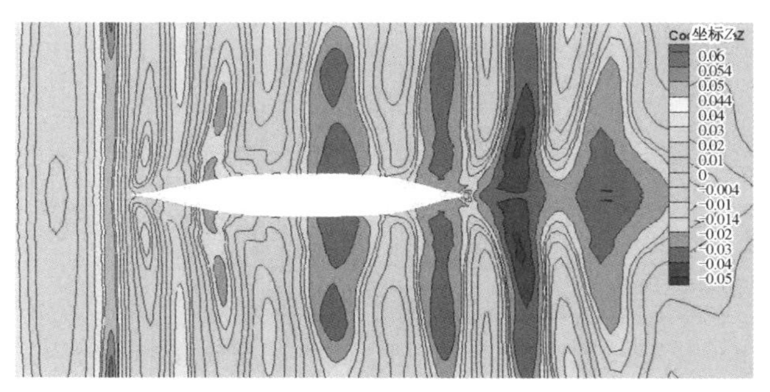

H=0.25 m、λ=4 m、V=0.95 m/s

图 2－16　规则波经过船体时的波形图(五)

(3)小结

通过 ANSYS Fluent 软件的数值仿真,我们计算了 S60 船型以不同速度在静水面的运动及在不同参数的规则波中的运动。通过对阻力系数、船体波高和水面波形图的比较分析,可以得出以下几个结论。

①对于 S60 船型在静水面中运动的仿真计算,试验选取了 5 个不同的来流速度 V = 0.55m/s、0.75 m/s、0.95 m/s、1.15 m/s 和 1.50 m/s,计算得到的阻力系数与实验值对比误差均小于 1%,并且阻力系数随来流速度的增大而减小。

②对比不同来流速度时 S60 船型在静水面中运动的船体波高曲线图发现,船体中间位置的波高曲线随来流速度的增大变化不明显,但船头和船尾的波高随来流速度的增大而增大。此外,随着来流速度的增大,船体头部的水面高度较大区域逐渐向后延伸发展,船身两侧则出现水面高度较大的区域,但水面高度较小区域与船体之间有水面高度较小的区域。

③S60 船型在不同参数的规则波中运动及 9 个工况下计算得到的阻力系数均比在静水面中相同速度运动时的阻力系数大,当波高 H = 0.05 m 和 0.15 m 时,3 个波长计算得到的船体波高均比 S60 船型在静水面中计算得到的船体波高

大，而且 3 个波长计算得到的船体波高曲线图均呈现出两边高中间低的趋势。当波高 $H=0.25$ m 时，3 个波长计算得到的波高曲线图在船头位置均位于 S60 船型在静水面中运动时的波高曲线图上方，但在船尾处 4 条曲线之间的差异不明显。

④对于 S60 船型在规则波中运动，我们计算了 9 个不同的工况，得到了 9 个工况下的波形图，分析得出，在相同的波高时，规则波的波长越大，所得到的波形图中水面高度遵循正弦规律的变化就越明显。另外，由于重力作用，随着流体从速度入口处向压力出口处流动，水面波高有所降低。

4. 养殖工船快速性仿真分析及试验验证

快速性作为船舶主要设计指标之一，与船舶运营、经济性等密切相关。对于大型养殖工船而言，由于其可在不同的锚泊地之间转场以躲避风浪，因此能够避免风浪对渔业养殖所造成的不利影响。这里所研究的养殖工船为肥大型、双尾鳍船体，其方形系数高达 0.84，通常航速较小。

目前，对船舶快速性的研究方法主要为 CFD 数值仿真及模型试验，数值仿真能够获取全流域内流场特征，方便设计师从全局角度把握船体航行性能。模型试验一般通过阻力、敞水及自航试验，获取有效阻力及推进功率曲线，该方法较为精确，不过成本较高且试验周期较长。我们结合上述两种方法的优点，先采用合适的数值仿真方法，获取养殖工船周围流场并进行分析，然后通过模型试验进行验证。

(1)数学方法

本书采用 VOF 法捕捉自由液面，基本方程为非定常雷诺时均方程(RANS)，湍流模型采用可实现 $k-\varepsilon$ 双方程形式。

采用 VOF 法时，其体积分数方程为

$$\frac{\partial \alpha_q}{\partial t}+u_i\frac{\partial \alpha_q}{\partial x_i}=0 \tag{2-2}$$

式中　α_q——流体所占体积分数。

雷诺时均方程包括连续性方程及动量方程，即

$$\begin{cases}\dfrac{\partial \rho}{\partial t}+\dfrac{\partial}{\partial x_i}(\rho u_i)=0\\[2ex] \dfrac{\partial}{\partial t}(\rho u_i)+\dfrac{\partial}{\partial x_j}(\rho u_j u_i)=-\dfrac{\partial p}{\partial x_i}+\dfrac{\partial \sigma_{ij}}{\partial x_j}+\dfrac{\partial}{\partial x_j}(-\rho u_i' u_j')\end{cases} \tag{2-3}$$

式中　u_i——雷诺平均速度分量；

ρ——密度；

p——压强；

u_i'——脉动速度；

σ_{ij}——应力张量分量。

由于雷诺时均方程引入雷诺应力，导致方程不封闭，因此发展了不同的湍流模型，通过构建雷诺应力与流场速度之间的关联，实现方程的封闭。

可实现 $k-\varepsilon$ 模型中湍动能 k 及湍流耗散率 ε 的输运方程为

$$\begin{cases}\rho\dfrac{\mathrm{d}k}{\mathrm{d}t}=\dfrac{\partial}{\partial x_i}\left[\left(\mu+\dfrac{\mu_t}{\sigma_k}\right)\dfrac{\partial k}{\partial x_i}\right]+G_k+G_b-\rho\varepsilon-Y_M\\ \rho\dfrac{\mathrm{d}\varepsilon}{\mathrm{d}t}=\dfrac{\partial}{\partial x_i}\left[\left(\mu+\dfrac{\mu_t}{\sigma\varepsilon}\right)\dfrac{\partial\varepsilon}{\partial x_i}\right]+\rho C_1S\varepsilon-\rho C_2\dfrac{\varepsilon^2}{k+\sqrt{v\varepsilon}}+C_{1\varepsilon}\dfrac{\varepsilon}{k}C_{3\varepsilon}G_b+S_\varepsilon\end{cases} \tag{2-4}$$

式中　C_1——时均应变率的函数，等于 $\max\left[0.43,\dfrac{\eta}{\eta+5}\right]$，其中

$$\eta=(2E_{ij}\cdot E_{ij})^{1/2}\frac{k}{\varepsilon},E_{ij}=\frac{1}{2}\left(\frac{\partial u_i}{\partial x_j}+\frac{\partial u_j}{\partial x_i}\right)$$

μ_t——流体涡黏系数；

G_k——速度梯度产生的湍动能；

G_d——浮力产生的湍动能；

Y_m——可压缩湍流中波动膨胀的贡献；

∂_k、∂_ε——湍动能 k 与湍流耗散率 ε 的普朗特数；

S——时均应变率张量的模量；

C_2——常量；

$C_{1\varepsilon}$、$C_{3\varepsilon}$——常量；

S_k、S_ε——用户定义的源项。

（2）船型及主要参数

养殖工船船型如图 2－17 所示。

(a)　(b)

图 2－17　养殖工船船型

船体基本参数见表 2－4。

表 2－4　船体基本参数

垂线间长 L_{pp}/m	型宽 B/m	型深 D/m	设计吃水 T_s/m
241	45	21.5	12

(3)网格及计算参数设置

①网格设置

需在船体周边设置较大的区域用于其流场计算,计算域入口距离船首 $2L_{pp}$,计算域出口距离船尾 $5L_{pp}$。由于流场沿船体中纵剖面对称,因此仅计算半船。

网格划分的基本原则是越贴近船体湿表面,其网格越密,同时为了精确捕捉自由液面,在吃水线处也应对网格做加密处理。虽然网格的增加有利于计算的精确性,但是所需计算资源及计算时间成本也会相应增加。因此,为了平衡网格精度及计算成本,针对计算网格采取分块划分的措施,即在船体周边及自由表面处加密网格,而远离船体处可设置较粗的网格。同时,为了捕捉开尔文波,还需大致沿着开尔文波的传播方向进行加密设置。船体周边及自由表面处加密网格图如图 2－18 所示。图 2－19 则显示了船体表面的 y^+。可见,表面处的 y^+ 值均小于 30,该结果表明网格能够较好地反映壁面处的黏性作用力。

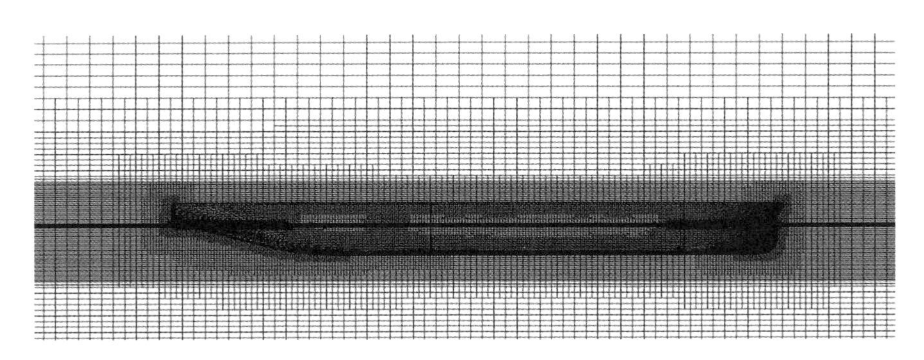

图 2－18　船体周边及自由表面处加密网格图

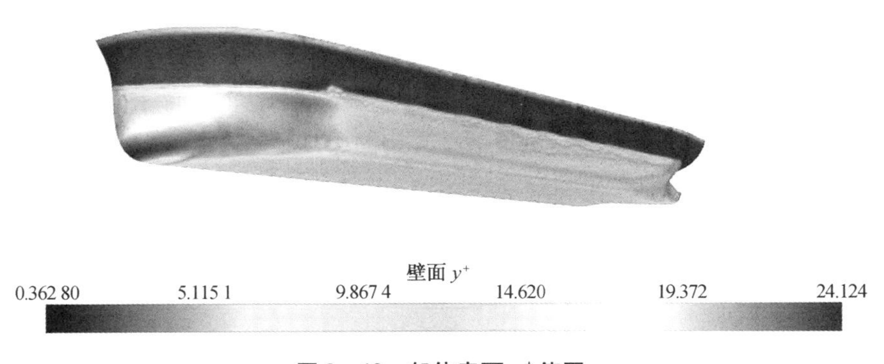

图 2－19　船体表面 y^+ 值图

②计算参数

采用可实现 $k-\varepsilon$ 湍流模型进行模拟计算,壁面采用两层全 y^+ 壁面处理模型,非定常时间步为 0.005 s,设置完毕后开展仿真计算。

③边界条件

计算域入口:给定速度入口边界条件,考虑边界波反射对仿真模拟的影响,需开启 VOF 波阻尼边界选项。

计算域出口:给定压力出口边界条件,同时开启 VOF 波阻尼边界选项。

计算域对称面:给定对称边界条件。

计算域其余面:给定速度入口边界条件。

船体表面:给定无滑移壁面边界条件。

(4)网格无关性验证

在分块划分的基础上,开展网格无关性验证。本书选取粗网格、中网格、细网格 3 种网格形式进行数值计算并验证网格数量对收敛的影响。3 种网格的计算结果见表 2-5。由表 2-5 可见,计算结果与试验结果的差距随着网格数量的增加而减小,然而,计算成本也随网格数量的增加而增加。就计算结果而言,随着网格的增加,计算精度的提升有限,而时间成本增幅巨大。因此,综合比较,后续将利用中网格数量开展仿真计算。

表 2-5　网格无关性验证表

网格类型	总阻力系数($\times 10^{-3}$)	试验结果($\times 10^{-3}$)	误差/%	花费时间/h
粗网格	4.076	—	-5.03	35.2
中网格	4.171	4.292	-2.82	47.6
细网格	4.198	—	-2.19	67.1

(5)结果分析

给定船体所受总阻力作为收敛监测对象,当总阻力曲线不随时间变化后可认定计算收敛,由图 2-20 可知,计算结果收敛性很好。

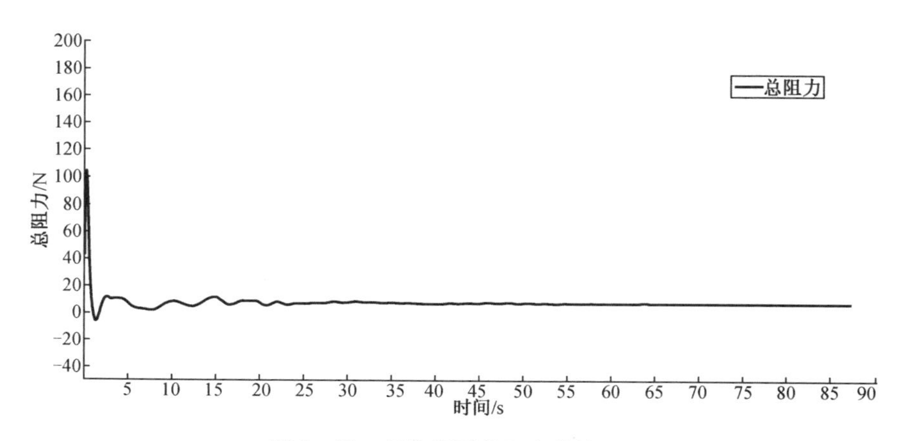

图 2-20　船体所受总阻力曲线图

如图 2－21 所示，水线以下压力分布云图呈现较明显的分层特性，造成此种现象的原因在于肥大型船低速航行时，黏压阻力占据主导作用，而兴波造成的影响相对较小，水在绕船流动过程中运动较为平缓，对船体表面压力作用比较平均。兴波的影响在图 2－22 中有较为明确的体现。由图 2－22 可知，船体兴波最高处位于船首（X 坐标增大方向为船尾向船首方向），兴波向后传递时，由于船体横剖面由狭小转为丰腴，水流沿斜下方向冲往船底，导致这部分兴波减小。随着兴波到达平行中体后，此处船体横剖面不变，流体速度及速度梯度变化较小，因此此处兴波基本保持不变。而当兴波行程抵达尾部时，此时船体横剖面再次由丰腴转向狭小，因此流场在此处再次发生较大的变化，且变化趋势与兴波从船首至船中处的趋势相反，因此导致船尾部兴波变大。但是总体而言，全船范围内的波高船长比仅为 0.003 3，可见兴波对船体影响不占据主导作用。

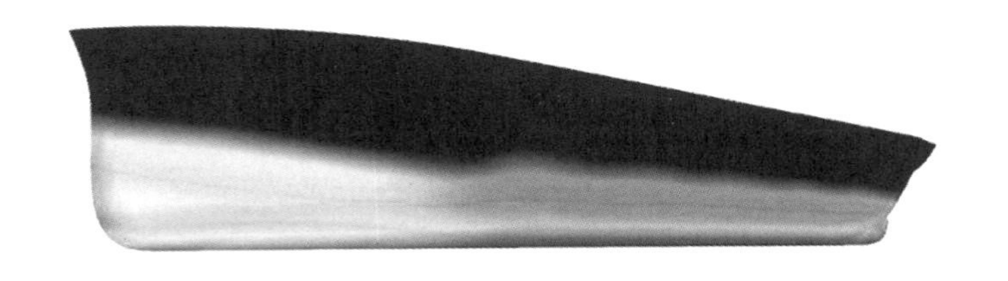

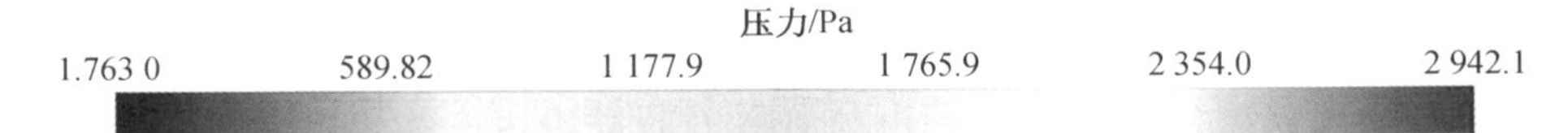

图 2－21　船体表面压力分布云图（Fr＝0.106）

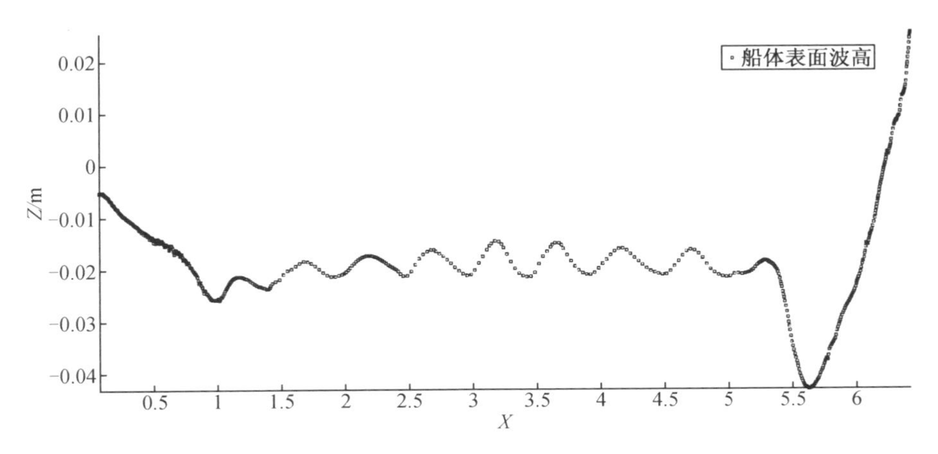

图 2－22　船体表面波高（Fr＝0.106）

上述现象表明，在船底及艉部附近，船体所受压力较大，这是由于水在经过该区域时产生艉涡，从而形成低压区，使得水流向该处集中，进而增加了黏压阻力。由图 2 – 23 可以清楚地看到，船首底部舷侧水流沿斜方向由水平流入船底，导致船体艉部产生界层分离，从而容易形成艉涡。

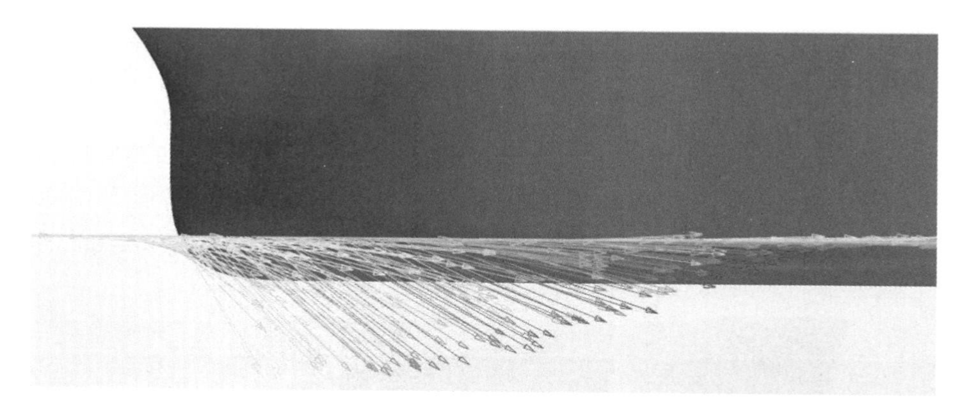

图 2 – 23　船首底部附近流速矢量图（$Fr=0.106$）

图 2 – 24 给出了船尾部桨盘面处的轴向标称伴流分数等值线云图，可以明显看出，桨盘面处的轴向伴流分数有向船体中纵剖面靠近的趋势，这是因为从船尾向船首看，艉鳍在 X 方向呈内八字形状。对于肥大型船而言，由于流体在从船首至船尾处因船体收缩而产生湍流，因此伴流线易形成倒钩状。该船桨盘面处伴流特征分布线也产生了倒钩，但不明显，一方面是因为航速较低，另一方面是由于船尾处型线过渡较为光顺、平缓。

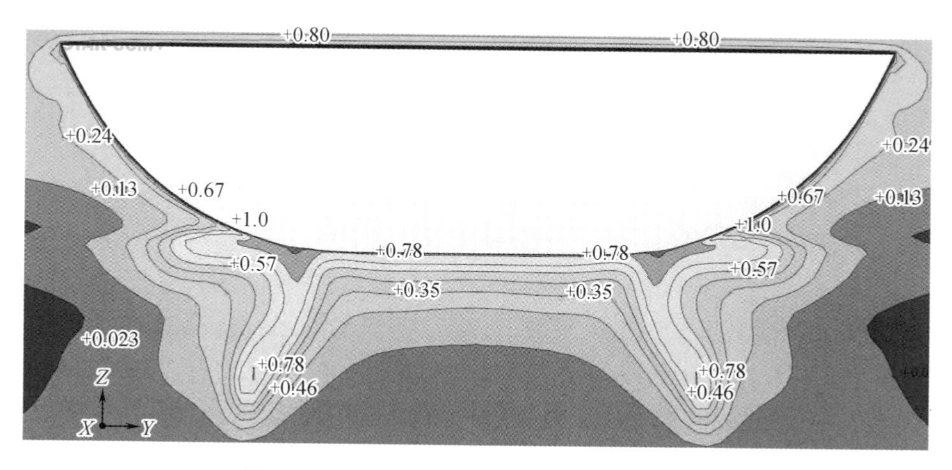

图 2 – 24　尾部桨盘面处伴流场（$Fr=0.106$）

(6)模型试验验证

通过开展模型试验,我们获取了船模静水阻力,并与计算结果进行对比,图 2-25 为静水阻力试验过程,其结果如图 2-26 所示。其中,计算航速范围内,最大误差为 2.88%,可见仿真模拟结果能够较好地反映实际情况。

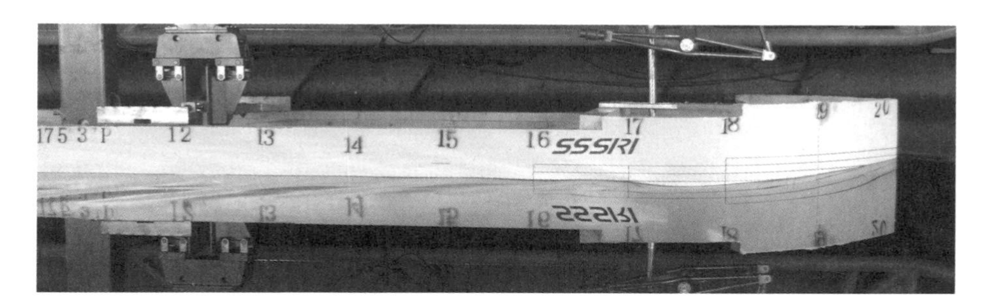

图 2-25　静水阻力试验过程

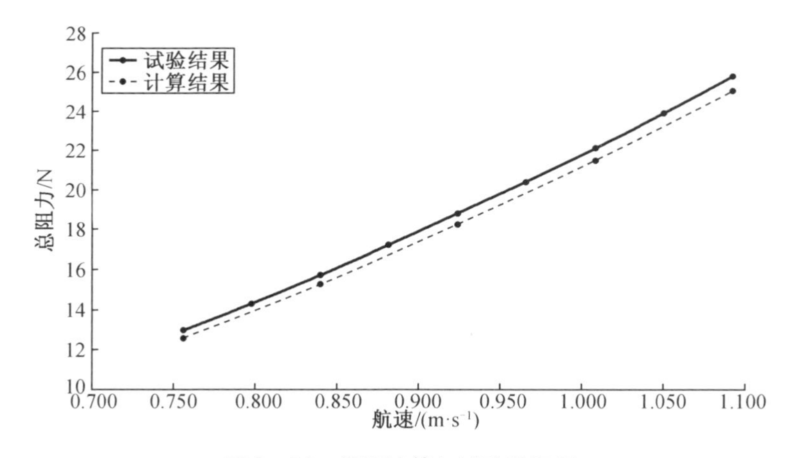

图 2-26　模拟计算与试验验证图

(7)小结

①采用可实现 $k-\varepsilon$ 湍流模型,在保证网格质量的前提下,CFD 数值仿真能够较好地模拟双尾鳍肥大型船的流场特征,以总阻力作为衡量指标,计算结果与试验结果最大误差可控制在 3% 以内。

②肥大型船低速航行时阻力主要由黏压阻力构成,兴波阻力占比较小。船首底部附近的涡流使其形成负压,导致船体底部表面压力增加,同时也会使得黏压阻力有增大的趋势。

③桨盘面处标称伴流分布线呈不明显的倒钩状,表明船体型线在艉部过渡较为平顺、光滑,其横剖面截面积没有突兀的变化。

④本次计算没有计及螺旋桨与船体的耦合影响，因此艉部伴流场与实际应当会有所出入，螺旋桨与船体的耦合影响会在后续进一步研究。

5. 船用新型减摇装置水动力性能

对于深远海养殖工船等特种船舶来说，横摇运动不仅会使其在航行过程中的阻力增大、影响船上人员的正常活动及船上设备的正常工作等，而且过大的横摇也会对船上养殖品的存活率造成影响，甚至使船存在倾覆的危险，从而带来难以想象的损失。鉴于横摇带来的危害，减小深远海养殖工船的横摇运动有极其重要的意义，各种减摇装置应运而生，如舭龙骨、减摇鳍、减摇水舱等，但它们或多或少都会存在航速限制、占用船体空间等缺点。而本书所研究的 Magnus 新型减摇装置安装于船底中部两侧，极少占用船体空间，在有航速减摇时通过自身旋转产生升力、零航速减摇时通过自身摆动加旋转产生升力，以此达到减摇的目的，可以同时满足养殖工船等特种船舶的航行状态及系泊状态的减摇需求，具有广泛的应用前景和较高的研究价值。

当船舶有航速减摇时，该装置可以简化为旋转圆柱绕流问题，根据 Magnus 效应原理，圆柱在有来流的情况下自身旋转会使其产生一个垂直于来流速度方向的升力，同时会在一定程度上抑制圆柱尾部旋涡的脱落。旋转圆柱绕流现象因为具有较高的工程实用价值，得到了国内外学者的广泛关注。

国外方面，Lord Rayleig 第一次对该现象进行了理论描述和研究，并首次指出侧向力的大小与旋转速度和位移速度的乘积成比例。法国科学家 Lafay 通过实验研究，认为在投影面积相同的情况下，旋转圆柱产生的 Magnus 力的大小是翼面两倍。Reid 经过大量实验得出结论，空气中旋转圆柱的升力系数随周速比的增大而增大。Ludwig 指出层流状态下转速比决定圆柱分离点。Diaz 等通过对二维旋转圆柱绕流进行试验，指出圆柱的旋转能够抑制艉迹中的卡门涡街。国内方面，何颖对均匀来流条件下的旋转圆柱绕流进行了大涡模拟（LES）数值模拟。孙姣对旋转圆柱绕流进行了粒子图像测速（PIV）实验研究，重点关注了流场信息的能量变化。杜雪进行了 Magnus 减摇装置在航行时的设计及其控制特性研究，主要关注了 Magnus 减摇装置的控制特性。

综上所述，国内外对于旋转圆柱的研究较为常见，但目前对摆动旋转圆柱的研究较少，本书率先针对 Magnus 装置的零航速减摇状态，进行了摆动旋转圆柱的 CFD 模拟，研究摆动角速度及旋转速度对其水动力性能的影响规律，为以后的设计及应用打下基础。

（1）计算模型

①计算模型与设置

计算模型如图 2－27 所示，选用 $L/D=5$ 的模型为原型，运用分离涡模型（DES）方法进行摆动圆柱的模拟。为减少能量消耗，X 轴负端面呈半球形设计。

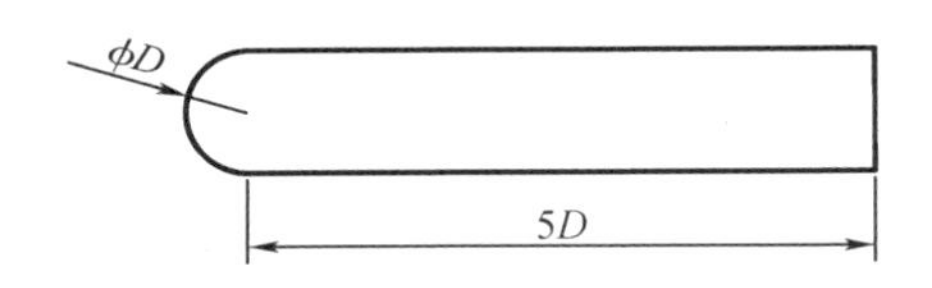

图2－27　计算模型

网格采用重叠网格的形式在Star－CCM＋中生成。按照新型减摇装置的工作原理，减摇运动为旋转和摆动两个运动的叠加，因此需要同时设置大地坐标系和笛卡儿坐标系。其中，大地坐标系以圆柱右端面中心为原点，右端面径向方向为轴向，做往复摆动运动；而笛卡儿坐标系受摆动运动的控制，同时控制圆柱，并以右端面中心法线为轴，绕其旋转。

计算域及$Z=0$截面处网格图如图2－28所示。为避免边界对内部流场的影响，设置了最外层的计算外域，其边界属性设为壁面；最内层的圆柱设置为嵌套域，将最内侧圆柱属性设为壁面；旋转圆柱的外层圆柱设置为重叠网格；中间区域为加密区，其网格由内向外逐渐变疏。

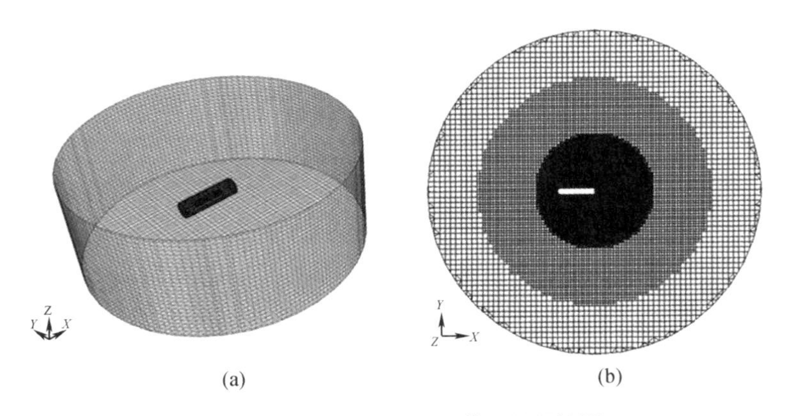

图2－28　计算域及$Z=0$截面处网格图

计算模型如网格尺寸等数据以DES经验设置并进行调试，初始参数设置流体介质为水，水温设为20 ℃，密度为998.16 kg/m^3，运动黏性系数为1.0037×10^{-6} m^2/s。运动模块设置圆柱绕其自身中心轴旋转，以逆时针方向为正，同时零航速减摇时，使其绕过右端面中心点的径向轴（Z轴）摆动，上下不超过75°，其他方向均根据右手定则确定。

该减摇装置在零航速时的减摇原理是通过摆动与其周围流体产生相对运动，进而满足Magnus现象前提条件，产生减摇所需的升力。在进行模拟前，首先要对该摆动运动做出设置，使其在方便且现实的前提下发挥最大作用，尽可能产生减摇所需的最安全高效的升力。经研究，设定摆动运动沿 X 轴上下对称，上下极限位置共夹角150°。其角速度的控制函数为

$$\omega = \omega_1 \cos(2\pi f t) \tag{2-5}$$

式中 ω——运动角速度；

ω_1——摆动角速度；

t——运动时间；

f——摆动频率$\left(f=\dfrac{1}{T}=\dfrac{\omega}{2\pi}\right)$。

为保证圆柱摆动范围为150°，在已知摆动周期的前提下，摆动角速度幅值 ω_1 可由以下公式求得：

$$\int_0^T \omega_1 \cos\frac{2\pi}{T}t\mathrm{d}t = \frac{150\times 2}{180}\pi \tag{2-6}$$

进而求得 $\omega_1 = 2.617\,5\,\dfrac{\pi}{T}$。

摆动角速度的控制函数为余弦函数，可以控制减摇装置在运行过程中的角速度逐渐变化，在上下的极限位置处速度为零，在往复摆动的中间位置达到摆动速度的最大值。该设计的优点是减摇装置虽不能时刻保持最快摆动速度，但逐渐变化的摆动可以避免减摇装置在上下极限位置的骤然开始和停止，从而避免突发应力对减摇装置及船体产生的破坏作用。

另外，因下面需要来流速度来定义与水动力性能相关的无量纲系数，因此约定本书中的 V 对应为上下往复摆动运动1/2位置处该装置的线速度，即 $V=V_0=\dfrac{1}{2}\omega_1 L$。

②无量纲系数的定义

为方便进行无量纲水动力性能分析，定义本书模拟运动的相关无量纲系数的公式如下。

升力系数 C_L：

$$C_L = \frac{F_L}{\frac{1}{2}\rho V^2 LD} \tag{2-7}$$

式中 F_L——圆柱所受升力；

L——圆柱的展长。

阻力系数 C_D：

$$C_D = \frac{F_D}{\frac{1}{2}\rho V^2 LD} \tag{2-8}$$

式中　F_D——圆柱所受阻力。

压力系数 C_P：

$$C_P = \frac{p}{\frac{1}{2}\rho V^2} \tag{2-9}$$

式中　p——该点受到的压力。

表征圆柱尾部旋涡脱落频率的斯特劳哈尔数(Strouhal)：

$$St = \frac{Df}{V} \tag{2-10}$$

式中　f——平均旋涡脱落频率。

同时定义转速比 α 为

$$\alpha = \frac{\omega D}{2V} \tag{2-11}$$

式中　ω——圆柱旋转的角速度。

(2)数值验证

为了验证本书模拟方法的可靠性,特在 $Re = 10^6$ 工况下进行圆柱绕流的数值模拟验证。计算区域如图 2－29 所示,其中,左侧为速度入口(inlet),右侧为压力出口(outlet),其他计算方法、参数设置与网格划分方式如上所述。

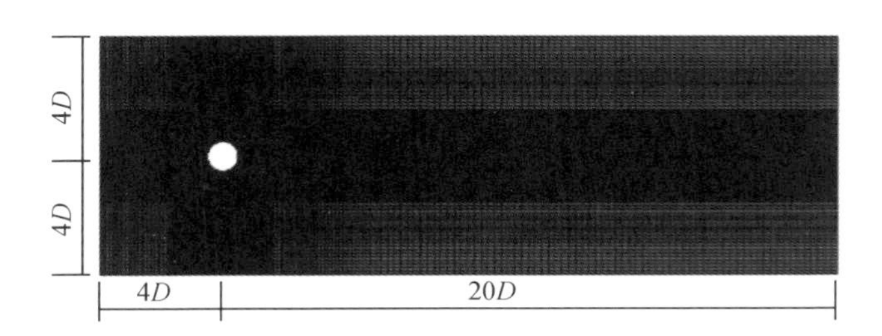

图 2－29　计算区域网格划分图

表 2－6 为相同工况(雷诺数)下,本书计算结果与相关文献的对比。在研究物体绕流时,物体的受力情况通常以升力及阻力的无量纲值来表示,即上文所定义的升力系数与阻力系数,除此之外,国际上通常引入另一个无量纲值来表征物体尾部旋涡的脱落情况,即 Strouhal 数。

表 2－6　相同工况(雷诺数)下,本书计算结果与相关文献的对比

相关文献及方法	St	C_D
Zdravkovich(Exp.)	0.18～0.50	0.17～0.40

表 2－6(续)

相关文献及方法	St	C_D
Shih et al. (Exp.)	0.220	0.240
Catalano(LES)	0.350	0.310
Catalano(RANS)	0.390	—
何颖(LES)	0.290	0.302
本书计算结果	0.346	0.294

本次模拟的升力系数 C_L、阻力系数 C_D 的时历曲线如图 2－30 所示。从图 2－30 中可以看出,升力系数 C_L 的规律与典型圆柱绕流的现象一致,围绕 $C_L=0$ 呈较高振幅的上下波动,这是因为圆柱后方形成了卡门涡街,由此证明该模拟的现象符合实际情况。而阻力系数 C_D 一直在 0.3 处浮动。

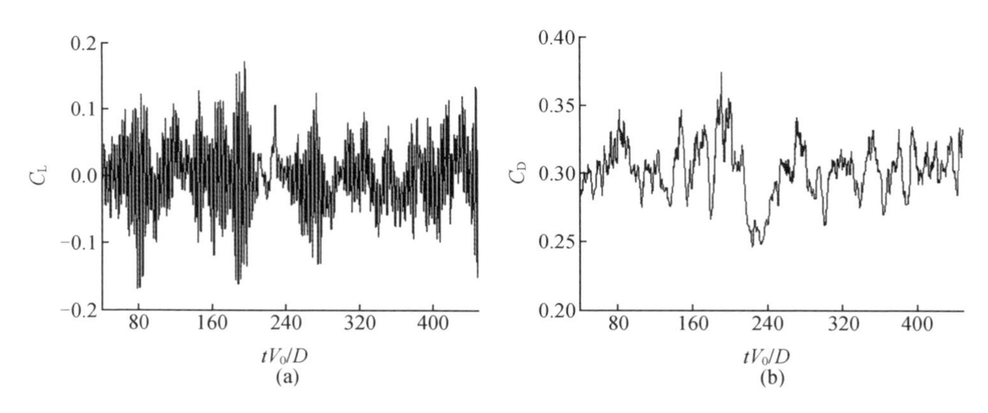

图 2－30 升力系数 C_L、阻力系数 C_D 时历曲线图

在阻力系数方面,从图 2－30 中可以看出阻力系数 C_D 也围绕一值上下波动,将检测到的阻力系数在稳定段取平均值,得到 $C_D=0.294$。模拟得到的阻力系数与 Catalano(LES)等的计算结果或试验结果十分接近,验证了本书模拟方法的可靠性。

另外,将模拟检测到的升力系数进行快速傅里叶变化,得到升力系数频谱分析图,如图 2－31 所示。将得到的峰值频率代入 Strouhal 数的计算公式,求得 $St=0.346\,4$。其与相关文献的 Strouhal 数极其接近,特别是与 Catalano(LES)的模拟结果仅相差 1.14%,验证了模拟结果对圆柱尾部旋涡脱落频率的表征的可靠性。

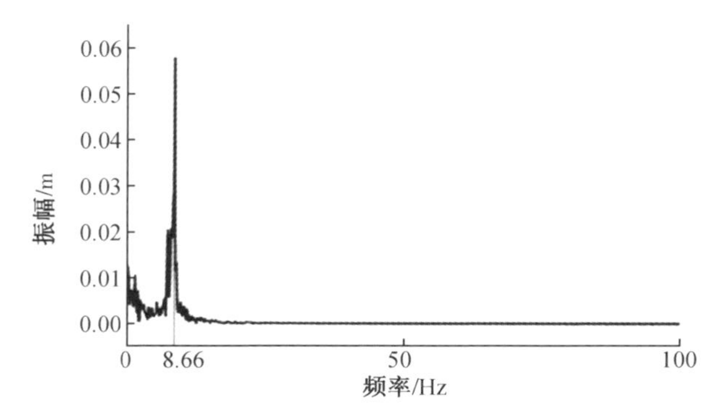

图 2－31　升力系数频谱分析图

综上可知,在升力系数、阻力系数、Strouhal 数方面,本书的数值模拟方法与经典文献的差异并不大,可以满足接下来的计算需求。

(3)摆动旋转圆柱模拟

①摆动旋转圆柱受力分析

采用上文的模型设置及计算方法,进行摆动旋转圆柱运动模拟。将摆动周期分别设为 3 个不同的值,对应不同的摆动速度,每个摆动速度下设 7 个转速比,具体数值见表 2－7。

表 2－7　计算工况表

周期	转速比						
5 s	0	0.5	1	1.5	3	4	5
10 s	0	0.5	1	1.5	3	4	5
15 s	0	0.5	1	1.5	3	4	5

模拟所得的平均升力系数 C_L、平均阻力系数 C_D、升阻比 C_L/C_D 的变化曲线如图 2－32 所示。其中,表征平均升力系数及平均阻力系数时,忽略力的方向,取其绝对值进行计算。由计算结果可以看出,圆柱的摆动旋转运动在产生阻力的同时,也可以使其产生相应的升力,从而实现减摇的目的。

从图 2－32 中的规律可以看出,在一定范围内(转速比大于 0.5)摆动周期越小,升阻比越大,代表其减摇效率越高。相对于转速比,升力系数、阻力系数、升阻比等值随摆动周期的变化较小,在摆动旋转圆柱运动中,摆动周期所影响的摆动速度与传统圆柱绕流的雷诺数相对应,因此可以看出该工况范围内,雷诺数也就是摆动周期的变化对水动力性能的影响是小量。另外,在摆动周期相同的情况下,平均升力系数、平均阻力系数、升阻比等值随转速比的增加先上升后下降,其中升力系数和阻力系数在 $\alpha=3$ 时取得最大值，而升阻比在 $\alpha=1$ 时取得最大值。

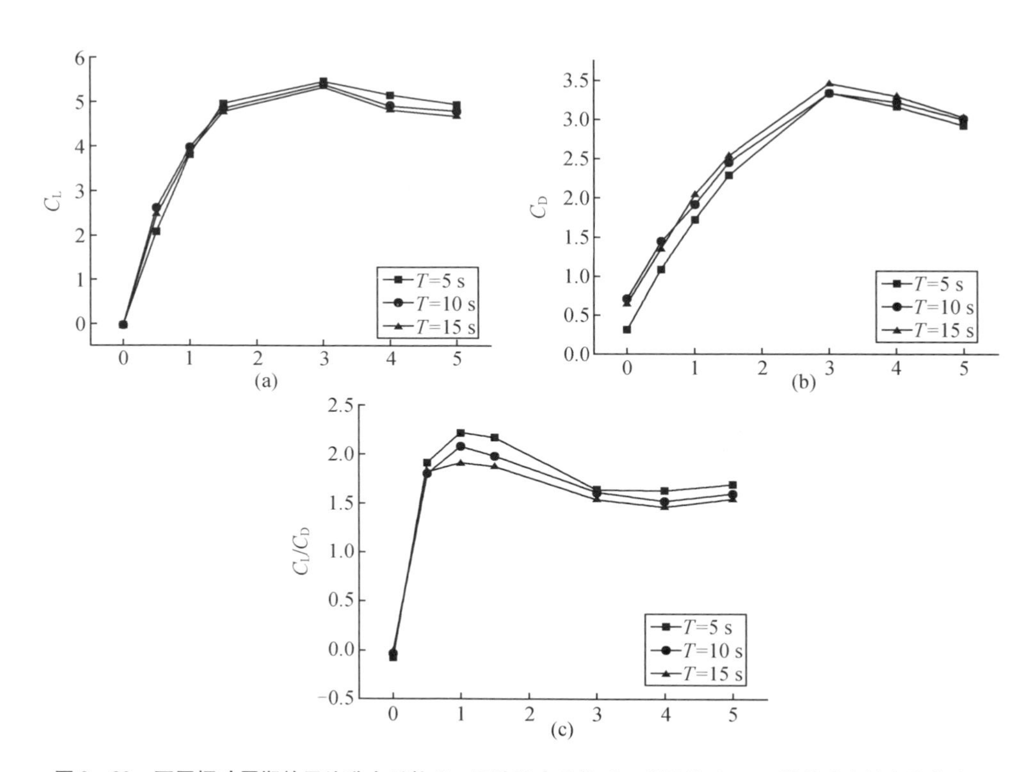

图 2-32　不同摆动周期的平均升力系数 C_L、平均阻力系数 C_D、升阻比 C_L/C_D 随转速比的变化曲线图

②摆动周期对旋转圆柱流场的影响分析

图 2-33 为 $\alpha=1$、$t=T/2$ 时减摇装置在 $Z/D=0$ 处的无量纲速度分布图。从图 2-33 中可以看出，圆柱摆动时会与流体在柱体周围形成相对运动，但与有均匀来流的旋转圆柱绕流相比，该相对速度与圆柱展长方向并不相等，呈现一定的变化趋势，在远离摆动中心的一端形成的相对速度明显比靠近摆动中心的一端要大，这是因为这一段的摆动线速度相对较大。

图 2-34 为 $\alpha=3$、$t=T/2$ 时减摇装置在 $X/L=0.5$ 处的流场分布图。该位置处减摇装置从右向左摆动且摆动速度增加到最大值，同时装置逆时针旋转。从图 2-34 中可以看出，圆柱的逆时针旋转会造成近壁面流场的逆时针移动，此时流经圆柱上表面的速度与下表面相比较小，根据伯努利原理，此时会产生一个向下的升力，这与旋转圆柱绕流现象也有一定的相似之处，称之为 Magnus 效应。另外，从图 2-34 中也可以看出，在模拟的摆动周期范围内，不同周期（摆动速

度）对于流场分布的影响很小。

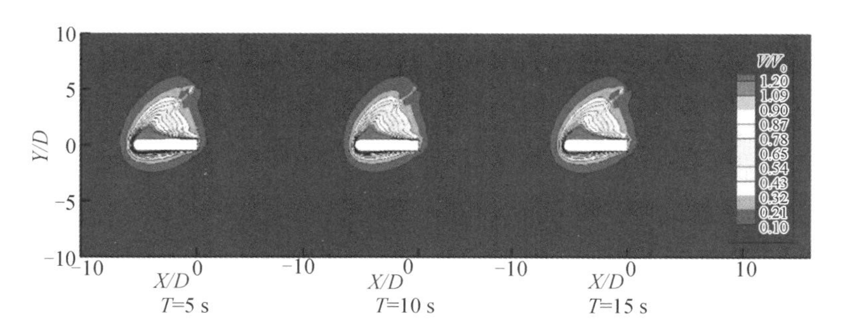

图 2－33　$a=1, t=T/2$ 时减摇装置在 $Z/D=0$ 处的无量纲速度分布图

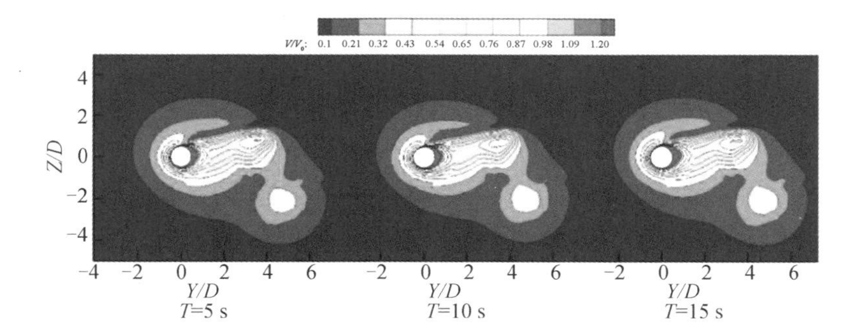

图 2－34　$a=3$、$t=T/2$ 时减摇装置在 $X/L=0.5$ 处的流场分布图

不同摆动速度在相同时刻 $X/L=0.5$ 截面位置处的无量纲涡量场（$t=T/2$）如图 2－35 所示。从图 2－35 中可以看出，伴随着圆柱的摆动及旋转，流经圆柱的流体也会产生一定的旋涡脱落现象，但并没有单纯旋转圆柱绕流那样明显，同时也能证明摆动周期对该位置处的涡量影响不大，说明在此范围内，矢量场受摆动速度的影响很小，这也与上述宏观力的描述相同。

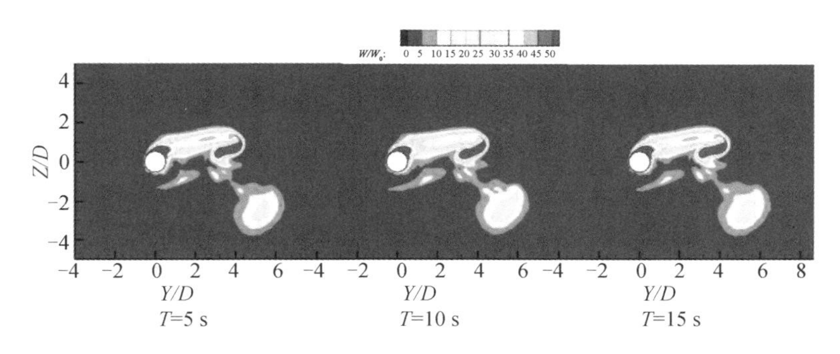

图 2－35　不同摆动速度在相同时刻 $X/L=0.5$ 截面位置处的无量纲涡量场（$t=T/2$）

③旋转速度对旋转圆柱流场的影响分析

图 2－36 为 $T=10$ s、$t=T/2$ 时不同转速比在 $X/L=0.5$ 截面处的速度分布图。图中圆柱是沿着逆时针方向转动的，当转速比逐渐增大时，分离点逐渐沿转动方向移动，此时圆柱下方水流由于和旋转圆柱的旋转方向相同受到圆柱旋转的影响而逐渐增大，上方水流由于速度方向相反而逐渐减小，故产生了一个压力差，这是升力系数增大的原因；但当 $\alpha>3$ 时，旋转速度过快导致圆柱边界层带动一部分水在旋转，相当于降低了圆柱的表面粗糙度，故此时分离点沿旋转速度相反方向回转，旋转圆柱上下方的压力差变小，造成了升力系数在 $\alpha>3$ 时反而下降的现象。

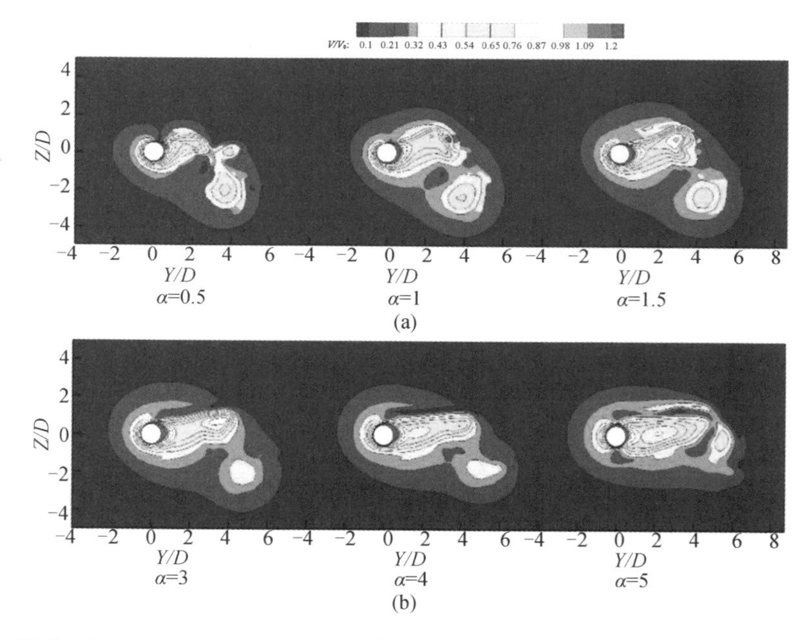

图 2－36　$T=10$ s、$t=T/2$ 时不同转速比在 $X/L=0.5$ 截面处的速度分布图

图 2－37 为 0.6D 半径处绕圆柱的无量纲速度分布图，其中 0°位于圆柱正上方，沿逆时针增大，旋转圆柱的阻力来源于 0°～180°与 180°～360°的速度差值（压力差），而升力来源于 90°～270°和 270°～90°的速度差值。故从图 2－37 中可以看出，$\alpha=3$ 的阻力最大，$\alpha=0.5$ 的阻力最小；$\alpha=3$ 的升力最大，$\alpha=0.5$ 的升力最小。造成这些现象的根源就在于旋转圆柱由于表面粗糙引起自身周围水的运动，这些水的运动反过来作用于旋转圆柱。

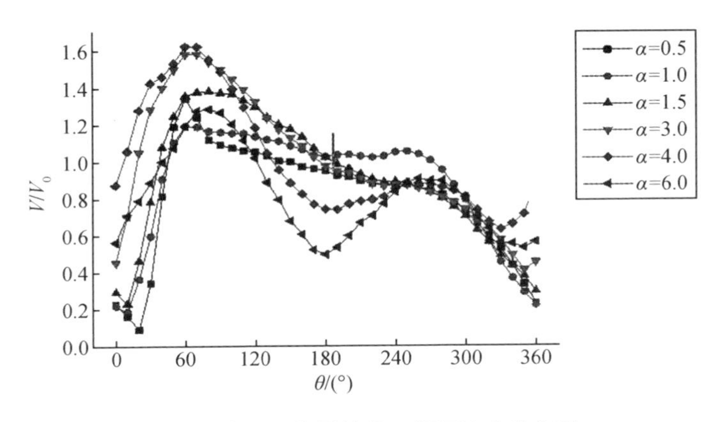

图 2－37　0.6D 半径处绕圆柱的无量纲速度分布图

(4)小结

通过以上对 3 个不同摆动周期的不同旋转速度条件下的数值模拟结果分析,可以得出如下结论。

①在没有来流的情况下,圆柱的自身摆动也会为 Magnus 效应的产生提供足够的来流条件,从而实现高效率减摇。

②在本次模拟的摆动周期范围内,减摇装置的摆动周期(摆动速度)对于其水动力性能的影响较小。

③在摆动周期相同的情况下,升力系数、阻力系数随转速比的增加先增加后减小,在 $\alpha=3$ 时取得最大值,此时可得到模拟工况内减摇所需的最大升力。

④升阻比同样随转速比的增加先增加后减小,但在 $\alpha=1$ 时取得最大值,此时可得到模拟工况内最经济的减摇效果。

6. 应用 Foran 软件的线性光顺及稳性计算

船舶设计软件是船舶设计及生产不可缺少的工具,对于船舶设计水平、建造技术水平的提高具有重要作用。国内的船舶 CAD/CAE/CAM 设计软件已有多款,已经得到一定应用,对船舶设计及生产有很大的帮助。Foran 软件是一套船舶 CAD/CAE/CAM 系统,由西班牙 SENER 集团开发,于 1965 年发布。其能够满足船舶一体化设计,从方案设计到初步设计、详细设计、生产设计,再到生产装配及船舶生命周期维护,满足造船模式的各种需求,为船舶设计及生产提供较为完整的支持。

(1)Foran 软件介绍

Foran 是一款大型的船舶设计软件,包括船舶的前期设计及生产设计的全部功能,具体流程如图 2－38 所示。

线型开发-2D
复杂曲面造型
3D型表面设计
舱容与吨位计算
动力估算
静力水
分舱与总布置
模型库
出图
下水计算
载况与完整稳性
概率法破舱稳性
确定法破舱稳性
总体性能计算

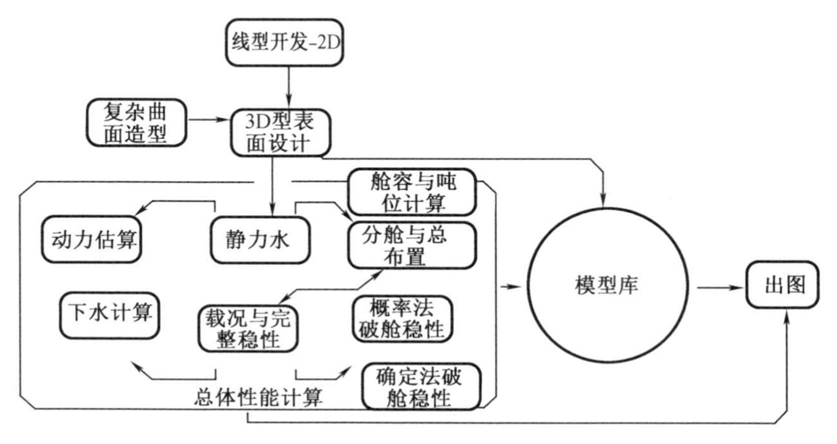

图 2-38　Foran 软件流程示意图

(2)在渔工船中的应用

小型渔工船主尺度较小,线型跟大型船舶有所区别,尤其是型线中 patch 区域的划分。patch 的划分牵扯到型线光顺的连接问题及光顺过程中缝合与连接的方便问题,区域划分合理,后续型线调整后 patch 的连接会更容易,尤其是型线变化幅度比较大会更容易连接。稳性计算方面,Foran 软件已经把国际通用规范内置到其中,可以直接调用。对于非国际规范可以通过用户自定义,渔工船的稳性计算可以通过自定义实现。

①型线的生成

型线是船舶设计的基础,一条船的设计首先是从型线开始的。通常是选取母型船的型线作为参考,参考母型船型线在 Foran 软件中进行三维建模,然后根据目标船的要求进行修改和优化。Foran 软件可以导入多种格式的文件,如. fsf(本身型线文件),. igs(Igs 文件),. cur(曲线文件),. formt. fil(Formf 文件),. pol(多段线文件),. dxf (DXF 文件),. pnt (点文件文件),. db(NAPA 数据库文件)等。导入的页面如图 2-39 所示。

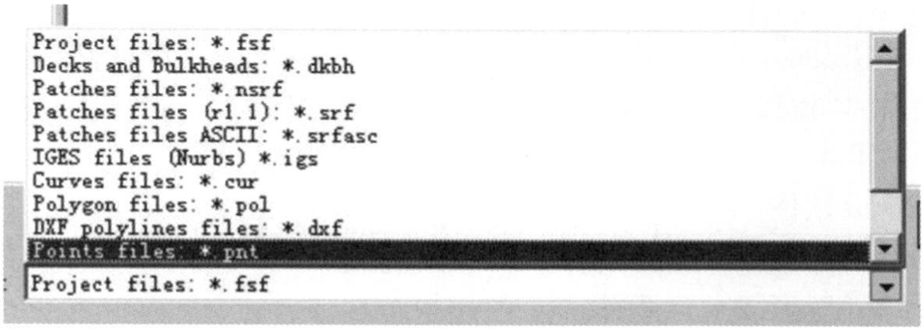

Project files: *.fsf
Decks and Bulkheads: *.dkbh
Patches files: *.nsrf
Patches files (r1.1): *.srf
Patches files ASCII: *.srfasc
IGES files (Nurbs) *.igs
Curves files: *.cur
Polygon files: *.pol
DXF polylines files: *.dxf
Points files: *.pnt
Project files: *.fsf

图 2-39　Foran 软件导入文件格式图

Foran 软件中生成型表面的典型流程如下。

➢ 读入型值表数据或导入.pnt 文件,生成点。
➢ 由点生成多段线,或者由 DXF 直接导入。
➢ 由多段线生成曲线,或者直接从文件读入曲线,然后光顺曲线。
➢ 划分曲面 patch 的边界。
➢ 生成船壳曲面 patch,并需要定义艉封板的 patch。
➢ 进一步光顺船壳曲面 patch。
➢ 检查 patch 之间的连接是否完好,命令为菜单 View→Visbility→Show→Holes between patches。
➢ 检查所有 patch 的法向方向,对于外壳,里面红色,外面绿色,内壳通常相反。
➢ 创建特征线,如中剖线、底平线、边平线、折角线等 ,命令为菜单 Structure→Line→New line。必须创建类型轮廓的中纵剖面曲线,如有需要可创建其他曲线,如平边线、平底线等。
➢ 把属于外壳的 patch 拖到外部船体下,把特征线拖动到水面线下,命令为菜单 Structure→Manager 。
➢ 生成船型文件,填写正确的 FNAM (4 个字符)和主尺度,检查 patch 和 patch 的连接孔、曲面的方向等。之后系统会生成一个 FNAMfsurf.fsf 的文件。如输入 TEST,那么这个型线文件为 TESTfsurf.fsf。
➢ 创建肋位系统,命令为菜单 File→Ship→Edit frame system。
➢ 创建甲板和舱壁,命令为菜单 Structure→Decks 和 Structure→Bulkheads。
➢ 创建内壳,命令为菜单 Structure→HULL→New hull。一旦点击了这个命令,在“管理”里就会多一个内船体,但在界面上不会有任何反应,所以注意不要连续点击这个命令。
➢ 创建新的 patch,然后把 patch 和 LINE 拖动到相应的内船体里。

②线性光顺

型线最终要以 patch 的形式完成,不同的 patch 之间过渡光顺,连接处符合允许的尺度,连接处检查不到超过允许尺度的孔,就可以形成船壳,作为计算、建模及生产设计的基础。作为型线中的折角线,过渡的地方要分成不同的 patch,尤其是带有尖角的地方,如图 2 -40 所示。

对于 patch 的分割要分好区域,这样能方便以后型线的调整及大幅度变化。不同的 patch 连接处最好是相同的控制点,这样型线变化能更好地连接,防止一侧的 patch 为了跟另一侧的 patch 连接好而增加很多控制点,增加了后来调整型线光顺的难度。两个相连接的 patch 如果有相同的控制点就可以用 Sew 的命令将两方控制点放在相同的坐标位置,如图 2 -41 所示。

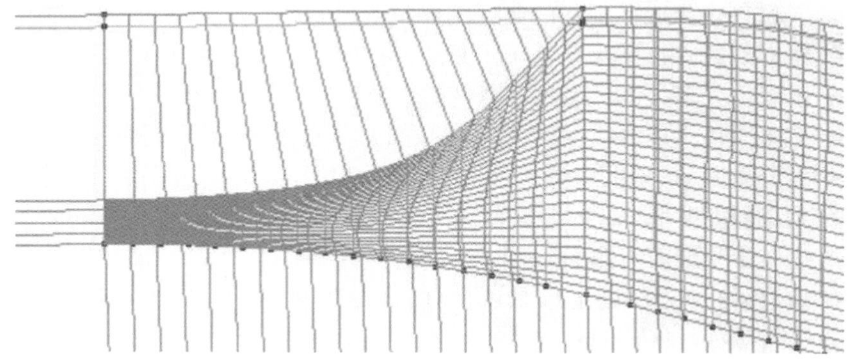

图 2-40　patch 的分片及连接图

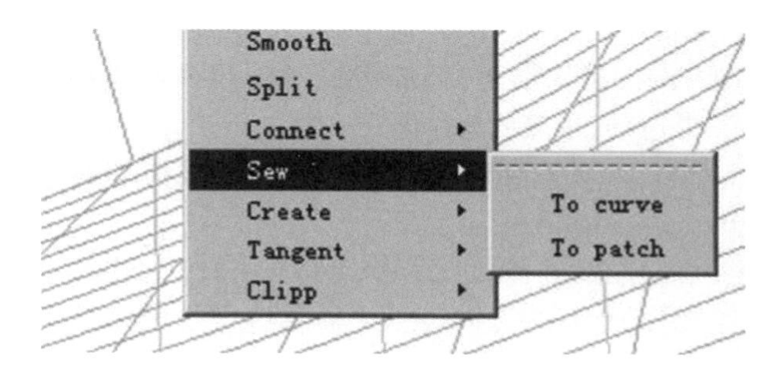

图 2-41　patch 的 Sew 命令图

如果两方的控制点不相同，想通过调整另一侧 patch 的控制点完全连接好就会增加非常多的控制点，如图 2-42 所示。

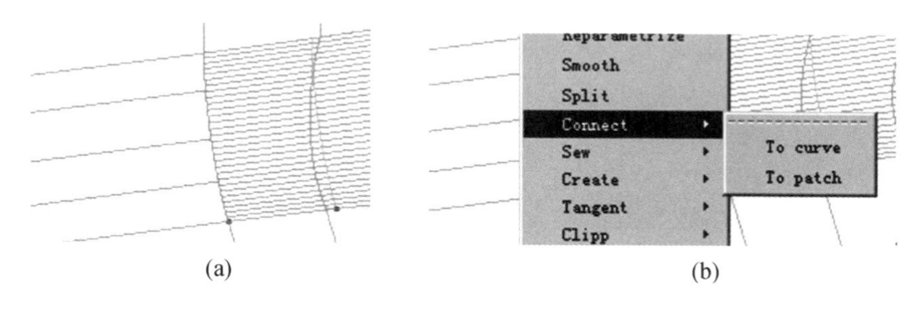

图 2-42　patch 的 Connect 命令图

③稳性计算

Foran 软件中将型线光顺好形成船壳，检查通过后就可以在模块 Fbasic 中进行静水力、横交、舱容、稳性等一系列计算。Fbasic 模块中的主要功能如图 2－43 所示。

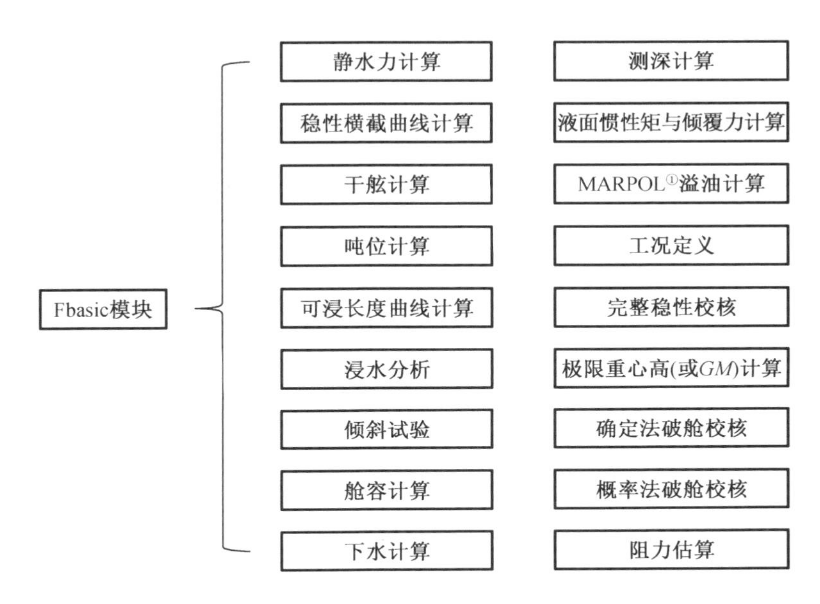

图 2－43　Fbasic 的主要功能图

稳性计算以一条 42 m 的远洋拖网渔船为例。稳性要求应满足中华人民共和国海事局《远洋渔船法定检验技术规则》(2019) 第 6 篇第 2 章“完整稳性衡准”对渔船的要求，以进行计算和校核。稳性衡准基本要求如下。

➢ 复原力臂曲线(GZ)下的面积应满足下列要求。

- 至横倾角 $\varphi=30°$时，应不小于 0.055 m/rad。
- 至横倾角 $\varphi=40°$或进水角 φ_f(如 $\varphi_f<40°$)时，应不小于 0.090 m/rad。
- 在横倾角 30°～40°或 30°与 φ_f(如 $\varphi_f<40°$)之间，应不小于 0.030 m/rad。

➢ 复原力臂：当横倾角等于或大于 30°时，复原力臂(GZ)应不小于 0.2 m。

➢ 初重稳距要求：在各种装载工况下经自由液面修正后的初重稳距 GMO，对单甲板渔船，应不小于 0.35 m。

➢ 突风与横摇衡准：在此情况下，如图 2－44 所示，面积 b 应等于或大于面积 a。

①即《国际防止船舶造成污染公约》。

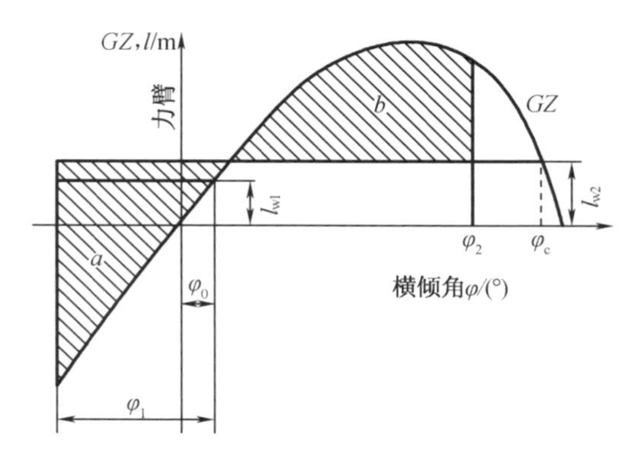

图 2-44 突风及横摇图

➢ 风压倾斜力臂 l_{w_1} 和 l_{w_2} 在所有横倾角时均为定常值,单位风压取值对船长不小于 45 m 的船舶,取 $p=504$ Pa,对船长小于 45 m 的船舶,p 值按表 2-8 选取。

表 2-8 船长小于 45 m 船舶风压取值表

受风面积中心至水线/m	1.0	2.0	3.0	4.0	5.0	≥6.0
p/Pa	316	386	429	460	485	504

在 Foran 软件中,稳性计算的模块 Stability tree 可调用稳性规范及在渔船上的自定义稳性规范,Stability tree 的主要功能如下。

➢ Stability Crieria(稳性规范)。

➢ Formulation(定义计算表达式)。

➢ Loading Condition(工况定义)。

➢ Groups of Loads(装载组定义)。

➢ Initial situations(初始状态定义)。

➢ Damages(破损位置定义)。

➢ Flooding(确定法破舱校核)。

➢ Max KG calculation(极限重心高计算)。

Foran 软件已经把国际通用规范内置其中,可以直接调用。对于非国际规范可以通过用户自定义。调用内置稳性规范:右键 stability criteria 节点,从弹出菜单选择 Add SSCs 命令,可调用的规范如图 2-45 所示。

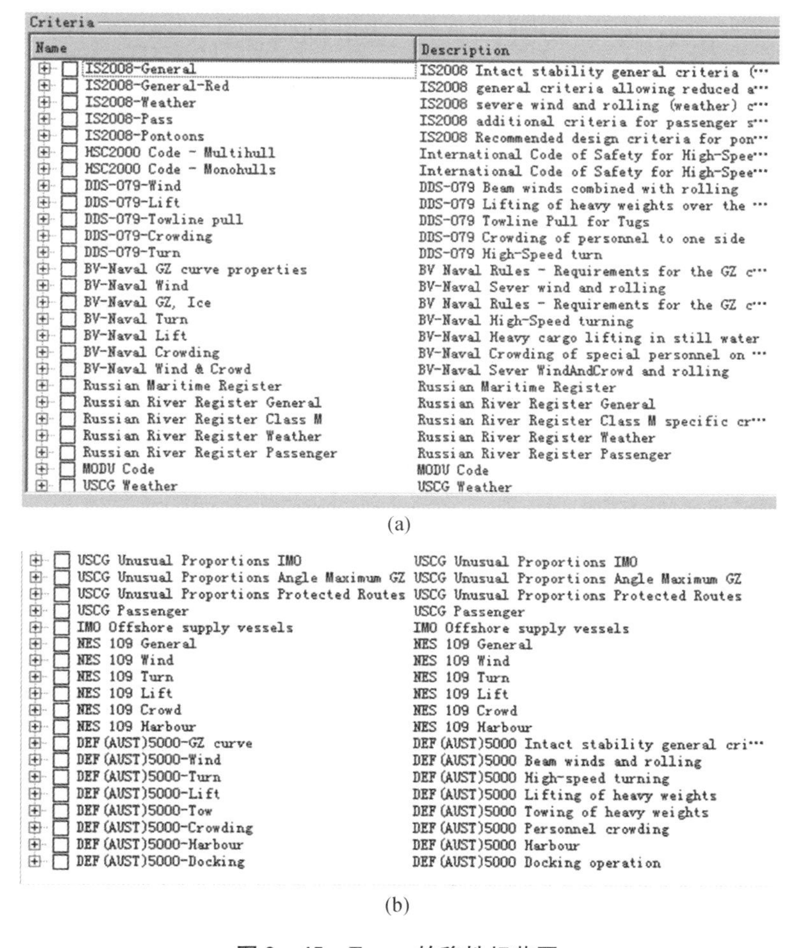

图 2-45　Foran 的稳性规范图

调用内置规范后，就在 stability criteria 节点下加入规范的名称，右键菜单中选择 Edit 命令就可以对规范进行编辑，如从内置规范中选择 IS2008 - Passenger（IS2008 - Pass）进行编辑。

- 初始化 IS2008 - Passenger 规范，从右键菜单中选择 Edit 命令。
- 输入 Heel due to passenger crowing 参数，包括乘客数（Number of passenger）、乘客倾覆力矩（Passenger lever arm）、每位乘客体重（Weight per passenger）。
- 输入 Heel due to turning 参数，包括服务航速（Service speed）。
- 初始化 IS2008 - Weather 规范，从右键菜单中选择 Edit 命令，Heel due to steady wind 参数有舭龙骨面积（Bilge keels area）、浸水甲板（Deck

immersion)、风压(Wind pressure)、K 系数(K factor value)、横摇角(θr roll angle),0 表示由系统计算。

渔工船的稳性核算准则如上,Foran 软件中还没有将渔工船的核算准则加入里面,需自定义,定义方法如下。

➢ 右键 stablity criteria 节点,从弹出菜单中选择 New node 命令,定义新规范目录 NODE1。

➢ 右键 NODE1 节点,从弹出菜单中选择 New criteria 命令,定义新衡准 NCR1。

➢ 右键 NCR1 节点,从弹出菜单中选择 Edit 命令,往衡准中添加以下条款。

Entity:条款关联的对象,包括初稳性高(GM)、横倾角(Heel)、回复力臂(GZ)、动稳性(DNS)。

Property:条款关联对象的具体内容,如图 2-46 所示。

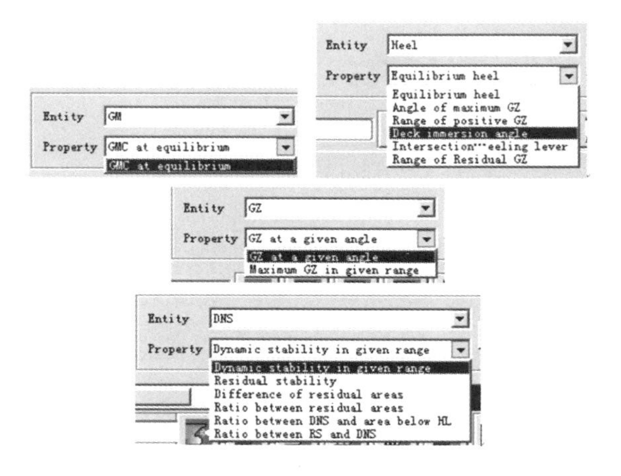

图 2-46　渔工船稳性规范自定义图

选择关联对象与具体款项后,单击箭头图标,弹出定义对话框,参考示意图输入相应的参数。

以远洋渔船为例,衡准如上所述,可调用规范 IS2008 - General 及天气衡准 IS2008 - Weather,Foran 软件中天气的风压衡准为 504 Pa,但船长小于 45 m 的船舶的渔船风压的取值跟受风面积中心到水线的距离按照表 2-8 计算,通过修改引用规范 IS2008 - Weather 中的 Wind pressure 风压选项值。

船长为 42 m 的渔船的稳性计算结果如图 2-47 所示。

稳性标准评价

标准稳性准则

标准	值	要求	单位	是否满足
2008完整稳定性规则				
IS2008-Gen. DNS up to 30°	0.125	>= 0.055	m*rad	Yes
IS2008-Gen. DNS up to min(40°, θf)	0.233	>= 0.090	m*rad	Yes
IS2008-Gen. DNS from 30° up to min(40°, θf)	0.108	>= 0.030	m*rad	Yes
IS2008-Gen. Max GZ for a heel angle >= 30°	0.736	>= 0.200	m	Yes
IS2008-Gen. Angle of maximum GZ	48.144	>= 25.000	°	Yes
IS2008-Gen. GMc at equilibrium	0.856	>= 0.150	m	Yes
IS2008-Weather				
IS2008 Weather. heel due to steady wind	3.42	<=min(16 : 22.93)	°	Yes
IS2008 Weather. b / a areas ratio	5.356	>= 1.000		Yes
用户参数				
船底龙骨面积	11.440		m2	
甲板浸没程度	MAINDECK			
风压	420.000		Pa	
k因子值	0.000			
横摇角度	0.000		°	
中间值				
甲板浸入角度	28.7		°	
建筑物以上投影侧向面积	193.024		m2	
横向面积高度	6.412		m	
lw1. Steady wind heeling lever	0.045		m	
φ0. heel due to steady wind	3.4		°	
lw2. Gust wind heeling lever	0.068		m	
Heel due to gust wind	4.9		°	
横摇角度	19.2		°	
被使用的k因子值	0.728			
b"区域右限制	50.0		°	
a 区域	0.057		m*rd	
b 区域	0.303		m*rd	

图 2－47　船长为 42 m 的渔船的稳性计算结果

将一条渔工船的稳性标准定义好之后就可以将标准导出来，导出的文件为 . xml 格式，当下一条渔工船使用相同规范进行稳性计算时可直接导出. xml 文件计算。

(3) 小结

前文描述了 Foran 软件工作的顺序及在渔工船前期工作到稳性计算的使用，详细介绍了线型光顺的命令及在渔工船使用中遇到的问题，对其稳性计算程序进行了阐述，并在此基础上在软件的模块中对稳性要求进行了编辑，介绍了软件中稳性各指标要求的编辑方法及计算方法，为以后使用该软件在渔工船上的应用提供了示范。

2.1.2　深远海大型养殖工船船体结构设计

大型养殖工船为新船型，其设计没有专门规范参照，本书采用了装载和布置等相似的船舶规范进行基本结构设计。下面将介绍该船型从基本结构设计到直接计算法强度校核流程和该船型结构设计的注意事项，达到不断优化该类船舶结构设计的目的，为研究该类船舶的设计方法提供参考。

大型养殖工船主要用于在深远海海域进行养殖作业，分为养殖舱与作业海域海水连通和不连通两种，这里主要研究养殖舱与海水不连通的设计方法。养殖工船使用相对封闭的船舱作为养殖舱，通过汲水管将外源不同深度的海水抽入舱内进行养殖生产,以满足不同鱼类对水温和水质的特殊需要。由于养殖工船为新概念船,既不属于传统渔船,也不属于常规商船,对于该类船舶,本书根据其布置、装载情况和作业工况参照船舶规范中适合的篇章进行基本结构设计与强度校核。

1.养殖工船的基本情况

(1)船型参数

深远海大型养殖工船主要在中国近海进行养殖作业,并兼有规模化繁育、加工及渔船补给、物流等功能。船体为双底、双壳、单甲板、纵骨架式钢质全焊接船舶。该船型主要参数见表2-9。

表2-9　船型参数表

项目	船型参数
总长/m	249.800
计算船长/m	240.000
型宽/m	45.000
型深/m	21.500
结构吃水/m	14.000
满载排水量/t	130 000.000
方形系数 C_b	0.847
航速/kn	10.000

(2)布置与装载方法

养殖平台在主甲板下设置了养殖舱,养殖舱内泵入海水用于养鱼。养殖舱布置在船中,其半舱养鱼的工况与油船装载液货在装载方式上有相似性,其养殖舱布置与油船相似,如图2-48、图2-49所示。

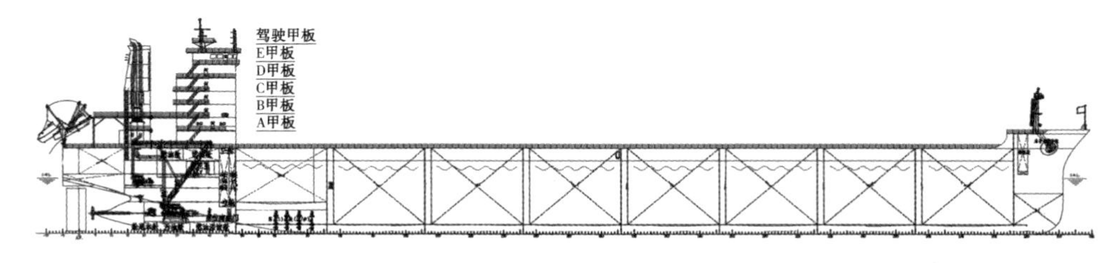

图2-48　养殖工船布置图

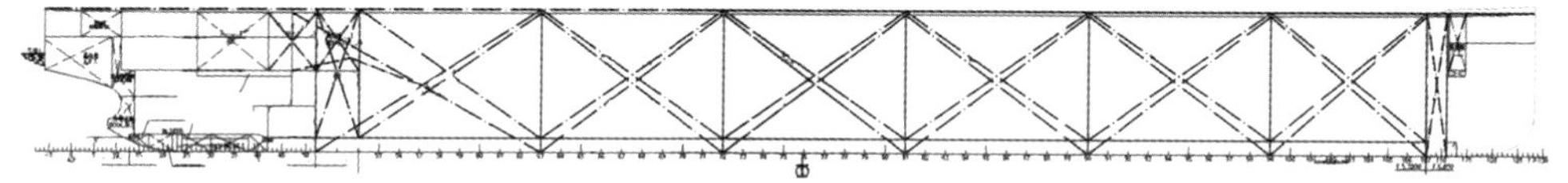

图 2－49　油船布置图

(3)工况情况

养殖工船主要有航行工况和养殖工况。养殖工船航行工况为在设计航区范围内,船舶从一个养殖区域自主航行到另一个养殖区域;养殖工船养殖工况为船舶在特定海域进行养殖作业,作业时承受与养殖作业适应的设计环境载荷和作业载荷,当海域环境超出设计值时,采取转移等躲避措施。

2. 船体结构设计的依据

该养殖工船的船体结构设计按照《检验指南》中的定义,其船型结构,具有自航能力,所以该工船属于海上渔业养殖设施。根据《检验指南》第 10 章的规定,该养殖工船船体结构设计应符合《钢制海船入级规范》中关于船体结构的相关规定,直接计算按航行工况和养殖工况进行分析,养殖工况直接计算参照《海上移动平台入级规范》。船体结构用钢要符合中国船级社《材料与焊接规范》的相应规定。

封闭养殖舱如图 2－50 所示。

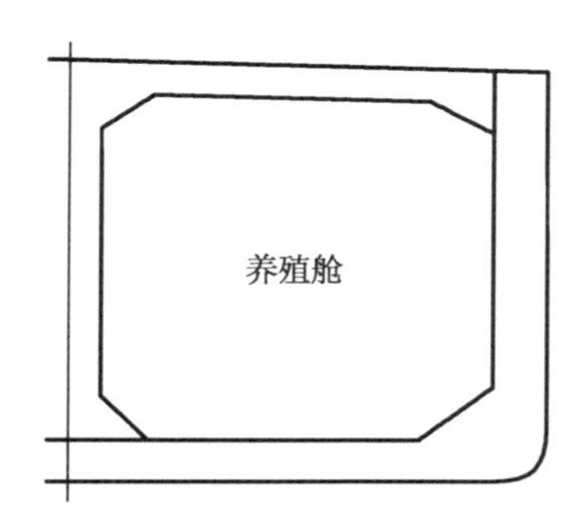

图 2－50　封闭养殖舱

3. 船体结构计算校核方法

(1)基本结构设计方法

按规范进行结构设计,首先根据总布置图进行结构的初步布置,确定船舶的骨架形式及肋骨间距,然后根据规范进行船体主要构件尺寸计算,计算流程如图 2－51 所示。对于构件的计算,可按外板、甲板、船底骨架、舷侧骨架、甲板骨架、支柱、舱壁、首尾结构、上层建筑等顺序进行。按规范计算的构件尺寸是保证船舶安全的最低要求，最后选定的尺寸还要根据船舶实际使用要求做适当调整。对于在使用中需要承受较大局部载荷的结构进行局部加强，对于横向和纵向框架结构要保证连续性，保证载荷传递的有效性。

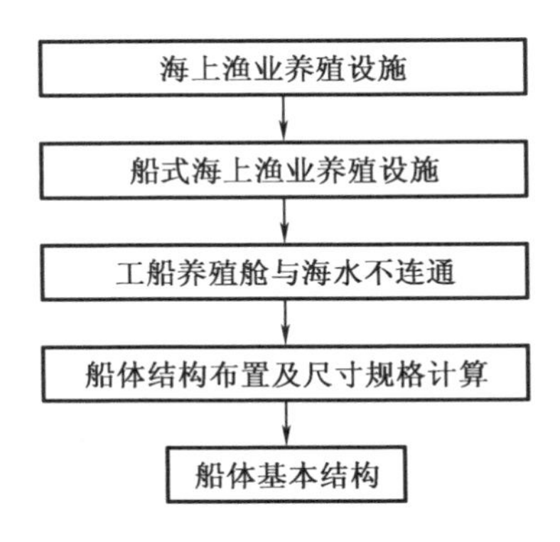

图 2－51　基本结构计算流程

(2)按规范校核总纵强度

根据《钢制海船入级规范》要求，需进行总纵强度校核计算。该船的尺度比：$L/B=5.33>5$，$B/D=2.09<2.5$，$L=240\ \mathrm{m}<500\ \mathrm{m}$，$C_b=0.847$，尺度比满足规范要求。先对根据规范经验公式计算得到的基本结构尺寸进行总纵强度校核，再建立有限元模型进行直接计算，校核结构强度。船体总纵强度计算按常规方法将船体梁静置于波浪上，取机舱前端壁至防撞舱壁(其长度大于 $0.4L$)进行校核，针对船舶航行工况和养殖工况分别对该船进行总纵强度校核。航行工况总纵强度校核流程如图 2－52 所示。

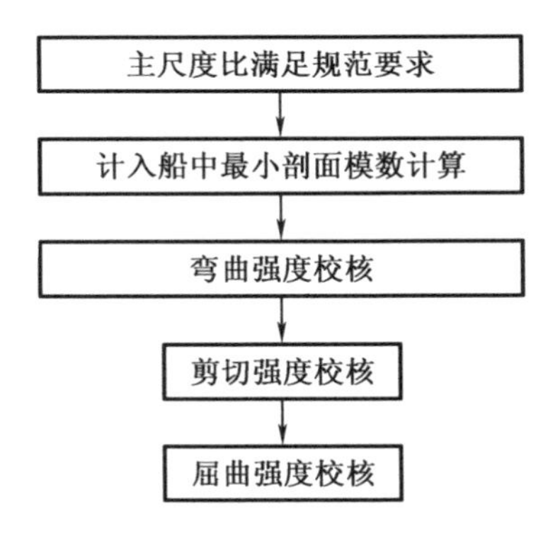

图 2－52　航行工况总纵强度校核流程

养殖工况总纵强度校核流程如图 2－53 所示。

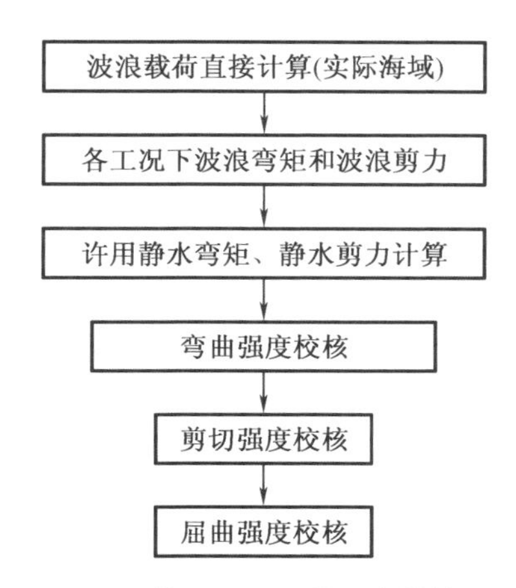

图 2－53　养殖工况总纵强度校核流程

(3)船体结构直接计算

养殖工船航行工况类似运输作业船舶,养殖工况类似海工作业船舶,船体结构直接计算按航行工况和养殖工况分别校核。航行工况直接计算根据《钢制海船入级规范》第 2 篇第 5 章中双壳油船的适用章节,养殖工况直接计算根据《海上移动平台入级规范》对水面式平台的适用要求。

①航行工况直接强度计算(图 2－54)

计算载荷:设计载荷依据《钢制海船入级规范》第 2 篇"结构强度直接计算"章节,静水弯矩取许用静水弯矩,波浪弯矩根据《钢制海船入级规范》第 2 篇"舱段结构强度直接计算"章节要求计算获得。

边界条件:依据《钢制海船入级规范》第 2 篇第 5 章双壳油船要求计算。

计算评估及建模范围:由于养殖舱室布置的对称性及舱室结构设计的相似性,有限元模型长度选取 1/2＋1＋1/2 养殖舱,宽度选取左舷及右舷的舱段全宽模型作为舱段有限元分析的建模区域,选取中间舱的计算结果作为舱段有限元分析的应力读取区域。

装载工况的选取:按本船《装载手册》中航行工况的压载、满载、隔舱装载等进行。

屈服强度校核:许用应力按照《钢制海船入级规范》第 2 篇第 5 章双壳油船要求。

屈曲强度校核:屈曲安全因子和构件标准板厚减薄按照《钢制海船入级规范》第 2 篇第 5 章双壳油船要求选取。

②养殖工况直接强度计算(图 2 -55)

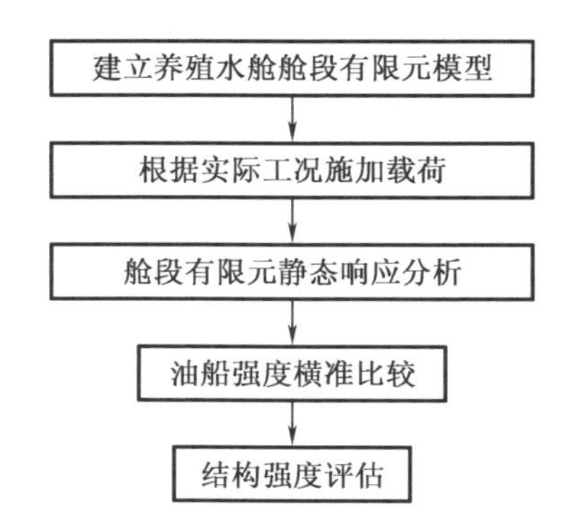

图 2 -54　航行工况直接强度计算流程

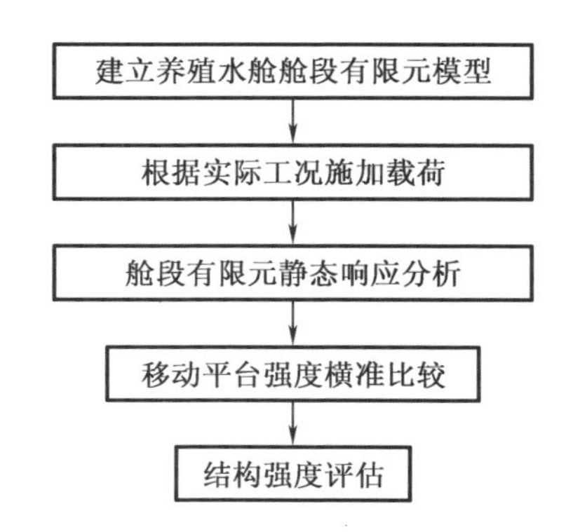

图 2 -55　养殖工况直接强度计算流程

由于《海上移动平台入级规范》中并未明确指出直接计算的处理方式,因此借鉴航行工况的相关处理方法。

环境条件:根据养殖工况时特定的作业场地和作业季节,确定 50 年一遇的环境条件进行环境载荷加载。

计算载荷:由于该船不要求自存工况,参照海洋工程的一般做法,载荷根据养殖工况波浪条件相关参数进行波浪载荷预报。波浪主控参数选择垂向弯矩,垂向弯矩由所在海域的短期统计得出。

养殖工况边界条件、计算评估及建模范围同航行工况。

装载工况的选取:装载工况选取《装载手册》中实际的装载工况。

屈服强度和屈曲强度校核:衡准采用《海上移动平台入级规范》第 2 篇第 3 章应力衡准和屈曲校核衡准。

③疲劳强度分析

《检验指南》中疲劳计算分别按《船体结构疲劳强度指南》和《海洋工程结构物疲劳强度评估指南》对航行和养殖工况进行疲劳强度校核。

计算方法:仅利用舱段模型进行简化分析,对疲劳热点进行节点细化。若疲劳强度不满足要求,则对结构进行加强,使所有结构均满足简化疲劳强度要求。

计算载荷按航行工况和养殖工况分别加载。养殖工况,波浪主控参数仍选择垂向弯矩,垂向弯矩由所在海域的短期统计得出;航行工况,按照航行区域的重现期进行预报。

疲劳累积损伤:疲劳强度考虑航行工况和养殖工况在整个生命周期中每种工况所占比例,按《海洋工程结构物疲劳强度评估指南》的相关要求进行计算。

安全系数的选取:结合本船的实际结构,设定安全系数的选取参照《海洋工

程结构物疲劳强度评估指南》中移动平台部分进行。

④养殖舱晃荡计算

养殖舱进行晃荡载荷下的结构强度计算,晃荡载荷和养殖舱的结构尺寸参照《液舱晃荡载荷及构件尺寸评估指南》中适用章节进行。在结构设计中应采取有效的防止晃荡措施,减小作用在养殖舱结构上的晃荡载荷。

该船设计需要注意的几点,总结如下,供后续设计参考。

养殖工船的养殖舱室便于清扫、集污、适渔等功能要求,在分舱布置时,要保证养殖舱舱型具有良好的流场流态;养殖舱舱壁内部光滑,结构反面布设;双层底的内底设置成倾斜;新船型在没有特定规范时,基本结构构件尺寸的计算根据相似船舶规范进行设计,同时也可借鉴相似船舶结构设计经验。

4. 特殊结构设计

深海养殖平台人员转运栈桥是高海况环境下用于从船舶向大型船舶、养殖工船、海洋油气平台或风场电站平台输送作业人员与物资的重要通道。研究设计转运栈桥的伸缩结构、变幅结构、回转机构的力学结构与设计要点,以及人员转运栈桥力学结构与补偿特性的整套解决方案是非常必要的,下面介绍有关技术。

人员转运栈桥基本组成如图 2－56 所示。

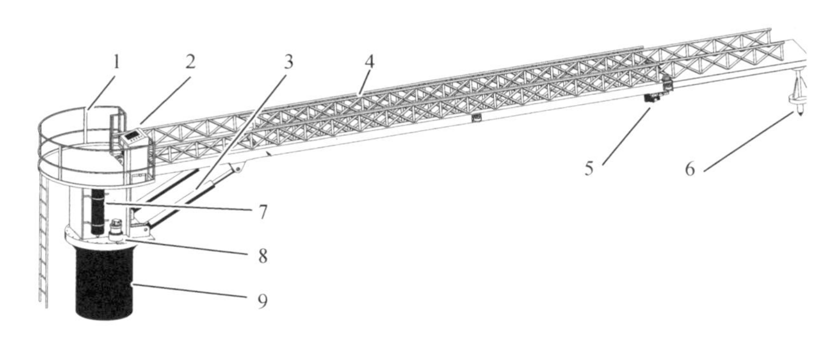

1—回转平台;2—控制柜;3—变幅油缸;4—人员通道;5—伸缩机构;
6—着陆器;7—蓄能器;8—回转马达;9—基座。

图 2－56　人员转运栈桥基本组成

随着海洋资源平台的建设与推广,平台工程装备的维护与平台人员转运问题日益凸显,人们对高海浪环境下仍然能够保障作业人员快速登陆和舒适转移的栈桥系统设备的研制格外迫切。荷兰 Ampelmann 公司已经完成具备 6 自由度补偿功能的人员转运系统装备研制工作并推广应用到欧洲、非洲、亚太、美洲和中东等市场,系统平台可在 4 m 有效波高的海况下完成人员快速登陆和舒适转移工作,该系统的成功运用将海洋资源平台的年均工作时间提高了10%。Kenz公司研制的海上栈桥是在原起重机基础上集成了人员转运功能,应用主动运动补偿技术稳定船舶摇摆对起重机臂的影响,为人员转运和货物运送提供可靠、稳定的通道,通过波浪预测和路径规划算法实现栈桥3个自由度的主动补偿,使栈道下放过程保持稳定。目前,国内作业的人员转运栈桥全部依赖进口,单台设备的进口费用极其昂贵,因此人员转运栈桥的国产化就显得格外迫切,形成的成果及产品设备用于开拓我国海洋工程设备市场具有积极的促进意义。

(1)基本概况

人员转运栈桥运动结构包括伸缩机构、变幅机构、回转结构。为应对海洋环境,需要研究波浪补偿技术,以减弱或消除波浪对各执行机构的影响。目前,波浪补偿系统在国外的舰船及海上平台已被广泛使用,系统加装在起重机上用于补偿由于风浪引起的升沉运动,提高海上对驳吊装的效率和安全性。美国是较早开展主动式升沉补偿技术研究的国家。早在20世纪70年代美国就开始研究货物自动着舰系统、基线相对运动测量技术、视觉相对运动测量技术、惯性与绳索组合测量技术等,为主动式升沉补偿系统的研制奠定了基础。Delago等设计了一种安装在石油平台上的升沉运动补偿系统,用于从补给船向石油平台上吊装货物,使用一根测量索来测量补给船相对于石油平台的升沉运动。Davidson等研究了一种主动式升沉补偿设备,利用运动参考单元测量舰船的升沉运动,然后控制绳索收放以保持货物相对稳定。我国有关研究单位已经开发了油缸加蓄能器的气液混合型补偿系统及随动小车补偿系统,这两种系统都是被动式补偿,需要体积庞大的辅助装置,并且相对主动补偿,随动补偿所引起的起吊绳索张力变化要大。九江精密测试技术研究所的苏长青等设计了一种带有主动补偿功能的登乘栈桥,利用运动参考单元实时测量运维船的横摇、纵摇及升沉变化,根据补偿模型计算出液压缸所需的运动行程,对液压系统进行控制,分别进行横摇、纵摇及升沉3个维度的补偿。国防科技大学的胡永攀等提出了基于绳牵引并联机构的并联波浪补偿系统结构方案,分析了该方案的相对运动补偿原理和摆动抑制原理,通过理论推导证明了该方案具有6自由度相对运动补偿能力和完全抗摆能力。

(2)技术特点

人员转运栈桥总体布置简图如图2-57所示。

人员转运栈桥类似于船载吊机,不同之处有以下几点。

①用人员转运的可伸缩的栈桥通道替代了吊机伸缩臂。

②在通道尽头端安装有着陆器,该装置用于将栈桥通道尽头端定位、固定在平台着陆点,方便人员登陆。

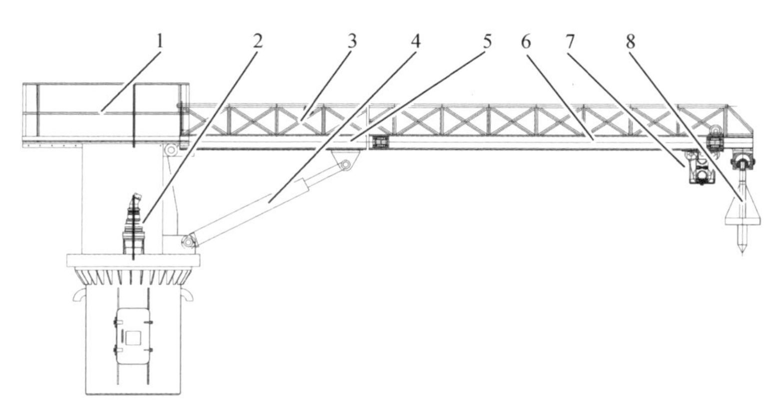

1—工作平台;2—回转马达;3—栏杆;4—变幅油缸;5—固定栈桥;
6—活动栈桥;7—伸缩机构;8—着陆器。

图 2－57　人员转运栈桥总体布置简图

通过吊机回转、变幅、伸缩、着陆动作在船舶与平台之间构架一条临时的人员通道桥,具体操作方案:吊机回转栈桥通道于船舷外约 90°,伸缩栈桥通道直至着陆器悬空于平台着陆点正上方,变幅下放着陆器至着陆点后定位、固定,打开系统被动补偿装置。

人员转运栈桥技术特点如下。

①海况条件不稳定,6 级海况下导致船体左右摇晃 15°,惯性力对栈桥结构影响很大。

②多参数非线性运动耦合,船舶在海面上的摇摆属于 6 自由度非线性运动,要求栈桥回转、变幅、伸缩等 3 个运动机构协同耦合完成 6 自由度波浪补偿要求。

③液压传动系统与电气控制系统均复杂,隶属于机、电、液交叉学科,控制多个液压缸、绞车,采集压力传感器、流量传感器、位移传感器、角度传感器等多种传感器数据。

根据总体设计要求,需要初步确定伸缩机构栈桥长度与结构,包括固定栈桥与活动栈桥的臂长和重叠长度,然后根据载荷情况设计其他结构并校核强度,完成元器件选型。

(3)伸缩机构

伸缩机构由固定栈桥(固定臂)和活动栈桥(活动臂)组成。固定栈桥和活动栈桥均使用半开口型钢结构,活动栈桥套入固定栈桥内,可相对运动,为减少运动摩擦,它们之间安放滑轮作为支撑。伸缩机构总体尺寸如图 2－58 所示。

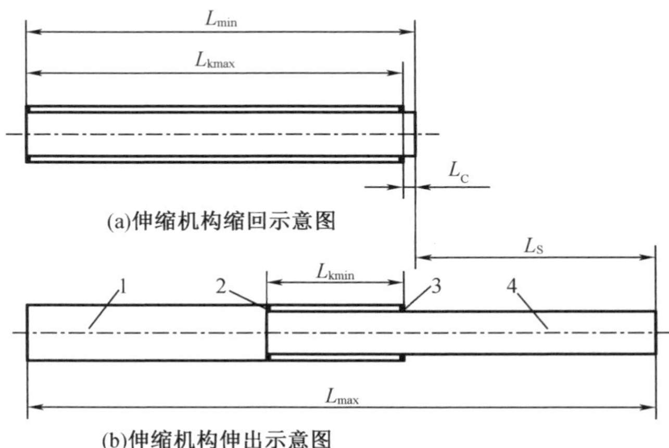

1—固定栈桥；2—活动支承；3—固定支承；4—活动栈桥。

图 2－58　伸缩机构总体尺寸图

伸缩机构的固定栈桥与活动栈桥的尺寸由行程 L_S 决定。支承距离 L_k 尺寸的最大值取决于固定栈桥的长度，最小值取决于支承反力和过桥结构强度，由图 2－58 可知，行程 $L_S = L_{kmax} - L_{kmin}$。活动栈桥长度取决于固定栈桥长度，$L_C$ 是活动栈桥长度余量。

伸缩机构受力情况如图 2－59 所示，其中人员载荷 G_Z 做集中力处理。

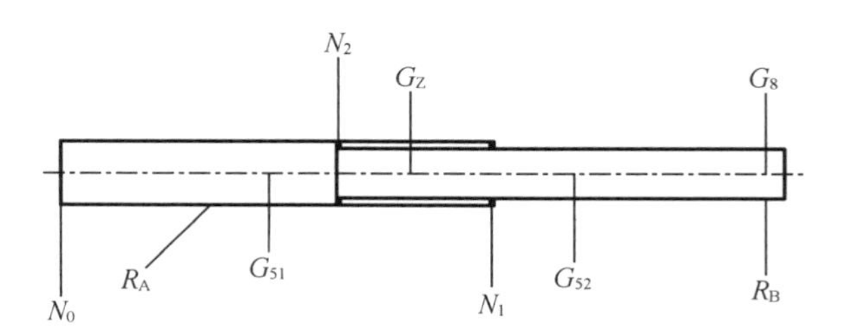

N_0—铰接支承反力；N_1、N_2—栈桥支承力与支承反力；R_A—油缸支承反力；R_B—着陆器支承反力；G_Z—人员载荷；G_{51}—固定栈桥载荷；G_{52}—活动栈桥载荷；G_8—着陆器载荷。

图 2－59　伸缩机构受力情况

经过有限元分析，伸缩机构的应力、应变分析如图 2－60 所示，最大应力点位于支撑油缸处，需要进行局部加强，最大应变点在伸缩机构最右端。

伸缩机构支承滚轮应在正方向和侧方向两个方向安置，正方向是主要受力方向，侧方向因受力较小，起到限位作用。支承轮布置示意图如图 2－61 所示。

(a)伸缩机构应力图

(b)伸缩机构应变图

图 2-60　伸缩机构有限元分析图

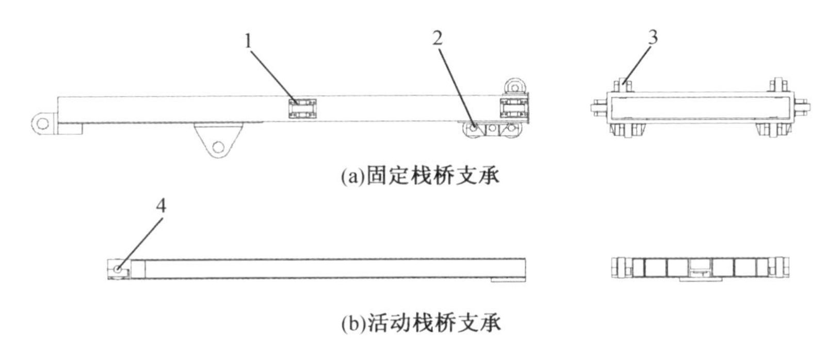

(a)固定栈桥支承

(b)活动栈桥支承

1—侧向支承轮;2—前下支承轮;3—前上支承轮;4—活动栈桥支承轮。

图 2-61　支承轮布置示意图

固定栈桥前部支承轮分前上支承轮和前下支承轮,其中前上支承轮使用两组单轮,前下支承轮因受力较大使用两组双轮。侧向支承轮因受力较小,采用外支承结构固定在固定栈桥侧面。

各支承轮应力强度验算分为接触应力计算与疲劳强度计算两个步骤。

①支承轮接触应力计算,公式如下(线接触):

$$\sigma = 0.418\sqrt{\frac{pE}{lR}} \leqslant [\sigma] \tag{2-12}$$

式中　p——正压力,N;

E——材料弹性模数,$E = 2.06 \times 10^{11}$ Pa;

l——滚轮宽度,m;

R——滚轮半径,m;

$[\sigma]$—— 取 1 050 ~ 1 400 MPa。

②支承轮疲劳强度计算,公式如下(线接触):

$$p_c \leqslant K_1 D l c_1 c_2 \tag{2-13}$$

式中 p_c——滑轮踏面疲劳计算载荷,N;

K_1——与材料有关的许用线接触应力常数,MPa;

D——滑轮直径,mm;

l——滑轮和轨道有效接触长度,mm;

c_1——转速系数;

c_2——工作级别系数。

其中车轮踏面疲劳计算载荷可由下式计算:

$$P_c = \frac{2p_{max} + p_{min}}{3} \tag{2-14}$$

式中 p_{max}——正常工作最大轮压,N;

p_{min}——正常工作最小轮压,N。

伸缩机构的驱动机构使用齿轮和齿条驱动,如图 2-62 所示,驱动齿轮箱与固定栈桥底部固定,齿条固定在活动栈桥底部。大齿轮 1 与齿条啮合传动,可驱动活动栈桥伸缩。小齿轮 2 的输出轴通过联轴器与两个低速液压马达 3 连接,马达并联供油,驱动齿轮 1,2,继而驱动齿条运动,达到伸缩机构运动的要求。

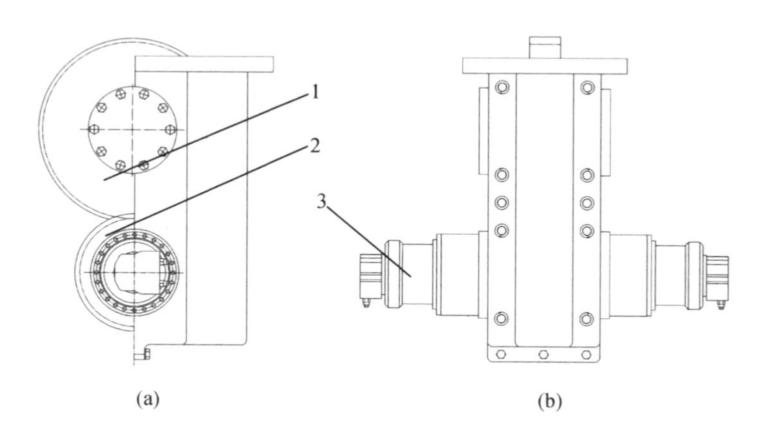

1—大齿轮;2—小齿轮;3—低速液压马达。

图 2-62 驱动齿轮箱布置示意图

（4）变幅机构

变幅机构由两个油缸组成，油缸的布置方式是下顶式，变幅最大角度 +20°，最小角度 -20°，变幅油缸的最大与最小长度根据安装布置确定，如图 2-63 所示。

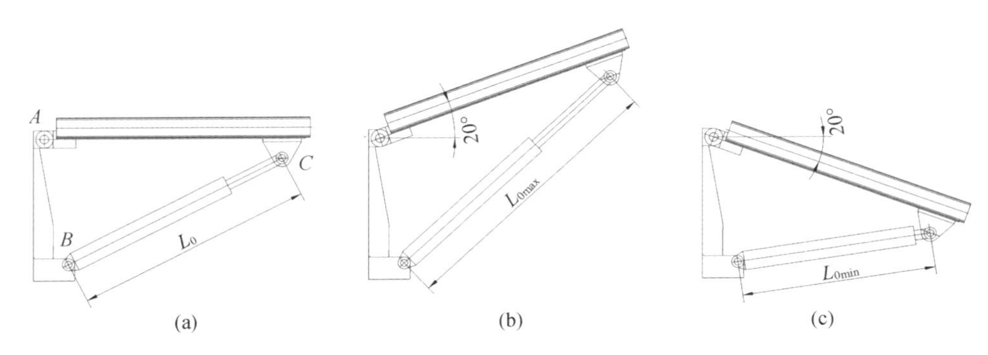

图 2-63　变幅油缸布置简图

以最大臂长水平位置作为设计工况，参照图 2-59 伸缩机构受力情况对铰点 A 取矩，略去摩擦力和惯性力等，根据力平衡方程确定油缸最大推力 R_{Amax}。油缸工作压力和缸径存在如下关系：

$$\frac{1}{2}R_{Amax}=p\ \frac{\pi}{4}A^2 \tag{2-15}$$

式中　R_{Amax}——变幅油缸最大支承力，N；

p——油缸工作压力，Pa；

A——油缸缸径，m。

油缸工作压力 $p=14\sim18$ MPa 为宜。

变幅机构需要及时响应船舶横摇对栈桥的影响，船舶横摇是复杂的随机运动，假设其主要位移曲线是理想的简谐波，用下式表示：

$$Y=A\sin\frac{2\pi}{T}t \tag{2-16}$$

相应地，变幅油缸的位移曲线如下式所示：

$$\Delta l=\Delta L\sin\frac{2\pi}{T}t \tag{2-17}$$

式中　Δl——液压缸瞬时伸长量，m；

ΔL——液压缸最大伸缩量，m；

T——船舶摇摆周期。

变幅油缸瞬时流量计算示意简图如图 2-64 所示。

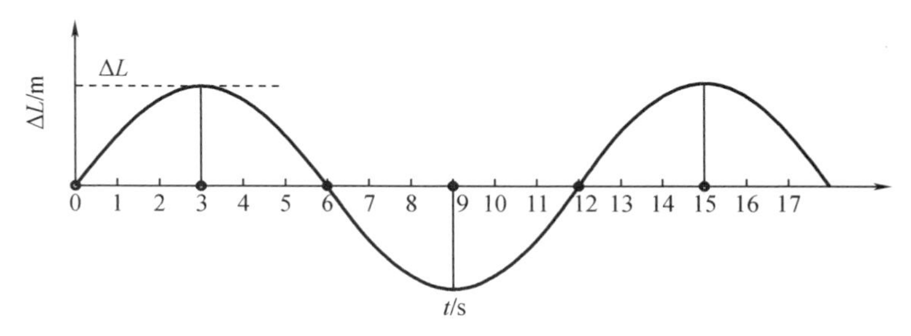

(a)变幅油缸位移曲线

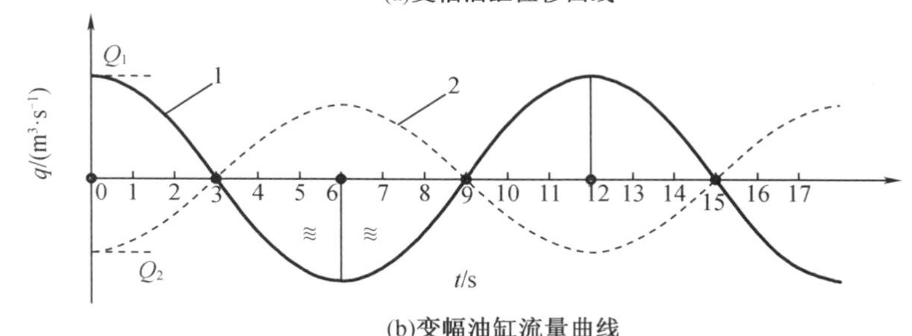

(b)变幅油缸流量曲线

1—油缸无杆腔流量曲线;2—油缸有杆腔流量曲线。

图 2-64　变幅油缸瞬时流量计算示意简图

图 2-64(b)中 q 表示变幅油缸瞬时流量,Q_1表示变幅油缸无杆腔最大流量,Q_2表示变幅油缸有杆腔最大流量。鉴于变幅油缸无杆腔与蓄能器油腔联通,所以应按无杆腔油量变化值即 2Δ 确定蓄能器容积,按 Q_2确定泵的流量,即蓄能器的有效供油量 $V_H=2\Delta$,进一步确定系统的工作压力的最大值和最小值,就可得到蓄能器的体积 V_0,存在如下关系:

$$V_0=\frac{V_H}{p_0^{\frac{1}{1.41}}\left[\left(\frac{1}{p_1}\right)^{\frac{1}{1.41}}-\left(\frac{1}{p_2}\right)^{\frac{1}{1.41}}\right]} \tag{2-18}$$

式中　p_1——最低工作压力,MPa;

p_2——最高工作压力,MPa;

p_0——供油前充气压力,MPa,对气囊式蓄能器,$p_0/p_1=0.8\sim0.85$;

V_H——有效供油量,L。

(5)回转机构

回转机构设计是转运栈桥的关键设计之一,主要包括回转支承选择和计算,以及回转参数设计计算等。

回转支承的选择:回转支承可使机械上下部分旋转,其受力较大。回转支承形式有滚轮滚道式和滚动轴承式两大类。

滚轮滚道式支承采用滚轮在滚道滚动并做回转支承，机构尺寸大、复杂，多用于大型机械中。

轴承式回转支承类似于大型的止推轴承，有旋转标准滚球型和滚柱型，附有齿圈，供驱动机构使用。结构尺寸小、摩擦力小、使用方便，已形成标准系列，所以回转机构设计时应首要考虑轴承式回转支承。

回转支承受力简图如图 2 - 65 所示。

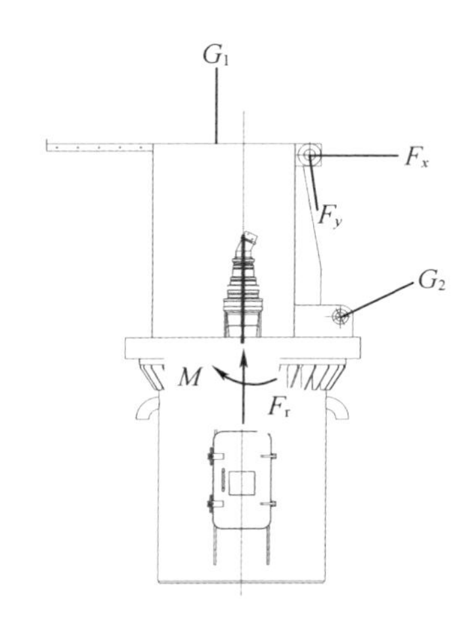

G_1—回转支承上转台结构重力；G_2—变幅缸反作用力；F_x—铰支点横向作用力；
F_y—铰支点纵向作用力；F_r—总径向反力；M—总倾覆力矩。

图 2 - 65　回转支承受力简图

（6）波浪补偿

船舶停在海中作业时，受海浪影响会产生横摇和纵摇，需要分析栈桥 3 个机构，即变幅机构、回转机构和伸缩机构，确定补偿功能与补偿参数。受海浪影响，人员转运栈桥的臂距离和俯仰角会发生一定的变化，这正是伸缩机构要补偿的。船舶停稳后，先把回转机构回转到使工作臂对准工作平台上的工作孔的方向，然后使臂保持水平（由变幅缸补偿完成），启动伸缩机构，使它逐步接近平台工作孔，一旦着陆器对准工作孔，放松变幅缸，着陆器即自行落入工作孔，船舶通过栈桥和工作平台联系在一起，伸缩机构、变幅机构和回转机构联合工作，保证补偿船舶受海浪摇摆的影响下仍能够安全连接正常工作。

①伸缩机构的波浪补偿

由于船舶的摇摆中心和臂铰点不是同一个点，几何尺寸相差很远，臂的补偿是绕臂的铰点完成的。臂水平补偿后，臂的长度会伸长或缩短，这样波浪间接影响伸缩长度，需进行伸缩补偿。补偿方法有如下两种。

a. 主动补偿：通过流量计算，确定泵流量和蓄能器参数，采用加大伸缩泵流量方法完成主动补偿。

b. 被动补偿：伸缩结构液压马达设计为自由轮，着陆器固定后，通过受力变化实时完成补偿响应。

②变幅机构的海浪补偿

由于船舶的横摇，需要变幅油缸伸缩保证转运栈桥通道保持水平。船舶摇摆时，栈桥补偿角度与船舶摆动角度是相同的，通过实时监控栈桥俯仰角控制变幅油缸伸缩长度，可完成变幅机构主动波浪补偿。

③回转机构的波浪补偿

船舶纵摇和横摇不会引起水平面旋转，在着陆器定位过程中船舶会相对平台前后移动，由于回转结构的转动惯量相对较大，因此不建议回转机构进行主动波浪补偿，需要通过加大着陆器平台孔径或船舶微调来实现。着陆器落座后，回转马达设计为自由轮，船舶平移由回转机构被动补偿。

④栈桥转动的波浪补偿

栈桥着陆器需要与平台垂直，便于进孔，因此着陆器和转运通道的连接处设计成球铰结构，这样不论栈桥如何转动，着陆器永远垂直平台，无须主动波浪补偿，简化液压系统设计。

这里构建的深海平台人员转运栈桥整体解决方案，完成了伸缩机构、变幅机构与回转机构设计，通过转运栈桥的工作流程分析了 3 个机构的波浪补偿实现方式。通过有限元分析，得出伸缩机构最大应力点位于支承油缸处，需要进行局部加强，最大应变点在伸缩机构最右端。

2.1.3 养殖工船的液舱晃荡与制荡技术

养殖工船是深远海养殖的一个发展方向，一般系泊在深远海，就地取海水，在液舱内进行养殖，这就不可避免地出现液舱晃荡的问题。对于液舱晃荡问题，在船舶与海洋工程方面，已有较多研究者进行了研究。但是现有的与养殖工船结合的研究不多，随着海上超大型养殖工船的发展，养殖工船非充满舱的晃荡问题已成为一个重要的研究课题。基于 VOF 法描述晃荡流场的自由面，结合动网格技术，我们建立了适合不同几何形状的液舱晃荡数值模拟的计算方法。对养殖工船在海上系统的晃荡问题进行数值计算与分析，是研究与防止晃荡问题的有效方法。

1. 船舶液舱晃荡的数值模拟

(1)简序

随着海上超大型养殖工船需求的不断增加,解决工船液舱的晃荡问题变得更加重要,成为一个重要的研究课题。船舶的晃荡诱发的冲击压力作用于容器系统,严重情况下可造成舱壁结构的破坏,当液舱与船体运动发生耦合时,将使船体运动加剧甚至倾覆。晃荡具有非线性特点,即使对于简谐激励的情况,其幅值及持续时间也是随时间变化的。砰击力不能确切预知,其大小满足一定的概率分布。

初期,人们对晃荡的研究主要采用试验办法,但是试验成本高、周期长、操作复杂,试验的数量和规模都受到较大的限制。鉴于此,发展一种可以代替试验的数值模拟方法是十分必要的。

建立一套可行的数值计算方法用于模拟不同形状的工船液舱的晃荡运动,研究晃荡中的现象与机理,可为液舱晃荡的工程实际问题提供参考,便于评估,具有重要的工程实用价值,在学术上也有重要的研究意义。Milkelis 等和荒井诚用标记点(MAC)法对二维液舱晃荡问题进行了计算,随后荒井诚又在三维里进行了模拟。朱仁庆采用 VOF 法,数值模拟了盛液容器内液体的二维晃荡,数值计算表明采用 VOF 法模拟液体晃荡的动力特性是成功的。曾江红等用任意拉格朗日-欧拉(ALE)有限元法模拟了黏性流体的大幅晃动。Nakayama 和 Washizu 用流体有限元法计算了势流的晃荡问题。Faltinsen 用边界元法计算了矩形容器的液体晃荡,用精确的非线性自由表面条件,引入了人工黏性克服瞬态项的影响。大山利用柱形容器内液体晃荡问题,讨论了有关波的非线性对晃荡现象的影响。

(2)计算方法

VOF 法是由 Hirt 和 Nichols 等提出的一种模拟带自由液面流体运动的方法。定义函数 $F=F(x, y, z, t)$ 表示整个区域内流体体积占计算区域体积的相对比例。对于某个计算单元,$F=1$ 表示单元流体被流体(水)所充满;$F=0$ 表示单元流体被流体(空气)所充满;F 为 0~1,表示该单元中存在自由边界。

采用动网格法,通过用户定义函数(User Defined Function,UDF)的导入,给液舱施以横荡、横摇的激励,模拟振荡运动。采用隐式分离求解器、Standard $k-\varepsilon$ 湍流模型,求解 RANS 方程;压力速度耦合采用 PISO 法;压力项离散使用体积力加权(Body Force Weighted)方法。控制方程采用有限体积法离散,对流项采用二阶迎风差分,扩散项采用中心差分。

对于二维的矩形液舱,其固有频率的估算公式为

$$F_{n}=1/2\{ng\cdot\tan[h(n\pi a/b)]/\pi b\}^{1/2} \tag{2-19}$$

式中 a——液深；

b——矩形液舱宽度；

n——阶数；

g——重力加速度；

h——液深。

(3)计算验证

①算例一

取二维矩形舱模型，截面的长 L 与高 H 都为 1 m，液深 h 为 0.35 m。矩形舱模型与网格示意图如图 2-66 所示。采用结构化网格，网格数量为 6 400。在离右壁面 50 mm 处设置一"浪高仪"A_1，用来测量波高。

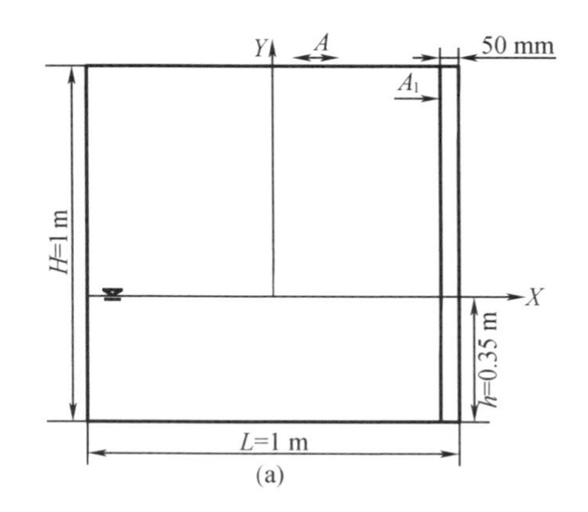

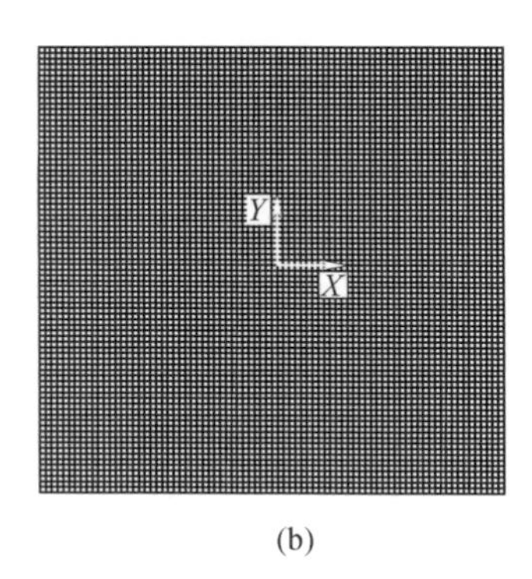

图 2-66 矩形舱模型和网格示意图

采用水平方向的振荡激励，强迫液舱实现横荡运动，运动方程为

$$x = A\sin(\omega t) \tag{2-20}$$

式中 x——水平位移；

A——振幅；

ω——圆频率，$\omega = 2\pi/T$，T 为周期。

由式(2-20)估算一阶近似共振周期 T_n，得

$$T_n = 2\pi/\{g \cdot \pi/L \cdot \tan[h(h \cdot \pi/L)]\}^{1/2} = 1.265\ \text{s} \tag{2-21}$$

取振幅 A 为 0.05 m。在接近 T_n 的范围内，一共取了 16 个周期 T 进行计算。观测晃荡过程中壁面受到的横向力 F_x 时间历程，以及 A_1 处的波高 h_w 时间历程，计算真实时间为 20 个周期。将 16 个工况下的横向力 F_x 和波高 h_w 的时间历程，进行统计得到每个工况下的最大横向力 F_{xmax} 和最大波高 h_{wmax}。

将计算结果分别与文献中采用SPH法得到的计算结果和模型试验结果进行对比分析，最大横向力 F_{xmax} 和最大波高 h_{wmax} 与周期大小的曲线图如图2－67所示。由图2－67可以看出，两者变化趋势一致，表明了所采用的数值计算方法对于二维液舱晃荡的数值模拟是可行的、有效的。

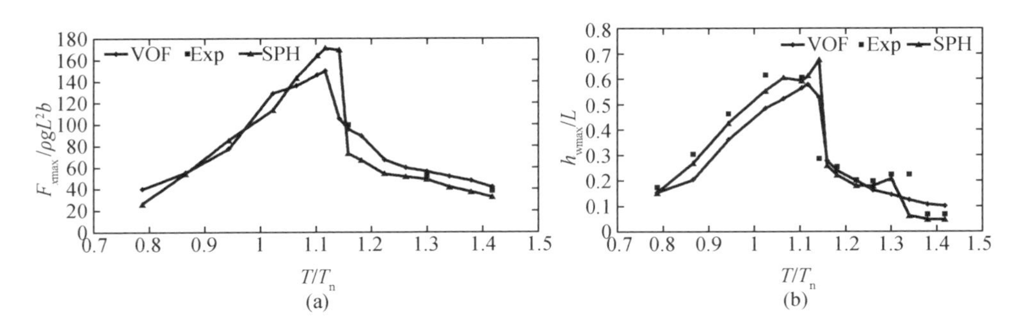

图2－67　最大横向力 F_{xmax} 和最大波高 h_{wmax} 与周期大小的曲线图

②算例二

在算例一的基础上，将二维矩形舱模型改为三维立方体舱模型，宽 B 为1 m。网格划分上，采用的是六面体结构化网格，网格数量为6.4万。立方体舱模型和网格示意图如图2－68所示。在 X、Y 剖面上离右壁面50 mm处设置一"浪高仪" A_1，用来测量波高。计算中取振幅 A 为0.025 m，周期 T 为1.265 s。

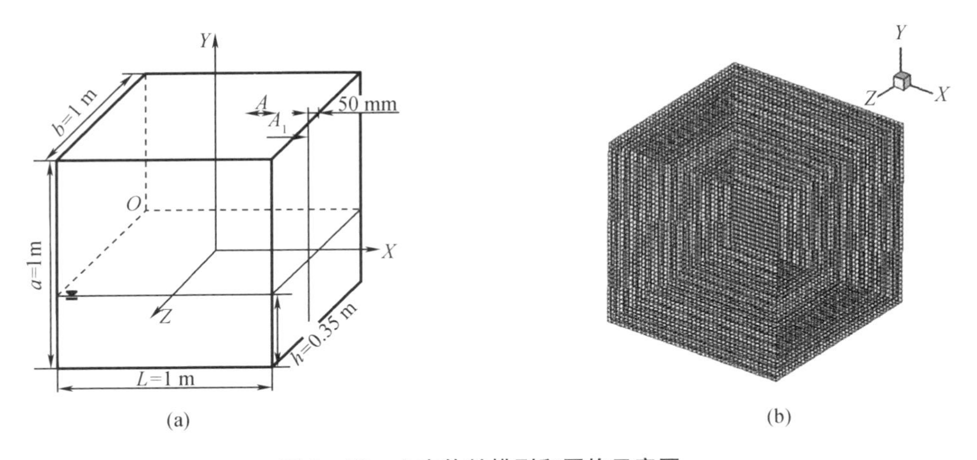

图2－68　立方体舱模型和网格示意图

横向力 F_x 的时间历程如图2－69所示。从图2－69中可以看出，在开始的10个周期里呈现了明显的非线性现象；在第10～50个周期里，其幅值趋于一个稳定的值；约 50 个周期之后幅值略微增大，趋于一个新的稳定值。纵向力 F_z 的时间历程如图 2－70 所示。从图 2－70 中可以看出，在开始的 40 个周期里其幅值几乎为零；在第 40～50 个周期里，幅值逐渐增大；在 50 多个周期后幅值趋于一个稳定值。波高 h_w 的时间历程如图 2－71 所示。从图 2－71 中可以看出，在开始的 10 个周期里，呈现了明显的非线性现象；在第 10～50 个周期里，其幅值趋于一个稳定的值；约 50 个周期之后，幅值略微减小，趋于一个新的稳定值。自由液面的形状，如图 2－72 所示，在 40 个周期左右时发生变化，不再是简单的水平振荡运动，液体产生了旋转运动，显示了三维效应的影响作用。

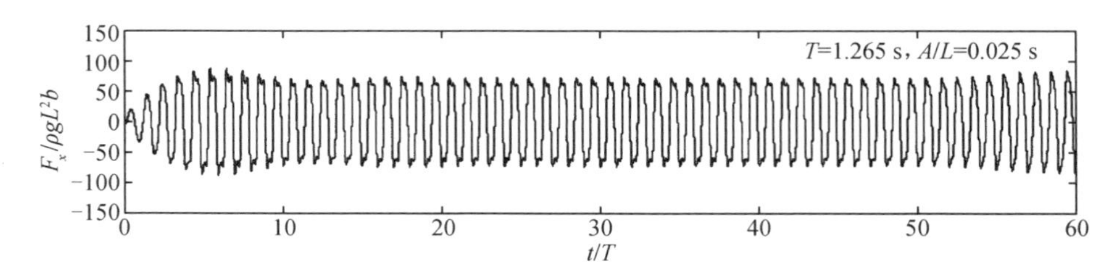

图 2－69　横向力 F_x 的时间历程

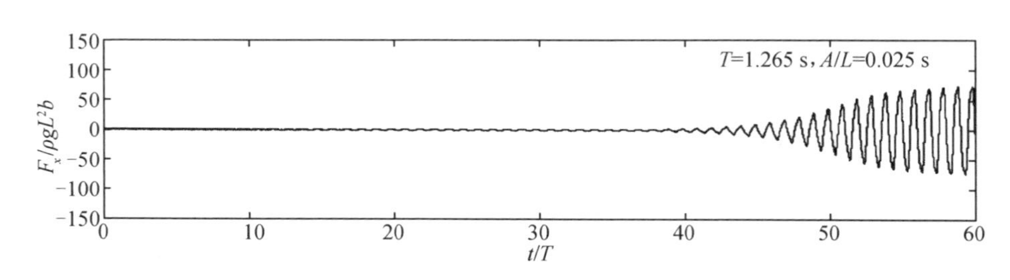

图 2－70　纵向力的时间历程

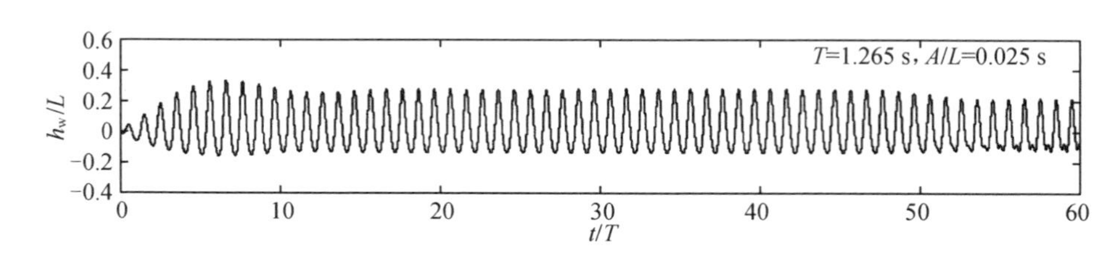

图 2－71　波高的时间历程

王庆丰等对二维矩形舱、三维立方体舱的晃荡运动进行的数值计算，并与试验结果进行的分析比较表明，采用三维方法对液舱进行数值模拟能够更切合实际，揭示了一些在二维模型计算时无法发现的物理现象，所用的计算方法是可行

的、有效的。

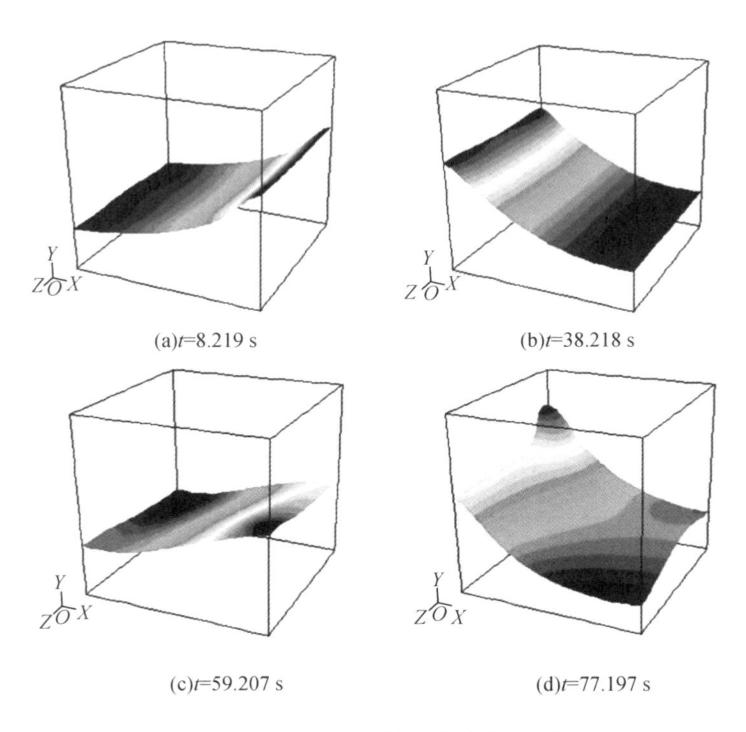

(a)t=8.219 s　　(b)t=38.218 s

(c)t=59.207 s　　(d)t=77.197 s

图 2－72　不同时刻的自由液面形状图

2. 船舶运动与液舱晃荡的耦合分析

吴思莹考虑了某船舶与液舱的频域耦合作用，基于 HydroSTAR 计算软件，分析了船舶带有液舱的运动响应及水动力系数，并进一步分析了船舶运动在不同液舱布置、形状等情况下受影响程度的大小。

(1) 数学模型

①船舶运动响应分析

船舶假设为一个刚体，不考虑与黏性相关的外力、操纵力及推进力，只保留与船舶摇荡运动相关的流体作用力，对流场中压力 p 由线性拉格朗日积分计算。略去非线性影响，船舶运动亦是小量。

②液舱运动响应分析

为了实现船舶运动和液舱晃荡的耦合，必须将局部坐标系中的物理量传送至全局坐标系中。选取一个部分装载液体的液舱，如图 2－73 所示。

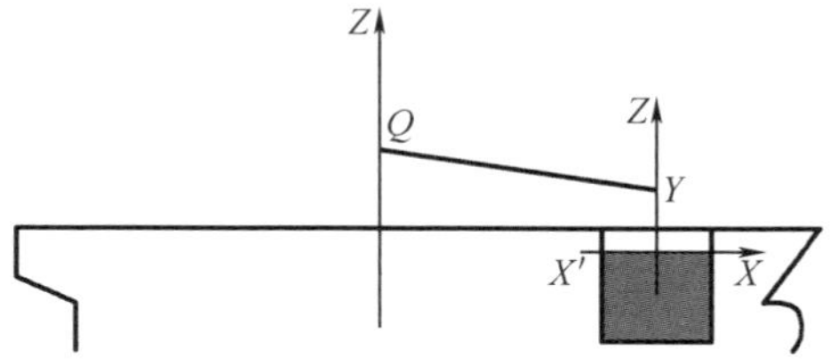

图 2 - 73　部分装载液体的液舱

由于液舱与船体刚性连接，外部船体运动引起内部液舱自由表面的变化，为了分析上述原因引起的自由表面条件的变化，需考虑图 2 - 74 所示的情形。

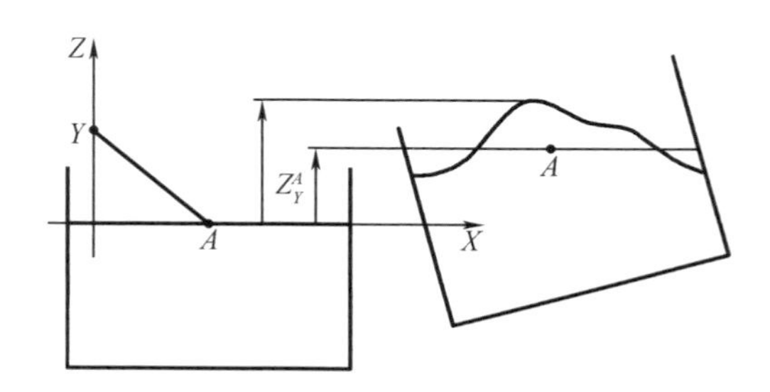

图 2 - 74　液舱移动示意图

有学者指出，求解船体在流场中速度势与求解液舱内流场的速度势的定解条件相似，通常情况下，在计算具有液舱的船体运动时，通过人为增加阻尼，并采用在物面条件中加一黏性项，能够看到液舱晃荡对船体运动的显著影响。

③液舱晃荡与船体运动的耦合分析

转换液舱围绕局部坐标系原点的运动方程到全局坐标系下，两式叠加，就得到液舱与船体耦合的运动方程。

④液舱的固有频率

液舱的固有频率通过波浪色散关系导出：

$$\omega = kg\tan[h(kh)] \tag{2-22}$$

式中　ω——波浪频率；

h——水深；

k——波数；

g——重力加速度。

矩形液舱中，h 为液舱中的液体深度，L 为波长，B 为液舱宽度，它们之间的关系如下：

$$B = n/2L \quad L = 2/nB$$

可有液舱的固有频率：

$$\omega_n = \{(n\pi/B)g\tan[h(n\pi h/B)]\}^{1/2} \tag{2-23}$$

(2)液舱晃荡对船舶运动的影响

王庆丰等利用 HydorSTAR 分析软件，对比了不考虑和考虑液舱两种情况下浮式储存再气化装置(FSRU)船舶 6 自由度的运动响应，也考虑了液舱布置、波浪入射方向和货舱载液率对 FSRU 船舶运动的影响。

选择一典型船舶进行分析，艏艉各布置一个液舱，质量为 2.55×10^8 kg，根据法国船级社(BV)计算指导文件的建议，横摇阻尼系数取 6%。

①液舱对船舶的 6 自由度 *RAO* 的影响

在波浪作用下得到船舶的水动力参数通过水动力分析求解阻尼系数、附加质量、一阶波浪力等，以及船舶中心处的运动响应幅值算子 *RAO*。

分析各个浪向下液舱晃荡对船舶 6 个自由度运动响应影响(图 2-75)。

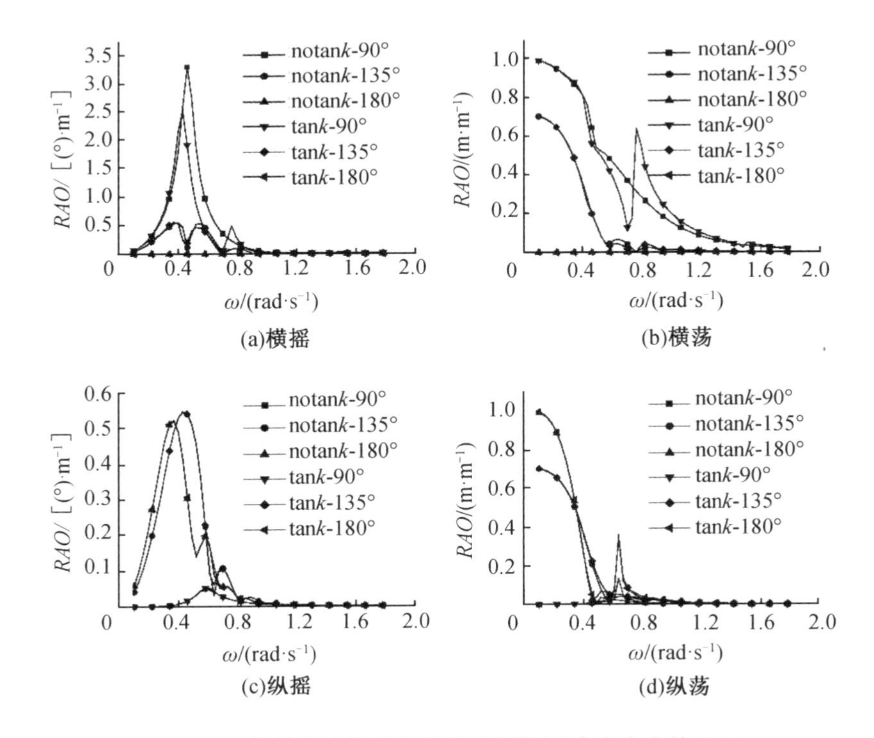

图 2-75　船舶在浪向 90°、135°、180°下 6 个自由度的 *RAO*

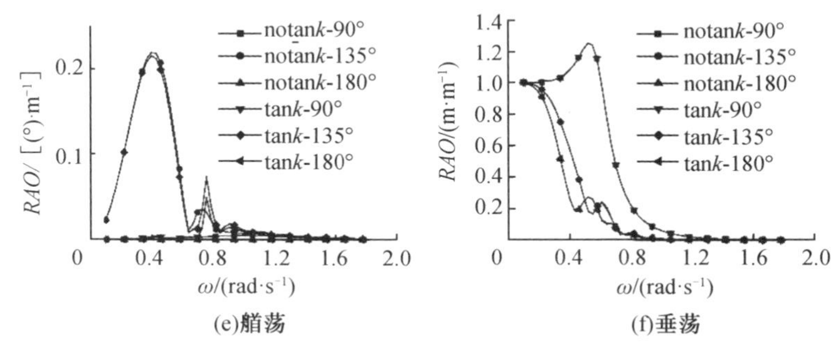

(e)艏荡　　(f)垂荡

图 2－75(续)

②液舱载液率对船舶运动的影响

900 横浪、1 800 迎浪选取情况下,对应船舶横摇与纵摇的运动情况,载液率情况分别为 20%、30%、40%、60% 4 种,分析液舱载液率对船舶液舱耦合运动的影响。

计算得出不同装载率对船舶横摇运动的影响十分显著,而对纵摇运动的影响很不明显。在上述 4 种载液率下的横摇运动频率分别是在 0.49 rad/s、0.61 rad/s、0.67 rad/s、0.78 rad/s 附近出现最小值,并且最小值逐渐趋于 0。这与计算的液舱固有频率相差不大,略小于液舱横摇固有频率。

由图 2－76 可见,在载液率为 20% 的情况下液舱固有频率最为接近船体横摇固有频率。此时,液舱的影响降低了在船体固有频率下的谐摇,但在 0.58 rad/s处出现了很明显的谐摇。其他的装载情况,液舱晃荡对船体固有频率下的谐摇影响很小,但减少了液舱固有频率附近的幅值,然后分别在0.69 rad/s、0.76 rad/s、0.85 rad/s 处又出现谐摇。

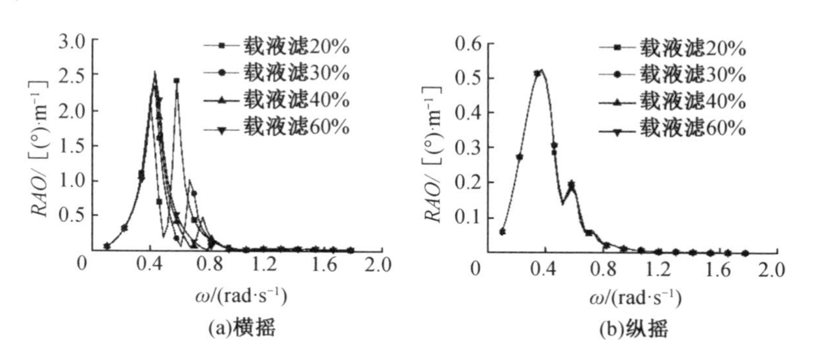

(a)横摇　　(b)纵摇

图 2－76　不同载液率下液舱运动 *RAO*

③液舱布置对船舶运动的影响

a. 纵向布置:选取船舶在 1 800 迎浪海况下对应纵向运动情况,液舱装载率

为 40%，FSRU 纵向长度上划分舱室，分别为 2,3,4 个舱布置下，考察液舱布置对船舶的影响，看船舶纵向的运动响应。

由图 2－77 可以看出，液舱纵向布置对船舶的纵向运动影响比较大，由于液舱的长度不同，其固有频率发生了变化，运动响应幅值零点也有不同。

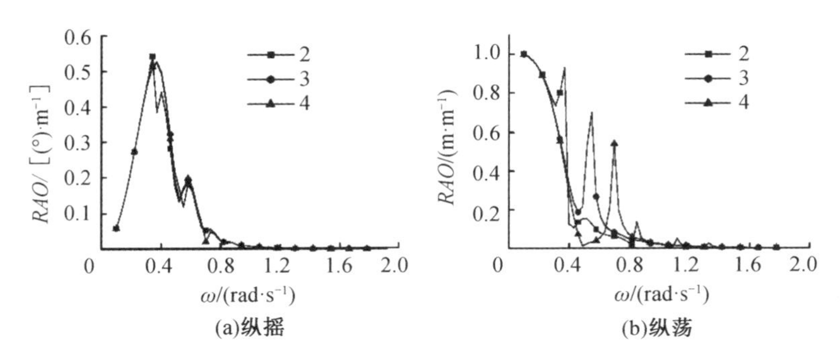

图 2－77　液舱纵向布置对船舶运动的影响

液舱影响船体运动出现峰值的频率个数增加，因此，液舱在某些入射波范围内的晃荡会加剧船舶的运动。

b. 横向布置：考虑在 90°横浪状况下 FSRU 的横向晃荡情况，液舱装载率为 40%，从横向长度上将单个液舱划分为 2 个液舱，考虑这种液舱布置情况下船舶 2 个自由度上的运动 *RAD* 值。

由图 2－78 可以看出，横向 2 个液舱船舶运动响应的规律与单一液舱的情况下大体是相似的。相当于原来的液舱剖面，分割成 2 个剖面后液舱的固有频率也相应发生了变化，由原来的 0.712 rad/s 变为 1.17 rad/s，因此，船体剖面横向运动幅值出现零点的位置也会变化。同时，在某些频率位置的运动幅值也会有所减小。

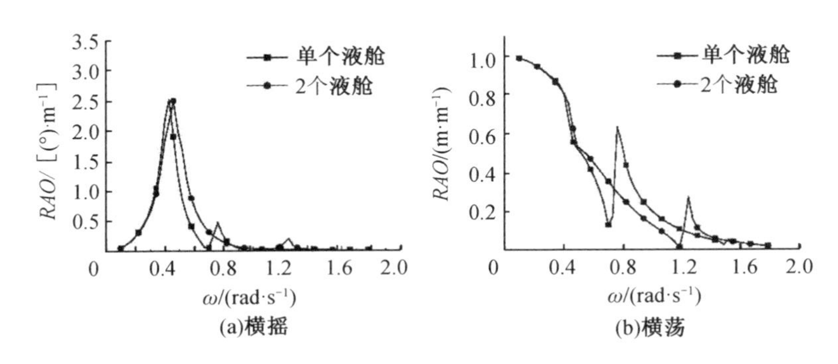

图 2－78　液舱横向布置对船舶运动的影响

王庆丰等的研究成果为船舶的液舱初步设计提供了参考依据。

3. 养殖工船液舱晃荡的制荡技术

对于船舶与海洋工程的液舱晃荡问题,在船舶界已经有较多的研究。其关注的是晃荡冲击压力及对船体运动的影响,但是对于养殖工船,还要考虑鱼类适应性等问题,也要关注液舱内各区域的速度范围。

基于 VOF 法,使用 CFD - FLUENT 软件,许洪露等对一艘养殖工船的液舱进行了二维液舱晃荡模拟,结合有关鱼类的速度适应性范围,提出了在养殖工船上的几种制荡措施。

(1)计算与分析

①计算参数选取

a. 鱼类的适应速度

许共露等以鱼类适应流速作为判断液舱内养殖环境优劣的指标。鱼类适应速度上限的经验公式为

$$V=(1.19-1.66)L^{1/2} \tag{2-24}$$

$$V_{cr}=0.15+2.4L \tag{2-25}$$

$$V_{cr}=2.3L^{0.8} \tag{2-26}$$

式中 V——鱼类适应速度上限值,m/s;

V_{cr}——鱼类的最大巡游速度,m/s;

L——鱼体长,m。

从图 2 - 79 中可以看出经验公式给出的范围大致相同,在鱼体小于 0.2 m 时,适应流速上限基本低于 0.6 m/s,许洪露等取这个数作为液舱内流体环境的一个标准。

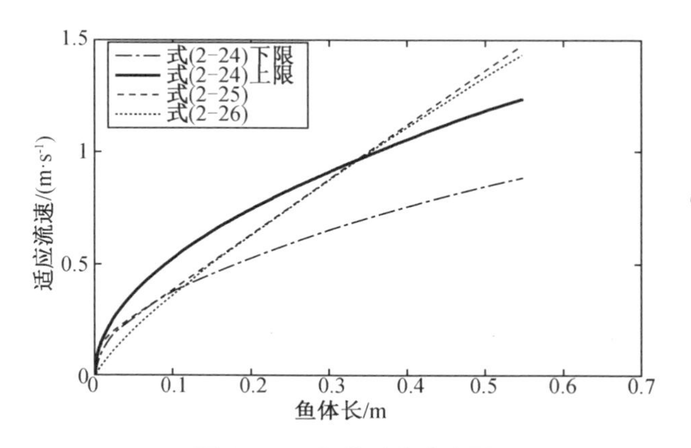

图 2 - 79 鱼类适应流速图

b. 液舱晃荡的固有频率

对于矩形液舱，固有频率与液体装载高度和液舱运动方向的自由液面长度有关。当外部激励接近舱内液体的固有频率时，可由下式估算：

$$f_n = 1/2\pi\{gn\pi/L \cdot \tan[h(n\pi/LH)]\}^{1/2} \tag{2-27}$$

式中　f_n——液体第 n 阶固有频率，Hz；

L——液舱运动方向自由液面长度，m；

H——液体装载高度，m。

许洪露等针对的养殖工船，型宽 18 m，型深 5.2 m，设计吃水 3.8 m，所以液舱宽度选取了 4 m、6 m、8 m 3 种，液舱高度 4 m，液舱内液体深度 3 m。由式 (2－27) 估算得出三者的自振周期分别为 2.3 s、2.9 s、3.5 s。考虑到实际海况，选取可能出现的相对不利的摇摆激励周期为 4 s 计算 10 个周期，摇摆幅值为 10°，摇摆中心在自由液面的中点。

②数值分析验证

许洪露等依据 Faltinsen 解析解对数值分析进行验证，数值分析模型与计算结果如图 2－80 所示。矩形液舱高度和宽度为 1 m，水深为 0.5 m。横荡位移幅值为 0.01 m，激励频率为 0.423 Hz，取右侧壁面处自由液面高度。由图 2－80 (b) 可以看出，由于选用了黏性流模型，自由液面高度比势流理论的计算结果要小，但数值差距不大。另外液体的黏性影响了波高的相位，两者之间存在相位差，但波高的变化趋势基本一致，因此，FLUENT 软件分析的结果是有效的。

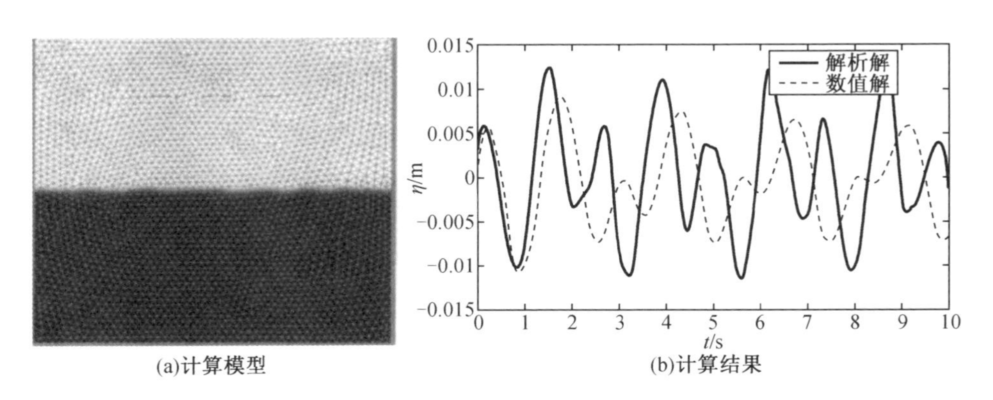

(a)计算模型　(b)计算结果

图 2－80　数值分析验证

③液舱防晃荡措施的数值模拟

当外部激励周期接近舱内液体自振周期时，液舱晃荡将比较激烈。舱内液体晃荡的自振周期是由液舱的形状和液体的深度共同决定的。所以，可以通过改变液舱形状和装载率，使舱内液体自振周期远离激励周期，从而减缓液舱的

晃荡。

设定装载率是固定值,所以通过改变液舱形状来减缓液舱的晃荡。为了减少对养殖鱼类的影响,使用了 3 种制荡方式,分别为改变液舱宽度、液舱上部收口、液舱顶部加伸入水面隔板。每种工况均选取 9 个点的速度进行比较,9 个点的位置如图 2 - 81 所示。其中水平三行从上到下,分别在自由液面以下 1 m、2 m、2.5 m;垂直三列从左到右,分别在液舱中间位置、液舱 1/4 宽度位置和距离壁面 0.5 m 处位置。

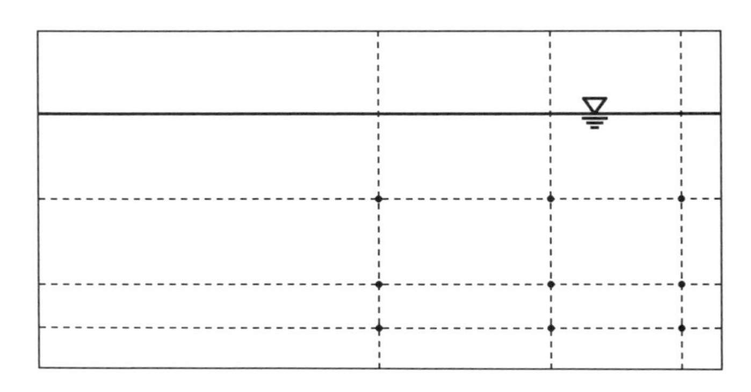

图 2 - 81　各速度测点位置

a. 液舱宽度对晃荡的影响

液舱宽度选 4 m、6 m、8 m 3 种,横摇激励周期取 4 s。3 种工况中各点的最大速度值见表 2 - 10,可以看出各工况下速度较大点 1 和点 9。图 2 - 82 展示了以上两点的速度时程曲线。

表 2 - 10　不同液舱宽度各点最大速度

点号	舱宽 4 m 速度/$(m \cdot s^{-1})$	舱宽 6 m 速度/$(m \cdot s^{-1})$	舱宽 8 m 速度/$(m \cdot s^{-1})$
1	0.48	0.76	1.66
2	0.40	0.64	1.35
3	0.33	0.42	0.66
4	0.28	0.54	1.45
5	0.30	0.50	1.21
6	0.39	0.53	0.91
7	0.07	0.19	1.19
8	0.28	0.37	1.22
9	0.46	0.74	1.49

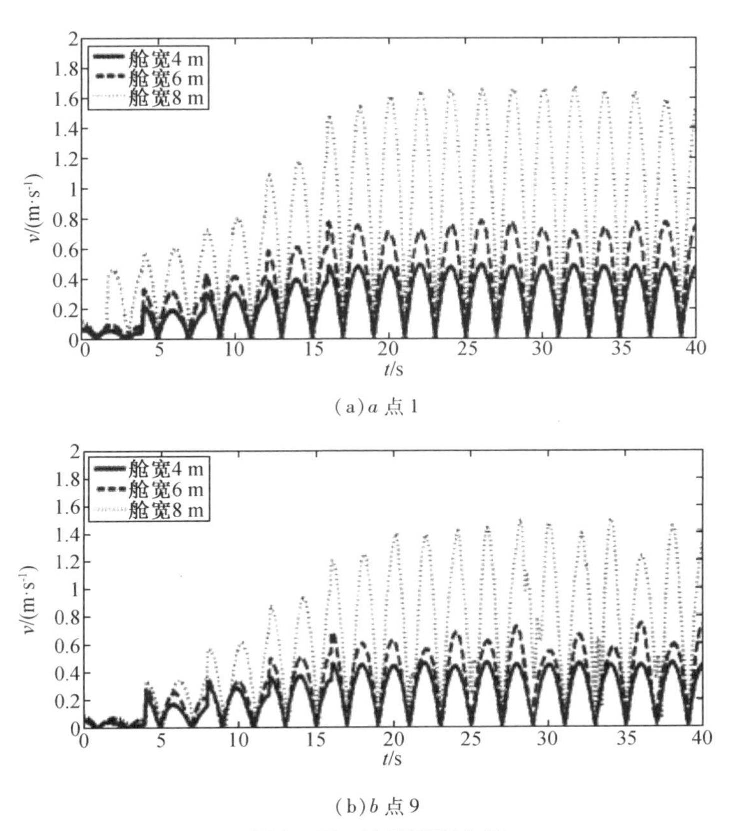

(a) a 点1

(b) b 点9

图2-82 速度时程曲线

由表2-10和图2-82可以看出，液舱宽度为8 m的各点速度明显大于液舱宽度为6 m和4 m的工况；6 m工况的速度稍大于4 m工况的速度。由经验估算可知，液体深度为3 m时，液舱宽度为4~8 m，液舱宽度越大，舱内液体的自振周期越接近于4 s。这就导致3种液舱宽度的液舱晃荡剧烈程度由大到小分别为8 m、6 m、4 m。在深度值方面，8 m液舱宽度下，9个点的速度均大于0.6 m/s；6 m液舱宽度下也有3个点速度大于0.6 m/s；4 m液舱宽度下，各点速度均小于0.5 m/s。所以对于没有任何制荡措施的矩形液舱，液舱宽度取4 m时，在流速方面符合条件。8 m和6 m液舱宽度则需要采取其他制荡措施。可以得知，养殖工船的液舱宽度为4~8 m，值越小越有利，取在4 m左右最优。

b. 各制荡措施比较

由上述可知，液舱宽度为8 m时，舱内液体晃荡最为剧烈。故在此液舱宽度均选为8 m。制荡措施有上部收口和顶部加隔板两大类，如图2-83所示。其中上部收口根据收口拐角位置分为两类，分别为拐角在自由液面处和拐角在自由液面下 0.5 m 处。收口角度依据倾斜壁面和静止水面的夹角,分别为 30°、45°和 60° 3 种。加隔板工况中,为了尽量减少隔板对舱内鱼类的影响,隔板伸入静止水面以下距离取 0.3 m,表 2-11 展示了各工况参数。

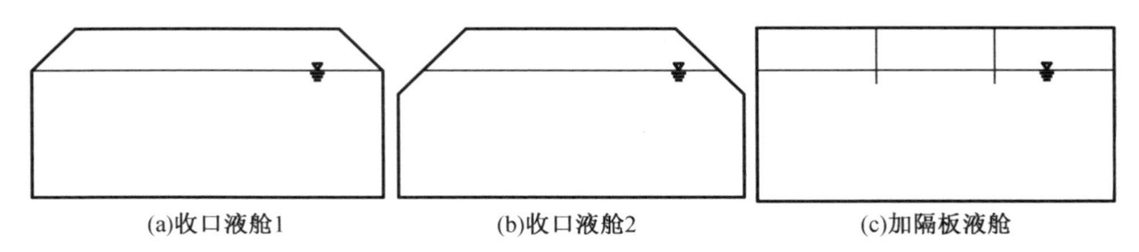

图 2-83　各制荡措施示意图

表 2-11　各工况参数表

制荡措施	工况	拐角深度/m	倾斜角度/(°)	隔板深度/m
无措施	1	—	—	—
	2	0	30	—
上部收口	3	0	45	—
	4	0	60	—
	5	-0.5	30	—
	6	-0.5	45	—
顶部加隔板	7	-0.5	60	—
	8	—	—	0.3

图 2-84 展示了以上各工况部分点最大速度比较,可以看出最大速度值可以分为 4 个档次。首先是无措施的矩形液舱速度最大,均在 1.3 m/s 以上,最大值可达 1.66 m/s 以上;其次是收口拐角在静止水面处的液舱,速度值在 1 m/s 左右,最大值达到 1.33 m/s;再次是收口拐角在静止水面以下 0.5 m 的液舱,晃荡更为平缓,速度值在 0.8 m/s 左右,最大值为 1 m/s;最后制荡效果最好的是加隔板的液舱,所有点的速度均已降到 0.6 m/s 以下,符合鱼类对流速的需求条件。

从制荡方式上看,收口拐角在静止液面处的液舱,由于倾斜壁面的存在,抑制了自由液面的波动与冲击,所以有一定的制荡效果;收口拐角在静止液面以下的液舱,除上述作用外,还减小了自由液面,所以制荡效果更为明显;由于顶部隔板伸入水面以下,分割了自由液面,并阻碍了舱内液体的流动,所以制荡效果最好。

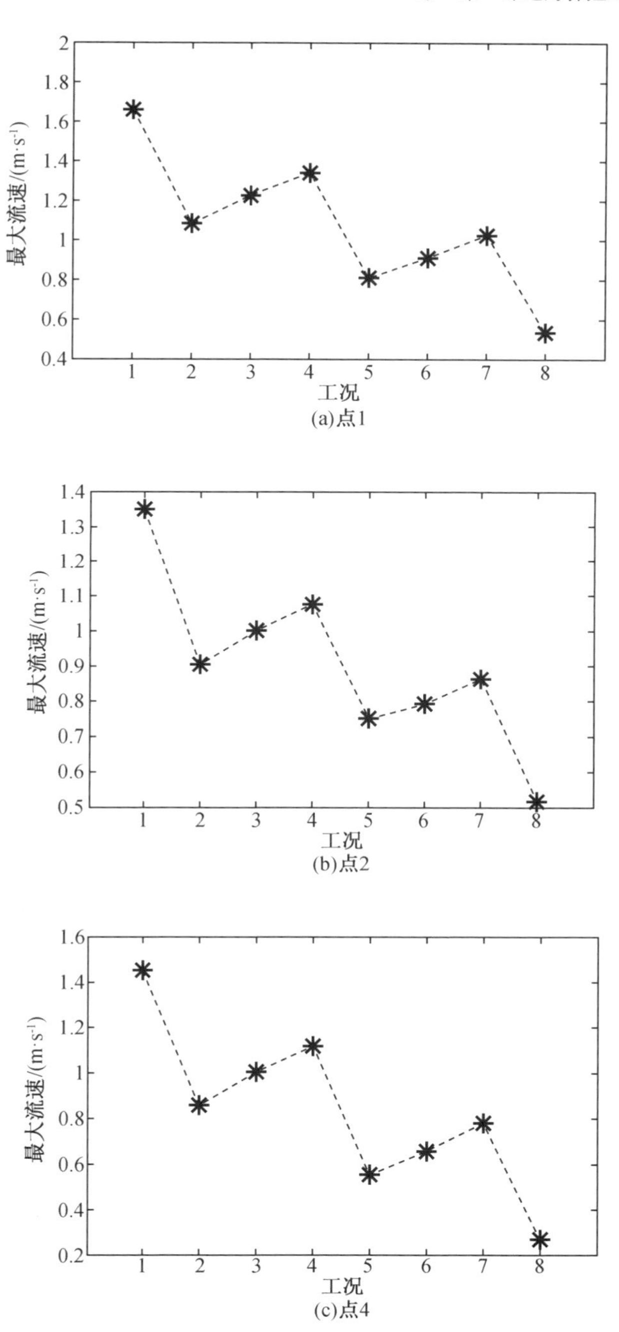

图 2－84　各制荡措施部分点速度对比图

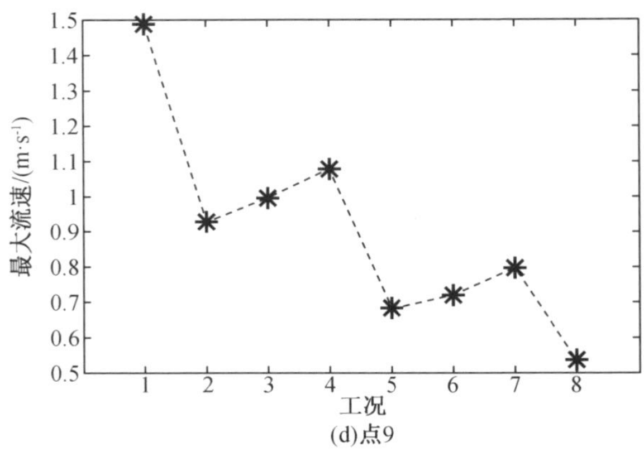

(d)点9

图2-84(续)

从上部收口措施中,倾斜壁面的角度也影响了制荡效果。与静止水面夹角30°效果最好,45°次之,60°最差。以工况5,6,7为例,3种工况速度最大点均在点1处,速度值分别为0.8 m/s、0.9 m/s、1.0 m/s。这是由于倾斜壁面与自由液面夹角的减小,可以更大限度地缩小自由液面长度,并更好地抑制自由液面处的波动与冲击。

(2)比较说明

由上述分析可知,3种液舱宽度的液舱晃荡剧烈程度由高到低分别为8 m、6 m、4 m,其中4 m宽度液舱已符合流速条件。

收口措施中,3种倾斜壁面与静止说明夹角的液舱晃荡剧烈程度由高到低分别为60°、45°、30°。

各措施的制荡效果由高到低分别为加隔板液舱、倾斜拐角在静止水面以下液舱、倾斜拐角在静止水面处液舱。其中加伸入静止水面以下0.3 m隔板的液舱已符合流速条件。

根据许洪露等的研究结果,其他养殖工船可以参考,并通过数值分析得到相应的结果,来处理养殖工船的晃荡问题。

2.1.4 深远海超大型养殖工船的腐蚀设计技术

为避免船体因腐蚀而受损,从而丧失对船体的保护能力,以往通常在水线附近及整个船壳使用特殊的防腐涂料,不仅有效地保护了船体,还有效地减少了船体的摩擦。养殖工船是一个长期漂浮在海上的超大型结构物,仅仅靠涂料来防止腐蚀是远远不够的。防腐蚀是一个重要问题。

20世纪70年代后期,一种数值方法——边界元法被成功地应用到腐蚀仿真模拟中。利用边界元法仿真技术进行船体腐蚀问题的分析,而设计最佳的防腐

蚀的方案，这种方法的主要优点如下。

（1）可以不受水深的局限，预测、预报结构物阴极保护电位分布情况和结构腐蚀情况。

（2）为预测腐蚀情况和实时腐蚀速度监测提供数据基础。

（3）可同时进行多种保护设计方案，设计过程中可综合考虑各种环境参数及保护参数。

（4）与优化方法相结合实现了优化设计，提高了电位场分布均匀性，又大幅降低了工程造价。

（5）大大节省了设计时间，提高了工作效率。

当前三维数值仿真技术的发展及应用现状如下。

（1）在理论研究和数值计算方面，国内外处于同步水平，但是国内没有自主知识产权的数值仿真分析的防腐设计计算应用软件。

（2）国外的成熟软件广泛应用于各行各业，而且软件的价格特别昂贵并要求操作人员具有一定的学术水平与能力。

（3）仿真软件在船舶与海洋工程领域目前仅较多运用于军船项目，如美国海军实验室、海军水面战中心，英国国防研究总署，澳大利亚国防科技及我国的少数研究院所，但是在各大造船厂还没有推广应用。

1. 计算模型与方法

海洋结构物阴极保护数学模型为

$$
\begin{cases}
\dfrac{1}{\rho}\nabla^2\phi = 0 & \text{in } \Omega\text{（控制域内）} \\
q = \dfrac{1}{\rho}\dfrac{\partial\phi}{\partial n} = 0 & \text{on } S_1\text{（湿表面涂层完好部位）} \\
q = \dfrac{1}{\rho}\dfrac{\partial\phi}{\partial n} = f_{ac}(\phi) & \text{on } S_2\text{（涂层损伤或裸露部位、阳极表面）} \\
q = \dfrac{1}{\rho}\dfrac{\partial\phi}{\partial n} = 0 & \text{on } S_w\text{（海面）} \\
\phi = \phi_\infty & \text{on } S_\infty\text{（距离被保护构件足够远处）} \\
q = \dfrac{1}{\rho}\dfrac{\partial\phi}{\partial n} = 0 & \text{on } S_\infty\text{（距离被保护构件足够远处）}
\end{cases}
\tag{2-28}
$$

边界积分方程为

$$
\begin{cases}
\phi_P + \int_S q^*(P,Q)\phi \mathrm{d}S = \int_S q\phi^*(P,Q)\mathrm{d}S + \dfrac{1}{\rho}\phi_\infty \\
\int_S q \mathrm{d}S = 0
\end{cases}
\tag{2-29}
$$

对于三维问题，各向同性情况的基本解为

$$\phi^*(P,Q) = \frac{1}{4\pi\kappa R}$$

$$q^*(P,Q) = \frac{e_r \cdot n}{4\pi R^2} \tag{2-30}$$

对于区域 Ω 内的 ϕ 值和 q 值的求解：

$$\phi_i = \sum_{j=1}^{N} G_{ij} q_j - \sum_{j=1}^{N} H_{ij} \phi_j$$

$$\begin{cases} (q_x)_i = \dfrac{\partial \phi}{\partial x} = \int_S q \dfrac{\partial \phi^*}{\partial x} dS - \int_S \phi \dfrac{\partial q^*}{\partial x} dS \\ (q_y)_i = \dfrac{\partial \phi}{\partial y} = \int_S q \dfrac{\partial \phi^*}{\partial y} dS - \int_S \phi \dfrac{\partial q^*}{\partial y} dS \\ (q_z)_i = \dfrac{\partial \phi}{\partial z} = \int_S q \dfrac{\partial \phi^*}{\partial z} dS - \int_S \phi \dfrac{\partial q^*}{\partial z} dS \end{cases} \tag{2-31}$$

2. 边界元技术与软件组成

边界元技术处理腐蚀防护问题特点如下。

(1)降维处理、简化建模过程。

(2)真实模拟局部细节。

(3)边界有限、区域无穷问题。

(4)精确的边界效应。

(5)适应性强、精度高。

(6)易于使用、数据准备简单快速。

(7)节省分析计算资源。

建模时间对比如图 2-85 所示。

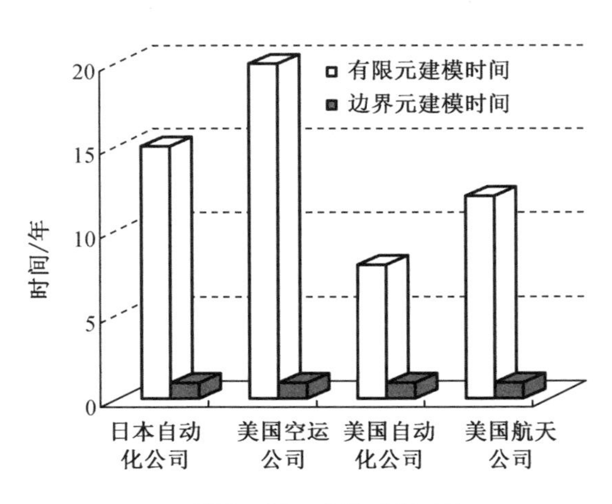

图 2-85　建模时间对比

软件组成如图 2－86 所示。

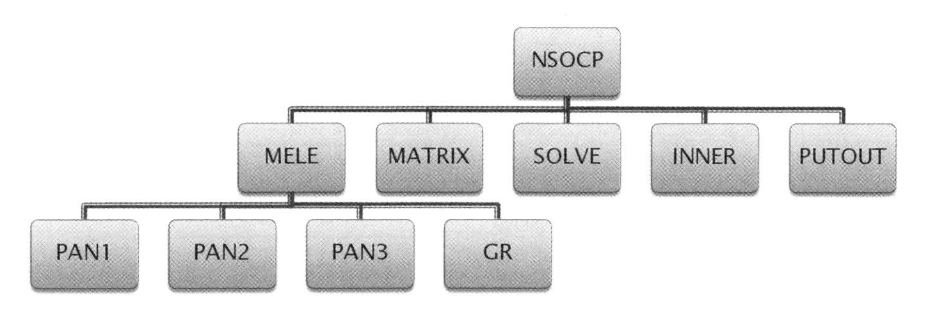

图 2－86　软件组成

3. 实验室模拟实验(表 2－12、图 2－87)

表 2－12　G3 与 P110 两种金属的化学成分（质量分数）

材料型号	碳(C)	硅(Si)	锰(Mn)	磷(P)	硫(S)	铬(Cr)	钼(Mo)	镍(Ni)	铁(Fe)
G3	≤0.015	≤1.0	≤1.0	≤0.040	≤0.030	21～23.5	6～8	48～52	18～21
P110	0.250	0.2	1.4	≤0.009	≤0.003	0.15	0.01	0.012	均衡

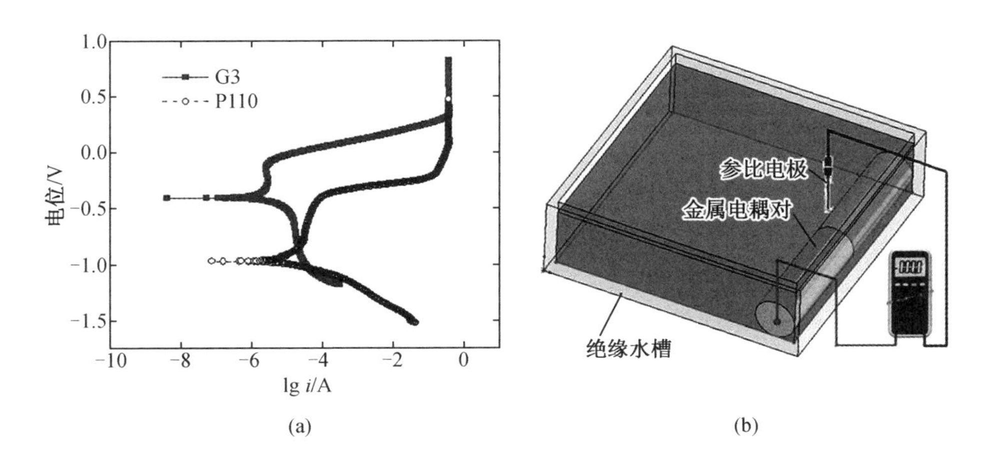

图 2－87　G3 与 P110 在 5%氯化钠(NaCl)溶液中的极化曲线和电偶对模拟实验示意图

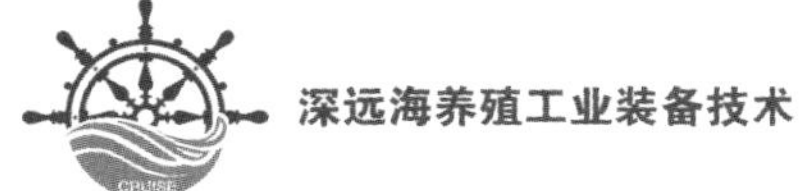

4. 建模参数(图 2－88)

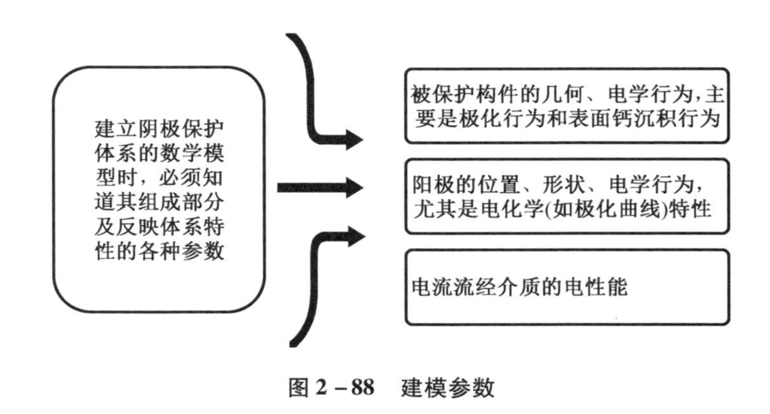

图 2－88　建模参数

5. 网格划分及网格独立性验证(图 2－89、表 2－13)

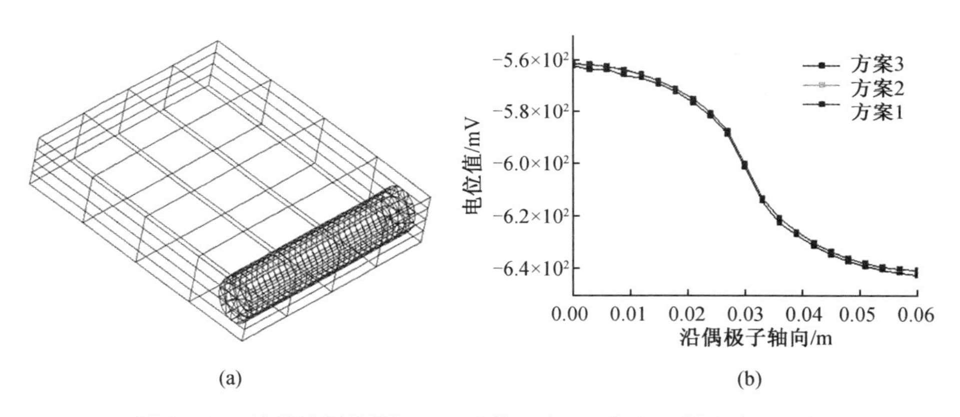

图 2－89　计算域网格图与不同网格尺度下沿偶极子轴向电位分布

表 2－13　网格独立性验证结果

方案	网格总数	圆棒轴向节点数	圆形周向节点数	最低电位 /mV	最高电位 /mV	最低电位偏差	最高电位偏差
1	296	10	6	－642.37	－562.43	—	—
2	568	15	8	－640.41	－561.83	－0.003	－0.001
3	904	20	10	－640.40	－561.83	－0.000 02	0.00

6. 模拟实验测量结果与数值计算结果对比

由测试结果可知，应用边界元法编制的程序在计算阴极保护电位分布和解

决阴极保护极化问题时是可靠、可信的。

这种防腐蚀的技术最早应用于英国的舰船方面，近年来，在我国得到了推广应用，一些重要的舰船、海洋工程装备都已经使用该技术进行了防腐蚀问题的处理。图 2－90、图 2－91 为一超大型船舶的使用示例。

图 2－90　G3 与 P110 电偶对模拟电位分布云图（单位：mV）

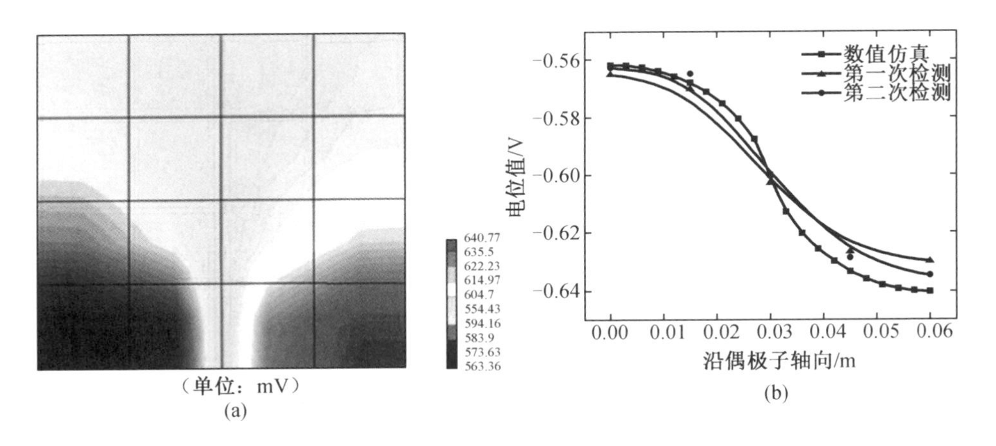

图 2－91　电解质中电位分布云图与电偶对电位分布计算值和测量值对比

7. 划分网格

模型网格的划分是整个仿真模拟准备过程中最为重要的一个环节，从几何上看就是用简单的网格单元替代面与线的实体，从数学角度来说则是一个数学问题离散的过程。网格划分一方面要选取适应模型几何特点的单元类型，另一方面还要控制网格的数量与扭曲程度，尽可能地避免大钝角、剧烈扭曲单元的生成。网格控制同样是一个复杂的过程，网格质量的好坏直接影响后续求解过程中方程收敛性的优劣。

本项目中，船体模型较为复杂，尤其是船体曲面有很多曲率突变的情况，鉴于此，在选择模型网格时设置船身中部较为规整的部分为收敛性较好的。

四边形网格，而在船头及船尾外表面曲率较大的附近的区域采用适应性较好的三角形网格加以填充。划分过后的具体单元图如图 2－92、图 2－93 所示。

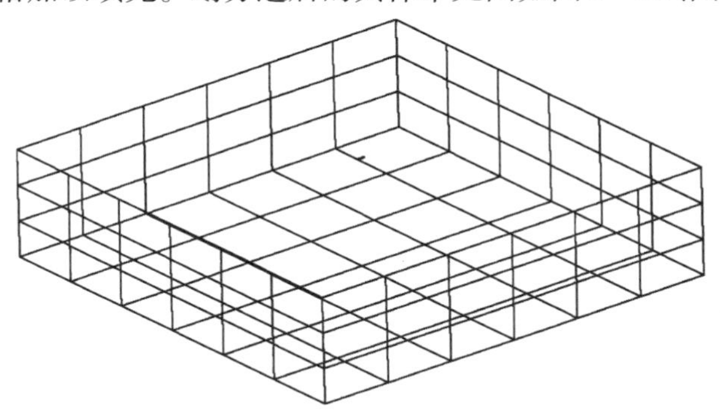

图 2－92　总体(包括计算域)模型的网格划分效果图

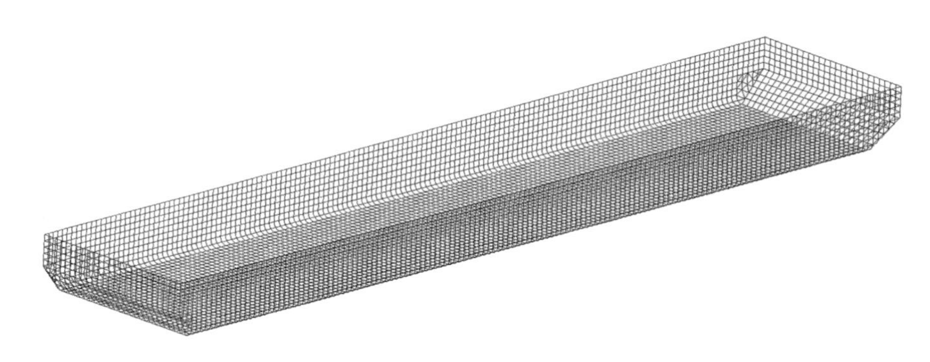

图 2－93　船体模型的网格划分效果图

8. 加载边界条件与求解

将模型划分完网格之后,写出此模型的仿真分析数据(dat 文件)。随后打开软件中的求解器(BEASY Solver),将刚刚生成的 dat 文件读入,并分别设定阳极与被保护体及调整运算单位量纲。然后进入软件加载界面,加载材料电化学属性(mat 文件),材料文件由极化数据库生成。初步设定辅助阳极的初始输出电流见表 2－14;辅助阳极采用锌(Zn)阳极材料,辅助阳极涂面设置为绝缘;将被保护构件设置为相应的材料属性。

表 2－14　辅助阳极的初始输出电流设置

辅助阳极编号	初始输出电流设置/mA
阳极 1	-1.3×10^4
阳极 2	-1.9×10^4
阳极 3	-1.9×10^4

表 2-14(续)

辅助阳极编号	初始输出电流设置/mA
阳极 4	-1.9×10^4
阳极 5	-1.9×10^4
阳极 6	-1.9×10^4
阳极 7	-1.3×10^4
阳极 8	-1.9×10^4
阳极 9	-1.9×10^4
阳极 10	-1.9×10^4

加载材料电化学属性作为模型求解的边界条件之后，设定海水的电导率为 4 s/m。之后，进入求解控制器界面。设定最大迭代步为 40 步，然后在极化曲线斜率设定中选取全部曲线斜率，并设定允许重新开始与迎合曲线收敛选项，最后将允许的收敛误差设定为 0.5 mV，单元类型为线性，进行求解。

9. 外加电流阴极保护仿真结果

我们通过初始给定的计算参数求解了以船体水线以下部分和相关推进机构为边界的阴极保护模型。图 2-94 为本次计算的误差报告与收敛曲线图。从图 2-94(a)中可以清晰地看见流入模型的电流大小与流出模型的电流大小差值，小于设定的误差极限，计算结果被判定为收敛，并且模型计算收敛性良好。整个计算过程共迭代 7 次，其中每一次迭代的电位差如图 2-94(b)所示，其中标明了每一次迭代完成时最大的电位差。

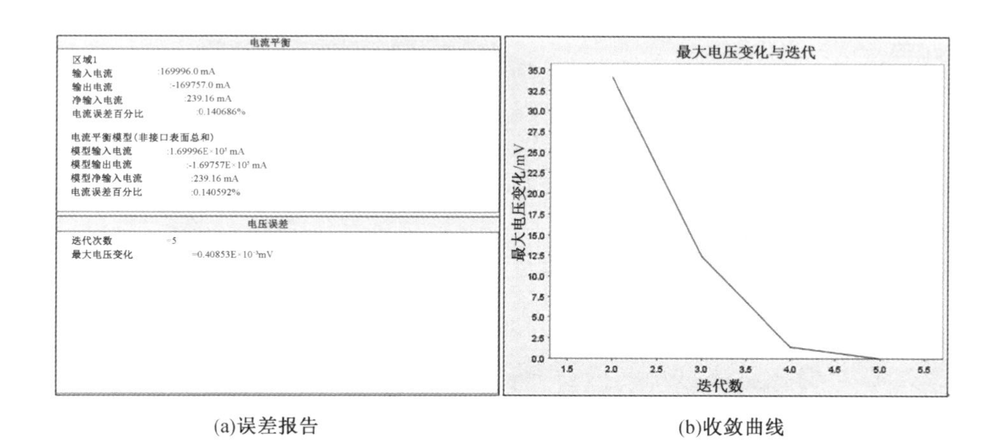

(a)误差报告　　(b)收敛曲线

图 2-94　初次进行分析计算的误差报告与收敛曲线图

经过仿真计算最后给出整个船体的阴极保护电位分布云图以便于分析船体的阴极保护效果。如图 2－95(a)所示,整个船体的电位分布相对来说比较均匀,并且都在最小保护电位 －850 mV 以下,可以认为处于完好的阴极保护效果之中。但是在一些局部区域,如近阳极船体位置部分区域,保护电位有较明显的电位过保护与欠保护现象。过保护与欠保护问题是阴极保护系统设计和运行中最为常见的问题,在引入计算机仿真模拟方法之前,总是在现场通过实测进行相应的工作调整,由于船体一般比较巨大,对船体的电位测量也通过布置数量有限的参比电极得以实现。然后依据船体个别位置的电位值反推整个船体的阴极保护效果,难以对整个船体的电位分布有宏观的掌控。过保护现象的产生容易使船体金属材料发生析氢(H)反应,氢气在材料中产生局部氢压,造成氢鼓泡、氢致开裂等氢损伤,宏观表现为材料韧性降低、脆弱易断裂,尤其是在海水等腐蚀性比较苛刻的环境中,更易发生严重的材料应力腐蚀开裂事故。不仅如此,过大的保护电流输出给船舶运行的经济性也带来了不利影响,造成不必要的浪费。如图 2－95(b)所示,在近阳极船体位置普遍出现了比较明显的过电位保护现象,其中最低的电位出现在第 5,6,8,9 辅助阳极,达到了 －1 759 mV,这与在施加保护电流参数时设定的初始值较大有直接关系。

综上所述,虽然在仿真计算初期依据规范并且结合船体材料的极化特性而制定的阴极保护参数在一定程度上满足了船体防腐的需要,但是在一些细节方面仍然存在不足,产生这些问题的原因可能为:辅助阳极布置于船体位置不是最优方案;外加阳极保护电流大小有待调整。在对船体阴极保护分析和理解的基础上,应以外加电流最小为目标,对船体阴极保护结果进行优化。

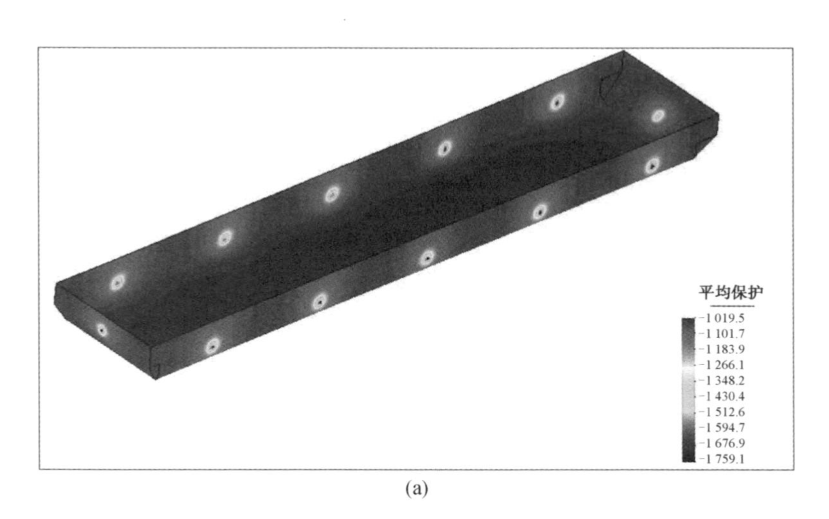

(a)

图 2－95　模型初步仿真计算后电位分布云图与船体近阳极区过保护情况

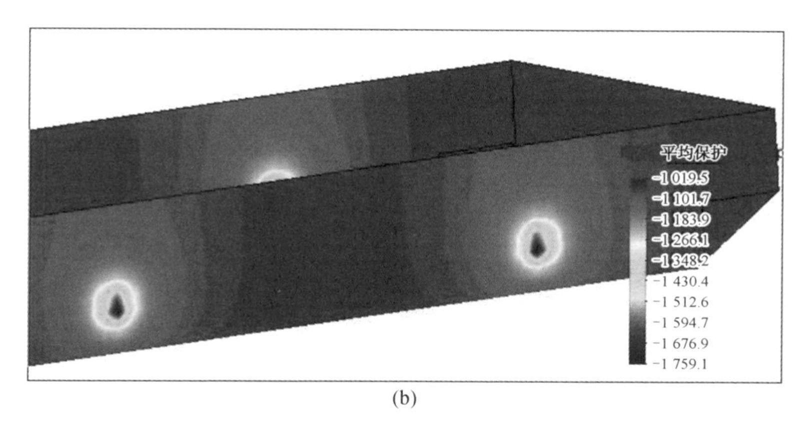

(b)

图 2－95(续)

10. 船体外加电流阴极保护(ICCP)系统方案优化分析

优化阳极最小输出电流求解之后,针对模型中计算结果出现的阴极保护效果不合理方面,对仿真模型辅助阳极的输出电流进行最佳(最小)保护电流选取。具体优化设置见表 2－15。

表 2－15　BEASY[①]优化功能中参数设置

辅助阳极	最小阳极电流值/mA	最大阳极电流值/mA	阴极	最大阴极电位值/mV	最小阴极电位值/mV
阳极 1	-2×10^4	-3×10^4	船身	－850.0	－1 100.0
阳极 7	-2×10^4	-1×10^4	—	—	—
阳极 2～6 和 8～12	-4×10^4	-1×10^4	—	—	—

注:①BEASY 为一款基于边界技术的高级工程预测软件。

分别选定优化最小阳极电流与优化问题求解中精度较高的序列线性规划算法,根据表 2－15 中设定的优化参数设定优化对象与优化效果的约束范围。设定完成后进行求解。

11. 优化分析结果

优化约束条件依据表 2－15 进行设定。通过优化得到了模型阴极保护系统中 4 对辅助阳极最佳的输出电流大小,如果以这些电流值为系统阴极保护参数,整个船体模型的电位分布如图 2－96 所示。从图中的整个船体阴极保护电位分布云图来看,船体电位较仿真计算初期有了很大的改善,最大保护电位由 －1 759 mV 降低至 －1 530 mV,整个 ICCP 系统所需的总电流数从 221 A 降低至

187.7 A，不仅降低了功率，而且从理论上极大地减小了析氢反应的发生概率，效果十分明显。

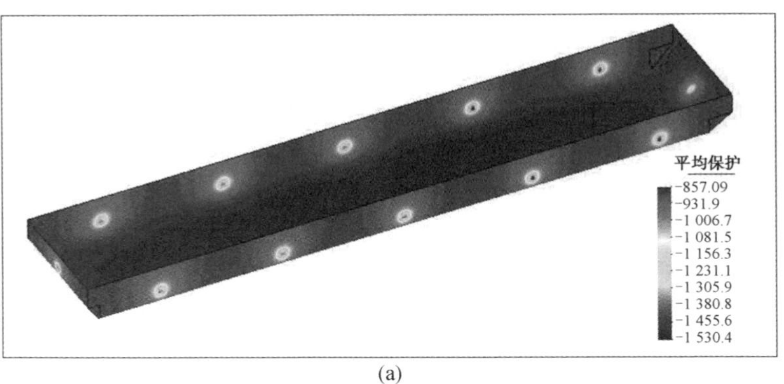

(a)

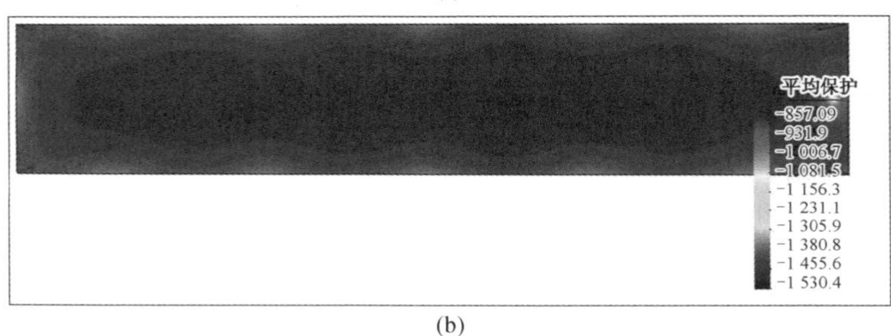

(b)

图 2-96　模型初步仿真计算后电位分布云图与船体底部阴极保护电位分布情况

船体外板 ICCP 优化输出电流方案见表 2-16。

表 2-16　船体外板 ICCP 优化输出电流方案

辅助阳极编号	优化输出电流方案/mA
阳极 1	-8.5×10^{3}
阳极 2	$-1.672\ 5\times10^{4}$
阳极 3	$-1.672\ 5\times10^{4}$
阳极 4	$-1.672\ 5\times10^{4}$
阳极 5	$-1.672\ 5\times10^{4}$
阳极 6	$-1.672\ 5\times10^{4}$
阳极 7	$-1.201\ 6\times10^{4}$
阳极 8	$-1.672\ 5\times10^{4}$

表 2－16（续）

辅助阳极编号	优化输出电流方案/mA
阳极 9	$-1.672\ 5\times10^4$
阳极 10	$-1.672\ 5\times10^4$
阳极 11	$-1.672\ 5\times10^4$
阳极 12	$-1.672\ 5\times10^4$

其他部分分析如图 2－97 至图 2－100 所示。

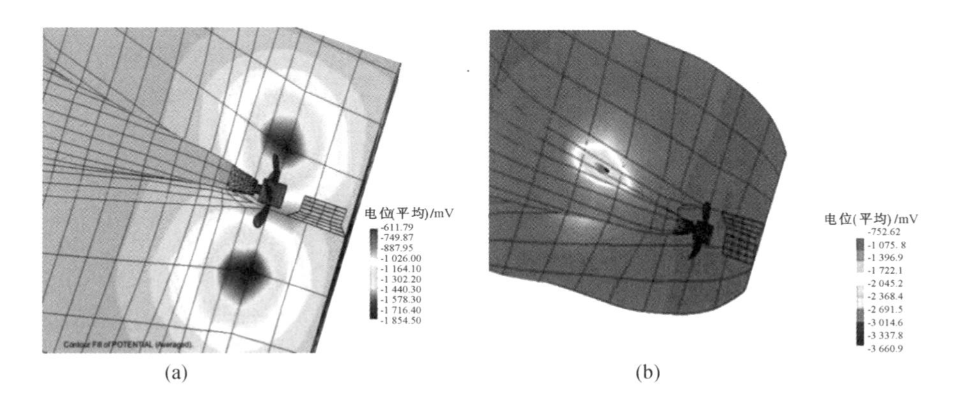

(a) (b)

图 2－97　三维腐蚀分析——船体近阳极区过保护情况

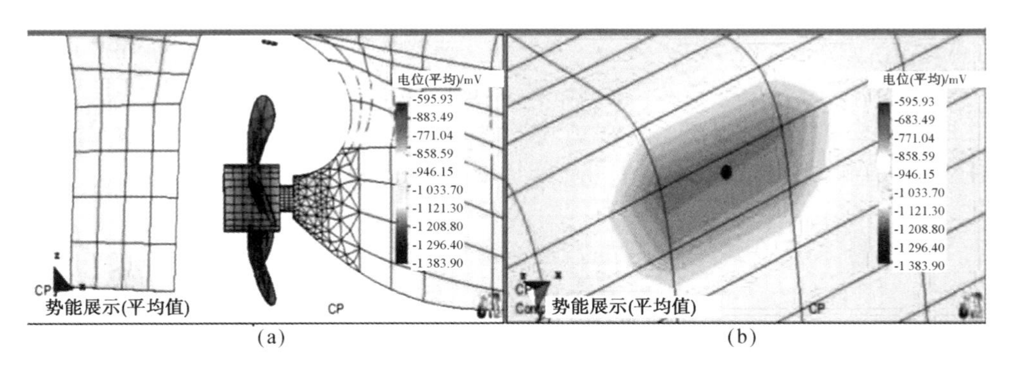

(a) (b)

图 2－98　三维腐蚀分析——模型优化之后的电位分布云图

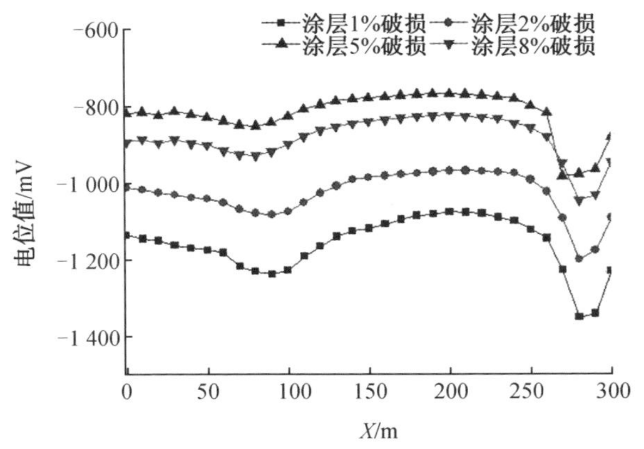

图 2-99　船体水线下 1 m 处阴极保护电位沿船长分布

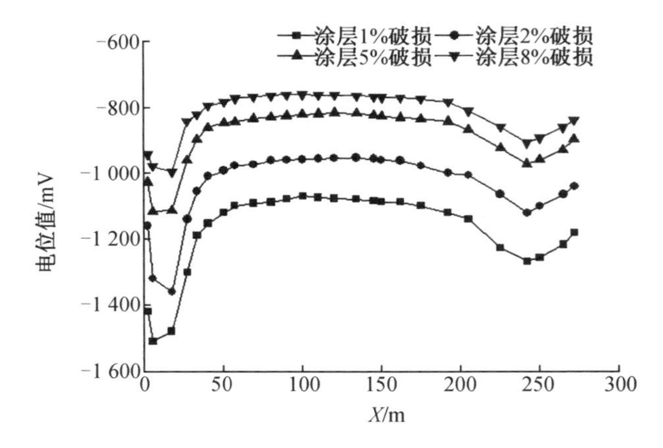

图 2-100　船底中线处阴极保护电位沿船长分布

阴极保护优化方案满足了船舶防腐的需要。

本方法对超大型船舶及海洋钻井平台等都做了分析,取得了较为满意的成果,对工程项目防腐设计提供了可靠的依据。

2.1.5　船体舱段结构温度场响应分析

养殖工船在海洋中航行或在固定锚地进行养殖生产时,其所受的外载荷是十分复杂的,这些外力除了船舶所载货物及其他装备的质量外,主要是水作用于船体的力,包括水压力、波浪动压力、冲击力及船舶在运动中的惯性力等。除此之外,当船体结构或构件因温度变化发生变形时,由于受到各种约束不能自由变形或者存在温度梯度,结构及构件中就会产生热应力。以往的研究表明,温度应

力对船体的总体应力水平及安全性有重要影响。

由于养殖鱼类的需要，养殖舱内的水温必须与鱼类生活的温度相匹配，这与船体的工作温度往往会有一个温差幅度，这个温差给船体构件带来显著的附加温度应力，同时还减弱了构件的屈服强度，从而危及结构的安全。这就需要对专门的温度场和温度应力进行分析，给出船舶所能承受的热载荷和冰载荷的极限强度，保证船舶正常服役过程中的安全。

国内学者根据 Timoshenko 梁理论，在给定船体结构温度场条件下，对船体纵向构件热应力的计算建立了一般表达式，并对船体纵向构件热应力的计算与比较标准中的一些具体问题进行了论述。但由于船体结构较为庞大，边界条件也十分复杂，采用解析方法很难得到其准确的温度场及温度应力分布。对于船体结构的热－结构耦合问题，解析方法更是难以解决。计算机及数值计算技术的发展使得有限元方法用于分析复杂边界条件和荷载条件下的大型结构成为可能。由于能够模拟几何形状复杂的结构并易于处理各种边界条件，有限元法已经成为解决复杂物理场问题的有效方法，是目前工程热应力分析中普遍采用的数值计算方法。

也有学者提出一种适于在船舶设计中使用的船体温度分布和温度应力的计算方法，该方法采用变剖面薄壁梁船体模型，船体的温度分布根据热传导理论计算，船体的温度应力根据弹性理论处理平均温度应力问题的思想，并结合梁弯曲的有限元法计算。结果表明，基于简化的解析分析可用于设计初期结构温度场的评估。

这里我们用于船体温度场与温度应力场基本理论和基本方法，以某大型舱室船舶结构为例，利用 ABAQUS 软件对实船进行舱段建模，以及热应力分析与热疲劳强度分析，结合现有规范和实际操作工况，评价温度场对船舶结构强度和疲劳的影响。

1. 基本分析方法简介

(1)基本方法

求解热传导问题，就是在给定的初始条件和边界条件下，从热传导微分方程式求出未知的温度函数 T。关于热传导问题的具体解法，大体可分为解析解法和近似解法两类。但对于工程实际问题，由于其边值条件都较为复杂，几乎不可能应用解析解法得出解答，因此，近似解法就成为解决工程问题的实用方法。近年来，由于计算机技术和数值计算技术的迅速发展，近似解法在工程实践中得到广泛应用。

有限单元法是近 50 年来发展起来的一种非常有效的数值解法，技术成熟，广泛地应用于工程实践，尤其针对复杂工程结构问题，该方法计算结果精度和计算效率都得到了工程师的认可，所以采用有限单元法研究舱段温度场下应力场的分布特点。有限单元法分析基本步骤:首先采用区域离散化的手段,将连续体区域划分为许多单元,并使这些单元在一些节点上联结起来,构成所谓“离散化结构”;其次选择位移模式,对离散后的结构单元进行力学特性分析;再次结合所有单元的平衡方程,建立整体结构的平衡方程,得到以整体刚度矩阵、载荷矩阵以及整个结构的结点位移矩阵表示的整个结构的方程;最后将连续体的变分原理应用于离散化结构,导出求解的方程。此外,有限单元法的公式还可以应用平衡原理、加权余量法等来导出。

(2)温度应力问题求解

温度应力问题求解就是在已知温度场的情况下对船体结构在温度作用下的应力应变进行求解。船体结构的温度应力问题属于薄板温度应力温度范畴。温度应力问题与一般应力分析问题相比较,主要是应力-应变关系上稍有差别。

①几何方程

用节点位移表示单元应变的关系式:

$$\boldsymbol{\varepsilon} = \boldsymbol{B}\boldsymbol{\delta}^{e} \tag{2-32}$$

式中 $\boldsymbol{\varepsilon}$——单元内任一点应变列阵;

$\boldsymbol{B}$——单元应变列阵;

$\boldsymbol{\delta}^{e}$——单元节点位移列阵。

②物理方程

若已知物体内的温度分布为 $\Delta T(x,y,z)$,则由此引起的热膨胀量为

$$\alpha_{\mathrm{T}} \times \Delta T(x,y,z) \tag{2-33}$$

式中 α_{T}——热膨胀系数。

考虑了温度膨胀量的热应力的物理方程为

$$\boldsymbol{\sigma} = \boldsymbol{D}(\boldsymbol{\varepsilon} - \boldsymbol{\varepsilon}_0) \tag{2-34}$$

式中 $\boldsymbol{\varepsilon}_0$——由于温度变化引起的变形,则

$$\boldsymbol{\varepsilon}_0 = \alpha_{\mathrm{T}}\Delta T(x,y,z)\begin{bmatrix}1 & 1 & 1 & 0 & 0 & 0\end{bmatrix}^{\mathrm{T}} \tag{2-35}$$

将式(2-32)代入式(2-34)中有

$$\boldsymbol{\sigma} = \boldsymbol{D}(\boldsymbol{B}\boldsymbol{\delta}^{e} - \boldsymbol{\varepsilon}_0) \tag{2-36}$$

对于平面应力问题,其中

$$\boldsymbol{\varepsilon}_0 = \alpha_{\mathrm{T}}\Delta T(x,y,z)\begin{bmatrix}1 & 1 & 0\end{bmatrix}^{\mathrm{T}} \tag{2-37}$$

对于平面应变问题,有

$$\boldsymbol{\varepsilon}_0 = (1+\boldsymbol{\upsilon})\alpha_{\mathrm{T}}\Delta T(x,y,z)\begin{bmatrix}1 & 1 & 0\end{bmatrix}^{\mathrm{T}} \tag{2-38}$$

③虚功原理

温度应力问题的物理方程除上面所述之外,其平衡方程、几何方程及边界条件与普通弹性问题相同,弹性问题的一般虚功原理为 $\Delta U - \Delta W = 0$,即

$$\int_{\Omega} D_{ijkl}\varepsilon_{kl}\delta\varepsilon_{ij}\mathrm{d}\Omega - \left(\int_{\Omega}\bar{\mathrm{d}}_i\delta\varepsilon\mu_i\mathrm{d}\Omega - \int_{\Omega}\bar{p}_i\delta\varepsilon\mu_i\mathrm{d}A + \int_{\Omega}D_{ijkl}\varepsilon_{kl}^{0}\delta\varepsilon_{ij}\mathrm{d}\Omega\right) = 0 \tag{2-39}$$

考虑到温度应力，弹性体内应力的虚应变能将为

$$\Delta U^e = \Delta\{\boldsymbol{\delta}^{eT}\}\int_{V^e}\boldsymbol{B}^{T}\boldsymbol{D}\boldsymbol{B}\mathrm{d}V\{\boldsymbol{\delta}^e - \Delta(\boldsymbol{\delta}^{eT})\int_{V^e}\boldsymbol{B}^{T}\boldsymbol{D}\boldsymbol{\varepsilon}_0\mathrm{d}V\boldsymbol{\delta}^e \tag{2-40}$$

代入最小势能原理的表达式，有

$$\boldsymbol{R}^e = \int_{V^e}\boldsymbol{B}^{T}\boldsymbol{D}\boldsymbol{B}\mathrm{d}V\boldsymbol{\delta}^e - \int_{V^e}\boldsymbol{B}^{T}\boldsymbol{D}\boldsymbol{\varepsilon}_0\mathrm{d}V \tag{2-41}$$

也就是

$$\boldsymbol{R}^e + \int_{V^e}\boldsymbol{B}^{T}\boldsymbol{D}\boldsymbol{\varepsilon}_0\mathrm{d}V = \boldsymbol{k}^e\boldsymbol{\delta}^e \tag{2-42}$$

式中　$\boldsymbol{k}^e$——单元刚度矩阵，$\boldsymbol{k}^e = \iiint\boldsymbol{B}^{T}\boldsymbol{D}\boldsymbol{B}\mathrm{d}x\mathrm{d}y\mathrm{d}z$。

式(2-41)左边第二项是由于考虑温度变化而增加的项，相当于考虑温度变化而施加于结点的一个假想的等效结点力，称为温度载荷，则

$$\boldsymbol{P}^e = \int_{S^e}\boldsymbol{B}^{T}\boldsymbol{D}\boldsymbol{\varepsilon}_0 t\mathrm{d}x\mathrm{d}y \tag{2-43}$$

④薄板温度应力

基本假定：垂直于中性面方向的正应变不计，即 $\varepsilon_z=0$。不计次要应力 τ_{zx}、τ_{zy} 和 σ_z 引起的应变分量，即取 $\gamma_{zx}=\gamma_{zy}=0$，并在 ε_x、ε_y 中略去 σ_z 引起的应变。不计薄板中面内点平行于中面的位移，即取 $(u)_{z=0}=(v)_{z=0}=0$。则有薄板的物理方程为

$$\begin{aligned}\varepsilon_x &= \frac{1}{E}(\sigma_x-\mu\sigma_y)+\alpha_T\Delta T\\ \varepsilon_y &= \frac{1}{E}(\sigma_y-\mu\sigma_x)+\alpha_T\Delta T\\ \gamma_{xy} &= \frac{2(1+\mu)}{E}\tau_{xy}\end{aligned} \tag{2-44}$$

从式(2-44)可得应力公式：

$$\begin{aligned}\sigma_x &= \frac{E}{1-\mu^2}(\varepsilon_x+\mu\varepsilon_y)-\frac{E\alpha_T\Delta T}{1-\mu}\\ \sigma_y &= \frac{E}{1-\mu^2}(\varepsilon_y+\mu\varepsilon_x)-\frac{E\alpha_T\Delta T}{1-\mu}\\ \tau_{xy} &= \frac{E}{2(1+\mu)}\gamma_{xy}\end{aligned} \tag{2-45}$$

这里将主要采用有限元法进行船体结构及构件在高温下的应力应变场分

布,运用实践中广泛采用的大型通用有限元计算软件对整个船舱结构进行温度场模拟和温度应力计算。利用软件 ABAQUS 顺序耦合应力分析研究 FPSO 船舶结构在环境温度和装载温度工况下的结构应力响应。

2. 结构描述与数值离散模型(表 2 - 17、图 2 - 101)

(1)船舶基本信息

表 2 - 17　船舶主尺度表

主尺度	参数值	单位
总长	266.35	m
设计水线长	266.35	m
型宽	50.00	m
型深	23.10	m
结构吃水	16.50	m
设计吃水	16.00	m

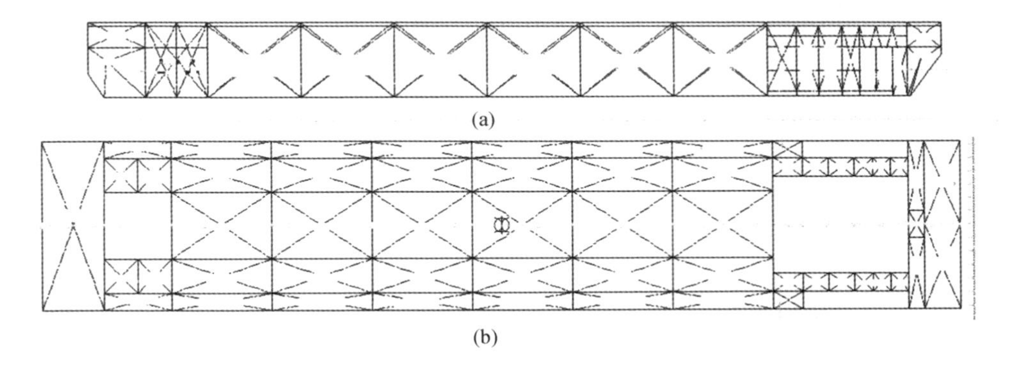

(a)

(b)

图 2 - 101　舱室划分图

分析的目标位于南海海域,其环境参数见表 2 - 18、表 2 - 19。

表 2 - 18　海水温度参数表

参数	数值	单位
设计海水表层温度	28.1	℃
最大海水表层温度	33.6	℃
最小海水表层温度	22.0	℃

表 2-18(续)

参数	数值	单位
海底温度	24.5	℃
海水冷却系统设计温度	30.0	℃

表 2-19　空气设计参数表

参数数值	单位	
设计空气温度	36.0	℃
最大空气温度	32.2	℃
最小空气温度	20.0	℃

(2)有限元模型

对船舶进行强度分析和评估的关键在于,当船舶处于最危险的装载和波浪条件时,船舱附近舱室构件强度是否满足要求。因此在实际设计时,一般只把舱段部分隔离出来进行强度、疲劳等的分析。而把这些舱室从整船结构中隔离出来是比较容易的,而且从计算机容量和速度角度来看,在这个隔离体上可以将有限元网格划分得足够细,从而得到比较精确的应力分布。只要能够将外载荷合理地施加到该隔离体上,建立一个合理的比较符合实际的计算模型,即可准确地分析船体结构强度。这要比对整个船体进行建模分析简单经济得多。

现在各主要船级社在进行船体结构强度计算时,都是采用舱段有限元模型进行分析计算。模型的范围包括纵向范围和横向范围。模型范围的选择取决于船体结构本身及载荷条件是否关于纵轴和横轴对称。通常,船体结构左右(横向)对称,可以采用半宽的舱段模型,对于结构或载荷不关于中纵剖面对称的情况,在进行船体结构强度计算时,应该在一个全宽的模型上进行整舱段建模。

有限元模型及板厚如图 2-102 所示,有限元模型网格图如图 2-103 所示。

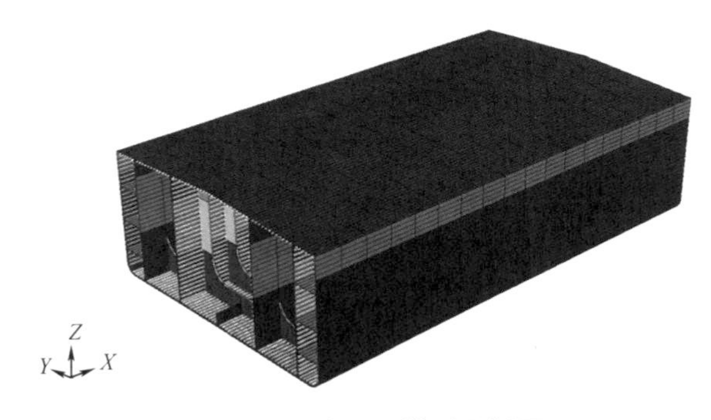

图 2-102　有限元模型及板厚图

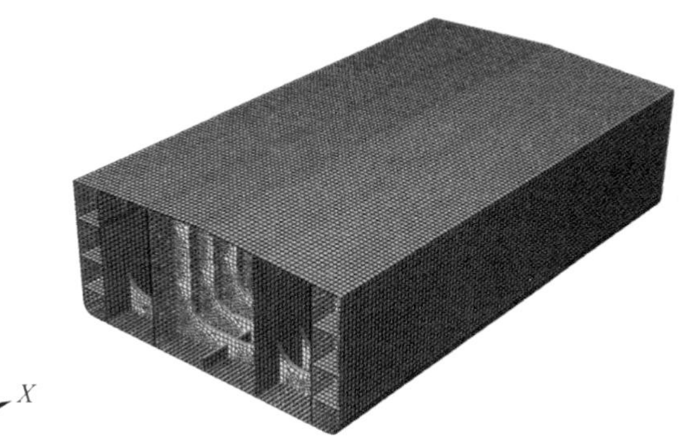

图 2 - 103　有限元模型网格图

(3)边界条件

中国船级社《船级社规范与国家标准》中有限元分析模型的边界条件,定义如下。

①纵中剖面对称边界条件:采用全宽模型,中部货舱前后舱壁处纵中剖面与船底板的交点 G 的横向线位移约束,即 $\delta_y = 0$。

②局部载荷工况边界条件如下。

a. 端面 A 与 B 施加对称面边界条件,端面内节点的纵向线位移、绕端面内两个坐标轴的角位移约束,即 $\delta_y = \theta_y = \theta_z = 0$。

b. 舷侧外板、内壳板、纵舱壁与中部货舱前后舱壁交线上应设置垂向弹簧单元,弹簧单元弹性系数均匀分布,弹性系数 K 为

$$K = \frac{5GA}{6\,l_H n}\ \text{N/mm} \tag{2-46}$$

式中　G——材料的剪切弹性模量,对于钢材,$G = 0.792 \times 10^5\ \text{N/mm}^2$;

A——前后舱壁处舷侧外板、内壳板或纵舱壁板的剪切面积,mm^2;

l_H——中部货舱长度,mm;

n——舷侧外板、内壳板或纵舱壁板上垂向交线节点数量。

边界条件见表 2 - 20,边界条件示意图如图 2 - 104 所示。

表 2 - 20　边界条件表

位置	线位移约束			角位移约束		
节点 G	—	固定	—	固定	—	固定
端面 A、B	固定	—	—	—	固定	固定
交线 C	—	—	弹簧	—	—	—

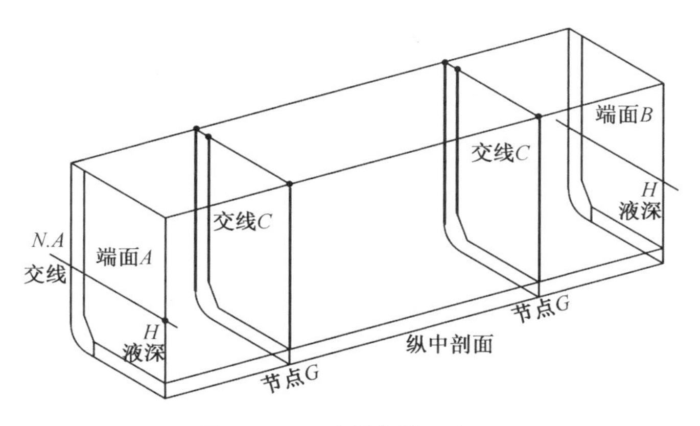

图 2-104　边界条件示意图

(4)温度工况

船体的外板随环境温度变化而发生变化,考虑到空气和海水的导热性能及水面上下太阳辐射等因素存在差异,船体外板在水面上下部分的温度变化也存在差异,又金属材料导热性能好,可以认为水线下船体外板温度与海水温度相同,但水线面以上船体外板的温度变化主要受太阳辐射强度、气温变化和风速的影响,所以考虑环境温度对船体外板温度变化的影响(图 2-105)。

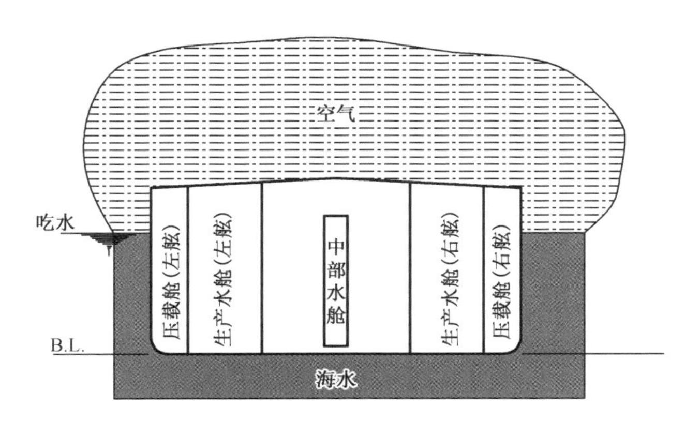

图 2-105　考虑环境温度工况图

3. 舱室结构在温度场下的强度分析

(1)工况 1 应力和应变云图

①应力云图(图 2-106)

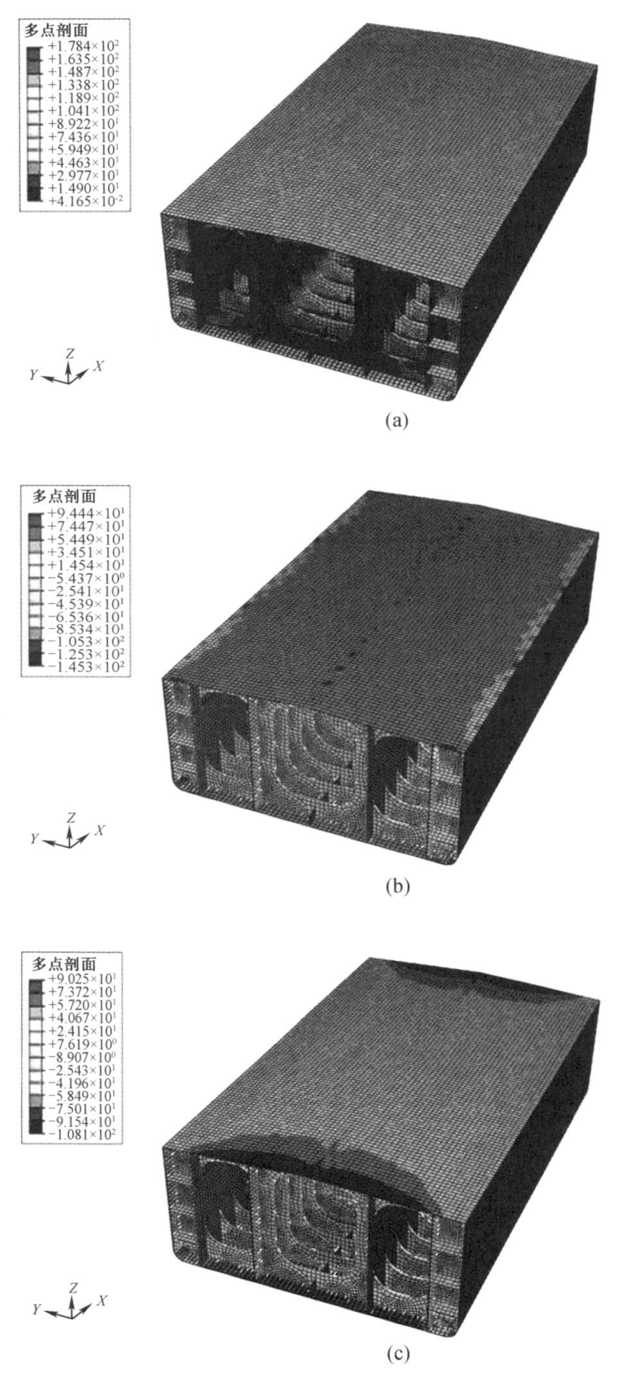

图 2-106　工况 1 应力云图

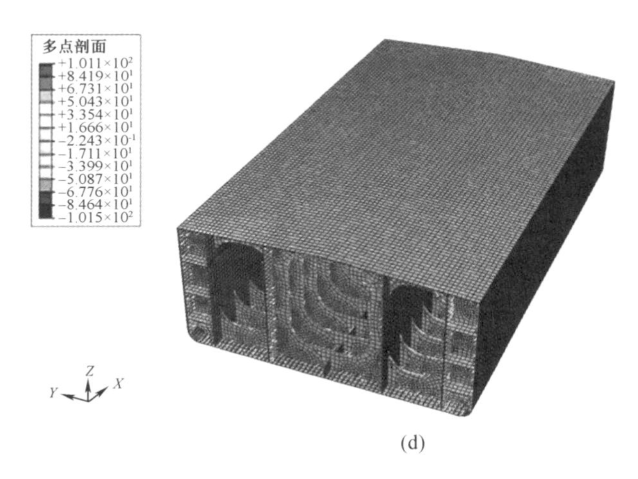

(d)

图 2－106（续）

②应变云图（图 2－107）

图 2－107　工况 1 应变云图

（2）工况 2 应力和应变云图

①应力云图（图 2－108）

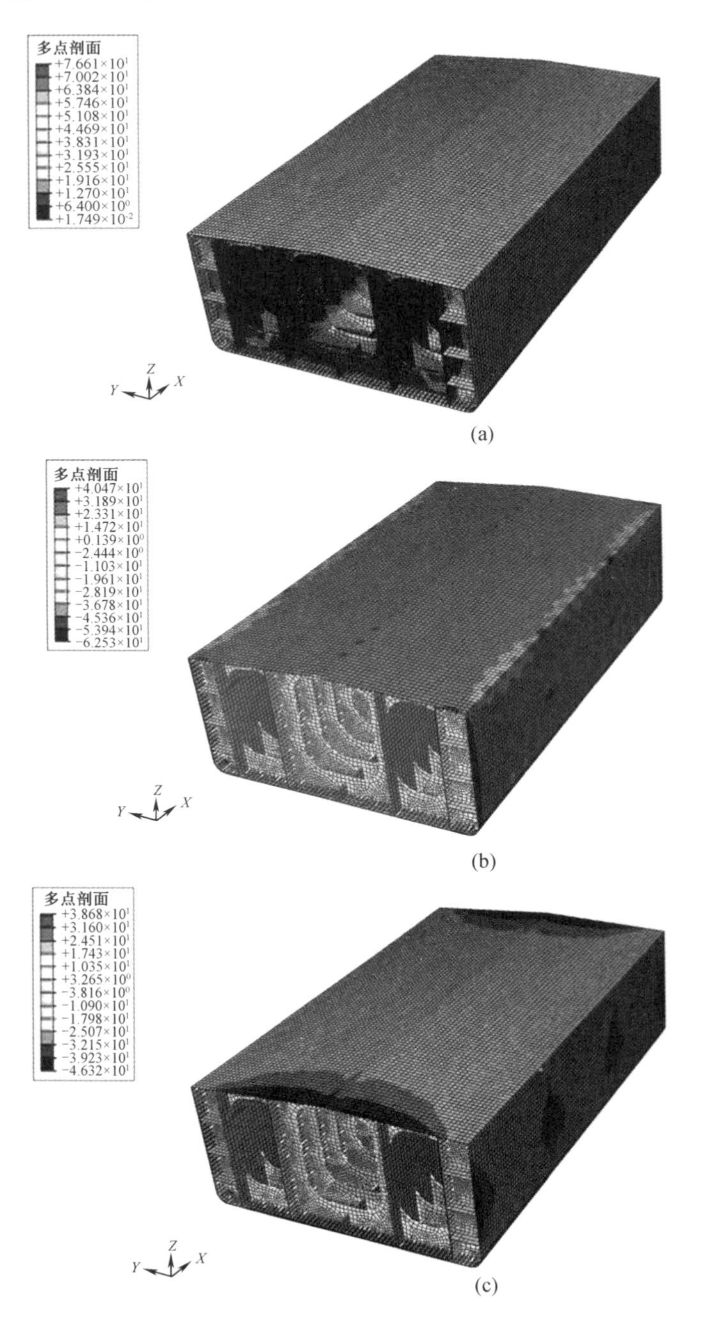

图 2 – 108　工况 2 应力云图

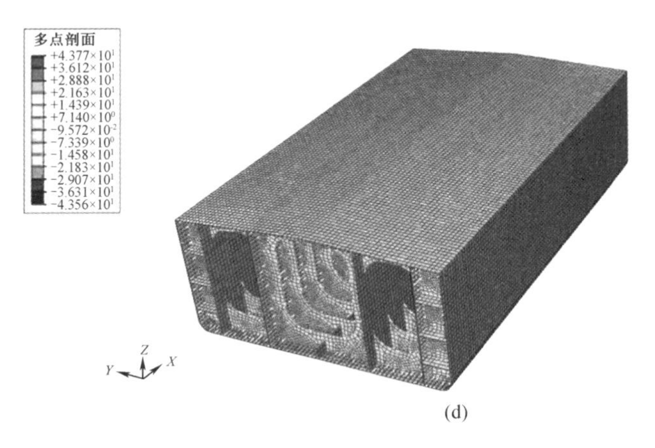

(d)

图 2－108(续)

②应变云图(图 2－109)

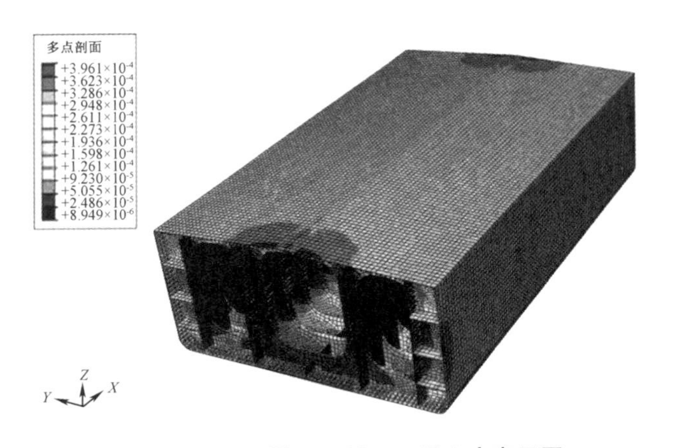

图 2－109　工况 2 应变云图

对比各个工况下船体主要构件的等效应力值,选择最大值所在的工况及强度校核结果见表 2－21。

表 2－21　船体主要构件强度校核表

船体构件	工况	等效应力/($N \cdot mm^{-2}$)	校核系数
舷侧外板	工况 1	129.4	0.739
横舱壁	工况 1	168.7	0.964

根据中国船级社《船级社规范与国家标准》,强度衡准(对所有板材)为

$$\sigma_e = 175/K \tag{2-47}$$

式中　K——材料系数，$K=1.0$ 屈服应力在 235 及以上的低碳钢。

从表 2-21 中可以看出温度变化引起的船体结构的温度应力还是不能忽略的。

4. 温度场下的舱室结构疲劳强度分析

船舶结构的温度差主要来自昼夜环境变化和装载交变温度载荷。温度的昼夜环境变化在不同海域会有很大差异，对于南海海域，空气温度昼夜温差大约为 5.8 ℃，但由于阳光直射，水线面以上的结构昼夜温差会远远大于这个温度，但是水下部分则取决于昼夜海水温度差。

这里利用线性累计损伤理论，基于美国船级社（ABS）提供的标准 $S-N$ 曲线，对目标船体结构进行疲劳寿命评估。

（1）环境引起的船体外板温度周期变化

金属材料导热性能好，故可以认为水线面以下船体外板温度与海水温度相同。南海海域所属太平洋表层海水温度，年平均值为 21.2 ℃。

据相关文献研究，影响水面以上结构温度差的主要因素为太阳辐射强度、气温变化和风速。南海海域气温平均值为 24.2 ℃，太阳辐射峰值为 850 W/m^2。根据船体外板特性，取其对太阳辐射热的吸收系数为 0.5；结构外表面热转移系数，按照和风情况下取 28 W/(m^2·K)，公式如下。

$$T_z = T_{dmax} + T_{wp} + \theta_{tw} \tag{2-48}$$

式中　T_{dmax}——太阳辐射等效温度峰值；

　　　T_{wp}——气温昼夜平均值；

　　　θ_{tw}——气温波动值。

$$T_{dmax} = \varepsilon J_{max}/\alpha_w \tag{2-49}$$

式中　J_{max}——太阳辐射强度峰值；

　　　α_w——结构外表面热转移系数；

　　　ε——结构外表面对太阳辐射的吸收系数。

在此，设定 $\varepsilon=0.5$，$\alpha_w=28$ W/(m^2·K)。

综上所述，水线面以上外板结构的最高温度为 51 ℃，最低温度为夜间平均气温 21 ℃。

环境引起的船体外板温度昼夜交替变化使得船体结构的温度应力交替变化，通过上节中对有限元的分析，可得昼夜温度应力交变范围 S_r 为 66.9 MPa，最小温度应力 σ_{min} 为 101.8 MPa。

采用 Goodman 寿命关系进行平均应力修正，可得等效应力范围为

$$S_{eq} = \frac{S_r}{1 - \dfrac{\sigma_{min}}{\sigma_b}} \tag{2-50}$$

取钢材的极限抗拉强度 σ_b 为 590 MPa，则 $S_{eq}=80.85$ MPa。

疲劳分析采用美国船级社疲劳规范中推荐的 $S-N$ 曲线，即有

$$\lg N=12.0151-3\lg S \tag{2-51}$$

式中　S——交变应力范围；

N——S 对应的疲劳寿命。

若定义交变应力范围 S 实际循环次数为 N'，则有疲劳损伤 D 为

$$D=\frac{N'}{N} \tag{2-52}$$

由式(2-51)可得该温度应力范围下的疲劳寿命为 1.96×10^6 年。船舶的设计年限为 25 年内，昼夜循环次数为 9 125 次，根据式(2-52)可得设计年限内昼夜交变温度载荷下船体结构的累积损伤 D_1 为 0.466%。

(2)交变温度应力疲劳损伤

按照线性累积损伤理论，由环境引起的船体外板温度昼夜变化及装卸载产生的温度应力所引起的疲劳累积损伤为

$$D=D_1+D_2=0.655\% \tag{2-53}$$

(3)结论

由环境因素导致的船体外板的温度变化及装卸载引起的温度变化均会产生较高的温度应力，应给予一定重视，有些舱壁与外内壳、主甲板、内底板等连接部位的应力值较高，可以考虑此处的板厚适当增加，或者考虑重选钢材钢级比较高的材料。

虽然目标船的温度应力水平较高，但由于循环次数相对较少，环境昼夜变化及装卸载引起的温度交变应力导致的疲劳损伤较小，仅 0.655%，可以在船舶的初期设计时不做着重考虑。

2.2　养殖工船的改装设计

深远海养殖工船是一种新型的养殖模式和装备，受到养殖领域和海洋装备产业界的广泛关注。但是由于其超大型、高技术等特征，投资力度较大，除了建造新船，利用其他二手船舶进行改装，也是一种经济型和较为简便的途径。但是这种方法还缺少论证及其案例，张光发等利用散货船舱容量大的特点，模拟工业化养殖，结合水循环技术，对散货船的货舱和甲板进行改装，变货舱为养殖舱；甲板为具有加工、育苗等功能的车间，进行了旧船利用而更经济的探索；对散货船改造为养殖工船建立了技术经济论证的数学模型，开发了论证系统软件并取得

了适合养殖工船方案的优化船型。

2.2.1 技术经济论证模型

1. 技术经济论证参数

由于养殖工船是由散货船改装，无法改变船舶的主尺度，因此，选择养殖工船的载重量以确定所选散货船的主尺度并进行改造。养殖工船与散货船相比，船上养殖装备、养殖鱼类价格和养殖密度对其经济性影响较大，所以选择载重量、鱼类价格和养殖密度作为参数。

2. 技术指标

散货船的主尺度、船型系数、空船质量等技术参数是通过大量实船资料统计分析得出的。在数学模型建立过程中，首先根据世界上不同类型散货船制作相应的散点图，观察各参数之间呈现的关系，分别应用一元线性、多元线性和非线性回归程序进行拟合，最终得出以下数学模型。

(1)散货船主尺度模型

表 2－22 为散货船主尺度数学模型。

表 2－22　散货船主尺度数学模型表

散货船参数	统计模型
垂线间长 L_{pp}/m	$L_{pp}=0.480D_w^{1/2}+82.067$
型宽 B/m	$B=0.793D_w^{1/3}+1.754$
型深 D/m	$D=0.041D_w^{1/2}+7.481$
吃水深度 T/m	$T=0.729D_w-0.261$
养殖舱容 V/m^3	$V=1.069D_w+6\,433.6$

注：D_w 为散货船的养殖工况载重量。

(2)浮力、重力平衡

散货船经改装后增加了养殖、加工冷藏、育苗等设备和厂房，增加了空船质量，需要对浮力和重力进行校核。重力与浮力的平衡是利用方形系数 C_b 来调整的，在两者平衡的情况下，方形系数计算公式为

$$C_b=\Delta/krL_{BP}BT \tag{2-54}$$

式中　Δ——排水量，m^3；

r——海水密度，取为 1.025 t/m^3；

k——船体外板的膨胀系数，取为 1.003；

L_{BP}——垂线间长，m；

B——型宽，m；

T——吃水深度，m。

3. 经济计算模型

(1) 净现值(N_{PV})

净现值是衡量养殖工船投资能否收回的经济指标，计算公式为

$$N_{PV} = (A_{AI} - Y)P_A - P_V + LP_Y \quad (2-55)$$

$$A_{AI} = OE_{max} \quad (2-56)$$

式中　N_{PV}——净现值，万元；

A_{AI}——养殖工船平均年收益，万元；

Y——养殖工船年总费用，万元；

P_A——等额现值因数；

P_V——养殖工船船价现值，万元；

L——养殖工船残值，万元；

P_Y——现值因数；

O——养殖鱼价格，万元/t；

E_{max}——年最大养殖水产品产量，t。

(2) 养殖效果系数(M)

养殖工船的单位养殖成本所能获得的利润，能同时反映养殖年利润与年养殖成本。其值越大，方案越合理，但难以反映资金周转的速度。M 值的计算公式：

$$M = R/Y \quad (2-57)$$

式中　M——养殖效果系数；

R——养殖工船年利润，万元；

Y——养殖工船年总费用，万元。

(3) 投资回收期(P_{BP})

改造的养殖工船养殖所得收益，偿还其投资所需时间，计算公式为

$$P_{BP} = \lg(-Pi/A)/\lg(1+i) \quad (2-58)$$

式中　P_{BP}——投资回收期，年；

P——初始投资(旧船价格和改装费)，万元；

A——年收益，万元；

i——投资收益率。

4. 其他模型

(1) 养殖工船年非渔业养殖成本，指养殖工船在一年周期里用于维持正常养殖所支出费用的总和，包括折旧费。折旧费取初始投资的 8%，维修费取初始投

资的 3% ,保险费取初始投资的 1% ,船员工资为每人 10 万/年,其他费用占年非渔业养殖成本的 4% 。养殖工船使用年限为 20 年。

(2)初始投资(P),指养殖工船以散货船为母型船的船价与改装、养殖设备等费用总和。旧散货船按直线折旧法计算折旧剩余的账面价值。调研获知改装和养殖装备的总费用约为 2 326 万元。

(3)养殖工船年产量估算(即年最大养殖水产品产量 E_{max}),在养殖工况下,养殖水体体积占养殖舱容的 80% ,计算公式:

$$E_{max}=\frac{\rho V\ 80\%\ kG}{1\ 000} \tag{2-59}$$

式中 E_{max}——年最大养殖水产品产量,t;

ρ——养殖密度,尾/m^3;

V——养殖舱容,m^3;

k——存活率,%;

G——每尾鱼的质量,kg/尾。

5. 敏感性分析

论证中,将养殖鱼的存活率、鱼价、年养殖成本作为不确定因数进行处理。先按在养殖工况(养殖工船、鱼的品种)不变的情况下作为固定值进行论证,然后对其进行敏感性分析,分别计算其对各经济指标的影响趋势及大小,并对影响比较大的因素进行详细的计算分析,求出临界值。

2.2.2 养殖工船技术经济论证系统

1. 论证系统概况

养殖工船论证系统用 VB 语言程序开发。VB 语言简单易学,采用面向对象的程序设计技术,界面友好,使程序开发更加迅速、简捷。张光发等开发的论证系统采用比较通用的参数分析法(即网格法)进行船型方案决策。先选择优化参数(即设计变量),通过调研,对这些设计变量的范围进行设定,并按照一定的步长组合成一系列设计方案,对每个方案进行技术和经济方面的计算,选取一定的经济评价指标,在比较的基础上评价选优。系统在技术上考虑船舶浮态、稳性,经济上考虑造价、年养殖成本、投资回收期、养殖效果系数、净现值,以作为经济评价指标,具体求解适合技术、经济要求的散货船船型方案及养殖鱼的参数。

参数及指标计算的程序流程如图 2-110 所示。

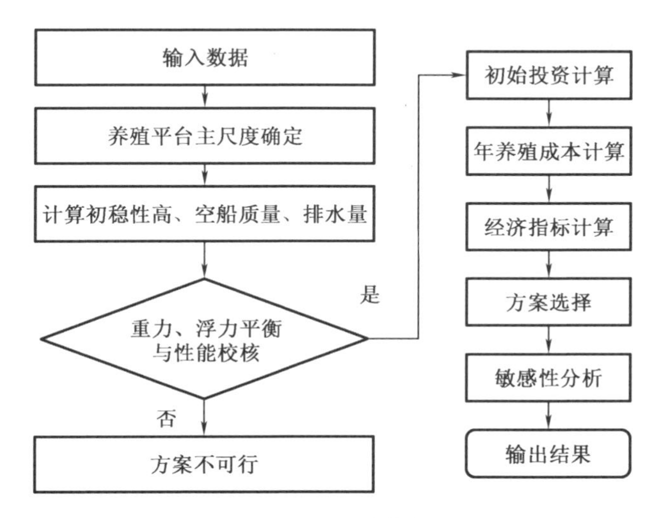

图 2－110　参数及指标计算的程序流程图

2. 程序模块

通过对论证模型的抽象处理，基于上述论证计算方法和内容，设计程序结构。根据功能要求，程序主要划分为 4 种模块。

(1)参数输入模块。在此模块中，把论证所需的数据输入，如养殖工船的载重量、养殖密度、鱼价等技术经济参数范围，校核参数数据、改造成本费用、养殖装备费用和其他经济参数(如船员及其工资等)。

(2)系统计算优化模块。该模块为系统核心部分，是利用输入的参数数据、约束条件及上文所述的数学模型，对各吨级的养殖工船进行技术性能的计算和校核，剔除不合理方案，并计算各项经济参数，论证各方案的船舶经济性能，输出计算结果，进行结果打印、保存功能。

(3)敏感性分析模块，即参数敏感性分析模块。选择敏感性参数，输入波动值，选择论证方案进行敏感性分析计算。

(4)数据输出模块，即处理数据输出。

2.2.3　模拟系统仿真应用

利用散货船改装为养殖工船系统，在水温适宜且温差较小的海域，有适合养殖的优质水质，如中国的南海美济礁，全年水温 25 ℃，盐度几乎不变，无污染，海水透明度高，适合养殖名贵暖水鱼。以养殖珍珠龙胆石斑鱼为例，其养殖周期 10 个月，养殖密度 81 尾/m^3，养殖存活率 84.9%，平均体质量约 1 kg/尾，市场平均价 89 元/kg，渔业投入产出比 1∶2。考虑市场变化因素，鱼价取市场平均价的

85%。输入养殖工船的经济参数和载重量为 1 万 ~ 10 万 t。计算结果见表 2 - 23。

表 2 - 23　养殖工船设计方案技术经济论证结果表

技术经济参数	方案 1	方案 2	方案 3	方案 4	方案 5	方案 6	方案 7	方案 8
工船载重量/万 t	3.00	4.00	5.00	6.00	7.00	8.00	9.00	10.00
垂线间长/m	125.21.00	138.07.00	149.40.00	159.64.00	169.06.00	177.83.00	186.07.00	193.86
型宽/m	26.39	28.87	30.97	32.80	34.44	35.92	37.29	38.56
型深/m	14.58	15.68	16.65	17.52	18.33	19.08	19.78	20.45
吃水/m	10.41	11.22	11.92	12.56	13.15	13.69	14.20	14.69
养殖舱容/m^3	38 504.00	49 194.00	59 883.60	70 574.00	81 264.00	91 954.00	102 644.00	113 334.00
工船造价/万元	39 673.00	39 673.00	39 673.00	39 673.00	39 673.00	39 673.00	39 673.00	39 673.00
养殖效果系数	0.16	0.25	0.31	0.36	0.39	0.42	0.45	0.47
投资回收期/年	17.91	9.85	6.79	5.18	4.19	3.52	3.03	2.66
净现值/万元	232.01	2 044.56	3 857.11	5 669.66	7 482.21	9 294.77	11 107.32	12 919.87

由表 2 - 23 可知，输出的养殖工船载重量从 3 万 t 开始，也就是说，选择的散货船载重量要大于 3 万 t，否则成本可能无法回收，不符合要求。本书选择养殖工船载重量 6 万 t，其船型为常见的巴拿马型散货船，选取不确定因素如鱼价、存活率、成鱼平均质量，在其他养殖工况不变的情况下进行敏感性分析。输出结果见表 2 - 24 至表 2 - 26。

表 2 - 24　鱼价的影响表

变化率/%	养殖效果系数	投资回收期/年	净现值/万元
-20	0.09	21.55	—
-10	0.22	8.36	2 763.60
0	0.36	5.18	5 669.66
10	0.49	3.76	8 575.70
20	0.63	2.95	11 481.80

表 2－25　存活率的影响表

变化率/%	养殖效果系数	投资回收期/年	净现值/万元
－50	0.13	23.75	—
－40	0.20	13.84	883.2
－30	0.25	9.76	2 079.8
－20	0.29	7.54	3 276.4
－10	0.33	6.44	4 473.0
0	0.36	5.18	5 669.7
10	0.38	4.48	6 866.3
20	0.40	3.95	8 062.9

表 2－26　年养殖成本的影响表

变化率/%	养殖效果系数	投资回收期/年	净现值/万元
－40	0.48	4.23	7 394.8
－20	0.41	4.66	6 532.2
0	0.36	5.18	5 669.7
20	0.30	5.84	4 807.1
40	0.26	6.69	3 944.5
60	0.21	7.83	3 082.0

对表 2－24 至表 2－26 进行线性分析，当鱼价降低 19%，即鱼价 61.4 元/kg，养殖效果系数 0.1，投资回收周期为 19 年，净现值 148.2 万元，所以，鱼价应大于 61.4 元/kg，才对养殖有利。当鱼的存活率减少 47%（即存活率为 39%）、密度 36 尾/m^3时，养殖效果系数 0.15，投资回收期为 20 年，净现值 45.6 万元。所以，只有当鱼的养殖密度大于 36 尾/m^3时，才对养殖工船有利。

通过对表 2－24 至表 2－26 线性分析可知，年养殖成本不是影响经济性的主要因素（这里未详细分析）。

张发光等针对散货船改装为养殖工船的特点，进行了技术经济分析和论证，开发了相关的论证系统软件，得到了适合于散货船改建养殖工船的优选船型，论证了有关船舶的主尺度及各项养殖参数。以某型散货船为计算实例，通过分析得到，经济性的养殖工船载重量应大于 3 万 t，其主尺度为垂线间长大于 125.21 m，型深大于 26.39 m，型宽大于 14.58 m。利用敏感性分析模块对存活率、鱼价进行敏感性分析得到，存活率应大于 39%（即存活养殖密度大于 36 尾/m^3），鱼价应大于 61.4 元/kg。

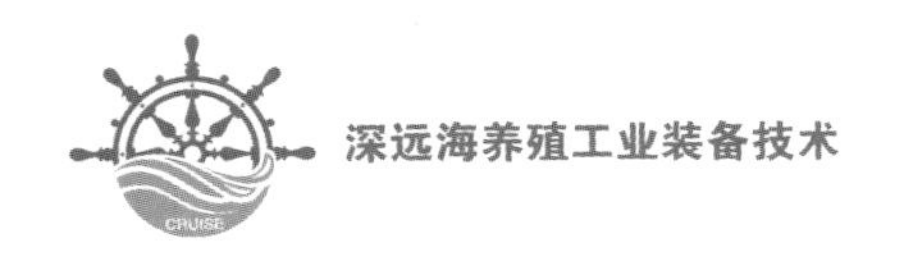

2.3 国内典型深水网箱设计

关长涛等针对深水网箱养殖所面临的各种难题，设计出了一种新型的深海养殖 网箱，这种网箱通过液压系统的驱动可以实现上下升降，并且能够进行水平的自由航行，使得网箱能够躲避海上大风浪的影响，可以实现移动化的养殖模式，以提高养殖品质。

2.3.1 网箱结构设计及其原理

根据深海养殖的特殊要求设计了一种方形的可自由航行的深水网箱，以适应在深海养殖中的各种养殖条件的需求，提高深海养殖鱼类的品质，扩大养殖的经济效益。

1. 网箱养殖的设计要求

大多深海养殖的网箱都是在一个固定的海域进行养殖，不能够按鱼类的生活习性进行生态养殖，对一些洄游性的高经济鱼类还不能进行很好的人工养殖。运用网箱的可以移动技术，朝着更为广阔的深海海域进行移动养殖，既可以充分地利用还未被使用的海洋资源，同时也能提供鱼类各个阶段最适合的生长环境，提高养殖鱼类的品质。新型可移动网箱的设计研究对我国海洋养殖的发展具有重大意义。

国外针对可航行网箱做了一些研究，美国麻省理工学院设计了一种可航行的圆形养殖网箱，并进行了实际的试验。但是，最后得到的结果并不是很理想，也没有得到大面积的推广使用。国内在深海可航行网箱的研究上还处于刚起步阶段。

深海养殖网箱需满足如下要求。

(1)网箱结构尺寸的设计能够满足深海条件下的作业要求，与现有的网箱相比，在结构功能上要有一定的先进性，设计时参照国家标准。

(2)具有良好的结构强度，以抵御较大海浪流的冲击，还要具有优良的防腐蚀性能。

(3)精准的操作控制性能，能够实现网箱的平稳升降。

(4)保证网箱升降的精确程度，控制网箱的自由航行，能够使得网箱有足够的推进效率。

(5)最大限度地提高网箱功率的有效使用。

(6)网箱的主体结构材料要选择较高强度材料,同时还要具有较好的防腐蚀性能。由于网箱的工作环境是在深海,要面对恶劣的海洋环境,所以选用强度较高、防腐蚀性能较好的材料能够确保网箱使用的安全性和延长使用寿命。

(7)采用有效的措施来实现特定海况下网箱的各种特殊作业方式。

2. 网箱的结构设计

网箱的结构设计能够满足网箱养殖的各种环境条件。网箱主体框架是由高强度钢制作的上浮体、下浮体和 4 根桩柱构成的矩形框架。网衣连接在 4 根桩柱及上、下浮体上形成一个良好的养殖空间,网箱的上浮体按船型设计,在航行时能够减小海上的阻力,网箱的上浮体上安装有 2 个螺旋桨能够保证网箱按照设计的方向及时调整方向航行。在上浮体内设置有电机和液压系统,为网箱的推进和升降提供所需要的动力。

图 2－111 为网箱基本结构示意图,整个深水网箱系统的主要组成是由上、下浮体,4 根支撑桩柱,网衣,液压缸插销固定机构,液压定位锁紧机构,螺旋桨,电动机,液压控制系统,电缆,饵料管道,空气管道,漂浮浮标和锚固链块等部分组成。

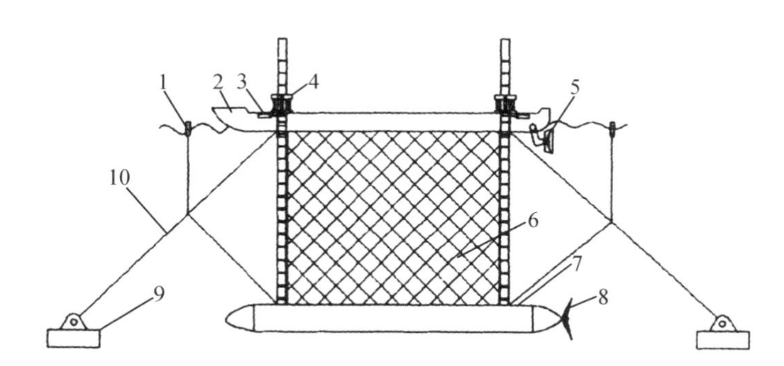

1—浮标;2—上浮体;3—液压插销;4—定位锁紧机构;5—上螺旋桨推进器;
6—网衣;7—下浮体;8—下螺旋桨推进器;9—锚;10—锚链。

图 2－111　网箱基本结构示意图

(1)网箱基本尺寸的设计和海域条件的选择

网箱(图 2－112)的主要支撑结构为钢制结合。网箱尺寸大小:上浮体的最大长度为 20 m,浮体的最大长度为 18 m,桩柱间的纵向长度为 15 m,横向距离为 12 m,上、下浮体间的距离及网衣的最大高度为 10 m,4 根桩柱长为 13 m,直径为 0.6 m,网箱的最大养殖容量可以达到 $10\ m\times 12\ m\times 13\ m=1\ 560\ m^3$,年养鱼量可达 60 t 多,网目大小选择 4.5 cm。网衣是维持鱼类生长空间的主要设备,其好坏直接影响鱼类生长。网衣材料选择强度高的聚乙烯,由经过抗紫外线处理的无结网加工而成,十分安全,使用寿命较长。网衣在 4 根桩柱的固定下能够抵御较大的海浪冲击,网箱的整体容积在流速为 1 m/s 的海流作用下,仍能保持 95% 的养殖容积,网衣的使用年限为 2 年更换 1 次。

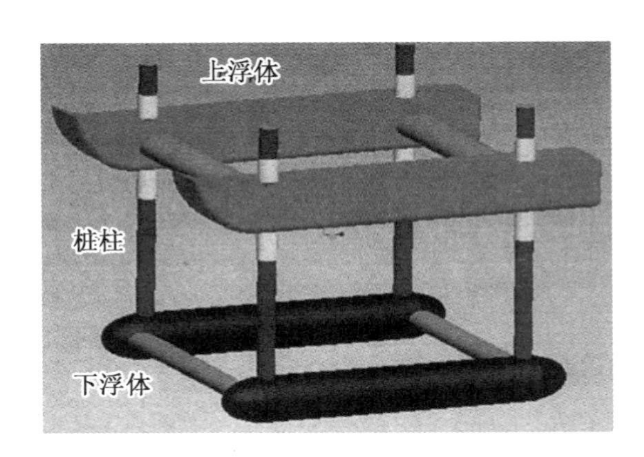

图 2 - 112　网箱框架三维结构图

(2)网箱设计使用的海域

网箱适于水深在 30 m 以上的开发型海域。网箱下浮体距海底 5 m 以上,能够抗 12 级台风的冲击,可以躲避赤潮的影响,抵御 8 m 以上波浪的冲刷,在 20 min 内能够自动下沉 10 m 以上躲避大风浪的影响。网箱的设计使用年限为 15 年。

3. 网箱主要结构的功能

网箱养殖系统主要是由网箱的主体养殖框架结构、电液控制系统和其他辅助结构组成。下面主要介绍网箱养殖各主要结构的功能。

(1)上浮体

网箱的上浮体主要用于为网箱提供浮力,并且调节网箱的高度,也可以控制网箱的上升和下沉。在网箱的上浮体内设置有电动机和液压控制系统,液压控制系统控制上浮体上的螺旋桨实习推进,以及控制定位锁紧系统调节网箱的高度。上浮体与综合母船相连接,电缆、饵料管道、空气管道都连接在上浮体上。

(2)下浮体

在水面下,通过控制下浮体中的液压泵推动液压马达,以带动下浮体上的 2 个螺旋桨转动,进而提供前进动力。通过下浮体上的电机带动水泵工作,以调节下浮体的载水体积来调控下浮体的浮力,用来改变与上浮体间的距离,进而调整网箱的可用容积,也可以调节整个网箱的下沉深度。

(3)桩柱

网箱共有 4 根支撑桩柱。桩柱下端与下浮体固定连接,上浮体通过插销固定机构连接，网衣通过套环与桩柱相连接。桩柱为整个网箱提供支撑力，是网箱的主要受力部件。网衣固定在桩柱上能够保证网箱的容积在较大海流时不发生太大的变化，以保证足够的养殖空间。

(4) 网衣

深远海可航行网箱的网衣主要是用来提供鱼类生长所需要的空间，网衣的可用容积大小直接影响着鱼类的生长情况。网衣在 4 根桩柱及上、下浮体的支撑固定下，具有良好的抗流能力，并且网衣的可用容积可以通过调节下浮体的位置来变化，以适应网箱的各种工作需求。

(5) 推进系统

网箱的推进系统采用的是液压推进，液压马达带动螺旋桨为网箱提供动力，由母船为网箱提供电能以带动发电机来控制液压系统。网箱由液压推进能得到较大的动力，使工作平稳，容易实现自动控制和网箱的无级调速。网箱由安装在上浮体上的 2 个螺旋桨提供前进动力，通过调节螺旋桨的速度可以控制网箱的航行速度，调整左右螺旋桨转速大小得到 2 个螺旋桨的转速差，来实现网箱的转向航行。

(6) 定位锁紧系统

定位锁紧系统主要是用于网箱在调整上、下浮体间的距离时，由于海浪的影响，使上浮体晃动，4 根桩柱不能达到同一确定的位置而设计的。利用锁紧装置可以使得上浮体与 4 根桩柱在同一位置实现固定，保证网箱的稳定性。

图 2 - 113 为定位锁紧系统的结构图。系统主要由上环梁、下环梁、主油缸和插销机构组成。其工作过程为：在桩柱上升到设计高度时下浮体停止工作，为了使上浮体在海流的影响下与桩柱固定在指定位置，固定在上浮体上的定位固定系统开始工作，主油缸开始上升达到桩柱上所要固定的位置，在上环梁的插销内设置有传感器，可以检测到所要进行固定的位置，到达指定位置后上环梁内设置的 4 个插销油缸伸出，与桩柱上的插孔结合，对桩柱进行锁定。图 2 - 114 为上环梁内的结构示意图，上环梁由主体框架和 4 个一样的轴套、插销油缸、销轴和插销油缸护罩组成，等到 4 个桩柱上的插销油缸都锁紧后，插销上的水平传感器控制插销油缸停止运动，主油缸同时下降到同一高度，下环梁上的插销油缸再开始工作，这样就能保证在海浪的影响下对桩柱进行精确固定。

(7) 锚固系统

网箱在深海进行固定养殖时，为了保证其固定状态，一般采用锚来进行固定。锚定块安放在海底，通过锚链与网箱相连接，锚链分别与上、下浮体相连接，将锚链的拉力分散到网箱的各受力点上，当网箱要进行航行养殖时解除锚链与上、下浮体间的连接，控制推进系统实现航行养殖。

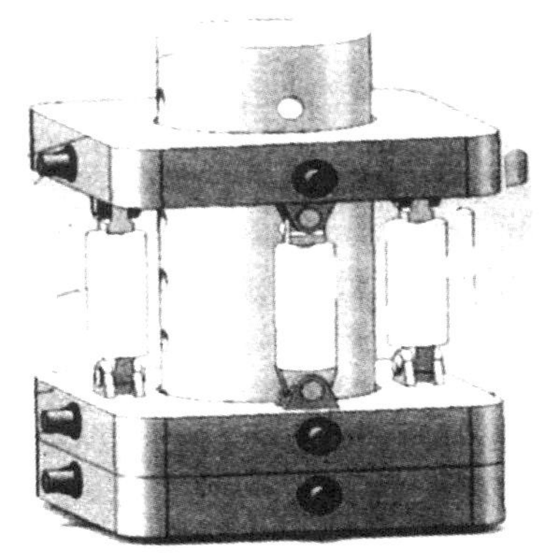

图 2－113　定位锁紧系统的结构图

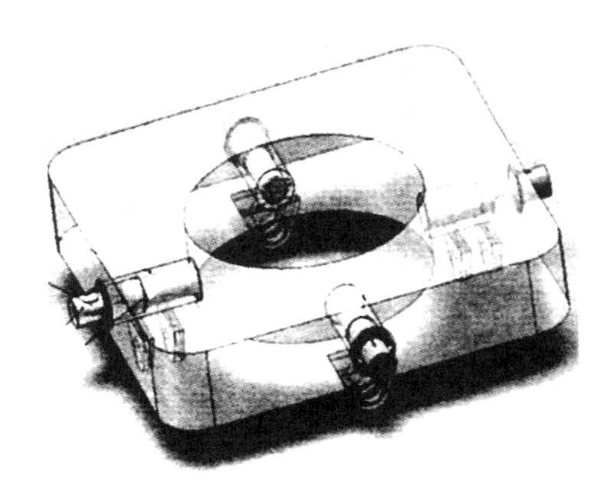

图 2－114　上环梁内的结构示意图

（8）复合脐缆

复合脐缆由信号控制管路、输电管路和饵料管道 3 部分并列复合而成。网箱连接复合脐缆，复合脐缆连接海上放置的浮标，再连接到综合母船上，完成信号、能量和物质的输送。

（9）综合母船

综合母船上配有饵料厂、发电站、自动检测中心和实验中心等。综合母船通过各养殖网箱上安装的监测传感器的反馈信息来实现网箱的科学化自动养殖。综合母船上的输出信号和能量物质通过复合脐缆输送到网箱来调控鱼类的生长。

（10）网箱的液压控制系统

网箱的液压控制系统安装在上浮体的容积腔内，与海水完全隔离。液压控制系统通过电动机带动，控制网箱上的液压执行机构运动完成网箱的多功能

养殖。

4. 网箱养殖的各种工作模式

(1) 网箱固定养殖模式

网箱的固定养殖模式是现存深海养殖网箱的一个共同的养殖方式，图 2－115 是可航行网箱的固定养殖模式。网箱在选定一个适合鱼类生长的海洋环境后，就会进行抛锚固定养殖网箱，多个网箱分布排列在综合母船的周围，综合母船通过复合脐缆对网箱提供养殖所需要的饲料，通过监测系统控制鱼类的生长。网箱固定在海平面上，通过调节下浮体的浮力使其下沉，使网箱的养殖容积最大化，这样有利于鱼类的快速生长。

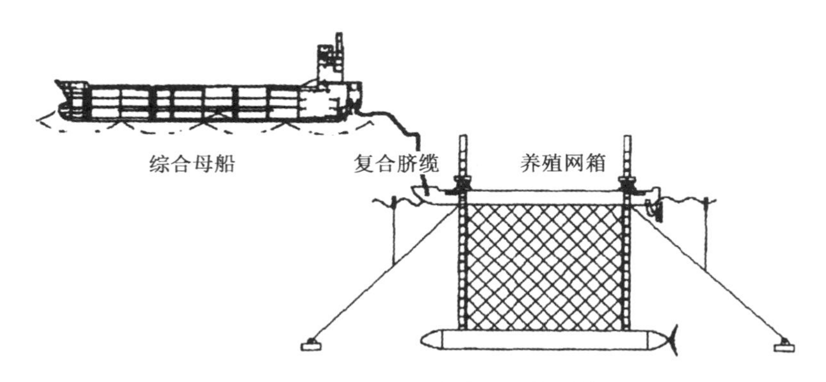

图 2－115　可航行网箱的固定养殖模式

(2) 网箱的航行养殖模式

网箱在养殖一些高经济鱼类时，为了提高鱼类的品质，需要按照鱼类的生活习性进行航行养殖。开始航行时，解除锚链的连接，调节下浮体上升到一定的高度，减小网箱的养殖容积，但要不影响鱼类的正常生长，这样有利于在航行养殖时减小网箱的主力，提高航行的灵活度，控制网箱处于漂浮状态，模仿生物习性，让网箱随海流自由流动。通过控制上、下浮体上的螺旋桨给网箱提供一定的动力，调整网箱的流动状态。网箱的航行养殖模式可以使网箱躲避海上大风浪对养殖的影响，在台风来到前将网箱航行到海湾经行躲避，在台风过后再航行到养殖区域进行养殖。网箱的航行功能还可以用于成体活鱼的海上运输，通过缩小网箱的养殖空间，减小航行阻力，可以将鱼运送到码头，在运送的途中还可以进行养殖（图 2－116）。

(3) 网箱的升降模式

网箱在进行固定养殖时，遇到大风浪来不及撤离养殖海域时可以将网箱整体下沉到海面以下来躲避风浪对网箱的破坏。先通过控制下浮体中的水泵将下浮体中的水排出，下浮体上升到一定高度，网箱的容积变小，将上浮体上的液压插销机构与桩柱进行锁紧，打开上、下浮体的通气阀门和与海水相连接的阀口，对上、下浮体的容积箱开始注水，网箱开始下沉，等网箱下沉到指定的深度后关闭网箱的进水阀门和空气阀门，再对网箱进行锚链固定，将复合脐缆一段封闭与网箱一起下沉。等到风浪过后重新将复合脐缆与综合母船连接，控制网箱上升到海面，并且恢复网箱的最大养殖容积（图 2－117）。

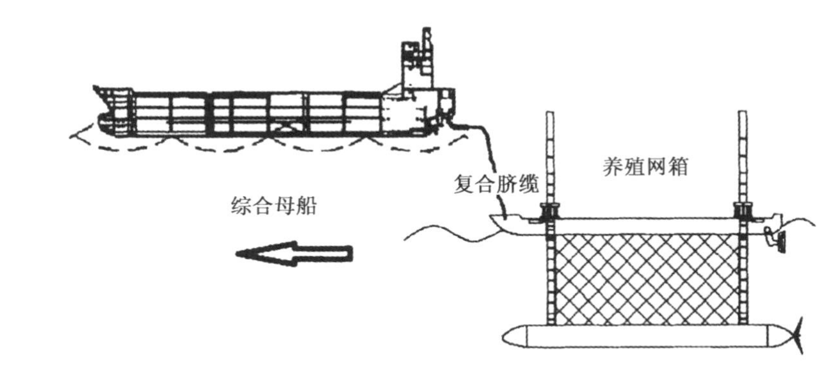

图 2－116　网箱的航行养殖模式

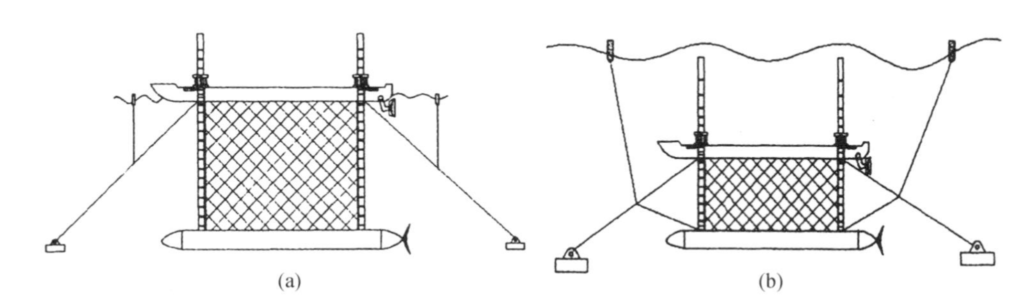

图 2－117　网箱的升降模式

（4）网箱的鱼类分级转移模式

在进行网箱养殖的初始阶段，为了充分利用网箱的养殖空间，在网箱中投放大量的体积较小的鱼苗，等到养殖一段时间以后，鱼苗的体积变大，生存所需的活动空间也变大，但是网箱的体积却是固定的，不改变鱼类的生存空间将会抑制其生长，所以，要对网箱中的鱼类转移到其他的网箱。在鱼苗的生长过程中，受到外界养殖环境和其自身生理情况的影响，鱼类的生长速度会有所差异，鱼类的体积大小会有所区别，而将体积差别太大的鱼放在一起饲养，鱼大小差距将会越来越大，这样将会产生很多问题，所以在进行鱼苗的分级转移饲养时，采用按鱼大小进行分级转移，如图 2－118 所示。主网箱的下浮体排水浮力较大，其上移减小了网箱的养殖空间，鱼苗的密集度变大，分级网箱下沉到水面以下，2 个网箱间通过鱼苗转移通道相连接，通道内设有尺寸分离网，主网箱内的鱼苗挤压通过转移通道进入分级网箱，这样就可以实现按照鱼类大小进行分级饲养。

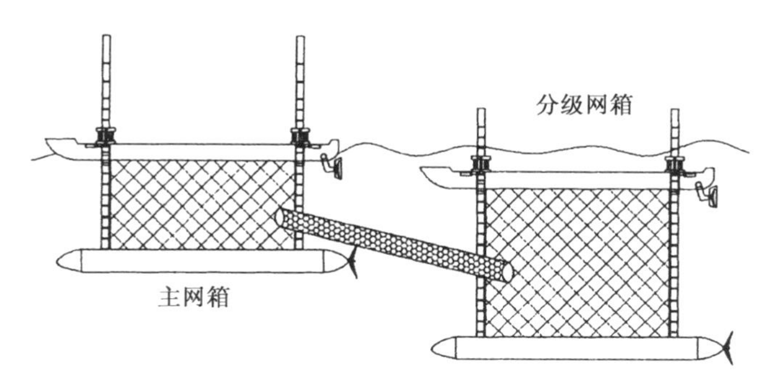

图 2－118　鱼苗的分级转移模式

2.3.2　网箱航行时的受力分析

网箱航行养殖海域，选择在我国的东海深海海域，其养殖条件：水深为 25 m，水流速度为 0.52 m/s，波浪周期为 5.50 s，波长为 50 m，波高为 2.5 m。网箱的航行速度选择 0.514 4 m/s。

网箱在航行时主要的阻力产生于海流对网衣的冲击力，上、下浮体，桩柱与海水间的相互作用。网箱其他部件的受力相对比较小，在所设计的简化模型中不做计算。

1. 网箱桩柱受力估算

网箱的桩柱主要受到海流和波浪的作用，所以将其分为两部分进行计算：

$$F_{桩总} = F_{浪} + F_{流} \tag{2-60}$$

(1)桩柱波浪力估算

按照方形网箱的框架边，即桩柱与下浮体的两个边建立 $OXYZ$ 直角坐标系，OX 轴的方向沿着下浮体的主要浮力边，并且与波浪的前进方向是一致的；OZ 轴的方向是沿着桩柱垂直向上；OY 轴是与 OX 轴和 OZ 轴所在的平面垂直的方向，如图 2－119 所示。

利用正弦波理论对桩柱进行研究，波浪有以下特性。

波面方程：

$$\eta = H/2 \cdot \cos(kx - \omega t) \tag{2-61}$$

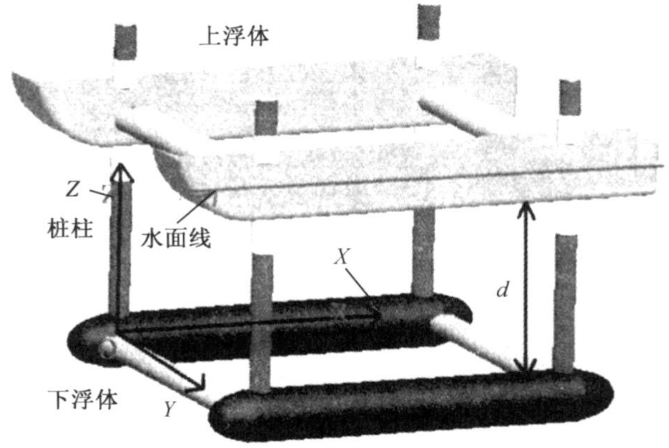

图 2-119　网箱坐标示意图

速度势：

$$\varphi = Hg/2\omega \cdot \cos(hkz)\cos(hkd) \cdot \sin(kx-\omega t) \tag{2-62}$$

运动水质点水平方向的速度和加速度如下。

水平速度：

$$u_x = H\pi/T \cdot \cos(kz_1)/\sin(kd) \cdot \cos(kx-\omega t) \tag{2-63}$$

水平加速度：

$$\mathrm{d}u_x/\mathrm{d}t = 2(H\pi^2/T^2) \cdot \cos(kz_1)/\sin(kd) \cdot \sin(kx-\omega t) \tag{2-64}$$

式中　d——海水深度；

T——波浪周期；

H——波高；

ω——波频，$\omega = 2\pi/T$；

k——波速，$k = 2\pi/L$；

g——重力加速度；

$\mathrm{d}u_x/\mathrm{d}t$ 和 u_x——位于 z_1 处的水质点的水平加速度和速度。

利用莫里森（Morison）公式计算桩腿的波浪力，如图 2-120 所示，将桩腿所在的坐标投影到其 OXZ 平面。根据莫里森公式的计算条件要求，对于小直径直立在海水中的圆柱体，满足桩柱体的直径 D 与波长 L 之间的比值：$D/L \leqslant 0.2$，那么，桩柱单位长度上受到的波浪力，可以利用莫里森公式来计算。可以将其分为拖曳力和惯性力来计算。F_D 为桩柱单位长度上波浪运动引起的水平拖曳力，$F_\mathrm{D} = 1/2\rho|u_x|u_x$（$\rho$ 为海水密度，取值为 1 025 kN·s^2/m^3）；F_1 为水质点引起的惯性力。那么，作用在桩柱 dz 部分的波浪力为

$$\mathrm{d}F_0 = \mathrm{d}F_\mathrm{D} + \mathrm{d}F_1 \tag{2-65}$$

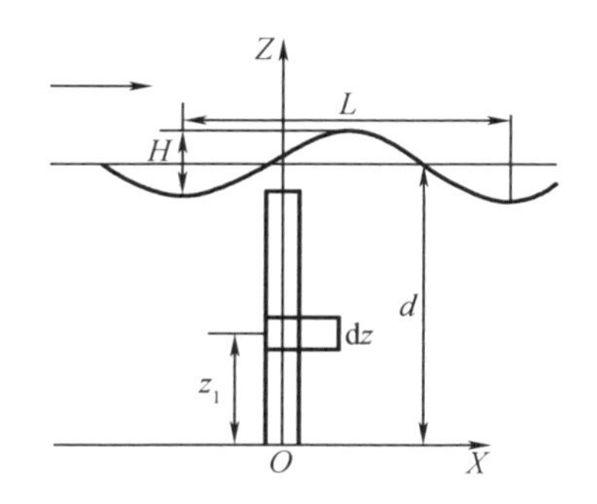

图 2－120　正弦波中小直径圆柱体

通过计算，桩柱受到的最大波浪力 $4F_0=24\ 758$ N。

(2) 桩柱受到的海流力估算

潮流速度随海上深度变化较小，海流速度随海水深度有一定变化。我们将网箱桩柱阶段的潮流和海流速度都设定为一样的速度。海流在桩柱上的作用力为 F_1，则

$$F_1=1/2\cdot\rho d_1C_DDu_s^2 \tag{2-66}$$

式中　u_s——$u_{水}+u_{网}$，$u_{水}$ 为水流速度，大小为 0.52 m/s，其中 $u_{网}$ 为网箱的航行速度，大小为 0.514 4 m/s；

D——桩柱腿直径，取值为 0.6 m；

d_1——桩柱的受力长度，其值为 8 m；

ρ——水的密度，取值为 1 025 kN · s^2/m^4；

C_D——取值为 1。

计算桩柱受到海流的作用力 $F_1=2\ 632$ N，则 4 根桩柱所受到海流的作用力为 10 528 N。

计算网箱在航行时桩腿受到的总的海洋环境载荷 $F_{桩}$，为 4 根桩柱受到的波浪力和海流力的合力，即

$$F_{桩总}=F_{浪}+F_{流}=24\ 758\text{ N}+10\ 528\text{ N}=35\ 286\text{ N} \tag{2-67}$$

2. 网箱下浮体的受力估算

在计算下浮体的受力时，由于下浮体一直在水下，其所受到的波浪力的影响比较小，这里只计算其受到的海流力 $F_{下浮}$。

$$F_{下浮}=C_D\rho/2\cdot u_s^2A_0 \tag{2-68}$$

式中　A_0——下浮体在水流垂直平面上的投影面，其值为 6.8 m^2。

则下浮体受到的力为 $F_{下浮}=3\ 728$ N。

3. 网箱上浮体的阻力估算

在进行上浮体设计时，两横杆在水面之上主要受到的是风的阻力，其比较小

不做计算，将其两边处于水中的浮体按标准船型进行设计，以减小海水对其阻力，在设计时网箱的航行速度也比较慢，则在计算上浮体的受力时可以利用标准船型的经验公式进行估算。

设计上浮体两船型结构时，要满足艾亚法标准船型的相应参数。利用艾亚法给出的标准船型的有效功率公式直接计算两船型结构的有效功率 P_e(kW)。

$$P_e = \Delta^{0.64} V_s^{\ 3} / C_0 \cdot 0.735 \tag{2-69}$$

式中 Δ——排水量，t，上浮体单边的排水量为 $\Delta = 41$ t；

C_0——标准船型系数，取值为410；

V_s——网箱静水航行速度，取值为2 kn。

计算网箱单边船型的有效功率为 $P_e = 0.155$ kW，则单个船型浮体的阻力为 $F_{浮1} = 1\ 550$ N。上浮体受到的总的阻力为 $F_{上浮} = 3\ 100$ N。

4. 网衣阻力估算

网箱在航行时网衣由于桩柱和上、下浮体的固定，始终保持张紧状态，假设网片在水流影响下始终不变形，网片微元与水流方向始终保持垂直状态，根据苏联巴拉诺夫做的网片阻力试验得到的平面网片与水流垂直时网片所受到的阻力公式来计算网箱的阻力。

$$R_D = 735.5 L d v^{1.75} \tag{2-70}$$

式中 L——网的用线总长度，不计结节所用的网线量。

由于 $L = s/\alpha E_T E_N$，则式(2-70)可写为

$$R_D = 735.5 / E_T E_N d / \alpha s v^{1.75} \tag{2-71}$$

式中 R_D——网衣受到的水流阻力；

v——网片与水流的相对速度；

α——目脚长度；

d——网线直径；

E_T——网片横向缩结系数；

E_N——网衣纵向缩结系数；

s——网衣装配好后的面积。

计算阻力：网线直径 $d = 1.5$ mm；目脚长度 $\alpha = 15$ mm；网片横向缩结系数 $E_T = 0.5$；网片纵向缩结系数 $E_N = 0.87$；网箱前后网衣的面积相等，但是后网衣所受到的海流速度比前网衣受到的海流要小，前后网衣的面积 $s_1 = s_2 = 96$ m^2，网片与水流的相对速度 $v_1 = 1.034\ 4$ m/s，$v_2 = 0.85$ m/s。

计算结果：前网衣受到的阻力 $R_{D1} = 17\ 221$ N，后网衣受到的阻力 $R_{D2} = 12\ 214$ N。

网衣前后受到的总的阻力为 $F_R = R_{D1} + R_{D2} = 29\ 435$ N。

网衣左右两侧受到的海流作用力比较小，并且不好计算，在网衣的前后总阻

力上加上20%的力来估算出网衣受到的总阻力$F_{衣总}$，$F_{衣总}=35\ 322\ N$。

通过计算网箱受到的总阻力$F_{网总}=77\ 436\ N$。

2.3.3　可航行网箱液压系统设计及其计算

网箱在深海养殖生产时为了满足养殖在不同情况下的需求，要对网箱实行精确控制，并给网箱提供动力来完成各种所需工况。可航行网箱主要实现的动作有网箱的自由航行和网箱的垂直升降。网箱在海上自由航行时是由网箱上浮体上的2个螺旋桨提供推进力来完成网箱航行养殖的；网箱的垂直升降是通过电动机控制水泵调节上、下浮体内的压载水的体积来实现的；网箱的上浮体与桩柱间的自动锁紧是通过液压缸控制插销机构来完成的。网箱要完成这些养殖工况，必须有一套能够实现这些功能的液压系统来执行这些操作，因此要对网箱的液压系统进行设计研究。

1. 可航行网箱液压系统的设计要求

(1)保证网箱液压执行机构(如螺旋桨、插销和水泵等工作元件)能够单独完成其制定动作，也可以实现多个执行机构一起同时完成设计的动作。

(2)保证网箱4个螺旋桨能够进行无级调速，并且可以实现4个螺旋桨的同步和差速工作，满足网箱的直线行驶和转向航行。

(3)定位锁紧装置上的液压缸能够达到同步运行，保证网箱能上升到指定的高度并进行安全的固定。

(4)使用电液伺服系统来控制网箱的执行机构，提高网箱操纵的灵敏度和精确度，减轻养殖员的工作量。

(5)整个网箱液压系统必须有良好的密封性能，防止液压油的泄漏及海水对液压元件的污染损伤，整个液压系统必须处于一个封闭的装置内。

(6)液压油缸要有良好的过载保护的性能，防止在网箱的升降定位过程中由于液压缸的突然失效造成网箱的倾斜。

(7)设计利用海水来降低液压油的温度，降低液压系统的发热量。

2. 网箱液压系统的基本组成及其工作原理

网箱液压系统主要由3部分组成：网箱液压推进系统、定位锁紧系统上的主油缸上下运动控制系统和定位锁紧系统中上下环梁上液压缸锁紧机构。液压系统的主要组成部分包括电动机、泵站、电磁阀、螺旋桨、液压马达、液压缸、插销、传感器元件、控制器及调节控制机构。

通过综合母船的输电电缆带动电动机，电动机带动液压泵开始工作，将电能转变成机械能，再转变为液压系统的液压能。液压泵通过液压管路控制液压马达转动带动螺旋桨旋转，提供网箱前行所需要的动力，液压能通过螺旋桨转化为机械能；液压泵带动油缸工作进行网箱的升降定位与锁紧。

通过调节液压泵和液压马达的转速与排量来调节螺旋桨的旋转速度，实现网箱的加速航行和转向；控制电磁阀的位置来实现液压缸的伸缩，通过液压系统上的其他辅助元件共同工作来实现对液压系统的精确控制，满足网箱的各种工况运动。网箱综合液压系统及泵工作原理如图 2－121 所示。

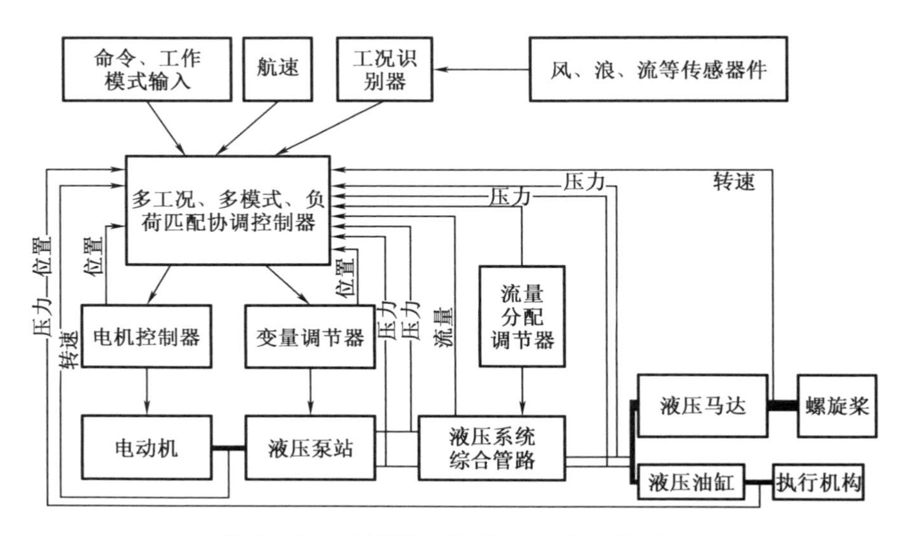

图 2－121　网箱综合液压系统及泵工作原理

3. 网箱液压传动系统设计

根据网箱所需功能要求设计网箱的液压系统。液压系统主要用于控制马达带动螺旋桨转动，并且可以实现无级调速；用于推动液压缸运动，且通过电磁阀控制液压系统。螺旋桨推进需要的功率较大，液压缸运动所需功率较小，为了实现液压泵功率的充分利用，提高整个液压系统的综合效率，必须对系统的调控方式、油路循环方式和泵站形式等条件进行选择。

（1）系统调控方式选择

网箱航行时所需要的功率较大，螺旋桨推进器要实现无级调速。为提高网箱的推进效率，液压推进系统选择容积调速，通过控制液压泵和液压马达的流量的输出与输入来进行螺旋桨的速度调控，不间断地调节泵流量的输出和马达的输入流量，使得系统流量与执行元件所带负载流量相适应，通过负载反馈调节液压泵的输出流量，可以避免能量的溢流损失，提高系统的效率，不过结构复杂、造价较高。

定位锁紧机构的液压系统，主要是通过液压泵带动液压缸伸缩达到指定的位置，4 个主油缸都作用在上环梁上实现了机械连接下的同步运动，并通过电磁阀控制其升降；上浮环上的锁紧油缸必须实现同步运动，才能保证网箱升降固定的安全性，因此采用节流阀调节 4 个液压缸的同步运动。

（2）系统油路循环方式的选择

系统油路循环方式的选择受液压调速方式的影响。其循环方式主要有开式回路和闭式回路两种。液压系统开式回路结构比较简单，系统的散热性能比较好，制作简单，造价较低，但是容易受到外界环境的影响，工作稳定性较差，液压油的回油压力主要损失在节流阀或背压阀上，最后转化成了热能。所以，液压系统的工作效率也比较低。此外，其所需的液压油箱体积也比较大。与开式回路相比较，闭式回路结构比较复杂，在闭式回路中液压泵的进出油管与液压马达的进出油口直接相连接，液压油在一个封闭的回路中循环工作，与外界接触少，不容易受到污染，通过控制液压泵和马达旋转方向实现螺旋桨的正反向旋转，没有在使用控制阀换向时产生的液压冲击，能保持较好的传动平稳性。回油压力直接作用于液压泵上，推动液压泵的旋转，减少了能量的消耗，提高了整个系统的效率。液压油在封闭系统中工作，散热能力比较差，在设计时会给闭式系统添加一个补油泵，来弥补系统中的各种泄漏损失，系统结构比较紧凑。

网箱推进系统需要的功率较大，设计时使用闭式回路控制；定位锁紧机构上的液压系统采用开式回路控制。

（3）系统泵站形式的选择

网箱的定位锁紧液压系统所需要实现的功能相对比较简单，主要是能够完成精确的同步控制，保证网箱安全升降。液压系统的泵站采用单向定量泵为系统提供所需动力。

网箱的液压推进系统采用的是闭式回路的泵控调速系统。网箱推进所需要的功率较大，对系统的效率要求较高，在选择系统的泵站时要求既能满足网箱的推进又能具有较高的经济性。液压泵站是液压系统的动力装置，液压泵站要有足够的功率来满足系统的能量需求，液压传动可以进行功率的汇集，所以在设计大功率的液压系统时可以使用多机并联工作方式，即将多台液压泵并联使用来为系统提供动力，这样既可以解决系统的需求，又提高了整个系统的安全性。

液压泵站的并联工作方式分为 3 种模式，即定量泵并联模式、变量泵并联模式及定量泵与变量泵并联模式。分析液压泵的联合工作时忽略工作中的流量、压力、磨损等方面的损失及外部环境对液压泵的影响。

通过计算分析对比，定量泵联合工作模式虽然结构简单、不易损坏、初期投入小，但是能量损失较大、经济性差，只适合运用在功率较小的场合；变量泵并联

模式和定量泵与变量泵的并联模式经济性能都比较好，可以在相同的流量变化范围内实现无级调速，给整个液压系统提供的能量也相同，但是变量泵并联模式初期投入较大，所以在相同的技术要求条件下选择定量泵与变量泵并联模式更为经济。图 2－122 为定量泵与变量泵并联模式。

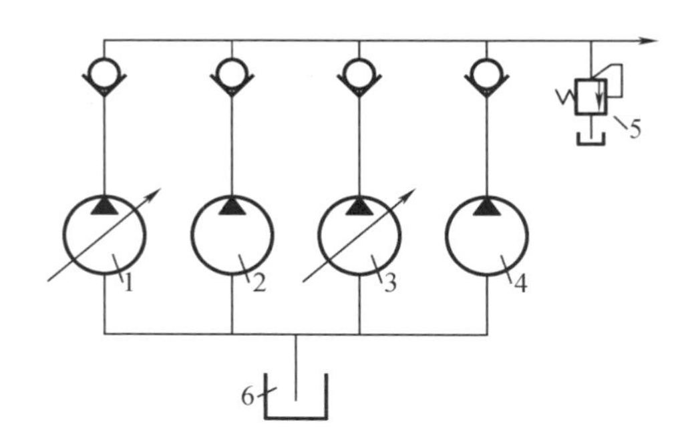

1，3—变量泵；2，4—定量泵；5 一溢流阀；6—油箱。

图 2－122　定量泵与变量泵并联模式

4. 网箱液压系统的拟定及其工作原理

依据以上的分析设计出能够满足网箱功能要求的液压系统，具有良好的经济性能和可操作性。网箱的液压系统，将其设计为 2 个泵站形式进行工作：定位锁紧机构上的主油缸和插销油缸共用一个液压泵站，采用开式回路，选择单向定量泵为动力源；液压推进系统单独使用一个泵站，采用闭式回路，选用定量泵与变量泵并联为系统提供动力。

（1）定位锁紧机构主油缸液压回路设计

定位锁紧机构主油缸液压系统的设计主要是为了在网箱下浮体上升到一定高度后，上浮体能够与桩柱进行精确的定位固定。网箱的上浮体与 4 个桩柱的固定位置都有这样一套系统，在这里主要分析 1 个桩柱上的主油缸液压系统，图 2－123 为系统主要组成部分，有上环梁、4 个主油缸、三位四通电磁阀、泵站等液压辅助器件。

液压系统的工作原理：电动机带动液压泵工作为系统提供液压能，通过电磁阀调节控制液压缸的运动方向，当桩柱上升到一定位置后，电磁阀左端通电 4 个液压缸活塞向上运动推动上环梁达到指定的固定插孔处，到达位置后电磁阀回到中间位置，在插销完成固定后电磁阀左端通电，油缸活塞向下运动回到最开始的位置，电磁阀回到中间位置，电动机和液压泵停止工作。

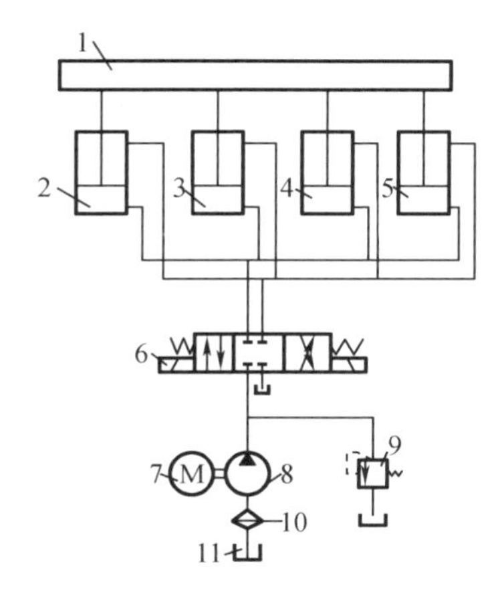

1—上环梁;2,3,4,5—主油缸;6—三位四通电磁阀;7—电动机;
8—单向定量液压马达;9—溢流阀;10—过滤器;11—油箱。

图 2－123　主油缸机械同步系统图

(2)定位锁紧机构插销油缸液压回路设计

插销同步锁紧液压系统要在规定的时间内实现插销到达插销空内指定锁紧位置。上环梁上的 4 个插销油缸分布在桩柱的 4 个方向,液压系统控制油缸推动插销与桩柱固定,插销上安装有传感器,插销到达指定位置时发出信号,液压缸停止运动。插销油缸节流阀同步液压系统图如图 2－124 所示,其主要组成部分为泵站、2 个三位四通电磁阀、4 个液压油缸、4 个单向节流阀等液压辅助元件。

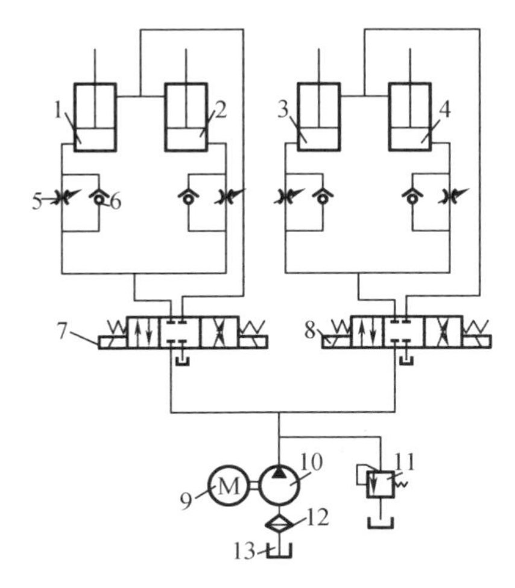

1,2,3,4—插销油缸;5—节流阀;6—单向阀;7,8—三位四通电磁阀;
9—电动机;10—单向定量液压泵;11—溢流阀;12—过滤器;13—油箱。

图 2－124　插销油缸节流阀同步液压系统图

系统工作原理:泵站开始工作输送液压能,电磁阀 7 和 8 左端通电,插销油缸开始伸出与桩柱上的插销口结合,插销到达指定位置发出信号,电磁阀断后回到中间位置,上环梁与桩腿固定完成。当网箱需要下沉时电磁阀 7 和 8 右端通电,向液压缸方向运动,插销与桩柱分离,实现上浮体与桩柱的分离,网箱下浮体开始下沉。

(3)网箱液压推进系统设计

网箱液压推进系统要为网箱的航行提供足够的动力,网箱的 4 个螺旋桨通过联轴器与液压马达相连,通过液压泵和变量液压马达的调节可以实现螺旋桨的无级调速,可以完成网箱的直线航行和转向等要求。网箱的 4 个螺旋桨都是用 1 个泵站来进行控制,4 个螺旋桨的连接控制方式一样,这里只对上浮体上的 2 个螺旋桨进行研究分析。网箱液压推进系统图如图 2-125 所示。液压推进系统的主要组成部分为电动机、双向定量液压泵与双向变量液压泵并联泵站、补油泵、单向阀、溢流阀、低压选择三位三通阀、双向变量液压马达、过滤器、螺旋桨、油箱等其他检测辅助装置。

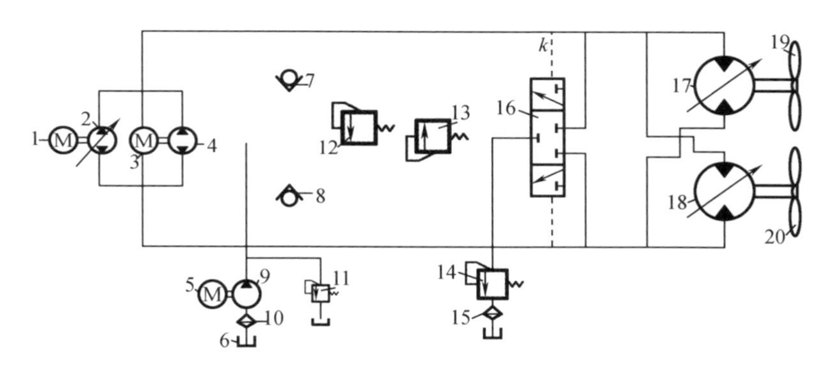

1,3,5—电动机;2,17,18—双向变量泵;4,9—双向定量泵;6—油箱;7,8—单向阀;10,15—滤油器;
11,12,13,14—溢流阀;16—低压选择阀;19,20—螺旋桨。

图 2-125 网箱液压推进系统图

定量泵与变量泵并联模式液压泵站的工作方式:在选择时将定量泵与变量泵的最大流量设定为一样值,当螺旋桨的阻力较小、系统所需的功率较小时双向变量泵 2 单独工作提供系统所需动力;当系统所需要的功率变大时,双向定量泵 4 开始工作,双向变量泵 2 为系统提供多出来的那部分功率,并且,可以随着系统所需要的功率大小变化而变化,这样可以提高系统的经济性。

推进系统的工作原理:电动机 1,3 带动双向变量泵 2 和双向定量泵 4 工作,为系统提供动力,双向变量泵 17 和 18 直接与泵站的两端相连接,通过调节双向

变量泵 2 的大小调整系统需要的功率，调节双向变量泵 17,18 的流量可以对螺旋桨 19 和 20 进行无级调速；系统的补油回路，5，6，9，10 和 11 组成的是一个不油泵，为系统补充洁净的低温液压油，通过单向阀 7 和 8 进入系统；限压保护回路，溢流阀 12 和 13 连接系统两端，防止因为故障或其他原因引起的液压系统的压力过高，对系统中的元件造成损坏；散热系统，系统工作时，在液压泵排吸作用的压差下，流出液压马达压力较低的一部分液压油，经过低压选择阀 16、溢流阀 14 和滤油器 15 流回油箱。

5. 液压系统的辅助装置及其作用

(1) 油箱及其附件：其主要作用是给系统液压油提供存放空间，冷却液压油，净化液压油，将液压油中的气体、固体杂质及水分分离出来。

(2) 传感系统：将执行机构的位置和旋转情况传递给控制系统，然后再调节执行机构的工作状态。

(3) 检测装置：其主要有温度计、压力表、流量计等测量仪表，通过这些仪表可以时刻监测系统的温度、压力、流量等相关参数的变化情况。

(4) 温度调节器：其调节液压油的温度，使系统的温度在规定安全范围内，让整个系统能够在良好温度的条件下正常运行。

6. 液压元件的选型计算

网箱的液压系统包括以下两大部分。

(1) 网箱的定位锁紧液压机构组成的开环控制系统，它主要是由液压泵、电磁阀控制油缸运动，系统的设计比较简单，完成的动作也比较单一，只对系统的液压泵和液压缸进行型号选择。

(2) 网箱的液压推进系统，它是由组合泵、液压马达、补油泵等组成的闭环控制系统，系统的构成较为复杂，将系统分为主要的 3 大块进行选型计算：螺旋桨、液压马达、液压泵。在选型计算中主要是对这 3 部分的元件进行选择计算。

网箱计算的具体工况设定。综上可知，网箱在航行时受到的总阻力为 77 436 N。网箱总共有 4 个螺旋桨进行推进，则每个螺旋桨提供的推力必须大于 19 359 N，网箱才能前行。螺旋桨通过联轴器与液压马达相连，则螺旋桨作用在马达轴上的力为 19 359 N。选定液压马达的机械效率为 0.95，液压马达的转速为 700 r/min，设计该网箱的推进液压系统的总功率为 700 kW。

(1) 液压马达与螺旋桨的匹配选择

在液压马达和螺旋桨的能量传递过程中，如果不计算其中的能量损失，那么其关系可表示为

$$p_a Q_a / 2\pi = K\sigma n_p^2 D^5 \tag{2-72}$$

式中 p_a——液压系统压力；

Q_a——液压马达每转的排油量；

n_p——螺旋桨的旋转速度；

K——螺旋桨的转矩系数；

D——螺旋桨的直径；

σ——海水密度。

由式(2-72)可以看出，螺旋桨的旋转速度 n_p 和转矩系数 K 对系统的压力影响比较大，在网箱受到的阻力增大时，螺旋桨的转矩系数将会变大，假如液压马达的排量固定不变，系统的压力 p_a 就会升高，当其超过系统的额定压力时，就要降低液压泵的排量来保证系统压力平稳。

在进行马达和螺旋桨的选择时，为保证系统的安全运行，必须对液压马达的功率和转速保留一定的安全量。根据以上的选择限制条件得到液压马达与螺旋桨的匹配选择图，如图 2-126 所示。

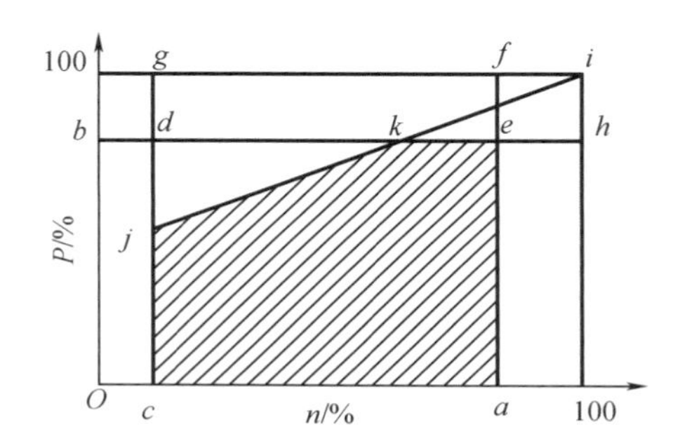

图 2-126　液压马达与螺旋桨的匹配选择图

液压马达在工作时，会受到自身最低和最高转速、液压系统最大功率及压力的限制。在图 2-126 中，c 点处是液压马达和螺旋桨达到稳定的最低转速，横坐标表示液压马达和螺旋桨的转速，纵坐标表示的是功率，ji 表示的是液压马达转速和功率的限制线，图中(斜线部分)$aekjc$ 区域表示的是液压马达和螺旋桨可以正常长期工作的区间，也是选择液压马达要遵循的区间。

(2)螺旋桨的选型计算

已经计算得到螺旋桨的推进力 F 为 19 359 N。螺旋桨的推进力计算公式：

$$F=\rho K_T n^2 D^4 \tag{2-73}$$

式中　ρ——海水密度，取值为 1 025 kN·S²/m⁴；

K_T——螺旋桨的淌水特性，取值为 1.2；

n——螺旋桨工作时候的转速，r/min；

D——螺旋桨的直径，取值为 1.2m。

计算得出螺旋桨工作时候的转速为 $n=166$ r/min。

（3）液压马达的选型计算

液压马达工作时产生的力矩主要由两部分构成：工作负载力矩 T_R 和摩擦产生的力矩 T_f。

液压马达稳定运行时载荷转矩为

$$T_{ws}=350\times 9\,550/700=4\,775\ \text{N}\cdot\text{m} \tag{2-74}$$

则得到液压马达的实际扭矩为

$$T_w=T_{ws}=4\,775/0.95=5\,026.3\ \text{N}\cdot\text{m} \tag{2-75}$$

依据表 2－27 选择系统的摩擦系数 $\mu=0.005$，可求得液压马达的摩擦力矩 T_f 为

$$T_f=\mu r G_1=0.005\times 19\,359\times 0.6=58.077\ \text{N}\cdot\text{m} \tag{2-76}$$

式中 r——螺旋桨半径；

G_1——螺旋桨轴上的径向力。

表 2－27 系统摩擦系数 μ 的选择

导轨类型	导轨材料	运动状态	摩擦系数
滑动导轨	铸铁对铸铁	起动时	0.15－0.20
		低速（$v<0.16$ m/s）	0.10～0.12
		高速（$v>0.16$ m/s）	0.05～0.08
滚动导轨	铸铁对滚柱（珠）或 淬火钢导轨对洋柱	—	0.05～0.02 0.003～0.006
静压导轨	铸铁	—	0.005

液压马达的工作负载力矩 T_R 为

$$T_R=T_w-T_f=5\,026.3-58.077=4\,968.2\ \text{N}\cdot\text{m} \tag{2-77}$$

则可得出液压马达在稳定工作时的转矩 T_s 为

$$T_s=T_f+T_g=4\,968.2+58.077=5\,026.3\ \text{N}\cdot\text{m} \tag{2-78}$$

液压系统的工作压力根据设备的类型及负载的大小而选定。依据表 2－28 的选定原则，选择液压系统的工作液压压力为 $p_0=20$ MPa。

表 2－28 各种主机类型系统工作压力的选择表

机械类型	机床				农业机械、小型工程机械、建筑机械液压凿岩机	液压机械人、中型机械、垂型机械、起重运输机械
	磨床	组合机床	龙门刨床	拉床		
工作压力/MPa	0.8～2.0	3～5	2～8	8～10	10～18	20～32

液压系统正常工作时，液压马达的排量 q_0 为

$$q_0 = 2\pi T_s/\eta_m \Delta\rho = 2\pi \cdot 5\ 026.3/0.96 \times 20 \times 10^{6} = 0.001\ 661\ \mathrm{m^3/r} \tag{2-79}$$

液压马达的流量 Q 为

$$Q = qn_m = 0.001\ 661 \times 700/60 = 0.019\ 3\ \mathrm{m^3/s} \tag{2-80}$$

经过以上计算，得到液压马达的排量为 0.001 661 $\mathrm{m^3/r}$，选择液压马达为斜盘式轴向柱塞马达，选择液压马达型号为 XM－F75L 型变量式柱塞马达，其排量为 75 mL/r，最高转速为 2 500 r/min，最高工作压力为 32 MPa。

（4）液压泵型号的选择

液压泵最大的工作压力必须满足：$p_p \geqslant p_1 + \sum \Delta p$，其中 $\sum \Delta p$ 为系统管路中的压力损失。网箱的推进系统管路较为复杂，所以 $\sum \Delta p$ 值为 1.2 MPa，则计算液压泵工作时的最大压力为

$$p_p \geqslant p_1 + \sum \Delta p = 20 + 1.2 = 21.2\ \mathrm{MPa} \tag{2-81}$$

液压泵的输出流量计算：

$$Q_p \geqslant K(\sum 2Q_{max}) \tag{2-82}$$

式中　K——液压系统的泄漏系数，取值为 1.1～1.3，这里取 $K = 1.2$；

$\sum 2Q_{max}$——液压马达的最大流量。

在选择过程中液压泵一般要保留一定的压力储备，所以在选择液压泵的额定压力时一般要比系统的最大工作压力高 25%～60%，所以这里选择液压泵的额定工作压力为 25～32 MPa。

计算得出两台液压泵最大输出的流量

$$\begin{aligned} Q_p &> K(\sum 2Q_{max}) \\ &= K(2Q_{max} - n_m) \\ &= 2K \cdot 2\pi T/\eta m \Delta p * \cdot n_m \\ &= 2 \times 1.2 \times 2\pi 5\ 026.3/0.95 \times 20 \times 10^6 \times 700/60 \\ &= 0.046\ 5\ \mathrm{m^3/s} \end{aligned} \tag{2-83}$$

在设计使用液压泵时，一般将变量泵的流量设计得比定量泵的流量大或者相同，则可以得到定量泵工作时的流量小于或等于 0.023 2 $\mathrm{m^3/s}$。在《液压技术手册》中选择定量泵的型号为 CBlF5－80 型的齿轮泵，其最高工作压力为 32 MPa，额定压力为 28 MPa，排量为 80 mL/r，最高转速为 3 000 r/min。

查找《液压技术手册》，选择变量泵的型号为 ZB－107 斜轴式轴向柱塞双向变量泵，其最高工作压力为 32 MPa，额定工作压力为 28 MPa，排量为 107 mL/r，

额定转速为 2 002 r/min。

液压定量泵的驱动功率为

$$P_d = p_p Q_p / \eta_p = 21.2 \times 10^6 \times 2.32 \times 10^{-2} / 0.6 \times 10^{-3} = 819\ \text{kW} \tag{2-84}$$

液压变量泵的驱动功率为

$$P_b = p_p Q_p / \eta_p = 21.2 \times 10^6 \times 2.32 \times 10^{-2} / 0.8 \times 10^{-3} = 614.8\ \text{kW} \tag{2-85}$$

式中　η_p——液压泵总效率，其选择值参考表 2-29。

表 2-29　液压泵总效率表

液压泵类型	齿轮泵	螺杆泵	叶片泵	柱塞泵
总效率	0.6~0.7	0.65~0.80	0.60~0.75	0.80~0.85

(5)补油泵和液压阀的选取

在液压系统中补油泵的作用是维持液压系统的正常工作压力，所以补油泵的选取是按系统的正常工作压力选取的，查表得补油泵为 CB. H1 型高压小排量齿轮泵，最高压力为 31.5 MPa，额定压力为 25 MPa，排量为 3 mL/r，转速为 1 000 r/min。

液压系统中的阀部件就只有卸荷溢流阀，选取溢流阀的型号按系统的工作压力和泵的最大流量来进行选择，查表选择溢流阀的型号为 B6HY 型卸荷溢流阀，通径为 32 mm，最大流量为 200 L/min，调压范围为 0.6~31.5 MPa。

(6)定位锁紧系统液压泵、油缸的选型

网箱的定位锁紧机构，主要是对泵、主油缸和插销油缸进行选择，根据其工作要求选择系统的工作压力。依据表 2-28，选择系统的工作压力为 18 MPa，查表选择液压马达的型号为 P214 型的单向定量齿轮泵，排量为 14.3 mL/r，额定压力为 25 MPa，最高工作压力为 30 MPa。

主油缸的选择：缸径为 100 mm，杆径为 56 mm，工作压力为 16 MPa。

锁紧油缸的选择：缸径为 30 mm，杆径为 18 mm，工作压力为 12.5 MPa。

设计的网箱液压系统虽然能够完成网箱的正常航行和同步锁紧的功能，但是网箱整体的设计到使用还有很多地方需要改进。需要改进的工作如下。

①网箱的结构还需要得到优化设计。网箱的结构受力计算，可以通过具体的模型比例来估算，可以在结构上优化，尽量减少网箱所受到的阻力。

②网箱的推进系统，只是研究了其在自由航行和转向时的系统压力与流量的变化情况，没有具体研究通过怎样的调节来提高液压系统能量的利用效率，分析研究提升系统的效率能够更好地提高系统的运行能力。

2.4 人工鱼礁

2.4.1 人工鱼礁简述

鱼礁是海底的隆起物和堆积物，其上附着和生长着大量饵料生物，诱使鱼类积聚，使得渔民能够捕获到丰富的鱼类，有“鱼类粮仓”之称。同时，它是自然生成的海底渔场，是海洋环境的自然生态。

所谓人工鱼礁，首先是人工的，其次是指为保护和改善海洋生态环境、制造鱼类汇集、增殖渔业资源，在海洋水域中人为设置的特殊构筑物。

人工鱼礁是利用生物对水中物体的行为特性，将生物对象诱集到特定场所进行捕捞或保护的一种设施。人工鱼礁的设置可改善鱼类生存环境，为鱼类建造良好的“窝巢”，同时也有利于保护海洋生态环境。

1. 建设人工鱼礁的重要性

海洋中的鱼类，在人们大规模、长时期的捕获中，渔业资源不可避免地出现减少与枯竭，海洋生态平衡环境也随之遭到破坏。在渔业资源不断衰退的今天，人工鱼礁能够保护、增殖鱼类，修复区域海洋生态，改善水质、减少赤潮，并且阻止海底非法捕捞作业等。人类模拟自然鱼礁的作用，人为地在海中设置了堆积物形成的鱼礁，被称为人工鱼礁。当前这些人工鱼礁已经对增殖渔业资源、改善海洋环境起到了重要作用，并成为大海的守护者。

人工鱼礁由于迎流面附近产生上升流，海底丰富的营养物质随海流被带到上层水体，提高了礁体附近水域营养物质的含量；表面还能附着大量海洋生物，为鱼类提供丰富的饵料，从而达到吸引鱼类的效果。图 2－127 很好地说明了为什么能够达到吸引鱼类的效果。

人工鱼礁投入后，会影响海水的流动，形成礁体前部上升流区、礁体内部缓流区和礁体后部的涡流区。这样促使海底的有机物上升，有利于鱼类的摄食，涡流区产生的低频振荡刺激了鱼类的定位行动，这些都产生了集鱼效应。

人工鱼礁是海洋养殖系统工程的重要组成部分。人工鱼礁的建设对整治海洋国土、建设海洋养殖工业园区、调整海洋产业结构、促进海洋产业的升级和优化、带动旅游及相关产业的发展、修复和改善海洋生态环境、增殖和优化渔业资源、拯救珍稀濒危生物和保护生物多样性、促进海洋经济持续健康发展等具有重大的战略意义和深远的历史意义。

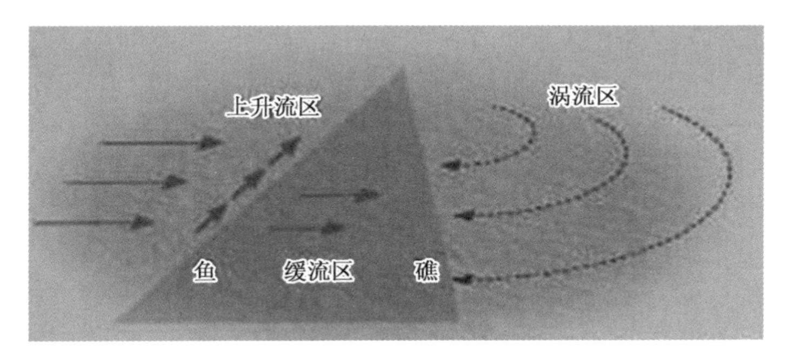

图 2-127　鱼礁海流效应示意图

随着我国城镇化的快速发展，大量的陆源工业和生活废水排入海洋，造成近海环境污染十分严重，目前频发的赤潮现象就是强有力的信号。而人工鱼礁建设能形成一个生物保护圈，利用各种营养物质的循环关系、各种生物与环境的关系，形成一种和谐互利的生态环境，促进生物多样化。利用不同材料和构造的人工鱼礁，能为各种微生物提供附着基，形成天然的生态系统。而人工礁区形成的上升流、缓流、涡流又利于水的循环，久而久之，改善区域内海洋生态环境。

过度捕捞是造成海洋渔业资源退化的主要原因。虽然我国通过实行禁渔区、禁渔期、休渔期、自然保护区等制度在很大程度上限制了过度捕捞，但还是无法从根本上解决资源恢复。通过投放人工鱼礁，不仅能对鱼类等海洋生物起到聚集效应，同时还能形成海洋上升流，使海水底层的营养盐涌升到上层，供海洋生物生长繁殖。

我国海洋环境污染问题日益加重，加强环境修复、构建人工鱼礁已成为我国海洋经济产业发展的重要规划。通过扩大人工鱼礁投放规模，科学规划，能够逐步建设形成拥有丰富渔业资源、鸟类资源、生态景观及旅游设施的人工岛屿，从而取得经济效益与生态效益的双赢。

海底自然鱼礁与人工鱼礁如图 2-128 所示。

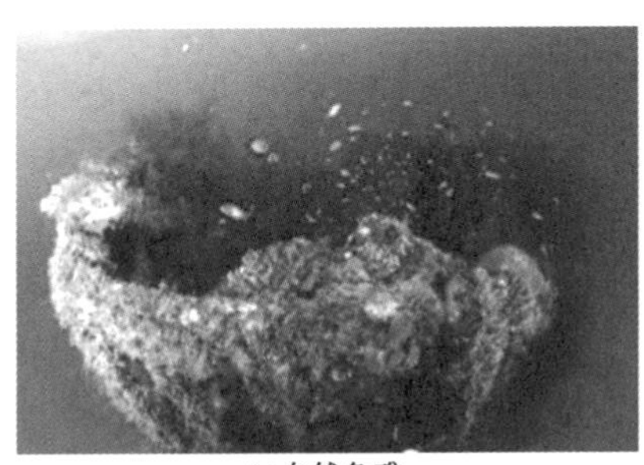

(a)自然鱼礁

(b)人工鱼礁

图 2-128　海底自然鱼礁与人工鱼礁

2. 世界各国人工鱼礁发展情况

我国的人工鱼礁历史非常长，早在中国明朝嘉靖年间，现广西北海一带的渔民已会在海中设置类似装置。他们用数十根大毛竹插入海底，形成竹篱笆，并在其间隙投入石块和竹枝等，能大大提高渔获量。实际上这就是早期的“人工鱼礁”。

真正人类建造人工鱼礁渔场，可追溯到19世纪。早在1860年，美国渔民就发现了鱼礁的作用。当时由于洪水暴发，许多大树被冲入海湾，这些树上很快就附着许多水生生物，在其周围诱集大量鱼类。渔民由此得到启发，开始用木材搭建格笼，装入石块沉入海底，引来鱼群聚集。其后经过长时间的探索，人工鱼礁建设得到迅速发展。

现代人工鱼礁的使用，始于20世纪60年代初期的日本，因改造渔场的需要，而被广泛应用。在国际上，日本是人工鱼礁的倡导国家，其鱼礁建设早已被列为国策，每年都为建设人工鱼礁投入大量的资金，现在人工鱼礁几乎遍布日本列岛沿海。

日本也是世界上人工鱼礁开发和利用最发达的国家之一，在人工鱼礁研究和开发方面投入数十亿美元资金，其对人工鱼礁、人工鱼礁渔场、人工鱼礁增养殖场的研究历史较长，并处于世界领先地位。如今的人工鱼礁业，已成为日本水产业中一个重要的产业和研究领域。日本沿海遍布的7 000多处由人工鱼礁形成的渔场，不仅恢复了曾经被污染的海域生态环境，还促进了沿岸渔业的可持续发展。日本1975年颁布了《沿海渔场整备开发法》，将人工鱼礁的建设以法律形式固定下来。近几年国家和地方政府每年投入600亿日元用于鱼礁建设，建礁体积每年约600万m^3，在建礁决策、礁址选择、礁体建造、效果调查等方面，由政府、科研单位、大专院校、企业、渔协密切合作，走上持续、有效、实用的道路。

如今，日本人工鱼礁建设由渔获型鱼礁向资源增殖型和环境改善型并举的方向发展，并加强休闲渔业产业基础设施建设，使休闲渔业成为集海上观光、垂钓、潜水、娱乐于一体的新型生态产业。

美国也是世界上人工鱼礁建设较先进的国家之一，是把人工鱼礁建设纳入国家发展计划的第二个国家。

在美国，投放人工鱼礁的目的是为了改变海洋生物资源与环境，促进社会经济发展。今天，美国建礁范围已大大扩展，从东西沿海到南部墨西哥湾，以至太平洋上的夏威夷都有其踪影。仅1983年，美国就建造了1 000多个鱼礁群，每个礁群的体积均有数万立方米。

我国在20世纪七八十年代开展过一些人工鱼礁的相关试验研究，但直至21世纪初，广东省等沿海省市才陆续开展大规模的人工鱼礁区建设，大量的石块礁、混凝土构件礁、报废船只、钢结构等被投放入海，礁区的总空方量逐年上升，且在南北方海域投放的礁型也有各自的特点。例如，在中国北方沿海省份，采用

的鱼礁绝大多数是以石块、简易混凝土构件为主，增殖对象多为海参、鲍鱼等海珍品种类。

自“十二五”以来，以山东省为代表的省份，为将海洋牧场建设与游钓等海洋休闲旅游产业相结合，逐步开始进行以诱集鱼类为主的生态型人工鱼礁的建设。

山东烟台利用沉放报废渔船、投石等造礁手段，在长岛、芝罘、牟平、海阳建设人工鱼礁 4 处，面积达 1 000 km^2多，造“海底森林”5.33 万 km^2，改善了海区生产条件，形成区域渔场；青岛重点布局建设大管岛、马儿岛、斋堂岛、大公岛、灵山岛等 12 处人工鱼礁区和崂山湾海洋牧场区，2020 年，已建成全部 12 个人工鱼礁区和一处海洋牧场，力争区域内渔业资源增 20 倍。

在中国东部、南部沿海省份，使用更多的是以米字型、立方体型等箱体型为代表的混凝土构件礁，增殖对象主要以鱼类为主。

1995 年 7 月，香港推行耗资 1.08 亿元的“人工鱼礁计划”，旨在通过建设人工鱼礁来改善本地的渔业资源和修复海洋生态系统。通过长期跟踪监测，调查人员已观察到 200 多种恋礁性鱼类，礁区附近海域的生物资源得到有效的恢复。

我国沿海的人工鱼礁从 20 世纪 70 年代开始试验，经过曲折的发展过程，目前，辽宁、天津、河北、山东、香港、台湾等沿海省区，都已经启动人工鱼礁的规划和建设。

3. 我国人工鱼礁的问题与发展趋势

(1) 目前存在的问题

我国历经几十年人工鱼礁建设与发展，取得了一定的成效，但相比发达国家还存在相当大的差距，人工鱼礁建设还存在许多亟待解决的问题。

①海上人工鱼礁的建设，受现行管理体制不完善的影响，出现了一些盲目性。

②鱼礁建造投放前很少进行统一规划和可行性调查、研究与论证。

③缺乏科学的统筹规划，有的投入了巨资，但效益不高。如辽宁某县养贝场在蛤蜊港西南，投放由钢筋水泥制件构筑的人工鱼礁 100 件左右，现已被淤泥覆淤在海底。出现这种局面的原因在于相当数量的人工鱼礁是经由沿海市、县、乡镇村自己建造投放，缺乏统一规划及管理。

目前，各沿海地区的人工鱼礁投放无论从数量、大小、质量等方面都十分有限，呈现投放面积小、投放松散等特征。由于人工鱼礁建设是一项耗资巨大、成效缓慢的工程，短期很难产生巨大经济效益，因而沿海地方投资偏冷，一般只是象征性地在特定海区投放数量有限的人工礁石，难以形成规模化的鱼礁群或鱼礁带，也就无从实现鱼礁渔场。因而，无论在改善海洋生态环境方面，还是在增殖渔业资源方面都收效甚微。

(2)发展趋势

人工鱼礁的种类非常多样,最早期是石块、树枝,后来出现了钢筋混凝土、玻璃钢材质等。今天的人工鱼礁已是一个让人眼花缭乱、功能各异的大家族了,按所处水层可分为沉式鱼礁和浮式鱼礁,按作用可分为养殖型鱼礁、幼鱼保护型鱼礁、增殖型鱼礁、渔获型鱼礁及游钓型鱼礁等,按形状则有方形、十字形、箱形、三角形、梯形、星形、金字塔形等。

人工鱼礁的吸引力是多元的,它们不仅集聚海洋生物,还吸引着世界各地的潜水员、摄影师及热爱大海的人,并催生出新的价值。

人工鱼礁所带来的新价值,在世界各地都有呈现。除了提升海洋牧场的收获之外,还能结合不同的海岸景色和生物资源,带动休闲旅游和体育旅游。

近年来,众多濒海国家都在人工鱼礁上大做文章,如韩国、英国、日本、意大利、美国、加拿大、澳大利亚等,都有不同的创意。由此,值得探索的人工鱼礁越来越多,还有许多景观出众的鱼礁群。在墨西哥北部的加勒比海岸,2010 年建起了一个庞大的水下雕塑艺术博物馆,400 多尊雕塑用酸碱度平衡的生态混凝土制成,被放置在海底,人类的艺术加上海洋的创作,成就了一道海底奇景。

我国的人工鱼礁建设应围绕建设海洋经济的目标,带动相关产业如滨海生态旅游、海洋药物开发、海洋化工等的发展,同时促进海洋保护区建设、渔业资源增养殖工程建设、海洋执法管理能力建设、资源和环境监测评价体系建设等工作。此外,对人工鱼礁建设投入产出需要有充分的耐心,不能急于求成,投放人工鱼礁后,不可能立即鱼虾满礁。鱼礁生物对新的生活环境有一个适应过程,礁体附着生物的附着过程也需要一定的时间。

人工鱼礁建设要紧密结合国家海洋整治和海洋生态环境修复工作,保护生物多样性、拯救珍稀濒危生物,加强海洋综合管理能力建设。要依靠科技,创造性地开展人工鱼礁建设。从建设的规模、布局、选址、礁体设计、施工投放、开发利用和管理的各个环节认真论证,避免盲目性,遵循科学规律,既要借鉴国内外的建设经验和技术,又要根据国情和当地的实际情况,同时要勇于实践、开阔思路、开拓创新,探索出一套适合当地海域特点的人工鱼礁建设方案和技术规范。

图 2-129 是诗巴丹的一座石油钻井平台,水上部分已经被改造为特色酒店,名为“海洋探索者”,吸引着来自世界各地的潜水爱好者;其下部本身就是一座巨大的人工鱼礁。这座潜水酒店,声名远扬,如今,站在平台护栏旁向下望,阳光落在清澈的海面上,形成美丽的线条,大小鱼群在平台下游曳追逐,鱼群形状变换像流淌的星河。夜晚,躺在平台上的大吊床和躺椅上,则可以凝望天上的星河。图 2-130 为正在建设的人工鱼礁。

图 2－129　石油钻井平台改造的酒店与人工鱼礁

图 2－130　正在建设的人工鱼礁

（3）建设人工鱼礁和海底森林，守护万里海疆

随着经济发展和人口增多，近海环境污染和生态退化、渔业资源衰退等问题日益突出，亟须解决。鉴于此，很多沿海省区已经开始行动，建设“海底森林”就是其中的一项有力措施。

人工鱼礁和海底森林是人类修复与守护近海生态及渔场资源的两大法宝。我国大陆海岸线自鸭绿江口至北仑河口，长达 1.8 万 km。只要在国家的统一规划下，沿海各省区大力建设人工鱼礁与海底森林，就一定会守护好祖国的万里海疆。不但拥有蓝色渔场，更会给整个沿海地区带来不可估量的生态效益，最终贡献于沿海地区的可持续发展。

我国的人工鱼礁建设刚刚起步，未来还有许多值得探索的地方，它必使我们富饶的蓝色国土下绽放出别样的华彩，不仅成为鱼儿栖息的家园，也成为人类观赏深蓝世界的新景观。

2.4.2 人工鱼礁设计

1. 人工鱼礁设计的规范与条件

人工鱼礁的建设是一项复杂的技术工程。鱼礁必须要经受住波浪、强风、海流等影响，还要考虑海底基底承载力、滑移倾覆的风险及冲淤情况，否则不仅起不到应有的作用，还会带来危害。例如，美国佛罗里达州有一片荒芜的海域，40多年前当地政府将200万个废弃轮胎投入海底，希望它们能成为世界上最大的人工鱼礁，不料事与愿违，轮胎固定出了问题，很快被海浪打散，四处漂荡的轮胎不仅破坏了海岸线景观，还摧毁了附近的珊瑚礁。此外，将沉船等废弃物作为人工鱼礁，也需要经过处理，若随意投放，则可能会释放出有害物质，危害海洋生态环境。因此，发展人工鱼礁必须按照科学的技术规范，有规则、有计划地进行。

目前我国还没有人工鱼礁设计的技术规范，主要可以参照的国家技术标准文件有《海水水质标准》(GB 3097—1997)、《渔业水质标准》(GB 11607—1989)、《海洋监测规范》(GB 17378—2007)、《海洋沉积物质量》(GB 18668—2002)及《海洋调查规范》(GB/T 12763.4—2007)等文件。

山东省技术监督局于2012年3月21日发布、2012年5月1日实施的《人工鱼礁建设技术规范》(DB 37/T2090—2012)，是由山东省海洋渔业厅提出，山东省渔业标准化技术委员会归口，山东省海洋捕捞生产管理站按照《标准化工作导则——第1部分：标准的结构和编写》(GB/T 1.1—2009)的规则起草的关于人工鱼礁的技术规范文件。

《人工鱼礁建设技术规范》设定了人工鱼礁建设的环境条件、选址原则、本底调查、社会调查内容和方法、人工鱼礁类型、人工鱼礁配置和投放方法等技术。

人工鱼礁选址的原则如下。

应符合国家、省海洋功能区划分和海域利用总体规划，符合人工鱼礁建设规划。禁止在航道、港区、锚地、通航密集区、军事禁区、海底电缆管道通过的区域及其他海洋功能区划相冲突的海区建设人工鱼礁，避开倾废区影响的区域。

人工鱼礁选择的环境如下。

(1)海底的地质较硬、泥沙淤积少的水域。

(2)海底表面承载力≥4 t/m^2，淤泥层厚度≤600 mm。

(3)水质要符合《渔业水质标准》的规定，日最高透明度500 mm以上，天数≥100，受风浪的影响少，年大风(≥6级)天数≤160，无污染的海区。

(4)水流交换通畅，但不大于1 500 mm/s。水深，一般近岸藻礁以2～10 m为宜，岩礁性海珍品增殖礁以5～20 m为宜，集鱼礁以10～30 m为宜，其他类型鱼礁在50 m以内，一般设置5～40 m。

(5)海区环境应适宜目标生物栖息、繁育生长且竞争生物和敌害生物较少。更应该了解拟建海域的台风、风暴潮等灾害性天气及潮汐、强波、海流等情况。

2. 人工鱼礁设计

人工鱼礁设计，是人工鱼礁区构建活动预先进行的计划。人工鱼礁区建设是一项庞大的系统工程，投资巨大，一旦鱼礁投放后将很难更改，礁型及布局方式的选择将直接决定礁区建设的成败。因此，在人工鱼礁结构设计方面亟须必要的理论指导和科技支撑。本节从人工鱼礁结构设计的基本原理、现状、依据与方法，以及人工鱼礁区建设模式方面入手，对人工鱼礁结构设计的研究成果与进展进行阐述，探索了人工鱼礁结构的优化设计和人工鱼礁区建设模式。

(1)人工鱼礁结构设计的基本原理

人工鱼礁结构设计是把基于流场效应、生物效应、避敌效应三种基本原理的设想，通过各种形式的规划、计划及各种感觉形式传达出来的过程。

①流场效应

人工鱼礁投放后，首先在其周边及内部形成上升流、加速流、滞缓流等流态，一方面可扰动底层、近底层水体，提高各水层间的垂直交换效率，形成理想的营养盐转运环境，为礁体表面附着的藻类和海洋表层水体中的浮游生物提供丰富的营养物质；另一方面可以提供缓变的流速条件供海洋生物选择栖息。

②生物效应

礁体裸露的表面会逐渐吸附生物和沉积物，并开始生物群落的演替过程，根据条件的不同，几个月至数年后，礁体会附着大量的藻类、贝类、棘皮动物等固着和半固着生物。由于藻类的生长可以吸收大量的二氧化碳和营养盐类并释放出氧气，起到净化水质环境的作用，同时藻类又是许多草食性动物的饵料。

③避敌效应

人工鱼礁的设置为鱼类建造了良好的“居室”。许多鱼类选择礁体及其附近作为暂时停留或长久栖息的地点，礁区就成了这些种类的鱼群密集区。由于有礁体作为隐蔽庇护场所，可以使幼鱼大大减少被凶猛鱼类捕食的厄运，从而提高幼鱼的存活率。

(2)人工鱼礁结构设计的现状

我国的人工鱼礁结构已达千种以上，例如，箱体型、三角型、圆台型、框架型、梯型、塔型、船型、半球型、星型、组合型鱼礁等。20 世纪 90 年代后期，为满足底播增殖刺参生长的需要，以石块礁、混凝土构件礁等简易结构为代表的礁型在中国北方沿海被广泛使用。此类礁型具有丰富的表面积，可供藻类附着进而为刺参等底栖生物提供丰富的饵料。同时，大量石块礁堆叠在一起形成的礁区，具有较好的透空性，可为底播刺参搭建良好的栖息环境。因此，两者碰撞在一起，产生了巨大的经济效益和生态效益，也助推了刺参增养殖业的发展。

此外，立方体型、米字型等箱体型鱼礁相对石块礁更易获得较大的空方数，而且复杂、镂空式的结构能够对礁体周围的流场产生显著影响，更加有效地促进礁体周边水体的交换混合，不但能够吸引更多的岩礁性鱼类聚集，而且也有利于洄游性鱼类在人工鱼礁区进行短暂歇脚停留。因此，以休闲海钓行业为主的海洋牧场建设兴起时，大尺度（2～3 m）的生态型人工鱼礁被广泛使用。例如，在《山东省现代化海洋牧场建设综合试点方案》中明确提出，在做好海域底质调查基础上，选择自然条件适宜海域，开展生态型人工鱼礁建设工程，改善海底生态，修复海洋生态系统，并推荐在试点海域投放上升流礁、导流板礁、乱流礁、车叶型礁等生态型人工鱼礁构建50万 m^3，通过比对试验，探索适合不同海域、具备不同结构功能的人工鱼礁布局方式，以提升海洋鱼礁绿色发展水平。

（3）人工鱼礁三类效应结构设计

20世纪70年代开始，日本的研究人员依据实验室内鱼礁模型的水动力、鱼类与鱼礁之间的行为关系、礁体的生物附着效应等相关实验的结果，做了大量的人工鱼礁结构设计工作，并制作了人工鱼礁图集。

近年来，随着更为先进的研究技术和方法被应用，人工鱼礁的研究内容得以不断深入，也为鱼礁结构设计与优化提供了更多的科学参考依据。

①流场效应

人们在以流场效应为主要因素来设计鱼礁时，更多地认为某类鱼礁可以扰动流场，产生一定程度的流场效应，且一般会认为复杂的结构会有更优异的效果。因此，很多复杂的、异体型的礁体结构被设计、应用。但实际上此类鱼礁结构，首先很难说其严格遵守了人工鱼礁结构设计的基本原理或者有明确的依据可循；其次由于其结构的复杂性，往往伴随着较高的制作成本。在绝大多数的实际应用场景中，与其充分、严格地从流场效应的角度去设计鱼礁结构，其实更多地将制作方便和降低成本作为优先的考虑事项，故而其鱼礁结构多采用简单化设计（图2－131（a））。在一些科研或示范性质的人工鱼礁区，会采用如米字型礁或类似的相对复杂结构的人工鱼礁设计，而且其实际效果也往往很好。

流场效应鱼礁的结构演变示意图如图2－131所示。

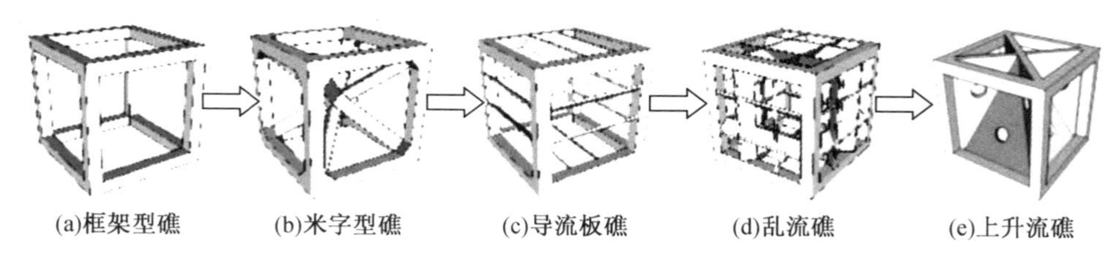

图2－131　流场效应鱼礁的结构演变示意图

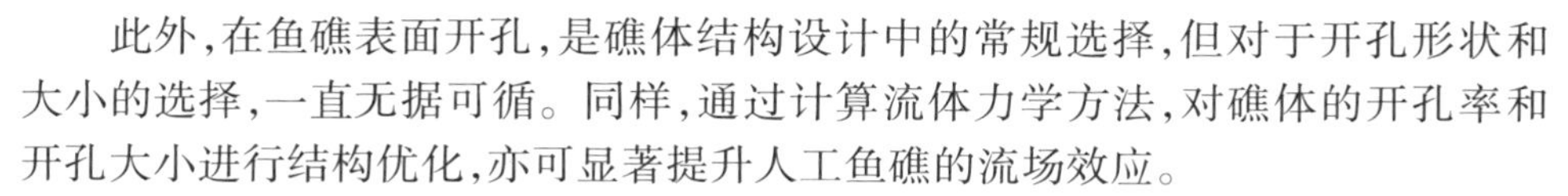

此外，在鱼礁表面开孔，是礁体结构设计中的常规选择，但对于开孔形状和大小的选择，一直无据可循。同样，通过计算流体力学方法，对礁体的开孔率和开孔大小进行结构优化，亦可显著提升人工鱼礁的流场效应。

②生物效应

人工鱼礁投放后，是一种附着基，会逐渐附着大量生物，而附着的生物又是礁区栖息鱼类和其他大型生物的主要饵料来源。礁体表面附着生物的丰富度和多样性越高，诱集生物数量越多，种类也更加丰富。礁体上附着生物种类和数量的多寡是人工鱼礁生物效应的重要体现。因此，在礁体材料用量和质量相同的基础上，如何获得更多的可附着表面积，是人们设计鱼礁结构时重点考虑的因素之一。

在进行鱼礁结构设计时，应以岩礁性鱼类和附着生物在不同水层的行为习性为依据，从增加礁体纵向空间结构表面积的角度出发，以提升礁体的主体高度，充分利用礁体所占据的空间为主旨，综合地设计与优化人工鱼礁结构，使鱼礁能够吸引各水层不同种类的附着和栖息生物，从而增加礁区栖息生物的丰富度和多样性。例如，采用增加鱼礁尺度、在框架型礁体内悬挂附着基等方式，可提高鱼礁内部空间的有效附着面积，在不同水层附着和聚集相应的生物种类，避免底层生物量过度集中，从而降低在礁区突发缺氧层、温跃层等环境灾害时爆发大规模死亡灾害的风险(图2－132)。

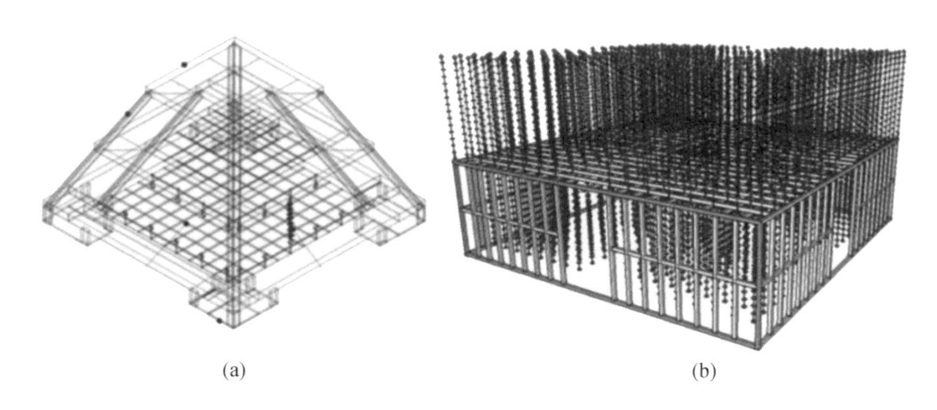

图2－132　混合功能型人工鱼礁示意图

③遮蔽效应

人工鱼礁投放后，可为海洋生物提供繁衍的居所。通过研究自然海域生长的鱼类对人工鱼礁的行为反应，可以找出它们之间的内在联系，从而选择更适宜鱼类聚集与栖息的鱼礁类型。

通常礁体结构形成的光影效果，是决定鱼礁聚集效果的主要因素。例如，刺参、短蛸、鲍鱼、海胆等对礁体形状的选择主要取决于礁体空隙大小、数量及光照度;相对于藻类,岩礁性鱼类更趋向于停留在鱼礁模型中,特别是表面积大且无孔的礁体对鱼类的诱集效果最好。

将试验结果中礁体结构的遮蔽效应,转化到实际鱼礁结构设计中,即可转化为阴影礁和具有藻类移植模块功能的生态型人工鱼礁(图2－133)。此类结构可通过在礁体顶面设置开孔的方式为礁体内部栖息的鱼类提供遮蔽效应,或者结合可移植藻类模块为岩礁性鱼类提供庇护场所。

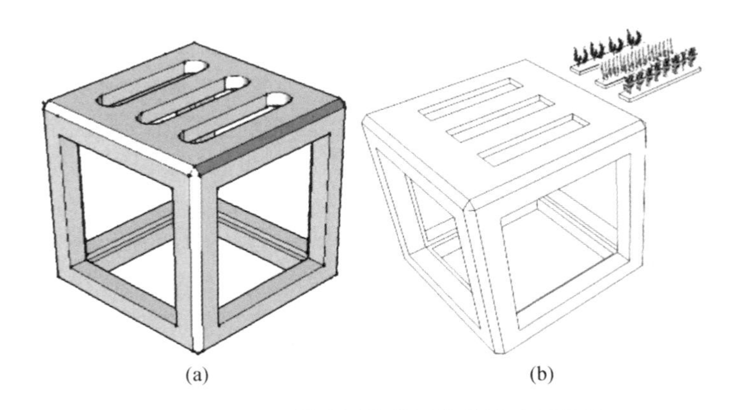

(a) (b)

图2－133　阴影礁及藻类可移植模块示意图

但是,目前有关人工鱼礁遮蔽效应方面的研究,尚存在一定的局限性。主要原因是受试验水槽尺度等试验条件的影响,绝大多数研究中所采用的鱼礁模型和对象生物均难以再现人工鱼礁区的实际场景。

日本水产工学研究所在20世纪八九十年代建了一个相对较大的鱼类行为实验室,取得的研究成果为日本开展大范围的人工鱼礁建设提供了技术支撑。

中国目前所采用的试验水槽规模都很小,所进行的行为试验中采用的礁区模式生物尺寸较为单一,且多为低龄个体,无法覆盖其全部生活史阶段。因此,此类行为试验研究成果难免会有一定的片面性。若想全面地研究岩礁性鱼类或生物与鱼礁之间的行为关系,应以生态系统为基础,构建全规格尺度的海洋牧场生态模拟舱,研究对象应包括礁区生物各生活史阶段的尺寸,采用的鱼礁也应该包括较大尺度的实体礁体。这样的研究成果方能更为细致地体现出礁区生物与礁体之间的行为关系。

(4)人工鱼礁区建设模式

我国按照人工鱼礁区的主导功能,将建设模式一般分为3种,即公益型、增殖型、游钓型。

①公益型

公益型单纯以修复环境为目的，利用其对大部分海洋生物的庇护功能以及溢出效应，客观上产生对生物资源的增殖效果，并不以特定的生物资源增殖为目的，如自 2002 年开始构建的连云港前三岛海域人工鱼礁区。

②增殖型

增殖型则是以增殖某一种或几种海洋生物为目的而构建的人工鱼礁区，例如，在我国北方海域，常以海参、鲍鱼、海胆等底栖海珍品为增殖对象的海洋牧场建设即为此种模式。

③游钓型

游钓型是近年来渔业与休闲旅游业结合的产物，海洋牧场、近海养殖等以生物产出为目的的渔业形态，越来越多地与滨海休闲旅游等第三产业相结合，其中以山东省为代表的游钓型海洋牧场模式的构建规模最大。但在其发展过程中，有一个问题被忽略了，即人们在人工鱼礁的设计和人工鱼礁区的构建过程中，只关注如何聚集游钓鱼类的成鱼，而不关乎其来源，其结果造成了在人工鱼礁区的钓获物组成呈大小鱼混杂的趋势。这样，既破坏了鱼类资源，又降低了休闲海钓的体验。

2.4.3　人工鱼礁性能特性

科技的进步，水力学、生物学、材料学等学科的不断发展，大量先进的技术手段和理论知识被应用于人工鱼礁的研究，使得在人工鱼礁流场效应、生物效应、避敌效应等方面的研究越来越深入。一些原本只能从定性的角度去理解或应用的研究成果，逐渐可以结合定量分析的手段而得以广泛研究和扩展，这也进一步丰富了人工鱼礁的结构设计的理论基础。此外，可用于制作人工鱼礁的新材料不断涌现，这将给予人工鱼礁结构设计和海洋牧场的构建技术以更大的提升空间，拓宽了人工鱼礁的应用范围，甚至能使人工鱼礁摆脱传统的水泥基材料高能耗、运输不便、制作耗时等弊端的束缚和限制，进一步提升人工鱼礁的生态效益和经济效益。

1. 方型人工鱼礁水动力性能试验

人工鱼礁水动力性能的研究对于鱼礁的设计、礁区布局具有非常重要的意义。我们设计了 2 种方型人工鱼礁模型，在回流水槽中测量不同水流速度下的鱼礁阻力，并计算阻力系数（C_d）与雷诺数（Re）。结果表明，无盖礁体模型正面迎流时（$\theta = 0°$），当 Re 超过 7.5×10^4 时，C_d 为 1.64，其自动模型区域为 $Re > 7.5 \times 10^4$；45°方向（$\theta = 45°$）迎流时，当 Re 超过 6.36×10^4 时，C_d 为 1.3，其自动模型区域为 $Re > 6.36 \times 10^4$。有盖礁体模型正面迎流时，当 Re 超过 6×10^4 时，

C_d 为 1.69,其自动模型区域为 $Re>6\times10^4$;45°方向迎流时,当 Re 超过 8.48×10^4时,C_d 为 1.43,其自动模型区域为 $Re>8.5\times10^4$。1 种礁体模型在不同迎流方式下所受的阻力不同,45°方向迎流比正面迎流时的阻力大。在相同的迎流方式下,有盖礁体所受的阻力比无盖礁体大。

(1)材料与方法

①试验水池

试验是在武汉理工大学的环形回流水槽中进行的。水池的试验段尺寸为 6 m×1.8 m×0.9 m,试验可达到的水流速度为 0~2.0 m/s,稳定的流速范围为 0.12~0.8 m/s。试验时采用 1 个三维的流速计(Son-Tek/YSI10-MHzADV)测量水流速度。

②试验模型

实物礁体是边长为 3 m 的方型鱼礁,取尺度比 $\lambda_L=20$,根据相似原则,测阻力时模型只需要外形相似。实物礁体为钢筋混凝土结构,从《水力学计算表》中查得其糙率 $n_{实}=0.014$,按糙率相似原则,所制作模型的糙率应为

$$n_{模}=n_{实}/\lambda_L^{1/6}=0.0085$$

采用有机玻璃为模型材料,其糙率为 0.007~0.008 7,基本满足要求。共制作了 2 个无底的鱼礁模型,模型的尺寸为边长 15 cm、厚度 5 mm,每个侧面分别开 4 个直径为 4 cm 的圆孔(图 2-134(a))。其中,一个为无盖礁体,另一个为有盖礁体。有盖礁体上面开有一个直径为 4 cm 的圆孔(图 2-134(b))。

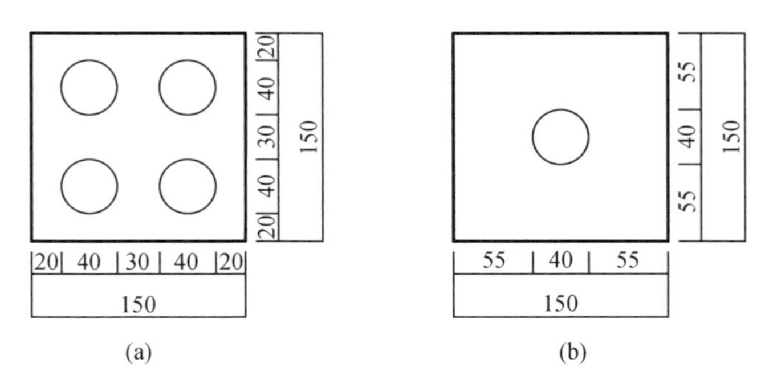

图 2-134　模型尺寸图(单位:mm)

③试验方法

对 2 个模型(有盖和无盖),测量两种不同迎流方式下的阻力值。一种是正面迎流 $\theta=0°$(图 2-135(a)),另一种是 45°方向迎流 $\theta=45°$(图 2-135(b))。在环形回流水池内,通过调节电机转速控制流速,选取 7 种流速,即 0.12 m/s、0.2 m/s、0.3 m/s、0.4 m/s、0.5 m/s、0.6 m/s、0.7 m/s。在每一种流速下,当流

速稳定后，随机测得 10 ~ 16 个阻力值。

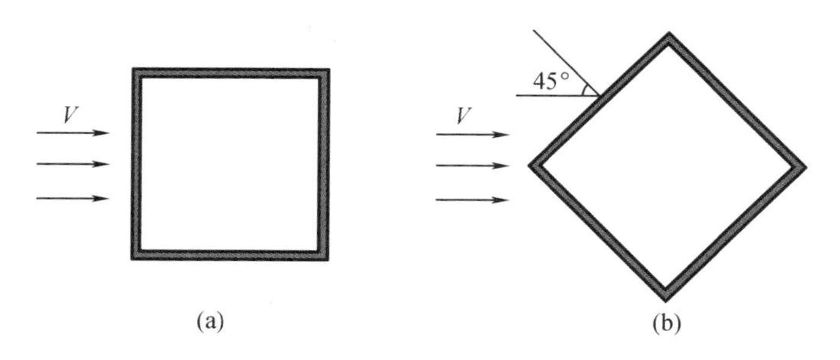

图 2 – 135　模型的放置方式图

④阻力系数与雷诺数计算

礁体的阻力系数和雷诺数按下式计算：

$$C_d = \frac{2R}{\rho S V^2}$$

$$Re = \frac{VL}{v} \qquad (2-86)$$

式中　R——阻力，N；

C_d——阻力系数；

ρ——海水密度，kg/m^3；

S——礁体在与流向垂直的平面上的投影面积，m^2；

V——流速，m/s；

Re——雷诺数；

L——特征长度，m；

v——运动黏滞系数，取 6 ~ 10 m^2/s。

⑤试验数据处理

由于测量过程中不可避免地存在粗大误差，这会对测量结果产生明显的歪曲，因此，必须予以剔除。本试验对每一个测量值随机测量 10 ~ 16 个数据，采用格罗布斯准则来判断和剔除粗大误差，取显著度 $\alpha = 0.05$。

（2）结果与分析

①无盖礁体的阻力系数与雷诺数

无盖礁体模型如图 2 – 135（a）放置时（正面迎流），$S = 0.0175\ m^2$，测量的阻力值见表 2 – 30，并绘制阻力系数和雷诺数关系曲线（图 2 – 136（a））。当 Re 超过 7.5×10^4 时，C_d 为 1.64，基本保持不变，其自动模型区域为 $Re > 7.5 \times 10^4$。

如图 2 – 135（b）放置时（45°迎流），$S = 0.025\ m^2$，测量的阻力值见表 2 – 30，并绘制阻力系数和雷诺数关系曲线（图 2 – 136（b））。当 Re 超过 6.36×10^4 时，

C_d 为 1.3,其自动模型区域为 $Re>6.36\times10^4$。

表 2-30　无盖礁体模型测量结果表

流速/(m·s⁻¹)	θ=0°			θ=45°		
	阻力/N	阻力系数 C_d	雷诺数 Re	阻力/N	阻力系数 C_d	雷诺数 Re
0.12	0.257 921 ±0.059	2.046 994	18 000	0.204 203 ±0.509	1.147 775	25 440
0.20	0.583 232 ±0.049	1.666 378	30 000	0.627 180 ±0.176	1.269 081	42 400
0.30	1.191 210 ±0.088	1.512 647	45 000	1.459 249 ±0.029	1 312 333	63 600
0.40	2.130 804 ±0.088	1.522 003	60 000	2.481 899 ±0.088	1.255 513	84 800
0.50	3.582 223 ±0.137	1.637 587	75 000	3.923 871 ±0.188	1.270 375	106 000
0.60	5.181 456 ±0.206	1.644 591	90 000	5.952 069 ±0.147	1.338 205	127 200
0.70	7.046 184 ±0.470	1.643 424	105 000	8.086 931 ±0.225	1.335 811	148 400

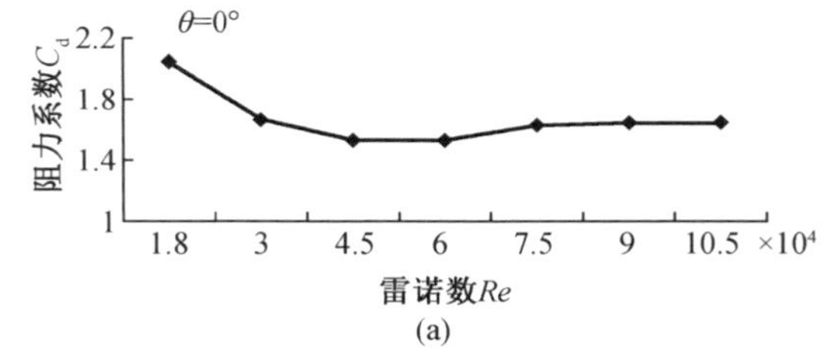

(a)

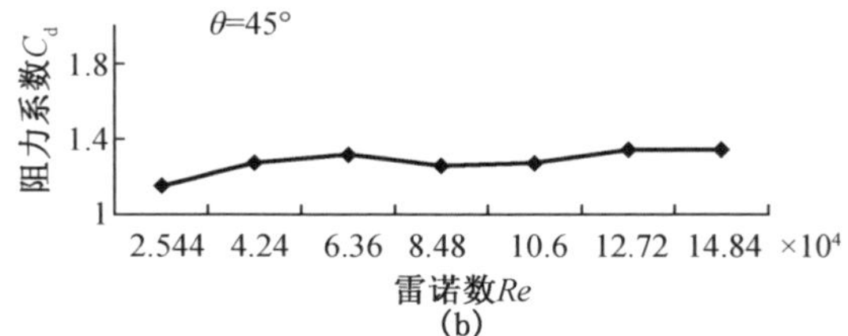

(b)

图 2-136　阻力系数与雷诺数的关系图

②有盖礁体的阻力系数与雷诺数

有盖礁体模型如图 2-135(a)放置时(正面迎流),$S=0.0175\ \mathrm{m}^2$,测量的阻力值见表 2-31,并绘制阻力系数和雷诺数关系曲线(图 2-137(a))。当 Re 超过 6×10^4 时,C_d 为 1.69,其自动模型区域为 $Re>6\times10^4$。

如图 2-135(b)放置时(45°迎流),$S=0.025\ \mathrm{m}^2$,测量的阻力值见表 2-31,并绘制阻力系数和雷诺数关系曲线(图 2-137(b))。当 Re 超过 8.48×10^4 时,C_d 为 1.43,其自动模型区域为 $Re>8.48\times10^4$。

表 2－31　有盖礁体模型测量结果表

流速/(m·s^{-1})	$\theta=0°$			$\theta=45°$		
	阻力/N	阻力系数 C_d	雷诺数 Re	阻力/N	阻力系数 C_d	雷诺数 Re
0.12	0.253 684 ±0.118	2.013 357	18 000	0.287 846 ±0.049	1.599 144	25 440
0.20	0.537 550 ±0.049	1.535 857	30 000	0.686 382 ±0.049	1.372 764	42 400
0.30	1.245 126 ±0.078	1.581 112	45 000	1.504 986 ±0.039	1 337 765	63 600
0.40	2.365 520 ±0.049	1.689 657	60 000	2.896 282 ±0.088	1.448 141	84 800
0.50	3.621 188 ±0.118	1.655 400	75 000	4.444 996 ±0.118	1.422 398	106 000
0.60	5.303 547 ±0.206	1.683 666	90 000	6.335 132 ±0.167	1.407 807	127 200
0.70	7.441 021 ±0.118	1.735 515	105 000	8.738 738 ±0.265	1.426 733	148 400

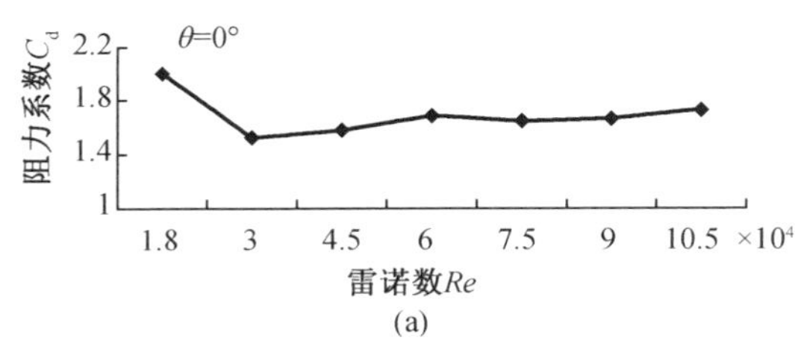

(a)

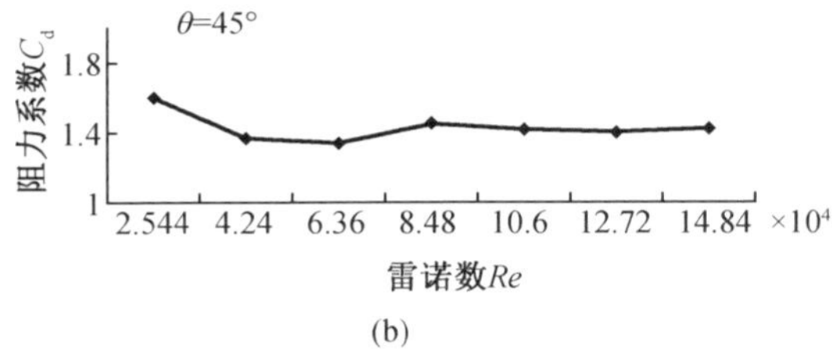

(b)

图 2－137　阻力系数与雷诺数的关系图

③同一种礁体模型不同迎流方式下的阻力比较

礁体模型在不同迎流方式下所受的阻力是不同的，正面迎流时的阻力系数比 45°迎流时大，但迎流面积却小，试验测得 45°方向迎流比正面迎流时的阻力大（图 2－138）。

④两种礁体模型在同一迎流方式下的阻力比较

两种礁体模型在同种迎流方式下（$\theta=0°$或 $\theta=45°$）所受的阻力也是不同的，无论是正面迎流还是 45°迎流，有盖礁体受到的阻力都大于无盖礁体（图 2－139）。

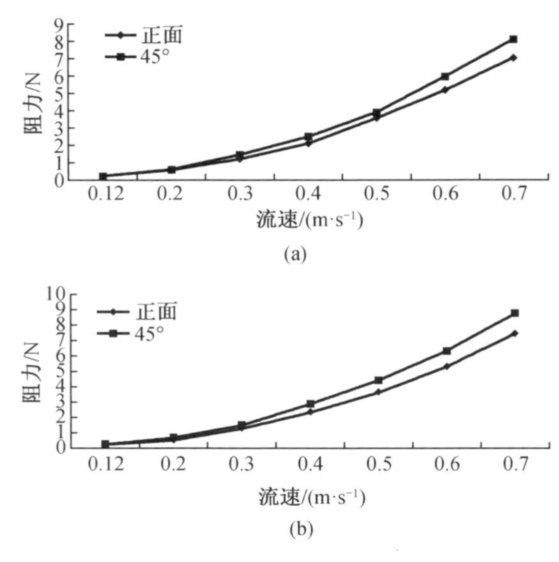

图 2-138　无盖礁体模型在不同迎流方式下的阻力与有盖礁体模型在不同迎流方式下的阻力

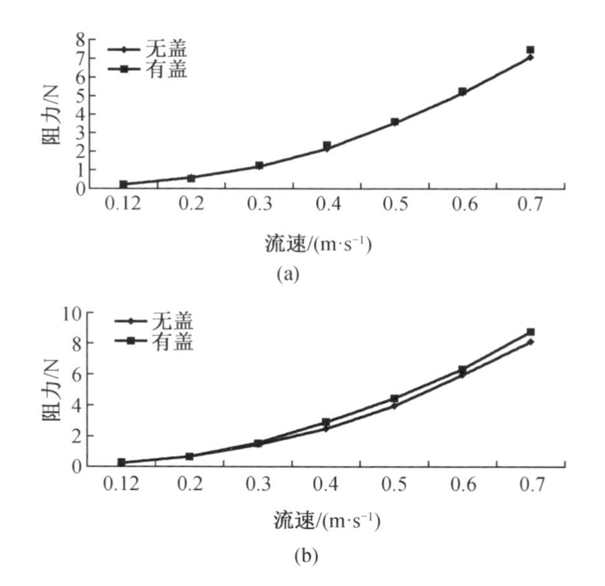

图 2-139　两种礁体模型在正面迎流时的阻力与两种礁体模型在 45°迎流时的阻力

由于人工鱼礁是一种透空构件，在水流作用下，其周围流场较复杂。方型鱼礁是一种常见的礁体类型，并且已经在部分海区进行了投放，但对于其水动力及流场效应的基础研究还没有。试验研究了方型鱼礁水动力性能,得出了鱼礁阻力和水流速度的关系,以及阻力系数和雷诺数的关系曲线,可以为实际人工鱼礁水动力计算提供理论依据。

人工鱼礁结构多种多样,对于常用的结构类型进行水动力性能的基础研究是十分必要的。应该再选择几种类型进行模型试验,对人工鱼礁的设计和投放具有很重要的指导作用。

2. 人工鱼礁体水动力特性及礁体稳定性数值分析

为研究方型人工鱼礁体开口比的变化对其水动力特性的影响,利用 Fluent 软件,我们模拟了边长为 3 m、开口比为 0 ~ 0.6 的 7 种不同方型鱼礁体周围水流场,通过分析水流场变化规律得到了礁体流场效应、阻力系数随开口比的变化情况;基于 Morison 方程计算了礁体在波流作用下的受力及其抗滑移、抗倾覆安全系数。研究结果表明:当礁体开口比小于 0.2 时,背涡区范围较大,流场效应明显;随着开口比的增大,礁体产生的上升流范围及竖直向最大速度分量逐渐减小。

对于方形开口礁体,阻力系数与开口比的关系式为

$$C_d = 0.875\varphi + 1.088\,(R^2 = 0.963, p < 0.01) \tag{2-87}$$

随着开口比的增大,礁体所受最大波流作用力、抗滑移及抗倾覆安全系数逐渐减小,但礁体不会发生滑移和倾覆,可为实际礁体结构的设计提供参考。

(1)模型

①控制方程

假设礁体附近的流动为黏性不可压缩流体的湍流运动,温度变化不大,能量方程可以忽略。

连续方程:

$$\partial u_i / \partial x_i = 0 \tag{2-88}$$

动量方程:

$$\frac{\partial u_i}{\partial t} + u_j \frac{\partial u_i}{\partial x_j} = -\frac{1}{\rho}\frac{\partial p}{\partial x_i} + \frac{\partial}{\partial x_j}\left(v\frac{\partial u_i}{\partial x_j} - u_i' u_j'\right) + f_i \tag{2-89}$$

式中　u_i——($i = 1,2,3$)分别为 X、Y、Z 方向的雷诺平均速度;

ρ——流体密度;

p——压强;

u——运动黏性系数;

f_i——体积力。

②湍流模型

在计算黏性流体运动时采用 $RNG_{k-\varepsilon}$ 两方程模型。此模型可以有效模拟分布较均匀、湍流结构较小的湍流流动,适合人工鱼礁体流场效应的研究。

湍动能 k 方程:

$$\frac{\partial(\rho k)}{\partial t} + \frac{\partial(\rho k u_i)}{\partial x_i} = \frac{\partial}{\partial x_j}\left(\alpha_k \mu_{eff}\frac{\partial k}{\partial x_j}\right) + G_k + \rho\varepsilon \tag{2-90}$$

湍流耗散率 ε 方程：

$$\frac{\partial(\rho\varepsilon)}{\partial t}+\frac{\partial(\rho\varepsilon u_i)}{\partial x_i}=\frac{\partial}{\partial x_j}\left(\alpha_\varepsilon\mu_{\text{eff}}\frac{\partial\varepsilon}{\partial x_j}\right)+\frac{C_{1\varepsilon}^{*}\varepsilon}{k}G_k-C_{2\varepsilon}\rho\frac{\varepsilon^2}{k} \tag{2-91}$$

式(2-90)和式(2-91)中，$\mu_{\text{eff}}=\mu+\mu_t$（其中 $\mu_t=\rho C_\mu\dfrac{k^2}{\varepsilon}$，$C_\mu=0.0845$）；$\alpha_k=\alpha_\varepsilon=1.39$；$C_{1\varepsilon}^{*}=C_{1\varepsilon}-\dfrac{\eta(1-\eta/\eta_0)}{1+\beta\eta^3}$（其中 $\eta_0=4.377$，$\beta=0.012$）；$C_{1\varepsilon}=1.42$；$C_{2\varepsilon}=1.68$；$\eta=(2E_{ij}\cdot E_{ij})^{1/2}\dfrac{k}{\varepsilon}\left[\text{其中 } E_{ij}=\dfrac{1}{2}\left(\dfrac{\partial u_i}{\partial x_j}+\dfrac{\partial u_j}{\partial x_i}\right)\right]$。

这里采用有限体积法离散控制方程，压力-速度耦合采用SIMPLEC算法，压力项处理采用标准差分格式，各方程空间离散均采用二阶迎风格式，计算残差值取 10^{-5}，采用非结构化网格，通过数值模拟方型礁体水动力特性，分析其流场效应、阻力系数随开口比的变化情况并计算礁体抗滑移及抗倾覆安全系数。

③鱼礁结构及模型计算区域

4个侧面具有相同开口形式的礁体，其迎流面在垂直于水流方向上开口的投影面积与迎流面投影面积之比称为开口比（φ）。图2-140表示的是开口比为0.4的方型人工鱼礁体结构示意图。

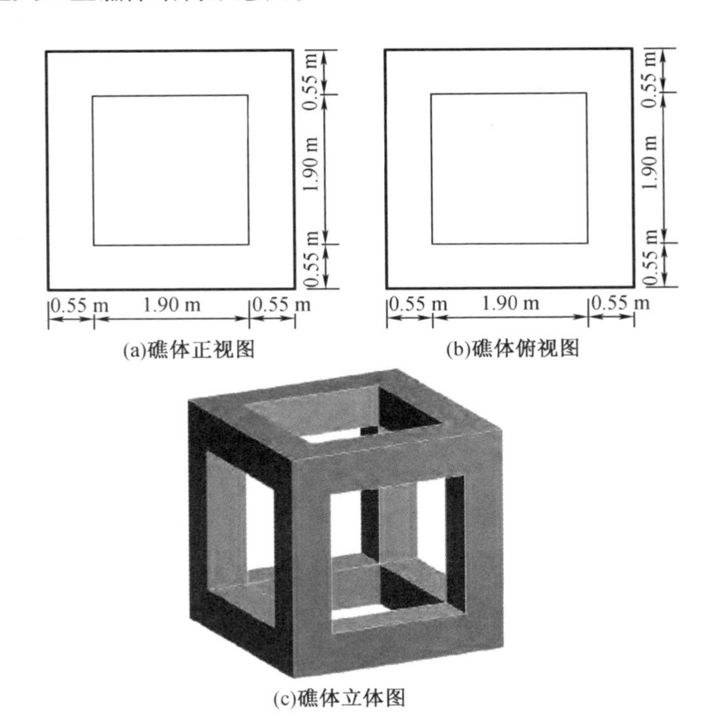

图2-140　开口比为0.4的方型人工鱼礁体结构示意图

选取边长 L 为 3 m、开口比 φ 分别为 0,0.1,0.2,0.3,0.4,0.5,0.6 的方形开口礁体,流速取 0.8 m/s,分析其周围流场形态、阻力系数随开口比的变化情况并计算其抗滑移、抗倾覆安全系数。仿真计算区域如图 2 - 141 所示。

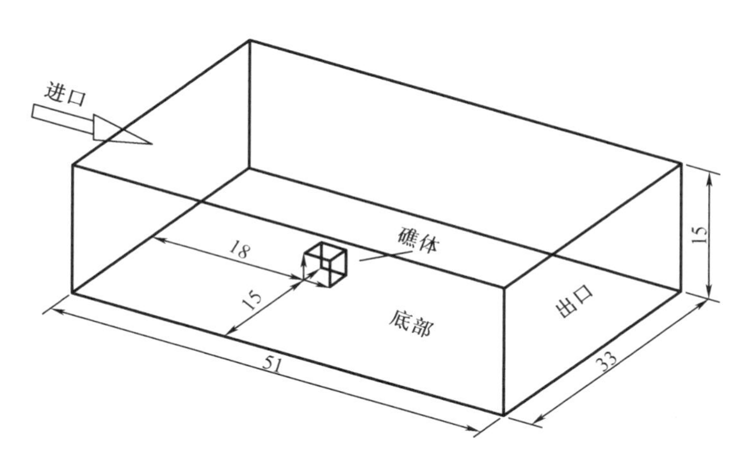

图 2 - 141　计算区域示意图(单位:cm)

设定的初边界条件如下。

- 入口边界设置为速度入口边界条件,来流速度为 0.8 m/s,设置边界上各方向的速度矢量分量,并给出边界上湍动能 k 和湍动耗散率 ε。
- 出口边界设置为自由出流边界条件。
- 计算域的两侧面设置为对称边界。
- 计算域的顶面设置为具有与入口水流相同速度的可移动壁面,剪切力为 0,底面和礁体表面设置为无滑移壁面。

(2)模型可靠性验证

选择的是涡黏模型中的 $RNG_{k-\varepsilon}$ 两方程模型,属于湍流非直接数值模拟方法中的 Reynolds 平均法(RANS),使用 ANSYS Workbench【Mesh】模块对计算域进行四面体单元非结构化网格划分。为验证本书选择的湍流模型、参数设置、网格划分的准确性,建立边长为 0.15 m,顶面有 1 个、每个侧面有 4 个直径均为 0.04 m 的圆形开口,开口比为 0.22 的无底立方体人工鱼礁进行数值模拟,如图 2 - 142 所示。数值模拟时最大网格尺寸设置为 0.025 m,礁体表面第一层边界层网格高度为 0.002 m,增长率为 1.1,共设置 10 层。设定来流速度为 0.5 m/s,将模拟结果与已有学者进行的水槽实验和数值模拟结果进行对比,测点相对位置分布如图 2 - 143 所示,结果如图 2 - 144 及表 2 - 32 所示。

由对比结果可以看出,利用本书选择的数值模型模拟得到的礁体前后测点的流速及礁体阻力系数与其他学者通过物理模型实验和数值模拟得到的结果相近。利用 Fluent 软件模拟人工鱼礁水动力特性的研究方法是可行的。

图 2-142 圆形开口的人工鱼礁体模型图

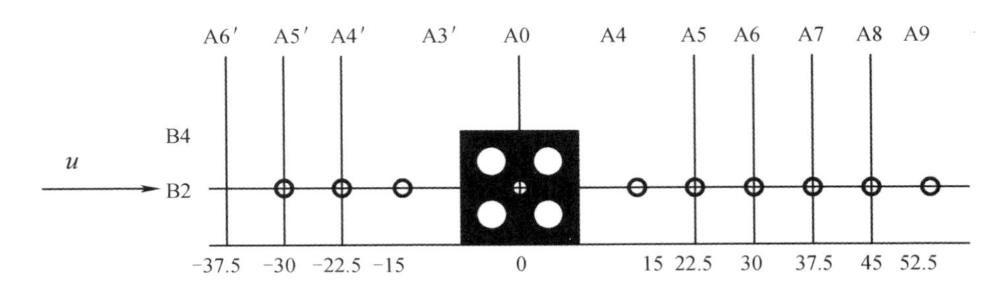

图 2-143 测点相对位置分布示意图（“O”：测点，单位：cm）

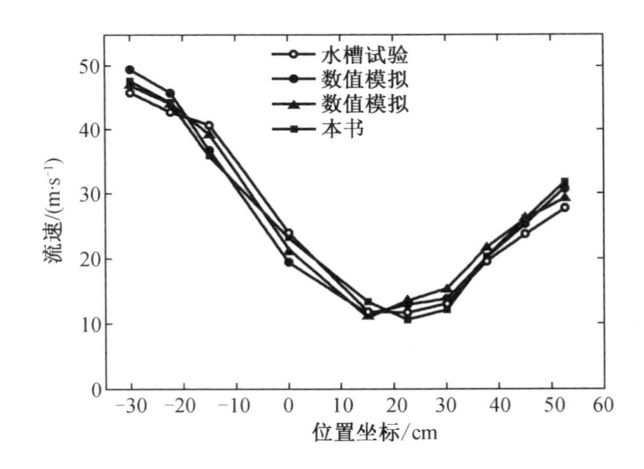

图 2-144 测量点流速的试验值与模拟值的比较图

表 2-32 礁体阻力系数实验值与模拟值的比较表

项目	试验值	模拟值	相对误差
阻力系数	1.655	1.756	6.09%

(3)不同开口比礁体水动力特性分析

为了减小数值模拟过程中由于网格尺度所产生的误差,以边长为 3 m、开口比为 0.2 的方型礁体为例,对计算域进行不同尺寸网格划分,网格收敛性验证以礁体阻力系数作为变量,结果见表 2-33。

表 2-33　不同网格尺寸模拟结果表

最大网格尺寸/m	网格单元数	阻力系数
1.200	1.308×10^{5}	1.168
0.800	4.375×10^{5}	1.236
0.500	17.800×10^{5}	1.269
0.300	82.266×10^{5}	1.273

由表 2-33 可以看出边长为 3 m 的方型礁体的计算域最大网格尺寸为 0.500 m 时,礁体阻力系数受网格划分尺寸影响较小,网格收敛性较好,因此本书进行模拟时最大网格尺寸均设置为 0.500 m,礁体表面第一层边界层网格高度为 0.002 m,增长率为 1.1,共设置 10 层。

基于上述数值模型,通过数值模拟研究边长为 3 m、开口比为 0,0.1,…,0.6 的 7 种礁体流场效应、阻力系数随开口比变化情况,计算不同开口比礁体抗滑移及抗倾覆安全系数。

①礁体流场效应分析

研究中上升流区含义采用了黄远东等提出的定义,即礁体附近竖直方向速度分量大于或等于 5% 来流速度的区域。上升流区范围越大,礁体的流场效应越显著,集鱼效果越好。

图 2-145 表示的是来流速度为 0.8 m/s 时,边长为 3 m 的不同开口比的礁体在 $Y=1.5$ m 截面上的速度矢量分布。由图 2-145 可以看出当开口比较小时,由于礁体的阻水作用,水流在礁体背流面后端形成速度很小、范围较大的漩涡,称为流向涡,此区域称为背涡区。当礁体开口比为 0 时,流向涡长度约为礁高的 2.3 倍,这与李晓磊等得出的流向涡长度约为礁高的 2.42 倍相近,同时也与刘同渝得出的流向涡长度为礁长的 2~3 倍相吻合;当礁体开口比为 0.1 时,流向涡长度略大,约为礁宽的 3.7 倍;当开口比大于 0.3 时,由于礁体开口透水作用增大,流经礁体中心至礁体后侧的水流流量增大,因而观察不到明显的背涡区。

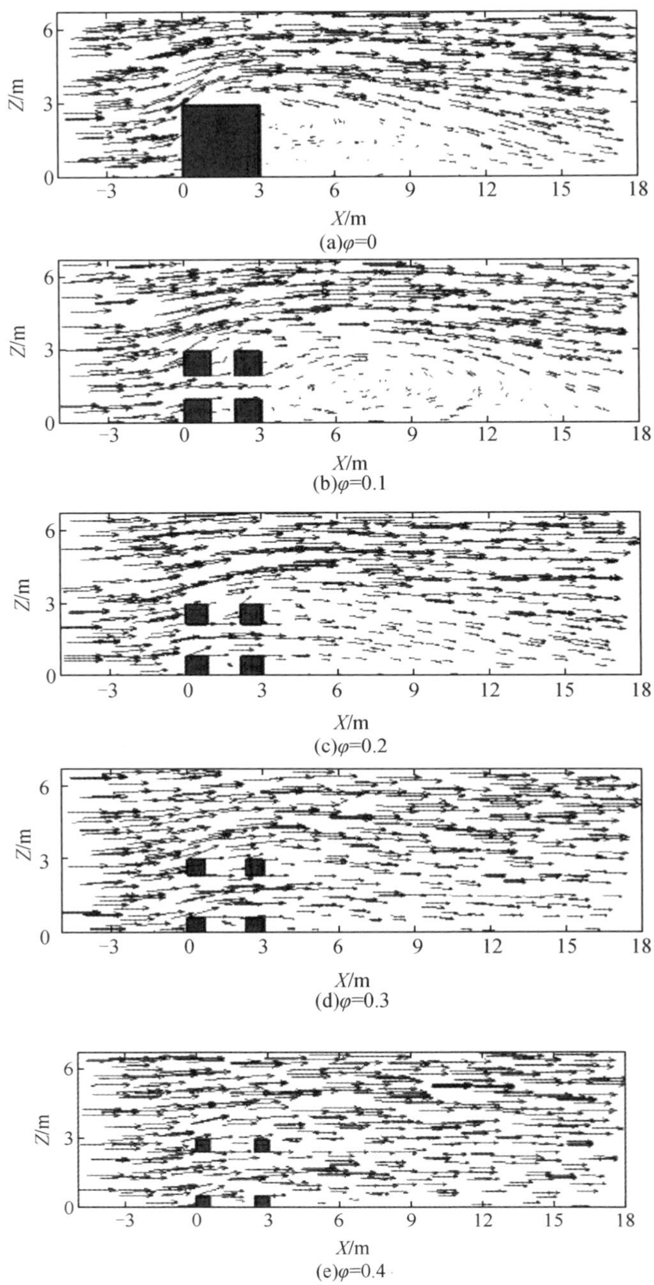

图 2-145　来流速度为 0.8 m/s 时,边长为 3 m 的不同开口比的礁体 Y=1.5 m 截面上的速度矢量分布

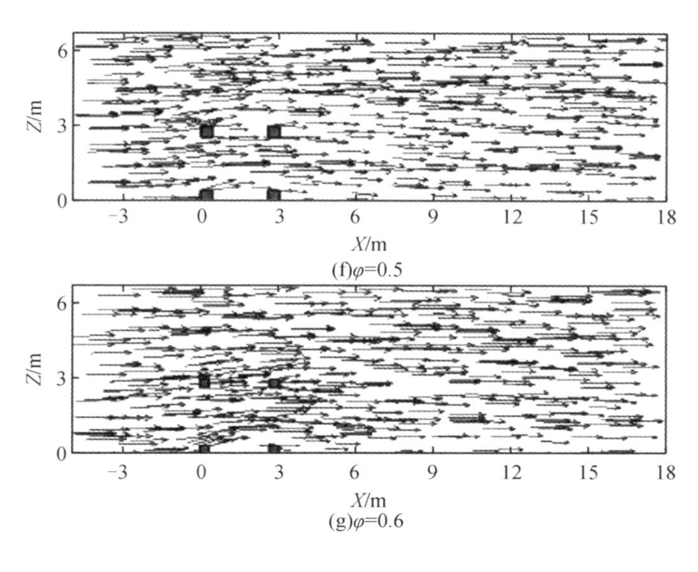

图 2-145(续)

表2-34中H_{max}/H表示礁体产生的上升流最大高度/礁高，W_{max}/W表示上升流水平跨度/礁宽，Z_{max}/V表示上升流区竖直方向最大速度分量/来流速度。与开口比为0.1时相比，礁体开口比为0时产生的上升流相对高度及相对宽度均略小，这与黄远东等得到的规律相同。当开口比大于0.1时，随着开口比的增大，来流受到礁体开口的分流增多，礁体上侧流管效应减弱，鱼礁引起的上升流最大高度、水平跨度及竖直方向最大速度分量均逐渐减小。

表2-34 上升流特性参数随不同开口比的变化

φ	H_{max}/H	W_{max}/W	Z_{max}/V
0	2.57	3.24	0.41
0.1	2.75	3.41	0.37
0.2	2.33	2.82	0.37
0.3	2.12	2.42	0.37
0.4	1.91	2.08	0.29
0.5	1.78	1.93	0.27
0.6	1.61	1.66	0.27

礁体阻力系数是表征人工鱼礁体稳定性的重要参数。已知礁体的阻力系数，其在水下抗滑移、抗倾覆安全系数便可通过计算求得。本书的数值模拟仅考

虑礁体在来流速度不变时的受力情况，阻力系数可通过下式求得：

$$C_{\mathrm{d}}=\frac{F}{\frac{1}{2}\rho A u^{2}} \tag{2-92}$$

式中 F——礁体沿水流方向受力，N；

ρ——海水密度，$\mathrm{kg/m^3}$；

A——礁体迎流面积，$\mathrm{m^2}$；

u——水流速度，m/s。

图2－146给出了礁体阻力系数随其开口比的变化关系。在礁体开口比为0时，其阻力系数为1.052，与Jinho Woo等通过数值模拟得到的1.069及Fox等得到的1.05差异较小，与White和Young等得到的立方型三维实体结构在$Re \geqslant 10^4$、垂直于水流放置时阻力系数为1.05～1.07相吻合。通过最小二乘法拟合得到边长为3 m、迎流面中心开口为方形的礁体阻力系数C_{d}与开口比φ的关系式（$R^2=0.963$，$P<0.01$）为

$$C_{\mathrm{d}}=0.875\varphi+1.088 \tag{2-93}$$

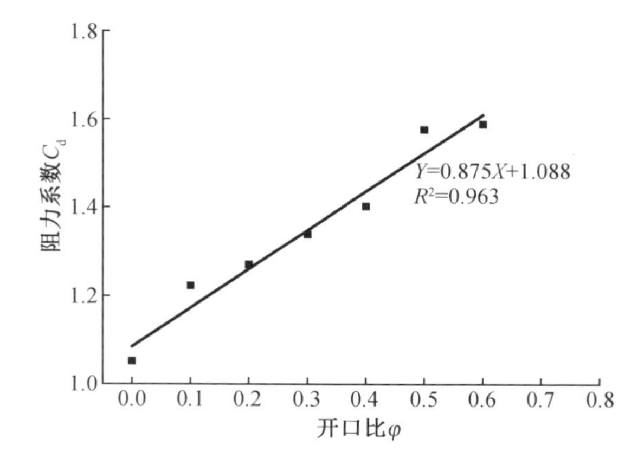

图2－146 阻力系数与开口比的关系图

可以看出在显著性水平$\alpha<0.01$时，该回归方程回归效果极显著。方型人工鱼礁开口比小于0.6时，随着礁体开口比的增大，礁体阻力系数逐渐增大。

为了研究式（2－91）对于方型不同开口形状礁体阻力系数计算的适用性，选择圆形开口礁体进行数值模拟，礁体尺寸为10 cm×10 cm×10 cm，中空无底，壁厚为1.2 cm，每个侧面均开有直径为3.5 cm的圆孔，如图2－147、图2－148所示。将本书模拟结果与姜昭阳的试验结果进行对比，见表2－35。

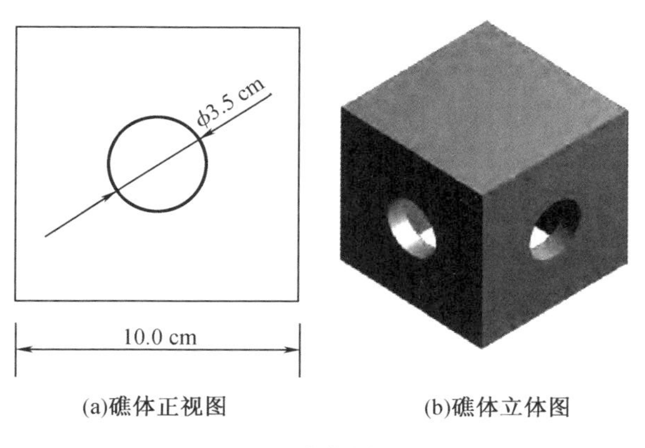

(a)礁体正视图　　(b)礁体立体图

图 2－147　礁体模型尺寸图

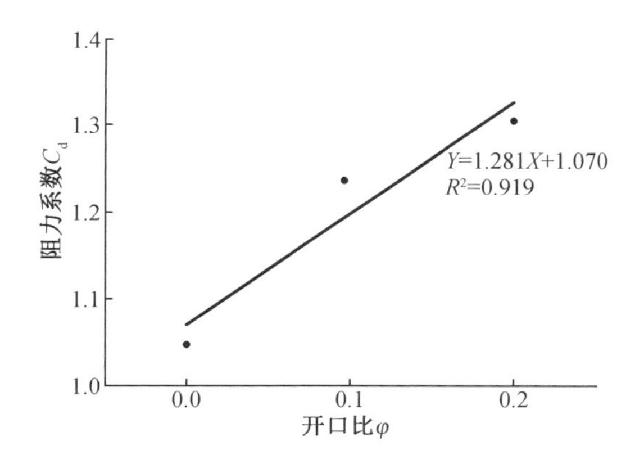

图 2－148　圆形开口礁体阻力系数与开口比的关系图

表 2－35　礁体阻力系数实测值与关系式计算值表

	阻力/N	阻力系数
实测值	0.215	1.056
模拟值	0.274	1.345
本文模拟值	0.241	1.194
计算值	0.239	1.172
计算值与实测值相对误差	11.16	10.98

通过比较礁体阻力系数实测值与关系式计算值可以看出二者之间存在差异。利用实测阻力计算礁体阻力系数时，流速采用的是流速仪测量的平均值，与试验采集测力值时对应的瞬时流速不同。此外，由于水流的作用，在测力钢杆的

后方会产生小的漩涡，引起钢杆的轻微振动，导致采集的测力值有波动，使得礁体受力测量值与计算值有差异。

如果考虑阻力值的数量级，关系式计算值与实测值结果较为一致，说明阻力系数与开口比的关系式可以应用于无底圆形开口礁体阻力系数的计算。

②礁体稳定性计算

日本学者中村充研究了人工鱼礁体在波流共同作用时的受力情况，将波流速度看成是海流速度 u_0 和波浪速度 u_1 的叠加。

贾晓平等认为人工鱼礁体在流速 u 下受到的力 F 可根据 Moreson 方程计算：

$$F = F_d + F_{MA} = \frac{1}{2}C_d\rho Au^2 + C_{MA}\rho V\frac{\partial u}{\partial t} \qquad (2-94)$$

式中　C_d——阻力系数；

C_{MA}——附加质量系数；

A——礁体迎流面积，m^2；

V——礁体实体体积，m^3。

通过编写 MATLAB 程序实现牛顿迭代法求解式(2－94)，可求得 F 最大时的 $\sin\theta$ 和 $\cos\theta$ 值，进而求得鱼礁体受力最大值 F_{max}。

本书选择日照近海某人工鱼礁区波浪参数进行计算，见表 2－36。

表 2－36　日照近海某人工鱼礁区水文资料表

参数	数值
年最大波高	3.30 m
波浪最小周期	2.70 s
波长	32.74 m
礁区水深	15.00 m
礁顶距海底高度	3.00 m
海流速度	0.80 m/s
附加质量系数	1.00

a. 礁体不滑移的安全性

人工鱼礁体投放于海底，不发生滑动的条件为礁体所受最大静摩擦力大于波流作用力，即抗滑移安全系数 S_F 需满足下式：

$$S_F = \frac{(\sigma - \rho)Vg \cdot \mu}{F_{max}} > 1 \qquad (2-95)$$

式中　σ——礁体材料的单位体积质量，对于混凝土人工鱼礁来说一般取值为

2 000 kg/m；

μ——礁体与海底的静摩擦系数，取值为 0.5。

当 S_F 大于 1 时，礁体不会发生滑移。为安全起见，S_F 应取 1.2 以上。计算可得此海区波幅 u_m 为 0.507 m/s，进而算得 α 为 1.58。

从表 2-37 中可以看出，当开口比较小时，方型礁体所受的最大波流作用力中，速度力所占比例较小，对波流作用力产生较大影响的是礁体所受的惯性力。随着开口比的增大，速度力占比逐渐增大，礁体所受最大波流作用力及抗滑移安全系数均逐渐减小，但礁体不会发生滑移，满足安全性要求。

表 2-37　不同开口比礁体受力及抗滑移安全系数表

φ	F_d/kN	$\sin\theta$	F_{max}/kN	F_d/F_{max}	S_F
0	3.635	0.129	36.012	10.09%	3.58
0.1	4.036	0.181	28.506	14.16%	3.45
0.2	3.906	0.223	22.354	17.47%	3.35
0.3	3.855	0.283	17.321	22.26%	3.20
0.4	3.737	0.361	13.017	28.71%	3.02
0.5	4.026	0.497	9.909	40.63%	2.70
0.6	3.640	0.614	7.009	51.93%	2.41

b. 礁体不倾覆的安全性

礁体在波流作用下不发生倾覆的条件为重力和浮力对倾覆中心的合力矩 M_1 大于波流最大作用力矩 M_2。但由于一般人工鱼礁体内部结构较为复杂，为简化计算，假设最大波流作用力 F_{max} 在礁体迎流面产生均布荷载 $q = F_{max}/A$，对礁体迎流面进行分块积分（图 2-149），求出 M_2：

$$M_2 = \iint_{D_1} qz\mathrm{d}y\mathrm{d}z + \iint_{D_2} qz\mathrm{d}y\mathrm{d}z + \iint_{D_3} qz\mathrm{d}y\mathrm{d}z + \iint_{D_4} qz\mathrm{d}y\mathrm{d}z \tag{2-96}$$

礁体抗倾覆安全系数为

$$S_F = \frac{M_1}{M_2} = \frac{(\sigma - \rho)Vgl_w}{M_2} \tag{2-97}$$

式中　l_w——倾覆中心到礁体重心的水平距离。

当 S_F 大于 1 时，礁体不会发生倾覆。为安全起见 S_F 应大于 1.2。

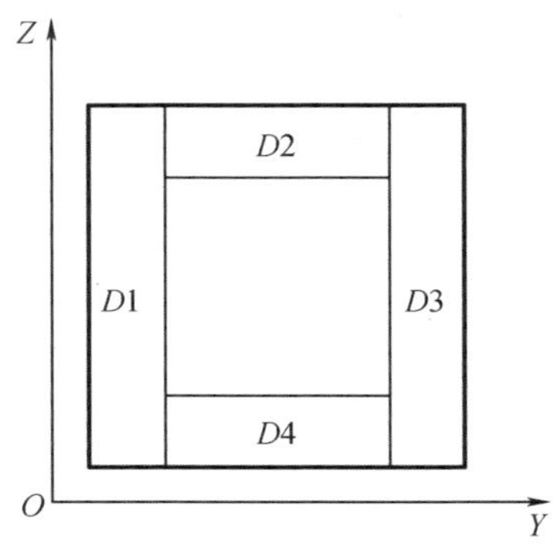

图 2－149　方型人工鱼礁体迎流面分块示意图

由表 2－38 可以看出随着礁体开口比的增大，礁体迎流面均布荷载、波流最大作用力矩及抗倾覆安全系数均逐渐减小，但在日照近海人工鱼礁区海浪条件下，礁体不会发生倾覆，满足安全性要求，可以投入实际应用。

表 2－38　不同开口比礁体抗倾覆安全系数表

φ	$q/(\mathrm{kN \cdot m^{-2}})$	M_1/kN	M_2/kN	S_F
0	4.001	386.978	54.019	7.16
0.1	3.520	295.138	42.759	6.90
0.2	3.103	224.330	33.530	6.69
0.3	2.745	166.479	25.981	6.41
0.4	2.415	117.928	19.526	6.04
0.5	2.199	80.357	14.864	5.41
0.6	1.938	50.633	10.514	4.82

通过计算分析得到了如下结论。

（1）在开口比变化的情况下，人工鱼礁体流场效应等方面的水动力特性差异显著，而礁体稳定性的差异较小。

（2）当开口比为 0～0.2 时，礁体后方流向涡和背涡区范围较大，礁体流场效应较明显；开口比为 0.3～0.6 时，礁体上侧流管效应较弱，后方没有明显的背涡区，礁体产生的上升流高度、水平跨度及竖直方向最大速度分量均随着礁体开口比的增大而减小。

（3）当礁体开口比为 0～0.6 时，6 个面中心均布有方形开口的立方型礁体的阻力系数与开口比间存在如下关系（$R_2=0.963$，$P<0.01$）：$C_d=0.875\varphi+1.088$。

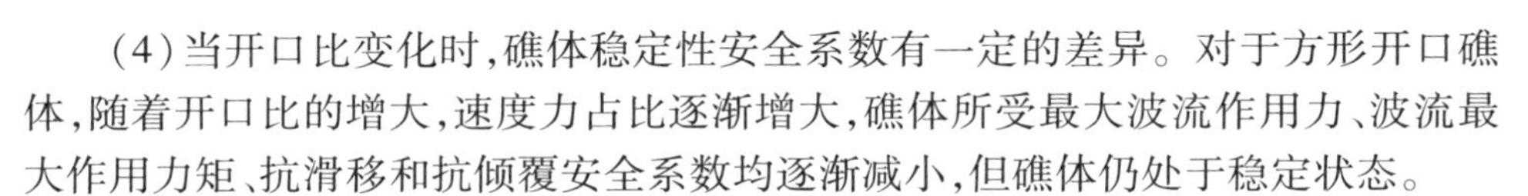

(4)当开口比变化时,礁体稳定性安全系数有一定的差异。对于方形开口礁体,随着开口比的增大,速度力占比逐渐增大,礁体所受最大波流作用力、波流最大作用力矩、抗滑移和抗倾覆安全系数均逐渐减小,但礁体仍处于稳定状态。

3. 星状人工鱼礁周围的流场数值模拟和试验

(1)人工鱼礁模型

如图 2－150 所示,人工鱼礁模型由 4 块矩形有机玻璃组成,4 块玻璃之间相交 450 个角。实际矩形块长 1.0 m,宽 0.8 m,厚 0.1 m。然而,在目前的研究中,礁块模型按 1∶20 的比例缩放,以满足水槽测量面积的物理约束,避免产生不良的渠道壁效应。沿 X 轴注水,Y 轴和 Z 轴分别垂直于水槽的侧壁与底部。

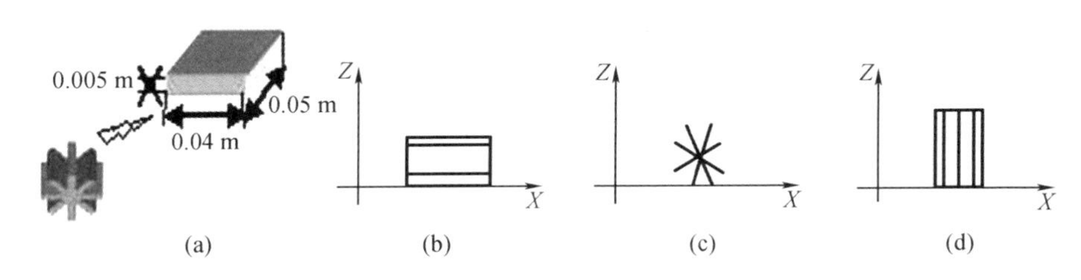

图 2－150　单星人工礁的结构与布置图

按照图 2－150 中(b)(c)(d)部署的单礁模型,如图 2－151 所示,(a)(b)为平行二元组合礁模型,$Y_1=0.5L$,$Y_2=1.0L$($L=4.0$ cm);(c)(d)(e)(f)为垂直二元组合模型,$X_1=0.5L$,$X_2=1.0L$,$X_3=1.5L$,$X_4=2.0L$($L=4.0$ cm)。所有试验段均在人工鱼礁的轴面。

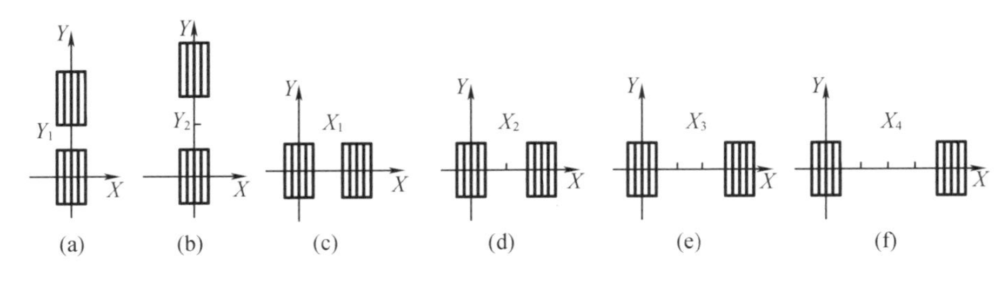

图 2－151　双星组合人工鱼礁布置示意图

(2)试验装置和 PIV 系统

试验在大连理工大学海岸与近海工程国家重点实验室的开放水渠中进行。为了保证流动均匀性,设置室和蜂房按顺序放置。图 2－152 为试验装置和 PIV 系统示意图。通道内部尺寸为 22.00 m × 0.45 m × 0.60 m(长 × 宽 × 高),试验水深 H 为 0.4 m。水槽中心试验区的侧面和底部由玻璃构成,便于 PIV 测量人工鱼

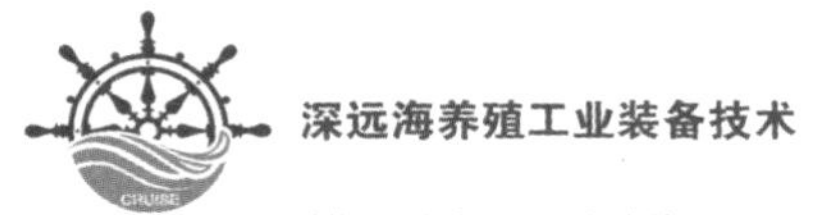

礁模型周围不同位置的流场。

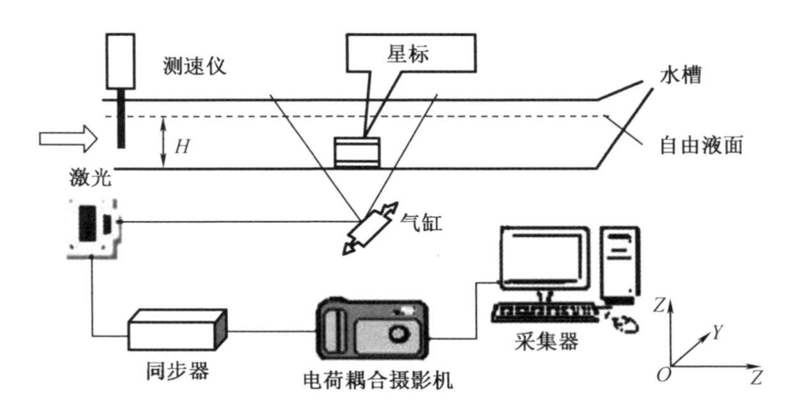

图 2－152　试验装置与 PIV 系统示意图

试验段最大尺寸为 45 cm（宽）×60 cm（深）×100 cm（长）。水槽左端装有离心泵，可将流速控制在 6.7 cm/s、11.0 cm/s 和 18.0 cm/s。根据实际海域的特征流速选择试验流速，实际物理标度对应值分别为 0.3 m/s、0.5 m/s 和 0.8 m/s。用声学多普勒流速仪测量了来流速度。为了减小电流反射，在通道末端安装了消能装置。

如图 2－152 所示，建立三维坐标系（X，Y，Z），以人工鱼礁中心原点为起点，建立 PIV 试验。根据 TSI 公司（美国）规定的试验配置，设计了 PIV 系统的基本光学器件。感兴趣的流动平面被 Nd: YAG 激光器照亮，该激光器能够以 15 Hz 的重复频率产生 3～5 ns、120 ms 脉冲。该激光器产生的光通过由凹透镜和圆柱形透镜组成的透镜装置，并以扇形光片的形式通过暗礁轴向投影。激光和 CCD 相机的脉冲由同步器产生并延迟。这些粒子的图像是由一台 200 万像素的高分辨率 CCD 相机拍摄的。相机的最大帧速率是 32 f/s。利用 CCD 相机（Power View 4MP）与 PC 机运行的图像采集软件进行图像采集。

试验采用每秒 30 张图像的抓取率，最大分辨率为 1 600×1 200。选择反射聚氯乙烯粉的平均直径 10 μm 和密度 1 050 kg/m^3 跟踪粒子添加到水。在获取原始粒子图像时，粒子速度的计算基本上是在互相关的基础上进行的，此外还有矢量误差校正等技术。通过编制程序获得了人工礁周围的速度分布矢量数据。

（3）数学模型

①设置描述

CFD 已广泛应用于液压机性能和水动力载荷的预测。人工礁周围流场是一个复杂的三维紊流。FLUENT 软件是不可压缩（低亚声速）、轻度可压缩（跨声速）和高度可压缩（超声速和高超声速）等复杂流动的 CFD 求解工具。人工礁周围流场的模拟是基于一个动态的、完整的三维模型，并借助于 FLUENT6.3 软件进行了详细的阐述。湍流可以用几种方案来模拟。然而，$RNG_{k-\varepsilon}$模型，因为它提供了一个选项占漩涡的影响或旋转通过修改湍流黏度适当。

为了减少人工礁三维湍流流场数值计算的复杂性，文中提出的模型包括以下假设。

a. 不可压缩、黏性、牛顿流体的水。

b. 等温流动，不考虑水中的热量交换。

c. 将水面模拟为零剪切的“移动墙”力和流入流体的速度相同。

d. 非定态流动（non - steady - state）。

②流体控制方程

瞬态 N - S 方程在工程中广泛采用时均法。运动中的流体必须满足质量和动量守恒方程，其中瞬时的各种物理参数被时间平均值所代替。连续方程和动量方程的微分形式由直角坐标系下的 N - S（RANS）方程定义如下：

$$\frac{\partial u}{\partial x}+\frac{\partial v}{\partial y}+\frac{\partial w}{\partial z}=0$$

动量方程式：

$$\rho\frac{\partial}{\partial x_j}(u_iu_j) = -\frac{\partial p}{\partial x_i}+\frac{\partial}{\partial x_j}\left(\mu\frac{\partial u_i}{\partial x_j}-\rho\overline{u_i'u_j'}\right)+S_i \tag{2-98}$$

式中　ρ——流体的密度；

u_i——X、Y、Z 的平均速度分量；

p——流体对物体微体积的压力；

μ——黏度；

u'——波动速度；

i、j——1，2，3（X,Y,Z）；

S_i——源项。

对于式（2 - 98）中的雷诺应力，双方程模型假设为涡动 - 黏滞关系，由式（2 - 98）给出：

$$-\rho\overline{u_i'u_j'}=\mu_t\left(\frac{\partial u_i}{\partial x_j}+\frac{\partial u_j}{\partial x_i}\right)-\frac{2}{3}\left(\rho k+\mu_t\frac{\partial u_i}{\partial x_i}\right)\delta_{ij} \tag{2-99}$$

式中　μ_t——涡流黏度；

δ_{ij}——克罗内克符号。

为了解决方程组，新的湍流方程关于 k 和 ε 的方程如下。

k 方程式：

$$\frac{\partial}{\partial t}(\rho k)+\frac{\partial}{\partial x_i}(\rho k u_i)=\frac{\partial}{\partial x_j}\left(\alpha_k\mu_{\mathrm{eff}}\frac{\partial k}{\partial x_j}\right)+G_k-\rho\varepsilon \tag{2-100}$$

ε 方程式：

$$\frac{\partial}{\partial t}(\rho\varepsilon) + \frac{\partial}{\partial x_i}(\rho\varepsilon u_i) = \frac{\partial}{\partial x_j}\left(\alpha_\varepsilon \mu_{\text{eff}} \frac{\partial \varepsilon}{\partial x_j}\right) + C_{1\varepsilon}\frac{\varepsilon}{k}G_k - C_{2\varepsilon}\rho\frac{\varepsilon^2}{k} - R_\varepsilon$$

式中　α_k 和 α_ε——贝尼西－希尔德布兰德方程，分别编号为 k 和 ε 方程；

G_k——由湍流动能引起的平均流速梯度；

$C_{1\varepsilon}$ 和 $C_{2\varepsilon}$——常量值为 1.42 和 1.68；

μ_{eff}——有效性黏度系数，定义为

$$\mu_{\text{eff}} = \mu_t = \rho C_\mu \frac{k^2}{\varepsilon} \tag{2-101}$$

C_μ——常数，等于 0.084 5；

R_ε——等于 $\frac{C\mu\rho\eta^3(1-\eta/\eta_0)}{1+\beta\eta^3}\frac{\varepsilon^2}{k}$；

η——等于 Sk/ε；

η_0 和 β——常数，分别为 4.38 和 0.012。

③计算网格

采用 Tgrid 方法，利用 GAMBIT 软件进行了四面体非结构化网格划分。为减少计算量，人工礁模型周边网格加强，其他网格稀疏。第一种布局形式的计算网格如图 2－153 所示。

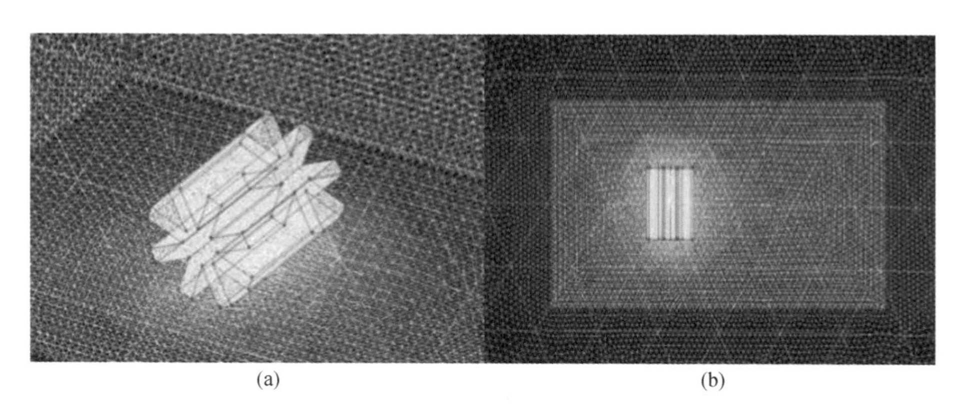

图 2－153　计算网格的视图

④边界条件和近壁处理

假定流体黏性，常用的边界条件设置配置如下。

a. 左流进口作为一个入口速度与稳定统一的当前速度与 PIV 试验。

b. 正确的流出口被作为未知的流出速度和压力。

c. 上边界被定义为一个“移动墙”以同样的速度入口电流。

d. 水槽的墙和人工礁与无衬壁条件设置。

输运方程不适用于壁面附近区域，引入“壁面函数”，将壁面附近的物理量与湍流核心区联系起来。模拟湍流时选择的近壁处理将决定与壁相邻的元素的大小。本书采用标准壁面函数，在紊流区充分发育时布置第一个网格节点。

（4）数值方法

FLUENT 采用有限体积法依次求解控制方程。在 CFD 模拟中，系统被细分为单元，在单元中进行局部质量和动量平衡方程的数值求解。控制方程在每个控制体积上积分，为因变量建立离散化的代数方程。这些方程是线性化使用隐式和迭代，以实现收敛的解决方案。利用一阶隐式非定常格式的三维压力求解器进行了数值模拟。梯度的估计采用基于绿高斯单元的方法。采用 SIMPLEC 算法进行压力－速度耦合，并在二阶逆风下进行动量、湍流动能和湍流耗散率的离散格式。当所有残差均小于 3～10 时，假定每个时间步长都收敛，如果残差未能通过这些阈值，则认为每个时间步长最大迭代次数为 100 次。

（5）结果分析

人工礁的生态效应主要来源于其流场效应。人工礁的流场特征主要是上升流和后涡流。为了便于仿真和试验结果的比较，本书引入了一些定义。上升流区是指沿垂直方向（Z 轴）的流速等于或大于来流流速的 10%。H_{up} 表示上升流区域的最大高度。V_a 是平均上升流流速，其定义为上升流流速之和与测量次数之比点。顺时针旋转的漩涡出现在人工鱼礁的后方，称为反向漩涡流。L_e 表示后涡流的长度，它几乎等于再循环区的最大长度。PIV 和 CFD 分别代表试验和仿真结果。

①单星人工鱼礁

单礁模型（一）的流场特征如图 2－154 所示。结果表明，3 种进口流速下上升流区的模拟高度与试验值接近。模拟的上升流平均流速和后涡流长度与试验结果吻合较好。主要误差存在于上升流的平均流速，试验与模拟的平均误差小于 12%。在进口流速相同的情况下，3 种布置方式中上升流区高度和后涡流长度最小。

图 2－155 为仿真结果与试验结果对比。数值模拟产生的流场规模和强度与试验相比较大。然而，两种方法的结果都有相似的变化趋势，随着来流速度的增加，入口流速最大时，上升流强度的误差值为 19%，试验与模拟结果的平均误差在 9% 以内。

如图 2－156 所示，理论模拟的流场特性与单礁模型试验结果吻合较好，平均误差为 8%，可以较好地应用于工程计算。在这种布置中，人工礁的高度和入射流面积最大，相应的上升流高度和平均流速也大于其他两种布置。但与单礁模型（图 2－155）相比，后涡流长度随着来流速度的增加而减小。

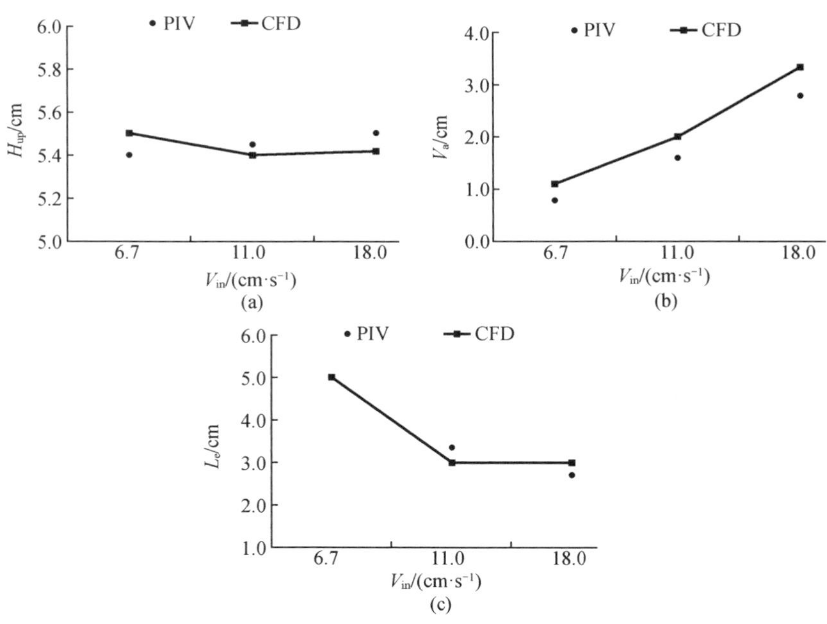

图 2-154 单礁模型 $Y=0$ 横断面的 H_{up}、V_a 和 L_e 图(一)

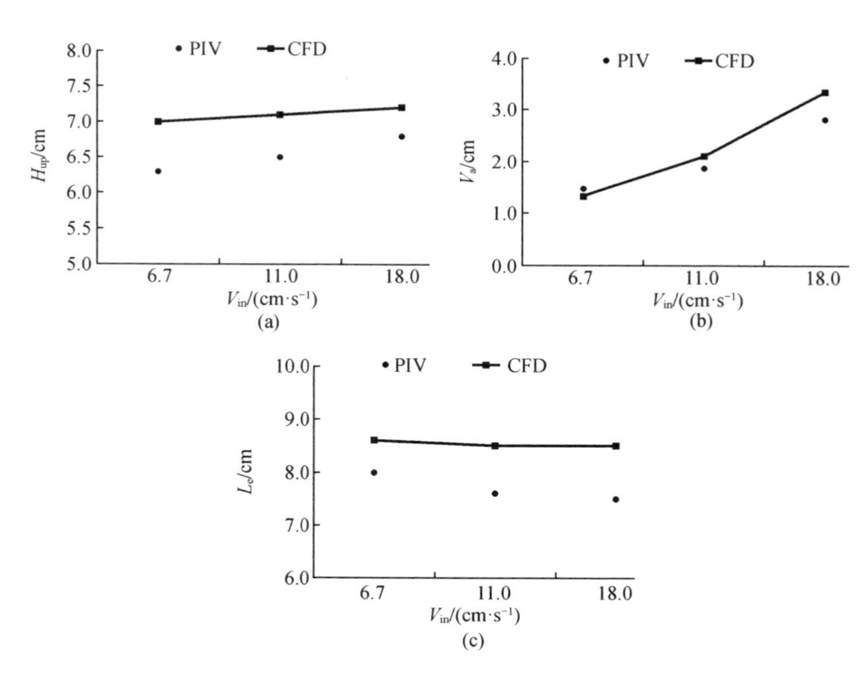

图 2-155 单礁模型 $Y=0$ 横断面的 H_{up}、V_a 和 L_e 图(二)

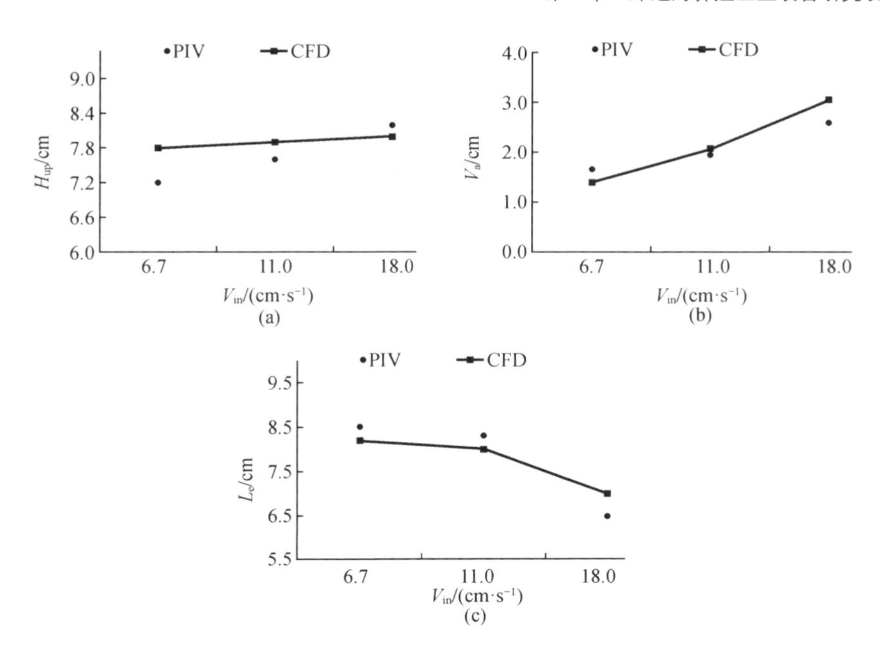

图 2-156　单礁模型 $Y=0$ 横断面的 H_{up}、V_a 和 L_e 图(三)

②平行双星人工鱼礁

在这种情况下,两个人工鱼礁沿着水槽底部的轴线两侧对称展开。每礁布置形式与单礁模型(图 2-155)相同,间距为 $0.5L \sim 1.0L$($L=4.0$ cm)。

由图 2-157 可知,模拟得到的上升流区域高度大于试验值,但随着进口流速的增大,上升流区域之间的间隙减小。与上升流相比,模拟结果与试验数据吻合较好。平行组合人工礁轴向面流动特征与单礁模型(图 2-155)相似,也可以观察到该间距中两种方法所产生的上升流和后涡流尺度大于单一条件。

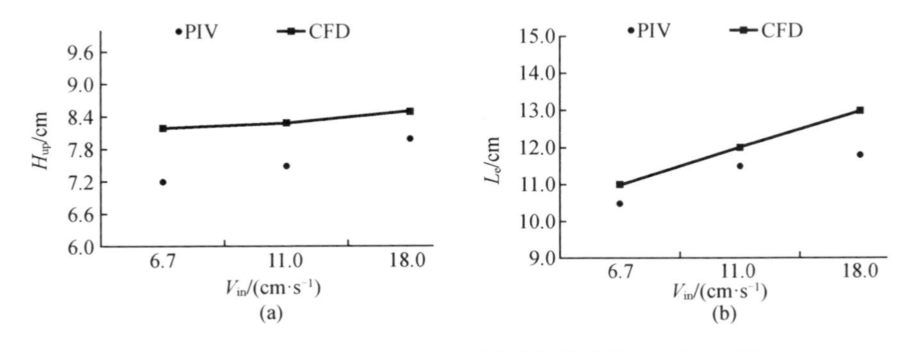

图 2-157　平行间距为 0.5L 时试验与仿真的 H_{up} 和 L_e 图

如图 2－158 所示，数值模拟得到的上升流区域高度与各进口流速下的测试结果接近，平均误差小于 7％。但两种方法的后涡长度误差较大。得到了后涡长度随进口流速的变化趋势，虽然有一定的差异，但基本一致。上升流和后涡流规模大于单礁模式（图 2－155）条件，但小于 0.5L 工况平行间距。

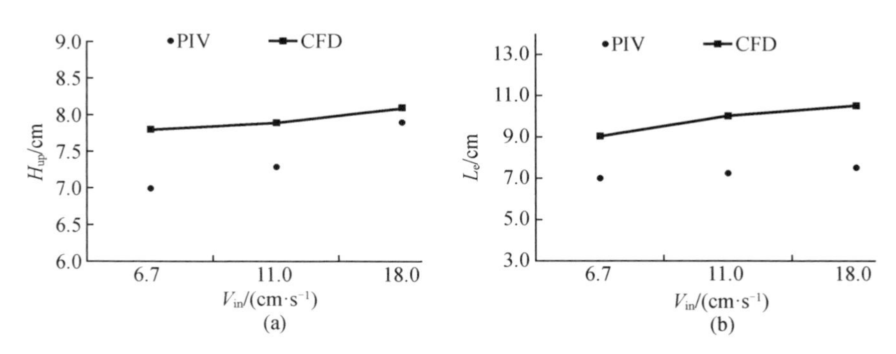

图 2－158　平行间距为 1.0L 时试验与仿真的 H_{up} 和 L_e 图

③垂直双星人工鱼礁

图 2－159 分别是由 PIV 试验和数值模拟得到的垂直间距为 0.5L、1.0L、1.5L和 2.0L 的二元人工鱼礁轴向面流线对比，来流速度为 11.0 cm/s。在两个人工鱼礁之间，可以看出，两种方法在每一间距处都获得了相似的流场特征。涡旋出现在两个人工鱼礁之间的每个间隔。

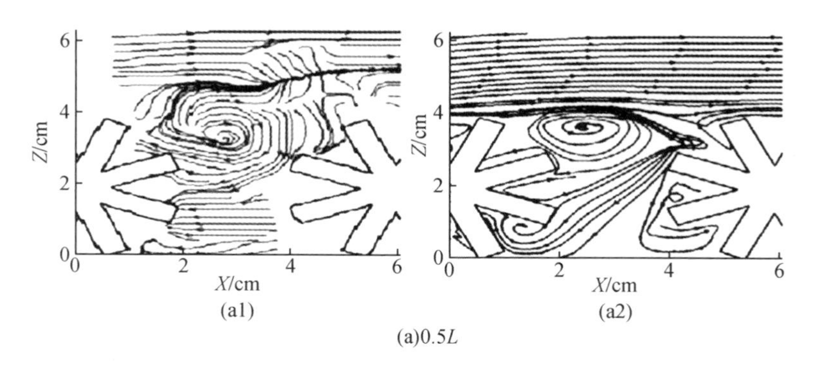

图 2－159　垂直间距分别为 0.5L、1.0L、1.5L、2.0L 的二元人工鱼礁轴向面试验模拟流线图（左边为 PIV 方法，右边为 CFD 方法）

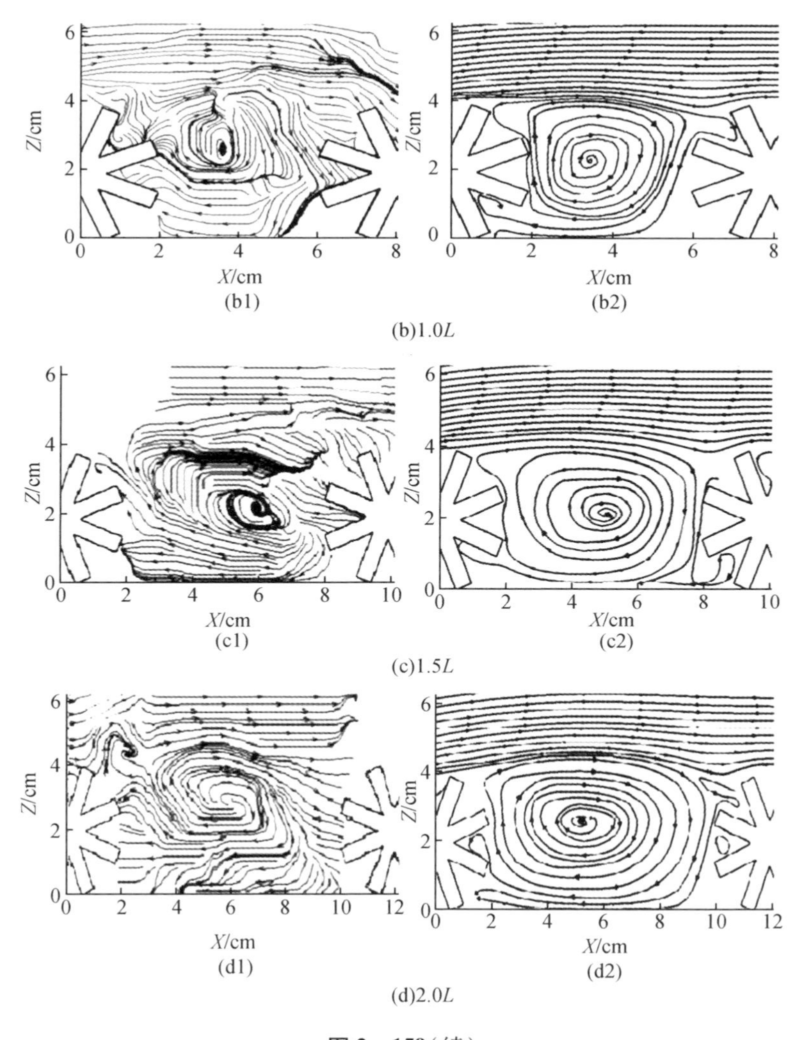

图 2 - 159(续)

在 0.5L 处,旋涡最小,位于两个礁体中间的上部区域。随着间距的增大,涡的尺度增大,涡核不断运动。旋涡中心是流速接近于 0 时的一个重要特征量。两个人工鱼礁之间的最大反向流速位于漩涡的底部。4 种间距的最大反流速度与来流速度之比分别为 0.38,0.30,0.38,0.41。

(6)结论

通过试验和利用 FLUENT 软件进行数值模拟研究的方法,分析了星状人工鱼礁单一组合和两种组合周围的流场。

在实验室中,通过对流场的无创粒子图像测速,验证了数值计算结果。模拟得到的人工鱼礁上升流和后涡流的规模及强度与实验数据吻合较好。

结果表明,人工鱼礁的高度和入射流面积越大,对流场的影响越大。在平行二元工况下,0.5L 间距处上升流区域和后涡流尺度大于单工况,1.0L 间距处上升流区域和后涡流尺度大于单工况。在垂直二元人工鱼礁组合中,每个间距的两个鱼礁之间都会出现漩涡,漩涡的直径随着间距的增大而增大。两个礁体之间的最大反向流速随着间距的增大而减小,然后增大。

第3章 深远海养殖重点系统设备的研制

深远海养殖工船依托循环水处理、深水变水层取水和综合智能管控等技术系统,这些系统设备能有效地隔绝外来病原,保障养殖系统,提高养殖密度;同时具备自航能力,可快速躲避台风等恶劣海况,兼顾航行过程中维生系统不间断工作能力;还可在船上开展养殖鱼类加工和冷藏存储,提高产品品质。

对于深远海养殖工业,研制与发展这些系统设备是非常必要的。

3.1 循环水处理系统

3.1.1 海水鱼类工厂化养殖循环水处理系统概况

鱼类养殖是继海带、扇贝、对虾之后我国海水养殖业的第四次发展浪潮,特别是大菱鲆的引进,以及半滑舌鳎、漠斑牙鲆、塞内加尔鳎等新品种的相继开发,"深井海水+温室大棚"工厂化养殖模式的确立,使我国的海水鱼类养殖近年来取得了举世瞩目的成就,目前我国工厂化养殖水体已达500万m,年产值超过40亿元。

在巨大的成绩面前我们应该清楚地意识到,我国的海水鱼类工厂化养殖主要以农户为主体,规模小、设施简陋,是建立在对地下海水资源的过量开采和对沿岸生态环境的破坏基础上的,还处于发展的初级阶段;随着养殖规模的逐渐扩大势必会导致病害的频繁发生。针对海水鱼类工厂化养殖中出现的问题,国家在"十五"期间投入了大量的人力、物力开展了循环水处理系统的研究工作。中国水产科学研究院黄海水产研究所有幸承担了国家"863"高科技发展计划项目"工厂化鱼类高密度养殖设施优化技术"及国家农业结构调整重大技术研究专项"工厂化高效健康养殖及水质调控技术研究与示范"。通过以上项目的实施,我们在借鉴国外发达国家海水设施养殖先进经验的基础上，研发了包括微滤机、蛋白分离器、生物净化池、紫外线消毒在内的一批具有自主知识产权的循环水养殖重大水处理装备。

“十一五”期间，我们又在国家“863”高科技发展计划项目“工厂化海水养殖成套设备与无公害养殖技术”及国家科技支撑计划项目“工程化养殖高效生产体系共性技术研究与开发”的扶持下，对循环水处理设备进行了升级改造，对全系统进行了优化整合，更进一步体现了高效、节能、减排的特性。我们还根据过去循环水养殖系统存在的小而全、投资大、推广难的实际情况，提出了因地制宜发展海水鱼类循环水养殖的新思路，既能满足广大养殖渔农民对循环水养殖的需求，提高产品的质量，又符合国家节能减排的产业政策。项目实施以来，我们先后在山东、辽宁、河北、天津等地建立了多个养殖示范基地，并逐步推广到对虾和海参的工厂化养殖，取得了显著的经济和社会效益。

3.1.2 PCL－SND 系统处理循环水养殖水体

1. 简述

(1)循环水养殖水处理意义

目前，中国已经成为世界上淡水养殖规模最大、水产消费市场容量最大的国家，人们对水产品的需求量越来越大，人工养殖已经成为提供水产品的主要途径。然而，传统的养殖方式需水量大、养殖密度低、生产效益不高，已经不能满足现在的需求。循环水养殖(recirculating aquaculture systems，RAS)被越来越多的人关注，它具有生产效率高、节水省地、自动化、降低劳动力成本等优点，欧洲建立 RAS 生产技术的国家主要是荷兰和丹麦，水产孵化生产也正转向使用 RAS。但它也具有一定的缺点，如运行费用较高，鱼类的排泄物和残饵会产生高浓度的氨氮(NH_4^+ －N)，NH_4^+ －N 可被氧化成亚硝酸盐(NO_2^- －N)和硝酸盐(NO_3^- －N)。NH_4^+ －N 和 NO_2^- －N 对养殖鱼类有毒害作用，虽然 NO_3^- －N 相对于 NH_4^+ －N 和 NO_2^- －N 而言，对养殖鱼类的危害较小，然而积累到一定的浓度时对鱼类也有毒害作用。另外，这些含氮化合物又可促进水体的富营养化、消耗水体中的溶解氧等。因此，去除水体中的含氮化合物是 RAS 水质处理的核心内容，需要寻找一种快速高效的去除含氮化合物的方法。去除含氮化合物的方法有化学脱氮法、物理脱氮法、生物脱氮法等，RAS 中常用的是生物脱氮法。

(2)循环水养殖水体的生物脱氮现状

国内的报道大部分是实验性的研究,应用于实际生产的不多。何洁设计的牙鲆循环养殖系统的水处理系统包括沉淀池、泡沫分离器、硝化滤器、反硝化滤器和大型海藻滤器,该系统运行稳定后水质指标达到养殖要求,系统内牙鲆生长良好。唐天乐等设计包括生物合成固氮、污泥吸附分离脱氮、光化学脱氮、微生物脱氮、物理脱氮等环节的循环净水系统,取得较好的脱氮效果。胡庚东等构建的淡水池塘循环水养殖模式,由水源地、养殖池塘、生态沟渠(1 级净化)、2 级净化塘和 3 级净化塘组成,该模式对水体氮磷的去除效果良好。黄晓婷研究了 O_3 和 BAC 联用技术处理封闭循环鲤鱼养殖系统养殖水的效果,该结果表明,经 O_3 和 BAC 联用技术处理过的养殖水水质良好且稳定,系统内鲤鱼生长良好。李岑鹏等设计的水产养殖循环水处理系统由氧化沟、生物膜池、上下行滤池、蓄水池、紫外消毒器五部分组成,适用于鳗鲡的养殖生产。邹俊良使用生物集成系统净化水产养殖废水,出水满足淡水健康养殖的要求。万红等采用以组合填料为载体的序批式生物膜反应器来处理水产养殖废水,并验证了该方法处理养殖废水的可行性。

相对于国内而言,国外在循环水养殖废水处理中对脱氮系统工艺的选择、运行参数及处理效果等方面进行了大量研究,研制了许多商品化的水产养殖废水处理设备和工艺,可以部分或全部实现养殖水的循环使用。Piamsak Menasveta 等设计的系统包括养殖池、硝化过滤池和反硝化装置来处理海水循环水养殖的黑虎虾亲虾的养殖废水,该研究表明,氨氮和亚硝氮的浓度在黑虎虾可接受的范围内,更换碳源种类和延长水力停留时间可显著降低硝酸盐的含量。A. Boley 等将可生物降解聚合物作为碳源和载体来处理循环水养殖废水,结果表明,相对于对照组而言,试验组中硝酸盐浓度相对较低,并且 pH 值也比较稳定。Simonel Sandu 等设计的水处理系统包括沉淀池、反硝化滤池、臭氧、滴滤池和化学絮凝,该系统可以高效地处理和回收利用养殖废水。M. J. Sharrer 等使用结合活性污泥的膜生物反应器处理循环水养殖系统回流的含盐水体,总氮的去除率不随盐度的改变而改变,稳定在 90% 以上,总磷的去除率随着盐度的增加而减少。T. E. I. Wik 等设计了一个综合动态水产养殖和废水处理的模型,此模型可以分析、预测和解释 RAS 的生产性能。

(3)新型生物脱氮技术——同时硝化反硝化工艺

同时硝化反硝化(simultaneous nitrification and denitrification,SND)即硝化反应和反硝化反应同时发生在同一个单一的反应器中,也称好氧反硝化。发现于

20 世纪 70 年代的氧化沟中。1973 年 Derws 报道了在迅速切换好氧/缺氧环境中的 Orbal 氧化沟中的 SND 现象。Charle 等报道了在氧化沟污水处理厂中 91% 总氮去除的现象。

与传统的生物脱氮相比,SND 具有以下优势。

①硝化反应和反硝化反应在同一反应器中同时进行,减小了设备体积,缩短了反应时间。

②硝化反应消耗的碱度和反硝化反应产生的碱度相互抵消,不需要补充碱度,节约成本。

③完全的脱氮、促进磷的去除。

④减少好氧需求,节约能量。

⑤SND 过程中减少了 22%~40% 的碳源的使用,减少了 30% 的污泥的产生。

a. 作用机理

SND 的作用机理,目前普遍认为有 3 种,即宏观环境理论、微环境理论和微生物理论。

(a)宏观环境理论

生物反应器内部由于混合状态的不同,存在着好氧区域和厌氧区域,即为宏观环境。正是因为反应器内同时存在好氧和厌氧区域,为 SND 的发生提供了条件。

(b)微环境理论

微环境理论是目前普遍接受的一种理论。该理论从物理学角度研究了活性污泥和生物膜微环境中各种物质传递的变化,絮体内部或生物膜的内部由于氧气扩散的限制而形成氧气浓度梯度,在絮体内部或生物膜内部存在厌氧区域允许发生异养反硝化,即硝化细菌存在于氧气浓度高的絮体表面或生物膜表面,反硝化细菌存在于氧气浓度较低的絮体内部或生物膜内部,从而导致 SND 的发生。

(c)微生物理论

通常硝化细菌为自养好氧微生物,反硝化细菌为兼性厌氧微生物。然而好氧反硝化细菌和异养硝化细菌的发现,打破了传统理论认为的硝化反应只能由自养菌完成而反硝化只能在厌氧条件下进行的观点,为好氧反硝化的解释提供了生物学依据。一些研究表明,硝化反应能在完全厌氧的条件下发生,同样,反硝化也可在好氧条件下发生。同样为解释 SND 提供了理论基础。

目前已知的好氧反硝化菌有 Pseudomonas spp.、Alcaligenes facealis、Thiosphaera pantotropha 等。异养硝化菌主要存在于假单胞菌属、产碱杆菌属、副

球菌属和芽孢杆菌属等。

b. 影响因素

SND 的影响因素很多，如絮体的大小或生物膜的厚度、溶解氧（DO）、碳氮比（C/N）、污泥停留时间（SRT）和水力停留时间（HRT）、温度（T）、pH 值等。

（a）絮体大小或生物膜的厚度

絮体大小或生物膜的厚度直接影响着缺氧环境的形成及稳定程度。根据微环境理论可知，由于氧气扩散的限制，絮体内部或生物膜内部存在厌氧区域可发生异养反硝化。絮体过大或过小时，都会影响物质的传递，影响絮体内微生物的代谢活动，进而影响脱氮效果。所以对于某一特定的反应器而言，絮体存在一个最佳的粒径范围，在絮体内部形成合适的好氧区和厌氧区。澳大利亚学者对此进行了专门的研究，在硝化速率不变的情况下，将絮体的直径由 80 μm 减小到 40 μm 时，SND 的脱氮效率由 52% 减小到 21%，表明 SND 脱氮效率的降低是由絮体内部厌氧区域的减少造成的。Klangduen Pochana 等做相关的研究证明微生物絮体尺寸的大小确实会对 SND 效果产生影响，SND 的脱氮能力随絮体大小的增加而提高。当粒径在 50 ~ 110 μm 时可以在絮体内部形成缺氧区导致反硝化反应的发生，平均粒径在 80 μm 时可以取得 52% 的 SND，随着粒径的减小 SND 降至 21%。

（b）DO

DO 是影响 SND 的主要因素之一。硝化细菌与反硝化细菌对氧气的需求不同，当 DO 超过 0.2 mg/L 时反硝化速率会降低，当 DO 低于 2 mg/L 时硝化反应将会受到抑制。因此寻找 SND 最适的 DO 至关重要，高浓度时 DO 会扩散到絮体内部，使厌氧区域变小，反硝化反应受到影响导致 SND 脱氮速率降低。低浓度时硝化反应受到影响也不利于 SND 的发生。有研究显示，当 DO 浓度为 0.5 mg/L 时，硝化速率和反硝化速率相等，可发生完全的 SND。S. Murat Hocaoglu 等研究了低 DO 对膜生物反应器 SND 处理废水的影响，在低 DO 条件下硝酸盐被全部去除，但是随着 DO 浓度的增加，去除率逐渐减少，DO 为 0.15 ~ 0.35 mg/L 时废水的脱氮效率最好。周丹丹等利用序批式活性污泥污水处理方法（SBR），研究 DO 对 SND 的影响，DO 范围在 0.5 ~ 0.6 mg/L 时最适合 SND 脱氮。由于反应器形式、初始反应条件等因素对 DO 有很大的影响，因此对于不同水质和不同的工艺而言，最适溶解氧范围需要在实践中确定。

（c）C/N

反硝化过程中，反硝化细菌需要有机碳源作为能量的来源。C/N 较低时，无法为反硝化提供足够的碳源，发生不完全反硝化，导致硝酸盐氮的积累，从而阻碍氨氮的去除。另外，有机碳源也是微生物生长的物质基础，碳源不充足，影响体系内细菌的生长，也不利于反应的进行。C/N 较高时，自养菌难以与异养菌竞争，不利于硝化反应的进行，也会影响 SND 的脱氮效果，因此，实现 SND 需要一定的 C/N。Ying - Chih Chiu 等研究了 SBR 中 SND 的 C/N，C/N 低时碳源消耗很快，导致 SBR 中 SND 不稳定，C/N 为 11∶1 时，反应器中的氨氮被全部去除并且没有亚硝酸盐的累积，随着 C/N 的降低，氮的去除率逐渐下降。不同种类的碳源同样影响反硝化速率，Klangduen Pochana 等把醋酸盐、甲醇和葡萄糖作为碳源进行比较，其结果为醋酸盐作为碳源时反硝化速率最大，然后是甲醇，最后是葡萄糖。最近的一些研究表明，可生物降解聚合物可作为碳源和载体来进行 SND。Libing Chu 等在移动床反应器中使用聚己内酯（PCL）作为生物膜的载体和碳源处理低 C/N 的人工污水，成功实现了 SND，HRT 为 18.5 h，总氮（TN）的平均去除率为 74.6%，取得了较好的效果。唐成婷等以磷酸缓冲盐（PBS）为碳源和载体的 SND 系统脱氮研究显示，系统运行稳定时，TN 去除率高达 99.10%。

（d）SRT 和 HRT

SRT 是活性污泥系统的重要标志和操作参数，SRT 可以控制一些工艺参数，如出水水质、需氧量与排泥量等。SRT 是硝化过程中的重要参数，较长的 SRT 可强化硝化反应，减少污泥的产量。在生物脱氮系统中，由于氨氧化细菌（AOB）和亚硝酸盐氧化菌（NOB）增殖所需时间不同，可调整 SRT 来改变微生物的群落结构，如积累 AOB，去除 NOB，进而影响硝化反应。H. Kazuaki 等在研究实验室规模的膜生物反应器系统时发现在高的 SRT 时 SND 变得更加明显。

硝化细菌的生长速度较慢，对一些环境因素比较敏感，并且硝化细菌不能与异养菌竞争，因此，在 SND 中，硝化作用是整个反应的限速步骤。一些研究通过延长 HRT 来稳定硝化细菌的活性，从而提高整体的脱氮效率。但是过长的 HRT 会使反应器的体积变大，增加设备的投入。对于反硝化而言，延长 HRT 可提高硝酸盐的去除率，但是又不宜过长。Bui Xuan Thanh 等的研究表明，有机污染物（COD）和 TN 的去除率随着 HRT 的减少而减少。

（e）其他

温度（T）不仅影响硝化细菌和反硝化细菌的代谢活性，而且影响微生物群落结构和种群的丰富度。硝化细菌的最适生长温度为 20 ~ 30 ℃，反硝化细菌的最适生长温度为 20 ~ 40 ℃，想要 SND 达到很好的脱氮效果，温度就应同时适合硝化细菌和反硝化细菌。一般认为，SND 的最适温度为 25 ~ 30 ℃。pH 值是影响废水生物处理工艺运行中硝化反硝化反应程度的一个指标，硝化反应最适 pH 值为 7.5 ~8.5，反硝化反应最适 pH 值为 6.5 ~7.5，细菌对 pH 值的变化十分敏感，pH 值过高或过低都会影响细菌的活性，进而影响 SND 的去除效果。因此设置适合的 pH 值十分重要。一般认为，SND 的最适 pH 值为 7.5 左右。

c. 研究现状

目前，国外活性污泥 SND 已经应用于污水处理厂中，国内仍处于实验室研究阶段，主要集中于处理生活污水和城市污水，取得了良好的脱氮效果。国内外一些关于 SND 的研究进展见表 3 - 1。

表 3 - 1　国内外一些关于 SND 的研究进展

反应器	处理污水	TN/%	作者
SBR	人工配制废水	88	张万友
SBR	城市污水	80	张可方
SBR	味精废水	85	于鲁翼
MBR	生活污水	85	赵冰怡
BAF	生活污水	80	刘硕
MBR	综合废水	80	M. Pactkau
BASR	城市污水	85 ~95	E. Walters
FBHS	焦化厂废水	94	QI Rong
MBR	城市污水	89	H. Seung
MBR	生活污水	85 ~95	M. Sarioglu

(4) 高通量测序技术应用于微生物群落结构分析的现状

生物脱氮法处理污水时，其主要是依赖硝化细菌和反硝化细菌将含氮化合物氧化还原为氮气，释放到空气中，从而起到脱氮的作用，因此，微生物的种类、数量、群落结构和生物多样性可以影响处理效果。研究生物脱氮处理系统中微生物的群落结构和生物多样性有利于揭示污染物的去除机理，优化运行条件、提高处理效果等。

传统的微生物分析方法，如纯种分离和培养，可培养的微生物数量有限（0.1% ~10%），分析微生物的群落结构有较大的局限性，误差较大，无法对其进行全面分析。现代分子生物技术有荧光原位杂交、变性梯度凝胶电泳、高通量测序、克隆文库等，克服了传统分析方法的不足，可以快速准确地分析样品中的微

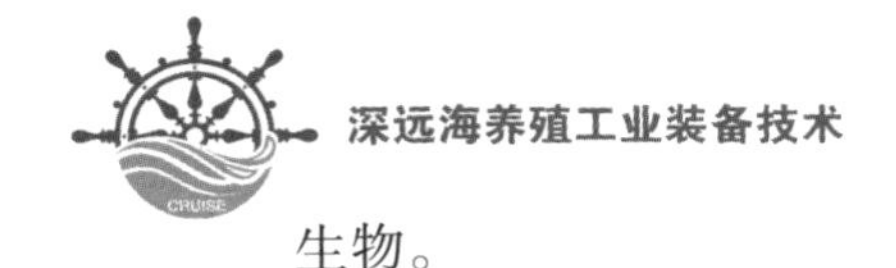

生物。

高通量测序技术(high - throughput sequencing,HTS)是指能一次并行对几十万到几百万条DNA分子进行序列测定和一般读长较短等为标志的二代测序技术,又称"下一代"测序技术("Next - generation" sequencing technology)或深度测序技术(deepsequencing technology)。HTS能给出详细的微生物群落结构定性和定量的信息,尤其是分析组在0.01%~0.1%的相对丰度下。相对于Sanger测序技术(一代测序)而言,HTS具有高通量、速度快、成本低等特点,并且可直接通过聚合酶或连接酶进行体外合成测序。因此,HTS已广泛应用于分析各种样品中的微生物群落的多样性和丰富度。Lin Ye等运用HTS分析实验室规模的硝化反应器和实际污水处理厂中活性污泥微生物群落的结构,在门和属的分类水平上比较了两组样品的多样性。Pei - Yuan Qian等运用HTS分析红海中微生物群落的垂直分层,上层的优势菌落为蓝藻门,下层的优势菌为变形菌门。S. L. Mc Lellan等运用HTS对污水处理厂进水中微生物的群落结构和多样性进行分析。Q. Ma等使用HTS研究钢铁工业中焦化废水处理厂中微生物的组成和群落结构,类聚分析和典范对应分析表明,操作模式、流速和温度可能是影响微生物群落形成的关键因素。L. Ye等使用HTS研究城市污水中活性污泥、消化污泥、进水和出水中的微生物群落,对应的优势菌群分别为α - 变形菌、热胞菌纲、δ - 变形菌、γ - 变形菌。张正等运用HTS研究池塘养殖半滑舌鳎消化道、池水、池塘底泥、颗粒饵料中微生物的群落结构,结果表明半滑舌鳎消化道内的微生物群落结构具有一定的独立性,几乎不受养殖环境的影响。

2. PCL - SND系统的启动过程

碳源的种类影响反硝化的速率,液体碳源如甲醇、乙醇、乙酸等,虽然反硝化速率高,但是在进水水质处于波动的情况下会造成碳源添加不足或过量,棉花、纸屑等固体碳源不仅碳源释放效率低,而且溶出物复杂可能会对处理水体造成二次污染,可生物降解聚合物(biodegradable polymers,BDPs)只在微生物的作用下降解,可避免上述问题。因此,近年来,使用BDPs作为反硝化的生物膜载体和碳源处理养殖水体中的硝酸盐受到了越来越多的关注。而将BDPs作为SND工艺的碳源和生物膜载体的研究较少,Libing Chu等在移动床反应器中使用PCL作为生物膜的载体和碳源处理低C/N的人工污水,成功实现了SND,取得了较好的效果。因此,本试验采用气提反应器以PCL作为SND工艺的生物膜载体和碳源来处理养殖水体,研究PCL - SND系统的启动过程,以便为SND工艺在水产养殖中的应用提供理论基础。

(1)材料与方法

①试验材料

试验用水为模拟养殖废水，主要由硫酸铵(47.2 mg/L)、磷酸氢二钾(78 mg/L)、磷酸二氢钾(31 mg/L)、七水合硫酸镁(95 mg/L)、氯化钾(37 mg/L)、硝酸钾(360 mg/L)和微量元素(2 mg/L)组成，微量元素包括乙二胺四乙酸(640 mg/L)、七水合硫酸亚铁(550 mg/L)、七水合硫酸锌(230 mg/L)、一水合硫酸锰(340 mg/L)、五水合硫酸铜(75 mg/L)、钼酸铵(25 mg/L)、硝酸钴(47 mg/L)。其中 $c(NH_4^+-N)=10$ mg/L，$c(NO_3^--N)=50$ mg/L，$c(TN)=60$ mg/L，$c(TOC)=4.58\sim38.9$ mg/L，pH 值 $=7.45\sim8.10$。试验所用 PCL 购于深圳市光华伟业实业有限公司，为平均直径 3 mm 的圆柱形颗粒，其相对密度为 1.12 kg/L，平均分子量为 80 000 g/mol，熔点为 60 ℃，纯度≥99.5%，水分≤1%，断裂伸长率为 800%，熔体流动指数为 3 g/10 min。

②试验装置

试验所用反应器为透明的有机玻璃柱，高 60 cm，内直径为 10 cm，外直径为 20 cm。有效反应体积为 11 L。试验装置示意图如图 3-1 所示，由进水池、蠕动泵、反应器、曝气头、出水池等组成。

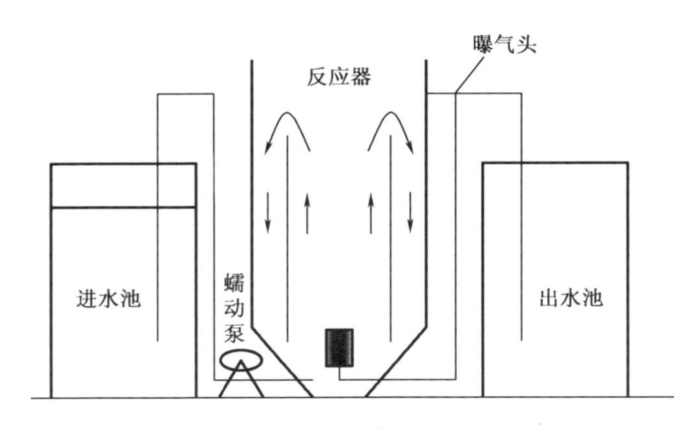

图 3-1　试验装置示意图

③试验设计

试验所用 PCL 用超声波清洗仪(KQ2200E 超声波清洗器，昆山市超声仪器有限公司)洗净后在 35 ℃烘箱中烘干，然后用紫外灯照射 12 h，之后在常温下将 PCL 放入有机玻璃柱中，填入量为 1.1 kg。反应器中通入模拟养殖废水，进水方式为持续底流进水，进水流速由蠕动泵控制，进水 pH 值为 7.5~8.0，采用间歇曝气方式(1 h 开/1 h 关),气流量为 200 L/h,整个试验期间进水 DO 浓度为 5.59 ± 1.02 mg/L。试验前 20 d 进水中不含 NO_3^- – N,主要培养硝化细菌。20 d 后加入 50 mg/L 的 NO_3^- – N,培养反硝化细菌。试验内容:自然状态下挂膜,挂膜期间,通过蠕动泵控制 HRT 24 h,每天定时检测 NH_4^+ – N、NO_2^- – N、NO_3^- – N、TN 等水质指标的变化直至反应器运行稳定,若连续 3 次检测 PCL – SND 系统出水 TN 浓度的平均值差异在 5% 之内,表明反应器处于稳定状态。每隔 10 d,从反应器中随机取出几颗 PCL,清洗干净之后,用于电镜扫描(SEM)。

④测定方法

待测水样先经 0.45 μm 的滤膜过滤之后测定各参数,NH_4^+ – N 和 TN 分别采用纳氏试剂光度法和过硫酸钾氧化 – 紫外分光光度法测定,NO_3^- – N 和 NO_2^- – N 分别采用紫外分光光度法和盐酸萘乙二胺比色法测定,总有机碳(TOC)用总有机碳分析仪(TOC – V. CPH,日本岛津企业管理有限公司)进行测定,DO 和 pH 值利用 YSI556(YSI Incorporated 1725,Yellow Springs,OH,美国)测定。生物量用脂磷法测定。PCL 表面结构,由电子扫描显微镜(S3400NII,日本日立有限公司)扫描,NH_4^+ – N 和 TN 的去除公式如下:

$$RR = (c_0 - c_t)/c_0 \cdot 100\% \tag{3-1}$$

式中 c_0、c_t——NH_4^+ – N 和 TN 的初始浓度、测量时的浓度。

(2)结果与讨论

①PCL – SND 系统的脱氮性能

PCL – SND 系统的脱氮效果如图 3 – 2(a)所示,PCL – SND 系统在启动初期,由于微生物处于生长和富集状态,生物量较小,所以出水中的含氮化合物含量较高,处理效率较低。NH_4^+ – N 浓度在系统运行了 10 d 之后降到 2.0 mg/L 以下,之后一直在 2.0 mg/L 左右波动,系统达到稳定状态时去除率为 76.55% ± 0.98%。反应器运行的前 40 d,出水 NO_3^- – N 浓度基本都在 5 mg/L 以下,后期出现了一定的积累,浓度达到(21.36 ± 1.60) mg/L,后期 NO_3^- – N 的积累可能与碳源不足有关,由图 3 – 2(b)可知,后期出水 TOC 下降到 22.45 mg/L,导致碳源不足,影响了反硝化的进行,造成 NO_3^- – N 的积累。整个反应期间 NO_2^- – N 没有明显的积累(< 0.5 mg/L)。系统运行稳定时,TN 的去除率为 56.85% ± 2.21%,最高可达 70%。Libing Chu 等在移动床反应器中使用 PCL 作为生物膜的载体和碳源处理低 C/N 的人工污水,成功实现了 SND,该移动床反应器在启动后运行了一个月达到稳定状态,HRT 为 18.5 h,TN 的平均去除率为 74.6%,并且 NO_2^- – N 没有明显的积累。E. Walters 等在气提反应器中使用 PHB 和 PCL 的混合物作为

生物膜的载体与碳源处理城市污水，成功实现了 SND，且 TN 的去除率达到 75%。上述结果表明此系统确实发生了 SND，然而相对于其他研究而言，TN 的去除率不高，因此需要对系统进行进一步的优化。

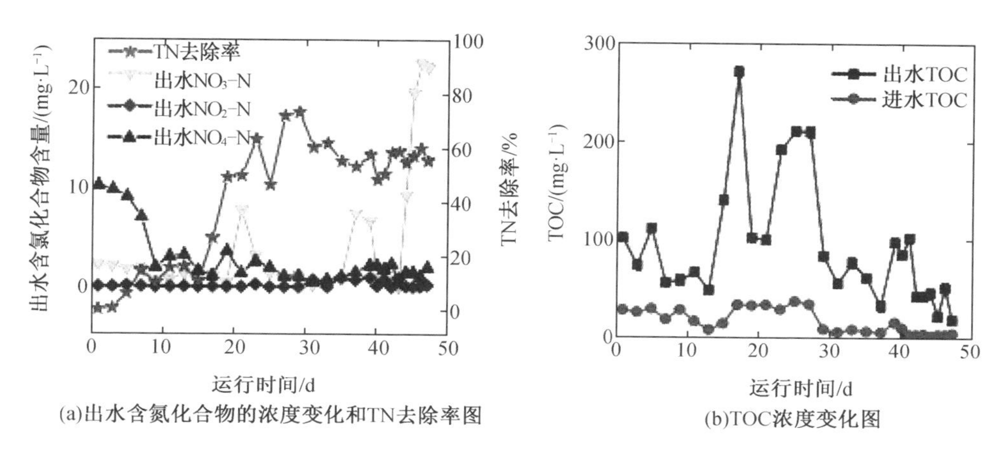

图 3-2　出水含氮化合物的浓度变化和 TN 去除率图与 TOC 浓度变化图

②PCL-SND 系统 DO、pH 值、碱度及生物量的变化

研究表明，DO 对 SND 的影响很大，DO 浓度为 0.5 mg/L 时，硝化速率和反硝化速率相等，可发生完全的 SND。周丹丹等利用 SBR，研究 DO 对 SND 的影响，DO 为 0.5~0.6 mg/L 时最适合 SND 脱氮。本试验是在反应器内的 DO 浓度为 2.92~7.51 mg/L 时进行挂膜的，类似研究有唐成婷等以 PBS 为碳源和载体的 SND 系统脱氮研究，其进水 DO 为 6.2 mg/L 时，TN 去除率为 99.10%。周海红等利用可生物降解聚合物去除饮用水源中硝酸盐的研究表明，进水 DO 在 1.4~8.5 mg/L 时，反硝化速率为 0.63~0.68 mg/(g·d)，PBS 表面的生物膜可以承受很高的 DO 负荷。PCL-SND 系统的 pH 值在试验期间变化不大，整个反应期间，出水 pH 的平均值为 7.81±0.22。硝化作用消耗碱度，反硝化作用产生碱度，出水总碱 20 d 前低于进水，是由于硝化速率大于反硝化速率，消耗的碱度得不到补充；20 d 后，反硝化速率上升，碱度也随之上升，之后相对处于稳定状态，后期有下降的趋势，可能与反硝化作用下降有关（图 3-3(a)）。生物量随着反应的进行而逐渐升高，前期增长较快，后期增长较慢并且逐渐趋于稳定（图 3-3(b)）。

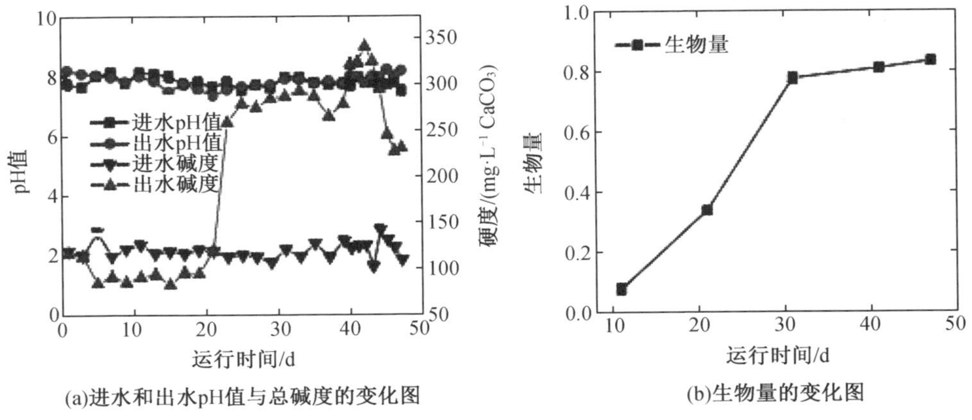

图 3-3　进水和出水 pH 值与总碱度的变化图及生物量的变化图

③PCL-SND 启动过程中 PCL 表面的变化情况

电镜扫描的不同时期 PCL 的表面结构图如图 3-4 所示，随着反应的进行，PCL 的损耗越来越严重，孔洞越来越大，附着的微生物也就越来越多，此结果和生物量的测定结果一致。随着反应的进行，供微生物附着的表面越来越多，随着孔洞的加深，形成的厌氧环境也越来越多，也越有利于 SND 的发生。

图 3-4　不同时期 PCL 的表面结构图

PCL 可以作为 SND 工艺的生物膜载体和碳源处理低 C/N 的养殖废水。PCL-SND 系统运行了 45 d 时，达到稳定状态，NH_4^+-N 去除率为 76.55% ± 0.98%，TN 去除率为 56.85% ±2.21%，出水 NO_3^--N 浓度为(21.36 ±1.60)mg/L，NO_2^--N 没有明显的积累(<0.5 mg/L)。pH 值在试验期间变化不大，碱度前期

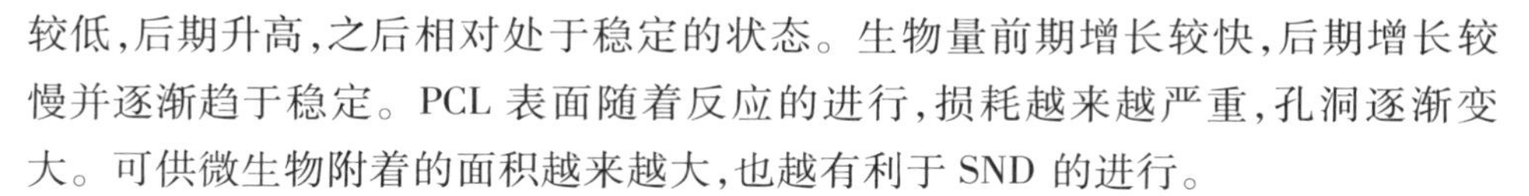

较低,后期升高,之后相对处于稳定的状态。生物量前期增长较快,后期增长较慢并逐渐趋于稳定。PCL 表面随着反应的进行,损耗越来越严重,孔洞逐渐变大。可供微生物附着的面积越来越大,也越有利于 SND 的进行。

3. HRT 对 PCL – SND 系统脱氮效果的研究

在污水处理中,HRT 对污水的处理效果和反应器的体积影响很大,进而影响设备的投入和运行成本。Khalida Muda 等的研究表明 HRT 为 24 h 时,活性污泥系统处理印染污水的效果最好。Alireza Hemmati 等研究的一体式膜生物反应器中,HRT = 8 h、T = 25 ℃时,反应器的处理效果最好。Bo Yu 等研究 HRT 对生物接触氧化系统处理医院污水的影响,当 HRT > 4 h 时,出水生化需氧量(BOD5)、COD 可以满足排放标准。Hina Rizvi 等采用升流式厌氧污泥床反应器处理城市污水时,COD、总可溶性固形物(TSS)和硫酸盐的去除率随着 HRT 的增加而逐渐下降。然而,相对于 SND 系统而言,主要集中于研究 C/N、DO 等因素的影响,而对于 HRT 的研究还不是很多。张楠的研究表明,随着 HRT 的减少,生物膜反应器中的 SND 效果却在增加。循环水养殖系统中,为了保证较高的处理效果,反应器的体积较大,HRT 较长。

(1)试验过程

试验同 PCL – SND 系统启动过程。

进行后续试验,将 HRT 设置为 6 h、8 h、12 h、18 h、24 h、30 h 6 个梯度,每个梯度连续监测 9 d,并提取不同 HRT 条件下的生物膜,进行高通量测序。

每个 HRT 试验结束时,随机选取一定量的 PCL 颗粒,放入盛有蒸馏水的无菌小烧杯中,然后将其放入超声波清洗仪(KQ2200E 超声波清洗器,昆山市超声仪器有限公司)中震荡 30 min,使生物膜脱落,之后将烧杯中的上清液通过 0.45 μm 的滤膜过滤,将滤膜上的生物膜取下放入无菌的 1.5 mL 的离心管中,然后用 DNA 回收试剂盒(3S 柱离心式环境样品 DNA 回收试剂盒 V2.2,上海博彩生物科技有限公司)提取 DNA。提取后的 DNA 使用 1% 的琼脂糖凝胶电泳检测,检测合格之后送到测序公司进行高通量测序。

(2)结果与讨论

①HRT 对系统脱氮效果的影响

a. HRT 对出水 NH_4^+ – N 浓度的影响

污水处理中,污水的处理效果和反应器的体积都与 HRT 相关,进而影响设备的投入和运行成本。硝化细菌生长比较缓慢并且产量较低,因此延长 HRT 有利于促进硝化细菌的生长,并且可使微生物与处理水体进行充分的接触,为其提供充足的反应时间，从而提高硝化作用。不同 HRT 条件下出水 NH_4^+-N 浓度如图 3－5 所示，当 HRT 为 6 h 时，出水 NH_4^+-N 浓度较高（4.29 mg/L），而其他条件下，出水 NH_4^+-N 浓度没有明显的差异（0.99 mg/L、1.30 mg/L、1.00 mg/L、1.07 mg/L、0.98 mg/L）。不同 HRT 下 NH_4^+-N 的平均去除率分别为 88.98% ± 3.90%（30 h）、87.75% ±2.78%（24 h）、88.17% ±3.11%（18 h）、85.47% ± 3.00%（12 h）、88.53% ±2.24%（8 h）、50.68% ±7.68%（6 h）。Liu 等的研究表明 HRT 从 2 h 延长到 4 h 时，NH_4^+-N 的去除率从 47.2% 升高到 98.1%。然而本试验结果表明，当 HRT 从 6 h 延长到 8 h 时，NH_4^+-N 的去除率从 50.68% ± 7.68% 升高到 88.53% ±2.24%，之后延长 HRT 对硝化作用影响不大。Thanh 等的研究表明，当 HRT 为 4 h 和 8 h 时，NH_4^+-N 的去除率没有明显的差异。本试验中当 HRT＞8 h 时，氨氮去除率没有太大变化，原因可能是 PCL 表面形成了较为致密的生物膜，降低了生物量丢失的风险，因此当 HRT 为 8～30 h 时，保证了较为稳定的硝化作用。HRT＜8 h 时，硝化作用下降可能是由于没有足够的反应时间，并且随着 HRT 的减小，硝化细菌和亚硝化细菌所占的比例也会不断减小，致使硝化作用不完全，导致出水中 NH_4^+-N 浓度升高。

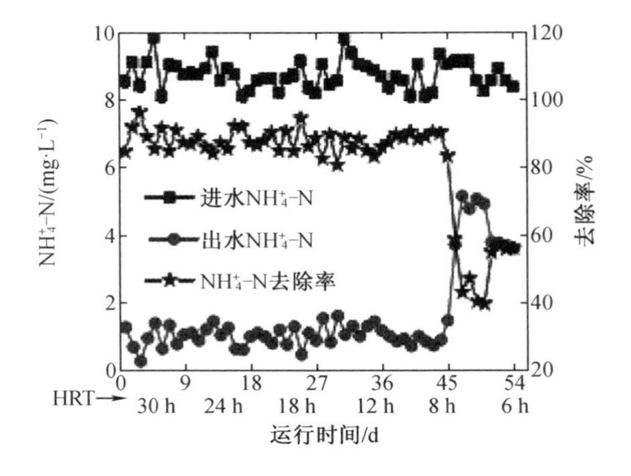

图 3－5　不同 HRT 下出水 NH_4^+-N 浓度的变化图

b. HRT 对出水 NO_3^--N 和 NO_2^--N 浓度的影响

HRT 对出水 NO_3^--N 和 NO_2^--N 浓度的影响如图 3－6（a）所示，不同 HRT 条件下出水 NO_3^--N 的浓度分别为（16.03 ±1.23）mg/L（30 h）、（15.72 ± 1.46）mg/L（24 h）、（21.22 ±1.55）mg/L（18 h）、（21.44 ±2.17）mg/L（12 h）、

(29.97 ±1.03) mg/L(8 h)、(37.20 ±1.58) mg/L(6 h),出水 NO_3^- –N 浓度随着HRT 的减小而增加。罗国芝等的研究表明,随着 HRT 的延长,硝酸盐的去除率会升高。随着 HRT 的增加,载体表面的微生物会与处理水体充分接触,有足够的反应时间,并且有机碳源的溶出量会增多,水体中的碳氮比会逐渐变大,硝酸盐去除率逐渐升高。赖才胜等以 PBS 为碳源和载体的反硝化研究中也表明,NO_3^- –N 的去除率随 HRT 的增加而增加。但是 HRT 也不可无限期延长,过长的HRT 会增大反应器的体积,增加设备的投入和运行成本。出水 NO_2^- –N 浓度在HRT 为 6 h 和 30 h 时,较为稳定,为 1.0 mg/L 左右,其他条件下波动较大。HRT为 6 h 时,NO_2^- –N 浓度较高可能是由于反应时间较短,硝化反应不完全造成的。HRT 为 30 h 时,pH 值为 7.89,NO_2^- –N 积累可能是 pH 值较高造成的。相关研究表明,提高 pH 值有利于亚硝化细菌的富集。导致 NO_2^- –N 积累的原因很多,有待进一步研究。

c. HRT 对 TN 去除率的影响

HRT 对 TN 去除率的影响如图 3–6(b)所示,不同 HRT 条件下出水 TN 浓度分别为 19.06 mg/L(30 h)、17.30 mg/L(24 h)、21.28 mg/L(18 h)、22.96 mg/L(12 h)、27.79 mg/L(8 h)、38.63 mg/L(6 h)。出水 TN 浓度随着 HRT 的减小而升高。不同 HRT 下 TN 的去除率分别为 64.57% ±1.56%(30 h)、68.56% ±1.64%(24 h)、59.92% ±2.41%(18 h)、59.89% ±2.97%(12 h)、47.39% ±4.71%(8 h)、27.70% ±2.50%(6 h),HRT 在 24 h 时,效果最好。HRT 为 6 h时,由于硝化速率不高,进而影响反硝化速率,导致 TN 去除率较低,而 HRT >8 h,硝化速率基本稳定,所以反硝化速率影响 TN 的去除效率。在一定的范围内,延长 HRT 可使微生物和处理水体进行充分的接触,提高处理效果。本试验结果表明,随着 HRT 的延长,硝化作用逐渐趋于稳定,反硝化作用却逐渐增强,所以,TN 的去除率也随之升高。然而过长的 HRT 会使有机物负荷变小,使生物量变小,从而影响 TN 的去除效果。并且,长的 HRT 需要较大的反应器来保证较好的处理效果。Bui Xuan Thanh 等在研究 HRT 对海绵–膜生物反应器碳氮的去除效果时,HRT 对 TN 去除率的影响也是随着 HRT 的减小而其去除率降低。张永祥在研究 HRT 对连续流移动床式生物过滤器(MBBR)亚硝酸型 SND 的影响时,也得出了类似的结论,随着 HRT 的延长,TN 的去除率明显增大。

根据上述试验结果可知,当 HRT >8 h 时,硝化作用基本稳定,反硝化成了SND 的限速步骤,影响反硝化的因素主要有碳源、DO 等。一些研究表明,可生物降解聚合物作为碳源和生物膜载体时对 DO 的适应性较强。在进水 TOC 为

10 mg/L 时，不同 HRT 下出水 TOC 分别为(44.21 ±5.60) mg/L(30 h)、(46.63 ±5.98) mg/L(24 h)、(18.64 ±5.78) mg/L (18 h)、(7.31 ±1.67) mg/L(12 h)、(7.49 ±3.61) mg/L(8 h)、(5.61 ±2.26) mg/L(6 h)。因此，本试验中反硝化速率不高可能是碳源不足造成的。

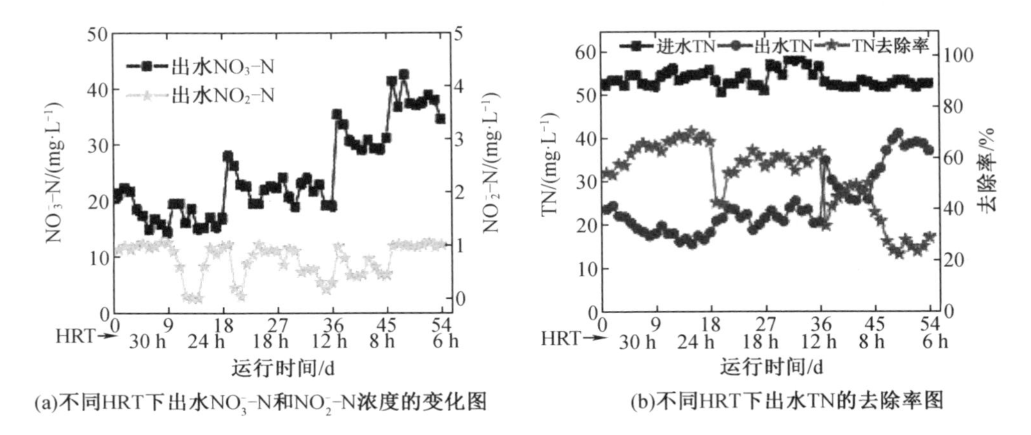

(a)不同HRT下出水NO_3^--N和NO_2^--N浓度的变化图　　(b)不同HRT下出水TN的去除率图

图 3-6　不同 HRT 下出水 NO_3^--N 和 NO_2^--N 浓度的变化图与不同 HRT 下出水 TN 的去除率图

②不同 HRT 下出水 pH 值、总碱度和生物量的变化

一般认为，SND 的最适 pH 值为 7.5 左右。相关研究表明，中性或略偏碱性的条件有利于 SND 的发生，由图 3-7(a)可知，本试验中最优的 pH 值为 7.86 ±0.067。碱度可反映出反硝化的进行程度，本试验中总碱度的变化(图 3-7(b))与 TN 的变化趋势类似。在生物反应器中，生物量的多少受 HRT 的影响很大，延长 HRT，可使生物量的浓度和产量都降低，减小耗氧速率等，本试验不同 HRT 条件下生物量分别为 5.692×10^8 CFU/g PCL(6 h)、4.956×10^8 CFU/g PCL(8 h)、4.849×10^8 CFU/g PCL(12 h)、2.597×10^8 CFU/g PCL(18 h)、2.550×10^8 CFU/g PCL(24 h)、1.572×10^8 CFU/g PCL(30 h)，生物量随着 HRT 的减小而增大。短的 HRT 条件下，反应器的营养负荷变大，可提供较多的食物供微生物来生长，即使短的 HRT 下存在有机物可能会氧化不完全的风险，短的 HRT 下的生物量也较大。

③不同 HRT 下微生物的群落结构

a. 主成分分析

主成分分析(PCA)，主要表示样品群落结构的差异。如图 3-8 所示，与微生物群落结构相关的主成分中，PC1 的贡献率为 62.83%，PC2 的贡献率为

22.17%。6 组样品的点之间的距离都较大，说明 6 组样品的微生物菌群结构具有较大的差异。

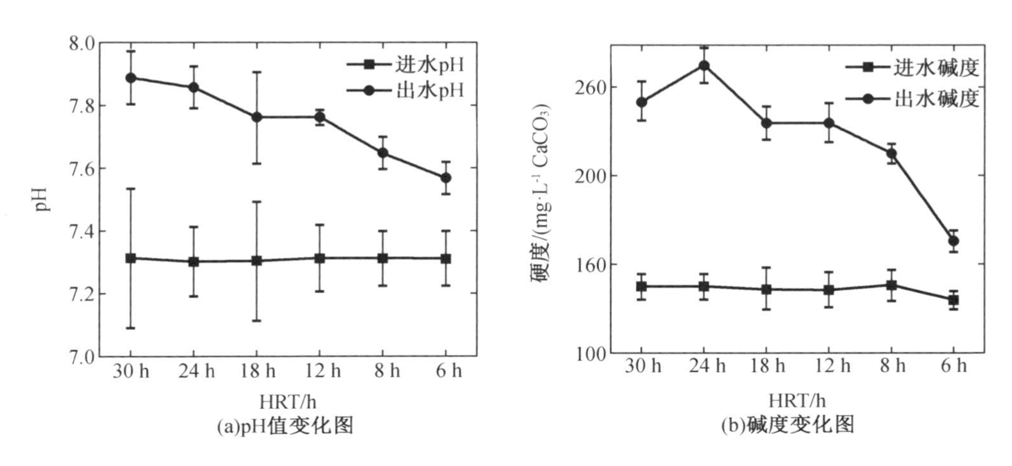

图 3－7　不同 HRT 条件下出水 pH 值的变化图与不同 HRT 条件下出水碱度的变化图（平均值 ± 标准差）

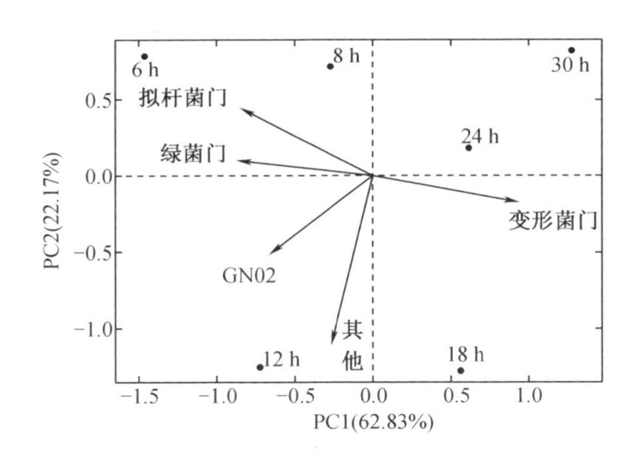

图 3－8　样品在临界值（cutoff）＝0.03 情况下 PCA 分析图

b. 优质序列数目及多样性分析

不同 HRT 条件下的优质序列和序列平均长度分别为 6 h（18 386 条、421 bp）、8 h（10 842 条、421 bp）、12 h（18 547 条、421 bp）、18 h（8 528 条、423 bp）、24 h（17 676 条、423 bp）、30 h（11 413 条、424 bp）。使用聚类（cluster）对序列进行分析，在 cutoff＝0.03、相似性为 97% 的水平下，不同 HRT 条件下得

到的操作分类单元（OTU）数目见表3－2，OTU数目为411～647，香农－威纳（Shannon）指数（H）为2.92～3.53（H值越低，多样性越低），辛普森（Simpson）指数为0.079～0.222，Chao值[①]为814～1450，样品中微生物的多样性和丰度与工业污水处理厂及生物反应器中微生物的多样性和丰度类似，却低于城市污水处理系统中微生物的多样性和丰度。结果表明，HRT为6 h时，Shannon指数最高为3.53，Simpson指数最低为0.079，细菌的多样性最高；HRT为30 h时Shannon指数最低为2.92，Simpson指数最高为0.222，微生物多样性最低。

表3－2　0.03距离水平、不同HRT条件下样品的丰度和多样性

HRT/h	OUTs	Chao	Shannon	Simpson	覆盖范围/%
6	647	1 450	3.53	0.079	98.20
8	473	927	3.23	0.149	97.90
12	624	1 379	3.50	0.095	98.33
18	421	836	3.35	0.154	97.70
24	552	1 097	3.11	0.193	98.60
30	411	814	2.92	0.222	98.31

c. 微生物的群落结构

从门的分类水平而言，HRT为6 h、8 h、12 h、18 h、24 h、30 h的6组样品中的优势菌群的结构如图3－9所示，主要包括变形菌门（Proteobacteria）、拟杆菌门（Bacteroidetes）、芽孢杆菌（GN02）、绿菌门（Chlorobi）和其他。HRT为6 h、8 h、12 h、18 h、24 h、30 h的6组样品中最主要的优势菌群为Proteobacteria，其相对丰度分别为80.94%、86.31%、86.52%、93.37%、92.74%、96.41%。随着HRT的增加，Proteobacteria的相对丰度逐渐增大，HRT为30 h时，Proteobacteria相对丰度高达96.41%。相关研究表明，Proteobacteria是制药、炼油厂、宠物食品等工业废水处理厂和污水中的优势菌群，包含很多固氮细菌，可同时进行有机物的降解和脱氮除磷。在城市污水处理厂和污水处理生物反应器中Proteobacteria同样是优势菌群，相对丰度分别为21%～53%和36%～65%。窦娜莎的研究表明，在处理城市污水的BAF反应器中，Proteobacteria的相对丰度为70%。然而，本试验中

① Chao值为评估一个样本中OTU数目多少的指标，指数越大，OTU数目越多，说明该样本物种数比较多。

Proteobacteria 所占的比例较高(80.94%~96.41%),可能与不同的进水水质有关。另一个优势菌门是 bacteroidetes,相对丰度分别为 12.59%(6 h)、9.97%(8 h)、6.23%(12 h)、4.19%(18 h)、3.51%(24 h)、2.84%(30 h),其相对丰度随着 HRT 的增加而减少。Bacteroidetes 是一类化能有机营养菌,可以降解复杂的有机物,本类细菌仅在除磷系统中被报道过,很少出现于活性污泥和脱氮系统中。此结果与窦娜莎和王海燕的研究结果类似,因此,PCL－SND 系统的 Bacteroidetes 菌群中也有可能存在与脱氮有关的新菌种,有待进一步研究。然后是 GN02 和 Chlorobi,GN02 的相对丰度分别为 3.01%、2.77%、5.15%、1.67%、3.19%、0.20%;Chlorobi 的相对丰度分别为 3.19%、0.69%、1.80%、0.47%、0.31%、0.31%。

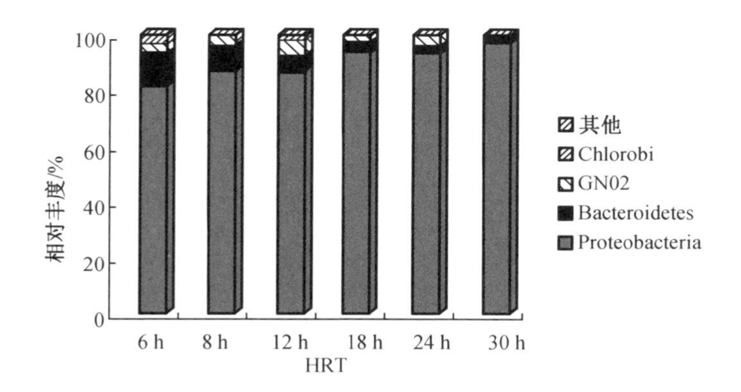

图3－9　样品门水平细菌群落结构及分布图

从纲的分类水平而言,6 组样品中各变形菌纲所占的比例如图 3－10 所示,首先是 β－变形菌纲(Betaproteobacteria)为主要的优势菌群,相对丰度为 49.95%~78.80%,随着 HRT 的增加而增加。Betaproteobacteria 具有很强的降解污染物的能力,存在于各种生物处理反应器中,如含酚废水、生活污水、焦化废水处理系统中。其次是 γ－变形菌纲(Gammaproteobacteria)含量为 7.02%~16.55%,α－变形菌纲(Alphaproteobacteria)同样是主要的优势菌群,含量为 4.65%~8.11%,并且,在某些系统中 Alphaproteobacteria 的含量大于 Betaproteobacteria,σ－变形菌纲(Deltaproteobacteria)的含量为 2.83%~6.93%。其他优势菌纲有腐生螺旋菌纲(Saprospirae)的含量为 1.29%~5.05%,鞘脂杆菌纲(Sphingobacteriia)的含量为 0.98%~6.84%。BD1－5 的含量为 0.2%~5.15%,OPB56 的含量为 0.30%~3.19%。

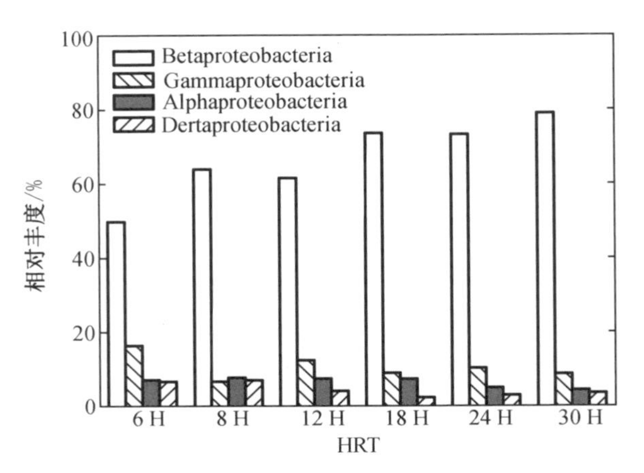

图 3－10　6 组样品中各变形菌纲的相对丰度图

从目的分类水平而言,6 组样品中的优势菌群及其所占的比例如图 3－11 所示。HRT 为 6 h 时,丰度 >1% 的菌群有 12 个;HRT 为 8 h 时,丰度 >1% 的菌群有 10 个;HRT 为 12 h 时,丰度 >1% 的菌群有 11 个;HRT 为 18 h 时,丰度 >1% 的菌群有 9 个;HRT 为 24 h 时,丰度 >1% 的菌群有 9 个;HRT 为 30 h 时,丰度 >1% 的菌群有 7 个。6 组样品的前 5 个优势菌群中首先伯克氏菌目(Burkholderiales)为主要的优势菌群(49.90%~78.76%),其次为黄色单胞菌目(Xanthomonadales)(6.98%~16.42%),其他优势菌群因不同的 HRT 而有所不同。HRT 为 6 h 时,优势菌群为鞘氨醇杆菌目(Sphingobacteriales)(6.84%)、腐败螺旋菌目(Saprospirales)(5.05%)、黏球菌目(Myxococcales)(4.57%)。HRT 为 8 h 时,优势菌群为 Saprospirales(6.17%)、蛭弧菌目(Bdellovibrionales)(6.55%)、Sphingobacteriales(2.91%)。HRT 为 12 h 时,优势菌群为 BD1－5_unclassified(5.15%)、Sphingobacteriales(3.94%)、Myxococcales(1.83%)。HRT 为 18 h 时,优势菌群为根瘤菌目(Rhizobiales)(4.01%)、Sphingobacteriales(2.05%)、Myxococcales(1.92%)。HRT 为 24 h 时,优势菌群为 BD1－5_unclassified(3.19%)、Myxococcales(2.89%)、Rhizobiales(2.09%)。HRT 为 30 h 时,优势菌群为 Myxococcales(2.85%)、Rhizobiales(1.82%)、Saprospirales(1.29%)。

6 h	8 h	12 h	18 h	24 h	30 h	
49.90	63.95	61.72	73.58	73.33	78.76	Burkholderales
16.42	6.98	12.66	9.20	10.55	8.94	Xanthomonadales
6.84	2.91	3.94	2.05	1.32	0.96	Sphingobacteriales
5.05	6.17	1.67	1.48	1.35	1.29	Saprospirales
3.01	2.77	5.15	1.67	3.19	0.20	BD1-5_unclassified
4.57	0.56	1.83	1.92	2.89	2.85	Myxococcales
1.73	2.35	1.64	4.01	2.09	1.82	Rhizobiales
1.85	6.55	2.03	0.72	0.45	0.90	Bdellovibrionales
2.64	2.72	1.71	0.93	0.78	0.66	Rickettsiales
2.01	1.42	1.71	1.40	1.50	1.24	Other
3.19	0.69	1.79	0.47	0.31	0.31	OPB56_unclassified
0.71	0.97	2.26	0.82	1.00	0.81	Rhodobacterales
1.45	1.43	1.30	0.55	0.57	0.13	BD7-3
0.62	0.52	0.58	1.21	0.68	1.14	Caulobacterales

图 3-11　样品在 cutoff = 0.03 情况下得到的热点图(Heat Map)

从属的分类水平而言,不同 HRT 条件下的前 15 个优势菌属见表 3-3,6 组样品中共有的菌属为 Diaphorobacter、Acidovorax、Rubrivivax。徐影等关于 PLA/PHBV 表面生物膜微生物群落结构的研究表明,Diaphorobacter 为系统稳定时期生物膜中丰度最高的菌群。可以降解可生物降解聚合物,并且同时进行反硝化反应。本试验也出现了相同的结果,Diaphorobacter 为生物膜中丰度最高的菌群,随着 HRT 的升高,Diaphorobacter 丰度逐渐增大,HRT 为 30 h 时,高达 59.11%。Acidovorax 和 Rubrivivax 同样为固体表面生物膜微生物群落中的优势菌属。因此 Diaphorobacter、Acidovorax、Rubrivivax 有很强的适应能力。本试验中,AOB 和 NOB 的丰度很小,这与反应器中较高的硝化作用相悖,一些研究也出现了类似的结果。Qiao Ma 等研究硝化效率高的焦化污水处理厂中 AOB 和 NOB 的丰度仅为 0.003%~1.66% 和 0.01%~0.06%。Figuerola 等使用 16Sr RNA 基因文库和 FISH 研究硝化作用高的炼油厂、工业污水厂时发现,几乎检测不到 AOB。Zhao 等研究处理高浓度氨氮的好氧颗粒污泥系统中发现,AOB 不存在于 DGGE 的优势条带中。硝化作用被认为是由异样和自养细菌、AOB、NOB 共同作用的结果。本试验中,由于有机物含量较高,并且运行方式有利于培养好氧反硝化细菌,因此促进了好氧反硝化细菌和异养硝化细菌的生长,对氨氮的去除起主要作用。

表 3-3　不同 HRT 条件下的优势菌属及相对丰度表

属	6 h	8 h	12 h	18 h	24 h	30 h
骨干杆菌属(Diaphorobacter)	23.97%	42.43%	29.16%	49.30%	51.69%	59.11%

表 3-3(续)

属	6 h	8 h	12 h	18 h	24 h	30 h
食酸菌属(Acidovorax)	8.76%	2.76%	15.44%	8.75%	7.02%	5.96%
红肠命菌属(Rubrivivax)	7.07%	3.00%	5.25%	4.76%	2.64%	2.69%
沉积物杆菌属(Sediminibacterium)	4.84%	5.87%	1.16%	—	—	—
铁细菌属(Leptothrix)	3.20%	—	2.29%	1.25%	2.33%	2.33%
蛀弧菌属(Bdellovibrio)	1.85%	6.55%	2.03%	0.72%	—	0.90%
土壤杆菌属(Agrobacterium)	0.75%	1.48%	—	3.01%	1.26%	1.08%
副球菌属(Paracoccus)	0.49%	0.75%	1.96%	0.45%	0.79%	0.55%
简单螺旋形菌属(Simplicispira)	—	0.69%	—	—	—	—
独岛式菌属(Dokdonella)	—	—	—	1.74%	1.05%	1.32%
枝动菌属(Mycoplana)	—	—	—	1.10%	—	1.10%
水杆菌属(Aquabacterium)	—	—	—	—	1.17%	—
贪噬菌属(Variovorax)	—	—	—	—	0.97%	0.80%
未鉴定类别(Thennomcnas)	—	—	—	—	1.07%	—
未鉴定类别(Unclassificd)	41.14%	29.47%	34.06%	21.34%	22.85%	19.54%
总和	91.84%	92.99%	91.35%	91.97%	92.03%	94.83%

(3)结论

①HRT 对 PCL-SND 系统脱氮效果的影响

HRT<24 时 h,TN 去除率随着 HRT 的减小而下降,出水 NO_3^--N 浓度随着 HRT 的减小而升高;HRT>8h 时,对 NH_4^+-N 的去除率没有太大的影响;HRT 为 24 h 时,脱氮效果最好。出水 pH 值和总碱度变化趋势类似,随着 HRT 的减小而变小,而生物量随着 HRT 的减小而增大。

②不同 HRT 条件下生物膜微生物的群落结构

HRT 为 6 h 时,微生物菌群的多样性最高,HRT 为 30 h 时,微生物菌群的多样性最低。6 组样品的微生物群落结构存在较大的差异。6 组样品中,变形菌门占有绝对优势,相对丰度随着 HRT 的升高逐渐增大;然后是 Bacteroidetes,相对丰度随着 HRT 的升高逐渐减小;之后是绿弯菌门(Chloroflexi)和 GN02,存在差异,但是差异性不大。变形菌门中 Betaproteobacteria 为主要的优势菌群,Betaproteobacteria 中的 Diaphorobacter 为生物膜中丰度最高的菌属,随着 HRT 的

升高，Diaphorobacter 丰度逐渐增大，HRT 为 30 h 时，相对丰度高达 59.11%。

4. PCL－SND 系统的优化与实际处理效果

生物膜反应器（MBR），相对于活性污泥系统而言，具有操作简单、生物量丢失的风险小、受环境的影响小、有机碳和营养物质的去除效率高等优点。对于生物膜 SND 而言，具有高表面积的载体，可以提供更多的附着面积供微生物的附着和生长。在某种程度上，较高的载体浓度或较高的填充率，都可使反应器中有较高的生物量。生物膜的形成是一个动态的过程，在一个稳定的 MBR 中，生物膜的吸附与生长过程和分离过程处于平衡状态。载体的填充率可以影响这种平衡，一方面，载体越多，为微生物的附着与生长提供的表面积越多；另一方面，载体填充率的增加可提高载体之间的碰撞机会，会使生物膜变得更薄、更紧密。在高的载体浓度下，薄的生物膜具有更高的生物活性，单位生物量具有较高的污染物去除能力。但是，过多的载体会使大量的微生物脱离生物膜，导致反应器中的生物量变少。并且，对于气提反应器而言，需要提高曝气量来使载体处于流化状态，然而提高曝气量又会增加运行成本，而优化载体的填充率既可提高水质的处理效果，又可减少反应器的基建费用，节约成本。

因此，本试验采用气提反应器，以 PCL 作为 SND 工艺的生物膜载体和碳源来处理养殖水体，在 PCL－SND 系统运行稳定之后，研究不同的 PCL 填充率对该系统脱氮效率的影响及微生物的群落结构。在最优的运行条件下，处理实际养殖废水，观察处理效果及微生物的群落结构。

（1）试验过程

试验过程同 PCL－SND 系统的启动过程。

每批试验结束时，随机选取一定量的 PCL 颗粒，放入盛有蒸馏水的无菌小烧杯中，然后将其放入超声波清洗仪（KQ2200E 超声波清洗器，昆山市超声仪器有限公司）中震荡 30 min，使生物膜脱落，之后将烧杯中的上清液通过 0.45 μm 的滤膜过滤，将滤膜上的生物膜取下放入无菌的 1.5 mL 的离心管中，然后用 DNA 回收试剂盒（3S 柱离心式环境样品 DNA 回收试剂盒 V2.2，上海博彩生物科技有限公司）提取 DNA。提取后的 DNA 使用 1% 的琼脂糖凝胶电泳检测，检测合格之后送到测序公司进行高通量测序。

（2）结果与讨论

①PCL 填充率对 PCL－SND 反应器的影响

a. PCL 填充率对 PCL－SND 脱氮效果的影响

整个反应期间 NH_4^+-N 的平均去除率分别为 83.00% ± 3.46%（10%）、

76.89% ±6.13%(12.5%)、76.51% ±4.35%(15%),NH_4^+ -N 的去除率随着PCL 填充率的增加有下降的趋势(图 3-12(a))。随着填充率的增加,反应器中的有机物逐渐增多,异养细菌大量繁殖,而硝化细菌的生长速度较慢,不能与异养细菌竞争,导致 NH_4^+ -N 的去除率下降。出水 NO_3^- -N 的浓度分别为(29.97 ±1.03) mg/L(10%)、(11.69 ±0.99) mg/L(12.5%)、(0.94 ±0.31) mg/L,随着填充率的增加而减少(图 3-12(b))。PCL 在给微生物提供附着面积的同时,又可提供反硝化所需的碳源,随着填充率的升高,水体中的碳氮比也逐渐升高,进而促进了反硝化反应,使出水 NO_3^- -N 的浓度越来越低。出水 NO_2^- -N 的浓度在填充率为 10%、12.5% 时波动较大,填充率为 15% 时较稳定,且含量在 0.5 mg/L 以下(图 3-12(b))。TN 的去除率如图 3-12(a)所示,分别为 47.39% ±4.71%(10%)、68.12% ±0.01%(12.5%)、93.27% ±0.01%(15%),TN 的去除率随着填充率的增加而升高,填充率为 15% 时,TN 去除率高达 94.38%,效果最好。

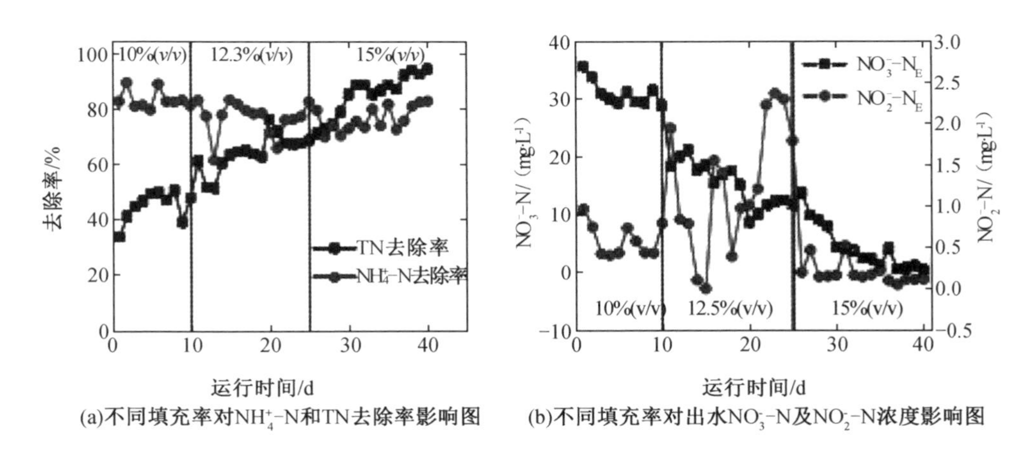

图 3-12 不同填充率对 NH_4^+ -N 和 TN 去除率影响图与不同填充率对出水 NO_3^- -N 及 NO_2^- -N 浓度影响图

随着填充率的增加,微生物的附着面积变大,生物量也随之增加,虽然硝化作用有下降的趋势,然而反硝化作用却有增加的趋势,因此 TN 的去除率也随之增大。此结果与王怡等的研究结果类似,提高载体的填充率有利于提高反应器去除污染物的能力。

b. 出水 pH 值和总碱度的变化

不同填充率对 pH 值和总碱度的影响见表 3-4。填充率的变化对出水 pH

值没有太大的影响，而总碱度却随着填充率的增大而增大。总碱度的增大是由于反硝化的增大而增加的，硝化作用消耗碱度，反硝化作用补充碱度，随着填充率的增加，硝化作用减弱，而反硝化作用增强，所以导致碱度随之增加。

表 3－4　不同填充率对 pH 值和总碱度的影响

填充率（ν/ν）	10%		12.5%		15%	
	进水	出水	进水	出水	进水	出水
pH 值	7.290 ± 0.099	7.650 ± 0.047	7.310 ± 0.103	7.730 ± 0.086	7.240 ± 0.124	7.660 ± 0.089
碱度/（$mg \cdot L^{-1}$ $CaCO_3$）	136.510 ± 11.440	208.830 ± 9.800	142.130 ± 11.870	262.360 ± 20.360	144.530 ± 12.280	308.260 ± 25.210

c. 微生物群落结构

（a）PCA 分析

样品在 cutoff＝0.03 情况下 PCA 分析如图 3－13 所示，与微生物群落结构相关的 PCA 中，PC1 的贡献率为 74.59%，PC2 的贡献率为 25.41%。3 个样品点的距离较远，说明这 3 个样品的菌群结构差异较大。

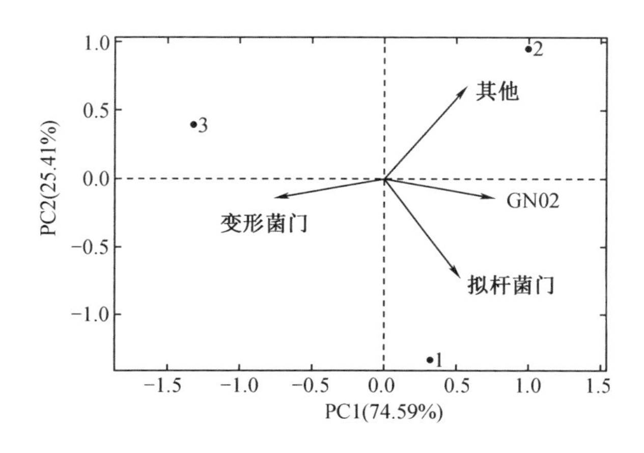

图 3－13　样品在 cutoff＝0.03 情况下 PCA 分析图（1:10%；2:12.5%；3:15%）

②优质序列数目及多样性分析

不同 PCL 填充率（样品编号为 1，2，3）的优质序列和序列平均长度分别为

10 849 条和 421 bp(10%)、10 280 条和 421 bp(12.5%)、9 652 条和 420 bp(15%)。使用 cluster 对序列进行聚类分析,在 cutoff = 0.03、相似性为 97% 的水平下,得到的 OTU 分别为 355,547,331。Venn 图如图 3-14 所示,3 组样品共有的 OTU 为 87 个,特有的分别为 1 号样品 201 个、2 号样品 387 个、3 号样品 172 个。Chao 值分别为 787,3 213,755。Shannon 值分别为 3.11,2.36,2.91。Simpson 值分别为 0.149,0.358,0.143。覆盖率分别为 98.3%、95.9%、98.1%。其中 2 号样品的多样性最低。

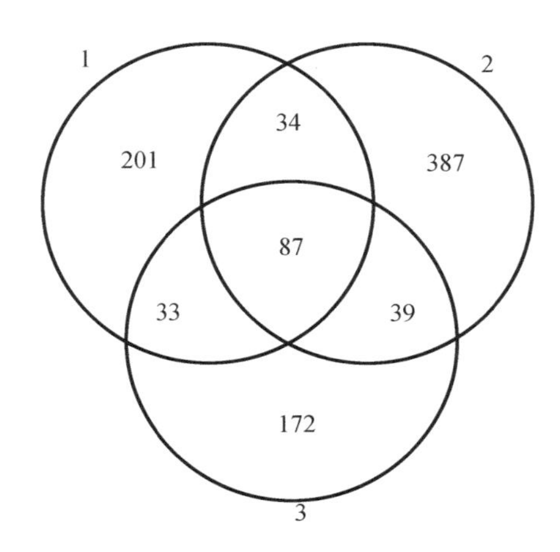

图 3-14 Venn 图(1:10%;2:12.5%;3:15%)

a. 微生物的群落结构

从门的分类水平而言,3 组样品的优势菌群组成类似,相对丰度也没有太大的区别(图 3-15)。1 号样品中的优势菌群分别为 Proteobacteria(86.33%)、Bacteroidetes (9.88%)、GN02 (2.77%)。2 号样品中的优势菌群分别为 Proteobacteria(85.40%)、Bacteroidetes(9.38%)、GN02(2.81%)。3 号样品中的优势菌群分别为 Proteobacteria (87.64%)、Bacteroidetes (8.77%)、GN02 (1.07%)。Proteobacteria 为 3 组样品中的绝对优势菌群。

从纲的分类水平而言, Proteobacteria 中的 Betaproteobacteria 、Gammaproteobacteria、Alphaproteobacteria、Deltaproteobacteria 在 1 号样品中的丰度分别为 63.98%、7.02%、8.10%、7.13%,2 号样品中的丰度分别为 75.50%、5.13%、3.93%、0.85%,3 号样品中的丰度分别为 63.96%、3.45%、17.57%、2.66%。3 组样品中 4 种变形菌纲的丰度具有一定的差异,3 号样品中 Alphaproteobacteria 的丰度变大。其他优势菌群为 Bacteroidetes 中的 Saprospirae

(2.66%~6.16%)和 Sphingobacteriia(2.91%~6.06%)、GN02 中的 BD1 -5(2.53%~2.81%)。3 组样品中 Betaproteobacteria 占有绝对优势。

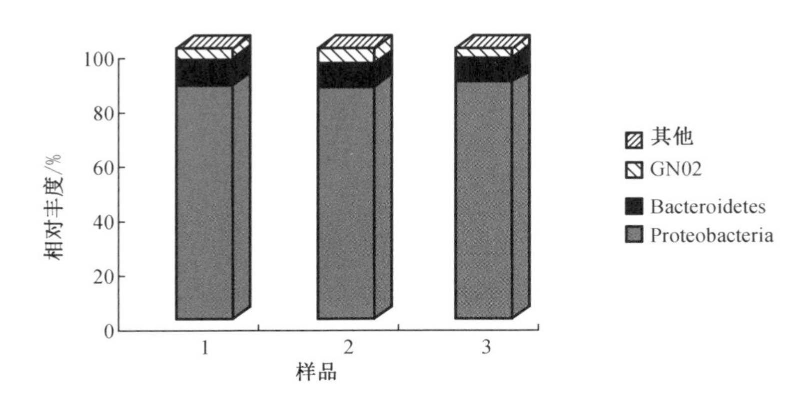

图 3-15　样品门分类水平细菌群落结构及分布(1:10%;2:12.5%;3:15%)

从目的分类水平而言,不同样品中的优势菌群如图 3-16 所示,1 号样品中丰度>1%的菌群有 10 个,2 号样品中丰度>1%的菌群有 7 个,3 号样品中丰度>1%的菌群有 9 个。前 5 个优势菌群中共有的菌群有 Burkholderiales、Saprospirales,但相对丰度却有一定的差异。其他 3 种优势菌群种类各不相同。2 号样品 Burkholderiales 的相对丰度最高(75.35%),3 号样品中 Rhodobacterales 的相对丰度高达 14.64%。

1	2	3	
63.98	75.35	63.92	Burkolderales
0.97	0.56		Rhodobacterales
6.99	4.94	3.39	Xanthomoadles
2.91	5.25	6.06	Sphingobacteriales
6.16	3.91	2.66	Saprospirales
2.77	2.81	2.53	BD1-5_unclassified
2.35	2.73	2.63	Rhizobiales
2.63	3.37	1.28	Other
6.54	0.22	0.11	Bddllovibrionales
0.56	0.56	2.54	Myxococcales
2.72	0.26	0.23	Rickettsials
1.43	0.02	0.00	BD7-3

图 3-16　样品在 cutoff=0.03 情况下得到的 Heat Map 图
(1:10%;2:12.5%;3:15%)

从属的分类水平而言,1 号样品中总共检测出 88 个菌属的细菌,丰度 >1% 的菌属有 12 个,前 5 个优势菌属分别为 Diaphorobacter、Bdellovibrio、Sediminibacterium 和 2 种未知菌属。2 号样品中总共检测出 189 个菌属,丰度 >1% 的菌属有 7 个,前 5 个优势菌属为 Diaphorobacter、Sediminibacterium 和 3 个未知菌属。3 号样品中总共检测出 78 个菌属,丰度 >1% 的菌属有 12 个,前 5 个优势菌属分别为 Diaphorobacter、Paracoccus、Hydrogenophaga 和 2 个未知菌属。Diaphorobacter 为样品中的绝对优势菌属,填充率为 12.5% 时相对丰度高达 65.46%。填充率为 15%,Paracoccus 和 Hydrogenophaga 成为优势菌属。

(3)实际处理能力

①PCL - SND 系统的脱氮效果

将进水换成养殖废水,其中 NH_4^+ - N 浓度为 4.61 ~ 7.36 mg/L,平均值为 6.36 mg/L;NO_3^- - N 浓度为 37.35 ~ 58.55 mg/L,平均值为 48.57 mg/L,pH 值为 6.60 ~ 7.38。运行条件不变,其处理效果如图 3 - 17 所示,整个反应期间,出水 NO_3^- - N 的浓度波动较大,最后稳定在 3 mg/L 左右,NH_4^+ - N 的平均去除率为 75.39% ±0.065%,TN 的去除率为 85.90% ±0.014%,NO_2^- - N 没有明显的积累。整个反应期间,pH 平均值为 7.40 ±0.075,总碱度为(271.39 ±21.55) mg/L $CaCO_3$。此结果表明,PCL - SND 系统具有较好的脱氮能力。但却没有人工污水的处理效果好,可能因为实际养殖废水中的污染成分较多,对微生物的群落结构、组成、数量及其多样性有一定的影响,从而影响脱氮效果。

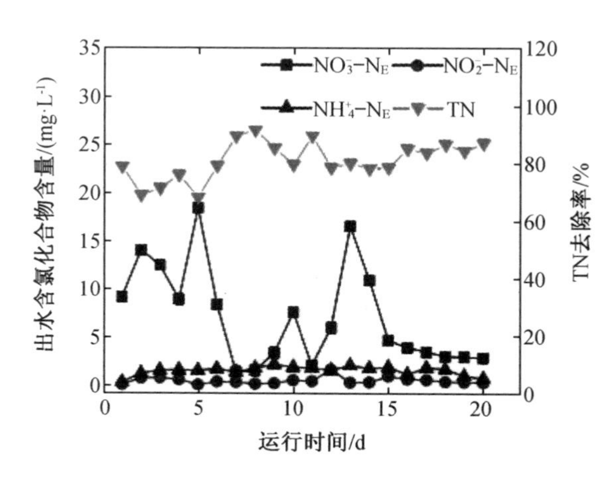

图 3 - 17 出水含氮化合物的浓度和 TN 的去除率

②微生物群落结构

a. PCA 分析

样品(养殖废水和人工污水)在 cutoff = 0.03 情况下 PCA 分析如图 3 - 18 所示,2 个样品之间的距离较大,说明 2 个样品之间有很大的差异。

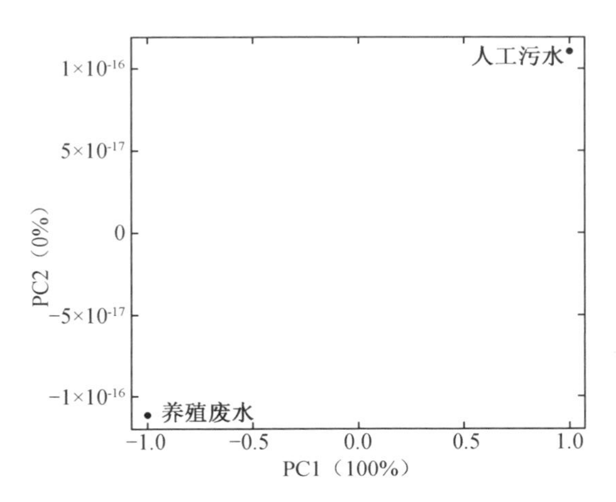

图 3 - 18　样品(养殖废水和人工污水)在 cutoff = 0.03 情况下 PCA 分析图

b. 优质序列数目及多样性分析

养殖废水和人工污水的优质序列与序列平均长度分别为 11 734 条、423 bp 及 9 651 条、420 bp。使用 cluster 对序列进行聚类分析,在 cutoff = 0.03、相似性为 97% 的水平下,养殖废水和人工污水得到的 OTU 分别为 314 与 312。Venn 图如图 3 - 19 所示,2 组样品中共有的 OTU 为 92 个,特有的 OTU 分别为 222 个和 220 个,共有的 OTU 占总 OTU 的比例较小。Chao 值分别为 1 104 和 667。Shannon 值分别为 2.07 和 2.86。Simpson 值分别为 0.366 和 0.148,覆盖率分别为 98.24% 和 98.23% 。人工污水中生物膜微生物群落的多样性较高。

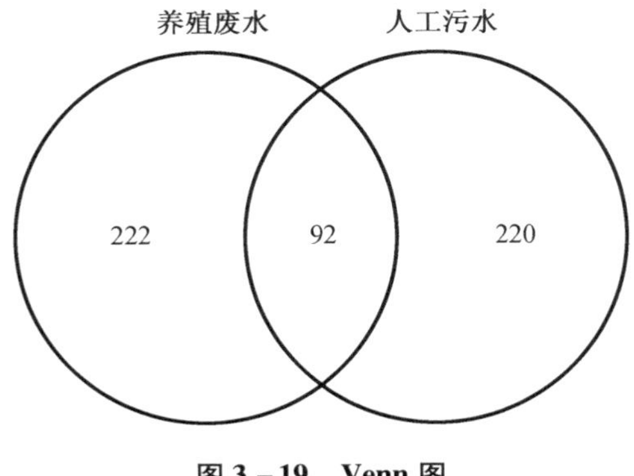

图 3 - 19　Venn 图

c. 微生物群落结构

从门的分类水平而言（图 3－20），养殖废水中相对丰度 >1% 的菌群有 2 个，分别为 Proteobacteria（94.80%）和 Bacteroidetes（4.41%）。其他菌群相对丰度均较小。人工污水中相对丰度 >1% 的菌群有 3 个，分别为 Proteobacteria（87.64%）、Bacteroidetes（8.94%）和 GN02（2.53%）。相对于人工污水而言，养殖废水中生物膜微生物的菌群结构发生了较大的变化。相关研究表明，进水水质是影响微生物群落结构的有效因素，Park 等的研究同样证实了饲料成分和反应器中进水水质可能决定微生物的群落结构，而不是接种或反应器配置的问题。

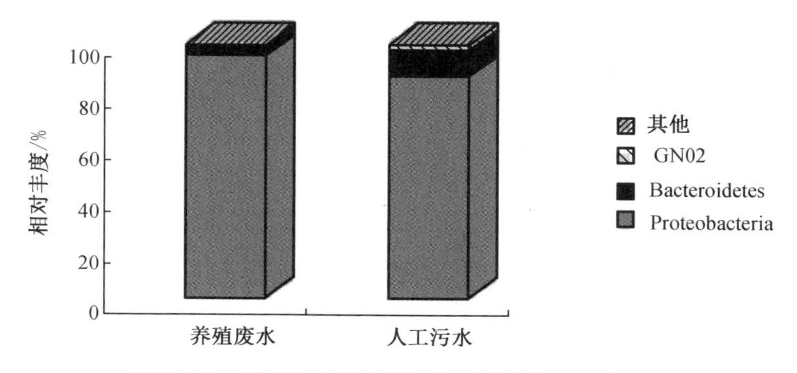

图 3－20　样品门分类水平细菌群落结构及分布图

在纲的分类水平上，养殖废水中前 5 个优势菌群分别为 Betaproteobacteria（75.20%）、Gammaproteobacteria （9.16%）、 Alphaproteobacteria （8.66%）、Flavobacteriia（3.92%）、Deltaproteobacteria（1.51%）。人工污水中前 5 个优势菌群分别为 Betaproteobacteria （63.96%）、 Alphaproteobacteria （17.56%）、Sphingobacteriia（6.06%）、Saprospirae（2.67%）、Deltaproteobacteria（2.66%）。菌群组成及相对丰度差异均较大。

在目的分类水平上（图 3－21），养殖废水中丰度 >1% 的菌群有 7 个，人工污水中丰度 >1% 的菌群有 9 个。其中 Burkholderiales 为共有的优势菌群，丰度分别为 75.12% 和 63.93%。其他优势菌群差异较大。

养殖废水中共检测到 115 种菌属，其中丰度 >1% 的菌属有 8 个，人工污水中共检测到 76 种菌属，丰度 >1% 的菌属有 12 个。养殖废水中 Diaphorobacter 的相对丰度高达 70.16%，Thermomonas 和 Alicycliphilus 成为优势菌属。

	养殖废水	人工污水
Burkholderales	75.12	36.93
Rhodobacterales	1.35	14.64
Xanthomonadales	9.37	3.38
Rhizobiales	6.35	2.62
Sphingobacteriales	0.13	6.06
Flavobacteriales	3.92	0.00
Other	1.71	1.51
Saprospirales	0.30	2.67
BD1-5_unclassified	0.32	2.53
Myxococcales	0.02	2.54
Bdellovibrionales	1.43	0.11

图 3－21　样品在 cutoff＝0.03 情况下得到的 Heat Map 图

（4）小结

①填充率对 PCL－SND 系统脱氮效果的影响

随着 PCL 填充率的增加，TN 的去除率逐渐增加，NH_4^+－N 的去除率呈下降趋势，出水 NO_3^-－N 的浓度逐渐降低。填充率为 15% 时，脱氮效果最好，TN 去除率高达 94.38%，NH_4^+－N 去除率为 76.51%，出水 NO_3^-－N 浓度低至 0.6 mg/L，NO_2^-－N 没有明显的积累。PCL 填充率的变化对出水 pH 值没有太大的影响，总碱度随着填充率的增加而增加。

②实际处理效果

NH_4^+－N 的平均去除率为 75.39% ±0.065%，TN 的去除率为 85.90% ±0.014%，出水 NO_3^-－N 的浓度稳定在 3 mg/L 左右，NO_2^-－N 没有明显的积累。整个反应期间，pH 平均值为 7.40 ±0.075，总碱度为（271.39 ±21.55）mg/L $CaCO_3$。PCL－SND 系统具有较好的脱氮能力。

③微生物群落结构

不同填充率条件下生物膜微生物优势菌群均为 Proteobacteria、Bacteroidetes、GN02，其中 Diaphorobacter 为样品中的绝对优势菌属，填充率为 12.5% 时相对丰度高达 65.46%。填充率为 15% 时，Paracoccus 和 Hydrogenophaga 成为优势菌属。进水变为实际养殖废水时，微生物的群落结构发生较大变化，Diaphorobacter 的相对丰度高达 70.16%，Thermomonas 和 Alicycliphilus 成为优势菌属。

3.1.3　循环水养殖系统中水处理设备的应用技术

循环水养殖系统中水处理设备的应用技术，包括沉淀池、砂滤罐、弧形筛、泡沫分离—臭氧消毒装置、紫外线消毒器、生物滤池、液氧增氧。目前的养殖系统鱼类单位产量达到 30 kg/m²，养殖成活率维持在 90% 以上，日补水量不超 10%。

1. 水处理工艺流程

工厂化养鱼的水处理基本设施，一是处理固形物，二是处理水溶性废物。另一关键技术是在水体中加入净水菌种。文献封闭式内循环水产养殖系统采用的水处理工艺流程如图 3-22 所示。

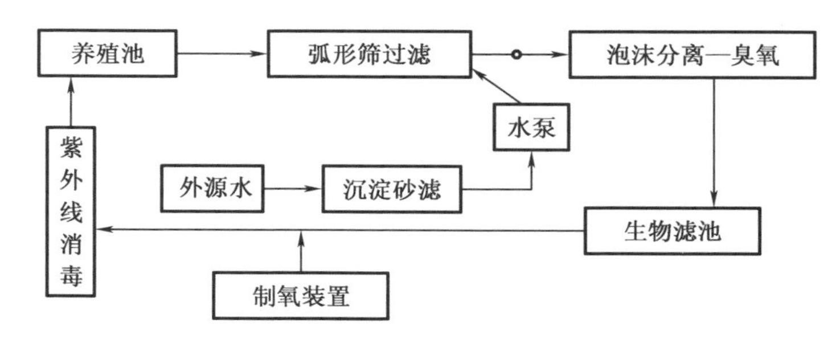

图 3-22　封闭式内循环水产养殖系统采用的水处理工艺流程图

2. 沉淀池和砂滤罐

沉淀池采用平流式，即外源水纳入一个狭长的矩形池(沙质底)，海水经过消能整流后进入另外一个矩形池，沿水平方向流至末端经堰板流出，转入砂滤罐。砂滤罐的直径为 4.0 m，石英砂粒直径 0.8 mm，净水能力 300 m³/h，反冲水强度 50 m³/(m²·h)，反冲水压力 0.2 MPa，冲洗历时 10 min。

3. 弧形筛

弧形筛是一种金属网状结构设备。它具有很高的强度、刚度和承载能力，可以分离养殖系统中直径大于 70 μm 大颗粒物。它替代了传统的滚筒过滤机。滚筒过滤机虽然占地小、水头损失少、安装操作简易，但存在处理效率低、筛绢易破损、维修成本高的弊端，而弧形筛过滤具有过滤效果好、投资低、没有运行成本(无电能损耗)、冲洗方便、免维护等优点。它能够去除养殖系统中 80% 以上的颗粒物质。

4. 泡沫分离—臭氧消毒装置

泡沫分离技术，是指向水体中通入空气，使水中的表面活性物质被微小的气泡吸附，并借气泡的浮力上升到水面形成泡沫，从而去除水中悬浮物和溶解物。应用泡沫分离技术可以将蛋白质等有机物在未被矿化成氨化物及其他有毒物质之前就已被去除，避免有毒物质在水体中的积累，降低 COD，为生物滤器的功能发挥提供有利条件。

工厂化海水鱼类养殖水体中，粒径小于 100 μm 的固体颗粒占水中悬浮物的 50%~70%，这些固体悬浮物主要来自残饵和鱼的排泄物。污染物来源所占的比

例分别为残饵 35%、排泄物 50%、其他污染物(鱼体脱落物和各种微生物)15%。悬浮物中的胶体颗粒、黏液排泄物、病菌等如果不及时去除,微生物将大量消耗水中溶解氧,从而使水体快速恶化。泡沫分离器可有效去除水中固体颗粒。

传统的养殖水体杀菌方法是化学药品消毒,但弊端是费用高、药效维持时间短、病菌产生抗药性、产生二次污染。我们将臭氧同泡沫分离器联合使用,解决了臭氧在海水中溶解性差的难题,充分发挥其消毒作用。

泡沫分离—臭氧消毒装置由接触室、空气装置、集污室、进出排水、排污、臭氧加注、液位调整装置等部分组成。具体水处理流程如下。

(1)需要处理的水体进入接触室的上部,水体向下移动,沿出水口流走。

(2)射流注气装置产生的微气泡进入到接触室,这些泡沫在接触室向下移动。在移动过程中,水体中悬浮的未溶解和溶解的蛋白微粒(有机物的一种)聚集在微气泡表面,并堆积向上推动脱离出水体表面,最后进入顶部的集污室。

(3)在集污室中随着泡沫的慢慢破碎,有机物在这里形成沉淀,然后由排污口排出。经过处理后的水沿主出水口流出,辅助出水口配有控制流速的阀门用于调整蛋白质分离器的液位。这种逆流式的流程设计可非常有效地对水体进行处理。

该装置中,泡沫分离器的接触室同时成了臭氧的消毒反应罐,在泡沫分离处添加臭氧相对比较合理。首先泡沫分离器采用射流充气方式,在射流管进口处接三通管,在接入空气的同时接入臭氧,进气口处于负压状态,臭氧无法逸出。通过射流器的混合,可实现臭氧与水的充分接触,另外水在泡沫分离器内的反应停留时间为 2 ~ 3 min,符合臭氧反应时间的要求。

通常溶解性有机化合物或难降解有机物会使养殖水体呈现茶色,由于臭氧的强氧化作用,使海水里有机物质中的色素细胞脱色、破坏、崩解,海水从而变清 。

5. 紫外线消毒器

紫外线消毒器置于循环管道之间,为封闭式多灯管,拆洗方便。而且处理的是生物滤池处理后的养殖水体,这样设计考虑到以下两个因素。

一是从生物滤池出来的水体一般是悬浮物少、透明度高,水体清澈时紫外线灯杀菌能力最强。

二是避免紫外线杀掉生物滤池的有益细菌,影响生物处理功效。

6. 生物滤池

生物滤池是循环水养殖的关键,它利用生物滤池中生物滤料表面附着的各种细菌将水中有害物质转化为毒性比较小的物质。根据其作用可分为两种主要的处理过程,并由不同类型的细菌来承担。

(1)矿物化作用

生物滤池中的矿物化由异养菌(Heterotrophic bacteria)来承担,其主要作用是分解养殖系统中的有机物,如鱼的排泄物、残饵、其他微生物的细胞等。在这个过程中,复杂的大分子有机物被分解为简单的无机物,如蛋白质分解为氨基酸,并最终分解为氨氮;碳水化合物分解为二氧化碳和水。

(2)硝化作用

硝化是生物滤池的主要作用,通过亚硝化细菌(Nitrosom onas)和硝化细菌(Ni - trobacteria)将毒性较高的 NH_3-N 分解为低毒性的 NO_2-N,随后又被氧化成无毒性的 NO_3-N。

生物滤池的工作能力取决于生物滤池中填料的选择。生物滤池的处理能力与养殖系统的日常养护有密切的关系,系统中使用消毒剂和抗生素都会破坏与改变生物滤池中菌落的组成,使生物滤池的生物处理能力下降。

过度地冲洗生物滤池也将促使填料表面的菌膜脱落,影响到生物滤池的水处理能力。

通常,一个生物滤池从开始培养到成熟需要 1 ~2 个月的时间,并且经过 NH_3-N 和 NO_2-N 积累的 2 个高峰期。应在水体进入生物滤池前,加强物理过滤,尽量控制有机物进入生物滤池,防止由于异养细菌与亚硝化细菌和硝化细菌竞争生存空间,引起生物滤池硝化能力的下降。

由于硝化过程中有 H^+ 产生,所以养殖系统中的 pH 值会有不同程度的下降,特别是淡水的循环水养殖。由于海水中的离子比较多,具有一定的 pH 值缓冲作用,但也要随时检测养殖系统中的 pH 值,以防 pH 值过低引起海水鱼生长缓慢,抗病能力下降。

7. 液氧

工厂化养鱼需要消耗大量的氧气。每 1 t 鱼每天要消耗约 3 kg 氧气,水质净化需要氧气,每 1 t 鱼每天排出 1 kg 氨氮需消耗 4.75 kg 氧气;另外,每天直接与间接消耗氧气 7.57 kg。因此,工厂化养鱼水体中需要大量的溶氧。

传统的鼓风曝气增氧都是通过曝气头如曝气器、曝气管、散气石等向水中散气增氧。当水深为 1 m 时,考虑曝气头安装高度,实际氧利用率不到 3%,很难满足高密度养殖对溶氧量的要求。而目前国内的小型制氧机(PSA 型)每产生 1 kg 氧气要耗电超过 1 kW,造成养殖系统能耗太高,而且制氧机稳定性、可靠性差,难以应用于实际生产。我们采用液氧即纯氧增氧,含氧 99.9%,1 m^3 氧重 1.202 5 kg,经过汽化器转为气态,再通过输气管路传送到养殖池。

3.1.4　循环水养殖系统中几种常用的固定膜式生物过滤器

封闭循环水养殖系统中通常利用固液分离技术去除残饵和粪便。残饵和粪便包含了养殖过程中 30%~60% 未被养殖动物利用的氮素，其余未被利用的氮素以有机氮、氨氮、亚硝酸盐氮和硝酸盐氮的形式存在于养殖水体中。氨氮是蛋白质代谢的最终产物之一，对水生动物有明显的毒害作用，是养殖过程中主要控制的水质指标之一。循环水养殖的养殖密度较高（30~120 kg/m^3）、投饲量大（日投饲量为体质量的 2%~5%，即 0.6~6 kg/m^3）、投喂饲料蛋白质含量较高（30%~50%）、氨氮产生量大［可达 70 mg/（L·d）］，需要进行有效处理以实现养殖用水的重复利用。

固定膜式生物过滤器指为硝化细菌提供附着的载体或者基质（常被称为滤料），在滤料表面形成生物膜，将氨氮经由亚硝酸盐氮转化成硝酸盐氮。与悬浮式生物反应器相比，固定生物膜式反应器更稳定，易于管理和维护，应用更广泛。根据生物膜载体与水流的接触方式，可将固定膜式生物反应器分为两种类型：一种是生物膜载体处于移动状态，主动与水流接触，比如流化床（FBB）和移动床；另一种是生物膜载体处于静止状态，比如滴滤式过滤器（TF）和浸没式过滤器（SF）。也可根据载体在水体中的位置进行分类，流化床和移动床的载体完全浸没在水体里，可以被归为浸没式，滴滤式和生物转盘（BD）有部分载体在水体以外，被归为裸露式。本节对滴滤式、流化床、浸没式、生物转盘、移动床、珠式生物过滤器（BF）等几种常用生物过滤器进行总结，为循环水养殖系统中的氨氮控制研究提供参考。

1. 滴滤式生物过滤器

滴滤式生物过滤器顶部有布水管，进水向下流过介质，保持细菌湿润，但并不完全淹没介质（图 3-23），是应用较早的一种生物过滤方式，很多关于生物过滤的基础性研究都是以这种过滤器作为研究对象。典型的温水系统设计标准为 100~250 $m^3/(m^2 \cdot d)$ 的水力负荷，介质深度 1~5 m，介质比表面积 100~300 m^2/m^3，总氨氮（TAN）去除率为 0.1~0.9 $g/(m^2 \cdot d)$。关于滴滤式生物过滤器的形状有两种类型：高而窄和矮而宽。前者可以增加接触时间但同时也需提升动力，后者的关键是要保证布水的均匀性。在水流一定的情况下建议使用后者。当水流量为 15~25 $L/(min \cdot m^2)$ 时，氨氮去除效率主要取决于接触时间。已报道滴滤式生物过滤器最高氨氮去除效率为 1.1 $g/(m^2 \cdot d)$。

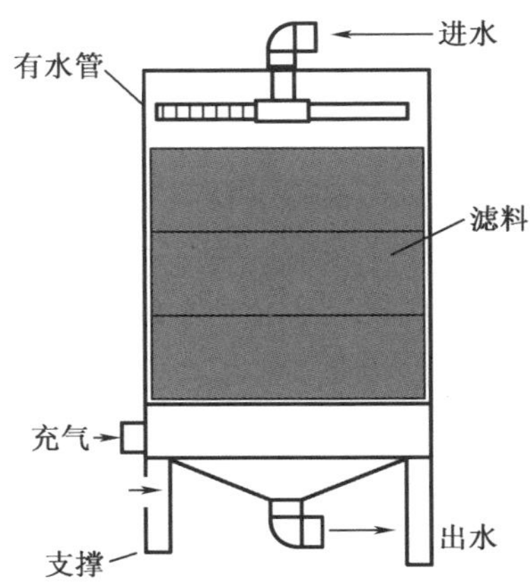

图 3-23　滴滤式生物过滤器工艺图

该种过滤器的载体孔隙空间充满的是空气而不是水，所以滤料表面的细菌不会缺氧。滴滤式生物过滤器的优点在于容易建造和操作，可以反冲，能够有效脱去二氧化碳，运行成本较低；主要缺点是易堵塞和“短路”，硝化细菌的分布不均匀。

2. 静态浸没式生物过滤器

本节中所指的浸没式特指静态浸没式。静态浸没式生物过滤器的载体和生物膜浸没在水里，水流可以向上、向下或者水平方向（图 3-24）。

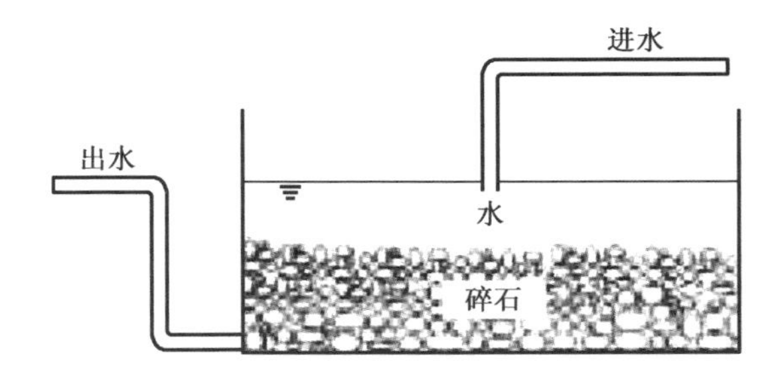

图 3-24　典型浸没式生物过滤器示意图

这种过滤器容易堵塞，内部容易缺氧，需要定期机械冲洗以维持过滤器长期正常工作，在实际使用过程中成本较高，易产生生物腐臭，且运作成本较高，现已不常用到。

3. 流化态浸没式生物过滤器

（1）流化床

流化床的载体在水流或者气流的冲击下呈悬浮状态（图 3-25）。设计流化床时需要严格计算滤床尺寸、静止和流化状态滤料的压降、确保膨化的最小水流速度、既定水流速度滤床的膨化状况及其他可控因素。流化床中膨化 1 m 的滤料需要 1 m 的水头，设计时必须要考虑从底部到水面的水头损失，从水泵出口到流化床的水流表面，总的动态水泵水头 0.35 ~ 0.55 Pa，具体取决于流化床的高度。一般使用小的沙砾和聚氯乙烯（PVC）球做流化床载体，粒径 0.1 ~ 1 mm 为宜，不超过 3 mm，相对密度为 1 左右，以利于悬浮。PVC 球的比表面积可以达到 4 000 ~ 20 000 m^2/m^3，水流速度最高可达 190 L/s，出水中的亚硝酸盐氮和硝酸盐氮能够保持在较低水平。流化床具有效率高、成本低的优点，但需要较高的水流速度以确保滤床的膨化状态及其与滤料的充分接触。Timmons 等的研究结果表明，流化床的建设成本低于生物转盘、滴滤器、珠式过滤器等。因为不同地区、不同时期的建造成本会有差异，所以该结果仅供参考。流化床不需要特意补充氧气，通过连续流能提供饱和度大于 90% 的 DO 和去除二氧化碳。实际使用过程中的水流范围也比较窄，不能超过设计流速的 ±30%；不能静止时间过长，否则会造成厌氧状态。

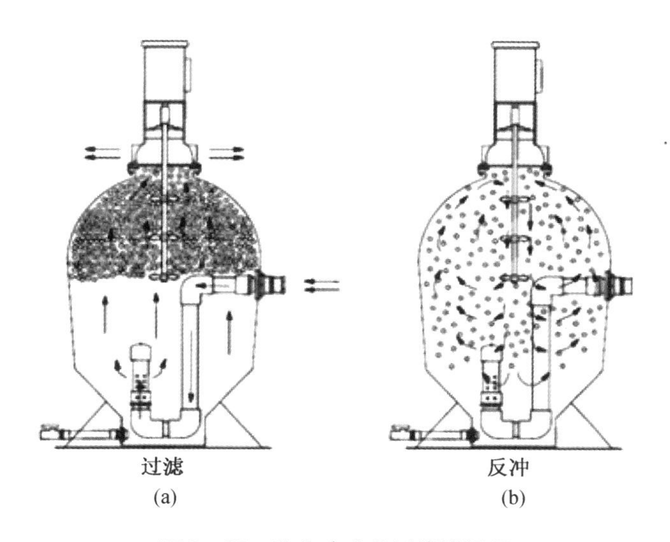

图 3-25　流化床生物过滤器图示

（2）移动床式生物过滤器

移动床式生物过滤器和流化床相似，区别在于移动床式生物过滤器中的滤料密度略低于水，呈悬浮状态。滤器中的滤料依靠曝气和水流的冲击在水中互相碰撞与剪切，形成悬浮生长的活性污泥和附着生长的生物膜，并充满整个反应器，载体与水体频繁接触，因而被称为“移动的生物膜”，能充分发挥附着相和悬浮相生物的优越性（图 3-26）。

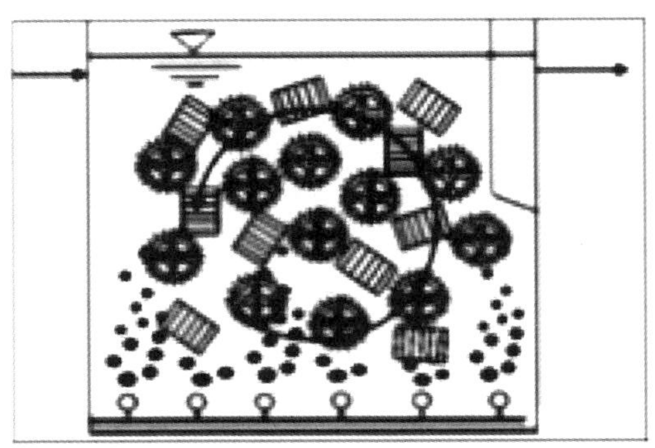

图 3－26　移动床式生物过滤器工作状态示意图

每个滤料内部生长一些厌氧菌或兼性好氧菌，外部为好养菌，因此每个滤料都是一个微型反应器，可同时进行硝化反应和反硝化反应。移动床式生物过滤器的优点在于容积得到充分利用、耐冲击能力强、性能稳定、操作方便、维护简单、无堵塞、工艺灵活、使用时间长。可采用深、浅、方、圆等各种池型，可选择不同滤料填充率。移动床式生物过滤器在应用过程中会定期排出脱落的生物膜以维持适宜的处理能力，运行过程中不能有死角，以避免产生厌氧状态而使水中生成硫化氢等毒性物质。移动床式生物过滤器的氨氮去除效率可以达到 125～267 $g/(m^3 \cdot d)$（以未膨化状态体积计），每立方载体、每分钟需要气体 0.08～0.13 $m^3/(min \cdot m^3)$；0.75 kW 的鼓风机可以启动 10～13 m^3的载体（载体密度不同，需要的动力会略有差别）。

（3）微珠式生物过滤器

微珠式生物过滤器和流化床式及移动床式生物过滤器类似（图 3－27）。

用食品级聚乙烯材料作为悬浮载体，直径 3～5 mm，相对密度略低于水，空隙率大于 35%，比表面积 1 150～1 475 m^2/m^3，可以同时作为去除 5～10 μm 粒径的颗粒物，也可以附着细菌进行硝化和反硝化。微珠过滤器的技术优势在于可以有效地反洗，既能有效去除截留的固体颗粒物，也能保留必要的生物膜和絮体。

（4）旋转式生物接触反应器

生物转盘和生物转筒式生物过滤器处理原理相近，均为旋转式生物接触反应器（RBC）（图 3－28）。

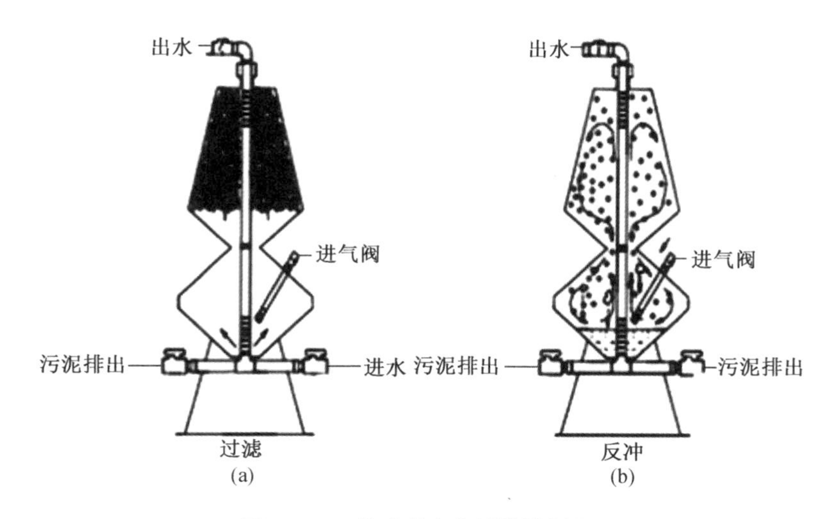

图 3－27　微珠式生物过滤器图示

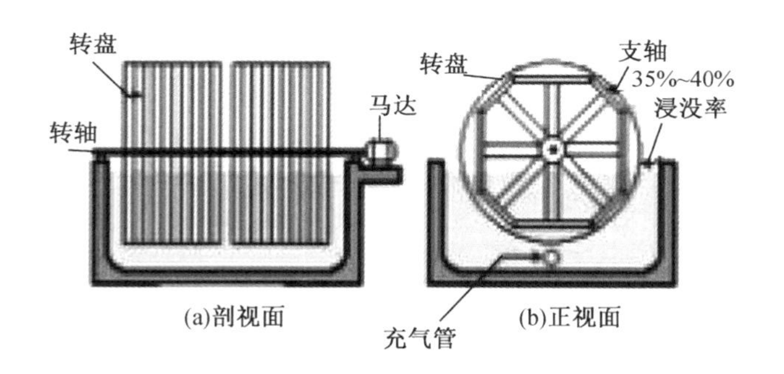

图 3－28　旋转式生物接触反应器图

以生物转盘为例。生物转盘在城市生活污水处理中得到了广泛应用，现在也被应用于高密度养殖废水的处理中。其优点是操作简单，能够去除二氧化碳、增加溶氧，并且具有自动清洗能力；缺点是建设成本高，需要机械传动、气动和水动，支杆和机械部件经常浸没在水里，会导致机械故障。生物转盘有 35%～40% 浸没在水中，外周切线转速 11～15 m/min。如直径为 1.2 m 的生物转盘，其设计转速为 3～4 r/min。转盘主要由纤维板、塑料块组件、聚乙烯管状的介质等组成，比表面积一般为 200 m^2/m^3，硝化率一般为 76 g/(m^3·d)。基于这样的硝化效率，一般要求能满足投饲量为 3.6 kg/(d·m^3)过滤材料的设计标准。在运行过程中，转盘质量会比自身质量增加 10 倍，在设计时应充分考虑该因素。一般情况下，0.02 m^3/(min·m^3)的空气量可转动直径 1.22 m 的转盘，0.76 kW 鼓风机可以转动 100 m^3的生物转盘。

4. 各种滤器的氨氮去除率及成本比较

每种生物过滤器都有各自的性能和成本(表3-5)。滴滤式生物过滤器和RBC的一个最大优点是日常运作时都会向水流中补充氧气,还能脱去一部分二氧化碳。相反,静态浸没式、流化床、移动床式和微珠式过滤器都是纯粹的氧消耗者,完全依靠进水中的氧气来维持生物膜的好氧环境。不管什么原因,一旦进水中溶氧不足,就会在生物滤器中产生厌氧环境,进而影响到硝化效率。滤器的成本与其总比表面积成正比。因滴滤式滤器和RBC的滤料比表面积太低,所以成本较高。相反,浮球式生物过滤器和流化床使用的滤料都有高的比表面积,这比达到相同比表面积的滴滤器和生物转盘更节省成本与空间。滴滤器和RBC的另外一个缺点是,如果悬浮颗粒物(SS)控制不当,很容易发生生物腐败。异养细菌的生长速度是自养硝化细菌的10倍左右,这种高的生长率结合对氧气的需求不断地使硝化菌窒息而被埋在生物膜的深处,最终死亡并从生物膜上脱落。

表3-5 养殖系统中常用生物过滤器的平均氨氮去除率表

生物过滤器类型	平均氨氟去除率/[g/(m^2·d)]	成本/[欧元/(kg·年)]
旋转式	0.19~0.79	1.143
过滤式	0.24~0.64	1.036
微珠式	0.30~0.60	0.503
流化床	0.24	0.198

注:成本分析基于年产454 t的罗非鱼循环水养殖车间。

5. 生物过滤器设计举例

滴滤式生物过滤器是应用最早、研究比较系统的一种生物过滤方式,现在正逐渐被移动床式生物过滤器和微珠式生物过滤器等取代,但是这几种生物过滤器在循环水养殖系统中的应用研究尚未形成系统的成果。本节以滴滤式生物过滤器的设计为例,介绍生物过滤器设计时需要考虑的主要技术参数和设计流程,旨在为其他几种过滤器的设计提供参考。

(1)背景参数

以封闭式循环水养殖杂交条纹鲈(9 702 kg)为例。固液分离去除残饵和粪便而损失掉一部分养殖水(一周约换掉总水体的20%),其他的全部回收利用。

与设计相关的系统指标:商品鱼规格为每尾0.7 kg,最大密度1 202%,水体交换率2~3次/h。

水质要求:溶氧>5.0 mg/L,pH值6.5~9.0,碱度50~400 mg/L,分子态氨NH_3<0.012 5 mg/L,氮气<110%气体饱和度,二氧化碳0~15 mg/L,总悬浮颗

粒物 < 80 mg/L。这也是水处理系统需要达到的要求。

(2)养殖水体

根据目标产量和养殖密度,计算出需要的水体为 75.6 m^3(目标产量/养殖密度,9 072/120 = 75.6 m^3)

(3)投饲量

日投饲量取决于生物过滤器需要处理的氮素负荷。设计中,早期日投饲量为体质量的 6%,收获时为 1.5% ~ 3.0%,最多投饲量会出现在最后收获的时候。用 2% 的日投饲量用来作为氨氮负荷的估算数据,则日投饲量为 181 kg(目标产量 × 日投饲量)。

(4)氧气补充量和氨氮产生量

根据投饲量可以估算需要的氧气量和氨氮的产生量。1 kg 饲料需要消耗 0.21 kg 溶氧,为了保证绝对安全,增加 20% 的氧气量以确保溶氧量,则 1 kg 饲料需要补充氧气 0.25 kg;产生二氧化碳 0.28 kg,固体物 0.30 kg,TAN 0.03 kg。日投饲量 181 kg,需要氧气 45.3 kg/d(总投饲量 × 每千克饲料需氧量)。氧气传输效率在 5% ~ 90% 不等,在配置氧气发生器或罗茨鼓风机时需要考虑。总 TAN 产生量为 5.4 kg/d(总投饲量 × 每千克饲料产氨氯)。需要注意的是氨氮的产生速率不是匀速的,通常投饲后 2 ~ 3 h 产氨率最高,可以调整水体交换率以避免氨氮的突然升高对养殖对象造成的不利影响。以水体交换率为 2 次/h 计算,TAN 最高浓度为 1.5 mg/(L · h)[总 TAN 产生量 × 1 000 ÷ (24 h × 养殖水体积 × 每小时水体交换次数)]。

(5)滤器设计

24 ℃水温,1.5 mg/L 的 TAN 质量浓度,氨氮的去除率估算为 1.0 g/(m^2 · d)。滤料直径 2.5 cm(1 in)的塑料环空隙率 92% 比表面积 220 m^2/m^3。需要的滤料表面积为 5 400 m^2(氨氮日产生量 × 1000 ÷ 日氨氮去除率)。需要的滤料体积为 24.6 m^3(滤料表面积 ÷ 滤料比表面积)。生物过滤器水力负荷范围 30 ~ 225 $m^3/(m^2 \cdot d)$,则总水流量为 3 634 m^3/d(养殖水体体积 × 24 h × 每小时水体交换次数)。如果设置 6 个过滤器,则每个过滤器承担的水量为 605.6 m^3/d;每个反应器滤料体积为 4.1 m^3。基于最大水力负荷,接触面的面积为 2.7 m^2(每个滤器的日处理水量 ÷ 最大水力负荷)。对于圆筒状过滤器,直径为 1.85 m。假设圆筒状过滤器的直径为 2.0 m,高度可计算为 1.3 m(反应器体积 ÷ 接触面积),则圆筒状过滤器的主要参数:6 个过滤器,高度 1.3 m,直径 2.0 m,体积 4.1 m^3,接触面积 3.1 m^2,TAN 去除效率 350 ~ 450 g/(m^3 · d),水流速度 605.6 m^3/d。

6. 小结

滴滤式、流化床、浸没式、生物转盘、移动床、微珠式生物过滤器是循环水养殖系统中几种常用生物过滤器,其中滴滤式、浸没式现在已基本不用,生物转盘使用较少，流化床、移动床式和微珠式生物过滤器使用较广泛。

可根据养殖系统的养殖产量、养殖用水重复利用率、商品鱼的规格、最大养殖密度、日投饲量、水体交换率确定需要配置的生物过滤器。

3.2 养殖舱排污水循环处理技术

3.2.1 养殖循环水处理系统研究情况

工业化循环水养殖是指通过物理、化学、生物等手段对养殖中产生的废水进行处理，达到循环利用的半封闭或全封闭养殖，它是一种高度现代化及高度集约化的养殖模式 。工业化循环水养殖起始于20世纪60年代，一些发达国家为了优化环境、节约能源和水资源，努力推进了循环水处理设施、设备的发展。其中，美国利用冷流水养殖鲑鳟鱼，日本利用循环水养殖真鲷和牙鲆等都是比较成功的范例。我国的工厂化循环水养殖起步比较晚，起初主要用于淡水鱼类的养殖，但由于受工程造价及养殖品种市场价格的影响，发展一直比较滞后。随着我国北方沿海以名贵经济鱼类鲆鲽类为主要养殖对象的兴起，工业化循环水养殖逐渐被大家所接受，并得到长足的发展。

1. 工业化循环水养殖的优势

工业化循环水养殖具有以下优势。

(1)节约水资源，特别是对沿海地下海水资源起到很好的保护作用。

(2)保护环境，实现养殖污水的低排放或零排放。

(3)养殖环境稳定，实现养殖全过程的健康管理。

(4)养殖系统相对封闭，不受周围环境的影响。

(5)节约能源。实践证明，使用循环水养殖可以节约能源60%～80%。

2. 循环水处理系统的基本流程及主要装备的研究进展

海水鱼类工业化循环水养殖系统主要由微滤机(固体颗粒分离器)、蛋白分离器、生物净化池、增氧、控温、紫外消毒及污水处理池等部分组成，其工艺流程如图3－29所示。

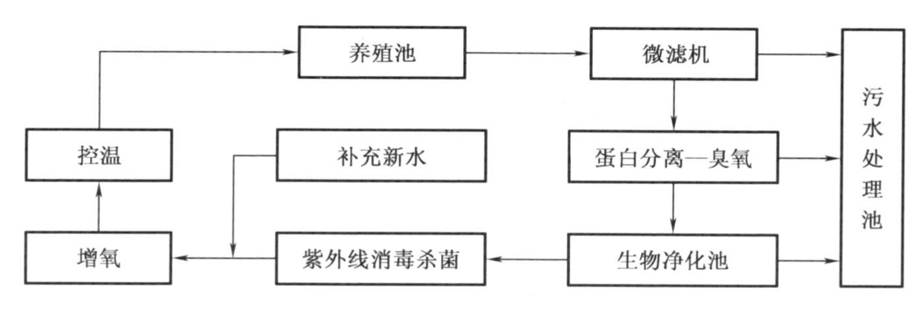

图 3－29　海水鱼类工业化循环水养殖系统工艺流程图

(1)微滤机

微滤机又称固体颗粒分离器,是去除粪便、残饵及大颗粒悬浮物的重要设备,也是“十五”期间研制的水处理设备之一。我们针对它在运转过程中存在的体积大、噪声高、维修费用高、使用寿命短、能耗高等缺点,进行了改进和重新设计。

①主要部件采用 316 L 不锈钢制作,适用于海水作业。

②将传统的单端传动改为中心轴传动,传动装置采用行星摩擦式无级变速机及摆线针轮减速机组合而成,实现了无级变速。

③增加了水位自动控制和反冲洗自动控制系统,达到了节水、节电的效果。

④以不锈钢丝网作为过滤介质,减少污物的堵塞,大大提高了过滤能力。改进后的微滤机体积缩小 60%,滤水能力提高 2 倍,而单位能耗只是原来的 1/5。

(2)蛋白分离器

蛋白分离器又称泡沫分离器,其作用原理是利用微小气泡的表面张力来吸附水中的微细颗粒和黏性物质,结合臭氧使用还可以起到固化可溶性蛋白、去除氨氮、增加溶氧和消毒杀菌的作用。传统的蛋白分离器由于桶体小,气、液接触时间短,大大制约了水处理能力和效果,所以经常会看到多个串联使用的情况。

朱建新等研发了口径达 1.5 m 的新型蛋白分离器,通过科学设计增加水流在桶内的自循环,使桶内气、液接触时间延长了一倍多,水处理能力提升到 200 m^3/h以上;同时在出水口增加了臭氧去除装置,避免了多余臭氧对生物净化池的净化菌和养殖生物的损害。

(3)生物净化池

生物净化池是利用微生物来分解、转化水中有毒与有害物的处理系统,由于它对养殖过程产生的氨氮、亚硝酸盐具有很好的降解作用,因此是循环水养殖水处理的重要装备之一。其作用原理如下。

①利用异氧细菌来分解养殖水中的粪便、残饵等有机物,使其中的大分子有机物分解成无机物,如将蛋白质分解成氨基酸,并最终分解为氨氮,碳水化合物

分解成二氧化碳和水。

②利用亚硝化细菌和硝化细菌将毒性较大的氨氮和亚硝酸盐转化为无毒的硝态氮。生物净化池的核心是净化菌的筛选、分离、培养及养护。多年来,我们投入大量的人力、物力开展这方面的研究工作,但细菌培养时间长、菌群不稳定的问题依然没有得到有效解决,同时生物净化池自身的抗污染问题也亟待解决。

针对以上问题,我们提出多级净化的设想,如下。

①扩大生物净化池的配比,把养殖水体与净化池的配比由原来的1:(0.2~0.3)提升到1:(0.6~0.8)。

②采用多个净化池串联使用,以避免原来的单个净化池中由于菌膜脱落而影响净化效果的问题。

③利用悬垂聚乙烯毛刷作为填充料(细菌附着基),不但增加了菌膜的附着面积,而且利于污物的下沉,有效解决了过去使用聚乙烯纤维板作为填充料而带来的污物在填充料表面堆积、冲洗困难的问题。

④在生物净化池的池底设计了集污槽和涡流排污装置,使排污变得简单、快捷,有效解决了生物净化池的自身污染问题。

⑤对菌、藻混合处理模式开展了有益的摸索,实践证明,藻类对氨氮及营养盐具有很好的吸收作用,在养殖水体中添加一定数量的藻类,不但可以净化水质、增加溶氧,而且还具有增加鱼类摄食、促进生长的作用。

根据国家节能、减排的要求,我们对整个水处理系统进行了集成和优化,主要改进措施如下。

①增加了污水处理池。对从微滤机、蛋白分离器和生物进化池排出的污水进行统一处理,避免了对养殖区周围环境的污染。

②摒弃了高压微滤罐、管道增氧器等高耗能设备,用液态氧替换了原来的制氧机,不但大大降低了能耗,而且摆脱了养殖过程中对电能的依赖,使养殖过程变得更安全。

③对进、排水管道进行了必要的改造,系统内的整个水流程中只保留了从微滤机到蛋白分离器一个提水泵,其他都采用高程差自流完成,从而极大地降低了系统的运行成本。

3. 展望

工业化循环水养殖是海水鱼类养殖的发展方向,也是渔业现代化的重要标志。在我们现在以农户为养殖主体的发展中国家开展循环水养殖,不但要在水处理设施、设备的研发上考虑设备的成本、处理能力及处理效果,还应当考虑设备的可操作性和运行成本。国家提出“节能、减排”的产业政策,其核心就是节约资源,保护环境;而开展工业化循环水养殖完全符合这一原则。因此,我们要进一步加大循环水处理设施、设备的研发及推广、应用工作。

近年来,我们已在全国有条件的企业建设了多套全封闭海水鱼类工业化循环水养殖系统,并建立了与之相配套的多个品种的养殖技术规范,经济效益显著,在社会上起到了很好的示范带头作用。我们在大力发展示范企业的同时,还鼓励和帮助中、小企业依据自身水源条件、养殖品种的特性及周围的地理环境优势开展养殖用水的循环利用工作,如利用室外土池作为生物净化池;利用热转换器进行热量的回收;养鱼水经过弧形筛过滤处理后再用来养殖鱼类。这些都是提高水资源的利用效率、减少污水排放的有益举措。

3.2.2 生物絮凝反应器对中试循环水养殖系统中污水的处理及其效果

生物絮凝技术(biofloc technology,BFT)投加碳源,促进异养细菌的增殖,从而通过同化作用快速地去除氨氮。研究表明,BFT 反应器可资源化处理 RAS 排放废水中的 TAN 和 NO_3^- – N,絮体孔隙率高、比表面积大,具有絮凝吸附及处理 SS 的能力,收获的生物絮体可被再次用作养殖动物的饲料原料。BFT 反应器如果用作 RAS 水处理核心单元,具有同步去除 SS、TAN、NO_3^- – N,节水和提高营养物质利用效率的潜能,减少 RAS 系统构成和固定投资。相关学者已提出该设想,但相关实际应用研究鲜有报道。

刘文畅等设计了一种连续流式 BFT 反应器,并用作中试规模 RAS 的唯一水处理装置。试验研究了在较低水温条件下(18.27 ± 1.68)℃,HRT 对 BFT 反应器运行稳定性、SS 和氮污染物去除效果及微生物组成的影响,为其在 RAS 的进一步研究和应用提供参考。

1. 材料与方法

(1)基于 BFT 反应器的循环水养殖系统

生物絮凝反应器为聚乙烯材质,高 2 200 mm,内径 1 000 mm(图 3 – 30)。反应器中部设有一个宽 1 000 mm、高 2 050 mm 的中隔板,中隔板距反应器底部 150 mm,将反应器分为反应区和沉淀区两部分。在反应器底部沉淀区设置导泥板,导泥板与反应器底部呈 30°夹角。BFT 反应器进水口设在反应区高 2 000 mm 处,出水口设在沉淀区高 1 900 mm,反应器工作容积 1.4 m^3。BFT 反应器顶部,反应区和沉淀区各设有一个直径 450 mm 的圆形检查口。反应区底部设有一个总长 2 500 mm 的纳米微孔曝气盘管,由于底部水压较大,设 2 台空气泵(总流量 10 L/min,138 W,型号 ACO – 008,浙江森森实业有限公司)连接曝气,主要目的为进行搅拌,次要作用为增氧;另设 1 台空气泵(100 L/min)连接 10 个石英曝气石,曝气石吊放在反应区液面 800 mm 处,主要目的为曝气增氧(补充底部曝气增氧的不足)。设有 1 个工作容积 12 L 的聚丙烯碳源桶和 1 个蠕动泵(型号 KCP3,卡默尔流体科技有限公司),调节流量 1 L/h,向反应区连续添加碳源。反应器由

1 台离心泵（2.2 kW，总流量 8 m^3/h）提供进水，离心泵进水管（公称直径 60 mm，DN60）与养殖单元的缓冲池连接，出水管分为两路支管，一路支管连接在反应器进水口，另一路支管直接接回上层养殖槽，每路支管均设有流量调节阀门和流量计。反应器的反应区预先培养好生物絮体，浑浊反应液经沉淀区沉淀后，絮体污泥经导泥板重回反应区，上清液经出水口流到上层养殖槽。因此，养殖用水经过反应器处理并实现二次利用。

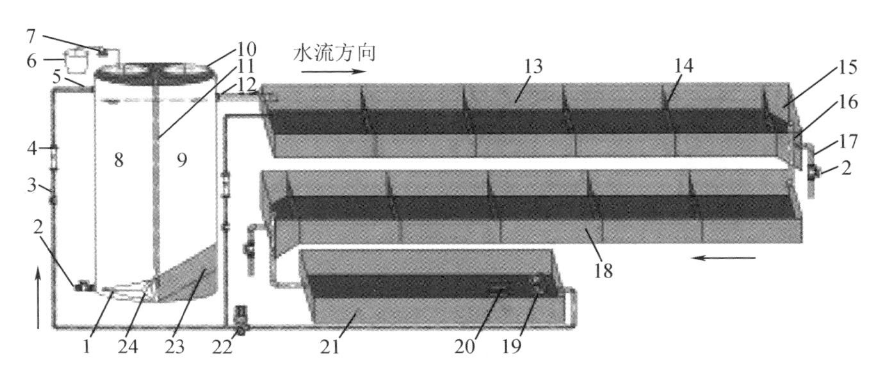

1—曝气盘；2—排泥口；3—阀门；4—流量计；5—进水口；6—碳源桶；7—蠕动泵；8—反应区；9—沉淀区；10—检查口；11—中隔板；12—出水口；13—上层养殖槽；14—钢丝隔网；15—集污槽；16—连通管道；17—排污管道；18—中层养殖槽；19—造流泵；20—恒温棒；21—下层缓冲池；22—循环泵；23—导泥板；24—回泥口。

图 3－30　基于 BFT 反应器的循环水养殖系统图

RAS 养殖单元由上层养殖槽、中层养殖槽和下层缓冲池组成，通过 DN90 PVC 管道串联。上、中层养殖槽长 10 000 mm、宽 1 000 mm、高 450 mm。养殖槽每隔 2 000 mm 设有一个高 400 mm 的钢丝隔网（网孔：10 mm × 10 mm），总计 10 个养殖槽。每个养殖槽设有 1 个曝气石，10 个曝气石共同连接到 1 台电磁式空气泵。每层养殖槽后设有一个长 500 mm、宽 1 000 mm、高 800 mm 的斜斗式集污槽。2 个集污槽设有独立的 DN90 PVC 排污管道。下层缓冲池长 5 000 mm、宽 1 000 mm、高 450 mm，装有 10 个单功率 500 W 的恒温加热棒，养殖槽和缓冲池设有聚乙烯盖保温。缓冲池出水口一端设有 1 台造流方向与缓冲池水流方向相反的造流泵（48 W，型号 JVP－402A，浙江森森实业有限公司），防止固体颗粒物沉淀积累。

（2）试验设计与养殖管理

①养殖污水

2014 年 10 月 29 日—11 月 19 日，为了活化养殖水体和建立养殖污水，向养殖槽和缓冲池加除氯自来水至水深 20 cm 处，关闭 BFT 反应器进水支路，开启另

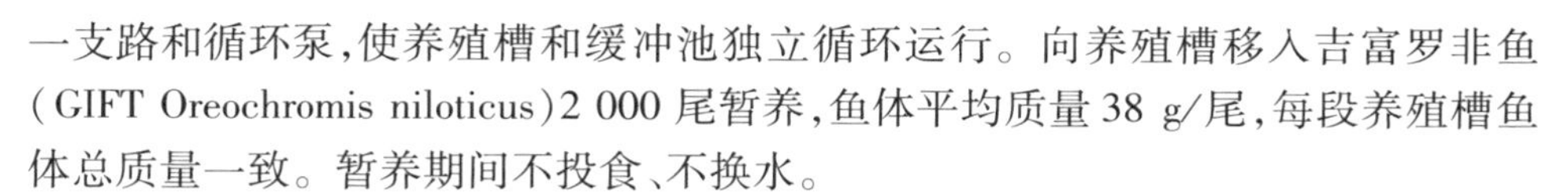

一支路和循环泵,使养殖槽和缓冲池独立循环运行。向养殖槽移入吉富罗非鱼(GIFT Oreochromis niloticus)2 000 尾暂养,鱼体平均质量 38 g/尾,每段养殖槽鱼体总质量一致。暂养期间不投食、不换水。

②生物絮体的预培养

2014 年 10 月 29 日—11 月 18 日,为 BFT 反应器中生物絮体的预培养时期。向 BFT 反应器反应区加入 4.0 kg 65 ℃干燥后的养殖固体颗粒物(粗蛋白 17.59%,粗脂肪 1.65%,粗灰分 27.16%)。养殖固体颗粒物由一套罗非鱼循环水养殖系统中的转鼓式固液分离机(100 μm)从养殖排放废水中收集而来。采用 Lu 等所述方法,24 h 连续曝气,每日加入葡萄糖,调节溶解有机碳(dissolution organic carbon,DOC):TAN > 15,反应区形成具有较强絮凝沉降能力的生物絮体,此时反应区絮体特征为污泥体积指数(SVI - 30)145 mL/g,混合液悬浮固体(mixed liquor suspended solid,MLSS)4 919 mg/L,混合液挥发性悬浮固体(mixed liquor violate suspended solid,MLVSS)4 129 mg/L,化学需氧量(chemical oxygen demand,COD)6 656 mg/L。

③试验期间养殖管理

2014 年 11 月 19 日,移出暂养鱼后,向养殖槽移入吉富罗非鱼 1 830 尾,初始放养密度 17.89 kg/m^3,规格(38.35 ± 11.90)g,每个养殖槽段鱼体总质量一致。养殖槽每日分 3 次投喂总质量 0.45 kg 膨化商品配合饲料(水分≤10%,粗蛋白≥30%,粗脂肪≥4%,粗灰分≤13%;漳州市日高特种饲料有限公司),BFT 反应器的饵料负荷为 0.32 $kg/(m^3 \cdot d)$。每天打开集污槽阀门排污(50 L),并加水补充日常损耗的水量。

④试验设计

试验时间为 2014 年 11 月 19 日(记为试验第 1 d)—2015 年 1 月 23 日。打开 BFT 反应器进水阀门,调节相应流量使反应器 HRT 依次为 12 h(第 1 ~ 30 d)、6 h(第 31 ~ 49 d)、4.5 h(第 50 ~ 61 d)、3 h(第 62 ~ 66 d)。监测反应器进水总无机氮(dissolved inorganic nitrogen,DIN),即 TAN、NO_2^- - N 和 NO_3^- - N 之和,每日以一水葡萄糖(有机碳质量分数 35.07%)作为碳源,按 DOC: DIN = 10,分 2 次,每次用 12 L 除氯自来水溶解后加入碳源桶。试验期间养殖槽水深 20 cm,缓冲区水深 20 ~ 25 cm,即养殖系统总水体约 6.5 m^3。以碳酸氢钠($NaHCO_3$)调控系统碱度。控制稳定期反应区絮体质量浓度 MLSS 为 2 000 ~ 3 100 mg/L。具体调控方法:当 MLSS 超过 2 500 mg/L,从 BFT 反应器反应区泵出(型号 HQB - 4500,浙江森森实业有限公司)适量生物絮体浑浊液至聚丙烯桶(内径 50 cm,高 70 cm),静置 1 h,取上清液泵回缓冲池,弃去沉淀后的生物絮体。试验期间系统的部分理化性质控制见表 3 - 6。

表 3-6　试验期间养殖系统水体的理化性质

位置	温度/℃	溶解氧/($mg \cdot L^{-1}$)	pH 值	碱度/($mg \cdot L^{-1}$)
养殖区	19.16 ± 1.32	8.28 ± 0.51	8.42 ± 0.25	591.66 ± 76.80
反应器进水	19.28 ± 1.20	8.30 ± 0.48	8.42 ± 0.23	586.77 ± 71.63
反应区	18.27 ± 1.68	6.23 ± 1.43	8.08 ± 0.30	679.63 ± 89.09
沉淀区	18.12 ± 1.74	4.99 ± 1.63	8.04 ± 0.29	599.60 ± 120.05
样本数	56	56	53	22

(3)指标测定方法

每天10:00取水样(表3-7列出的日期除外),SS、总氮(TN)、碱度(以$CaCO_3$计,每3天监测1次)和COD直接采样测定。水样经离心(4 000 g,10 min)后,测定TAN、NO_2^--N和NO_3^--N。离心后的水样经滤膜(0.45 μm)过滤后测定DOC(型号Multi N/C 2100,德国耶拿分析仪器集团公司)。温度、DO(每天10:00采集,表3-7列出的日期未采集该数据)和pH值(采集时间同温度、DO,有3次因仪器故障未采集数据)直接使用Multi 3430多参数水质测量仪测定(德国WTW公司)。MLSS和MLVSS每天10:00和22:00取样测定,以英霍夫锥形管取1 000 mL反应区絮体浑浊液,静置沉淀30 min,测定絮体体积(FV-30),以FV-30与MLSS之比计算SVI-30。

试验第29,48,60 d分别从反应区取絮体1 mL,1 000 r/min离心1 min,去上清液;加入1 mL缓冲液(0.1 mol/L磷酸缓冲盐溶液,pH值=7.4)轻轻冲洗2次;重悬浮后,加1 mL 2.5%的戊二醛固定2 h,1 000 r/min离心1 min,去上清液;经50%、70%、80%、90%、100%乙醇逐级脱水,每级脱水10 min,1 000 r/min离心1 min,去上清液;重悬浮,滤纸过滤晾干;最后通过扫描电镜进行观察和拍照(S3400N Ⅱ,日本日立有限公司)。使用E. Z. N. A Soil DNA试剂盒(美国OMEGA Biotek公司)提取絮体基因组DNA,使用融合Miseq测序平台的341F引物CCCTACACGACGCTCTTCCGATCTG(barcode)CCTACGGGNGGCWGCAG、805R引物GACTGGAGTTCCTTGGCACCCGAGAATTCCAGACTACHVGGGTATCTAATCC对细菌16S r DNA V3~V4区进行聚合酶链式反应(PCR)扩增。50 μL反应体系:10 × PCR Buffer 5 μL,d NTPs(10 mmol/L)0.5 μL,融合341F引物(50 μmol/L)0.5 μL,融合805R引物(50 μmol/L)0.5 μL,Plantium Taq DNA聚合酶(5 U/μL)0.5 μL,基因组DNA 10 ng。反应程序:94 ℃预变性3 min;然后进行5个循环(94 ℃变性30 s,45 ℃退火20 s,65 ℃延伸30 s);再进行20个循环(94 ℃变性20 s,55 ℃退火20 s,72 ℃延伸30 s);最后72 ℃延伸5 min。PCR扩

增产物用1%琼脂糖凝胶电泳检测。采用 Illumina 公司的 Miseq 进行测序分析(上海生工生物工程股份有限公司)。对获得序列优化:去除非特异性扩增片段序列;丢弃长度短于200 bp 的序列;去除低复杂度序列。采用 RDP classifier 将序列进行物种分类,计算每个样本和每个物种单元分类的序列丰度。OTU 聚类阈值的序列相似性定为0.97,种属比对的可信度阈值设定为80%。

(4)计算与数据统计

使用 SPSS 16.0 软件对反应器各 HRT 稳定运行时最后5 d 的数据进行单因素方差分析(One-way ANOVA),当差异显著时再使用 Duncan 法进行多重比较,显著水平取 $P<0.05$。

2. 结果与分析

(1)BFT 反应器的运行稳定性

试验表明,反应器运行过程中沉淀区沉淀后的生物絮体与上清液之间有一个明显的泥水分离线。当泥水分离效果较好时,分离线位于反应器底部,反应器出水为上清液。但是如表3-7所示,在反应器运行初期和低 HRT 条件下(3 h),泥水分离线距离出水口水平位置较近,反应器出水中含有絮体(即浑浊液),发生了絮体从沉淀区洗出的现象;实际运行过程中,当发现泥水分离线距离出水口水平位置 <50 cm 时,本试验关闭反应器进水和出水,待分离线降至反应器底部后重新打开反应器的进水和出水(表3-7)。整个试验期间,BFT 反应器获得最长的稳定运行时间段(反应器出水为上清液)为第21~61 d。试验后期,当 HRT 减小至3 h,反应器进出水过快,絮体从沉淀区洗出,并经过4 d 的调整泥水分离线仍不可稳定在沉淀区底部。结果表明,温度较低条件下反应器可运行的最小 HRT 为4.5 h。

表3-7 BFT 反应器的运行情况表

时间/d	反应器进水、出水关闭时间段	反应器沉淀区情况	当天指标测定取样时间
5	22:00—08:00 13:00—17:00	有絮体从出水口洗出	20:00
6	22:00—08:00	泥水分离线距液面 <50 cm	20:00
7	22:00—08:00	泥水分离线距液面 <50 cm	20:00
8	22:00—08:00	泥水分离线距液面 <50 cm	20:00
20	22:00—08:00	泥水分离线距液面 <50 cm	20:00
62	22:00—08:00	有絮体从出水口洗出	20:00
63	22:00—08:00	泥水分离线距液面 <50 cm	20:00

表 3-7(续)

时间/d	反应器进水、出水关闭时间段	反应器沉淀区情况	当天指标测定取样时间
64	22:00—08:00 13:00—17:00	有絮体从出水口洗出	20:00
65	22:00—08:00 13:00—17:00	有絮体从出水口洗出	20:00
66	22:00—08:00 13:00—17:00	有絮体从出水口洗出	20:00

如图 3-31 所示,12 h、6 h、4.5 h HRT 絮体 SVI-30 分别为(329.37 ± 36.69)mg/L、(220.51 ± 24.28)mg/L、(171.93 ± 10.73)mg/L。随着 HRT 减小,絮体 SVI-30 逐渐降低,表明絮体沉降性能增强;对絮体进行扫描电镜观察,絮体以丝状细菌为骨架,附着菌体和原生动物(卵);随着 HRT 减小,丝状细菌数量明显减少,原生动物数量增多。

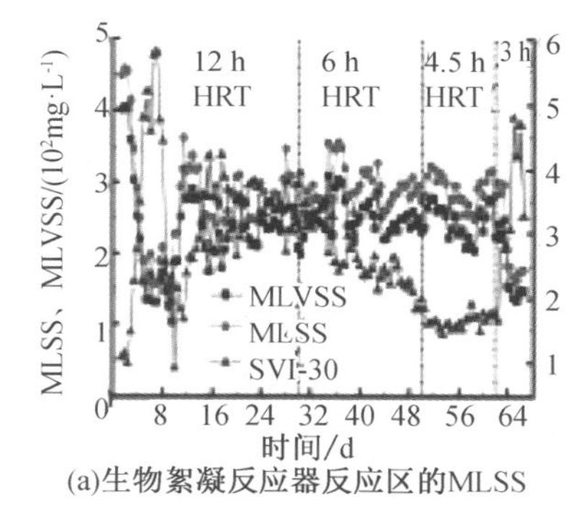

(a)生物絮凝反应器反应区的MLSS

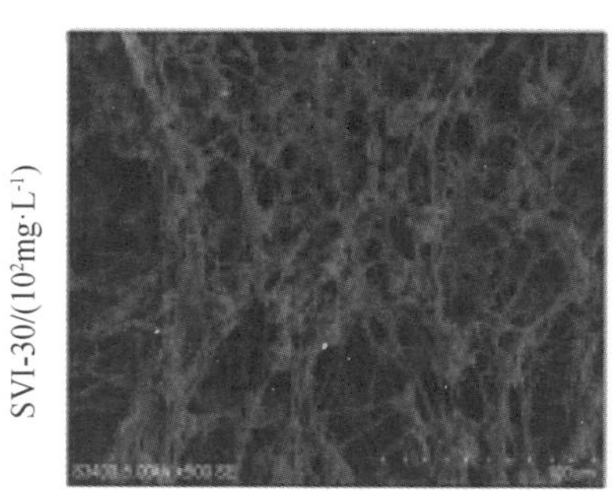

(b)12 h HRT生物絮体的电镜观察(×500倍)

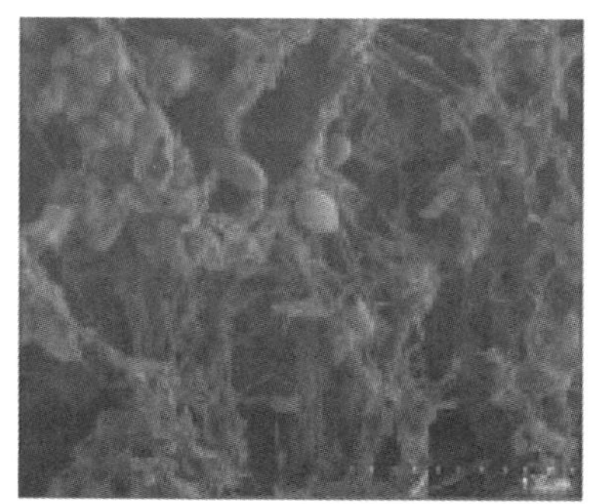

(c)6 h HRT生物絮体的电镜观察(×500倍)

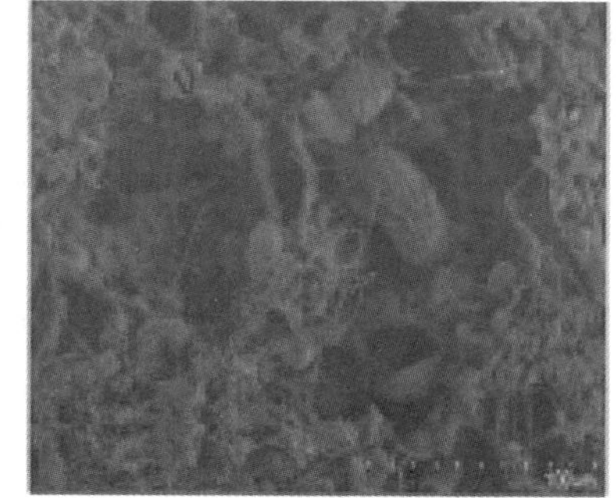

(d)4.5 h HRT生物絮体的电镜观察(×500倍)

图 3-31 反应器反应区生物絮凝的 MLSS、MLVSS、SVI-30 和电镜观察图

(2)BFT 反应器的氮污染物处理效果

如图 3-32 所示,反应器对低浓度 TAN(≤1.62 mg/L)仍具有良好的处理效果,去除率可高于 60%(12 h HRT)。TAN 去除率随着 HRT(12 h、6 h、4.5 h)的减小而降低,12 h HRT 的 TAN 出水和去除率最佳。反应器对 NO_2^--N、NO_3^--N 具有非常好的处理效果。反应器稳定运行时(12 h、6 h、4.5 h HRT),NO_2^--N 出水始终小于 0.05 mg/L。不同 HRT(12 h、6 h、4.5 h)的 NO_3^--N 出水质量浓度分别为(2.73±0.82)mg/L、(2.24±0.15)mg/L 和(1.70±0.06)mg/L。试验期间 NO_3^--N 进水浓度、出水浓度和去除率随着 HRT 的减小而降低,即使 4.5 h HRT 进水 NO_3^--N 质量浓度低至(2.78±0.13)mg/L,去除率仍可达 38.91%±2.01%。

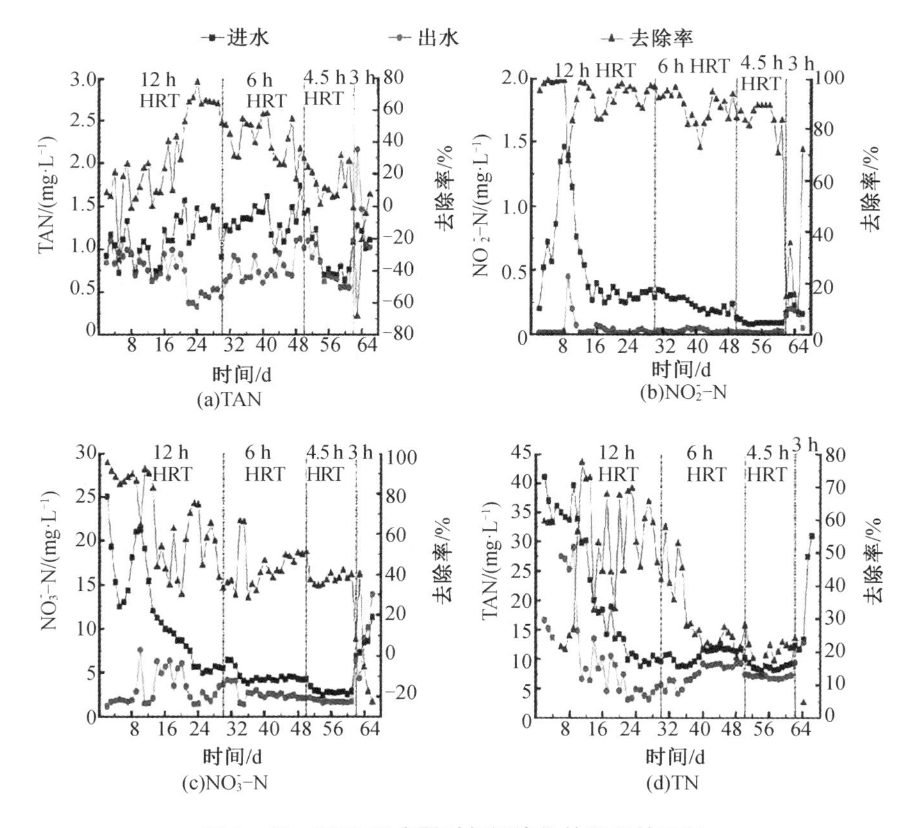

图 3-32 BFT 反应器对氮污染物的处理效果图

注:图(d)中第 5,63,65,66 d 未标出的 TN 出水质量浓度分别为 86.25 mg/L、51.40 mg/L、73.18 mg/L、71.10 mg/L,TN 去除率分别为 -138.78%、-338.94%、-166.19%、-129.13%。

反应器 12 h HRT 的 TN 出水浓度最低,去除率最高;6 h HRT 的 TN 出水浓度最高。TN 进水浓度,12 h HRT(9.86 ±0.50)mg/L 显著低于 6 h HRT(11.67 ±0.20)mg/L,但是前者去除率(54.70% ±9.90%)显著高于后者(23.43% ±3.66%)。6 h HRT TN 进水浓度显著高于 4.5 h HRT,但是两者去除率没有显著差异。

养殖区除 TN 外,TAN、NO_2^- –N 和 NO_3^- –N 浓度均随 HRT 的减小而降低,4.5 h HRT 可以分别被控制在 0.76 mg/L、0.10 mg/L、2.95 mg/L 以下(图 3 –33)。

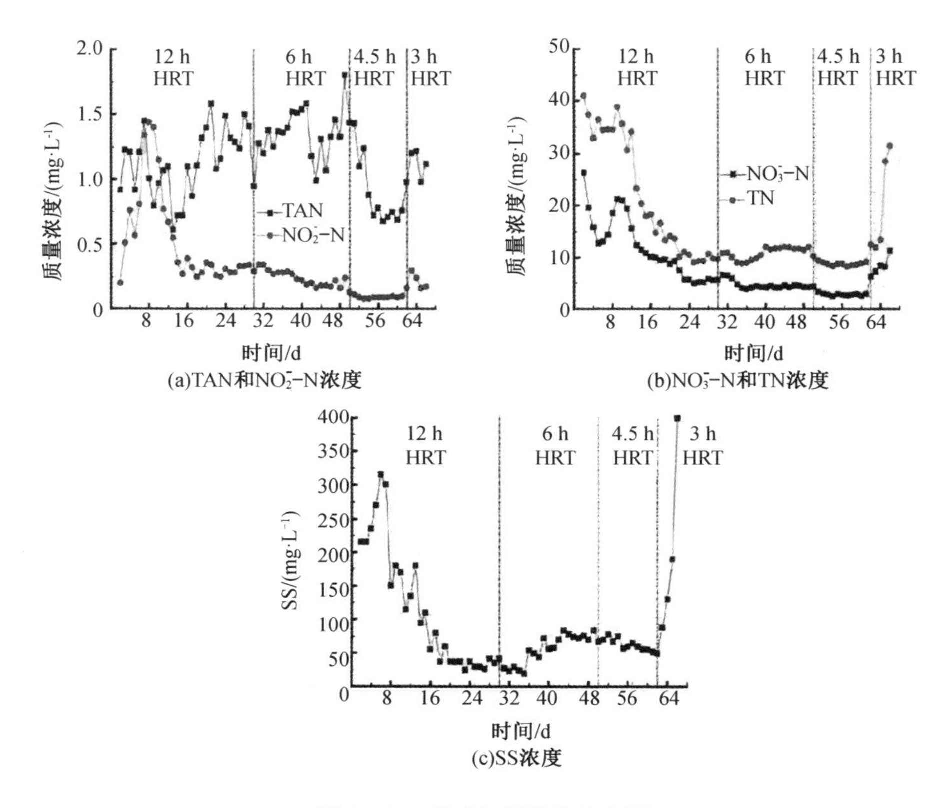

图 3 –33　养殖区污染物浓度图

(3)BFT 反应器的 SS 处理效果

反应器 12 h HRT 的 SS 出水和去除率最佳,6 h HRT 最差(图 3 –34)。反应器随 HRT 减小,SS 出水质量浓度分别为(14.20 ±8.14)mg/L、(64.20 ±8.26)mg/L 和(40.80 ±6.83)mg/L;去除率分别为 59.64% ±16.71% 、16.87% ±7.04% 和 24.77% ± 13.39%;在未发生析出现象的稳定运行期间,出水 SS 最低为 5.00 mg/L,即使最高也仅为 78.00 mg/L。试验表明,BFT 反应器对 SS 具有良好的处理效果。养殖区 SS 随着 HRT 减小而先升高后降低,12 h HRT 浓度最低(<42.50 mg/L),4.5 h HRT 质量浓度可控制低于 60.00 mg/L;并且,养殖区 TN

浓度变化与 SS 浓度变化规律一致(图 3-33)。

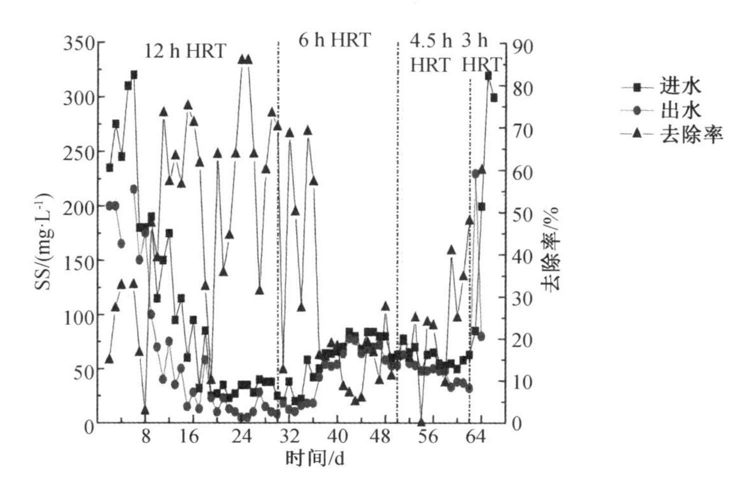

图 3-34 BFT 反应器对悬浮颗粒物的处理效果图

注:图中第 5 d、65 d、66 d 未标出的 SS 出水质量浓度分别为 1 255.00 mg/L、1 150.00 mg/L、1 400.00 mg/L;第 5 d、63 d、65 d、66 d 未标出的 SS 去除率分别为 -304.84%、-170.59%、-259.37%、-366.67%。

(4)BFT 反应器的有机物处理效果

反应器的 COD 和 DOC 出水浓度,12 h HRT(73.28 ± 1.02)(19.98 ± 2.64)mg/L 最低、去除率最高,并且随着 HRT 的减小而先升高后降低。如图 3-35 所示,绝大多数时间点反应器出水 COD、DOC 浓度低于进水浓度,不同 HRT(12 h、6 h、4.5 h)COD 的平均去除率分别为 30.50%、6.46%、7.26%,DOC 的平均去除率分别为 11.72%、4.11%、7.21%,表明反应器对有机物具有一定的处理效果,添加碳源并未导致反应器出水有机污染物浓度升高。

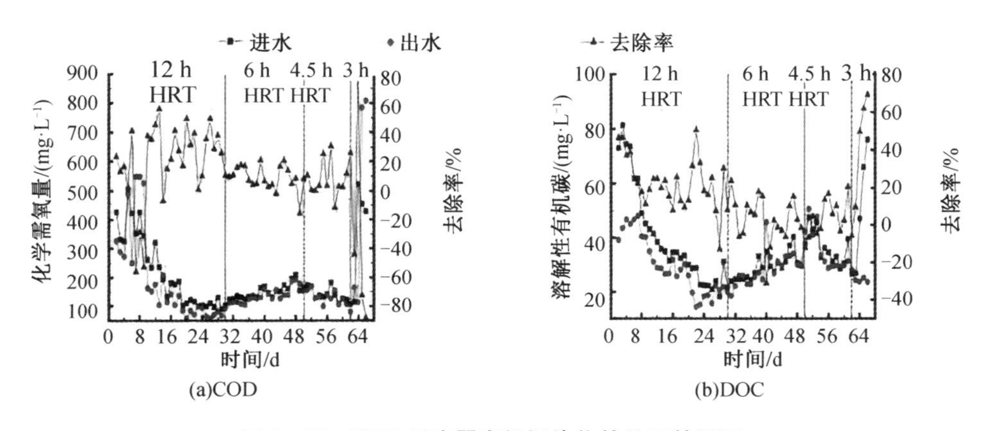

图 3-35 BFT 反应器有机污染物的处理效果图

(5)生物絮体的微生物组成

12 h、6 h 和 4.5 h HRT 工况下 BFT 反应器反应区生物絮体分别获得了 20 283 条、18 430 条和 15 123 条优化序列,序列平均长度 410 bp。聚类分析结果表明(图 3-36),生物絮体包含 21 个已知菌门。12 h、6 h 和 4.5 h HRT 工况下,Proteobacteria 菌门是最主要的优势菌门,相对丰度分别为54.19%、55.99% 和 67.12%;Bacteroidetes 菌门(23.15%、16.55%、20.05%)次之,主要的菌门还有 Planctomycetes(7.28%、7.63%、6.01%)、候选门菌(TM7)(5.58%、6.36%、0.44%)和 Acidobacteria(2.50%、3.79%、1.37%)等。

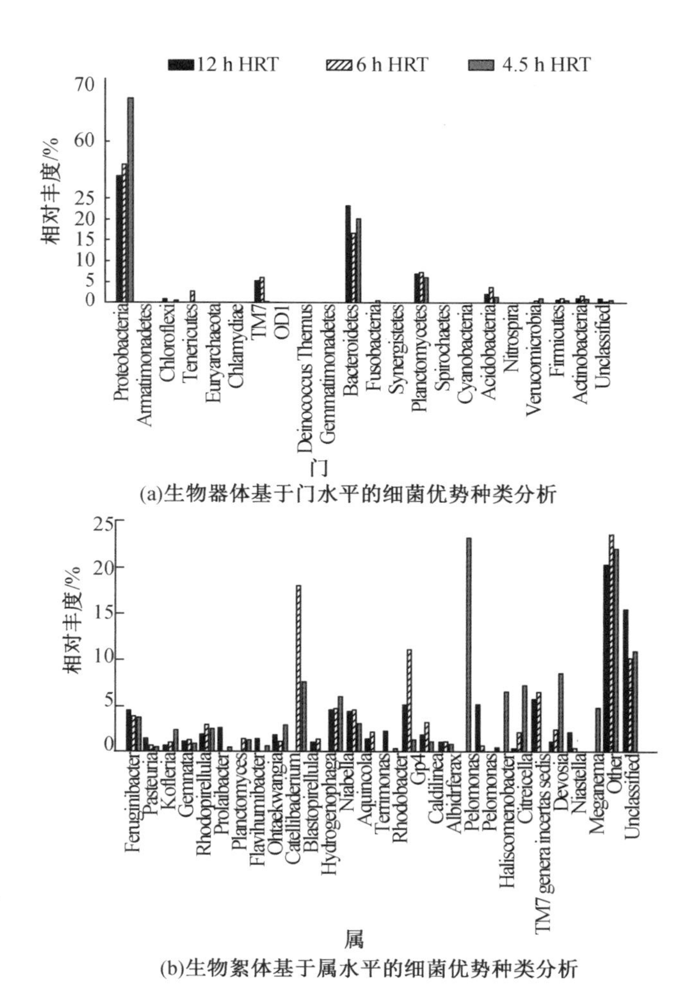

(a)生物器体基于门水平的细菌优势种类分析

(b)生物絮体基于属水平的细菌优势种类分析

图3-36 生物絮体基于门水平和属水平的细菌优势种类分析图

注:相对丰度小于 1% 的菌属合并到“其他”。

将相对丰度小于1%的菌属合并到“其他”，获得的主要菌属有26个。12 h和6 h HRT工况下，Catellibacterium（20.64%、18.21%）是最主要的优势菌属，4.5 h HRT最主要的优势菌属是Albidiferax（23.49%）。其他相对丰度较高的优势菌属还有TM7 genera incertae sedis（5.58%、6.36%、0.44%）、Rhodobacter（5.05%、11.08%、1.31%）、Hydrogenophaga（4.47%、4.63%、5.63%）、Niabella（4.46%、4.39%、2.93%）、Ferruginibacter（3.97%、3.37%、3.56%）、Devosia（1.09%、2.27%、8.52%）。

3.讨论

（1）BFT反应器用作RAS核心水处理装置的可行性

试验期间，反应器最长稳定运行的时间段为第21～61 d，获得了较长的稳定运行时间，可运行的最小HRT为4.5 h，若非试验需要降低HRT至3 h，连续稳定运行的时间将更长，表现出了该反应器作为RAS水处理核心单元的可行性。

BFT反应器12 h HRT污染物去除率最高，4.5 h HRT反应器NO_2^-－N、NO_3^-－N出水浓度最低，12 h HRT TAN、TN和SS出水质量浓度最低，分别为（0.02±0.01）mg/L、（1.70±0.06）mg/L和（0.48±0.05）mg/L、（4.47±1.00）mg/L、（14.20±8.26）mg/L。HRT为4.5 h时，利用总体积1.4 m^3的BFT反应器可以控制5.1 m^3水体的RAS养殖单元TAN、NO_2^-－N、NO_3^-－N、SS分别在0.76 mg/L、0.10 mg/L、2.95 mg/L、60.00 mg/L以下。本试验中饵料负荷远低于某些成熟应用的生物滤器，但是它并未高负荷运行，并且养殖区水质远好于传统RAS（例如，某些RAS养殖水体NO_3^-－N质量浓度为76～202 mg/L），后续可通过工况优化和增加反应器体积等途径来提高它的实际应用价值。综上，BFT反应器用作RAS核心水处理装置具有可行性。

（2）絮体沉降性能及相关微生物

连续流式BFT反应器作为水处理核心单元，良好的絮体沉降性能是系统稳定的必需条件。试验期间，絮体SVI－30始终高于150 mL/g，表明絮体沉降性能一般，电镜观察证明其为丝状菌膨胀。随着HRT减小，原生动物数量增多，丝状细菌数量明显减少，絮体SVI－30逐渐降低，反应器出水污染物浓度逐渐降低，这与活性污泥系统中原生动物具有促进细菌群落优化和污水净化的作用一致。TM7 genera incertae sedis、Haliscomenobacter和Meganema是本试验检测到的与污泥膨胀有关的主要丝状细菌属，在12 h、6 h、4.5 h HRT工况下的相对丰度分别为5.58%、6.36%、0.44%，0.47%、0.15%、2.37%和0.10%、0.20%、1.05%。随着HRT降低至4.5 h，主要的丝状细菌种类逐渐由TM7 genera incertae sedis演变为Haliscomenobacter和Meganema，丝状菌丰度明显降低，这与电镜观察丝状细菌数量和SVI－30逐渐降低的结果一致。此外，还检测到Isosphaera（0.45%、0.06%、0.06%）、Sphaerotilus（<0.10%）、Mycobacterium（<0.10%）等丝状细菌

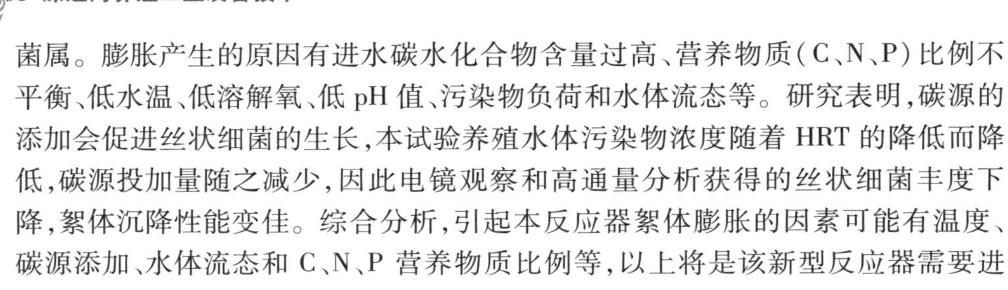

菌属。膨胀产生的原因有进水碳水化合物含量过高、营养物质(C、N、P)比例不平衡、低水温、低溶解氧、低 pH 值、污染物负荷和水体流态等。研究表明,碳源的添加会促进丝状细菌的生长,本试验养殖水体污染物浓度随着 HRT 的降低而降低,碳源投加量随之减少,因此电镜观察和高通量分析获得的丝状细菌丰度下降,絮体沉降性能变佳。综合分析,引起本反应器絮体膨胀的因素可能有温度、碳源添加、水体流态和 C、N、P 营养物质比例等,以上将是该新型反应器需要进一步研究和亟待解决的问题。

(3)BFT 反应器污染物处理的功能微生物解析

反应器表现出 SS、TAN、NO_2^- -N、NO_3^- -N 的同步去除现象。BFT 源自活性污泥技术,主要微生物菌群相似性较高。Proteobacteria 菌门是 BFT 反应器的优势菌门,可同时进行有机物的降解和脱氮除磷,它不但是 BFT 原位养殖系统中的优势菌门,同样是活性污泥等水处理系统的优势菌门,相对丰度可达 60% 以上。它们的新陈代谢消耗了大量有机物,使养殖对象在大量投加碳源的条件下能健康生长,使本反应器出水 COD、DOC 浓度低于进水浓度,对有机物具有一定的处理效果。其他的主要菌门 Bacteroidetes、Planctomycetes、TM7、Acidobacteria 在本反应器和其他活性污泥系统中丰度同样较高。

Catellibacterium 是异养好氧型细菌,不具反硝化能力,是 12 h 和 6 h HRT 最主要优势菌属,也是 4.5 h HRT 主要的优势菌属之一;Albidiferax 是一种异养兼性厌氧型细菌,可以将 NO_3^- -N 等作为电子受体,具反硝化能力,是 4.5 h HRT 最主要的优势菌属,3 种 HRT 工况下均以异养型细菌为最主要优势菌属。其他相对丰度较高的菌属 Ferruginibacter、Hydrogenophaga、Niabella、Rhodobacter、Devosia 均为异养型细菌。Nitrospira 菌门被认为与自养硝化作用密切相关,在活性污泥系统中的相对丰度可高于 5%;主要的自养型 AOB 和 NOB 菌属方面,Nitrospira 菌属在活性污泥系统中的相对丰度可达 3.2%,Nitrosomonas 菌属是 RAS 生物滤器的主要菌属之一。根据研究, 12 h、6 h、4.5 h HRT 工况下 Nitrospira 菌门相对丰度极低(0.34%、0.24%、0.02%),AOB 或 NOB 只检出 Nitrospira(0.01%、0、0.01%)和 Nitrobacter(0.01%、0、0)。但是,反应器对 TAN 具有良好的处理效果,说明硝化作用不是它被去除的主要途径。前人通过变性梯度凝胶电泳研究 BFT 养殖系统中的絮体,获得的主要条件亦无上述细菌属,并且已证实同化作用可以控制水体中 TAN 处于较低浓度。以上结果表明,源自活性污泥技术的 BFT 反应器在添加碳源的条件下表现出其功能微生物的差异性,促进了异养细菌的增殖和同化处理 TAN 的能力,主要通过同化作用去除 TAN,这与 BFT 原理相符。

Rhodobacter 和 Albidiferax 均为兼性厌氧型细菌,能在厌氧条件下进行反硝化,前者是 12 h 和 6 h HRT 的优势菌属之一(5.05%、11.08%),后者是 4.5 h

HRT 的最主要优势菌属(23.49%),并且 3 种 HRT 条件下均没有其他的厌氧反硝化优势菌属,说明随着 HRT 的减小,厌氧反硝化细菌从前者向后者演替,丰度增大,反硝化能力增强。Hydrogenophaga 和 Terrimonas 具好氧反硝化能力,2 种菌属相对丰度之和随 HRT 的减小依次为 6.69%、5.05%、5.87%,是 3 种工况下的主要优势菌属。厌氧反硝化细菌和好氧反硝化细菌丰度之和随着 HRT 的减小而增大,这与反应器出水 NO_3^- - N 浓度随之降低、养殖区 NO_2^- - N 和 NO_3^- - N 浓度随之降低的结果一致。因此,BFT 反应器可能同时存在好氧反硝化和厌氧反硝化,这与絮体可渗透性强、通过氧传质而存在厌氧区有关。

4. 小结

(1)BFT 反应器可用作 RAS 核心水处理装置,可运行的最小 HRT 为 4.5 h。

(2)BFT 反应器具有 SS、TAN、NO_2^- - N、NO_3^- - N 的同步去除作用,同时未造成有机污染;4.5 h HRT 反应器 NO_2^- - N、NO_3^- - N 出水浓度最低,12 h HRT TAN、TN 和 SS 出水质量浓度最低,分别为(0.02 ±0.01) mg/L、(1.70 ±0.06) mg/L 和(0.48 ±0.05)mg/L、(4.47 ±1.00)mg/L、(14.20 ±8.26)mg/L;4.5 h HRT 可控制养殖区 TAN、NO_2^- - N、NO_3^- - N、SS 浓度分别在 0.76 mg/L、0.10 mg/L、2.95 mg/L、60.00 mg/L 以下。

(3)BFT 反应器以异养细菌为主,主要通过同化作用去除 TAN,好氧反硝化细菌和厌氧反硝化细菌同时是反应器的优势菌属。

(4)BFT 反应器絮体的沉降性能较差,为丝状膨胀,随着 HRT 的减小絮体沉降性能逐渐提高,主要的丝状细菌逐渐由 TM7 genera incertae sedis 演变为 Haliscomenobacter 和 Meganema 菌属,相对丰度逐渐降低。

3.3　深水变水层取水系统

3.3.1　海洋水层界面精细结构与时变特征

海洋水团边界处伴随着较为剧烈的相互作用,表现为多样化的运动学与动力学过程。水团内部的层结在前缘交锋处达到一种动态的平衡:因层化而形成,或因湍流而破坏。由于传统海洋观测在空间分辨能力上的不足,加之水团交界处往往比较狭窄,不易获知水团交锋处的精细结构和时变特征。因此,若能观测此类边界处水体层结的精细结构,则有望揭示水团在前缘交锋处的混合机制。

针对上述问题,研究人员利用高分辨率的海洋人工反射地震观测技术,在赤道附近巴拿马海盆的温跃层底部探测到一个水层界面。该研究通过两张同一位置、前后相差约 3 d 的反射地震图像，发现了一个位于 560 m 深、空间连续长达上百千米的水体反射界面(图 3－37)，该界面正以 4 cm/s 左右的速度生长而变长(图 3－38)，并以每 3 d 约 0.05 ℃ 的速度变得更加成熟。研究人员认为该界面前缘变长/变强的过程对应着该处的湍流扩散正在被双扩散逐步取代的临界过程，即界面的生长机制，从而揭示了该界面所处的海洋环境和经历的海洋过程。

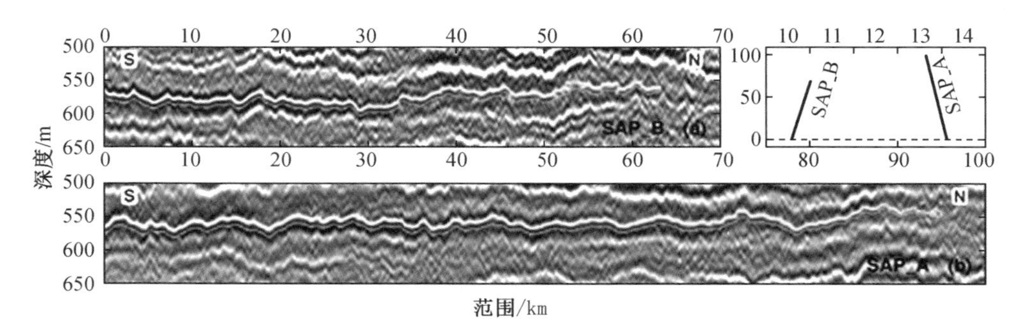

图 3－37　相同地点、前后两次观测到位于 560 m 水深处的同一反射界面图

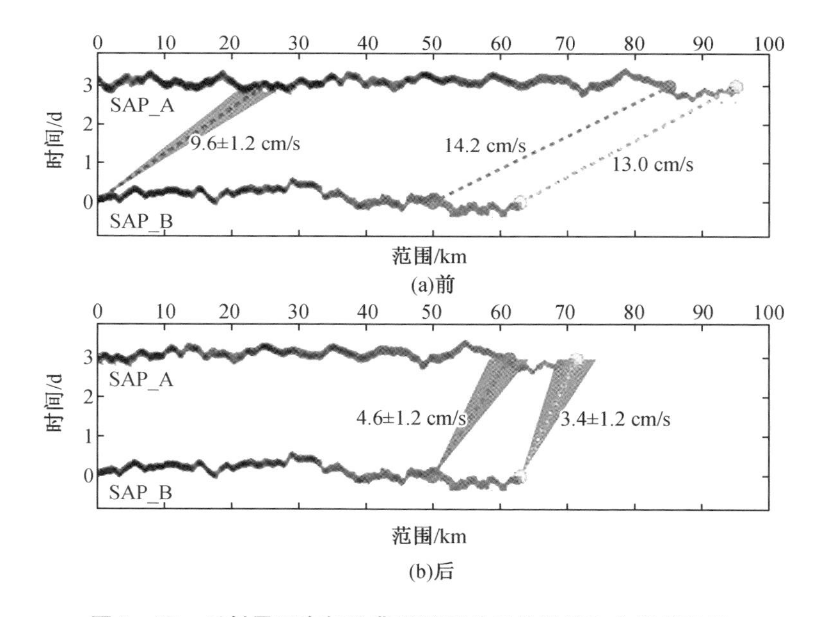

图 3－38　反射界面在扣除背景流速前后的运动和生长情况图

利用走航式反射地震研究海洋水体的结构与动力过程是近 10 多年逐步发

展的新生交叉学科,契合海洋高效率、高分辨的观测发展趋势。该研究得益于地震方法的快速作业能力,开展海洋现象的时变特征研究;得益于地震方法高分辨的连续观测特性,追踪识别出横向微弱的"水团"边界。该研究实例采用的反射地震的作业方式和研究方法极易推广,同样适用对温盐阶梯、热盐入侵界面的观测,亦适用各类海洋强锋面处的细结构研究。

相关论文信息:中国科学院南海海洋研究所边缘海与大洋地质重点实验室研究员唐群署联合英国3所高校的研究人员,在海洋水层界面的精细结构与时变特征上取得新进展,相关成果在线发表于《自然—通讯》。

3.3.2　海洋鱼类与水层分布

在广阔的海洋里,鱼的种类繁多,形态千奇百怪,生活方式和分布的水层也是千差万别。海洋鱼类根据它们自身的需求和身体的适应性会选择在不同的水域或水层生活。有些鱼类喜欢生活在阳光充足的海洋上层的浅水区或水面附近,有些鱼类则喜欢生活在没有阳光照射且接近底层甚至是海底及海底的泥沙之中。渔业专家往往会根据鱼类分布的水层及深度,将海洋鱼类分为中上层鱼类、中下层鱼类和底层鱼类。各层鱼类的色彩、形态特征与它们所栖息的海洋环境竟出奇地相似,体现出物以类分、鱼以群集的自然特性(图3-39、图3-40)。

图3-39　海洋生物的垂直分布图(单位:m)

海洋按平面可以划分为远洋区、浅海区和潮间带。海洋的中上层游泳速度较快的鱼,它们的背部呈蓝黑色,与远洋区海水的颜色一样,腹部颜色较淡。浅海区的中上层鱼类的背部颜色与浅海区的海水一样呈灰黑色,腹部为银白色。

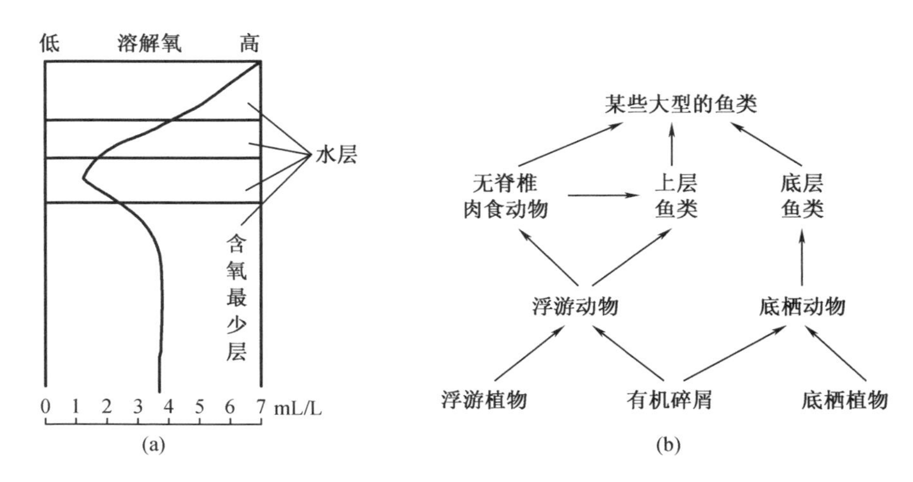

图 3-40　氧气在水中的分布含量

中下层鱼类通常指生活在水深 200 m 以内的鱼类。分布在水深超过 200 m 的深层鱼类常被称为深海鱼。人们把水深 200 ~ 3 000 m 称作半深海,把水深 3 000 ~ 6 000 m 称作深海,而把水深 6 000 m 以上的海沟称作超深海。

因此,深远海养殖必须考虑养殖鱼类的品种所需匹配水层的水,这样才能把鱼养活、养好。

3.3.3　海洋取水装置

海洋取水是直接从海洋中取水,主要的方法有两类,如图 3-41 所示。

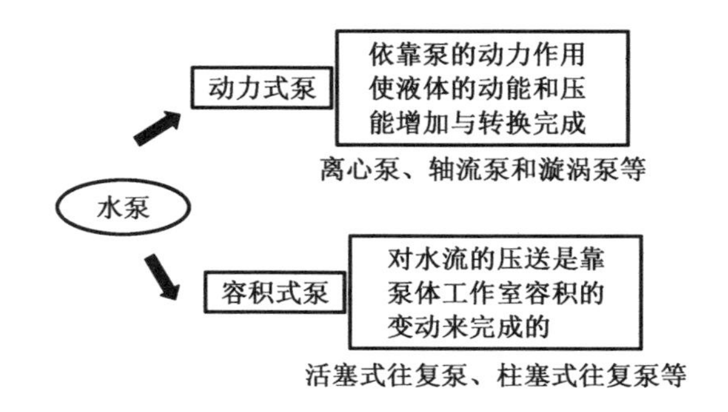

图 3-41　从海洋取水的方法

其工作原理:利用泵体中叶轮在动力机的带动下高速旋转,由于水的内聚力和叶片与水之间的摩擦力不足以形成维持水流旋转运动的向心力,使泵内的水不断地被叶轮甩向水泵出口处,而在水泵进口处造成负压,海洋中的海水在气压的作用下经过底阀,进水管流向水泵进口。

离心泵(图3－42)的技术性能有流量(输水量)、扬程(总扬程)、轴功率、效率、转速、允许吸上真空高度6个工作参数表示。

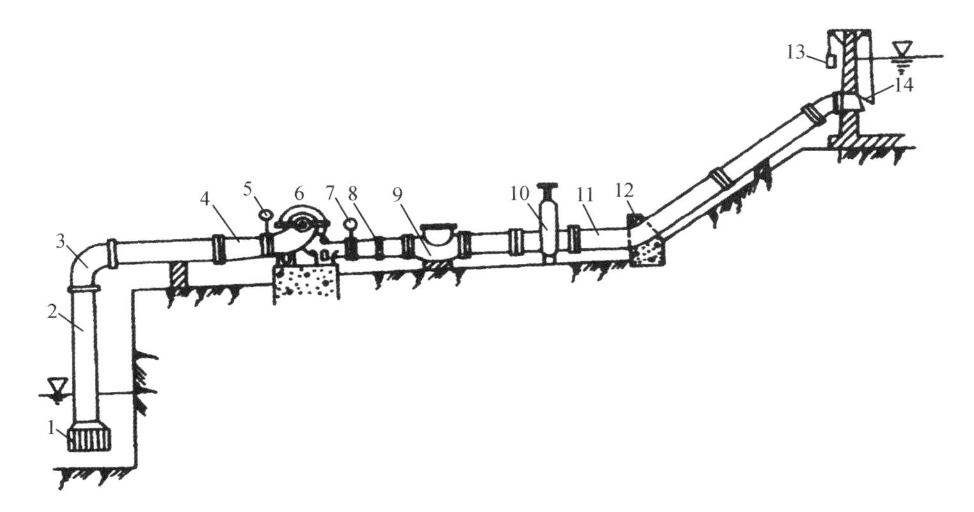

1—滤网与底阀;2—进水管;3—90°弯头;4—偏心异径接头;5—真空表;6—离心泵;
7—压力表;8—渐扩接头;9—逆止阀;10—阀门;11—出水管;12—45°弯头;13—平衡锤;14—拍门。

图3－42　离心泵抽水装置示意图

泵站主要由设有机组的泵房、吸水井和配电设备3部分组成。根据泵站在给水系统中的作用,泵站可以分为取水泵站、送水泵站、加压泵站和循环泵站4类。

阶梯式连接的船用取水示意图如图3－43所示。

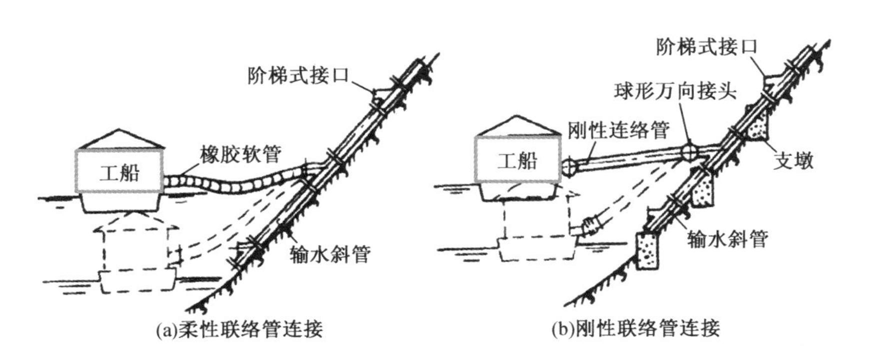

(a)柔性联络管连接　　(b)刚性联络管连接

图3－43　阶梯式连接的船用取水示意图

3.4 大型养殖工船的真空式吸鱼泵

真空式吸鱼泵是深远海养殖平台理想的活鱼输送设备，具有自动化程度高、工作效率高、劳动强度低、操作人员少等优点，是深远海养殖平台必备的先进起捕作业装备，起捕过程中对鱼类的无损伤率及存活率要求较高。

在借鉴国外先进真空式吸鱼泵的基础上，本节对真空式吸鱼泵进行了工艺计算，设计了智能控制系统，研制了单筒真空式吸鱼泵，并开展了性能试验。试验结果表明，在吸程 3.5 m、真空集鱼筒内气体最低压力为 -74 kPa 的条件下，真空吸鱼泵一个吸/排周期为 76 s，鱼水输送量为 85.3 t/h；在吸程 3.5 m、高排 3 m 及真空集鱼筒内气体最低压力为 -74 kPa 的条件下，一个吸/排周期为 95 s，鱼水输送量为 68.2 t/h。一个吸/排周期中，真空集鱼筒内气体温度降低 2 ~ 4 ℃；可输送体重为 2 kg 的鱼类，鱼类无损伤。试验获得的相应的数据，希望为深远海养殖平台真空式吸鱼泵的谱系化设计奠定基础。

1. 工作原理

图 3 -44 是真空式吸鱼泵的系统示意图。真空式吸鱼泵由真空集鱼筒、水环真空泵、控制箱、阀门、仪表及管道等组成。水环真空泵将真空集鱼筒内部分空气抽出，从而形成负压，鱼和水在真空集鱼筒内外压差的作用下从真空集鱼筒上部进鱼口处吸入，达到设定液位后，水环真空泵停止从真空集鱼筒内部抽气，真空集鱼筒上部通气口与大气（或水环真空泵出气口）接通，在重力（或气压）的作用下，鱼和水从真空集鱼筒下部排鱼口排出，从而完成一次吸/排鱼过程。

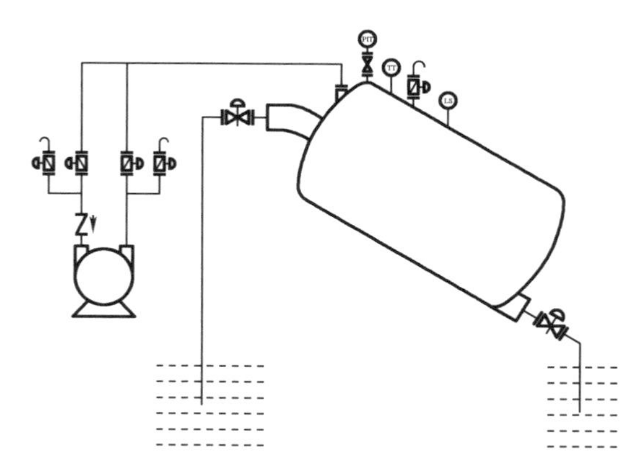

图 3 -44 真空式吸鱼泵的系统示意图

目前国内外真空式吸鱼泵普遍采用全程边抽气边吸鱼的方式。该方式存在的问题为，真空集鱼筒内部形成一定的真空度需要时间，在形成所需真空度前，水就在内外压差的作用下低速进入真空集鱼筒，因水流速度较小，无法将鱼吸入，故导致真正吸鱼的时间缩短，降低吸鱼效率。文献指出，对真空集鱼筒进行预抽真空可以提高吸鱼效率。为实现预抽真空，我们在真空集鱼筒的吸鱼口处设置了气动阀门。

如果排鱼管道末端低于真空集鱼筒的排鱼口，那么仅仅依靠重力作用，真空集鱼筒内部的鱼水混合物即可快速排出；但如果排鱼管道末端比真空集鱼筒的排鱼口高出很多，则需要对真空集鱼筒内部充气加压从而将其内部的鱼水混合物顺利排出，通常的做法是，将水环真空泵的出口与真空集鱼筒内部连通，利用水环真空泵的排气对真空集鱼筒内部充气加压。设置了这一功能，可实现将鱼水混合物排至较高处。

2. 工艺计算

（1）吸/排鱼管道口径的确定

考虑到吸鱼管道口处渔获密度较大时，会存在2条及以上数量的鱼同时被吸入管道的情况，为避免鱼堵塞吸鱼管道，确定吸鱼管道内径时还应考虑鱼类体厚。

根据鱼类体重、体长和体高的关系，鱼类的体长和体高计算公式如下：

$$W = bL^a \tag{3-2}$$

$$k = L/H \tag{3-3}$$

式中　W——鱼类体重，g；

b——体形系数，无量纲；

L——鱼体长度，cm；

a——质量系数，无量纲；

H——鱼体高度，cm；

k——长高比，无量纲。

参照目前研究比较成熟的鲤鱼的生长参数来确定吸/排鱼管道口径。2龄商品鲤鱼的生长参数：$b = 0.038\ 5$，$a = 2.931\ 2$，$k = 2.7$。拟吸上鱼最大规格 $W = 3\ 000$ g。将 a、b、k 及 W 数值代入式（3-2）、式（3-3），计算得到：鱼体长度 $L = 46.6$ cm，鱼体高度 $H = 17.3$ cm。考虑到鲤鱼体厚，结合管道的标准尺寸，吸/排鱼管道口径设计为DN250。

（2）吸鱼管道计算流速

鱼类具有顶流游泳的生活习性。鱼类的游泳能力是设计吸鱼泵时必须考虑的关键问题之一。为了顺利将鱼类吸入，吸鱼管道内液体流速应该大于鱼类的极限游速。影响鱼类游泳速度的因数很多，如种类、摆尾频率、体长、疲劳时间、温度及耗氧量等。具体操作时,应对以上因数加以考虑。

对于大部分淡水鱼类的极限游速可按以下经验公式进行计算:

$$v = (1.19 \sim 1.66) L^{1/2} \tag{3-4}$$

式中 v——鱼类极限游速,m/s;

L——鱼体长度,m。

将鱼体长度 $L = 0.466$ m 代入式(3-4),计算得到鲤鱼的极限游速 v 为 0.81~1.13 m/s,故吸鱼管道内的计算流速 $v_c = 1.13$ m/s。

(3)真空集鱼筒结构尺寸

真空式吸鱼泵设计输送鱼水量为 80 t/h,一个吸/排周期设计为 80 s。经计算,一次吸/排鱼水量应为 1.78 m³。真空集鱼筒的充填系数取 0.85,故真空集鱼筒的有效容积应不小于 2.09 m³。根据以上参数,真空集鱼筒的结构尺寸设计为圆筒内径 1 200 mm,容积为 2.21 m³。

(4)水环真空泵选型

不考虑漏气,水环真空泵的抽气时间按以下经验公式进行计算:

$$t = 2.3 \frac{V}{S} \lg \frac{p_i}{p} \tag{3-5}$$

$$S = S_p \eta \tag{3-6}$$

式中 t——抽气时间,s;

V——真空集鱼筒容积,m³;

S——水环真空泵有效抽速,L/s;

S_p——水环真空泵名义抽速,L/s;

η——水环真空泵抽速效率,无量纲;

p_i——开始抽气时真空集鱼筒内的压力,Pa;

p——经 t 时间后真空集鱼筒内的压力,Pa。

真空集鱼筒预抽时间 t 设计为 30 s。将 $t = 30$ s、$p_i = 101\ 325$ Pa、$p = 25\ 000$ Pa、$V = 2.21$ m³、$\eta = 0.8$ 代入式(3-5)、式(3-6),计算得到水环真空泵名义抽速 $S_p = 463$ m³/h。因系统内的漏气量无法估算,故设计余量取 20%,则水环真空泵的实际抽速不应小于 556 m³/h,根据该数值进行水环真空泵选型。

3. 智能控制

深远海养殖平台一般要求真空式吸鱼泵以无人值守方式运行,故为真空式吸鱼泵配置了智能控制系统,采用可编程控制器(PLC)进行控制,其按照设定的控制程序自动运行。自动运行过程中如出现问题,将会输出报警信息并自动停止运行。配置了 15 cm 的触摸屏,采用组态软件编制了可视化操作界面。PLC 实时读取安装在真空集鱼筒上部的压力变送器、温度变送器及液位变送器的数值,并将曲线显示在可视化操作界面上。压力变送器、温度变送器及液位变送器的

数值可以保存在存储介质上，为后期分析提供翔实的试验数据。

4. 试验与分析

(1) 试验条件与试验方法

试验材料：商品草鱼（平均体重 2.0 kg）40 条，商品鲫鱼（平均体重 0.6 kg）80 条。

试验内容：测试真空式吸鱼泵运行过程中的气体压力、气体温度和液位变化情况及吸鱼效果等性能。分析试验数据，获取真空式吸鱼泵的关键运行参数。

试验方法：试验在中国水产科学研究院渔业机械仪器研究所松江基地的圆形水池中进行。在吸程 3.5 m 条件下，测试真空式吸鱼泵的运行性能；在吸程 3.5 m、高排 3 m 的条件下，测试真空式吸鱼泵的运行性能。

(2) 试验结果与分析

①真空集鱼筒内部的气体压力、液位变化

随着预抽气的进行，真空集鱼筒内部的气体压力逐渐降低。预抽结束后，真空集鱼筒进鱼口处的气动阀门打开，鱼水在真空集鱼筒内外气压差的作用下被快速吸入吸鱼管，进而进入真空集鱼筒。随着鱼水的进入，尽管水环真空泵继续从真空集鱼筒内部抽气，然而不断进入的鱼水将真空集鱼筒内部的空间填充，真空集鱼筒内部的液位逐渐增大，气体压力也在逐渐上升。真空集鱼筒内部的液位到达设定数值后，水环真空泵停止从真空集鱼筒抽气，真空集鱼筒进鱼口处的气动阀门关闭，同时排鱼口处的气动阀门及上部的通气阀门打开，鱼水从真空集鱼筒排出，真空集鱼筒内部的液位逐渐下降。重力排鱼时，真空集鱼筒上部的通气阀门打开后，真空集鱼筒内部与大气连通，真空集鱼筒内部的气体压力瞬间变为 0 kPa。重力排鱼过程中，真空集鱼筒内的气体压力、液位变化曲线如图 3－45(a) 所示。加压排鱼时，真空集鱼筒上部的通气阀门打开后，真空集鱼筒内部与水环真空泵出气口连通，真空集鱼筒内部的气体压力迅速由负压变为正压，鱼水在气压的作用下被排至高处。加压排鱼过程中真空集鱼筒内的气体压力、液位变化曲线如图 3－45(b) 所示。

重力排鱼过程中，一个吸/排周期为 76 s，一次吸/排鱼水量约 1.8 m^3，故该真空式吸鱼泵鱼水输送量为 85.3 t/h，达到 80 t/h 的设计目标。

加压排鱼时，不仅要将真空集鱼筒内部排空，还要将排鱼管道内的鱼水排净，排鱼时间比重力排鱼时间长。相同条件下，一个吸/排周期为 95 s（加压排鱼时间比重力排鱼时间增加了 19 s），鱼水输送量为 68.2 t/h，比重力排鱼时小。

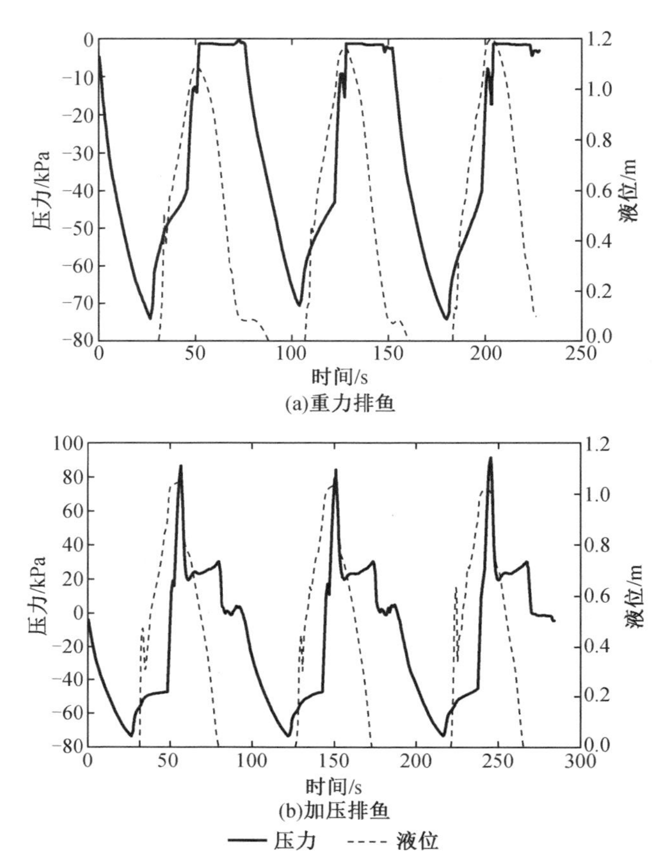

图 3 – 45　真空集鱼筒内的气体压力、液位变化曲线图

②真空集鱼筒内的温度变化

随着预抽气的进行，真空集鱼筒内部的气体压力逐渐降低，气体温度先是缓慢降低，然后才快速降低。鱼水进入真空集鱼筒一段时间后，真空集鱼筒内部的气体温度降低到最小值，然后温度快速增加，一直到排鱼结束。重力排鱼过程中，真空集鱼筒内气体的压力、温度变化曲线如图 3 – 46(a)所示，一个吸/排周期中温度降低 2.5 ℃左右。加压排鱼过程中，真空集鱼筒内气体的压力、温度变化曲线如图 3 – 46(b)所示，一个吸/排周期中温度降低了 2.5 ~4 ℃。

③吸鱼试验

将 1.2 m(L) ×0.8 m(W) ×0.8 m(H)铁丝笼浸没于圆形水池中，并将 40 条商品草鱼和 80 条商品鲫鱼放置于铁丝笼中，真空式吸鱼泵吸鱼管的吸入端放置于铁丝笼中。重力排鱼条件下，经过 5 个吸/排周期，铁丝笼中仅剩下 3 条鲫鱼。加压排鱼条件下，经过 5 个吸/排周期，铁丝笼中仅剩下 4 条鲫鱼。经过真空式吸鱼泵输送的草鱼和鲫鱼，除部分鱼体有少量鳞片脱落外，无其他明显的损伤。在吸/排鱼管道中，同一个管道横截面上同时有多条鱼快速通过，鱼体之间相互摩擦可能是导致部分鱼鳞脱落的原因之一。

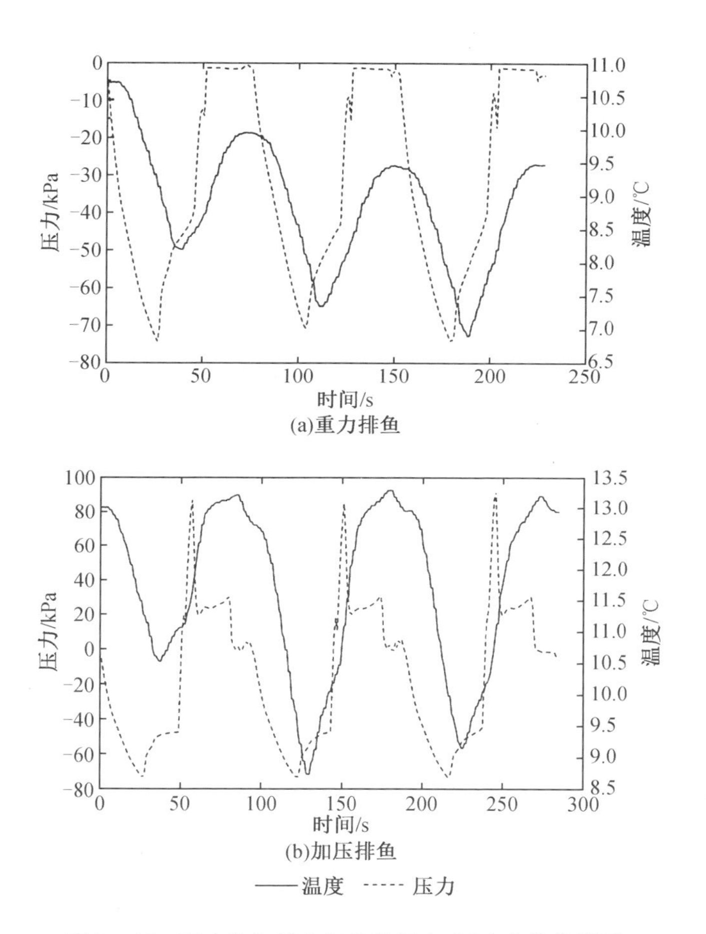

图 3－46　真空集鱼筒内气体的压力、温度变化曲线图

5. 基于流体分析的不同蜗壳形式下吸鱼泵的性能分析

针对离心式潜水吸鱼泵进行研究，通过对蜗壳的形式差异入手，分析相同叶轮条件下不同形式蜗壳对吸鱼泵效率的影响，并通过流体动力学软件进行数值模拟，分析蜗壳内流场的分布状态及合理性，为吸鱼泵蜗壳的设计及优化提供理论依据。

(1)离心式潜水吸鱼泵

离心式潜水吸鱼泵主要部件由叶轮和蜗壳组成，叶轮作为吸鱼泵的核心过流部件一般是效率研究的主要部件，但是吸鱼泵的活体输送要求决定了其叶轮形式必须达到无损的效果，导致吸鱼泵效率大幅降低，因此蜗壳作为仅次于叶轮的重要过流部件，其设计要求最大可能地减少水力损失，提高吸鱼泵的效率。为减少蜗壳的水力损失，有必要对蜗壳进行流体动力学分析研究其内部流场，通过数值模拟分析计算不同蜗壳形状条件下的水力效率，对比不同形式的蜗壳内部流场的压力分布和速度流线，对吸鱼泵的设计实现优化。

采用流体动力学软件，对图 3 – 47 中的叶轮形式配置两种形式的蜗壳进行流体分析和数值模拟。

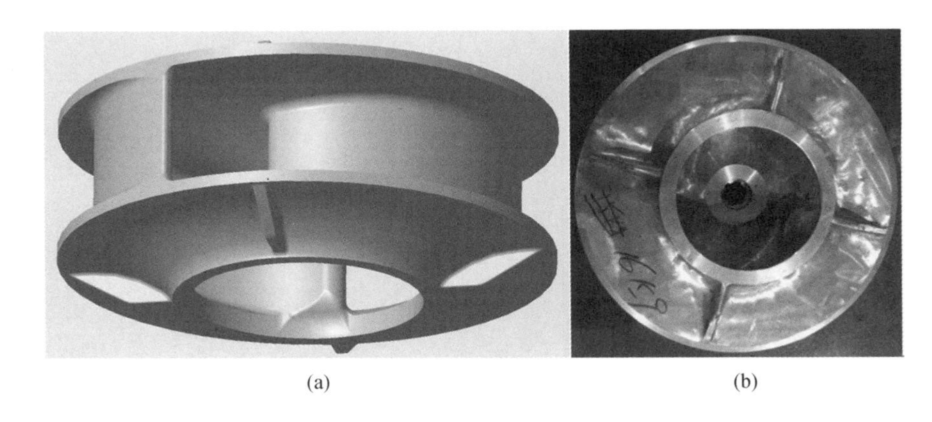

(a) (b)

图 3 – 47　吸鱼泵叶轮图

通过三维软件设计建模为该叶轮设计两种形式的蜗壳，与图 3 – 47 中的叶轮进行配对分析。

图 3 – 48 为蜗壳中部出口和蜗壳切线出口，这两种出口方式是目前市场上吸鱼泵常见的形式。本测试将通过流体力学软件计算对比两种蜗壳形式对吸鱼泵效率的影响。

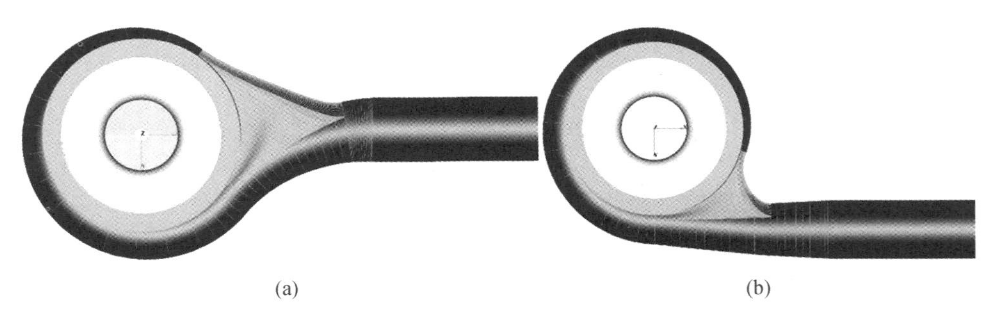

(a) (b)

图 3 – 48　两种形式的蜗壳图

(2)计算模型

将以200 mm出口口径吸鱼泵为研究对象,设定吸鱼泵转速为700 r/min条件下,其扬程能够达到9 m高度,其工作流量满足鱼水混合物320 t/h。由于吸鱼泵功能要求的特殊性,首要条件要求活体输送,故离心式吸鱼泵的效率作为次要考虑属性,需最大限度地实现活体输送功能的条件下兼顾效率。为保证渔获无损或低损伤,必须增大流体通道,同时为满足叶轮平衡及降低设计制造难度,故此选择双叶片叶轮进行设计优化。根据设计参数和经验函数计算出叶轮的进出口直径、叶轮进出口宽度及叶片角度等数值。根据初始设定参数,以涡轮机械的欧拉方程为基础,通过计算连续性方程和速度三角形之间的关系,并根据制表设置和给出的参数与参数比值进行计算。根据其内置经验函数,计算得到吸鱼泵的性能参数统计见表3-8。

表3-8　200 mm吸鱼泵叶轮设计参数表

设计参数	计算及输入数值
叶片数量/片	2
叶轮入口直径 d_s/mm	220
叶轮直径 d_2/mm	480
出口宽度 b_2/mm	110
叶片角前缘/(°)	[7.7,7.8]
叶片角后缘/(°)	[9.9,9.9]
轴功率/kW	11.283

叶轮设计完毕后根据叶轮参数设计蜗壳,软件根据泵的类型选择经验函数设置计算蜗壳的设计参数,可根据吸鱼泵设计需求修改相关参数进行调整。为了两种出口形式的蜗壳对比的合理性,除了对蜗壳的出口设置做修改,其余参数均采用相同的设计参数。其设计步骤如下。

①入口参数设置

蜗壳入口参数 d_{In} 和 b_{In} 的设定依赖于前置组件的参数数据。吸鱼泵蜗壳的前置组件为叶轮,则根据选型设计模块对应设计的比转速 n_q 的近似函数计算比例 d_4/d_2 和 b_4/b_2(b_4、d_4 分别为蜗壳宽度和直径,b_2、d_2 为叶轮宽度和直径),根据这两个比例确定 d_4 和 b_4。为了保证流道及渔获在蜗壳内有充裕的空间随流体流动,减少碰撞和摩擦,根据模块计算出的 d_4 和 b_4 作为参考加大基圆直径以利于蜗壳内流体流动的均匀,自定义输入进口直径和宽度。

②蜗室截面形状和型线形状设定

蜗室截面形状采用常用的圆形对称结构，一般认为蜗室截面形状对性能影响不大，因此考虑采用圆形结构对活体输送更有益处；型线形状设计基于速度的规则，采用 Pfleiderer 设计法，每个横截面的面积都是使用从 Q_0 开始的线性增加体积流量 $Q_\varphi(\varphi=0)$（盲体积流）和假设的速度分布 c/r 来计算的。经验表明，如果蜗壳的尺寸能使流体按照角动量守恒原理流动，损失可以大大减小。因此，根据角动量守恒原理设计横截面面积，即离开叶轮的角动量是恒定的。此外，可以选择角动量的指数 x，使原理 $c_u r^x = \text{const}$。当 $x=1$ 时，角动量是常数。对于 $x=0$ 的极端，绝对速度 c_u 的圆形分量在叶轮出口处保持恒定。

$$\varphi = \frac{2\pi c_{u4} r_4^x}{Q_i}\int_{r_4}^{r_4(\varphi)} \frac{b(r)}{r^x}\mathrm{d}r \Rightarrow Q_\varphi = \int_{r_4}^{r_a(\varphi)} c_{u,4}\left(\frac{r_4}{r}\right)^x b(r)\mathrm{d}r \Rightarrow c_u(r) = c_{u,4}\left(\frac{r_4}{r}\right) \tag{3-7}$$

③蜗室扩散管及隔舌设计

蜗室扩散管的作用在于降低速度，转化为压力能，同时减少排出管路中的损失。蜗室扩散管一般有中心排出和切线排出两种出口方式，按照要求各自建模出口口径统一设置 200 mm。隔舌处设计的好坏对泵的性能有较大的影响，增大隔舌间隙会导致泵性能特别是效率降低，但是吸鱼泵的无损输送要求隔舌处必须设计足够大的间隙，以保证活体的通过避免碰撞和刮伤，同时增大间隙还能有效降低泵的振动，保证泵的稳定性。隔舌设计好后完成两种出口形式的吸鱼泵的设计。

(3)数值模拟与计算

①模型导入与网格划分

完成两个吸鱼泵后，通过流体动力学软件在物理模型中填充流体域，然后根据吸鱼泵的性能参数输入值和计算所得参数作为模拟数据，智能化地导入到流体分析软件中（图 3－49）。

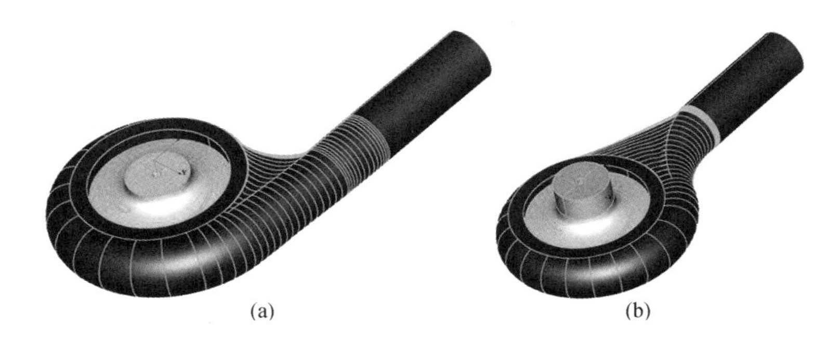
(a) (b)

图 3－49　吸鱼泵三维图

将导入的吸鱼泵流体模型进行网格划分，将实体模型按三维网格类型进行划分。根据网格的无关性原则，理论上网格密度及精细度与误差成反比，与求解计算时间成正比，在计算机条件可行范围内尽量提高网格精细度，软件采用CAB算法，在计算域中生成更适合于高精度算法的笛卡儿网格，两个泵设置上统一选择 interior Volumns 网格划分模式生成内部网格（图3－50）。设置其最小单元网格尺寸为0.000 7，最大单元网格尺寸设定为0.02，面网格尺寸设定为0.01。边界条件设定好叶轮旋转面和进出口面，以及设定好蜗壳进出口面，并将叶轮与蜗壳之间的连接面进行交互设定，按照设计参数设定叶轮旋转速度和方向，其他面均设定为固定面，完成吸鱼泵流体分析网格划分工作。

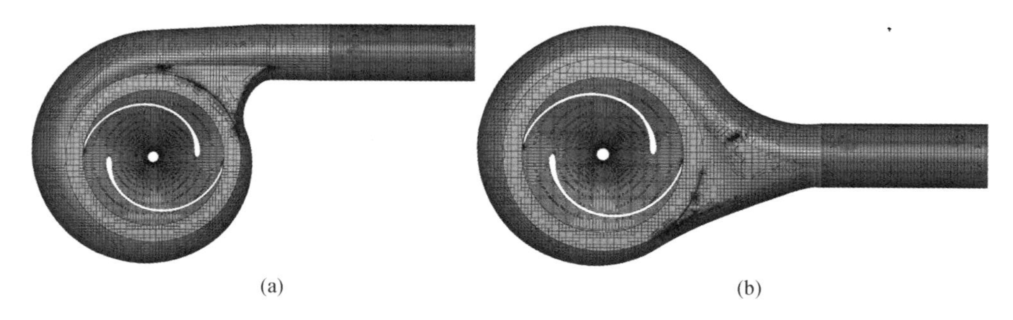

图3－50　吸鱼泵网格划分图

②吸鱼泵流场模拟

在流体动力学软件中采用空化气蚀模型，该模型是基于 Ashok Singhai 和 Jiang Yu 等提出的全空化模型（full cavitation model），是用 Rayleigh－plesset 方程求解气泡变化的动态过程。空化模型以此为基础改进优化了离散方法，具有更好的收敛性和数值稳定性，且该模型经过真实应用的模拟测验和验证，能够可靠地预测模拟离心泵及其他流体机械的流动问题。吸鱼泵网格划分完毕后，选择离心泵分析模块，设定流体介质为水，流体设定为不可压缩湍流流动，叶轮部分流体域设置为转子，蜗壳外壁部分设为无滑移壁面。两个泵的流体分析均采用吸鱼泵设计参数进行导入，叶轮转速为700 r/min，出口设置质量流为0.088 9 m^3/s。模拟方法采用多重参照系模拟，收敛值设置为0.001，设置1 000次迭代计算。

③计算结果及流体分析

一切处理设置完毕后进行分析计算，结果收敛。根据计算结果图形化显示流场流线图（图3－51），从流线图上可知蜗壳切线出口和中间出口的两种泵流体都是从入口吸入后经叶轮旋转加速，流体沿叶片切线方向快速甩出，在叶片流域速度达到最大，流体一部分直接从出口流出，另一部分在蜗壳内旋转后因离心力作用从出口流出。流体速度上无明显跳跃突变,由叶轮加速后速度递减,流线层次清晰,管道方向上无旋转,蜗壳内部流线无旋涡涡流,符合离心式吸鱼泵内部流场流线变化规律。两种蜗壳内流线不同在于:切线出口吸鱼泵隔舌处空间较小,流线分流平滑;中间出口吸鱼泵隔舌处空间体积大,流线间隔较大,都无旋涡、紊流等不利流线形成。两种吸鱼泵的隔舌设计时加大了半径,都能够较好地保护活体避免尖锐物刮伤和撞击,降低活鱼的损伤率。根据两种吸鱼泵内部流场压力分布图(图3-52)可知,内部压强由入口经叶轮流道到出口,压力逐渐增大,叶片外缘压力稳定,无突变压力,符合离心式叶轮泵的内部流场压力规律。

图3-51　吸鱼泵内部流线图

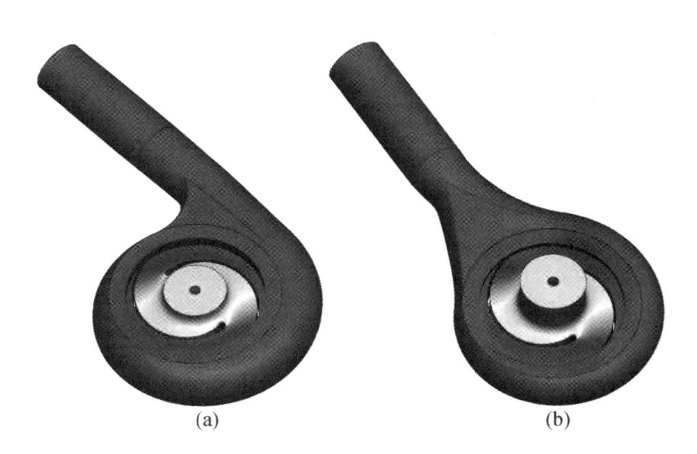

图3-52　吸鱼泵内部流场压力分布图

④吸鱼泵性能计算

泵性能主要看流量、扬程、功率等数据。扬程是泵所抽送的单位质量液体从泵入口处到泵出口处能量的增值,单位质量液体的能量在水力学中称为水头,通常由压力水头、速度水头和位置水头z(m)组成,即

$$E_d = \frac{P_d}{\rho g} + \frac{v_d^2}{2g} + z_d \tag{3-8}$$

$$E_s = \frac{P_s}{\rho g} + \frac{v_s^2}{2g} + z_s \tag{3-9}$$

因此可得扬程

$$H = \frac{P_d - P_s}{\rho g} + \frac{v_d^2 - v_s^2}{2g} + (z_d - z_s) \tag{3-10}$$

式中　P_d、P_s——泵出口、进口处液体的静压力；

v_d、v_s——泵出口、进口处液体的速度；

z_d、z_s——泵出口、进口到测量基准面的距离。

根据分析结果统计数据如下。

切线出口吸鱼泵的进出口流量 $Q = 316.47\ m^3/h$，进出口压力 $P_d = 210\ 438$ Pa、$P_s = 100\ 000$ Pa，进出口速度 $v_d = 2.798$ m/s、$v_s = 2.392$ m/s。吸鱼泵吸入口与出口高度近乎相同，故位置水头忽略不计，根据式(3-10)可计算得到扬程 $H = 11.36$ m，轴功率 $P = 14.95$ kW，效率 $\eta = 0.656$。

中间出口吸鱼泵的进出口流量 $Q = 316.34\ m^3/h$，进出口压力 $P_d = 199\ 834$ Pa、$P_s = 99\ 985$ Pa，进出口速度 $v_d = 2.797$ m/s、$v_s = 2.391$ m/s。吸鱼泵吸入口与出口高度近乎相同，故位置水头忽略不计，根据式(3-10)可计算得到扬程 $H = 10.29$ m，轴功率 $P = 14.34$ kW，效率 $\eta = 0.618$。

6. 小结

通过上述开展的真空式吸鱼泵工艺计算，而设计的智能控制系统，从而开发了单筒真空式吸鱼泵，并进行了性能试验。

试验结果表明，重力排鱼运行参数达到了设计目标；加压排鱼过程中，排鱼时间增加，从而导致鱼水输送量减少；在一个吸/排周期中，真空集鱼筒内气体温度降低 2～4 ℃；该真空式吸鱼泵可输送体重为 2 kg 的鱼，除部分鱼体有少量鳞片脱落外，无其他明显的损伤。

对两种出口形式的吸鱼泵进行了模拟仿真，计算数据和内部流场显示叶轮参数相同等同等条件下切线出口吸鱼泵扬程、效率都比中间出口吸鱼泵高，其原因应该是隔舌处中间出口吸鱼泵空间设计更大，导致扩散管处压力能转化效果降低，流体更易在蜗壳中循环流动后进入扩散管。但是吸鱼泵活体输送这个功能性要求是产品品质保证的硬性要求，损伤越小越好，故中间出口吸鱼泵由于隔舌处空间的扩大，更能减少活体的损伤率。因此，在吸鱼泵产品的选择上，当渔获产品体积小于吸鱼泵出口口径时，可以优先选用效率高的切线出口的吸鱼泵产品；当渔获产品体积仅仅满足吸鱼泵出口口径时，则优先选用损伤小的中间出口吸鱼泵产品。

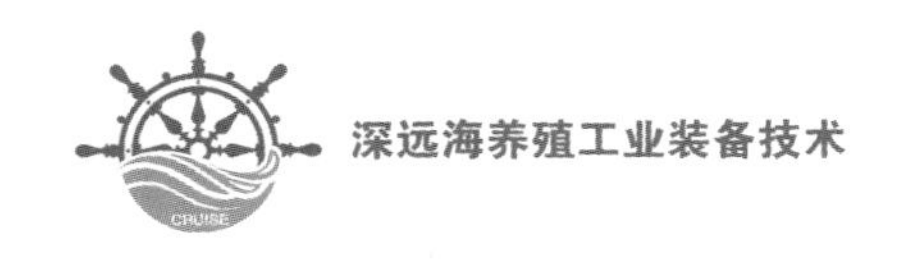

3.5 工船养殖颗粒饲料气力输送系统优化

工船养殖是一种深远海工业化养殖新模式,工船养殖过程主要采用自动投饲系统进行投饲,投饲机性能直接影响饲料利用效率和养殖效益。在颗粒饲料自动投饲系统中,采用管道气力输送颗粒饲料。颗粒饲料在输送过程中,常因输送工艺和结构参数选取不合理导致饲料颗粒输送效率低或堆积阻塞管道等问题。

关于颗粒饲料气力输送研究,数值模拟方法因利用成熟的数值仿真软件并借助计算机强大的计算能力对控制方程进行求解,大大缩短了研发周期且效率较高,便于分析不同工况,是近年来气力输送技术的重要研究方法。

目前对颗粒气力输送数值研究较多针对化工、制药、热电、粮食等行业。张春燕采用计算流体力学和离散单元法耦合方法模拟聚乙烯颗粒在不同弯径比水平-弯管输送中的运动特性,分析了颗粒在弯管处的流动特性和不同弯径比弯管对颗粒碰撞、颗粒浓度分布、气体速度产生的影响;何智翔用 Fluent DPM 模型来模拟吸粮机底部加速器数学仿真模型,分析物料输送中加速器的最优结构参数;陆永光等对花生荚果管道输送进口风速、进料量、弯径比及管径的不同变化做对比模拟,模拟预测提升管道的输送性能及最佳风速和喂入量;胡昱等通过计算流体力学与离散单元法耦合求解,对饲料颗粒从气力输送管道初始阶段到稳定阶段的运动过程进行了分析,得到颗粒从初始状态到运动稳定阶段的颗粒位置分布情况;Turidsynnøve 等研究三文鱼颗粒饲料气力输送时的颗粒破碎情况,发现在高空速和低进料速率下颗粒破碎率最高。

综上,传统气力输送技术的应用已较广泛,气固两相流理论也已经相当完备,但对于深远海养殖饲料气力输送系统来说,饲料颗粒在气力输送系统中,由于输送参数的不合理设计会使管道输送效率低或颗粒流发生堵塞现象,致使耗气量与能耗增大,因此需要深入研究饲料输送参数与输送效果之间的关系。

本节依托大型养殖工船平台,集成适于深远海工船养殖的自动投饲系统,以提高投饲气力输送性能目标,基于计算流体力学及离散相模型,研究了投饲系统气力输送关键部件加速器主要尺寸参数对颗粒输送流动特性的影响规律,优化了饲料颗粒气力输送关键部件结构,以期为深远海养殖气力输送投饲系统设计提供参考依据。

1. 投饲系统总体布置与结构

养殖工船甲板下布置了 15 个养殖舱,每个养殖舱水体容量约长 22.5 m × 宽

19.5 m×高14.5 m,投饲机布置在甲板层以下平台,甲板上储料舱内袋装饲料经过铲运、起吊、拆包和螺旋输料进入投饲系统的料斗,投喂时料斗中的颗粒饲料通过下方的旋转下料器进入气力输送管道,输送管与投饲选择分配器连接,用于将饲料分配给不同的输送管道,饲料在气力作用下,沿输送管道投喂到不同的养殖舱内。

投饲机的设计基于正压气力输送原理,如图3-53所示,投饲机由风机、冷却器、下料装置、加速器、分配器、投饲称重系统等组成。在气力作用下,饲料通过输送管被输送到位于输送管末端的抛料口,将饲料均匀抛洒到不同养殖舱中心进行投喂,满足多个养殖舱的投喂需求。

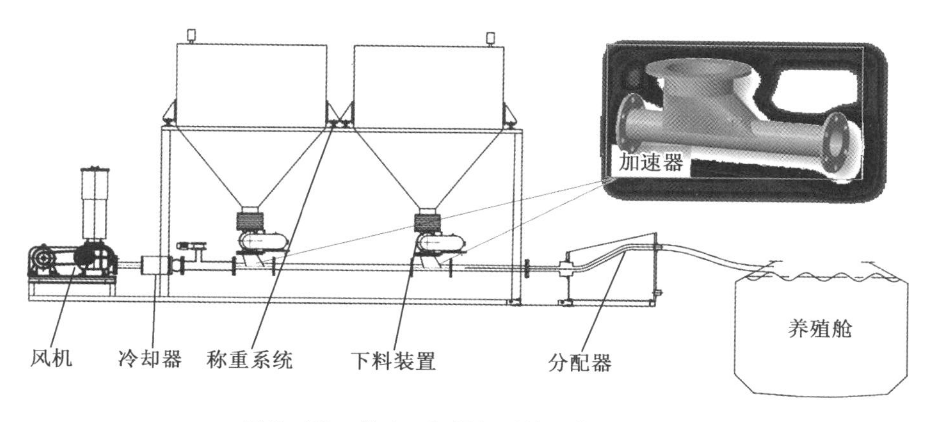

图3-53　养殖工船投饲系统总体结构图

饲料颗粒气力输送结构优化计算主要涉及加速器和输送管两部分计算,其中,用于颗粒饲料气力输送的加速器结构外形如图3-53所示,它是将饲料送入输送管路,同时与气流混合的核心部件,其性能对整个投饲机气力输送系统有重要作用,图中所选加速器结构主要是依据一定工程经验,但是鉴于用于深远海养殖的气力输送投饲机并非标准化、工业化产品,其性能最优结构需要结合理论与试验验证。关于输送管路选择方面,为减少饲料在输送过程中能耗损失与颗粒堵塞,管道的设计与布置减少了弯头和垂直安装,可近似简化为水平直管。

2. 数学模型

在颗粒饲料气力输送模型中,气相为连续介质,采用计算流体力学中的N-S方程求解得到压强、速度等参量,其求解方程如下。

气体质量守恒方程和动量守恒方程分别为

$$\frac{\partial \rho_g}{\partial t} + \nabla(\rho_g \boldsymbol{v}_g) = 0 \tag{3-11}$$

$$\frac{\partial(\rho_g \boldsymbol{v}_g)}{\partial t} + \nabla(\rho_g \boldsymbol{v}_g \boldsymbol{v}_g) = -\nabla p + \nabla(\mu_g \nabla \boldsymbol{v}_g) + \rho_g g - S \tag{3-12}$$

式中 ρ_g——气体密度，kg/m^3；

t——时间，s；

v_g——气体速度，m/s；

μ_g——气体黏度，kg/(m·s^{-1})；

S——气固两相间曳力作用中造成的动量交换量，S 由下式计算得出：

$$S = \frac{1}{\Delta V}\sum_{i=1}^{n} f_{\text{drag},i} \tag{3-13}$$

式中 ΔV——单位体积，m^3；

$f_{\text{drag},i}$——流体动力阻力，N。

固相饲料颗粒采用离散单元法求解，其求解基本思路是利用颗粒接触模型计算相互接触单元间的受力，并利用牛顿第二运动定律求解颗粒的运动参量，采用欧拉坐标方法分析颗粒在管道中的运动和分布规律。饲料颗粒所受力包括重力、颗粒与气体相互作用力，颗粒与颗粒及颗粒和壁面间的接触力。颗粒 i 在任意时刻 t 的控制方程为

$$m_i \frac{\mathrm{d}\boldsymbol{v}_i}{\mathrm{d}t} = f_{p-g,i} + m_i g + \sum_{j=1}^{k_i}(f_{\text{contact},ij} + f_{\text{danp},ij}) \tag{3-14}$$

$$I_i \frac{\mathrm{d}w_i}{\mathrm{d}t} = \sum_{j=1}^{k_i} T_{ij} \tag{3-15}$$

式中 m_i——颗粒 i 的质量，kg；

v_i——颗粒 i 的滑移速度，m/s；

g——重力加速度，m^2/s；

$f_{p-g,i}$——气固两相相互作用力，N；

$f_{\text{contact},ij}$——颗粒 i 与颗粒 j 间的相互作用力，N；

$f_{\text{danp},ij}$——黏性阻力，N；

I_i——颗粒 i 的转动惯量，kg·m^2；

w_i——颗粒 i 的转动速度，r/s；

k_i——颗粒 i 的接触数；

T_{ij}——颗粒 i、j 的扭矩，N·m。

3. 数值模拟模型

本节计算模型涉及加速器和输送直管两部分内部气固两相耦合计算，其中，加速器内部流体计算区域如图 3-54 所示，加速器采用 Preo 进行建模，并在 Ansys Workbench 中抽取内部计算区域与网格划分，选择 6 面体主导的划分方式来划分网格，如图 3-55 所示的网格划分。

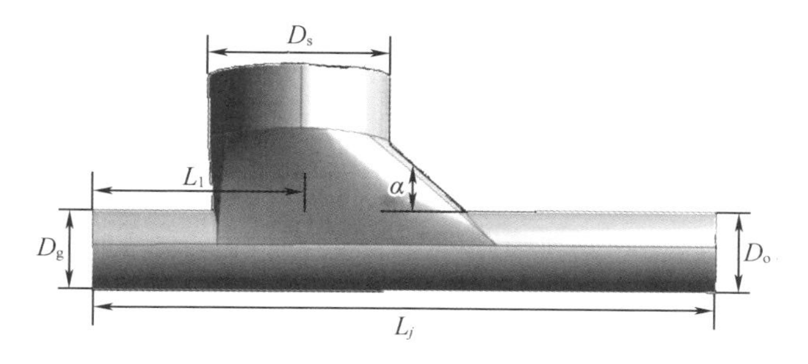

图3-54　加速器内部流体计算区域

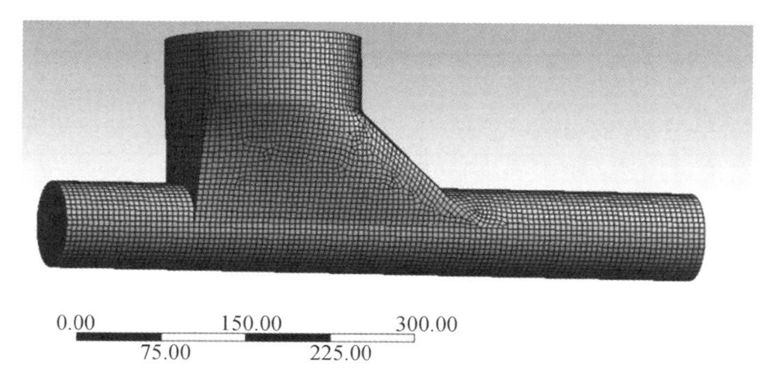

图3-55　加速器内部流场网格划分(单位:mm)

在求解CFD时采用基于压力的求解器,通过有限体积法离散控制方程,基于QUICK算法对湍流扩散方程和动量方程进行离散化,采用压力-流速耦合的SIMPLE算法计算求解各控制方程,在DEM-CFD耦合求解时,采用Eulerian-Lagrarian双边耦合的方法进行计算,其他数值模拟参数见表3-9。

表3-9　数值模拟相关参数表

项目	参数	数值
饲料颗粒参数	密度/($kg \cdot m^{-3}$)	390
	颗粒半径/mm	3.5
	泊松比	0.4
	剪切模量/Pa	1×10^8

表 3－9(续)

项目	参数	数值
接触参数	恢复系数	0.2
	静摩擦系数	0.6
	动摩擦系数	0.01
	时间步长/s	2×10^{-5}
气体参数	密度/($kg \cdot m^{-3}$)	1.225
	黏度/[$kg/(m \cdot s^{-1})$]	1.8×10^{-5}
	时间步长	2×10^{-3}

4. 仿真结果分析

(1)收缩角对加速器性能影响分析

颗粒从下料口下来后与气体混合，颗粒均与收缩壁面发生碰撞，经过收缩段后，颗粒因高速气体相互作用获得动能加速直至喷出加速器出口，进入输送管路。在其他几何参数与计算条件保持一致，所计算的 3 组不同收缩角度条件下，随着收缩段角度的减小，气固混合后，颗粒速度加速较快，出口速度较大，相比较收缩角 $\alpha = 20°$时，加速器喷射性能较好。

图 3－56 为加速器中的饲料颗粒轨迹。当加速器收缩角为 45°时，颗粒在加速器内的运动轨迹比较杂乱，颗粒与颗粒、颗粒与管壁之间发生碰撞降低颗粒前进方向的速度，还可能使颗粒产生回流，发生颗粒沉积或堵塞现象。同时，收缩角较大时，颗粒在进入输送管路前的无效附加行程增大，能耗损失较大，加速器加速性能差。随着收缩角的减小，颗粒在前进方向上的空间逐渐增大，导致颗粒与壁面、颗粒与颗粒之间发生碰撞的机会变小。当收缩段角度为 20°时，颗粒运动轨迹比较集中，呈现出较大程度的线性，表明颗粒在这种加速器中输送时与管壁及颗粒间相互碰撞的频率更低，且在离开加速器前已经分布均匀，处于比较稳定输送状态。

(2)下料口直径对加速器性能影响分析

图 3－57 为饲料颗粒出口速度和出口颗粒数量随下料口直径变化曲线图(收缩角 $\alpha = 20°$条件，其他几何尺寸不变)。由图 3－57 可知，当下料口直径比较小时，输送速度较大，但颗粒数量低。随着下料口直径增大，输送速度下降，颗粒数量增多。但下料口过大时，颗粒数量减少，且速度较小。由于质量流量是颗粒速度与颗粒数量乘积的线性函数，从图中数据可得出，当下料口直径 110 mm 时，颗粒速度与数量乘积最大，即质量流量最大，颗粒输送较为平稳，大部分物料通过加速器出料口输送至管道，加速器供料性能较好。

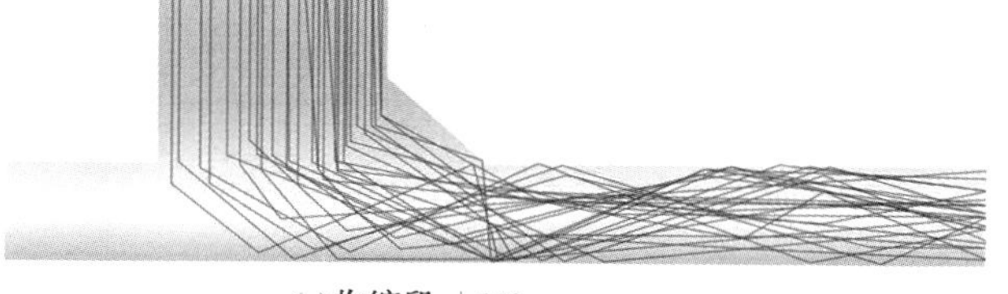

(a)收缩段α=45°

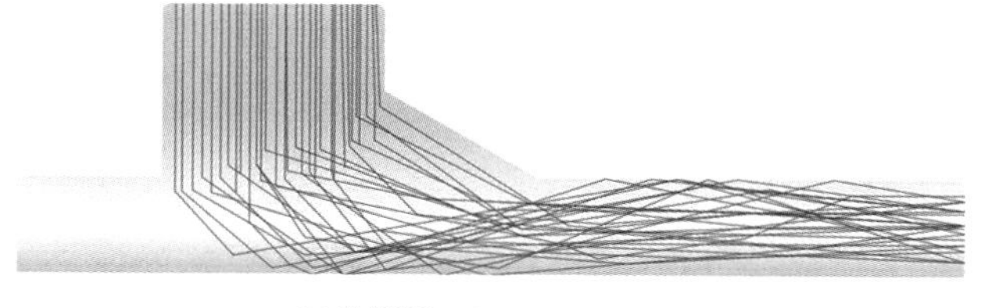

(b)收缩段α=30°

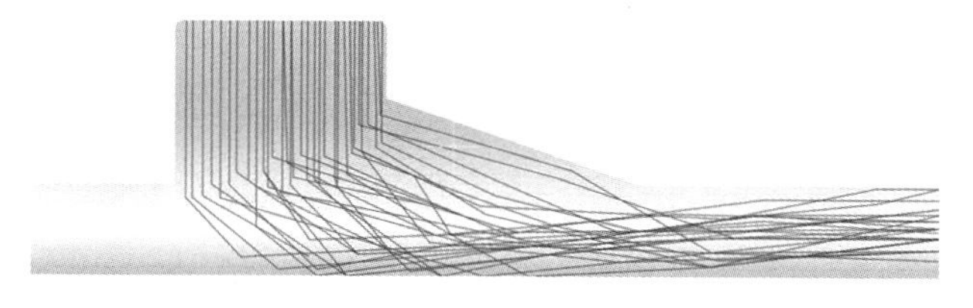

(c)收缩段α=20°

图 3－56　饲料颗粒轨迹图

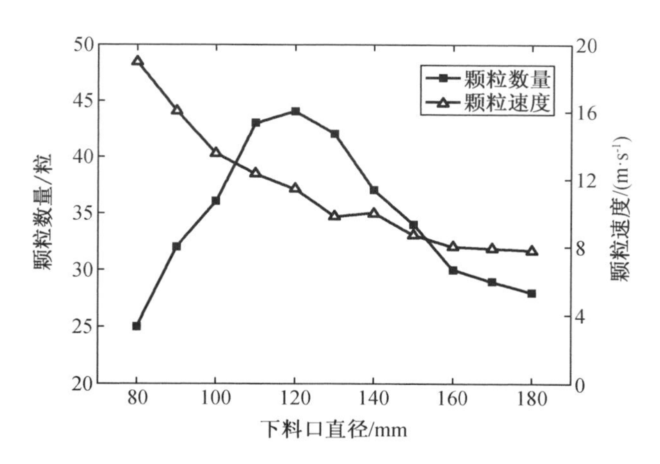

图 3－57　饲料颗粒出口速度和出口颗粒数量随下料口直径变化曲线图

5. 小结

通过采用计算流体力学与离散单元法对投饲气力输送系统进行多相流模耦合计算，模拟饲料颗粒在加速器和管道中的输送过程，得到如下结论。

(1)对收缩段角度分别为20°、30°、45°的加速器喷射过程进行模拟显示:当加速器其他参数不变时,收缩段角度对其喷射性能有重要影响。随着收缩段角度的减小,加速器内部颗粒与管壁及颗粒和颗粒之间的碰撞将减弱,颗粒前进的速度增大,气固加速器的喷射性能增强。当收缩段角度为20°时,颗粒运动轨迹比较集中,出口速度最大,且呈现出更大程度的线性。

(2)针对不同下料口直径参数模拟显示:当下料口直径110 mm时,颗粒速度与数量乘积最大,即质量流量最大,颗粒输送较为平稳,大部分物料通过加速器出料口输送至管道,加速器供料性能较好。

由于饲料颗粒气力输送影响参数多,在后续研究中,将根据加速器形式、管道尺寸与弯径、风速、进料量等工艺参数对颗粒饲料输送效果的影响规律,进一步优化加速器、管道尺寸、输送参数,增强深远海养殖饲料颗粒气力输送性能。

3.6 养殖工船鱼产品加工系统

深远海养殖是一个包含适养品种、养殖技术、养殖装备、能源供给、海陆接力物流、水产品加工和减灾防灾策略等要素的综合生产体系。大型养殖工船作为深远海养殖的核心装备,实现基于特定养殖对象的养殖工艺、技术与设施装备的有机结合,其发展将为船舶制造、渔业机械、航运等多个产业注入新的动能。养殖工船体量庞大、空间充足,使得鱼货得以及时、原位加工。本节以养殖工船船载加工系统为主要关注点,以大黄鱼为例,首先阐述大型养殖工船船载加工系统主要加工工艺的选取,并根据工艺要求,分析和探讨分级系统、制冰系统、速冻系统和其他配套设备的功能需求,论述其主要功能需求及未来发展趋势。这一研究结果将指导大型养殖工船加工系统的方案设计。

1. 加工对象

养殖工船加工系统主要加工对象为适于进行工业化舱养的海水鱼类,鱼种的筛选需综合考虑种质资源、适养条件、品控分析和产业链现状4方面要素。

大黄鱼是我国沿海重要的经济鱼类。其苗种繁育及养殖技术较为成熟,种质资源丰富,生物学特性也满足深远海养殖条件。我国大黄鱼养殖业经过近30年的发展,逐渐形成苗种繁育、各种模式养殖、商品鱼加工、品牌推广、物流与销售,以及养殖装备和生产投入品供应等各环节紧密连接、协同运转、高效便捷的产业运行体系。大黄鱼因此成为深远海养殖的优选品种,也成为船载加工系统的主要对象。

2. 加工工艺

现阶段海水鱼类加工工艺主要有保活工艺、保鲜工艺和干制工艺3种。海水鱼类保活工艺是通过营造适宜的环境或降低新陈代谢速率等手段实现鱼类运输过程中的少死亡或不死亡。日本等国在此方面研究较多,国内系统研究较少。充氧保活、麻醉保活和低温休眠保活是常见的保活运输方法。保鲜技术的主要途径是从其腐败机制出发,通过物理、化学或生物手段对水产品的腐败进程进行干预,从而达到延缓腐败的目的。海水鱼保鲜方法主要有气调保鲜、低温保鲜、化学保鲜和辐照保鲜等。随着保鲜技术的发展和人们对于食品安全的关注,生物保鲜、涂膜保鲜、纳米保鲜等新型保鲜手段不断涌现。其中,低温保鲜技术应用广泛,是海水鱼的主要保鲜手段。干制是为了利于鱼类运输、贮藏和食用而开发的工艺,其中脱脂干燥技术不断发展和进步。

规模化是养殖工船经济效益的重要保证,养殖容量和养殖密度都力求实现最大化以确保足够的产量实现规模效应。因而,加工系统在集中出鱼季面临极高的产能需求。考虑到船上空间小、人力少等限制因素,加之鱼类出水后极易变质腐败,船载加工工艺应以自动化、模块化为原则,以快速、高效的方式实现鱼货物的及时加工和保藏,确保其品质新鲜和方便转运。大黄鱼因其对振动和噪声较为敏感,应激性较强,工船上的加工系统难以实现保活和快速运输。干制技术工艺复杂,耗时长,养殖工船也不具备搭载条件。因此,船载加工系统将以大黄鱼的保鲜工艺为主,其中低温保鲜工艺成熟、应用广泛且市场接受度高,是工船鱼产品最为理想的保鲜手段。

3. 加工设备

低温保鲜是大黄鱼加工的主要目标,分为冷藏保鲜和冻藏保鲜两种方式。养殖工船加工生产线关键系统包括分级系统、制冰系统、速冻系统和配套设备。

(1)分级系统

对大批量鱼货按大小或质量逐条分级,作为加工前的预处理,是一个重要的环节。鱼类起捕后的分级主要有手工分级和机械分级两种。手工分级作业,人力资源消耗大,劳动强度高,且分级标准不严格,不适于养殖工船大规模起捕。机械分级对相关装备提出了较高的要求,既要满足海上作业工况,又要匹配整套加工系统的加工速率。

鱼类机械分级一般依据鱼体长度、厚度、质量等,分级装置常采用筛选滚筒、振动分级槽等。国外也将机器视觉技术应用到鱼类分级领域。大黄鱼分级一般以质量为主要分级依据。因此,养殖工船宜采用自动化分选系统,其主要包括布料机、检重机、分级机及传送装置等。布料机实现批量鱼货的单条、整齐摆放,防止出现鱼体重叠或排列过紧导致分级错误。检重机以称重系统为核心,需满足海上作业工况。分级机根据检重机称量数据,由电脑控制分级拨片对鱼类实现分选。传送装置负责鱼货的输送，其上应配备自动冲洗装置，传送带带体需有较大摩擦力，防止大黄鱼体表黏液过多影响分级准确率。

（2）制冰系统

制冰是养殖工船冷藏加工的关键环节。国内制冰系统主要以片冰制冰机组为主，在小型渔船和加工厂应用较多。粗放式的大黄鱼加工厂也常采用碎冰和水的混合物进行冰鲜保藏。近年来，流化冰冷却系统成为国内外研究的热点。流化冰是由细小的球状冰晶分散于冷海水组成的两相体系。其冷却效率高，流化冰中冰组分相变潜热大（335 kJ/kg），同时冰晶粒子小，换热面积大，具有很高的释冷速率。与传统的碎冰和冷海水相比具有更高的热交换能力，能够减少对鱼体的物理损伤，可以完全包埋鱼类，隔绝氧气，从而延缓鱼类贮藏过程中由氧化导致的变质。国外流化冰在水产品加工方面的应用较多，包括鳕鱼、大菱鲆、鲑鱼、鲈鱼、沙丁鱼等。流化冰因其具有流动性，可通过管路实现自动运输和电脑控制的自动加注，免除了使用碎冰或片冰的传送带或人工辅助，使用便捷，节省人力。流化冰制冰机组体积小，仅是其他种类制冰机的1/3，能耗节约20 %以上，可直接利用海水制取。基于冰特性、水产品保鲜应用、制冰设施等方面优势，流化冰技术更适宜在养殖工船应用。

制取流化冰是一个动态过程，利用海水的物理化学特性，将海水降温至特定温度，利用萃取技术原理，使水从溶液中萃取结晶，从而形成冰晶和水的混合物。流化冰制冰机组由压缩机、冷凝器、膨胀阀、制冰机、制冰液循环泵、冷却水循环泵、储冰槽、冷却塔、控制柜等组成。养殖工船应借鉴渔船流化冰系统设计方案，设备小型化、模块化，产能应根据用冰需求灵活调控，提高制冷效率、成冰速率，降低能耗。整套制冰系统应配备控制系统，可人为方便地通过控制面板或PC机控制流化冰含冰率和制冰速率，实时显示蒸发器、压缩机出口的温度数据，实现故障自检、警示和自动停止工作等功能。

（3）速冻系统

水产品速冻是指将水产品在低温环境中快速冷冻（一般小于30 min），使细胞形成极小的冰晶，不严重损伤细胞组织，从而保持水产品新鲜的过程。传统的低温冷库冻结方式有速度慢、冻结过程中易形成较大结晶体、品质破坏等缺点，且占地面积大、能耗高，养殖工船搭载的速冻系统，需满足快速高效、连续冻结、“库房式”转变为“装置式”的要求。常规的速冻装置有许多类型，如强烈鼓风式速冻、螺旋式连续速冻、隧道式连续速冻、超低温液氮速冻等。

强烈鼓风式速冻采用翅片管蒸发器，送风机采用轴流风机或离心风机，冷媒用氨泵强制循环，因此具有传热效率高、占地面积小的特点。螺旋式连续速冻因其连续冻结、产能大、占地小、适用品种广等优势而得到广泛应用。

自堆积式螺旋速冻设备为该领域新型设备，由美国FMC食品科技公司率先研发,由传动、驱动、换热、空气除霜、冷气流对流、制冷、CPI 清洗、检测监控和控制系统组成,该设备除具有螺旋式速冻常见优势外,还具有生产效率高、卫生条件好、自动化程度高等优势。

隧道式速冻装置是指输送带按直线轨迹运行的速冻装置,其原理是利用冷风和冻品之间的对流换热实现快速冻结,主要由传动结构、隔热围护结构、制冷结构、导风结构及电器组成。隧道式速冻经过多年发展,技术和设备已较为成熟,其工作不受冻品形状限制,劳动强度小,冻结速度快。

超低温液氮速冻是通过液氮与食品接触所吸收的大量潜热和显热而致使食品冻结。液氮速冻技术也以液氮为冷源,对环境无任何危害,与传统的机械制冷相比具有速冻温度更低、降温速率快 30 ~ 40 倍的优势。液氮速冻技术冻结速度快、时间短、冻品品质好、安全性高且无污染,近年来广泛应用于虾、银鲳鱼、舌鳎等水产品速冻中。

以上几种速冻方式均具有在养殖工船搭载的条件,各有优劣,采用何种方式应结合工船加工间的空间布局、经济性、综合能耗、工位数量、产能及品质要求等因素来确定。

(4)配套设备

工船加工系统配套设备主要包括镀冰衣设备、包装设备、喷码设备、金属检测装置等。镀冰衣保鲜是将鱼体冻结后,快速放入冰衣浸泡液中,迅速捞出后,鱼体表面的冰衣液遇冷而形成晶莹透亮的冰衣,其可以防止不包装的冻鱼干耗现象的发生。包装设备的选择主要取决于包装的形式,目前单冻产品以真空包装形式居多。金属检测装置可发现原料或商品中不锈钢板、铁、铜、铅等金属材料残渣,保障食品安全。喷码设备可实现产品可追溯功能,并标注产品质量、生产日期等信息。

4. 发展趋势

养殖工船长年游弋于深远海,作业条件相较于陆上加工车间更为恶劣,集中起捕带来的产能压力、整船能源压力及人力资源的不足,都对加工系统工艺和装备提出了更高的要求。未来发展趋势总结如下。

(1)提高设备兼容性、可拓展性和系统化程度

船载加工系统由多个子系统及配套设备组成,设备的兼容性、功能模块的可拓展性直接影响加工系统系统化程度。现有设备功能单一、兼容性差,导致设备间匹配度差,系统集成困难,难以实现自动化流水线作业。未来应重视提高设备兼容性,建立船载加工设备行业通用标准;增强系统和设备可拓展性,根据功能需要自由增减,实现设备模组化;加强系统整合,提高系统化程度,为实现智能控制打好基础。

(2)提高精深加工设备工作效率和机械化、自动化程度

精深加工作为提高产品附加值的重要手段,在养殖工船上工艺的实现难度较大。为此,应加大研发投入,优化现有加工工艺使之满足船载工况,并配套小型化、高效、便捷的设备以增强船载加工系统精深加工能力。

(3)推进加工装备智能化进程

智能化是未来加工系统发展的必然趋势。通过信息技术、计算机技术、智能控制技术与大数据、物联网、互联网、船联网的结合,实现加工过程智能感知、数字化分析和智慧决策,培育发展智能化、网络化的生产、加工、销售三位一体船载加工新模式。

5. 小结

养殖工船加工系统功能需求应根据养殖品种加工工艺进行个性化的设计。以大黄鱼为例。

现阶段主流且成熟的加工工艺以低温保鲜为主,冷藏工艺以流化冰作为冷媒较为匹配工船作业条件。

冻藏工艺选择较多,螺旋式、隧道式、超低温液氮速冻等装置均可满足加工需求,应根据工船加工对象、人员配备、空间布局等条件确定。

同时,也对加工生产线的分级系统和其他配套设备的功能需求进行简要分析。未来,随着养殖工船产业的发展,对加工系统将提出更高的要求。从业者应着重提高相应设备兼容性、可拓展性和系统化程度,提高精深加工设备工作效率和机械化、自动化程度,大力推进加工系统智能化进程。

第4章 深远海养殖工业的关键技术研究

深远海养殖工业的关键技术涉及各个方面，如环境条件及其预报技术、装备智能化技术、养殖工艺与智能化技术等。本章仅介绍若干关于深远海养殖方面的技术。

4.1 深远海养殖的鱼与船适配性技术

深远海养殖的重要装备之一是养殖工船，这是当前较为先进的一种超大型养殖装备，我国在这类装备的研制方面，已经走向了世界前列，随着不断地发展，我国的养殖工船装备量将是世界第一位。但是，应用超大型深远海养殖工船进行现代化的养殖，首先要解决鱼与船的适配性问题。

鱼在海洋中生存、繁殖、生长，需要一个对应鱼种的独特的海域空间、温度、水流速、振动、声音、空气等自然环境与对应的饲料提供情况。为此需要开展一系列的鱼与船的适配性技术研究，主要内容如下。

(1)模拟海域海水的气候，船舱里的空气、温度、气压等自然环境应该与自然海域里的条件相似，要实时监控舱内的状态并进行实时调节，以保持舱内空气、温度、压力在稳定的状态范围内。

(2)模拟海水质量动情况，使得船舱里的养殖水与海域海洋的水一样。所以要研究水质交换系统，解决水质交换、增氧、盐度，水质的实时监控、污染物处理等技术。

(3)模拟养殖舱内的物理状态，如一定的流速范围、适合养殖环境水的晃荡、保障舱体与水的振动及噪声控制在适宜的范围内。因此要设置相应的监控设施，保证舱内的物理状态能够可控在适宜的范围内。

(4)适配性的重要目的是促进养殖生产的效率，例如，养殖的鱼苗投放与饲料投放规律、生长观察与计量仪器的设置、鱼产品输送方法与设备及时段的科学性等，这些技术都需要以促进养殖生产的效率为基点，能够实现智能化的处理工艺。

(5)养殖的适配性最终应实现智能化的控制工艺技术，使得养殖的整个生产过程都在实时、有效的监控之下，并能够智能化地进行实时调节、处理作业。

鱼与船的适配性是超大型养殖工船生产的独特、必要条件，这就要与射频识别(RFID)技术、多维监测监控技术及数字信息化技术相结合。解决这些关键技术问题，才是养殖工船的成功之道。

4.2 排污技术

4.2.1 封闭式养殖工船排污技术系统

随着我们对环保意识的日益提高和节约用水宣传的不断推进，无论是企业公司还是寻常百姓都渐渐地将水的应用摆放在一个重要的位置。同时，科技的进步和水资源的紧张也有力地促进了我们对水资源的重视程度。为此，专家研究出了新的科技、新的技术来实现污水的零排放，通过合理有效地利用处理使用过的水以实现我国的养殖工船技术的绿色和环保。本节将阐述如何实现工业废水和生活污水的零排放问题。

1. 零排放的定义

早在20世纪70年代初的时候，就已经出现了“零排放”这个名词，而世界上第一个实践废水“零排放”的工厂是美国佛罗里达州中北部的盖恩斯维市的发电厂。

所谓“零排放”指的是“废弃物为零”，是以“地球有限”为前提，将那些不得已排放的废弃物资源化，最终实现不可再生资源和能源的可持续利用。应用清洁技术、物质循环技术和生态产业技术等已有技术，实现对天然资源的安全循环利用，而不给大气、水和土壤遗留任何废弃物。

2. 船用废水和生活污水零排放的必要性

海洋资源丰富，水质良好，但是在当前，海洋污染问题的现状很不乐观。据目前的调查来看，海洋上的污染物质越来越多，这严重影响了海洋的水质，同时影响着在海上航行的各类船舶的生活用水的质量。保护海洋水质是每一个国家、每一艘船舶应尽的义务,所以实现船舶自身的生活和船用污水的零排放无疑是一件非常重要的事情。船级社及公约规定了相关要求,这就使得船舶的污水处理成为船舶设计的重要内容。

尽管我国的淡水资源总量为 28 000 亿 m^3,但是由于我国人口众多,所以人均水资源的占有量只有 2 200 m^3,是全球 13 个人均水资源最贫乏的国家之一。此外,由于各种原因,包括技术的使用及国民素质的问题等使得我们的水资源浪费情况很严重,这也就更加导致我们的水资源匮乏。海水淡化是我们获取优质水源的重要途径。

因此,对于船用废水和生活污水零排放的处理与技术的研制十分必要。

3. 船用废水和生活污水零排放的新技术——电解法

电解法指在电解过程中,由于阴极放出电子使废水中的阳离子因得到电子而还原,阳极得到电子使废水中的阴离子失去电子而氧化。而在电解废水进行反应时,废水中的有毒物质会发生氧化还原反应而产生新的物质,进而沉淀、逸出,这也就相应降低了废水中的有毒物质的浓度。

船用工业废水,也是一种来源广泛的环境污染源。鉴于其水的成分十分复杂,而且可能含有毒物质,处理技术难度很大。

采用一种涂层钛阳极的次氯酸钠发生装置,这种装置产生的次氯酸钠浓度高、能耗低、盐耗低。经过电解处理后的含氰废水 CN 的浓度由之前的 15 ~25 mg/L 变为 CN 浓度小于 0. 1 ug/L。

对于船用的污水处理十分必要,因为它的污水含菌量成分很高,过去对它的处理都是采用氯气或漂白粉,但是效果并不是很尽如人意,之后的几年人们又采用电解盐水,使用铱(Ir)、钌(Ku)、锡(Sn)、锰(Mn)、钛(Ti)5 元素涂层钛阳极。假设排放的污水中大肠杆菌量为 4 ×106 个/mL,细菌总数为 5 ×106 个/mL,用电解盐水进行消毒,10 min 后取出水样分析,发现大肠杆菌量为 3 ×103 个/mL,而细菌总量仅剩 310 个/mL,杀菌率达到 99. 9% 以上,基本实现了零排放。

餐饮污水虽然没有前面提到的船用废水有毒性,但是这些有动植物残渣的污水和洗涤剂等有机物质直接排放对环境也有很大的伤害。由于餐饮产生的污水油量高,所以我们采用微电解处理方法以提高处理效果,即依靠自身物质(一般是金属废料)形成微电池进行净化废水的反应,那么此时电流的密度是26 A/m^2,后采用砂滤。完成之后对现场的餐饮污水进行水质分析,发现进水 COD 值为 200 ~1 000 mg/L。这种微电解处理方法可以实现除去率的 70% 以上。

4. 船用废水和生活污水零排放的意义

(1)保证养殖工船的安全生产

如果将含有油污的污水随意不合理地排放和回注,不仅会使养殖工船的生产不能正常运行,还会造成海洋环境的污染,也会影响养殖工船的安全生产。因此,必须合理且零排放地处理船用污水,尤其是含油的污水。

(2)缓解水资源的匮乏,解决一部分工业用水问题

使处理过的水再一次发挥作用,能够在一定程度上缓解水资源的匮乏现状,而且还能解决一部分工业用水和生活用水问题。

(3)降低海洋水的污染

将船用废水和生活污水随意地排放会给海洋带来污染,并造成惨重后果,如使本来就不充足的地下水资源变得更加拮据,导致更多的船舶无法饮用到干净的水等。所以,对船用废水和生活污水进行零排放十分重要。

(4)促进节约型社会和和谐社会的建设

对船用废水和生活污水的零排放处理能够有效地促进船员的节约用水意识与观念,对于一直致力于建设的环境友好型社会、节约型社会、和谐社会都有重要的促进意义。

5. 小结

由于现代工业的迅速发展和海洋运输的增加,加之生活用水和船舶用水的急剧增加,水资源不足已经是我们急需面对且需要尽快解决的问题。一般船舶除储存一定的水源外,大都是采用海水淡化技术以保障淡水的正常使用。而要保障海洋水的质量,应该采用新技术实现污水的零排放,这样不仅可以保障海水资源的纯洁,而且保障船用的淡水资源和船员的生活质量,既带来经济效益又保护了环境,实现了可持续发展,也促进了环境友好型和谐社会的建设。

4.4.2 养殖池排污水循环处理技术

封闭式循环水养殖模式是近年来国内发展起来的一个新的健康养殖模式。传统的方法是简单物理处理,不能完全消除养殖污水中大量的溶解有机物质、氨氮和亚硝酸氮。而本节所讲述的处理污水技术,是通过物理、化学和生物净化来实现养殖污水净化目的。物理过滤系统主要是通过水流的反冲式流动,使大量的污物停留在系统的下层,利于从系统中排除;化学处理主要是通过低值、高效的化学絮凝剂;生物净化主要是通过细菌、微藻和轮虫等生物群落综合处理来

实现。

对虾养殖污水指养殖对虾自日龄20 d开始由中央排污口排出(或吸出)的经池中增氧机搅动集中于池塘底部中央的以对虾粪便、死亡藻类及残饵为主的污水。

污水处理系统由轮虫净化池、沉淀净化池、反冲式物理过滤装置和生物净化池组成,系统面积约3 500 m^2。从虾池排出的污水直接进入一级轮虫净化池,之后到二级沉淀净化池,进行化学处理,再利用水压的作用使污水通过三级物理过滤装置进入四级生物净化池,经净化的水进入虾池或排放外海。物理过滤的有机废物从反冲装置的下层排污口收集。

1. 材料与方法

(1)材料

①试验系统设备结构

基金项目:中华农业科教基金会资助项目(2003—01—E07),湛江中联养殖有限公司养殖场,养殖面积120亩[①],30口高位池塘(每口面积4亩)。每天排污6次,每次排污时间约1 min,体积约6 m^3,即每口池塘每天(6:00—18:00)排污水量约40 m^3,全部30口池塘每天排放的养殖污水约1 200 m^3。全部养殖污水经总排污管自流到污水处理系统的进水口,经自流和机械设备提水的方式注入一级轮虫净化池。

一级轮虫净化池1口,为沙池覆盖地膜结构,面积800 m^2,长、宽、深为44.0 m×18.0 m×2.2 m,可蓄水1 742 m^3。每天6次加入排污水,每次加水量为200 m^3。在每次加水前1 h,启动3台潜水泵抽滤出轮虫,抽滤轮虫水进入二级沉淀净化池。

二级化学沉淀池规格同一级轮虫处理池。反冲式过滤池1个,为钢筋混凝土结构,内部分3层,下层碎石厚度0.5 m,中层粗砂厚度0.5 m,上层细砂厚度0.5 m。长、宽、高为20.0 m×4.0 m×2.5 m。污水自池底部由高压水泵抽入,经3层过滤后自池上部的2条排水管(流量为400 m^3/h)流到四级生物净化池。每天抽水反冲过滤时间约4 h。停机后(沉淀池的污水抽完),打开前端的排污阀,池内的污水(约150 m^3)自动将反冲池底的污泥冲到集污池。

集污池,为钢筋混凝土结构,长、宽、高为5.0 m×3.0 m×1.0 m,砂层厚度40 cm。反冲式过滤池排入的污泥(水)和由沉淀池抽取的污泥(水)经集污池过

① 1亩=667 m^2。

滤后,污泥于第 2 d 上午清除用作农作物种植肥源。滤出的污水自动流到轮虫净化池循环处理。

四级生物综合净化池,为沙池覆盖地膜结构,长、宽、深为 69.3 m×40.3 m×2.2 m,蓄水量为 6 200 m^3,可以集 4 d 的养殖污水。

②试验用絮凝剂、净化生物

化学絮凝剂:聚合双酸铝铁。

净化生物:褶皱臂尾轮虫、枯草芽孢杆菌产品、光合细菌、波吉卵囊藻。

(2)方法

①工艺流程(图 4－1)

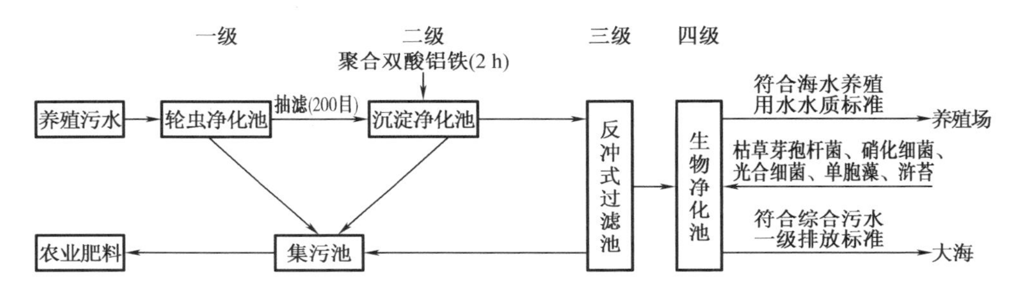

图 4－1 养殖排污水循环处理系统工艺流程图

②一级轮虫培养处理

4 月 1 日用漂白粉 40 mg/L 对轮虫培养池塘彻底清塘,反复涮底。注入富含球石藻、卵囊藻的养虾池排污水,使池水深达 1.5 m。第 2 天注水后,用 1.5 mg/L 敌百虫全池泼洒,3 天后重复用 1 次。4 月 3 日开始进行轮虫接种,投放轮虫 50 kg,使接种密度达到 1 万个/L 以上。当轮虫饵料不足时更换排污水。当 DO 小于 2 mg/L 时,开动增氧机。

4 月 20 日开始收获。在每次加水前 1 h,启动 3 台通径为 10 cm 的潜水泵抽滤 1 h 轮虫,抽滤网袋用 200 目筛绢网做成,规格为长 8.0 m、宽 0.3 m。每台水泵每次抽滤 70 t 水进入二级沉淀池,抽滤后加注等量排污水。当轮虫密度在 6 万个/L 以上时,采用内循环抽滤,只出轮虫,不排水;当轮虫密度在 2 万个/L 以下时,将抽滤的轮虫放回原池。在试验过程中,始终保持轮虫密度在 4 万个/L 以上。

③二级沉淀处理

4 月 20 日—5 月 20 日,每天 6 次从轮虫培养池加轮虫抽滤水,每次加水量为

200 t。每天早至晚虾塘 3 次排污完毕，半天可排污水约 600 m^3，经轮虫一级净化注入二级沉淀池后，每天 2 次全池泼洒聚合双酸铝铁 20 mg/L（以加速养殖污水的沉淀），约 2 h 大颗粒有机污物沉淀后，启动 1 台通径为 15 cm 的抽水泵将中上层污水抽到反冲式过滤池中。

④三级反冲处理

每天启动 1 台通径为 15 cm 的抽水泵将中上层污水抽到反冲式过滤池中。沉淀在池底的污物（泥）每 5 ~ 7 天用污水泵抽入集污池中。反冲式过滤池排出的污泥（水）和由沉淀池抽取的污泥（水）经集污池过滤后，污泥于第 2 天上午清除用作农作物种植肥源。滤出的污水自动流到轮虫净化池循环处理。

⑤四级生物处理

生产试验采用有效微生物直投法。枯草芽孢杆菌的效价为 2 × 109 活菌/g，光合细菌的效价为 3 × 109 活菌/mL。4 月 20 日—5 月 20 日，在四级生物净化池中，每天投放枯草芽孢杆菌浓度 60 mg/L、光合细菌浓度 400 mg/L。4 月 20 日开始接种波吉卵囊藻，利用单胞藻吸收氮和磷等营养盐，并进行取样分析有关理化指标。

在试验过程中，每天测定水温、DO、pH 值、透明度、NH_4^+ − N、NO_2^- − N、PO_4^{3-} − P，单胞藻优势种类定性，轮虫、桡足类定量等，调查污水加入前和经轮虫滤食后水质理化和生物指标变化情况。

2. 结果

（1）一级轮虫培养结果

4 月 3 日开始接种轮虫，4 月 20 日—5 月 20 日，每天使用养虾池排污水 1 200 t，试验研究 30 d，合计用污水量为 36 000 t。抽滤轮虫产量为 1 230 kg，平均日产轮虫 41 kg。平均每培养 1 kg 轮虫使用污水 48.8 t。

（2）污水综合处理结果

养虾污水未处理前 pH 值、DO、COD 几项指标，符合国家规定污水一级排放标准。但 NH_4^+ − N、PO_4^{3-} − P 水质指标总体上超出标准，经过污水处理系统四级处理后，均达到规定标准（表 4 − 1）。其中，透明度提高 23 cm，提高 88.5%；NH_4^+ − N 下降值 0.992 mg/L，下降 68.9%；NO_2^- − N 下降值 1.326 mg/L，下降 91.1%；PO_4^{3-} − P 下降值 0.204 mg/L，下降 50.3%；COD 下降值 14.74 mg/L，下降 61.3%。

在污水处理过程中，还收获轮虫 1 230 kg。另外，在集污池每天可收集到有机肥 2 t（湿重），用于公司内园林绿化肥料。污水处理成本为 0.75 元/t，折合对虾污水处理费为 0.38 元/kg,污水处理成本占养虾成本 3.5%。

表 4-1　养殖污水净化过程的数据记录表

水质指标	未处理前原污水	轮虫净化后一级	沉淀净化后二级	反冲净化后三级	生物净化后四级	污水排放一级标准
水温/℃	26.0~30.8	26.0~30.5	26.3~30.4	26.0~30.4	26.3~30.5	—
DO/(mg·L^{-1})	1.5~5.0	1.2~3.4	1.6~4.1	1.0~3.5	3.1~6.0	—
pH 值	7.53~8.10	7.53~8.23	7.31~8.00	7.10~7.89	7.43~8.18	6~9
透明度/cm	18~36	40~65	52~78	—	38~63	—
NH_4^+-N/(mg·L^{-1})	0.336~2.899	0.562~3.215	0.416~2.257	0.833~4.145	0.168~0.829	1.0
NO_2^--N/(mg·L^{-1})	0.049~4.633	0.053~4.716	0.042~4.458	0.010~0.818	0.002~0.395	—
$PO_4^{3-}+P$/(mg·L^{-1})	0.109~0.801	0.137~0.832	0.076~0.494	0.103~0.745	0.057~0.389	0.5
COD/(mg·L^{-1})	15.08~39.37	8.06~24.86	5.80~21.08	3.01~10.46	6.21~15.29	60

注:以上结果是 4 月 20 日—5 月 20 日 31 d 水质指标的变化范围。

3. 讨论

(1)轮虫培养

①可规模化持续培养轮虫

利用养虾排污水 36 000 t,通过引种适宜单胞藻和接种轮虫,可高密度培养轮虫,正常可维持在 3 万个/L 左右。试验期间总产轮虫 1 230 kg,按轮虫市场价格 20 元/kg 计,实现产值 24 600 元。另外,由于轮虫饵料营养丰富,能显著提高水产苗种培育成活率,特别是在华南地区,轮虫市场价格较高,因此养虾污水培养轮虫应用价值高,前景广阔。

②净化效果显著

本次试验培养的褶皱臂尾轮虫主要食物是小型浮游生物、有机碎屑和细菌等，而这些物质是养虾污物的基本组成成分，因此依靠轮虫滤食可有效除去直径小于20 μm的大量有机颗粒，直接净化养虾污水。研究结果表明，每吨污水可培养34.1 g轮虫，即每吨污水可通过轮虫去掉生产34.1 g（湿重）轮虫的有机质，达到以养治污、以污供养的目的。

（2）二级沉淀处理

聚合双酸铝铁对降低污水中的活性磷、化学耗氧量，提高透明度等有较强的作用，对其他指标则效果不太明显。效果随用药量的增多而提高，但提高的幅度不大。如果从加快沉淀速度的角度来考虑应选择20 mg/L，假如污水过浓，可适当增加用量。

（3）三级反冲处理

反冲式过滤对养殖污水有明显的处理效果，而且便于反冲清洗，重复使用。作为简单、低值的物理处理系统用于养殖场污水处理，具有极重要的实际意义。

（4）四级生物处理

生物直投法是一种治污新模式。通过微生态制剂的直接投放，可以达到快速处理养殖污水的目的，其采用的微生态制剂均系经过现代生物工程技术高密度发酵培养，这些微生物可在短时间内在污染水体迅速繁殖，对污染物进行高效分解。

本试验中采用的枯草芽孢杆菌是从自然界中筛选出来的对人体无害的化能异养细菌。当它投入水中后，会快速繁殖，形成优势菌群，其细菌形成的多种胞外酶能将悬浮在水中和沉入底泥中的高分子有机物分解成低分子有机物，再进一步分解成水中微生物能吸收的营养物质。这些营养物质一部分被细菌吸收转化成细胞物质，大部分转化为细菌活动的能量。在这个过程中生成的氨气、氮气就从水中逸散到大气，用这种方法可将水中绝大部分的氨氮、硝基氮除去。生物膜成熟后置入循环系统开始育苗。

2. 在水产育苗应用的两种脱氮工艺取得的效果

中华绒螯蟹育苗温室水应用了脱氮工艺，与传统的育苗工艺相比，应用生物净化系统，有机物降解速度快，脱氮效果显著。COD、TAN的平均去除率分别为33.2%、55.5%。整个育苗过程pH值稳定，溶氧丰富，池底无氧债和黑臭。下面对1996年和1998年这两年的河蟹育苗池的水质变化进行比较。

1996年采用的是传统的静水充气育苗工艺，育苗中后期主要通过大量换水来改善水质，水中氨氮含量很高，达到 2.9 mg/L。藻类生物量很大，达到 50.0 万/mL，主要以金藻为主，因此水质较差。

1998 年育苗场采用微流水生态法育苗工艺，利用生物净化系统处理水质，基本不换水。水中氨氮含量最大值达到 1.5 mg/L，平均在 0.6 mg/L；藻类以舟形硅藻为主，生物量 18.9 万/mL 左右，变化幅度小，水质清新稳定。

利用生物净化系统处理水质，一方面水质处理效果好，分子氨和 NO_2-N 的毒性降低；另一方面由于光合细菌和蜡状芽孢杆菌的加入，饵料生物基础扩大。而且这些微生物的超氧化物歧化酶（SOD）类可增强幼体的体质和免疫力。因此，各发育阶段的变态成活率均在 65% 以上。

罗氏沼虾育苗循环水应用水处理脱氮工艺，使水质得到了有效控制。试验期间，对照池以大量换水及用药等传统方式维持换水，试验池较对照池节约用水 67.5%；试验池水质的变化范围：NH_3-N 为 0～0.010 mg/L、NO_2-N 为 0.01～0.63 mg/L，而对照池水质的变化范围：NH_3-N 为 0.010～0.630 mg/L，NO_2-N 为 0.35～1.93 mg/L。试验组出苗率为 40%，高出对照组 33.3%。

4.3 网箱和人工鱼礁养殖的无人与智能化技术

不断膨胀的世界人口正极速地消费着各类海产，这已经严重地耗竭了世界鱼种资源。

联合国粮食和农业组织表示，全球 70% 的鱼种已经被充分捕捞。按照目前这一速度，根本无法保证鱼群自身数量的恢复。更严重的已经出现过度捕捞或耗竭的状况。水产业和渔业养殖的鱼类目前占了全球鱼类消费的 50%，估计在未来将占到更大的比例。联合国有关组织估计，2030 年，世界对海产的需求将增加 40%。

美国国家海洋与大气管理局（NOAA）水产计划项目负责人迈克尔·鲁比诺解释说："医生和营养学家经常建议人们要多食用海产，有益健康。"这是海产消费剧增的重要原因。"虽然人类在制止过度捕捞方面已经做得很不错，但不得不承认，即使完完全全做到制止过度捕捞，未来海产的消耗都要更多地依赖于水产业的鱼类养殖。"

人类对鱼的消费需求越来越大，深海遥控养殖网箱这种机械化的养殖网箱能够更大规模地培育更绿色、更健康的海产，以满足人类的需求。

4.3.1　养殖网箱无人管控技术

深海遥感养殖网箱是一种可以远距离遥控管路与操纵网箱应用的无人化养殖网箱技术。深海遥控养殖网箱,用于深海鱼类养殖,巨大的自控渔场将在开放的海域嗡嗡作响,模仿成群结队的鱼群在海中"徜徉",甚至可以实现海产放养,等它们成熟后再对之进行捕捞。

1. 操作原理

麻省理工学院离岸水产工程中心的负责人克里夫·高帝使用了缅因州海洋农场技术公司制造的Aquapod养殖网箱进行试验。Aquapod养殖网箱由很多三角形的面板镶嵌而成,表面涂有一层乙烯基,通过电镀的方式拼合成一个直径8～28 m长的大球体。高帝在这养殖网箱上安装了一对直径长2.4 m的螺旋桨。在养殖网箱能够感应的范围之类,人可以在船上对它进行遥控和驾驶。这一技术能够让渔民轻松地定位养殖网箱,而不必使用渔船牵引。

高帝暂时使用一个小船装载着发动机为养殖网箱的移动提供能量。但这样的能量供应装置可以设计得更小巧,并且可以考虑将之放置在浮标上,实现自动化操作。

高帝解释说:"可以让养殖网箱牵引浮标,同时保证浮标能接受岸上的信号。"通过导航系统和GPS系统,渔民在岸上就可以监测养殖网箱有效行速等状况,不必身在其中也可"运筹帷幄"。虽然,这样的技术听起来有点"天方夜谭",但实际上却具有很强的可操作性。

2. 技术优势

传统的渔场大多都将养殖网箱放置在海岸附近的浅静水区域,既能够避免恶劣天气的侵袭,也有利于喂养、维护等。但海岸附近海域进行鱼类养殖,很容易导致动物疾病的传播,鱼类排泄物也会对海洋造成污染。所以未来养殖网箱必须从海岸边上移开,保证水质的清洁及鱼类的健康。

放置在深水海域的养殖网箱,由于获得更干净、更能够自由流动的海水及天然食物,因此可以养殖出味道更鲜美的海产。但深水海域的养殖网箱必须能够抵御深海的恶劣环境,而且也不容易为人类管理,所以更"聪明"、更自动化的养殖网箱是发展的关键。

Snapperfarm公司与开放蓝海农场的创始人布莱恩·奥汉伦参加了高帝在波多黎各的离岸水产中心使用养殖网箱的试验。"我的远景目标是在主要市场的离岸实现海产养殖,目的是要让渔场尽量靠近市场。而高度自动化的离岸技术正是我们的实现途径之一。”奥汉伦表示。养殖网箱技术的发展,正在朝着离岸越走越深、越走越远,这将有利于开拓未被开发的资源。

3. 应用展望

这种高度自动化的养殖网箱将会从根本上改变渔业养殖的模式。将来,可以考虑让这样的养殖网箱模仿自然系统,随着某些指定的海流自由流动。高度机械化的渔业养殖场将实现远离海岸的深海养殖,更大规模地进行海产养殖;而无须再延续传统岸边养殖模式,既污染海水,同时也无法保证鱼类生存环境的水体清洁。

在麻省的伍兹霍尔海产生物实验室工作的斯科特·林达尔正在研发另一种技术,即使养殖网箱能够将鱼“引诱”到箱里来,“自动上钓”。之前水族测试已经证实,鱼类不仅能够将声音与觅食联系起来,而且四周时间内都会记得这种关联。

海底的圆屋顶一打开,鱼群就成了“放养”动物似的,可以自由地游到养殖网箱附近的地方栖息,当听到铃声就会乖乖地回到养殖网箱内。

林达尔表示:“第一个星期的试验成功地证明了鱼类能够自由进出养殖网箱,一旦听到铃声刺激就会有反应。”但接下来发生麻烦事了:3.6~5.4 kg 的青鱼发现了这圆屋顶。于是,掠食者成群结队地不请自来,不分白天黑夜都在圆屋顶附近等待猎食林达尔的“试验品”。巨大的硬鳞鱼有了反应,躲藏起来而不再返回养殖网箱。

虽然试验受阻,但林达尔依然相信这个“铃声养殖”的方法有着很好的发展前景。他设想,其他不易受袭击的鱼类,如比目鱼、军曹鱼等,可能更适合这种方法。如果试验成功,这种“铃声养殖”技术将成为渔民养殖海产的重要方法,以满足世界对食用海产的需要。

无人智能化养殖装备及养殖技术是深远海养殖产业发展的方向。由于海上的生活环境恶劣,人员在网箱上生活与作业操作都是非常危险、不方便的,操作难度大,特别对人员的生命安全具有许多不确定性。因此,无人智能化养殖装备随着互联网、传感器、遥感、数据处理与自动化机械设备的发展,必然会得到极大的发展与应用。

4.3.2 无人艇技术与水下监测

无论是养殖工船、深水网箱及人工鱼礁的海洋养殖都需要一个适宜的海域,所

以开辟一个适宜的环境是需要预先的探测及试验，以获得可控的科学依据。

利用无人艇进行监测是一个可靠的方法。无人水面艇（USV）是指在海洋环境下自主规划、自主航行，无人化、智能化地完成各项任务的小型水面运动平台，具有吃水浅、机动性强、安全高效等特点，在军事领域以及海洋科考方面极具发展潜力，应用前景广阔。因此近年来世界各国竞相开展对无人艇的研究，特别是欧美等国家已将无人艇的发展提升到战略高度。

无人艇在军事领域应用历史已久，早在第二次世界大战期间美军就利用无人艇进行远程作战，但在海洋勘探及海洋资源开发利用方面起步较晚。国内研发的海洋无人水面艇主要有上海大学"精海"系列无人水面艇、珠海云洲智能科技有限公司研发的"领航者"号海洋测绘船及中海达卫星导航技术股份有限公司的 IBOATBM1、BS2 系列智能无人测量船等。2006 年，在第六届中国国际航空航天博览会（简称"珠海航展"）上亮相的"闪电"XG－3 高速探测无人水面艇，可在较恶劣条件下进行特定区域的探测、侦察，甚至是小目标攻击；2008 年，中国航天科工集团公司所属航天新光集团有限公司自主研发的中国第一艘无人驾驶海上探测船"天象一号"，填补了中国海上气象监测的空白；2013 年，原上海海事局、上海大学与青岛北海船舶重工有限责任公司三方联合开发、自行设计研制的我国第一艘"无人艇"——水面无人智能测量平台工程样机正式诞生，它实现了遥控与自主导航航行、路径规划、路径跟踪、水面及水下障碍的自主避障避碰、远距离自主航行等功能；同年 2 月，上海大学的"精海 1 号"搭载在中国"海巡 166"轮上，对南海各岛礁和军港附近的海域进行测量；2017 年，云州无人艇对青藏高原湖泊群进行湖底地形图的绘制、水体参数的测量。

广州海洋地质调查局与上海大学合作，开展无人艇的水下测量作业为海岸带陆海统筹综合地质调查提供了切实可行的技术方法，高精度地形地貌调查数据可为渔场开发规划提供有力的科学依据。

1．"精海 3 号"和"精海虹号"无人艇

项目投入"精海 3 号"和"精海虹号"2 条无人艇，以应对不同水深需求。其中"精海 3 号"为大型无人艇，长 6.3 m，宽 2.8 m，吃水 0.9 m，主要用于 2 m 以外深水域的调查。船首配置了 1080P 高清且带有三维云台的高清摄像头，可以随时调整角度和焦距，这样便可感知周围环境；船体水上部分配备了一个激光测距仪，水下部分配备了一个前视声呐，两者都起到了探测障碍物的作用，前者是精确感知水面障碍物，而后者起到了水下避障的作用；船体内部主要搭载的是海洋物探声学设备，包括多波束测深系统、侧扫声呐、前视声呐、浅地层剖面仪及声学

多普勒流速剖面仪（ADCP）；配置 RTK – DGPS 定位系统，同时配备北斗定位系统作为冗余终端，在数据链中断的情况下，仍可通过北斗基站获得无人艇的位置，具备全时全天候的海上精确定位能力。

“精海虹号”是精海系列的第八代产品，船长 1.5 m，吃水只有 0.3 m。相比于“精海 3 号”，它体积小、机动性高，配合“精海 3 号”进行更浅水区域（2 m 以浅水域）测量。受其体积所限，搭载设备有高精度单波束测深仪、温盐深仪（CTD）、水下摄像机等。

精海系列无人艇利用模块化、标准化技术实现了灵活高效的遥控与自主导航航行、任务航迹点动态实时设定、高精度航迹跟踪、自动避障避碰、远距离自主航行、高可靠的数据传输等智能数据存储等功能；实现了控制设备和测绘设备远程管理，根据任务需求实现所需设备的上电或断电操作，达到保护设备、节省能源、实现超长距离作业的目的；同时通过一大一小无人艇相互配合作业，可以高效、安全、全面地完成对近岸岛礁浅水区域的测量调查（图 4 – 2）。

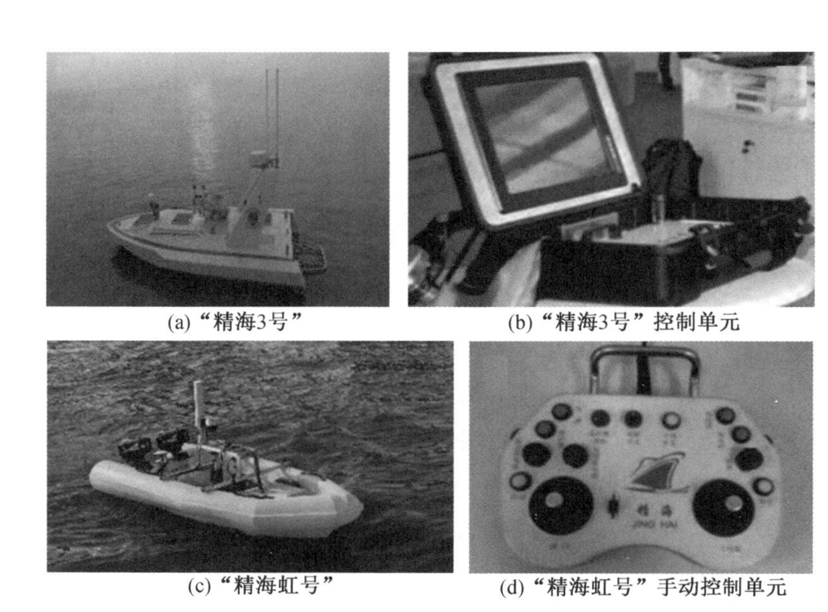

(a)“精海3号”　(b)“精海3号”控制单元

(c)“精海虹号”　(d)“精海虹号”手动控制单元

图 4 – 2　精海系列无人艇及其控制单元图

2. 多波束和侧扫声呐海底探测的特点

多波束测深系统与侧扫声呐都是能够实现海底全覆盖扫测的水声设备，都能够获得几倍于水深的覆盖范围（图 4 – 3）。

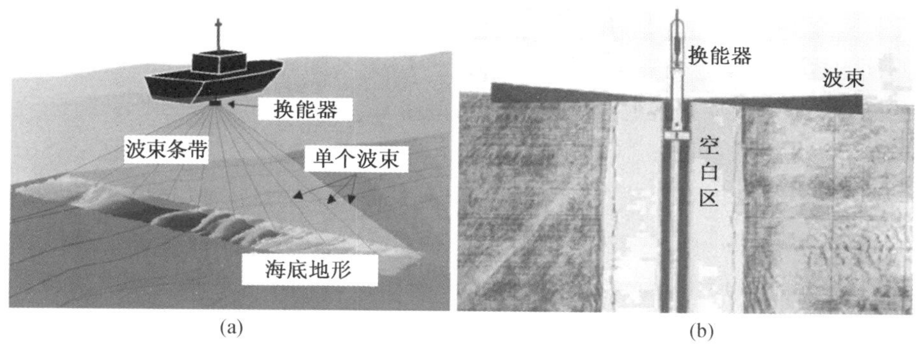

图4-3　多波束海底探测和侧扫声呐海底探测示意图

它们具有相似的工作原理，即以一定的角度倾斜向海底发射声波脉冲，接收海底反向散射回波，从海底反向散射回波中提取所需要的海底几何信息。其中多波束系统在获取水深信息的同时，提取的是海底地形图像信息，其图像位置精度较高但分辨率较低；侧扫声呐提取的是高分辨率海床地貌图像信息，但位置精度较差。

在近岸岛礁测量调查中，多波束和侧扫声呐是主要的探测手段，两者在位置和分辨率上有着很好的补充作用，这样便能够直观地获得这个岛礁周边全覆盖的地形、地貌数据。搭载在"精海3号"无人艇内部的多波束系统是Kongsber公司的EM2040，侧扫声呐是klein公司的UUV3500，前者的发射频率是300 kHz，后者是双频发射接收（100 kHz和400 kHz）。两者在接收信号时彼此影响较小，对获得的图像信息影响不明显。

3. "精海3号"和"精海虹号"对东瑁洲岛礁区的海底探测

海底地形、地貌探测是海洋地质调查的基础，也是近岸岛礁测量的重要组成部分。本次使用无人艇对东瑁洲岛礁区测量作业主要应用的调查设备就是搭载在"精海3号"上的多波束系统和侧扫声呐系统，实现工区2 m以深水域的全覆盖测量，然后应用搭载在"精海虹号"上的单波束系统和水下摄像系统对2 m以浅水域进行测量。

（1）"精海3号"无人艇的测量过程

本次调查，"精海3号"主要使用Kongsber公司的EM2040型多波束系统和klein公司的UUV3500型侧扫声呐系统，作业时通过在母船上远程控制设备的上线和下线，测线布设采用现场设计的方法，原则上测线平行等深线方向，同时根据作业需求和海况条件，重叠覆盖率≥10%。

作业时首先由人工手动操控“精海 3 号”驶进东瑁洲岛礁区，然后在海图显示界面上规划测线进行自主测量，并通过远端实时数据回传监控海面环境和资源的质量。EM2040 系统通过软件 - SIS（seafloor information system）系统进行现场监控，包括通过实时覆盖图形（graphical window）、条幅水深剖面图（crosstrack windwon）、条幅彩色水深图（waterfall window）、波束质量（beam intensity window）及外部设备数据显示等对数据质量、声速校正和全覆盖状况等进行实时检查与监控（图 4 -4）。Klein 公司的 UUV3500 系统根据测线间距来调整量程以实现数据的全覆盖，探测时声呐高低频同时发射，以保证获取最佳分辨率的图像效果（图 4 -4）。

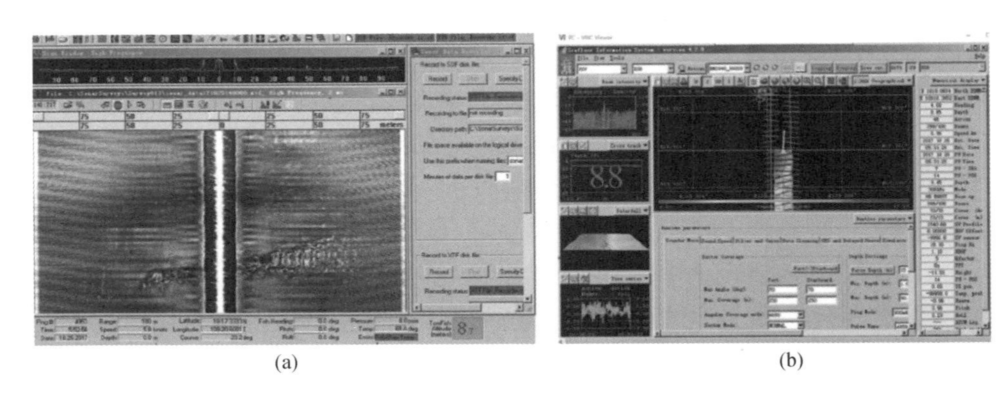

(a)　(b)

图 4 -4　多波束和侧扫声呐实时采集与监控界面图

（2）“精海虹号”无人艇的测量过程

2 m 以浅的水域调查是由“精海虹号”完成的。由于船体小，“精海虹号”只能搭载单波束测深系统和水下摄像系统来进行海底探测。水下摄像系统作为一种海底可视化调查手段，在水下微地貌、底质识别和珊瑚礁生态环境监测等方面有着重要意义。

通过对安装在“精海虹号”上的高清 HDMI080P 摄像头采集的视频影像（图 4 -5）分析，东瑁洲岛近岸 2 m 以浅的微地貌主要是以礁石区为主，海水悬浮体含量高，海草、珊瑚等生物表面及礁石表面均覆盖了一层细粒沉积物，因此该海域珊瑚等海生生物大面积死亡，其生长处于退化消亡阶段。

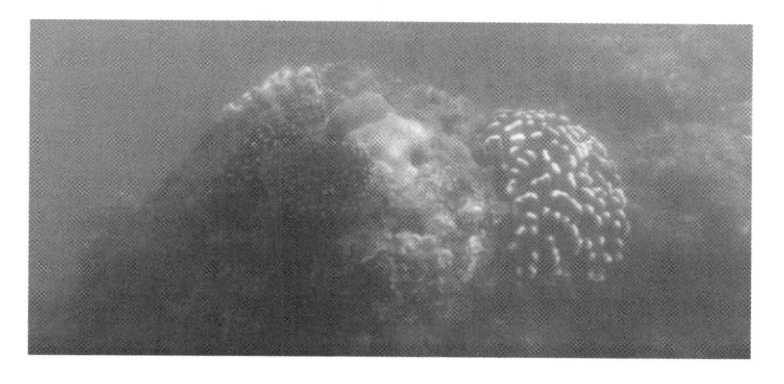

图 4－5　水下摄像拍摄到的近岸礁石区

（3）数据处理及分析

“精海 3 号”在调查过程中按照实际情况分区域逐步完成（图 4－6），测线间距由水深和覆盖宽度确定，东瑁洲全覆盖区域保证测线间条幅重叠在 10% 以上。

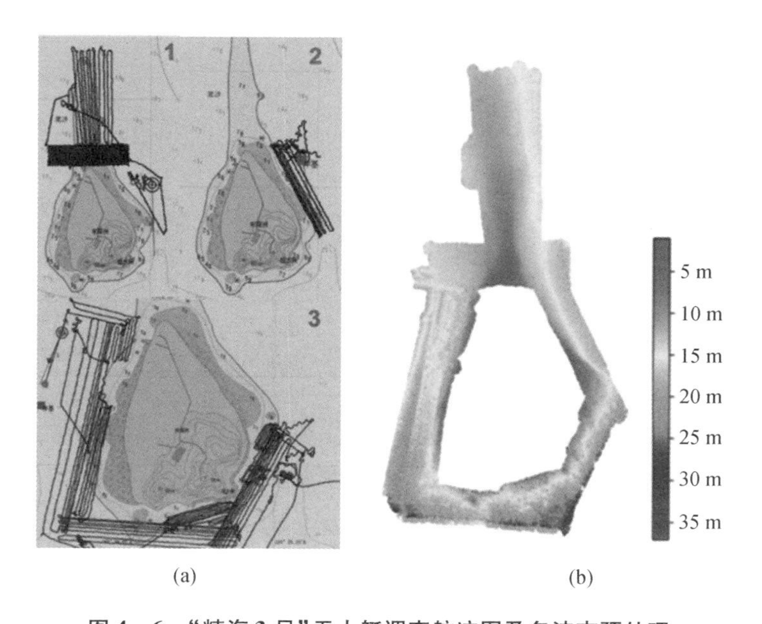

(a)　　(b)

图 4－6　“精海 3 号”无人艇调查航迹图及多波束预处理

利用 AML 公司的水下声速剖面仪可以精确地测出水中的剖面声速，并对水深数据声速剖面改正，原始水深数据经过声速剖面改正后，已经将（波束角 + 声传播时间）格式的数据转成（相对船的水平位置 + 相对安装的深度）值，确保水深数据的准确性。在Caris多波束后处理过程中，通过数据转化、合并数据、计算每个水深点的总传播误差、建立地域图表、用CUBE技术生成网格化水深地形曲面，在网格化地形曲面上运用数据监测和数据过滤，重新计算水深地形曲面，最后生成光滑水深曲面。

声呐图像中深色的回声和白色的阴影斑纹表现出海底目标的凸起和凹陷，在图4－7中声呐探测到的珊瑚礁石反射了一个强的回声信号，在记录中产生了一个浅色的标记，强反射信号后面是黑色声学阴影，这种显示模式就是探测到的岛礁区凸起的礁石，这在“精海虹号”水下摄像中也有清晰的显示。

(a)声呐图像显示

(b1) (b2)

(b)水下摄像显示

图4－7 无人艇扫测到的珊瑚礁石群图

因此这种声呐图像显示模式可以识别出东瑁洲岛周边底质情况，其北部主要为沙质底，南部主要是珊瑚礁区，遍布礁石。在无人艇侧扫声呐图像中也可以辨别其他特征目标物，比如东瑁洲岛上的码头，四周堆满了杂乱的石头；东瑁洲东海岸平坦的沙坡中发现了沉没海底的小渔船（图4－8），在图像中能清晰分辨其轮廓——长约10 m、宽约3 m的小渔船。

(a)无人艇扫测到的码头

(b)沉没的渔船

图 4－8　无人艇扫测到的码头及沉没的渔船

4.3.3　水下机器人的监测监控

为了满足当前与未来的深远海养殖工业的需要，提高水下综合能力，尤其是水下探测、监视与控制能力，谋求水下作业及军事上的优势，国外正在大力发展先进的水下探测系统。

1. 水下探测和监视的先进可展开系统

先进可展开系统（advanced deployablesystem，ADS）是一种可迅速展开的、短期使用的、大面积的水下监视系统，用来探测、定位并报告游弋在浅水近岸环境中的安静的目标物，并具有一定的探测和跟踪水面目标的能力。

ADS 系统包括水下组件和分析处理组件。水下组件是由一次性电池供电的、大面积布放的传感器组成的水下被动监听阵;分析处理组件安装在标准化、模块化的机动车辆内,通过电缆与水下组件相连。ADS 系统可以被迅速部署到需要进行监视的前沿区域,直接提供危险位置信息,并提供近实时、精确、可靠的海上图像,以保持水下空间的态势。其工作方式具有隐蔽性,亦能在敌对行动开始前提供海上情况,并视情况发出预警信息。

现有的水下监视系统软件将成为 ADS 岸基信号处理的核心,该项目强调应用现成的民用技术以提高效费比,2004 年进行了项目的技术评审和评估。

2. 布放在深海和海峡的商用现成技术固定式分布系统

商用现成技术固定式分布系统(fixed distributed system - COTS,FDS - C)是利用现成民用技术,对现有的长期被动水声监视固定式分布系统(FDS)进行改进后的系统。FDS - C 系统布放在深海、海峡及具有战略意义的浅水濒海地区和其他咽喉要地。它能提供危险目标的位置信息和精确的海上图像,并在危机开始前对海上活动进行指示和预警。

FDS - C 和 FDS 一样都由两部分组成:一部分是由可以大面积分布的水声探测器构成的海底基阵,另一部分是具有处理、显示和通信功能的岸基信息处理设备。FDS - C 借助民用工业的技术成果,用商用设备替代了 FDS 的专用硬件,提供了费效比更好的系统,以满足长期水下监视的需要。此外,该计划正在试图进行其他技术的开发,如全光纤水听器被动阵,在低费用前提下进一步增加系统的可靠性。

3. 新型的声呐系统——商用声学流行技术快速嵌入计划

商用声学流行技术快速嵌入(acoustic rapid COTS insertion,A - RCI)计划把现有的声呐系统换成基于民用技术的能力更强、更灵活的开放式体系结构。

该计划能够提供通用的声呐系统,以几乎不影响行动的方式定期更新软硬件。A - RCI 多用途处理器(MPP)能够开发和使用传统处理器根本无法进行的复杂算法,一个单独的 A - RCI 多用途处理器的计算能力相当于目前整个洛杉矶(SSN688/688I)潜艇舰队的总计算能力。

根据 A - RCI 计划研制的 AN/BQQ - 10 高频声呐系统被用来改进水下精确测绘导航(PUMA)系统。其中的先进处理器组 02 计划对 AN/BQQ - 10 和 AN/BQS - 15EC - 19 声呐系统的处理软件进行改进,提供测绘海底地形并记录地理特征的能力,包括探测似水雷物,显示、测绘三维海况图。这种精确测绘海底地形的能力使我们能够隐蔽地摸清海域的海底情况、安全地监视危险区并采取规

避行动。数字地图经压缩后传送给海基和陆基平台进行显示。

A－RCI计划的第二阶段(1999年)对拖曳阵和艇壳阵的软硬件处理过程进行了重大改进,显著提高了低频探测能力;第三阶段(2001年)通过使用线性波束发生器,提高了现用的球形阵数字多波束定向系统(DIMUS)的中频探测能力;第四阶段(2001年)改造了安装在改进型“洛杉矶”级潜艇上的高频声呐。每一阶段都安装了改进后的处理系统和工作站。

4. 无人水下航行器

美国正在通过几个采购计划部署无人水下航行器(UUV),以提高目前的能力。无人水下航行器计划的重点是快速研制并部署一种具有隐蔽式探测能力的无人水下航行器。多功能UUV是长期水雷侦测系统(LMRS)项目的一个分支,按计划将于2004年开始研制。该系统将在LMRS的设计基础上建造,可为情报、监视、侦察和指示告警等不同任务,提供相应的“即插即用”型电、磁和光电传感器组件,开展海洋学研究,遂行远程跟踪和大规模破坏性的监控等任务。

目前几个小型UUV计划也正在进行中,目的是提供濒海近岸水域的勘察与测绘能力。这些小型UUV系统主要从小艇上部署,作为隐蔽平台来增强在极浅水域的水文探测能力,因为大型平台在极浅水域中是不能有效工作的。

从以上美国正在发展的水下探测系统中可以看出,美海军装备的发展出现了新情况,即将现成的民用、商用技术直接应用到军事。这种将民用技术转化为军用的模式,既加快了研制进度,又节约了大量经费,很值得我们借鉴。

另外,水下探测系统的不断完善,对我国的海域探测及军事用途是极其有益的。为此,我们必须重视美国现代探潜技术的发展和改进,借以为我之用,为我国海洋探测、渔场的生产及海军作战提供有力保障。

4.4　深远海养殖安全保障系统的体系技术

超大型深远海养殖工船的完整性安全保障与生命健康系统将涉及体系的完整性,包含工船装备本体的安全保障、设备系统的安全保障、物流系统的安全保障及其透明化传输、养殖产品鱼类的安全保障、养殖工船上作业人员的安全保障、信息的安全保障等各个方面;同时,要建立多种监控与监测系统,以及远程的智能化安全决策支持系统与包含云计算、大数据、遥控和遥测等现代IT技术的船联网络系统。本节仅对装备本体和工船上人员的安全保障做一个介绍,其他就不详细赘述,可以参见文献及参考资料。

4.4.1 养殖装备本体安全保障

超大型养殖工船需要建立海洋装备结构安全监测系统为决策者提供真实可靠的最新数据,保障海洋装备上的人员及物资安全,增强海洋装备结构的风险预防能力,提高安全性能,为保证装备安全提供科学依据。因此,采用结构安全监测系统将保障养殖工船装备在安全性能、风险防控、智能化水平等各个方面获得极大的提升。海洋装备结构安全监测系统如图 4 –9 所示。

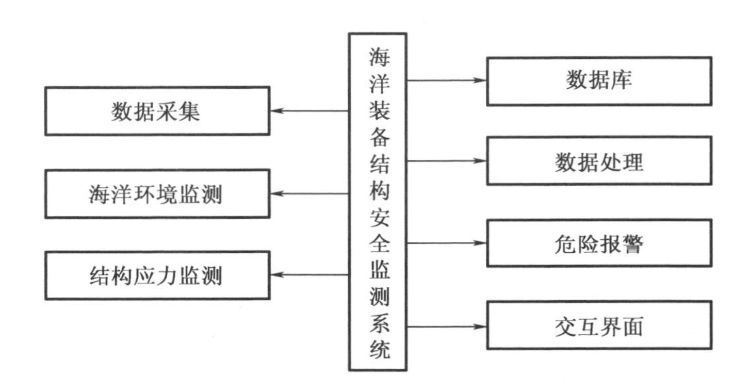

图 4 –9　海洋装备结构安全监测系统

1. 养殖工船装备结构本体安全保障整体架构设计

(1)功能设计

养殖工船装备本体结构物安全监测系统是对结构关键部位的智能化监控,也是对装备结构状态实时的监测,需要在装备结构的关键部位植入传感系统,赋予结构健康自诊断的智能功能与生命特征。该系统综合运用结构参数识别技术、光纤传感技术、数据库技术、多数据信息融合技术、超大信息量数据处理技术、海浪谱反演技术、船体结构有限元分析技术和强度评估理论等技术与理论,以及相关的传感器、软硬件设备等。

该系统在功能设计上使其能够对海洋装备上的重要结构及薄弱部位进行实时监控,并通过监测数据对当前海况下结构强度进行评估,同时利用数据库技术对监测数据和评估结果进行存储,根据历史记录数据对本体结构的疲劳寿命及各典型节点的累积损伤进行实时预测，能够对海洋装备本体结构设计起到验证和指导作用，同时为决策者提供真实可靠的最新数据，保障海洋装备上的人员及物资安全，增强装备结构的风险预防能力，提高安全性能，为保证海洋装备本体安全提供科学依据。

结构状态实时监测系统主要包括如下内容。

①数据采集系统。

②环境监测系统。

③应力监测系统。

④数据处理系统。

⑤载荷计算系统。

⑥强度评估系统。

⑦安全预报系统。

⑧报警与记录系统。

⑨数据库系统。

⑩界面显示系统。

10大系统模块示意图如图4－10所示。

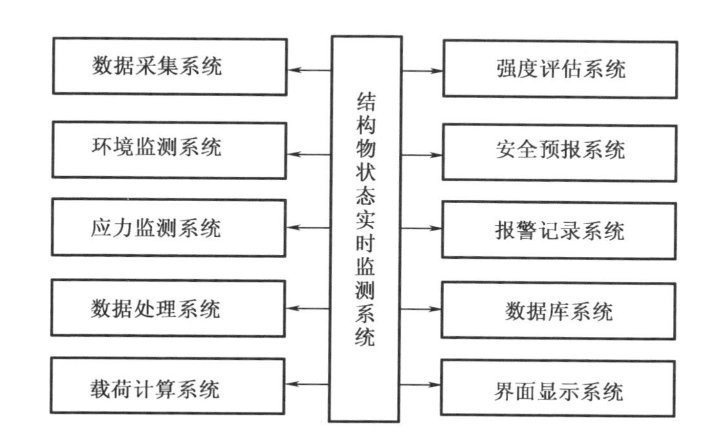

图4－10　10大系统模块示意图

(2)架构设计

为实现系统各项功能间的协调、高效运行，并保证系统运行的可靠性、实时性和实用性，将整个系统设计为3个层次4个子系统。

第一层为系统层，主要由采集系统、通信系统、计算系统、数据库系统等构成，通过调用应用层功能函数访问支撑层进行硬件控制或数据读取来实现各子系统的主要功能。

第二层为应用层，由应力采集模块、海浪采集模块、状态监测模块、数据处理模块、强度评估模块、实时数据库、历史数据库、信息数据库、评估数据库、串口卡和网卡组成，这一层主要完成信号获取、传输和数据存储、处理，为系统层的功能实现提供服务。

第三层为支撑层，其作用是为应用层各模块提供软、硬件及理论方法和数据的支撑，进而实现系统层的主要功能。

结构物监测系统的整体设计框架如图 4 – 11 所示。

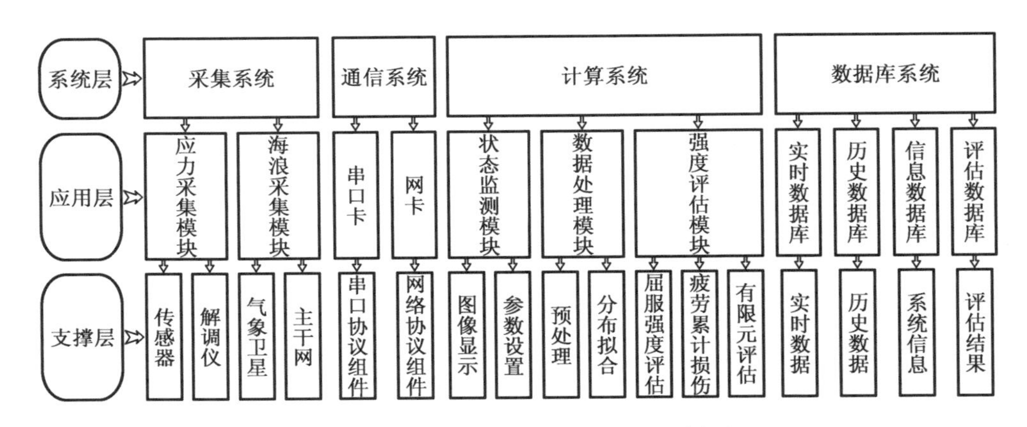

图 4 – 11　结构物监测系统的整体设计框架

(3) 开展的工作

①软件开发与监测

进行软件自身调试、软硬件联合调试及全系统综合调试，优化了数据接口、数据传输协议、数据处理算法、程序代码和系统内存，增加了软件自我检测功能和本地数据库系统，提高了系统的工作效率和稳定性。

②软件的第三方认证测试

从理论上给出了监测点的选取方法，并结合结构实际建造情况多次就实船监测点选取方案进行讨论，明确了测点布置方案，为下一步施工方案奠定基础。

③设计了专门用于海洋装备结构应力信号处理的带通滤波器

根据实际信号特点将滤波器设计成分别适用于高海况和低海况两种状态，进一步提高了数据处理的效率和精度。

2. 实现方法

(1)监测点布位研究

①基于高应力的选点方法

将海洋装备结构按其特点分为多种类型,在每一类结构内将各点应力响应按从大到小排序。由于全装备有限元模型网格单元数量庞大,即使在每一类结构内将所有的单元应力响应列出也是困难且没有必要的,因此,引入参数 N,它表示每类结构中所有单元的应力响应按从大到小排序的需要导出进行下一步分析的应力响应最大的前 N 个单元数量。对参数 N 的取值,认为当网格尺寸与一个肋位的长度接近时,N 取 20 是合适的。

在有限元分析中,高应力部位附近单元应力值均会高于其他部位,因此选出的 N 个单元应力并不一定代表 N 个高应力或应力集中部位,多数情况下这些单元分布在几个高应力或应力集中部位附近。为了方便计算机编程找出这些高应力和应力集中位置,规定一个参考距离 D。

在选出的 N 个单元中,任意两个单元的距离只要小于 D,则保留应力绝对值较大的单元。按照上述方法首先对各工况下选出的 N 个高应力单元进行一次计算,得到各工况下的高应力部位,再将这些部位进行第二次计算,剔除各工况间的重复部位,得到最终的全海洋装备高应力部位。

②基于疲劳损伤分析的选点方法

疲劳破坏是海洋装备结构失效的主要模式之一。在局部高应力选点的基础上,还需要对海洋装备结构进行初步的疲劳分析,以识别海洋装备结构疲劳关键节点。采用疲劳设计波方法及疲劳谱分析方法,基于 S－N 和线性累积损伤理论对海洋装备结构进行疲劳计算。结合规范要求及目标海洋装备结构特点,首先可以大量选点进行疲劳损伤的计算,并在疲劳计算中将海洋装备结构节点划分为不同类型的典型节点,如开口角隅、肘板趾端、纵骨与横框架节点,折角节点等,根据算得的海洋装备结构疲劳损伤结果,对上述的每一类型疲劳节点,依疲劳损伤大小对重要程度进行排序,即在大量选点进行疲劳损伤计算的基础上,对每一类节点形式,经过分析研判,选取若干代表节点,反映海洋装备结构的疲劳强度,确定为疲劳强度的监测部位。

③补充选点

在上述已确定的应变传感器布置具体位置之外,可以额外考虑增加某些布置位置。

④应用部位

应力监测系统主要用于结构敏感部位和关键结构的应力监测。监测点确定流程图如图4－12所示。

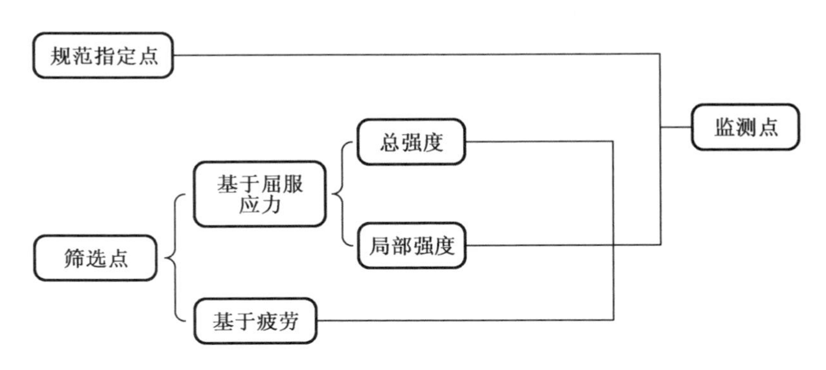

图4－12　监测点确定流程图

⑤屈服筛选点的方法

基于屈服应力：将全部高应力点顺序排列，将距离较近（某一阈值下）的点视为同一点，在不同的工况下分别计算，统计同一位置出现次数。

基于海况：基于应力分布的优化方案，计及海况的影响，以权重的方式在计算中体现出来。

⑥疲劳热点筛选方法

基于谱分析的选点方法：基于海洋装备整体有限元粗网格损伤度计算，进行疲劳校核节点筛选的方法。

基于设计波的选点方法：只把设计波的水动压力加载到平台有限元模型，进行响应计算，选择筛选点中应力较大点作为疲劳校核热点。

（2）应力数据的采集与传输方法研究

①采集系统

采集系统主要用于海洋装备结构应力与实时海况数据的采集。应力采集利用光纤光栅应变传感器，将海洋装备结构的应变信号转化为波长信号通过光缆传输到信号解调仪，由解调仪将波长信号转化为电信号并上传至应变信号处理程序，再由应变信号处理程序将信号进行识别并转化为应力信号存储于数据库系统中，最后将应力数据由数据库系统发送至通信系统，通信系统再根据需要将其发送至其他子系统。海浪采集利用气象卫星，将测得的波面信号交由处理器处理后传输至数据库进行存储，再通过数据库将数据发送至通信系统。采集系

统工作流程如图4－13所示。

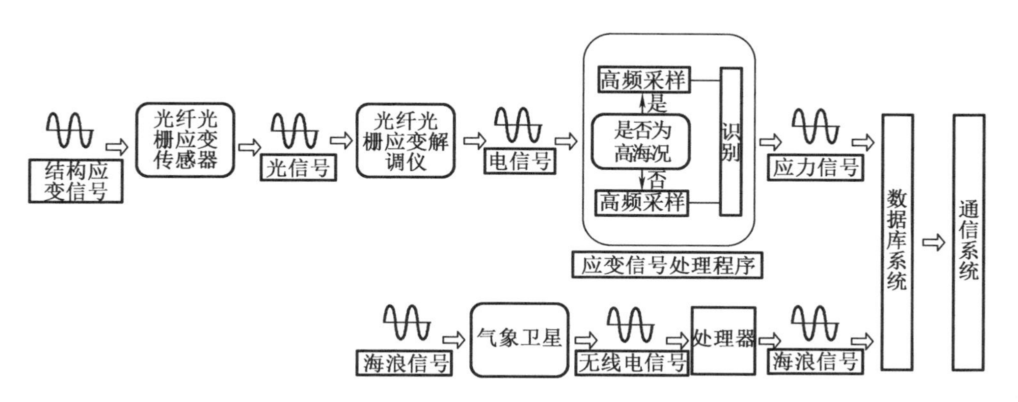

图4－13　采集系统工作流程图

为了保证不同海况下应力数据的完整性与可靠性，将采集系统分为低海况和高海况两种工作状态，如图4－13中的应变信号处理程序。低海况下外载荷较缓和，平台为线性响应系统，为节省资源，采样系统将以较低的采样频率运行；高海况下由于海洋装备和波浪之间的剧烈相对运动，海洋装备结构容易发生砰击及甲板上浪等强非线性波浪载荷作用，为了精确记录海洋装备结构的非线性响应以便准确地评估海洋装备结构在高海况下的安全性，采样系统将自动提高该工况下的采样频率。

光纤光栅应变解调仪是应变采集系统的核心设备，其结构与功能如图4－14所示。光纤光栅传感器将外部物理量的变化转换成光波长的变化发送到信号解调仪，由于温度和应力变化都能造成光波长的变化，因此需要选用带温度补偿的光纤光栅传感器。信号解调仪也就是信号采集处理模块主要完成光波的发射和反射光波接收、光电转换、数据采样和实时数据的传送等功能。信号解调仪接收来自光纤光栅传感器的光信号，经处理后利用USB接口通过传输光缆把相关信号传输给结构应力分析处理存储单元。根据海洋装备需要设计了8个通道可扩充的高速信号解调仪，每个通道能带8个光纤光栅传感器，可保证每个传感器最高采样频率为1 kHz。

②通信系统

通信系统主要用于各设备及系统间的数据传输，确定各路信号与监测系统的接口格式和协议，保障子系统间数据传输的顺畅。设计时为实现数据准确、稳定、实时的传输，各硬件设备间的数据传输均采用串口设计。由于海洋装备的控制与监测系统是一个庞大而复杂的综合系统，因此需要设置上位机进行统一操控，而各监控与采集系统则设置于下位机中。对于海洋装备结构应力监测而言,其监测系统(数据库系统与计算系统)位于上位机,应力采集系统位于下位机,由于上位机与下位机间需要进行应力数据、海浪数据、控制参数及其他信息等多种不同的实时信息通信,因此上、下位机间采用网络接口设计。通信系统组成与结构如图 4-15 所示。

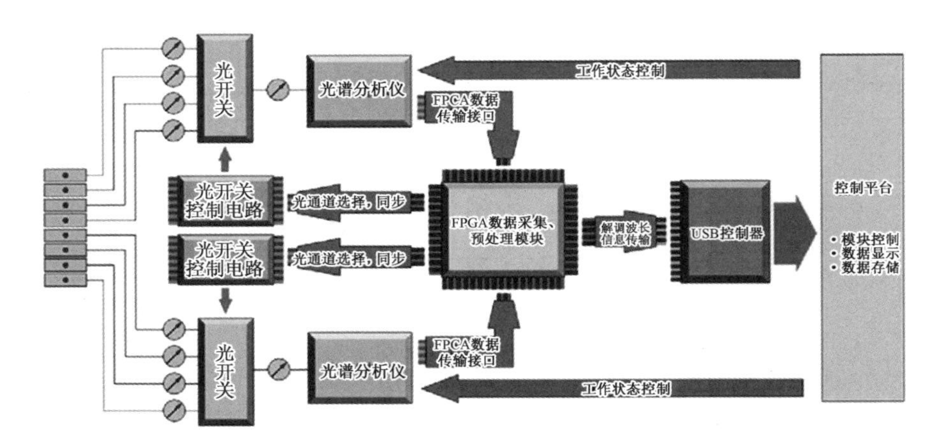

图 4-14　光纤光栅应变解调仪结构与功能

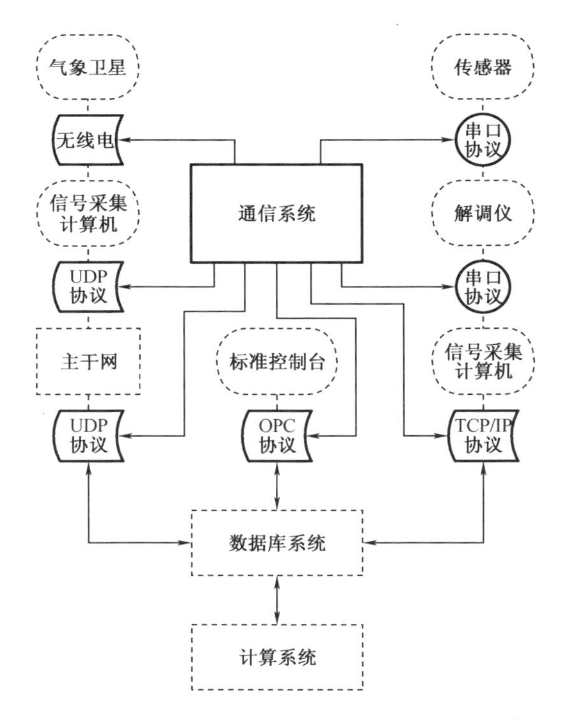

图 4-15　通信系统的组成与结构

③系统硬件设备

硬件系统由一台台式计算机、光纤解调仪和采集传感器组成，具有占用空间小、便于安装等特点。

(3)应力数据的计算与数据库系统

①计算系统

计算系统主要用于海洋装备结构状态监测、测量信号处理及结构强度评估，它是监测与评估系统的核心。状态监测模块用于数据的实时显示及系统参数的设置，提供直观、简洁的人机交互界面；数据处理模块通过对实时数据和历史数据进行滤波、拟合、校正、拆分、统计分析等处理，为强度评估模块提供数据基础；强度评估模块用于结构的屈服强度、屈曲强度及疲劳强度的评估。

计算系统数据核心结构如图 4 – 16 所示。传感器测得的海洋装备结构应力数据隶属于 4 个计算线程：数据计算线程、历史数据计算线程、强度计算线程和累积损伤计算线程。

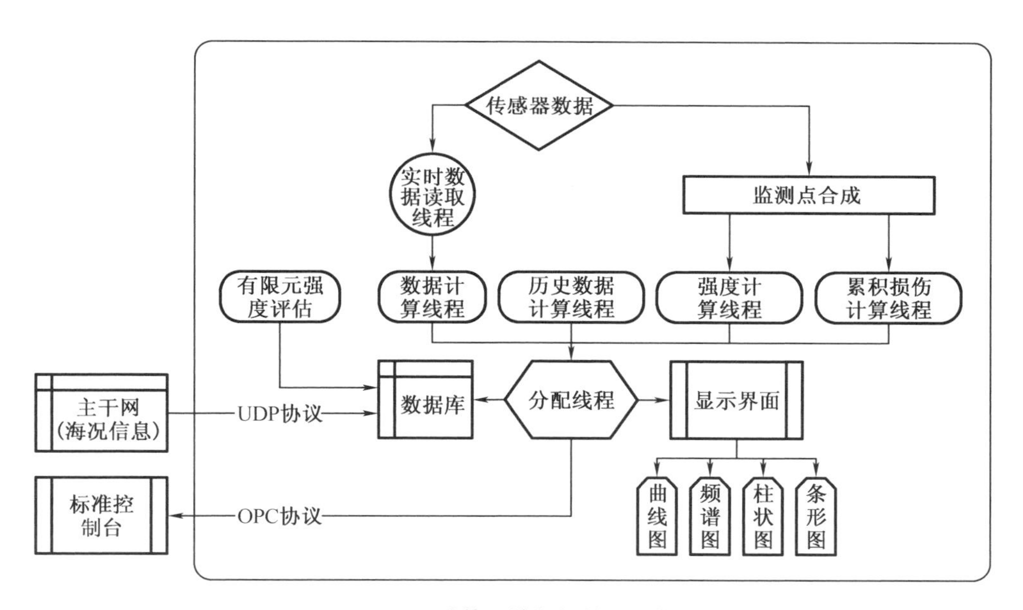

图 4 – 16　计算系统数据核心结构图

数据计算线程接收来自实时数据读取线程的数据。当软件启动时实时数据读取线程即开始不断地搜索传感器信号进行读取，若无信号则进入搜索等待状态，有信号输入时则立即进行读取并发送至数据计算线程。当有数据进入数据计算线程时该线程即开始工作，对各监测点信号进行合成，得到所需的屈服、屈曲和疲劳应力。

历史数据计算线程,只有当软件导入历史数据时才开始运行,根据历史传感器数据和监测点合成参数,计算所导入数据的屈服和屈曲应力。

强度计算线程包含屈服强度计算和失效概率计算,该线程根据软件设定每隔固定时间运行一次,每次运行时读取该时刻前 30 min 的数据进行分析。

累积损伤计算线程也根据软件设定每隔固定时间运行一次,但每次运行时读取前一次的计算结果及之后系统新采集的所有数据,从而得到当前的结构累积损伤。

4 个计算线程运行完毕后均将数据发送至分配线程,分配线程根据软件设置将进入该线程的数据发送至标准控制台、数据库系统和界面显示的各图形单元。

上述各计算线程所接收的数据中都包含若干个应力信号,当系统进入高频采样工况状态时,所产生的瞬时数据量巨大,采用这种数据结构设计每个数据只需计算一次,能够最大限度地节省有限的计算资源,提高系统的运行效率。

②数据库系统

数据库系统主要用于监测系统内各种数据的统一管理,主要包括数据和信息的存储、查询、调用等功能。数据库结构如图 4 - 17 所示,分为实时数据库、历史数据库、评估数据库、信息数据库 4 大块。

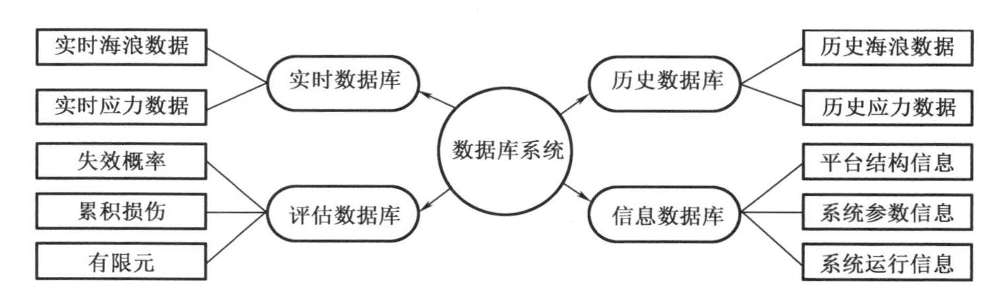

图 4 - 17　数据库结构

实时数据库主要用于实测海浪和海洋装备结构应力数据的管理;历史数据库用于过去的海浪和海洋装备结构应力数据的管理;评估数据库用于结构的失效概率、屈服强度、累积损伤及有限元分析等结构强度评估结果的管理;信息数据库用于海洋装备结构信息、软件系统参数信息和系统运行信息的管理。其中海洋装备结构信息包含海洋装备名称、主尺度、装载工况、结构材料、构件尺寸等信息;软件系统参数信息包括保存设置、海洋装备材料设置、传感器初值设置、监测点设置等信息;系统运行信息指软件系统开启后的所有操作和自动计算过程的记录信息。

数据库管理系统如图 4 - 18 所示。

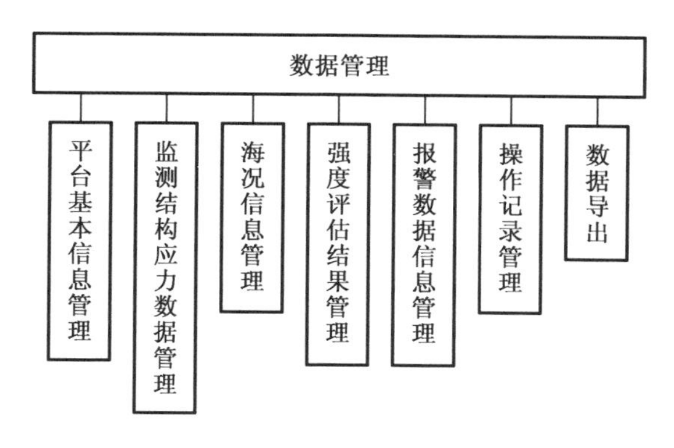

图4－18　数据库管理系统

由于目标结构状态监测与评估系统是实现寿命内的长期监测，数据积累时间跨度大，占用存储资源多，需要有效的计算方法和处理方案，对长期数据进行管理，系统具有足够容量存储1年的所有传感器的统计数据和24 h的时间序列。对于测量砰击参数，系统能够存储瞬变超过给定阈值的时间序列。根据数据库原理，建立可持续的数据存储方案及目标特征数据快速搜索查询方法。

数据库界面图如图4－19所示。

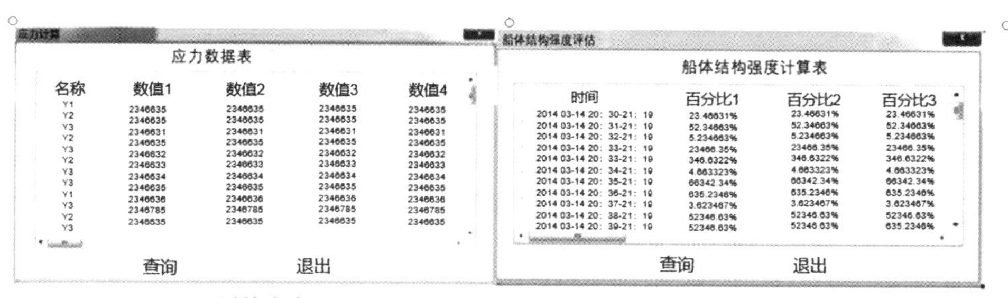

(a)原始应力　　(b)强度评估结果

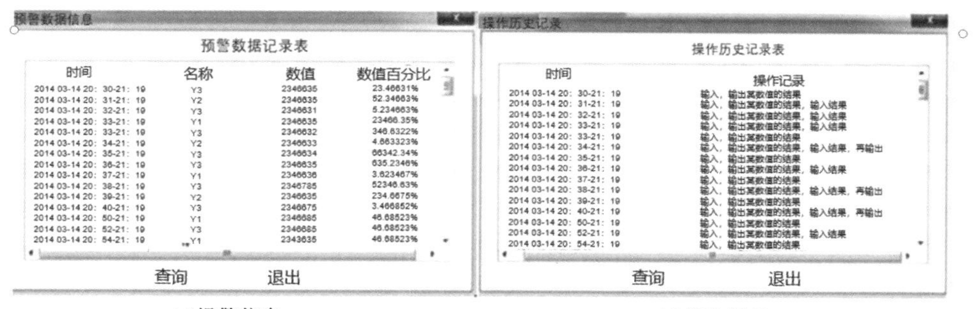

(c)报警信息　　(d)操作记录

图4－19　数据库界面图

(4)安全性实时评估方法

①确定性评估方法

a. 实时应力数据采集

由材料力学和海洋装备结构强度理论可知,钢制海洋装备结构破坏通常满足第四强度理论,即认为形状改变比能是引起屈服破坏的主要因素,其相应的强度条件为

$$\sigma_{eq}=\sqrt{\frac{1}{2}\left[(\sigma_1-\sigma_2)^2+(\sigma_2-\sigma_3)^2+(\sigma_3-\sigma_1)^2\right]}\leqslant[\sigma] \tag{4-1}$$

式中 σ_{eq}——合成应力(又称密赛斯应力,Mises);

σ_1、σ_2、σ_3——3 个方向的主应力;

$[\sigma]$——许用应力。

海洋装备结构大多为板梁结构,即结构受力通常为平面应力($\sigma_3=0$)或单向应力状态,因此式(4-1)可简化为

$$\sigma_{eq}=\sqrt{\sigma_1^{\ 2}+\sigma_2^{\ 2}-\sigma_1\sigma_2}\leqslant[\sigma] \tag{4-2}$$

通过在海洋装备结构上加装应变传感器可以测得结构中的合成应力 σ_{eq},根据不同的传感器布置方法分别采用相应的应力计算公式,见表 4-2。

表 4-2 传感器布置方式表

布置方式	示意图	计算公式
单向布置		单向应力:$\sigma=E\varepsilon$
三向直角布置	45°	正应力与剪应力: $\sigma_{0°}=\frac{E}{1-\mu^2}(\varepsilon_{0°}+\mu\varepsilon_{90°})$ $\sigma_{90°}=\frac{E}{1-\mu^2}(\varepsilon_{90°}+\mu\varepsilon_{0°})$ $\tau_0=\frac{E}{1+\mu}\left[\frac{1}{2}(\varepsilon_0+\varepsilon_{90})-\varepsilon_{45}\right]$ 主应力与最大剪应力: $\sigma_{\frac{1}{2}}=\frac{E}{2(1-\mu)}(\varepsilon_{0°}+\varepsilon_{90°})\pm\frac{\sqrt{2}E}{2(1+\mu)}\sqrt{(\varepsilon_{0°}-\varepsilon_{45°})^2+(\varepsilon_{45°}-\varepsilon_{90°})^2}$ $\tau_{max}=\frac{\sqrt{2}E}{2(1+\mu)}\sqrt{(\varepsilon_{0°}-\varepsilon_{45°})^2+(\varepsilon_{45°}-\varepsilon_{90°})^2}$

表 4－2(续)

布置方式	示意图	计算公式
三向等角布置	60°	主应力：$\sigma_{\frac{1}{2}}=\dfrac{E}{3(1-\mu)}(\varepsilon_{0^\circ}+\varepsilon_{60^\circ}+\varepsilon_{120^\circ})\pm\dfrac{\sqrt{2}E}{3(1+\mu)}\cdot\sqrt{(\varepsilon_{0^\circ}-\varepsilon_{60^\circ})^2+(\varepsilon_{60^\circ}-\varepsilon_{120^\circ})^2+(\varepsilon_{120^\circ}-\varepsilon_{0^\circ})^2}$

注：在上述表格中，应变值为计算得到的静水应变值与测量得到波浪动态应变值之和。

b. 安全等级确定

在结构设计中许用应力[σ]是通过实验测得材料的屈服极限后除以适当的安全系数而得的。在结构状态监测中由于结构的极限承载能力并不是一个确定值，而是一个满足一定分布特点的随机值，因此将材料屈服极限除以安全系数作为一个确定量来对结构强度进行评估是一种较为粗糙的方法。为了能够更加合理地确定结构的承载能力，在进行结构状态监测时可采用划分安全等级的方法对结构强度进行评估。

普通钢屈服极限服从正态分布，其中平台结构常用的 Q235 钢屈服极限的均值为 235 MPa，变异系数为 6%～8%，则有 $\sigma^2=(235\times8\%)^2=18.8^2=353.44$，即

$$\sigma_S \sim N(235,353.44) \tag{4-3}$$

式中　σ_S、σ——普通钢屈服极限及其标准差。

由统计论可知，σ_S 在均值左右各 σ 区间内的占总数的 68.3%，而在 3σ 区间内的数量能达到总数的 99.7%，如图 4－20 所示，即最低可能屈服极限为 $235-3\times18.8=178.6$ MPa。

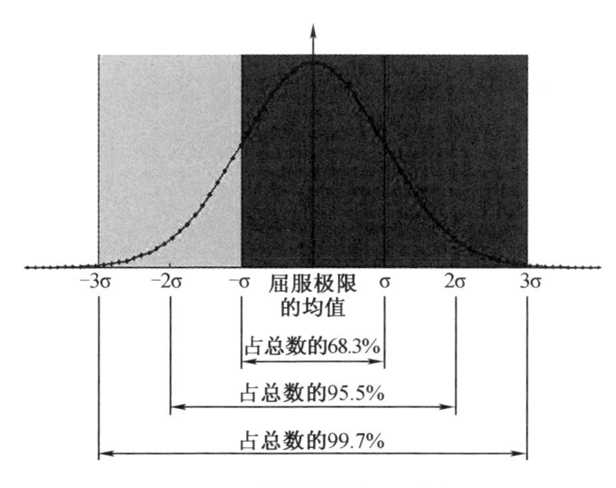

图 4－20　材料屈服极限分布图

将0～235分成4等分，(0～25%)σ_S、(25%～50%)σ_S、(50%～75%)σ_S、(75%～100%)σ_S，即0～58.75 MPa、58.75～117.5 MPa、117.5～176.25 MPa、176.25～235 MPa，由于178.6 MPa接近75%＝176.25 MPa，在界定安全等级时偏于保守考虑不妨取为176.25 MPa。

一倍σ区间内的最低可能屈服极限为235－18.8＝216.2 MPa，即实际应力大于216.2 MPa时材料发生屈服破坏的可能性将大大增加，因此应力大于216.2 MPa可定为最危险等级。

综合以上分析，实测结构应力评估安全等级可按表4－3划分。

表4－3　安全等级划分表

安全等级	应力范围	警示颜色
一级	＞215 MPa	红色
二级	175～215 MPa	橙色
三级	120～175 MPa	黄色
四级	60～120 MPa	绿色
五级	0～60 MPa	蓝色

②可靠性评估方法

设载荷对结构的作用为D，结构能力为C，失效函数$M=C-D$，当C与D是独立的随机变量时，结构失效概率为

$$p_f = P(C-D<0) = \int_{-\infty}^{+\infty}[1-F_D(x)]f_C(x)\mathrm{d}x \tag{4-4}$$

式中　$F_D(x)$——载荷的分布函数；

$f_C(x)$——能力的概率密度函数。

一般情况下认为平台结构应力幅值服从威布尔(Weibull)分布。

若认为海洋装备结构应力初始分布满足瑞利分布，且结构能力为材料屈服极限，则可求得结构的失效概率p_f。

③疲劳损伤评估方法

a. 概述

疲劳损伤是大型海洋装备结构破坏的主要模式之一。对于结构中出现的疲劳裂纹，需要及时进行修补，否则，裂纹扩展到一定程度将导致海洋装备结构的灾难性破坏。海洋装备结构疲劳裂纹的检测和维修一般都要耗费大量的财力与物力。因此有必要筛选出若干疲劳危险点，进行应力监测，对海洋装备的结构健康状态评估。

本节通过对监测点的传感器测得的结构应力进行分析，计算监测点结构已发生的疲劳损伤，进而客观地预报监测点结构的剩余疲劳寿命，对海洋装备健康状态给出结论。

b. 结构疲劳损伤定义

线性累积损伤理论认为结构在交变载荷作用下累积损伤度达到 1 时发生疲劳破坏。累积损伤度可按下式计算

$$\sum_{i=1}^{k} \frac{n_i}{N_i} = 1 \tag{4-5}$$

式中　k——交变载荷的应力水平级数；

n_i——第 i 级载荷 S_i 在谱载荷一个循环中发生的次数；

N_i——第 i 级载荷 S_i 单独作用下的破坏循环数。

c. 服役期内的疲劳损伤计算

疲劳强度评估以 Miner 线性疲劳累积损伤理论为基础，通过雨流计数法对实测数据进行统计，得到疲劳应力的幅值、均值和循环次数，经平均应力修正后采用 S－N 曲线法计算破坏循环次数，最后依据得到的循环次数和破坏循环次数计算结构的疲劳累积损伤。疲劳评估流程如图 4－21 所示。

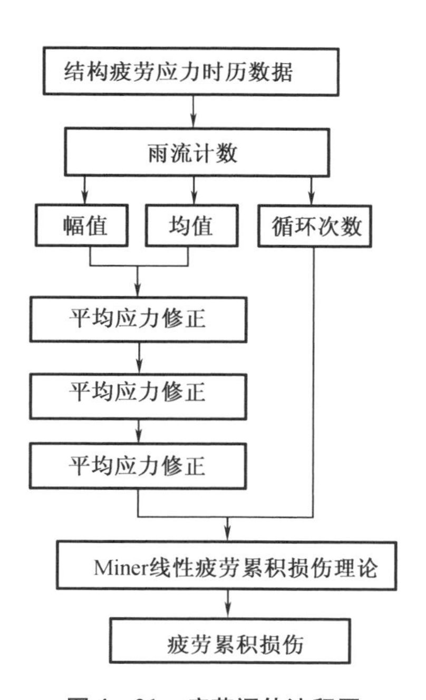

图 4－21　疲劳评估流程图

d. 雨流计数法

雨流计数法是以双参数法为基础的一种计数法，考虑了幅值和均值两个变量，将连续的载荷时历分解为若干个简单的载荷循环，由于这一特点非常适用于疲劳载荷特性的分析，因此在进行结构疲劳时历数据分析时经常采用这一方法。

e. 应力集中系数

由传感器测得的结构应力为名义应力。本节在采用 S－N 曲线法进行结构疲劳分析时应用的是热点应力，因此需要将传感器测得的名义应力值转化为热点应力，可以利用有限元计算方法求得所需的热点应力。

f. 平均应力修正

由传感器测得的实际结构的疲劳应力大多不能直接用于 S－N 曲线法，这是由于 S－N 曲线采用的是对称循环，即应力比 $R = -1$，而实际测得的疲劳应力大多包含非零的平均应力，因此首先需要对其进行平均应力的修正。

最常用的平均应力修正方法为 Goodman 修正法，它是在 Gerber 曲线的基础上简化得到的，Gerber 曲线的表达式为

$$\frac{S_a}{S_{-1}} + \left(\frac{S_m}{S_u}\right)^2 = 1 \tag{4-6}$$

式中 S_a——应力幅值；

S_{-1}——对称循环下的疲劳极限；

S_m——平均应力；

S_u——极限强度。

图 4－22 给出了 Gerber 曲线的形式，由试验测得的数据基本都在这条抛物线附近。

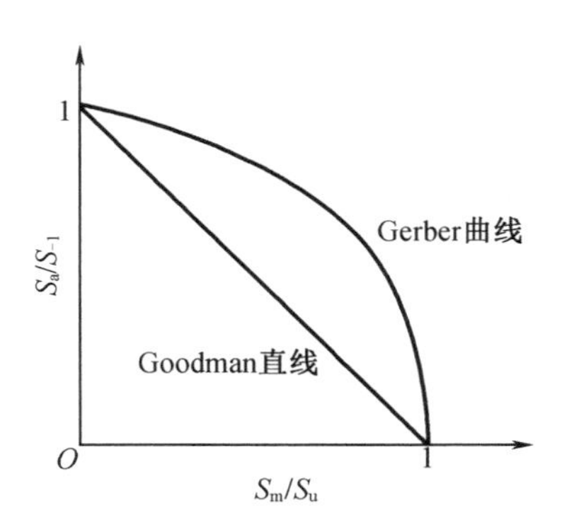

图 4－22　等寿命线图

在实际工程应用中常用的是图 4－22 中的 Goodman 直线，其表达式为

$$\frac{S_{\mathrm{a}}}{S_{-1}}+\frac{S_{\mathrm{m}}}{S_{\mathrm{u}}}=1 \tag{4-7}$$

由于直线形式更为简单，且试验数据均在此直线的上方，当寿命给定时由式(4－7)给出的 S_{a} 和 S_{m} 的关系是偏于安全的，因此该方法在实际工程中得到广泛的应用。

g. S－N 曲线

通过 S－N 曲线计算结构在某应力水平下的最大循环次数是疲劳强度评估中较为常用的方法，S－N 曲线表达式为

$$\log(N)=\log(K)-m\log(S) \tag{4-8}$$

式中　N——结构在循环应力 S 作用下达到破坏时的最大循环次数；

K——S－N 曲线参数，可通过材料或结构的疲劳试验测定；

m——曲线反斜率。

h. 累积损伤

若构件在某恒幅交变应力范围 S 作用下，循环破坏的寿命为 N，则可以定义其在经受 n 次循环时的损伤为 $D=n/N$，若 $n=0$，则 $D=0$，构件未发生破坏；若 $n=N$，则 $D=1$，构件发生破坏。

构件在应力范围 S_i 作用下经受 n_i 次循环的损伤为 $D_i=n_i/N_i$，则在 K 个应力范围 S_i 作用下，各经受 n_i 次循环则可定义其总损伤为

$$D=\sum_{i=1}^{k}\frac{n_i}{N_i} \tag{4-9}$$

i. 剩余疲劳寿命

试件破坏准则为

$$D\geqslant 1 \tag{4-10}$$

若一个航行周期为 T_{D}，该时间内平台的航向、装载状态、海况信息不变，平台的结构损伤为 D，则剩余疲劳寿命为

$$T_{\mathrm{r}}=(1-D)/D/T_{\mathrm{D}} \tag{4-11}$$

在平台运行中，考虑板的腐蚀等其他误差因素，实际剩余疲劳寿命可根据监测结果进行修正。

(5)强度评估软件开发

软件主要用于海洋装备结构状态监测和强度评估，能够对测得的数据进行自动分流和处理，为强度评估提供必需的参数，并通过曲线图、频谱图、柱状图和条形图将状态监测结果反映给用户，同时能够对危险状态进行报警，显示危险部位、应力值和发生时间，并将评估结果自动记入数据库。软件具有 3 大模块，即可视化模块、状态监测模块、强度评估模块，4 项主要功能，即状态监测功能、数据处理功能、强度评估功能和数据管理功能。

可视化模块主要对原始应力数据、屈服强度监测点和疲劳强度监测点的应力数据及屈服强度与疲劳强度评估结果实现可视化，便于用户对结果的观察，其功能主要包括人机交互窗口的建立及布置，功能结构、软件界面窗口，如图 4 - 23、图 4 - 24 所示。

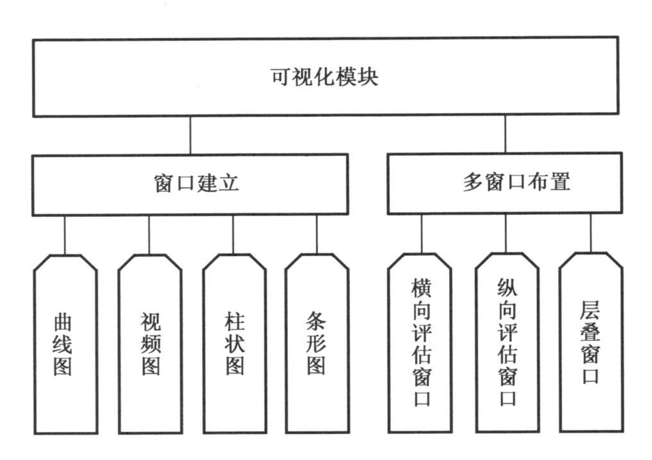

图 4 - 23　可视化功能结构框图

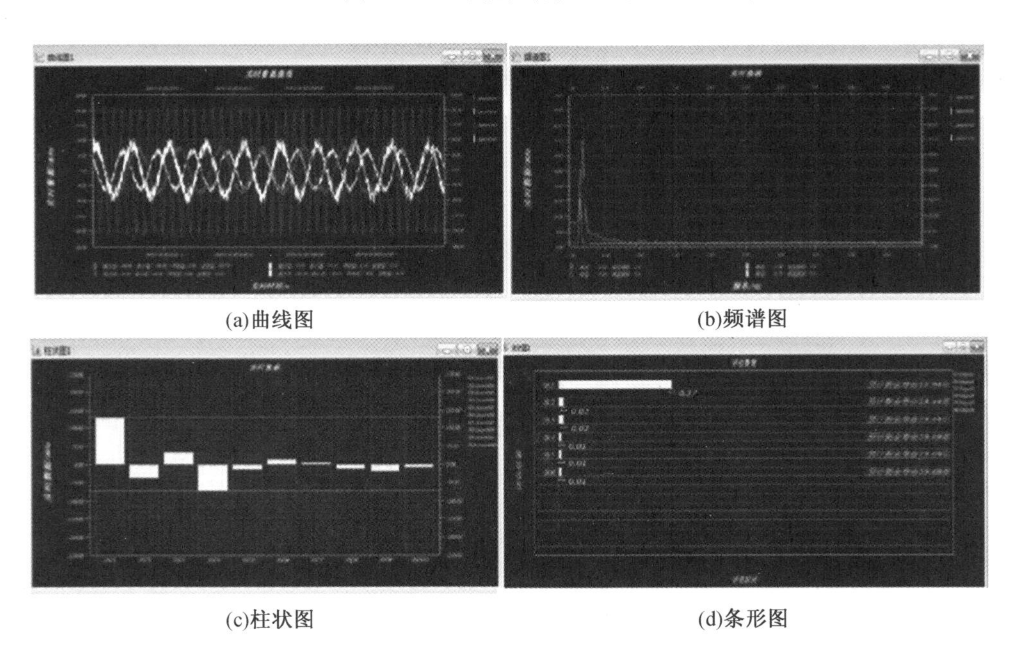

(a)曲线图　(b)频谱图

(c)柱状图　(d)条形图

图 4 - 24　软件窗口界面图

状态监测模块主要对实时监测的应力数据和强度评估结果即屈服强度评估

与疲劳强度评估中所需参数进行设置，实时显示所测得的结构监测点（包括单向屈服监测点、二向屈服监测点和疲劳监测点）的合成应力数据或原始应力数据，功能结构、软件界面窗口，如图4－25、图4－26所示。

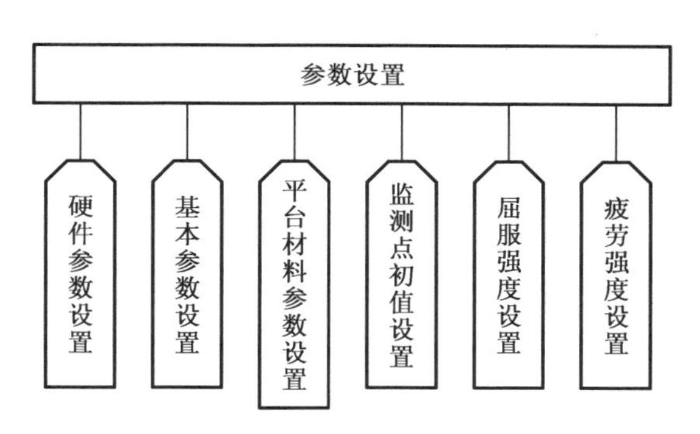

图4－25 状态监测功能结构模块

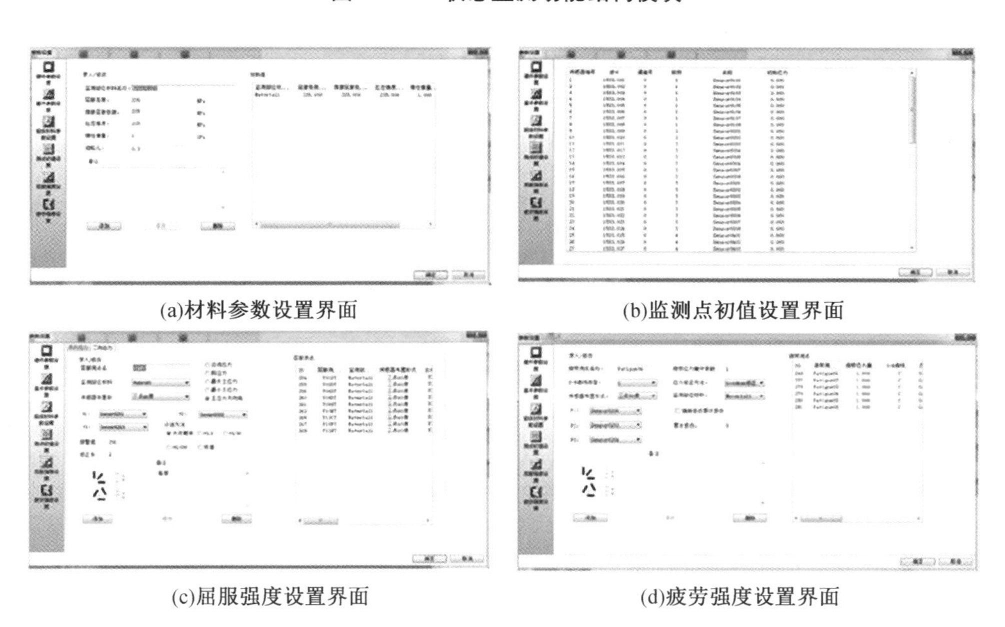

图4－26 强度评估设置图

强度评估模块主要用于海洋装备结构的屈服强度、疲劳强度评估，功能结构如图4－27、图4－28所示。

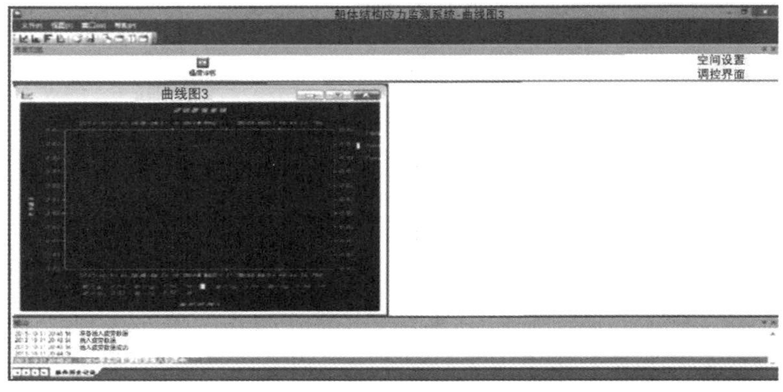

图 4－27　屈服强度评估曲线图

图 4－28　疲劳强度评估曲线图

(6)基于实测数据的船体结构强度评估方法

给出结构屈服、屈曲和疲劳强度评估方法,同时开发有限元自动强度评估模块,这样可以有效地提高强度评估结果的准确度,同时降低评估过程的复杂程度。

实时监测模块主要用于海洋装备重要结构及敏感部位的应力监测、海洋装备整体的运动监测及对监测数据的处理。其主要功能包括基本设置、传感器设置、应力监测、数据处理、安全性预报及监测实时数据显示。

(7)疲劳测试

海洋装备结构疲劳寿命数字测试与验证技术方案流程如图 4－29 所示。

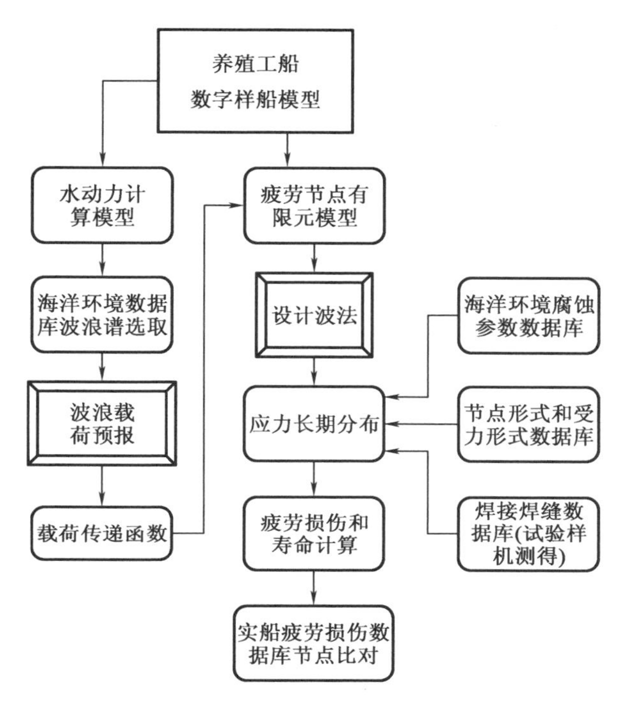

图 4－29　海洋装备结构疲劳寿命数字测试与验证技术方案流程图

4.4.2　养殖工船作业人员的安全保护

无论是国内还是国外,人的安全与生命健康是最重要的事情。在开展海洋装备上人员安全保障研究方面各国均投入了巨大的人力、物力和财力,然而随着近年来航运业的快速发展,全球范围内的船舶碰撞、搁浅、火灾、爆炸、污染等事故屡屡发生,并造成了严重后果。随着船舶物联网的发展应用和大数据挖掘技术的实现,将人员生命健康管理模块(图 4－30)引入和应用到海洋装备上成为可能。该管理模块以装备上人员档案资料数据为基础,通过对数据的管理,对人员健康状况的时刻监控与分析,对船上人员分布情况的实时跟踪,在智能处理器的支持下形成对装备人员健康和安全系统的管理。

所有海洋装备人员的健康档案都是由人员健康档案管理系统统一管理,以岸基数据库作为支撑,将人员健康档案存储在数据库中,并进行实时更新。通过判断装备工作人员健康状况,并给出操作建议和意见。海洋装备人员也可自行查询健康监控状态,并可在登录后输入医疗数据。

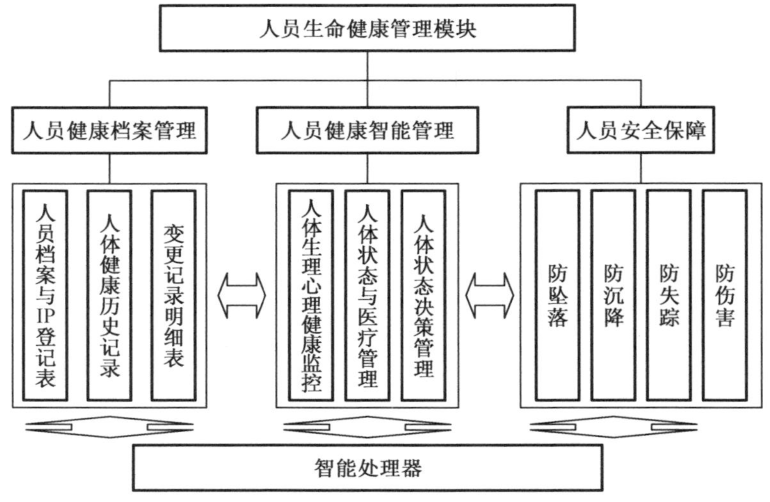

图 4-30　人员生命健康管理模块结构

1. 海洋装备作业人员健康和安全综合保障系统模块组成

(1) 人员健康档案管理

①人员健康信息类型与存储

健康信息是指与人类健康相关的行为模式，主要包括人体生物信息和疾病相关信息。人体生物信息是指我们每时每刻都会产生的健康相关的信息，如血压、心率、脉搏、血糖等；疾病相关信息是指我们每年定期体检的相关数据指标和就诊记录、检查结果、服药信息等，健康信息是一种宝贵的卫生资源。对健康信息的存储是海洋装备作业人员建立健康档案的重要环节。

健康信息记录形式上主要有文本文件、图形文件、图像文件、视频文件等类型。目前，大多数医疗机构主要以文本文件和图形文件两种记录形式记录健康信息。

文本文件是健康信息的主要记录方式，一般以文字列表的方式呈现。文本文件存储相对简单，通常以对象模型创建关系型数据表结构实现存储，如检查报告、服药记录、既往病史和费用清单等。

核磁共振、扫描、超声波等医学成像技术的相继诞生为医务人员带来了更为精确的诊断信息，但同时也产生了大量图形文件，如眼底彩照和心电图。眼底彩照是眼底检查产生的眼底彩色照片，能直观地观察到一部分对准瞳孔的眼底，是检查玻璃体、视网膜、脉络膜和视神经疾病的重要方法。心电图是利用心电图机从体表记录心脏每一心动周期所产生的电活动变化图形的技术，它对心脏基本功能及其病理研究方面，具有重要的参考价值。由于图形文件占用空间较大，传

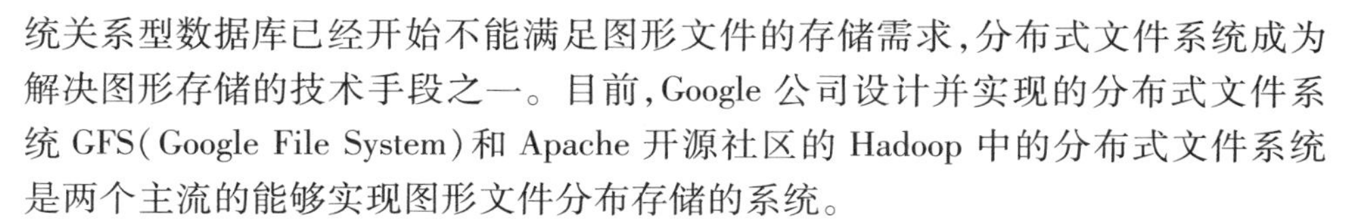

统关系型数据库已经开始不能满足图形文件的存储需求，分布式文件系统成为解决图形存储的技术手段之一。目前，Google 公司设计并实现的分布式文件系统 GFS（Google File System）和 Apache 开源社区的 Hadoop 中的分布式文件系统是两个主流的能够实现图形文件分布存储的系统。

②海洋装备人员健康档案管理系统构建

大数据时代给人类带来的不仅仅是数据变大、资源增多，更多的是思维模式的改变，以及随之而来的数据挖掘技术不断突破、数据利用能力飞速发展。在此背景下，所有有价值的数据都将很快被完善和利用。而海洋装备人员电子健康档案的有效管理和应用，可以为海洋装备人员健康状况监控提供丰富的历史数据和参考依据。实践证明，海洋装备人员健康档案管理系统不仅需要建设云数据中心，还需要设计各数据库之间合理的数据采集方法，其中采集包括初始档案建立时的数据采集和档案后续更新时的数据采集。

a. 系统架构设计

结合装备上人员健康档案管理系统的需求分析，该系统采用基于 Java EE 平台的 MVC 模式开发，从而达到降低应用程序耦合性的目的。采用 MySQL 数据库作为系统的主存储数据库，采用 SSH 开源框架作为系统开发主框架。为了有利于系统的开发、维护、部署和扩展，个人健康档案管理系统采用标准的三层架构，即表示层、业务层和数据层，三层之间密切联系，相互依存。分层的中心思想是“高内聚、低耦合”，拆分大问题为若干个小问题并逐个解决。

（a）表示层

表示层直接与用户交互，完成数据录入、数据显示等与外观显示有关的工作。通过表示层用户能够使用浏览器对个人健康信息管理系统进行访问，当用户身份信息验证成功后方可进入业务层，完成各项功能操作。

（b）业务层

业务层除了完成一些有效性验证工作来保证程序运行的健壮性外，还需要对表示层的信息进行收集、整理、分析和存储等操作，并关联表现层和数据层。在个人健康信息管理系统中，业务层通过对用户权限的识别为不同用户提供不同的功能，如系统管理人员可以使用系统管理功能，完成对该系统数据库、用户组、用户、角色、模块的管理。同时，健康类移动设备的接入、数据格式的转换、健康数据的统计处理等功能均在业务层完成。

（c）数据层

数据层是专门与数据库进行数据交互的一层，提供数据库连接、数据库命令操作、返回数据等功能。数据层最主要的业务功能是通过响应业务层的 SQL 语句实现数据的读取和写入。在数据层中使用对象模型到数据库表的映射来实现数据操作，所以设计简单的数据表结构便于类属性和类之间关系的确定。对象模型向数据库表映射应满足如下规则。

第一,一个对象类映射一张数据库表。

第二,当类之间有一对多关系时,以类属性的方式实现,一张数据表不对应多个类。

第三,超类仅提供类共同属性,不定义父类表。

第四,一张数据表至少应有 3 个字段。

分层设计思想的采用明确了个人健康信息管理系统的各个功能结构,不仅能加快系统的开发进程,还能降低系统的开发维护成本。

b. 系统模块设计

(a)用户登录模块

为用户提供进入系统的端口,用户的角色在登录模块中自动进行识别。根据角色类型不同,用户会进入不同的页面,使用不同的功能模块。为提高系统的安全性,同一账号和密码在同一时间只能有一个用户登录该系统。

(b)系统管理模块

对个人健康档案管理系统中的系统管理功能模块进一步细分设置了用户安全性管理和系统安全性管理,其中用户安全性管理包括用户组管理、用户管理、角色管理、模块管理等子模块,角色的权限分配和用户的角色分配分别在角色管理和用户管理中实现。系统数据安全性管理包括系统备份、系统恢复、日志管理等子模块。

(c)档案管理模块

档案管理功能是用户直接使用的功能模块,主要包括个人档案管理、健康数据管理、健康服务管理 3 大功能模块。

个人档案管理主要包括就诊报告和健康档案两种档案管理分类,其中就诊报告以文件管理的形式管理用户的就诊信息记录,如就诊医院信息、科室信息、医务人员信息、检查报告等。个人健康信息管理系统作为一个个人健康记录平台(PHR)的管理平台需要为个人用户维护最基本和完善的健康档案信息。健康档案应该符合国家标准、信息覆盖全面、实现全生命的特性管理。

健康数据管理模块主要实现对个人体征数据、心血管数据和其他相关健康数据进行分类管理。个人体征数据和心血管数据拥有数据测量技术相对成熟、数据变化相对稳定、数据异常对身体健康影响比较严重等共同特征,被广泛应用于健康检查和慢性疾病的预防。

除了健康信息管理几个核心功能外,个人健康信息管理系统还为用户提供周到细致的健康服务。例如,医疗保健知识科普、就诊信息推荐、个人健康信息共享、投诉与建议。

③关键技术

a. B/S 结构框架技术

B/S(Browser/Server)结构,即浏览器/服务器结构。随着互联网技术的兴起,客户机/服务型(Client/Server,C/S)结构弊端日益凸显,B/S 结构作为一种 C/S 结构变化和改进的结构优势明显,

B/S 模型的基本架构图如图 4-31 所示。

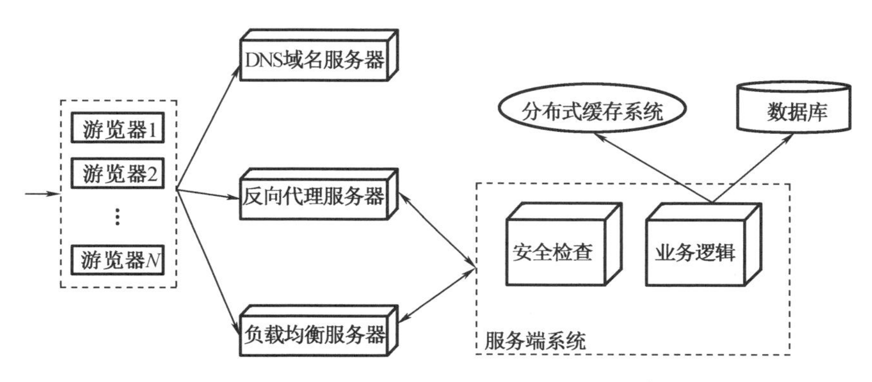

图 4-31 B/S 模型的基本架构图

B/S 结构实现的思想是利用万维网浏览器技术,使得一部分简单的事务逻辑优先在前端实现,服务器负责更为主要的事务逻辑。当用户需要对数据库访问时,仅需要通过浏览器向 Web 服务器发送访问请求,服务器接收到请求后,将访问结果信息响应到浏览器,浏览器把数据再呈现给用户,这便是 B/S 结构的主要工作过程。

目前所有的 C/S 结构客户端都需要以安装到本地的形式才能使用,它大量占用用户的存储空间,造成磁盘、内存等资源的浪费。而 B/S 架构的用户操作都是通过通用浏览器来实现的,其主要的业务逻辑都是在服务器端完成,仅仅一小部分事务需要浏览器处理,这样的处理过程可以减轻用户电脑负担,减少系统开发、维护、升级的成本。就目前的技术而言,B/S 结构的广泛应用,在某种程度上实现了全球数据共享。B/S 架构作为一种优势突出的软件系统构造技术,使原本需要独立的专用软件才能实现的功能,现在仅需要使用通用浏览器便可完成。

b. Java EE 平台概述

Java EE 是一个开发分布式企业级应用的规范和标准。Java EE 平台为开发人员提供了一组功能强大的应用程序编程接口(API),方便用户进行网络应用程序开发。开发人员通过此平台可以建立可重用且灵活的 Web 应用程序。目前,Java EE 平台已经成为全球企业级应用信息系统使用最广泛的 Web 程序开发技术之一。

随着应用体量的增大和系统的业务逻辑复杂度增长,客户端界面代码量将会非常大且逻辑臃肿,不容易进行维护与升级,然而 Java EE 使用分布式多层应用模型,将应用逻辑按功能划分为不同的组件,将 2 层模型分为 4 层,层与层之间相互独立,且每层分配特定的服务。分层的思想使得客户端仅需要解决数据的接收和数据的显示两个问题。Java EE 体系多层结构如图 4 - 32 所示。

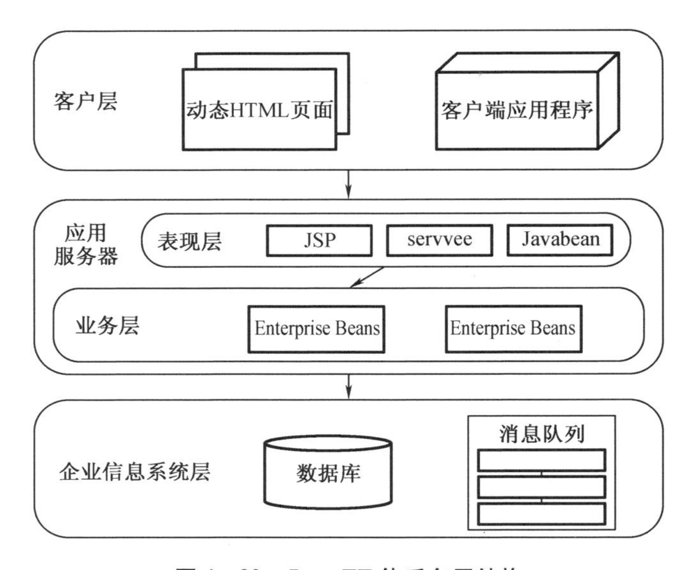

图 4 - 32　Java EE 体系多层结构

(a)客户层:与系统用户直接进行交互的一层。客户层将服务器后台处理的结果数据信息呈现给用户。Java EE 平台支持多类型用户,如 HTML、Java Applet 等,通常是浏览器。

(b)表示层:主要由 Web 容器管理,用于接收用户请求。表示层将接收到的数据传递给业务逻辑层,并将业务逻辑层处理的结果返回给客户层。通常表示层的功能由 JSP 页面或者 Servlet 等实现。

(c)业务逻辑层:为表示层提供服务,用于处理业务逻辑,提供必要的接口。业务逻辑层将表示层提供的数据进行相应的处理后存入企业信息系统层,同时也将处理的结果返回给表示层。

(d)企业信息系统层:企业信息系统服务主要在这一层实现,如数据库系统。

众所周知,Java 是平台无关的语言,所以基于 Java EE 平台的产品可以在任何操作系统和硬件配置上运行,因此,Java EE 平台开发的产品可以减少因平台升级、项目移植而造成的二次开发。Java EE 平台为软件应用开发人员开发高效率、高灵活性和易用性的 Web 应用提供了一个优秀的平台。经过近几年的努力

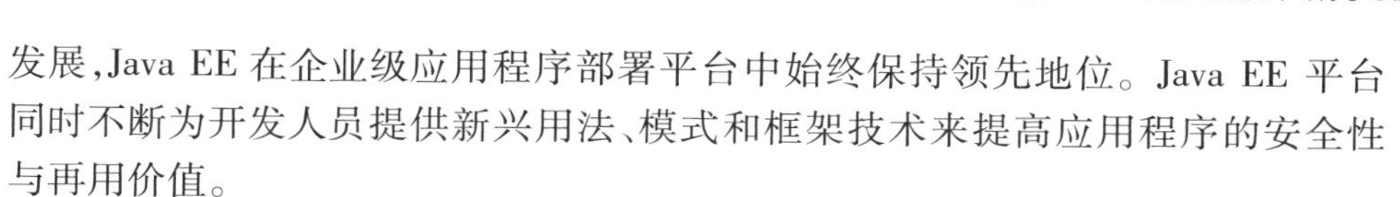

发展，Java EE在企业级应用程序部署平台中始终保持领先地位。Java EE平台同时不断为开发人员提供新兴用法、模式和框架技术来提高应用程序的安全性与再用价值。

c. 时序图

统一建模语言（unified modeling language，UML）是对象管理组织（object management group，OMG）发布的统一建模语言。UML通过使用一套标准的建模符号，使开发人员在开发、设计软件应用时使用标准、通用、规范的设计语言。软件设计开发人员可以像看土木设计图纸一样对软件系统的框架和开发设计规划进行保存交流。

UML建模系列中的时序图是一种能够详细表达对象与对象之间或对象与系统外部的参与者之间交互关系的UML。它强调对象间消息传输的顺序，所以可以认为时序图是由一组协作对象及它们之间传输的消息组成，也可看成一种详细表达对象之间产生动态联系的图形说明文档。时序图还可以详细直观地描述一组对象的行为依赖关系，既详细又直观表达出操作和消息的时序关系。

在应用开发建模时时序图主要有以下3个特点。

（a）时序图展示对象与对象间交互的次序，将信息传递以对象与对象间的交互进行建模，通过描述消息在对象与对象间传输关系（发送和接收）来动态展示对象与对象间的交互。

（b）UML图分成5类，时序图作为UML图中的一种，它更加强调对象与对象间交互的时间次序。

（c）因为时序图是以时间为基础描述对象与对象间的交互次序，所以时序图可以更加直观地表示出并发进程。

时序图通过对动态行为建模，强调了信息展开的时间次序，提供了清晰并且可视的轨迹，可以极大地简化软件系统框架和开发设计规划的保存与交流。

d. MVC模式

MVC模式是开发交互式应用系统的一个优秀的设计模式，受到广大开发者的普遍欢迎。MVC，即模型、视图、控制器的首字母，它把应用程序抽象为功能截然不同的三部分。MVC结构如图4－33所示。

（a）模型层主要负责封装数据、提供接口和执行操作等。在MVC的3个部件中，模型需要处理的任务最多，并且模型与数据格式无关，所以它可以为多个视图提供数据，做到一次获取便可以被多个视图重用，减少重复代码，提高可重用性。

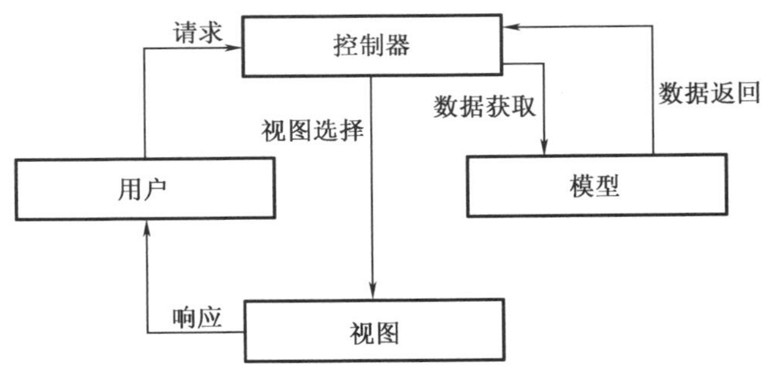

图 4-33　MVC 结构

(b)视图层主要负责将模型层的数据传达给用户,并实现用户与系统的交互。视图作为一种输出数据并允许用户操纵的方式,并不会有真正的处理发生。当模型产生变化时会通知视图,视图便可以得到模型的数据,但不能改变数据。一个模型匹配多个视图,同样一个视图也可以与不同的模型有关联。

(c)控制层主要负责连接视图层与模型层,如模型的选择、视图的选择等。控制层不会处理任何数据,它只把用户在界面中进行操作所产生的信息,如点击按钮、输入文本等传递给模型,告诉模型做什么,另外决定呈现给用户哪些界面。

MVC 模式被推荐为 SUN 公司的 Java EE 平台的设计模式,JSP 和 Servlet 两种技术可以协同工作充分发挥 MVC 的优势。JSP 作为显示(视图)层技术,不处理任何业务逻辑,只是将用户在界面操作所产生的数据传给 Servlet 处理,并接收 Servlet 处理返回的数据用于界面显示。使用 MVC 模式的首要目的是实现系统的控制器和视图分离。模型层与视图层分离优势十分明显,它使系统拥有不同表达形式,假如其中一层需要改动,其他各层基本没有进行大范围修改的必要,如此就可以提高系统的可维护性。在页面和逻辑中不出现决策的特性同时可以提高应用的性能与扩展性。MVC 模式在交互式应用系统开发的强大优势,使其成为 Java EE 应用,特别是 Web 应用中一个非常重要的设计模式。

(2)人员健康智能监测与管理模块

船员保持在一个良好的健康状态对船舶航行的安全性至关重要。标识船员健康的生理因素主要包括船员身体健康程度和疲劳两方面。船舶长期在海上航行,船员不仅要能够长时间持续工作,还要承受不同航区气候的变化。当船员产生疲劳时,船员的不安全行为会增加,船舶操纵质量下降,避碰反应速度变慢,导致船舶安全事故或潜在安全事故增加。因此,船员的身体健康与否会对船舶航行安全构成直接影响。同时,驾驶员的大脑疲劳在生理上表现为感觉迟钝,动作不准确且灵敏性降低。标识船员健康的心理因素表现为注意力不集中、思维迟缓、反应慢、心情烦躁等。当驾驶员在船舶航行中处于不良的心理状态 ,如紧张、

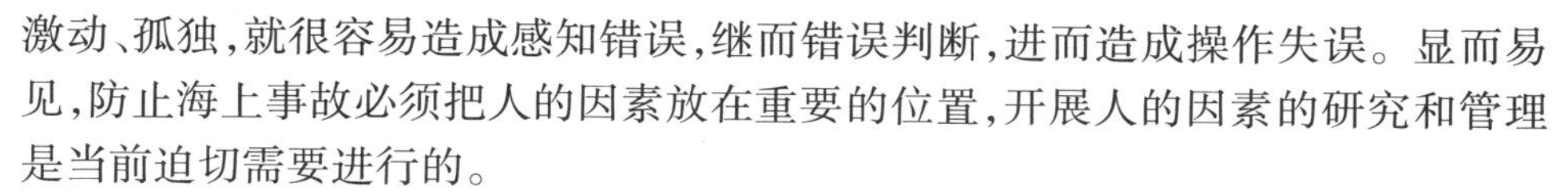

激动、孤独，就很容易造成感知错误，继而错误判断，进而造成操作失误。显而易见，防止海上事故必须把人的因素放在重要的位置，开展人的因素的研究和管理是当前迫切需要进行的。

①对人员进行管理

要实现人员生命健康的安全管理，必须实现人与物、物与人，以及所有的物品与网络的连接，进而实现“管理、控制、营运”一体化的一种网络。这里的“人”也是“物”的泛意，并要满足以下条件才能被纳入“物联网”的范围。

a. 要有数据传输通路。

b. 要有一定的存储功能。

c. 要有 CPU。

d. 要有操作系统。

e. 要有专门的应用程序。

f. 遵循物联网的通信协议。

g. 在网络中有被识别的唯一编号。

②人员模块

海洋装备上的人员身上要有确定的 IP 地址。通过在海洋装备人员的身上安装不同的传感器，实现对该人员的健康参数进行全面监控，并且可实现将监测数据实时传送到相关的医疗保健中心。如果数据出现异常，保健中心将通过设备进行反馈，及时提醒该人员注意事项，或通知该人员及时去医院进行身体检查。

③人员能力信息

本模块对与每个操作单位和支持能力相关联的人进行详细的记录。特别记录那些与维护和支持相关联的信息，如技能、能力和合格证明等。这些信息可以通过人事系统转过来，也可以由人工输入。本模块有如下一些功能。

a. 根据工作的分组、职位和能力定义运行与维护组织。

b. 记录指派到每个组织位置的人员。

c. 记录和维护与操作有关的人员的详细信息，如合格证明、技能等级，接受过的培训及许可证等。

d. 确定劳动力的费用。

本模块还能将培训和合格证明等要求与相应的设备相联系。这使得操作单位或支撑能力可以保持有合适的技术熟练的队伍。其有下列功能。

a. 确定运行和维护系统及设备所需要的培训与技能。

b. 记录关于培训课程的地点、教员、设备和材料等信息。

④在海洋装备的重点位置设置固定 RFID 阅读器

通过在海洋装备的重点位置设置固定的 RFID 阅读器，以便根据读取到的工作人员的 RFID 胸卡判断其所在位置，从而实现对全体人员的行动线路跟踪和全员位置分布，为调度医务人员及时诊疗与救护提供支持。在此基础上，集成门禁系统、监控系统、考勤系统，防止外来人员随便进入，提高综合管理能力。

同时，可在 RFID 腕带上集成体温状态监测和生理状态监测，在实现人员定位的同时可便利地实现无线移动护理，对在海洋装备上发生突发事件时的人员管理和救护尤其有价值。

⑤海洋装备上医疗物品管理

a. 医疗设备管理

医疗设备管理的最终目的是使医疗设备处于良好的运行状态，确保对人员的安全效益最大化。基于 RFID 技术的医疗设备管理通过标签植入，智能实现入库出库、科室管理、资产盘点、保修报损、防盗报警等功能。此外，还可以通过功能完备的信息系统，实现设备定期维护保养以延长使用寿命，实现设备档案电子化提升工作效率，实现设备使用监管以确保设备利用率。

b. 用血安全管理

为了在海洋装备上发生的工伤事故进行及时处理，将物联网技术用于血液管理，从献血开始就将每个血袋上记录献血的基本信息和血液生物信息的 RFID 标签，从而简化筛选和存储流程，提高血库内部处理效率，降低出错率和血型配错率。

c. 对器械包的管理

采用纽扣式的耐高温、耐高压的高频无源标签，通过系统跟踪管理器械包的打包制作过程、消毒过程、存储过程、发放过程、使用过程及回收过程。在这全过程中，使用一个标签进行唯一标识和跟踪管理。回收后的高频标签，通过系统指定仍可以用于下一个器械包的循环过程的跟踪管理中。利用这种管理方式，可以及时提醒存储中是否有消毒过期的问题、分发和使用过程中是否有错误，回收后可以逐个清点包内的各种器械的数量，这样既增加了整个过程的监控和管理，同时也能够降低发生医疗事故的可能性。

d. 医疗垃圾的管理和控制

在海洋装备上设置专用的医疗垃圾装置，安装定位标签，可以实时定位，并且对其运行的区域在系统中做了特殊区域设置。当垃圾装置违规退出了区域，定位系统就会实时报警，并记录其违规运行历史轨迹的情况，并且同时可以发现在这个过程中接触垃圾装置的人员。当垃圾装置越界的时候，系统可以及时提醒（如标签蜂鸣、系统端弹出提示或短信提示等）。另外在事后，还可以很容易查看历史轨迹，快速确认可能出现交叉感染的范围。

e. 医疗废物管理

海洋装备上的医药废物必须进行严格的管理，是近几年研究的一个方向。国外一些先进医院通过对医疗垃圾的收取、称重、运输、焚烧等过程的数据进行收集和分析，避免医疗废弃物的漏装、遗失、丢弃，记录规范整个流程的耗时，全程监控医疗废物转运，确保医疗废物被妥善运输到指定地点。

f. 医药供应管理

基于 RFID 技术的医药供应管理可以实现药品装配迅速、识别和杜绝仿冒药品、减少不必要库存、提高生产率、门诊智能摆药和取药等。在美国食品药品管理局（FDA）的要求下，该国制药商从 2006 年开始利用 RFID 技术追踪易仿冒药品的生产、存储、运输、销售的全过程。

g. 无线自动库存管理

一种正规药品在出产后，都配有一个 RFID 识别码，购买后，你可以依次判断药品真伪与相关生产信息。一旦该药品出现质量问题，需要下架召回或搜寻购买者，厂家可以通过后台跟踪迅速定位。结合定位功能，我们常常可以在药品进出库的地方放置触发器，当成箱的药品进入仓库后我们不需要一一扫描，系统自动读完数据并记录保存。当药品要出库时同样被系统记录，自动减去库存，降低人工录入敲错键盘的风险。

⑥关键技术

健康反馈模块的详细设计：通过对海洋装备上工作人员的健康监测，并结合健康档案进行分析，由 Web 管理平台端的医生用户给出装备上工作人员的健康分数和建议，存储在数据库，并展示给客户端的个人用户。针对系统中积累的大量用户数据，进行合理的处理和使用。当系统中的数据积累到一定数量，会通过健康反馈算法，调用用户输入的各项体征信息自动评估每日的健康指标并给出一个合理的分数。并且在分析用户各项体征指标是否正常的同时，根据用户的当前身体出现的问题提出合理的膳食方案建议，减少了人力的成本。

该模块运用机器学习的方法，在前期使用大量的人体健康体征指标数据集作为训练集合进行训练，同时执行程序所建立的多元回归分析预测模型，得出结果。在前期的数据积累阶段，医生用户为个人用户的每日健康状况进行综合评分，当数据积累到一定数量时，系统综合计算出用户的健康得分，省去大量的人工成本，并且使得结果更加准确。在该模块中，用户可以折线图的形式查看最近 7 日的健康得分记录，这就更直观地为用户展示了其身体健康水平的变化情况，也能为用户的工作安排、服药、治疗等操作建立数据支撑。

（3）人员安全保障模块

①系统组成和功能设计

针对海洋装备和舰船工作人员存在的各种安全问题，按照层次化结构的理念，设计了具有海上人员安全多级防护格局的海上人员安全综合保障系统，包括安全登离轮防坠保险装置、专用救生包、海上人员落水报警与搜救平台、手套、防滑鞋等，可分为 4 个层级。

a. 一级防护——防坠落

一级防护主要包括安全登离轮防坠保险装置,由一个防坠救生器和马甲式安全带配合使用。新型防坠器的防坠功能通过抗棘齿双盘式制动系统,有效控制人体失控下坠,作业时可随意拉出绳索,方便使用,在正常上下船(速度小于2 m/s)时不影响正常作业,但当人体急速下坠时,可以迅速锁住,防止人员继续下坠。马甲式安全带为双肩背带式,在腰间有可扣紧的腰带,两大腿根部有环式扣带。

此安全装置主要有以下作用:保持海上工作人员登轮时的工作位置,防止坠落;升高或放松时起到保护作用;坠落时拉住人体。

b. 二级防护——防沉降

二级防护包括专用救生包。海上专用救生包采用救生包和救生衣一体化的设计,运用特殊的材料和工艺,集安全性、背负性、舒适性、防水性、耐用性于一体。采用发光带结构可以在光线较暗环境中便于施救人员发现和确定水中遇险者的位置。采用海水触动式的紧急充气式救生衣,海上作业人员入水5 s内救生衣会自动充气,使其头朝上浮起。其中,海水触动充气式救生衣装备有多个气囊,装备有打捞带,在遇紧急情况时,打捞带充气膨胀,向外凸起,从而便于施救人员打捞。救生包中的口哨功能可以使遇险者发出求救信号,从而便于施救人员发现和确定目标。

c. 三级防护——防失踪

三级防护包括海上人员落水报警与搜救系统。该系统由报警终端、搜救平台两部分组成。当人员落水时,可手动激活或自动激活终端,终端采集佩戴者定位信息,优化处理后,按照指定的发射频率,通过船舶自动识别系统(AIS)链路向外发送遇险求救信息,信息内容包括人员身份识别号、位置信息等。当遇险位置在AIS基站覆盖范围内时,可由AIS岸基系统接收并通过移动通信公网转发给搜救任务控制中心,由搜救任务控制中心组织搜救。当遇险位置在AIS基站覆盖范围外时,遇险求救信息由遇险位置周边航行并安装AIS船台的船舶接收,周边船舶根据险情实施搜救。同时,安装有北斗一代定位终端的船舶接收到报警信息后,还可以通过北斗卫星发送求救信号给搜救任务控制中心,以便岸端辅助指挥搜救工作的进行(图4-34)。一旦终端搜索过程中出现故障,将不能得到人员落水的实时定位信息,这时搜救平台将启用落水人员漂移轨迹预测功能。

(a)报警终端主要包括系统控制中心、北斗/GPS定位模块、供电单元、AIS信息收发单元、天线、LED报警指示灯、开关单元。系统控制中心采用意法半导体提供的低功耗微控制器STM32F103CBT6,北斗/GPS双模定位通过TM1612芯片实现,AIS信息收发单元采用型号为CMX589的芯片,天线采用内置PCB形式的162 MHz的微带天线。辅助电路设锁相环电路和功率放大电路,以达到终端小

型化和低功耗的设计目标。

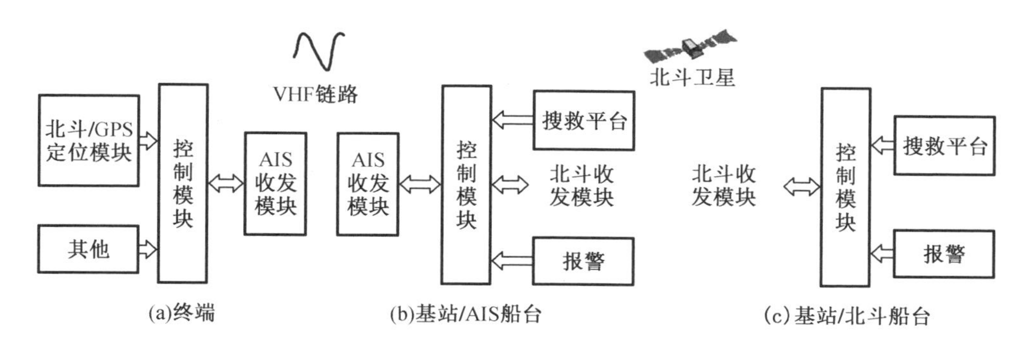

图4－34　人员落水报警与搜救系统工作原理框图

报警终端只具备单一报文的播发方式，要实现向 AIS 覆盖范围外的岸基监管中心播发报警信息，需要周围同时安装 AIS 接收机和北斗接收机的船台作为中转中心，然后通过北斗卫星转发岸基监管中心。未来可以开发具有双电文播发方式的终端，即终端自身既具有 AIS 播发功能，也具有北斗短报文播发功能，实现终端远距离、近距离的联合播发，大大扩大报警信息的覆盖范围。鉴于北斗的短消息通信功能，还可以在终端上设计按键和显示屏，实现终端和外界的短消息通信。

(b)搜救平台依托于报警终端，分为服务端和客户端两部分。客户端部分安装在搜救船和搜救人员随身携带的移动终端设备上，能够实时显示落水人员的位置等信息，便于在现场实时展开救援措施。服务端部分安装在船台或搜救任务控制中心，能够采集落水人员的位置信息并发布到客户端，管理人员可以根据服务端上显示的落水人员位置及附近海域的引航艇、拖轮分布情况，实时制定搜救方案并进行调度指挥。

d. 四级防护——防伤害

四级防护主要包括手套、防滑鞋。防伤害装备主要应用于海上作业人员在攀爬时防滑到、防刺伤等。

海上工作人员因为其工作环境的特殊性，要求手套、鞋子高度防滑、防水、防腐、防静电，还要满足夜间作业的特殊要求。针对这些特点，设计了海上工作人员专用手套、防滑鞋，手套和鞋面均采用防水柔软小牛皮，鞋底采用进口防滑轮胎材料，武警空军部队抗静电鞋底配方。同时，在表层加入适合夜间作业的 3M 反光材料。

②模块关键技术

a. 功耗处理

佩戴者落水后，终端会立即启动开始工作，进行定位和发送求救报警信息。

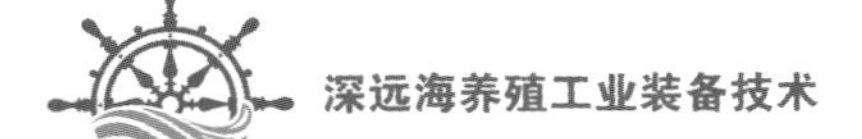

由于终端体积结构的要求，一般采用电池等储能式能源进行供电，储能式能源携带的能源能量有限，难以保证长时间的持续工作，合理分配和利用有限的能源资源是一个需要考虑的关键问题。因此，终端设计在采用 AIS 链路对外发射报警信息的基础上增加了 AIS 信息接收功能，以发送为主，在没有接收到附近船舶的 AIS 信息时，终端以较低频率对外发送报警信息，以减少终端功能耗散；在能接收到附近船舶的 AIS 信息时，终端自动提升 AIS 求救信息发送的频率，从而为搜救人员提供快速、实时的遇险者位置信息。

b. AIS 天线设计

佩戴者落水后，终端需要保证有足够的有效传输距离将落水人员信息实时传送给周围船舶或 AIS 岸基系统。考虑到终端为随身携带的便携式救生设备，天线的设计不仅要求尺寸小、质量轻、机械强度好，而且要求水平面全向辐射，受周围环境影响小，对人体辐射伤害小等；同时，考虑到电池的有效工作时间要求，终端发射功率也须严格控制。因此，综合考虑各种因素，采用内置 PCB 式的 162 MHz 的微带天线作为终端的 AIS 天线，以保证落水信息的有效传输距离的同时，兼顾终端的便携性和良好的续航能力。

天线的长度一般以波长的 1/4 为标准。介质内的导波波长的计算公式为

$$\lambda = c/(f\sqrt{\xi}) \tag{4-12}$$

式中　ε——介质的介电常数；

f——微带天线的工作频率；

c——光速。

在 162 MHz 的频率下，波长太长，直接影响终端的整机的体积，因此，在此采用螺旋形式的 PCB 天线来实现，而馈电方式则选用微带线馈电。

c. 落水人员漂移预测模型

由于意外造成终端报警信息的中断或者终端与佩戴者中途脱离，都会影响搜救者对落水人员的搜救。鉴于此，在搜救平台软件的开发中，增加落水人员漂移预测功能。搜救者手持的移动设备上的搜救平台不仅可以实时显示终端发送的报警信息，而且还可以根据遇险的初始时间、位置和海洋环境状况预测落水人员漂移位置。

根据拉格朗日方程，假设落水人的初始位置为 $\overrightarrow{S_0}$，初始时刻为 t_0，则经过 Δt 的时间，落水人的位置：

$$S = S_0 + \int_{t_0}^{t_0+\Delta t} V_{\text{drift}} \mathrm{d}t \tag{4-13}$$

由此可知，欲得落水人员的位置，关键在于确定落水人的漂移速度 V_{drift}。落水人员在不考虑垂向运动的情况下，受风、流两类力的共同影响。根据牛顿第二定律，目标的加速度方程为

$$\frac{(m+km')\mathrm{d}V_{\mathrm{drift}}}{\mathrm{d}t}=F_{\mathrm{w}}+F_{\mathrm{c}} \tag{4-14}$$

式中　V_{drift}——落水人的漂移速度；
F_{w}——风对落水人的作用力；
F_{c}——流对落水人的作用力；
m——目标的质量；
m'——附加质量，源于附着在目标表面水离子的加速度；
k——附加质量系数。

又：

$$F_{\mathrm{w}}=1/2S_{\mathrm{w}}D_{\mathrm{w}}\rho_{\mathrm{w}}V_{\mathrm{w}}^{2} \tag{4-15}$$

式中　S_{w}——落水人露出海面部分的横截面积；
D_{w}——风的作用力系数；
ρ_{w}——空气密度；
V_{w}——海面风速。

$$F_{\mathrm{c}}=1/2S_{\mathrm{c}}D_{\mathrm{c}}\rho_{\mathrm{c}}V^{2} \tag{4-16}$$

式中　S_{c}——落水人浸没海面以下部分横截面面积；
D_{c}——流的作用力系数；
ρ_{c}——海水密度；
V——落水人员相对于周围海水的漂移速度。

落水人员落入海水中的初始时间，在外力作用下具有较大的加速度，不过在短时间内所受的外力会达到平衡。此时，$F_{\mathrm{w}}+F_{\mathrm{c}}=0$，即

$$1/2S_{\mathrm{w}}D_{\mathrm{w}}\rho_{\mathrm{w}}V_{\mathrm{w}}^{2}=1/2S_{\mathrm{c}}D_{\mathrm{c}}\rho_{\mathrm{c}}V^{2} \tag{4-17}$$

由此可知，在已知风场的情况下，落水人相对于周围海水的漂移速度 V 由相关的属性参数决定，表示为 $V=RV_{\mathrm{w}}$，R 为风致漂移系数。落水人员的漂移速度等于落水人员相对于周围海水的漂移速度与周围海水流速 V_{c} 的矢量和，即

$$V_{\mathrm{drift}}=V+V_{\mathrm{c}}=RV_{\mathrm{w}}+V_{\mathrm{c}} \tag{4-18}$$

将 V_{drift} 带入拉格朗日方程即可计算任意时间内落水人员的漂移位置。

2. 基于防疫隔离的海工装备设计方法

新冠肺炎（COVID－19）疫情暴发以来，已有多艘豪华邮轮、渡船、舰船甚至航母发生严重的病毒传播与大面积感染，海洋装备生产领域也未能幸免。2020年3月11日，由挪威国油运营的北海 Martin Linge 油田生产平台上，一名工人被确诊感染新冠肺炎，这是全球首例海洋平台新冠肺炎确诊病例。目前已有多艘FPSO、钻井平台、海工支持船暴发疫情，对海上油气生产活动造成了不小的冲击。如荷兰 SBM Offshore 公司在巴西运营的“Capixaba”号 FPSO、埃克森美孚在赤道几内亚运营的“Serpentina”号 FPSO、挪威海工船东 Siem Offshore 在尼日利亚运营

的“Siem Marlin”号多用途支持船、马士基在澳大利亚运营的“Maersk Deliverer”号超深水半潜式钻井平台等，都有多名员工感染了新冠肺炎。

鲜有货船确诊新冠肺炎感染的报道，而发生感染的豪华邮轮、渡船、海洋装备等无一例外都属于“人员密集型”船型。与货船二三十人的定员相比，海上超大型深远海养殖工船、海工作业船等海工装备动辄上百人，具有人员密集、接触频繁、空间相对封闭、微小气候滞浊的特点，不利于控制新冠肺炎病毒的传播。而且海工装备一般远离陆地，一旦疫情暴发难以及时救助。这就要求海工装备自身必须具备一定的防疫能力，以尽可能地在救援到来前，控制与延缓疫情的扩散。海工装备的防疫设计涉及人员的生命健康，因此，完全有必要提高到与安全性、环保性等同等重要的地位。

（1）海洋装备防疫设计必要性

国家卫生健康委员会发布的《新型冠状病毒肺炎诊疗方案（试行第七版）》指出新冠肺炎的传播途径如下。

①经呼吸道飞沫和密切接触传播是主要传播途径。

呼吸道飞沫传播和密切接触传播都属于直接传播，前者是指近距离直接吸入患者喷嚏、咳嗽、说话的飞沫，呼出的气体而导致的感染；后者是指接触沉积在物品表面的携带病毒的飞沫后，再接触口腔、鼻腔、眼睛等黏膜而导致的感染。

②在相对封闭的环境中长时间暴露于高浓度气溶胶情况下，可能存在气溶胶传播。

气溶胶传播或空气传播是指携带病毒的飞沫混合在空气中形成气溶胶，吸入后导致的感染。尽管目前卫生界仍对气溶胶传播存在争议，但本着安全至上的原则，仍应重视病毒通过空调/通风系统传播的风险。业界对疫情下的船用空调/通风系统设计进行了不少研究，提出的措施包括采用全新风空调、安装紫外线消毒器杀灭病毒、安装高效空气过滤器过滤病毒等，或尽可能使用自然通风，这里不再展开赘述。

③由于在粪便及尿中可分离到新冠病毒，应注意粪便及尿对环境污染造成的气溶胶或接触传播。

所谓粪口传播的可能性很小，尤其是海洋装备平台大都采用抽真空马桶，冲刷马桶几乎不会形成气溶胶。当然，必须设置专用管路、装置及处所，用来处理感染者的生活污水、生活垃圾、医疗废弃物等，防止造成二次感染。

总之，新冠肺炎病毒的主要传播途径是经呼吸道飞沫和密切接触传播，这点已无疑义。“钻石公主”号邮轮疫情惨剧的最大教训是疫情初期对人员隔离管理疏松。客观地讲，包括邮轮在内的船舶对公共卫生是相当重视的，针对“诺如”病

毒这类胃肠道传染病有严格的控制程序，但应对新冠肺炎这类呼吸道传染病经验不足，缺乏必要的隔离设施，被打了个措手不及。

根据我国的防疫经验，实施保护性隔离措施能够切断病毒传播途径，是应对新冠肺炎疫情的最有效措施。新冠病毒传染性极强，在海工装备这样的密闭空间里发现感染者，首要原则一定是第一时间将确诊感染者、疑似感染者及密切接触者与其他人分区隔离，杜绝不同区域人员的非必要流动。否则病毒一旦扩散开来，再洁净的空调系统、生活污水污物处理系统也于事无补。

交通运输部海事局发布的《船舶船员新冠肺炎疫情防控操作指南》已经及时提出要求“船上应当设置隔离处所或隔离区”，一旦发现疑似病例立即实施隔离与相关举措以防病毒扩散传播。

（2）海工装备防疫隔离区设计要点研究

海工装备上设置防疫隔离区有以下几点好处。

①集中管控病毒感染人员，从客观上阻断感染人员移动，不致成为移动的传染源。

②海工装备远离陆地，毕竟医疗资源有限，集中隔离有利于集中有限的医疗资源，实现患者的集中管理和救治。

③海工装备上人员众多，往往有不少房间没有窗户。关闭回风后，那些内舱房无法自然通风，虽然让感染者就地隔离的居住条件比较苛刻，但是病毒传播的危害将大为减少。

我们在进行海工装备的总布置规划时，可考虑选择合适的公共处所，设计时兼顾防疫隔离要求，平时保持其原有功能，疫情发生后则可快速转为防疫隔离区。

综合陆上医疗方舱、负压隔离病房等的设计要求，确定海工装备的防疫隔离区布置和设计应满足表4－4中提出的要点。

表4－4　海工装备防疫隔离区设计要点

系统	系统设计要点
布局与分区隔离	隔离区应设于相对独立区域，避开住舱等人员密集区； 隔离区按清洁区、污染区、缓冲区（半污染区）的格局布置，实现医患分离、洁污分离，阻断病毒的传播； 污染区内设置卫生设施，至少每10人1个蹲位； 视情况可在污染区内设独立病房，用于收治重症患者

表 4 – 4(续)

系统	系统设计要点
空调通风	控制清洁区、污染区、缓冲区的相对压差,形成清洁区→缓冲区→污染区的气流流动方向; 清洁区与污染区的空调通风系统分开设置,进风口应远离污染区排风口; 污染区采用机械排风,排风出口应设置高效过滤装置,排风口应与人员活动区、进风口、通道充分避开; 污染区和半污染区的进风量应小于排风量,形成负压
给排水	清洁区与污染区的给排水管路和舱柜应分开设置; 污染区的生活污水、灰水需经灭菌消毒处理后排放或集中存储; 污染区废水舱柜的透气管应引至通风良好的露天区域,并与人员活动区、进风口、通道充分避开
固体垃圾处理	污染区的生活垃圾、医疗废弃物应用密封容器存储和转运;污染固体垃圾的存储舱应气密,保持负压,防止病毒逸散; 污染垃圾应做焚烧处理,或做无害化处理后转运到岸上
安全	消防安全:按公司处所正常功能、用作隔离区的两者中的要求高者及容纳人数多者配置固定和移动消防设施、火灾报警装置;应对医护人员进行消防培训,为每名值班医护人员配置消防自救呼吸器。 逃生撤离:按公共处所正常功能、用作隔离区的两者中的要求高者及容纳人数多者进行应急撤离疏散设计,隔离区不低于两个应急撤离通道,通道宽度满足法规规范要求。 其他如干舷、稳性等

从表 4 – 4 来看,进行海工装备的防疫隔离区设计时,布局与分区隔离、空调通风两个系统对总布置影响较大,其余几个系统以管路、设备布置为主,影响相对较小。但是,不管影响大小,这一问题是必须坚持实施的,我们相信船级社的规范也必将会增设相应条款来指导设计。

(3)防疫隔离区设计案例

以中集海洋工程研究所研发的一型天然气水合物钻采船为例,研究新冠肺炎防疫隔离区的设计和布置方法。该船主要用于西南印度洋多金属硫化物等深海矿区勘探和我国大洋钻探科学考察,定员 180 人,是我国海洋资源勘探的高端海工装备。该船的用途决定其将长期远离陆地作业,且人员较多,因此考虑其防疫设计具有现实意义。

如图 4 – 35 所示,案例船的一大特色是将生活楼与实验楼分开,两者采用外部走廊连接。这样的功能区域划分主要从动静分离考虑，将工作区与生活区分开，避免实验工作对人员休息生活的影响，也能保证实验操作时生活楼的整体安全性。这样的设计无疑也为防疫隔离区的位置选择提供了便利。如图4－36所示，防疫隔离区选择在实验楼的底层，即第二层甲板与第三层甲板之间的学术交流大厅及工程管理中心内，主要有以下几方面的考虑。

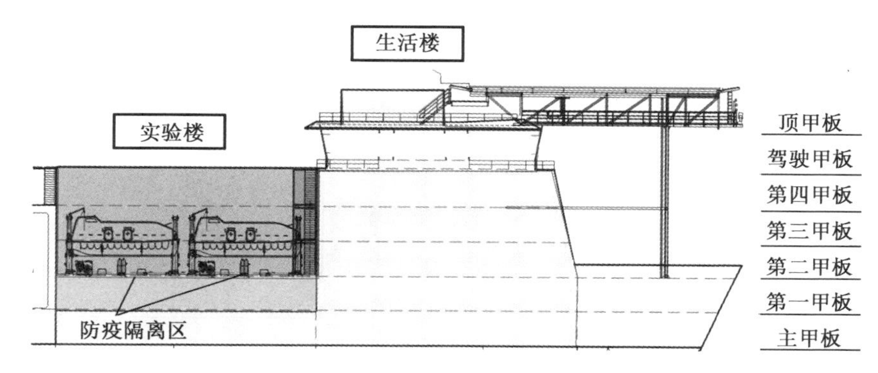

图4－35 案例船的分离式生活楼及防疫隔离区位置图

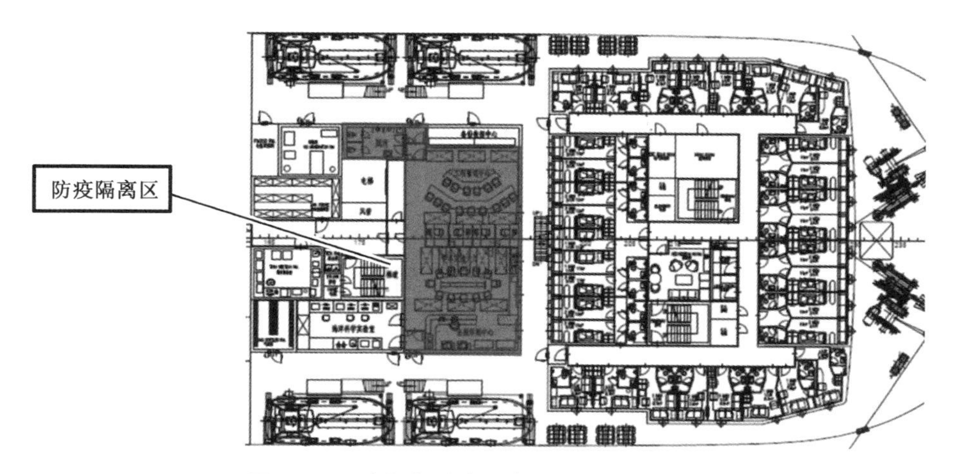

图4－36 案例船防疫隔离区的平面位置图

①防疫隔离区位于实验楼内，实现了与生活楼的物理隔离，能最大限度地阻断病毒向人员居住区的传播。

②第二层甲板是逃生甲板，有利于防疫隔离区的人员疏散。

③一旦疫情发生，实验工作将被迫停止，防疫隔离区占用实验工作区域，肯定要好于占用生活楼区域。

④实验楼相对于生活楼靠近船尾，航行时的排风向后逸散，有利于避免病毒

进入新风进风口。

⑤相对于其他区域和舱室，选择的防疫隔离区需要的改动最少。

⑥该区域临近电梯，方便转运患者。

图 4－37 为案例船防疫隔离区的布局与分区隔离设计。整个防疫隔离区采用负压设计，污染区气压最低，缓冲区次之，清洁区最高，各分区之间的气压相差至少 5 Pa，形成清洁区→缓冲区→污染区的气流流动方向。污染区内，卫生间气压又低于病房区，以抑制病毒由卫生间向病房区的传播。另外，还需保证防疫隔离区的上下甲板和舱壁的气密性。

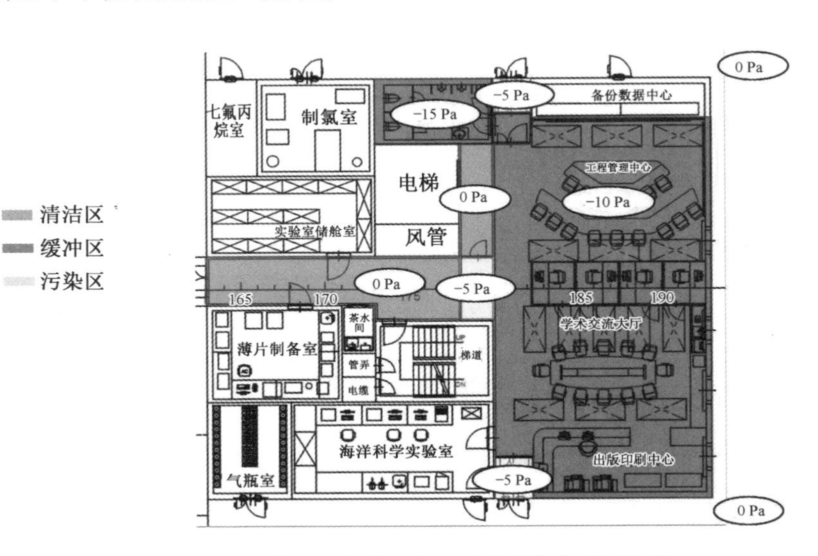

图 4－37　案例船防疫隔离区的布局与分区隔离图

案例船为满足防疫隔离区要求需进行必要的改动。如图 4－38 所示，需要增加内装围壁板及附带的密性门，以分隔形成缓冲区和清洁区。没有疫情时，这些新加的门可考虑常开，以方便人员交通，疫情发生时再改变为常闭即可，仅需移动两扇内装门。

但需要考虑在图中框内预装舾装件，以备将来固定安装折叠式单人床，单人床应为可拆式。按照现有布置，案例船的防疫隔离区至少可临时加设 14 张单人床，临近的卫生间可提供 2 个蹲位，临近的安全区内的实验室可用作护士站和医生休息室。

（4）结论

海工装备的防疫设计应主要从接触传播和气溶胶传播两个方面考虑。目前，业界对空调系统的防疫设计比较重视，但对接触传播防疫设计关注不多。因此，需要重点研究海工装备防疫隔离区的设计要求，超大型深远海养殖工船装备

的防疫设计比较复杂,涉及多个系统和因素,有以下几点需要注意。

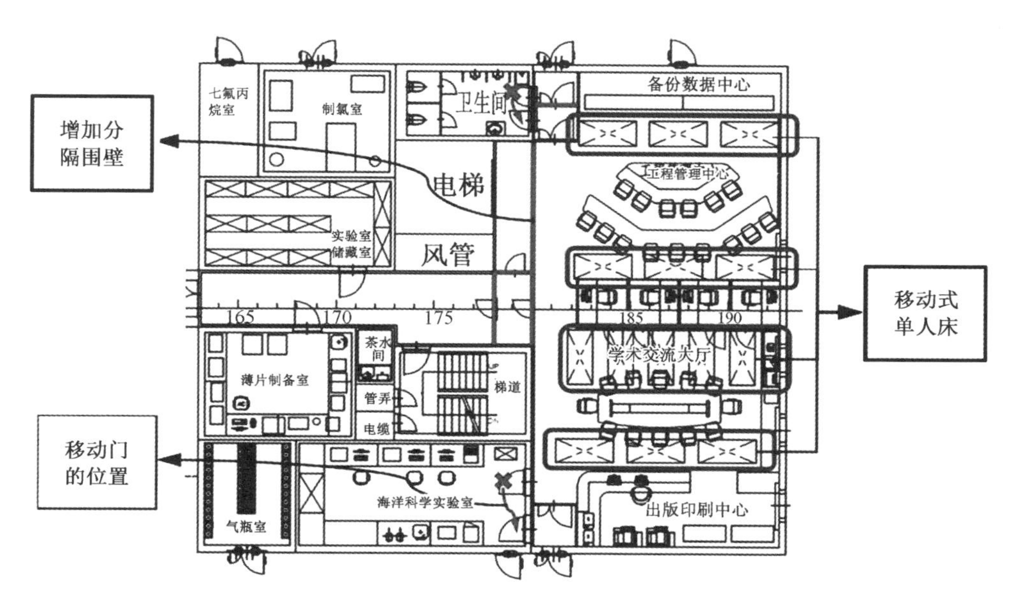

图4－38　案例船满足防疫隔离区设计的内装改动图

①海工装备终归只是海洋商业活动的载体,防疫设计必须考虑建造和运营成本。完全照搬陆上的防疫经验,对海工装备的防疫标准提出过高要求是不现实的。比如,陆上医院通常要求病房层高至少2.6 m,远高于船上2.03 m的最低要求。防疫设计必须结合具体船型的特点和功能需求,因地制宜、因陋就简的制定方案。

②超大型深远海养殖工船远离陆地,本身也不是医院,医疗条件有限,即不可能配备陆上那样专业的硬件,也不可能配备专业的呼吸科医生和护士,不可能实现重症救治。因此,防疫应以预防为主,力求在陆上救援到来前,尽可能地控制疫情的传播。

③超大型深远海养殖工船的防疫设计是个系统工程,防疫隔离区的设计应是综合总体布置、空调系统、污水和污物处理等多方因素后的全面优化设计。今后进行养殖工船装备的总布置设计和舱室规划时,应有意识纳入防疫设计这个关键技术点,否则依靠后期改造进行补救将极为麻烦。

当前及今后相当长一段时间内,养殖工船的设计必须考虑疫情传播问题的人员安全保障,这在今后可能是一个常态问题,为了养殖工船上人员的生命健康,超大型深远海养殖工船装备的设计应该注入这一新的理念。

第5章

深远海健康养殖工艺与病害防控技术

5.1 深远海的健康养殖工艺

党的十八大做出了发展海洋经济、建设海洋强国的重大战略部署。党的十九大报告再次提出,坚持陆海统筹,加快建设海洋强国。海洋已成为我国经济持续、长久发展的重要战略空间。海水养殖是海洋经济的重要产业形势之一,而深远海养殖则是我国海水养殖产业发展未来的战略方向,也是海水养殖产业拓展的发展空间、转型升级的必然选择。但深远海养殖是依托重装备的高度集约化养殖,养殖现场也远离大陆海岸线,在水质条件、养殖工艺、物料补给等各方面都与传统的近海和陆基养殖存在较大差异,因此不能完全照搬传统的养殖经验。

从世界范围来看,深远海养殖没有可以借鉴的成熟产业模式,而我国也是最早发展深远海养殖产业的国家之一。截至 2021 年底,我国已经投产了“长鲸 1 号”“深蓝 1 号”“经海 1 号”等多个容量 5 万 m^3 以上深远海大型养殖网箱及一艘 6 000 吨级的实验性养殖工船。但从实际的生产经验来看,这些养殖设施都先后遭遇过养殖失败、损失巨大的情况,说明在现阶段深远海健康养殖工艺还不够成熟,相关的配套技术还需要不断地进行探索和优化。

在全球的渔业发达国家中,挪威的海水网箱养殖被公认为是海水养殖产业成功的典范。挪威从 20 世纪 70 年代初期开始用网箱试养大西洋鲑获得成功,发展至今,海水网箱从无到有、从小到大,发展成为世界上网箱养殖技术最成熟、效益最好的国家。挪威的网箱养殖普遍采用了大型抗风浪网箱建造技术,全价配合饲料及投喂技术,免疫防病、鱼苗自动计数、死鱼自动清除等众多的先进技术,其养殖生产模式与深远海养殖有高度的技术重合度,相关的产业经验可以为我国发展深远海养殖提供宝贵的借鉴。

参考挪威的经验,结合我国的实际国情,深远海的健康养殖工艺应包括以下几方面。

5.1.1 优良的养殖品种及苗种培育

优良的适养鱼类品种及高质量苗种的稳定供应是发展深远海养殖产业的根基。以挪威为例,其海水网箱养殖的主要品种是鲑鳟鱼类,即三文鱼。据统计,挪威的海水网箱养殖企业超过120家,养殖鱼类的年产量在130万t左右,其中99%的产品为大西洋鲑和鳟鱼,占全球产量的50%以上,成为国民经济重要产业之一。挪威的鲑鳟鱼类养殖通过多年的选择育种和基因工程技术,选育了生长快、抗逆性好、抗病力强的优良品种,已经成为养殖产业的主体。并且,鲑鳟鱼类的优良种质资源和苗种规模化繁育技术都是北欧的核心技术,例如挪威的鲑鳟鱼类养殖已经建立了成熟的苗种人工繁育技术,从而保证全年可提供各种规格的养殖苗种,有力地支撑了产业的稳定发展。北欧的鲑鳟鱼类养殖产业也培育了像挪威的AquaGen公司、冰岛的Stofnfiskur公司等一批世界级的鲑鳟鱼类种业巨头。

我国是水产养殖大国和强国,但海水养殖国情与挪威差别较大。目前,我国国内已经形成产业化规模的海水养殖鱼类品种多达30余种,并且均已实现了全人工的苗种繁育生产。但是,由于深远海养殖模式和环境条件的特殊性,并不是所有的海水鱼类品种都可以进行深远海养殖。我国现有的深远海养殖以大型网箱和养殖工船为主,网箱属于不可移动的大型养殖设施,养殖生产过程要受到洋流、风浪等复杂海况的影响,同时也要经历四季水温的变化,因此对于适养鱼种的选择有着较高的要求,不仅要有较强的抗逆能力、较快的生长速度,还要有很宽的适温范围。例如,我国北方的渤海,尽管全年大风浪等高海况情况较少,但四季水温变化为1~30℃,要保证养殖鱼类安全度夏和越冬,鱼种本身就必须能够适应低温和高温,可供选择的适养鱼类品种就非常有限。目前渤海的大型深远海网箱养殖鱼类品种只有许氏平鲉、花鲈等少数几个品种。

另一种深远海养殖模式是养殖工船,由于工船的可移动性,能够有效避开高海况等恶劣的养殖环境条件,同时也可以随着季节水温的变化在不同海域之间移动,相比大型网箱而言,工船的适养品种要更多一些。但是,工船的养殖成本相比网箱而言要高一些,因此对适养鱼类的经济价值要求也要更高一些。并且,由于较高的养殖成本,工船的养殖密度也相对较大,单位水体的生物量较高,对适养鱼类的生物习性也有一定的要求,天性过于凶猛的鱼类在高密度养殖的条件下很可能会发生互相残食现象,也不适合进行工船养殖。由于工船需要在不同海域之间移动，船舶行驶过程中的震动、噪声及不同海域的水质条件差异，也会对养殖鱼类造成一些环境胁迫，使鱼类产生应激反应，这对适养鱼类的抗逆能力也提出了一定的要求。总体而言，工船适养鱼类品种的选择也是多种因素综合考虑的结果。

5.1.2 营养饲料及投饲技术

深远海养殖密度高、生物量大，并且养殖现场远离海岸线，传统的依靠人工经验式的水产投饲技术已经不能满足深远海养殖的要求。从养殖环境条件方面来说，深远海的养殖空间要远远大于近海小网箱和陆基工厂化养殖模式，并且养殖鱼类还要面临洋流、风浪等高海况条件，鱼类的活动范围和能量代谢也要明显高于传统养殖模式，为获得最低的饵料系数和最佳的养殖效益产出，需要针对不同的养殖鱼类开发深远海养殖模式下的全价配合饲料，实现最佳的营养配比。此外，针对不同的深远海养殖模式，正确的投喂技术和投喂策略也是十分关键的。由于深远海养殖的鱼类数量庞大，个体之间的生长速度也有差异，依靠肉眼是无法准确判断每次投喂鱼类的吃食情况是否适量，很容易造成投喂过量或投喂不足的问题。投喂过量不仅造成饵料的浪费，增加养殖成本，并且鱼类摄食过量也会引发消化道疾病，危害鱼体健康，最终影响养殖成活率。而投喂不足会降低养殖鱼类的生长速度，延长养殖周期，也间接地增加了养殖成本，两者对深远海的健康养殖都是不利的。

在深远海养殖鱼类的专用配合饲料和高效投饲技术方面，挪威的产业发展历程也给我们提供了非常宝贵的借鉴经验。挪威的海水网箱养殖鱼类在20世纪70年代也是主要依靠人工进行投喂饵料，20世纪80年代则发展至采用干性饲料进行自动投喂，至20世纪90年代针对鲑鳟鱼类研发出全价的膨化配合饲料，2000年前后已经采用全营养、高能量的配合饲料和自动化的投饵控制系统。在饲料的配方上，针对鲑鳟鱼类的生长特性和养殖环境，通过减少蛋白质的含量，增加脂肪和微量元素含量，从而使饵料的营养更加平衡，更适用于养殖鱼类。在投饵技术方面，则实现了完全的电脑程序化操纵，配备了最长科大600 m的饵料输送管，根据鱼的生长、食欲及水温、气候变化、残饵多少，通过声呐、水下摄像及残饵收集装置等辅助系统，实现了精确地定时、定量、定点自动投饵，水下专用传感器能自主探测出未被摄食而下沉的饵料，并向计算机发出停止投饵的信号。除此之外，自动投饵系统还可以自动校正每次的投饵量，自动记录逐日投饵时间、地点及数量。营养配合饲料和先进的投饵技术,使挪威鲑鳟鱼类养殖的饲料系数不断降低,从20世纪70年代的6到了现在的1.2左右,新开发的高能量饲料和控制投饵系统在理想的条件下甚至可以将饵料系数控制在1以内。国外在水产养殖的自动化投饵装备方面也孵化了一批知名的制造企业,如挪威的AKVA公司、加拿大的Feeding Systems公司、美国的ETI公司等都是自动化投饵系统设计制造的佼佼者,他们生产的自动化投饵系统代表了海水养殖产业机械化、自动化的发展方向,也是我国深远海健康养殖技术工艺将要发展和追赶的方向。

5.1.3 生物量的控制

生物量是水产养殖的核心指标之一,控制生物量其本质就是控制合理的养殖密度。对于近海小网箱和陆基工程化养殖而言,由于养殖水体环境条件受限,如果养殖生物量过大,很容易导致养殖鱼类生长缓慢、投饵过多、水体易污染,进而引发疾病等诸多问题,所以传统的养殖模式一般难以支撑很高的养殖密度。深远海养殖是位于开放海域的新兴养殖生产模式,养殖设施也相对独立,因此水交换条件较好,养殖过程中产生的有机废物对海水环境的影响不如近海或陆基养殖那么明显。深远海养殖也是依托于重装备的养殖方式,养殖的前期投入较高,如果养殖密度过低,达不到养殖设施的设计负荷,必然不能获得理想的养殖效益。挪威的很多鲑鳟鱼类网箱养殖实行的是轮捕制度,网箱内的鱼类生物量常年控制在一个稳定的水平上,大约为25 kg/m^3。而我国的深远海养殖产业刚刚起步,养殖模式和养殖鱼类品种也呈现了多样化的态势,对于适宜生物量的规定也没有统一的标准。按照已经投产的实际情况来看,依据不同的养殖品种,深远海大型网箱的养殖生物量为10~30 kg/m^3,而养殖工船的养殖生物量在20~25 kg/mm^3。

养殖过程中的生物量并不是一成不变的,随着鱼体的生长、病害的发生等客观情况,养殖设施内的生物量也会发生较大程度的变化。在传统的近海小网箱和陆基工厂化养殖模式下,可以通过移池、分池等操作对养殖水体中过高的生物量进行调整,但在深远海养殖模式下,由于养殖水体较大,养殖过程中的移池和分池操作几乎是不可能的,因此对生物量的合理控制就格外重要。深远海养殖控制生物量的主要方式一般是投放合理密度的大规格苗种,以缩短养殖周期,从而保证养殖过程中的生物量不超过养殖设施的水体承载极限。同时,养殖过程中要采用一些智能化的监测手段,实时监控养殖水体中的生物量的变化情况,必要的时候可以采用起捕一部分鱼体的方式来降低养殖生物量到一个合理的范围内。对于生物量的监测，可以采用声呐、水下视频等多种信息化技术来实现。在这一领域，国外的相关研究和应用起步较早，如21世纪初美国麻省理工学院和Woods Hole海洋研究所就联合开发了海水养殖网箱远程监测系统，采用光学和声学设备相结合的方法，对深水网箱中养殖的鱼类状况进行远程监测。近年来，国内很多研究机构和企业也开始了对鱼类视频图像智能识别技术的研究，也已经开发出相关的软件模型和智能算法，但尚未实现真正的产业化应用。随着我国深远海养殖产业的快速发展，相信这些技术也会逐步走向生产，真正服务于产业发展。

5.1.4 渔业信息化技术

随着网络和数字技术的快速发展，信息化技术也逐渐渗透到各个行业及百姓的日常生活中。但在过去的几十年中，我国的水产养殖领域对信息化技术的需求似乎并不是十分强烈，除了一些简单的水质监测应用场景外，大部分的传统养殖操作还是基于养殖者的经验积累。但深远海的养殖生产场景与传统的水产养殖不同，具有养殖密度高、生物量大、劳动强度大、远离海岸线等鲜明特点，因此不能完全依靠人力操作，智能化、信息化的辅助技术也成为深远海养殖的关键性支撑技术。

以海水网箱养殖为例。国外一些渔业发达国家已经基本脱离了相对落后的人工操作模式，在网箱装备的生产制造过程中就设计集成了水质监测预警、自动投饵、水面和水下摄像机、无线通信模块、自动化控制模块等智能化或信息化装备，并开发了全数字化的养殖综合管理平台，形成了海水网箱养殖全程的数字化管理。国外比较典型的海水网箱数字化养殖应用场景包括通过声波或光学手段对养殖鱼类的生物量进行检测，并与自动化投饵装备进行联动，从而实现饵料的精准投喂；通过水下视频进行“鱼脸识别”或体表损伤检测，实现疾病的早期预警和病鱼的自动化分拣；利用自动化注射装备对入海养殖鱼类苗种进行规模化免疫等。这些数字化装备和技术的应用，使国外发达国家在海水网箱方面基本实现了自动化生产，不仅极大地减少了人力投入、提高了养殖生产效率，在饵料投入、病害防控等方面也实现了高效的管控，较好地控制了养殖成本，保障了养殖成活率。

除上述与养殖生产工艺流程直接相关的信息化技术以外，深远海养殖还面临着开放海域环境状况复杂多变等特殊情况，风浪、洋流等海洋极端海况不仅会危害养殖装备和设施的安全，同时会对养殖的高密度鱼群造成严重的环境胁迫，诱发应激反应，危害机体健康，这也是健康养殖的主要危害性因素。因此，对养殖海区的精准环境预报与评价也是深远海养殖所需的辅助性技术。通过研发基于领域模型和智能算法，融合洋流、风浪、气象等环境监测数据、水质数据和海洋灾害数据，构建大数据与人工智能相结合的深远海养殖环境监测评价系统，实现养殖海区的环境灾害的精准预警，这也是深远海养殖信息化技术的重点发展方向之一。目前，国内有科研机构和企业已经开始了这方面的研究，并已经取得了一定的研究成果。

5.2 深远海养殖的病害防控

纵观全球海水养殖发展历史，病害一直是制约产业发展的"卡脖子"问题。即便是深远海网箱养殖最成功的国家挪威，其鲑鳟鱼类的养殖也不断受到病害问题的侵扰，但其发展了以远程监控、精准诊断、免疫预防、科学投喂、生物量控制等一系列支撑技术在内的综合技术体系来防控疾病，有力地保证了鲑鳟鱼类养殖产业的健康、持续发展，创造了显著的经济效益，更成为挪威渔业享誉全球的一张"名片"。

尽管我国的深远海养殖产业刚刚起步，但海水网箱养殖在国内已经发展了近30年，早已形成了庞大的产业规模，是我国海水养殖的主要养殖模式之一。特别是进入21世纪以后，具有抗风浪能力的大型网箱，逐渐成为我国海水网箱养殖的主体。但最近10年来，我国从南到北的主要网箱养殖鱼类品种如卵形鲳鲹、大黄鱼、石斑鱼、花鲈、许氏平鲉等几乎每年都受到了重大病害的侵袭，损失惨重。因缺乏有效的防控技术支撑，病害流行导致的药物滥用问题更是引发了渔业生产安全、水产品质量安全、渔业生态环境安全等诸多衍生问题。2019年，农业农村部等十部委出台了《关于加快推进水产养殖业绿色发展的若干意见》，制定了我国水产养殖行业绿色发展的战略目标，特别指出要健全水生动物疫病防控体系，加强监测预警和风险评估，提高重大疫病防控和应急处置能力。但现阶段，由于我国深远海养殖产业刚刚起步，其配套的病害防控技术还是相对比较欠缺的，与挪威等渔业发达国家存在较大的差距。

5.2.1 鱼类疾病发生的诱因

疾病是指生物体的正常生命活动受到限制或破坏，进而引发一系列组织、器官、代谢、功能、结构等的非正常变化，或早或迟地表现出可觉察的体征、行为、症状的异常。这种异常的状态或可以通过生物体自身免疫系统得以康复，或长期存在并逐渐加重，最终导致生物体生命功能的衰竭，并最终死亡。能够影响或促进疾病发生、发展的各种因素，被称为疾病的“诱发因素”，简称“诱因”。疾病的发生不仅要有一定的原因，而且还需要具备一定的条件。疾病发生的条件大致可分为养殖生物机体自身条件（内因）和外界环境条件（外因）。机体自身条件包括养殖动物的种类、年龄、性别、健康状况和抗病力等。外界环境条件包括气候、水质、饵料投喂等，而水产动物的环境条件一般特指水质因子。和所有生物一样，鱼类也会感染疾病，由于鱼类生活在水环境中且养殖密度通常都比较大，因此相对于陆生动物而言作用于鱼类机体的各种疾病诱发因素更多，也更容易引起各类疾病。针对深远海养殖模式，能诱发鱼类疾病的原因很多，可以大致分为以下几大类。

1. 生物性因素

生物性因素是指病原微生物的侵害从而引起鱼类发生疾病。病原微生物包括病毒、细菌、真菌、寄生虫等，统称为病原体。病原体的致病作用主要靠侵染力和毒力。侵染力指病原体侵入鱼类机体并在体内扩散和蔓延的能力，毒力是指它们在侵入鱼类机体后产生内毒素和外毒素的能力。大部分鱼类的生物性病原在自然界中是广泛存在的，由生物类病原体引起的疾病最大特点是多具有传染性，是养殖过程中最为普遍的疾病种类。深远海养殖鱼类的病原体主要通过引入携带有致病源的苗种，或是投喂带有病原的饵料而进入养殖系统。由于深远海养殖具有很高的养殖密度，因此由病原体引发的疾病也通常表现为传播快、死亡率高等显著特点。

2. 环境因素

对于养殖鱼类而言，环境因素一般是指养殖水体的水温、pH 值、盐度、光照、溶氧量、氨氮、亚硝酸盐、金属离子含量等水质因子。当养殖水体的水质因子变化速度过快或变化幅度过大，形成环境胁迫，超过了鱼类机体的耐受限度时，鱼类无法适应，轻者会引起机体强烈的应激反应，严重时就会导致疾病的发生。由于深远海养殖处于开放海域，水质条件相对较好，常规的水质因子一般不会出现

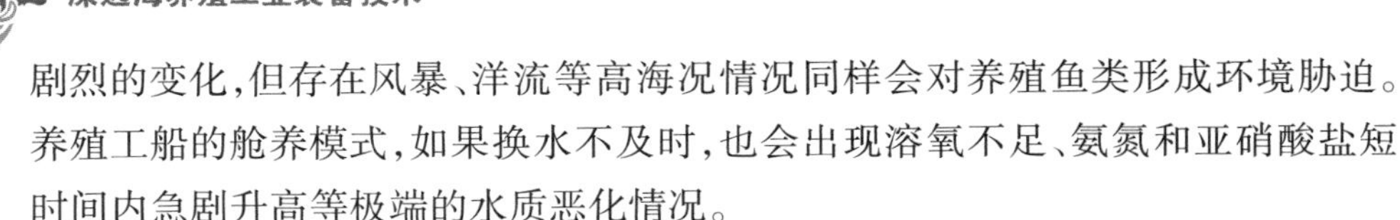

剧烈的变化，但存在风暴、洋流等高海况情况同样会对养殖鱼类形成环境胁迫。养殖工船的舱养模式，如果换水不及时，也会出现溶氧不足、氨氮和亚硝酸盐短时间内急剧升高等极端的水质恶化情况。

3. 营养性因素

营养性因素就是通常意义上的营养不良。当养殖鱼类的饵料供给不足或者投喂的饵料营养配比不合理，就会导致鱼类生长缓慢、体色异常、身体消瘦、免疫力低下，进而导致疾病的发生。另外，饵料存放时间过长发生变质，除容易滋生生物性的病原体外，饵料本身的营养价值因为日照、氧化、潮解等作用也会发生变化，此时投喂鱼类也极易导致疾病的发生。

4. 机械损伤

机械损伤是指养殖过程中的分池、倒池、起捕、催产、投苗和运输等正常操作中，因操作方式不当或使用工具不合适，会给养殖鱼类造成不同程度的物理损伤，如皮肤擦伤、鳍条磨损、鳞片脱落等，形成的伤口直接暴露于水体中，极易导致水体中病原体的继发性感染并最终发病。对于深远海养殖而言，养殖过程中鱼类活体起捕、转运等操作是必不可少的，因此鱼体的机械损伤也不可避免，每次活体转运后也需要及时做好消毒预防工作。

5.2.2 鱼类疾病的诊断方法

对于鱼类而言，养殖过程中疾病的发生通常是水质环境、饵料卫生、鱼体免疫力和病原传染等多种因素综合作用的结果。其中，水质好坏是决定养殖成败的关键性因素。相比陆基和近岸海水养殖而言，深远海养殖处于开放海域，水质条件相对较好，但也可能受到洋流、风浪等极端天气条件的影响而造成温度、溶氧等一些水质因子短时间内出现大幅度的波动，进而对养殖鱼类造成应激反应，使免疫力下降，容易导致病原的感染而发生疾病。对于深远海养殖而言，应该配备一些水质监测设备，对盐度、温度、pH 值、溶氧等常规水质因子进行实时在线监测，通过水质因子的变化情况来间接判断养殖鱼类的机体健康情况。

饵料是病原传播的主要载体之一，传统的海水鱼类养殖中曾大量使用冰鲜杂鱼作为饵料，而冰鲜杂鱼由于来源渠道不稳定，往往携带了大量的微生物。深远海养殖属于高密度养殖，一般使用的是全价的颗粒配合饲料，但由于存储环境较为潮湿，颗粒饲料也会滋生大量有害微生物，因此定期对饵料中的微生物数量进行检测，及时鉴定有害微生物，对降低疾病的发生概率也是十分有必要的。对饵料中微生物的检测可以通过传统的微生物培养方法进行,也可以采用PCR检测等分子生物学检测方法,但在养殖现场采用微生物培养方法进行检测相对容易操作,结果也更直观。通常的做法是取适量的饵料样品粉碎后,用无菌海水配制成一定浓度的溶液,再吸取定量的溶液涂布于胰蛋白胨大豆肉汤琼脂平板培养基或其他类型的选择性培养基,适温培养24 h后计数检测。

除定期检测水质指标和饵料中的微生物数量外,要达到对疾病的有效预防更需经常观察养殖鱼的日常状态。通常在疾病大规模爆发前,网箱中或是养殖舱中都会有个别鱼表现出离群、体色发黑、黏液增多、活力减弱、游泳无力、不爱摄食、体表充血等异常状况,以此可以及时发现疾病苗头。对于已经出现疾病症状的病鱼,需及时从养殖设施中分拣出来进行进一步的临床诊断。病鱼的疾病诊断程序可依据以下步骤进行:首先检查体色是否正常,体表黏液是否增厚,有无充血、溃疡等明显病灶,观察鳃丝有无充血、贫血、溃烂等明显病变。肉眼观察完毕后,可适当刮取体表黏液、剪取少量鳃丝或体表病灶组织制作成水浸片用显微镜进行观察,进一步检测是否有寄生虫、细菌等微生物病原。

在体表的临床检查完成后,用无菌的解剖剪从病鱼的肛门处开始,沿内脏团边缘剪掉覆盖腹腔的肌肉组织,打开腹腔检查内脏器官的病变情况。在剪取肌肉的过程中,应尽量采用“挑剪”方式,避免剪的过程中解剖剪对内脏器官造成机械损伤。内脏器官的病变检查遵循“由外及内”的顺序进行,首先观察肝脏是否存在萎缩、变色、充血或其他病变;其次消化道的外观变化,之后用无菌镊子轻轻翻开肝脏,观察脾脏、胆囊、肾脏等器官的病变。在观察的同时,用无菌解剖剪剪取各个器官的少量组织制作水浸片,在显微镜下观察是否有寄生虫、细菌等病原微生物。在内脏团各个器官检查完成后,纵向剪开消化道,检查消化道内部情况,如是否有食物、脓液或脓状物质等。如果消化道中存在大量脓液或脓状物质,也可吸取少量脓液制作水浸片,在显微镜下用肉眼检查其中的微生物含量情况。

如有必要并且现场情况允许,在进行以上检测步骤的同时,可用固定液固定病鱼的不同组织器官,留待进一步进行组织病理学的分析。同时,在水浸片显微观察确认存在大量微生物的情况下,将病鱼病变明显的组织器官剪碎,用胰蛋白胨大豆肉汤琼脂平板培养基或2216E琼脂平板培养基划线分离培养疑似病原微生物,并进行后续的病原学研究和防治药物筛选。如果是寄生虫病原,则可剪取大块的病灶组织简单剪碎后放入适量灭菌海水中,稍微静置后分离寄生虫进行虫体形态学、生物学和防治药物筛选等后续研究。

通过以上临床诊断程序检查后,可在现场大致判断疾病的发生原因,并获取疾病发生的现场信息后向专业技术人员进行防治方案的咨询。如果仍不能确定疾病的发生原因,可挑选病症明显的3~5条病鱼,用充氧打包的方式尽快送至专业的水产病害诊治机构或科研院所,请专业人员进一步细致检查以确定病因后再采取科学有效的防治措施。切忌在病因不明的情况下,随意用药治疗,以免耽误宝贵的治疗时机致使疾病发展,造成更大的经济损失。

5.2.3 深远海养殖鱼类疾病的防治策略

鱼类养殖过程中疾病的发生通常是水质环境、饵料卫生、鱼体免疫力和病原传染等多种因素综合作用的结果,这些因素在疾病发生的过程中相互影响、相互作用,它们之间不是孤立存在的。仅有病原体的存在,不一定就能直接引起疾病,只有在病原通过自身增殖达到一定的数量、养殖鱼类机体免疫力减弱,并且出现病原体非常适宜的环境条件等多种因素共同作用时,疾病的发生就成为必然。因此,如果要在养殖过程中有效地防控疾病,就要综合考虑多方面的因素。

针对鱼类养殖而言,防控疾病的基本原则,一是要定期采取消毒预防和卫生管理措施,在养殖系统中严格控制和消除病原,阻断其传播途径,避免对养殖鱼类的侵害;二是要强化养殖工艺管理,选用营养配比合理的饲料,科学投喂,提高养殖鱼类自身免疫力和抵抗疾病的能力;三是注重对环境条件和水质因子的实时监控,不断改善和优化养殖水体的水质条件,满足养殖鱼类生存生长的需要。只有综合采取以上措施,才能在鱼类养殖过程中科学有效地防控疾病,降低疾病发生的概率,实现鱼类的健康养殖。

具体来说,针对深远海养殖模式,疾病的防控措施可以细化到以下几个方面。

1. 实时监测水质条件的变化

深远海养殖处于开放海域,相比传统的陆基养殖模式和近岸养殖模式,水质环境相对较好,水交换条件也具有优势。对于大型网箱养殖模式,一般不会出现水质急剧恶化的情况。但对于工船的舱养模式,由于水体相对封闭,且养殖密度高、投喂量大,在水交换量相对不足时就容易在短时间内造成水质因子的剧烈波动,严重时会导致养殖鱼类的大量死亡。因此,对于深远海养殖而言,实时在线的水质监测设备是十分有必要的,可以在水质条件发生变化时及时预警,尽早采取有效措施,避免经济损失。

2. 保持养殖系统的清洁卫生

深远海养殖是依赖重装备的工业化养殖系统,除了大型网箱和工船等基础性的大型养殖装备以外,还需要配备投饵机、吸鱼泵、起捕装置、饲料搅拌机等一系列辅助设备,以及饲料存储库房、冷库、工具存放间等配套设施。由于这些设备设施在养殖生产过程中要接触饲料、死鱼等大量的有机物,在潮湿的环境下很容易滋生各类微生物。因此,为防止病原微生物的滋生和传播,在养殖过程中要定期对这些设备设施进行清洗和消毒。经常性的消毒是保持养殖系统清洁卫生最有效的措施,不管任何养殖模式在养殖生产过程中都要强化这一观念。

3. 有效切断病原体的传播途径

病原体进入养殖系统的途径有很多种,例如,随苗种、饵料、养殖用水、养殖工具及频繁的人员出入等,而对于深远海养殖模式,苗种和饵料病原体入侵是两种最主要的途径。由于深远海养殖的生物量大,所以现阶段都是以采购不同厂家养殖的大规格苗种为主。苗种来源的多元化就很容易造成苗种质量的参差不齐,特别是极易携带不同种类的病源。因此,有条件的情况下应在入海养殖前对外购的苗种进行集中的驯化处理,采用一些消毒措施将病原的携带控制在最低水平,以最大可能保证苗种进入深远海养殖设施后不会造成大规模的疾病流行。

此外,饲料的卫生质量也必须高度关注。虽然深远海的规模化养殖基本上不会再使用冰鲜杂鱼作为饲料,但一次购置过多的商品颗粒饲料长期存放,在潮湿的环境中也能引起饲料的霉变和微生物的大量滋生,成为病原传播的隐患。因此,养殖过程中要控制好一次性采购饲料的数量,并定期检查饲料的变质情况和微生物含量,确保饲料的质量安全。

4. 建立病害检测体系

我国的深远海养殖目前还处于产业刚刚发展的初期阶段,在病害的防控和诊治方面的经验还相对较少。但从挪威的深水网箱养殖的产业发展来看,高密度的养殖模式下病害最终会成为产业发展的主要问题之一,应做到未雨绸缪,而构建完善的病害监测体系是防控疾病发生最有效的手段之一。深远海养殖是高度机械化、智能化的养殖方式,依托于大型的养殖装备,可以建立病害检测实验室,配备必要的专业设备和检测技术人员,具备常规微生物病原和理化因子的检测能力,为常态化的病害检测创造条件。除此之外,开发养殖鱼类病害自动识别系统,构建基于无线通信网络的远程疾病诊断系统,经常与从事鱼类病害研究的科研单位和人员进行沟通与联系,依靠信息化技术提高检测效率,做到养殖过程中鱼类病害的早期发现、准确诊断、及时治疗,就可以争取较好的防控效果,保证养殖生产的安全进行。

5. 科学使用投入品

疾病的防控,离不开各类投入品的使用。药物是鱼类疾病防控过程中最常用的投入品。针对深远海养殖模式,可以选择的药物种类有消毒剂、抗生素、中草药、生物制品类等,药物的选择和使用应遵循国家的相关标准。其中消毒剂可供选择的种类有戊二醛、聚维酮碘、苯扎溴铵等,多用于鱼苗入海养殖前的预防性消毒,对鱼苗体表、鳃丝和水体中的病毒、细菌和微生物等细菌性病原进行杀灭处理。对于深远海大型网箱,由于养殖水体的开放性,养殖过程并不适宜使用消毒剂。而工船的舱养模式,由于养殖密度相对较高,考虑到水体溶氧和药物的刺激性等客观因素,使用消毒剂时也要谨慎。

目前,我国规定可以用于水产动物的抗生素种类只有 11 个品种、12 个剂型,包括甲砜霉素、氟苯尼考、恩诺沙星等。抗生素一般只针对细菌性疾病,且使用抗生素是疾病防治的最后手段,使用的品种和剂量也要严格遵循规定的标准,否则不正确的使用方式极有可能造成药物残留,导致养殖的鱼类产品不符合食品安全质量的要求。受限于深远海特定的养殖环境,抗生素的使用应主要以拌饵口服的方式进行,使用过程中建议添加黏合剂后和饲料充分搅拌均匀,以保证饲料颗粒都能够均匀地携带药物。

中草药是我国民族医药的瑰宝,资源丰富、成本较低,也是目前渔药研发的热门方向之一。我国目前规定可以用于水产养殖的中草药品种多达 50 余种,包括大黄、五倍子、苦参、地锦等。此外,多种中草药品种还可以作为饲料添加剂添加到饲料中使用。中草药的作用范围非常广泛,可以抑制病毒、细菌、寄生虫等多种病原的增殖,且不易产生耐药性,长期拌饲投喂可以有效预防细菌性肠炎等鱼类常见疾病的发生。深远海养殖过程中使用中草药要坚持预防性、多样化、低剂量、长期性的原则,即以预防疾病为指导原则,选择具有同一药效作用的多种不同的中草药,以最低抑菌剂量添加到饲料中,在养殖过程中定期、多次投喂,每次投喂 10 d 以上为宜。使用时,应将中草药尽可能粉碎到粒径 100 目以上,然后添加黏合剂与饲料充分搅拌,这样可以发挥中草药最佳的应用效果。

适用于水产养殖的生物制品类药物主要有疫苗、卵黄抗体和益生菌剂等。使用疫苗进行免疫预防是进行绿色养殖的主要方式之一,挪威就是全球成功使用鱼类疫苗的代表国家。挪威的鲑鳟鱼类苗种在入海养殖前都要进行疫苗的注射免疫,在养殖过程中可以抵御大部分的病毒性和细菌性疾病。渔用疫苗的研发是一个系统工程,要在前期充分的流行病学调查的基础上,确定主要的致病源并有针对性地开发疫苗,因此疫苗也具有极强的特异性。我国现阶段还没有深远海养殖鱼类品种的专用商品化疫苗产品,在海水鱼类的疫苗自动化注射装备上也是空白,因此深远海养殖鱼类专用疫苗及其高效免疫技术的开发时不我待,是产业发展急需解决的问题之一。卵黄抗体是在畜禽养殖领域应用相对成熟的一种疾病防控产品,具有天然、绿色、安全等优势,生产成本相对较低,可以作为饲料添加剂添加到饲料中长期投喂,也是适用于深远海养殖鱼类的疾病防控方式。但是与疫苗一样,卵黄抗体也需要在明确主要致病源的基础上进行针对性的开发。目前国内已经有多家科研单位和兽药生产企业在进行鱼类卵黄抗体的研发,预计在不久的将来就可以出现适用于深远海养殖鱼类的卵黄抗体商业化产品。益生菌也是一种公认的防治疾病的绿色产品,我国的相关管理规定也允许益生菌作为饲料添加剂使用。对于深远海养殖鱼类而言,益生菌最主要的使用方式也是拌饲投喂,用于改善养殖鱼类的消化道菌群结构,拮抗病原菌的繁殖。常用的拌饲投喂的益生菌有乳酸菌、芽孢杆菌、丁酸梭菌等。

除了上述的各类药物外,调节代谢、增强免疫力及促生长的营养类物质也是水产养殖过程中常用的,如各种酶类、多糖、多肽、维生素、不饱和脂肪酸、矿物质、微量元素等。目前很多商品化的全价配合饲料配方中已经包含了这类物质,养殖过程中一般也不需要再额外进行添加。但在深远海养殖,在一些极端的情况下,是有必要在正常的饲料中再补充一些这一类物质。如鱼苗的长距离活体运输后,或是遭遇极端海况条件后,可以在饲料中额外添加一定剂量的维生素投喂一段时间,以降低鱼体的应激反应。在高温季节,依据不同的鱼类品种和疾病流行情况,可以在饲料中定期、定量补充一些多糖、多肽类的物质进行投喂,从而提高鱼体免疫力,以达到抵御病原感染、预防疾病发生的目的。此外,为了调节养殖鱼类的品质,必要的时候也会在成鱼起捕前的一段时间在饲料中添加一些特定的微量元素,如添加不饱和脂肪酸来提升鱼类肉质的营养,添加虾青素来改善鱼类的体色外观等,可以一定程度上提高养殖鱼类的经济价值。

总之,投入品的使用在鱼类养殖过程中是必不可少的,但在使用前一定要明确各种投入品的特性、功能和具体的使用方法,并查阅国家有关水产养殖投入品的管理规定,确保投入品的使用科学、规范,助力养殖效益的提升。

第6章 深远海养殖工业展望

6.1 养殖工业新思维与新技术

6.1.1 海洋生态养殖

海洋养殖业在我国发展很快，随之而来的是不经统筹规划和科学论证，以追求经济效益为主要目的的各种渔业生产型的海洋牧场蜂拥而出，由此造成了我国近海十分不利的后果：单一品种鱼类的大规模集中养殖，导致了原设想的提供生态通道、保护野生鱼群、调节流场和物质输送等方面的生态作用被大大削弱，并造成了生态系统失调、海洋环境污染及养殖病害频发等严重场景（图 6-1）。

(a)

(b)

图 6-1　海洋环境污染情况示意图

为此，我国出台了一系列的政策与规划，改变这些混乱状况，如《全国渔业发展第十三个五年规划》《全国海洋经济发展规划》及《国家级海洋牧场示范区建设规划（2017—2025 年）》等。

所以，在开展深远海养殖时，首先要考虑海域的生态环境保护，依据渔业资源与环境容纳量适度发展的生产模式，运用现代科学技术支撑和科学管理理念与方法，构建资源丰富、生态良好、食品安全、可持续发展的区域性海洋渔业生产的，绿色、环保的工业园区。应充分利用生物工程技术、装备工程技术、数字信息技术、物联网技术等多学科跨界产业优势，以优化海洋生态环境、增殖渔业资源，转变传统的海洋渔业生产模式，建设现代化深远海海洋渔业生产模式。要按照海洋环境容纳量和生物承载力，充分发挥海洋养殖的碳汇功能，实现完整的生物链构建，保障海域的自我净化能力，既能为人民提供新鲜优质安全的海洋蛋白质，又能为后代留下碧海蓝天和丰富的海洋生物资源。

6.1.2 智能化深远海养殖网

建立智能化养殖工业体系是可持续发展深远海养殖工业的必要举措，根据现代技术的发展，安全方面有必要和可能构建卫星遥感、空中无人机巡航、海面无人艇勘测检控、装备平台的实时可视监控、海底智能水下机器人的探测、岸基的远程智能决策，构成多维度智能管控网络。建成多域监测预警、5G 快速可视可听信息传输、远程智能化决策支持的集团企业产业链的科学智能管理模式。

构建这一多维度空、天、海、陆安全保障体系，是深远海养殖工业现代化、可持续发展的可靠保证，也是现代文明海洋文化的发展趋势。

6.1.3 透明化养殖与传输

透明化养殖与传输是现代养殖业的重要科技内涵。特别是新冠肺炎施虐时期，频频爆出冷链食品检查出新冠病毒，这不仅不利于渔业的经济效益与发展，而且对人们的生命健康造成严重威胁。因此，我们必须坚持科学技术引领，建设透明化的深远海养殖产业链。

现代海洋养殖装备必须要引进新技术、新材料、新工艺、新设备，进行跨界多产业的技术创新合作，提升我国养殖工业的整体技术水平。要建立海洋立体观察网、物联网，利用人工智能技术、RFID 技术、数字信息化管理技术等使得鱼类养殖每时每刻都在有效监管和控制之下，实现鱼类食品的安全和可追溯，提供人们可选择、定向预定、高品位的餐饮文化。

要实现鱼类食品安全透明化传输，必须在深远海养殖工业产业链中，构建智能化的物流系统。

为了保障海洋水产食品的品质与安全，需要减少流通环节、提高流通速度并降低流通成本。构建从养殖时期的育苗、饲料、产品鱼到活鲜转运，海洋基地平台上的加工转运、储存、销售至餐厅与食用加工都能够全程可视监控，实现消费终端和溯源的公共共享服务平台（图 6－2）。

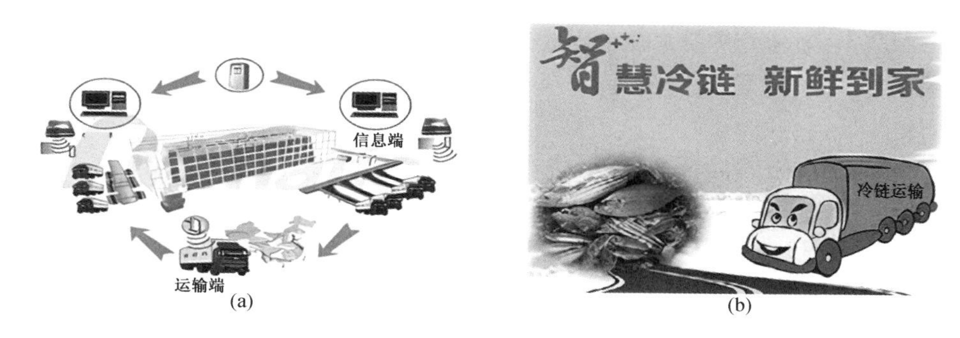

图 6－2　冷链物流的供应链管理

6.2　建设蓝海鱼米粮仓的可复制工业经济园区

在世界工业化进程的影响下，陆地上的气候、环境等生态受到了极大损害，从而也影响到了人们的生活及其环境。而海洋是大自然赐予人类最好的绿色空气、水、能源与鱼、米、粮来源。充分利用这一宝海、又保护这一宝海是当前建设蓝海绿色可复制工业园区的主要目的。

6.2.1　深远海渔业养殖加工基地与物流中心

深远海养殖装备是一个大型的结构物，具有一定的甲板面积和舱容空间，可以储存海产品并进行初加工处理后冷藏储存，因此，其不但可以处理本身的产品，也可以作为在深远海作业的中小型捕鱼船物资交换中心，即收取他们捕获的海产品，又可以为他们提供能源及补充日常必需用品，成为深远海上的一个物资交换中心，为广大的渔民提供服务，使他们能够及时得到各种补充，强化中小型捕鱼船的持续捕鱼能力和经济效益。

深远海养殖装备的养殖及作为物流中心收取的水产品，可用飞机、船及时运回陆地，送到人们食用的餐桌上，以提高我国人民的生活需要与生活质量。但当超大型养殖工船及深水网箱的养殖产品量较大及收取的水产品量大，运回的能力不足时，可以利用养殖装备具有的甲板面积和舱容空间设置水产品的初加工或深加工设备，进行加工后储存在舱内等待运输，不至于影响养殖空间、破坏养殖环境条件。

所以，在超大型养殖工船和深水网箱的船体上设置加工设备与冷藏舱是非常有益的，这提高了养殖装备的综合性功能。

6.2.2 海洋自然能研究应用中心

海洋的自然能是人们绿色能源取之不尽的源泉，各国都在深入研究开发。特别是海上风能、太阳能、海水温差能与潮汐能等已经在广泛实践和应用。

在海上的养殖工业园区中，涉及许多的装备、设备都需要能源和电力供应才能运转，长期驻扎在某一海域，其需要的能源供应是一个问题，如果在同一海域中能够生产出能源，及时提供给养殖装备应用，这是最合理的配置。

在养殖装备的周围建立海上风电场，在养殖装备上有吸收太阳能的面板，又安装有占整个海洋能90%的巨大能量——温差能设备，组成一个自然能集成系统，这一系统的电能不需要传输到陆地，可以直接运用到养殖装备的动力需求上。风电与太阳能的装备已经介绍很多，这里不再赘述，主要介绍海洋最大能量的温差能系统。

海洋温差能又称海洋热能。海洋是世界上最大的太阳能接收器，6 000 万 km^2 的热带海洋平均每天吸收的太阳能，相当于2 500 亿桶石油所含的热量。

海洋温差发电是利用海洋表面和海洋深处的温度差来发电的新技术。据估计，只要把南北纬20°以内的热带海洋充分利用起来发电，水温降低1 ℃放出的热量就有600 亿 kW 发电容量，前景十分诱人。

海洋温差能发电原理如下。

太阳辐射的热量进入海面以下1 m处，就有60%~68%被海水吸收掉了，而几米以下的热量已所剩无几。即使海面上有波浪搅动，水温有所调节，但水深200 m处，几乎没有热量传到。所以随着深度愈深，海水温度愈低。

南太平洋的海水温度在水面是30 ℃，水面下100 m处是23 ℃，200 m处急降为14 ℃，500 m处仅7 ℃。海洋温差发电就是利用这种温度差将热能转为电能的（图6－3、图6－4）。

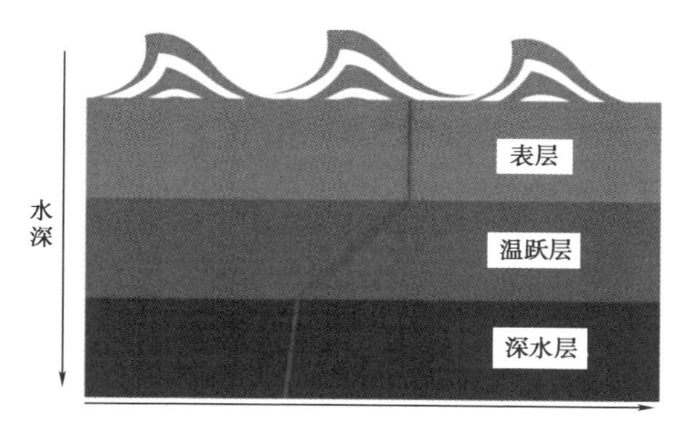

图6-3　温差变化曲线图

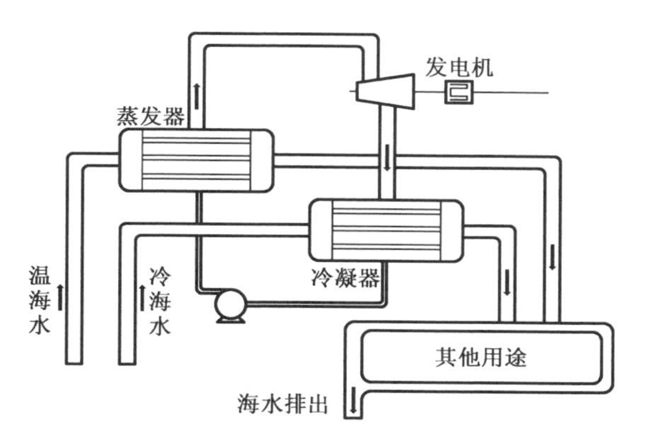

图6-4　海洋温差能发电原理示意图

海水温差发电涉及机械、热能、流体等多个交叉学科,其系统也包括热交换器、冷却管、汽轮机及海洋工程设备等,主要采用开式(图6-5)和闭式(图6-6)及综合两者优点的混合式(图6-7)循环系统三种方式。

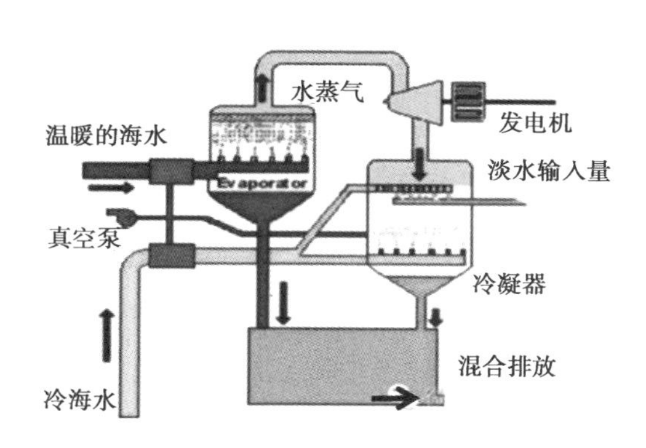

图6-5　开式循环系统

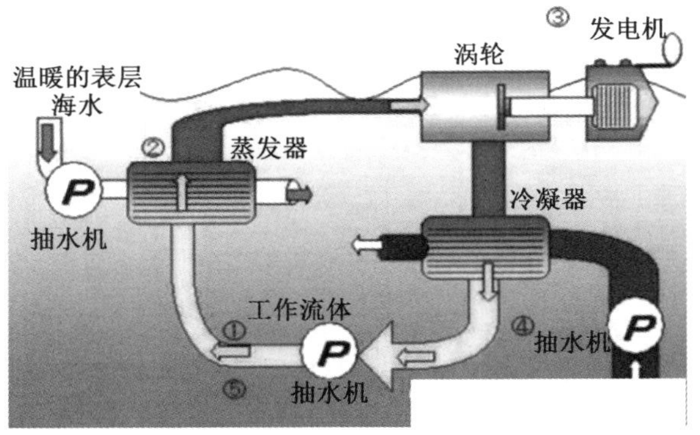

图 6-6　闭式循环系统

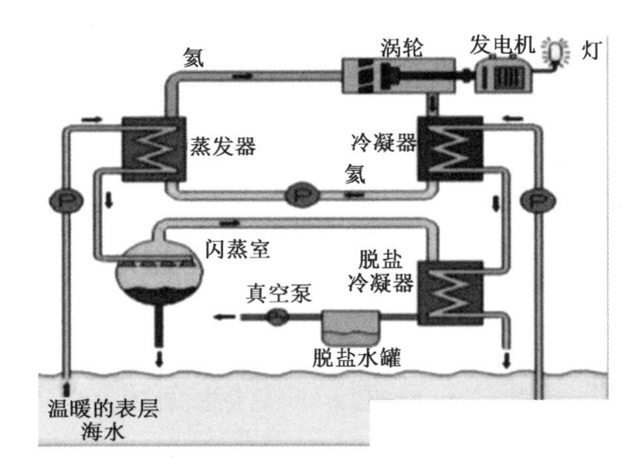

图 6-7　混合式循环系统

海水温差能实际上是蕴藏的太阳能,其利用不消耗材料,不排放污染物,因此是可再生的清洁能源。海水温差能蕴藏量丰富。据预计,仅北纬 20 ℃至南纬 20 ℃之间的海域,海水温差能大约可发电 26 亿 kW。能量密度低,热力循环和装置的效率低。在所有的热力循环中,努力提高温差是提高循环效率的最有效途径,而海水温差始终在 20~25 ℃,温差小,从而使得循环效率较低。除了提供动力能源外,温差能还有其他许多用途。

开式循环和混合式循环系统本身是一个海水淡化器,开式循环的冷凝水和混合式循环蒸发器的冷凝水是淡水,可供养殖装备上的人员饮用和相关需要淡水的设备运用。其排放的深层冷海水一方面可以用来冷凝淡水,还可以用于冷水空调系统中。研究表明,一家有 300 间客房的酒店使用 1 MW 的 MP-OTEC

系统的冷水用于空调,其运行费用仅为常规空调的 25%。

养殖装备上安装温差能设备具有充分条件,对养殖装备的帮助也极为有益,如能将其与风能、太阳能结合起来,形成一个自然能的能源网,将是一个海上绿色养殖工业园区的能源供应站,可以解决整个园区的能源需求。

6.2.3 旅游基地建设

在养殖工业园区内可以设置豪华的旅游胜地。奥地利的设计师们设计了一座人工海岛:可以在世界各地漂移,有 80 m 高的总统套房,有可以启动直升机的升降台,还有瀑布和一个小型港口。

未来人们会逐渐实现在海上生活的居住方式,以此作为人类迈向海洋生活方式的第一步,相比起游轮这样的暂时性工具,也许完全的海上住宅更符合人们的喜好。

这一海洋旅游基地,娱乐设施俱全,傍靠养殖装备,每天有鲜虾、鱼肉的可口美味,胜似在人间天堂之中。

6.3 深远海养殖工业数字信息技术

发展可持续的深远海养殖工业,一定要随着现代数字信息技术的发展与其融合发展和建设。大型集团性企业,建立数字信息化的、智能化的科学决策指挥系统是集团兴旺发达、长盛不衰的有效保障。

6.3.1 深远海养殖工船船岸一体化系统构建

我国深远海养殖工船的发展历史可以追溯到 20 世纪 70 年代,雷霁霖院士最早提出了建造养殖工船的初步设想。作为实施“深蓝渔业”发展战略的重要装备支撑,近年来,深远海养殖工船设计取得了长足进展,中国水产科学研究院渔业机械仪器研究所接连开展了 10 万吨级、20 万吨级和 30 万吨级系列养殖平台研究,完成了工船总体设计、经济技术评价和模型试验。2017 年,国内首艘养殖工船试验船“鲁岚渔养 61699”在日照建成下水,标志着我国深远海养殖工船模式取得了阶段性成果。2020 年 6 月，世界首艘 10 万吨级大型养殖工船建造合同在青岛完成签订，开启了深远海养殖工船发展的新篇章。

船岸一体化是船舶行业在信息化时代产业升级革新的产物。长久以来，由于通信条件的限制，船舶一直是一个信息孤岛。近年来，随着信息科技的更新换代，船舶行业的信息化程度大大提高。远洋船舶可以通过卫星宽带、4G/5G 无线等技术时刻与岸端保持联系，岸端船舶运营管理人员也可以通过采集船舶航行、机舱、能耗等数据对船舶状态进行实时监控，并通过对数据库中保存的数据进行分析处理，完成对船舶状况的提前预判，从而实现提高运营管理效率，降低运营成本。船端与岸端两个独立运行的个体日渐走向一个互相融合的整体，这种船岸关系发展新形态，被称为船岸一体化。它的出现，解决了船岸信息交互滞后、管理分化的问题，使得船岸之间的联系更加密切。其目标是建立一个船岸信息广域网和船岸信息交换、监控和管理及电子商务平台。通过此平台可以实现船岸信息的实时共享和交互，进而实现对各种船舶（船队）的实时监控，提高管理层的调度和经营、决策能力。

深远海养殖工船作为现代海洋工程装备技术与水产养殖技术交叉融合的产物，其自主航行、综合监控、能效管理、船舶及养殖设备管理、养殖生产管控等功能的实现都需要借助船岸一体化系统来完成。现设计一套应用于 10 万吨级养殖工船的船岸一体化系统，系统主要由船端信息网络综合管理系统、船舶监控管理系统、养殖集中控制系统、船岸通信系统、岸端数据接收处理系统组成。本节将对其系统构成及各子系统功能架构进行介绍，其中养殖集控系统的搭建是构建养殖工船船岸一体化系统的关键。

1. 信息网络综合管理系统

养殖工船的船舶监控管理、养殖集中控制等系统相互独立，各系统由自有的传感器、处理器、外部设备接口组成一个封闭独立的系统。虽然相关设备通过接口可以达到信息传输的目的，但是各系统数据之间的关联性提取无法实现。尤其是养殖舱进水、排水等涉及多个系统管控的传统功能独立系统无法满足要求。信息网络综合管理系统可以采集船舶集中控制系统中航行、机舱等设备工况数据，以及养殖集中控制系统中养殖设备、舱养环境等数据，将多个系统的信息收集汇总到同一平台，通过定时或实时传输到岸端服务器中进行统一处理调用。

船岸一体化系统船端主机利用信息网络综合管理系统，可为岸端运营管理人员提供如下监控。

(1)船位监控、航段航时监控、排放区监控、结合气象海况的船位监控。

(2)航行工况监控、机舱工况监控、一键24 h工况回顾、即时工况分析、油水监控。

(3)养殖生产数据采集、监控生产设备信息及养殖信息。

(4)CCTV视频监控、视频回放、图片轮播。

岸端运营管理人员根据需要查看实时或历史数据。实时数据以模仿(mimic)图方式展示,历史数据以表格或曲线图形方式展示,并可以进行数据对比,为决策提供依据。

另外,作为船舶信息化基础平台,信息网络综合管理系统还包含为船舶提供基础网络,保证全船IP网络数据交换互联互通,为全船提供视频监控、卫星电视收看、远程视频会议等功能。

2. 船舶监控管理系统

(1)系统介绍

船舶监控管理系统通过整合船用导航、机舱自动化、综合监控、能效管理等多个系统,对各类船舶重要设备参数进行监控管理,依靠先进数字信息化技术为基础,结合数据分析及智能计算技术,为船舶日常航行、靠泊、补给等提供智能解决方案。

(2)系统功能

①船位监控

该系统提供实时船位监控、航段航时监控功能,支持海图、卫星图、地图显示。船位监控信息包含船舶信息、船员信息、最近挂靠及基于航次的轨迹回放,轨迹回放支持快进播放。

②航行工况监控

通过采集DGPS、电罗经、测深仪、风速风向仪等信号,系统提供船舶当前经纬度、风速风向、航速、航向艏向、水深、吃水、主机转速和功率等航行工况信息,并显示当前航段的实际离港时间(ATD)、预计到港时间(ETA)等信息。本系统采集的各类工况信息会分类存储、传输。当发生重要报警时,系统以邮件和短信方式立刻通知岸端主管,监督船员及时解决问题,预防发生设备重要故障。

③机舱工况监控

通过采集智能设备管理(AMS)系统中主机、辅机、锅炉、供油单元等系统信号,系统提供主机、辅机、锅炉等重要机舱设备,以及燃油系统、滑油系统、冷却水、增压器、空冷器、启动空气压力、控制压力等重要系统的运行情况和实时监控。

④能效管理

记录加油、加水，油水消耗等数据。根据对历史数据中油水消耗速度的分析，自动判断出异常时间，快速锁定油水消耗异常的时段，便于管理人员快速排查问题。

3. 养殖集中控制系统

（1）系统介绍

深远海养殖工船在保证船舶安全的前提下，对船舶结构及搭载系统进行了适渔性结构优化设计。针对养殖工船的生产过程和养殖工艺流程，配备了高效水体交换系统、主被动溶解氧供应系统、水质监测系统、鱼苗入舱精准计量系统、自动投饲系统、机械化活鱼聚捕系统、船载加工系统、冷链仓储系统及智能化养殖集控管理系统，集成自动化舱壁自清洁技术、集排污技术、死鱼收集与清除技术等，通过减震降噪，制荡减摇，在高溶氧舱养环境下，通过抽取外海水进行封闭舱养实现工业化全年高效养殖。

养殖集中控制系统通过对多个养殖舱进行集中控制和监测、生产管理，满足养殖人员日常生产管理的要求，实现从鱼苗计量入舱开始，覆盖日常投喂、检测、记录分析等直至起捕出鱼、加工销售的完整养殖周期的自动化管理。

（2）主要功能

①自动控制：水质调控、养殖舱增氧、应急增氧控制、自动投饲遥控、成鱼起捕、死鱼回收、舱底污物收集遥控、养殖光照遥控。

②监测报警：对外海水及养殖舱水质、鱼苗计量入舱、冷藏箱、船载加工、环境水文等状态、机舱自动化机电主要信息进行监测。

③生产业务管理：包括养殖品种、批次、检验检测管理、库存管理、成本管理等。

④重要设备健康状态监视：对自动投饲装置、海水泵重要设备建立设备健康状况模型记录运行状态，进行趋势预报，降低维修费用和提高设备有效利用率。

⑤养殖事件决策：实现基于工作流的养殖事件决策控制策略，针对溶氧不足、摄食状态不佳、氨氮检测值偏高、鱼病防治及养殖池定期自动清洗等养殖过程常见状况建立相应的异常状况应对方案和策略。

⑥水下鱼类行为监视与识别：识别鱼的平均质量、大小分布、条件因子和全

天候生长情况。

⑦生产数据的存储和分析：系统设有养殖集控室，作为养殖集控系统的集中控制站。另设有复视室，主要对集控系统进行监视，对养殖设备具有较低控制权限，可通过系统调整权限。集控室内布置有集控台、服务器柜等，在养殖舱外通道布置有现场信号采集箱。生产监控及管理可在集控室工作站操作，也可在手持移动终端上进行操作。

（3）系统架构

本系统设计了三层架构，分别为管理层、控制层、设备层。管理层间设备通过工业以太网连接；集中控制器通过控制层网络连接各分站（信号采集箱）；各分站采集现场输入/输出信号或通过现场总线采集现场智能设备信号。

①管理层：有操作员站分布在集控室和复视室内，可通过操作员电脑和手持终端凭借有线、无线以太网对区域设备进行集中管理，配备服务器、磁盘阵列等。包含以下管理站点：集控室养殖操作站、复视室养殖操作站、集控室视频操作站、集控室船舶监测站、视频处理工作站、手持终端、服务器、无线 AP、交换机等。其中，船舶监测站、视频操作站连接至工船综合管理平台，获取船舶机电信息及视频信息。养殖操作站与集中控制器通过以太网连接，完成对可视化的信号显示、信号参数设定、信号数据报警和信号数据的打印记录等功能。

②控制层：配备有集中控制器，配合现场分布式模块和现场智能设备，能够实现手动操作和自动操作模式，安装控制程序对设备进行控制和操控。包含以下控制器和模块：集中控制器、信号采集箱。采用工业级的可编程控制器模块完成对系统内外的各种设备的数据采集、数据存储和数据分析。信号采集箱通过物理接口或者通信接口对传感器、设备对数据进行采集，并将数据存储在可编程控制器中，通过数据节点描述表对数据进行重新分析，最后通过网络将数据传输到其他系统中。

③设备层：现场分布式模块对设备的运行状态进行信号采集，根据控制层的集中控制器对设备进行控制操作。现场智能设备，能够在不依靠集中控制器的情况下，独立对区域设备进行信号采集、控制操作，同时与集中控制器进行数据信息交换。

4. 船岸通信系统

系统配置甚小天线地球站（VSAT）卫星通信系统1套，依托于地面卫星主站系统，主要用于突发事件的信息互通与日常小数据传输的需求。另搭载4G公网直放站室分系统,实现船舱内移动信号覆盖,并配置4G通信路由器,实现双链路自动切换,形成多种通信手段互为备份的船岸通信网。

船舶靠岸时使用4G网络,在船舶的航行中,保持24 h不间断宽带卫星通信。通过VSAT卫星通信系统,可进行视频、电话会议、话音、专网数据的双向传输等,系统主要功能如下所示。

(1)与主站系统进行语音、视频和IP数据通信。

(2)支持服务质量(QoS)管理,可将语音设置成最高优先级。

(3)可自动调节发射功率保证双向链路稳定工作。

5. 岸端数据接收处理系统

岸端系统应用作为一个整体应用方案,负责对船端数据实时监控、提供远程协助,并具备船队的统筹运营调度功能。岸端所需设备主要包括服务器、网关、终端显示设备等。数据通过卫星及移动网络等通信方式由船端传输至岸端,在服务器内进行解压、储存。岸基管理者根据权限可以使用终端设备对服务器中的内容进行读取和处理,并将处理结果回传至船端,从而实现远程管理。

养殖工船作为一种新概念船,利用船舶自带动力在深远海区域进行游弋,寻找最适宜的水温与水质条件进行鱼类养殖,有效地解决了传统近海水养殖易受温度、天气变化及近岸水质恶化影响不可持续的问题,实现了全年不间断养殖。其养殖方式与传统网箱养殖、陆基工厂化养殖大不相同,作业方式也与远洋渔船有所差异,是一种融合了船舶技术与养殖技术的全新生产模式,由于其作业区域远离陆地,管理者难以对生产作业进行有效掌控,增加了经营管理风险,需要一种与之对应的全新管理模式。现有船岸一体化系统难以满足养殖工船对养殖场系统的精细化管理,需要针对养殖工船复杂的生产工况进行摸索改进。相信随着养殖工船生产模式的发展,与之相对应的船岸一体化系统也会日渐成熟。

6.3.2 养殖工船网联

随着海洋强国战略的实施和21世纪海上丝绸之路的建设,管理好渔业尤其是海洋渔业不仅是发展海洋经济的重要组成部分,更是保障海洋生物资源、维护海洋权益的重要手段。渔船是渔业的基础,我国渔船总量巨大,其中群众渔业的渔船是最主要的组成部分。据统计,截至2017年底,我国现有渔船总数94.62万艘,其中机动渔船59.93万艘,非机动渔船34.68万艘。可见,渔船数量非常庞大。过去,渔船管理模式较为粗放,渔船盲目增长且数量难以得到有效的管理和控制。随着机构改革的实施,渔业管理部门的职责得到了梳理,管理人员有了更多精力集中于管理业务上,如何使用更科学化的管理手段正不断探索中。其中就包括如何科学构建渔业船联网(fishery internet of vessels,FIoV)的研究。渔业船联网属于船联网的一种,是物联网技术在渔业产业中的拓展应用。国外船联网发展于2006年,欧盟曾启动过泛欧内河航运综合信息服务系统(RIS)示范工程,我国也于2012年在发展和改革委员会与财政部支持下开展了船联网项目的研究。

区块链技术在渔业船联网的安全性、水产品溯源、渔船管理、多对象协调等领域有着显著的作用,而区块链的去中心、分布式、数据可追溯、安全可信等特点也与渔业船联网的要求相吻合。本节从渔业船联网和区块链体系架构的角度出发,提出了基于区块链技术构建渔业船联网的一种方法。

1. 渔业船联网的结构规划

渔业船联网指包括以内河及海洋渔业船舶为网络的基本节点,辅助以其他信息源,通过船载数据处理和交换设备进行信息处理、预处理、应用和交换,综合利用多源数据采集和通信技术实现船与岸、船与船、船与仪器等信息的交换,在岸基数据中心实现节点各类动、静态信息的汇聚、提取、监管与应用,使其具有导航、通信、助渔、渔政管理和信息服务等功能的网络系统。

渔业船联网简化的基本架构分为感知层、传输层、应用层等,如图6－8所示。结合国内外船联网的相关研究,感知层为通过各种传感器、信息采集设备来获取必要的信息,是船联网最底层感知世界的各种方式。传输层通过网络的方式进行数据传输,将感知层采集到的各种数据以最快的速度传输给应用层,传输层包括接入网、承载网、核心网。传输层起到数据传输枢纽与存储功能,包括单船内部数据管理、海上无线通信、卫星通信、沿海无线宽带通信、移动通信、渔船及助渔船舶组网和水声通信等组成的多源数据通信与数据存储。应用层主要是通过计算机技术将海量的大数据进行整理控制并进行实际应用,并以多媒体的方式进行表现,包含渔业船舶、助渔船舶、浮标潜标、岸基设施、航道船闸、桥梁、水文地质气候观测站点、卫星、海洋生物等进行组网互联互通。

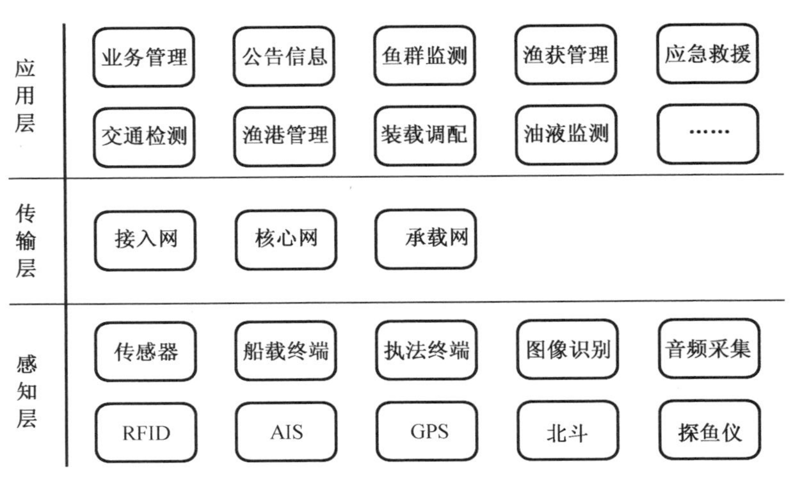

图 6-8　渔业船联网基本架构图

常规的实体层面船联网组网技术共有 8 种方式，包括基于点对点（Ad Hoc）的自组船联网、以卫星为中心模式的组网、以地面基站为中心的组网、平流层汽艇载信号源组网、机会网络组网、船舶水下水声通信组网、利用海洋气象设施组网、基于 5G 技术的移动互联网等。与其他民用船舶或军用船舶相比，渔业船舶分布更广、数量众多、灵活度高、信息敏感性低。常规商船不仅有海事部门管理，还需考虑符合船级社规范要求，并需兼容船舶运营公司统一的管理系统，还需注意港口、货物信息的统一等方面。而渔业船舶由于有单一的直接管理部门，相对于其他民用船舶来说更容易采用统一的措施来搭建以渔船为主体的渔业船联网，基本不需要在网络内部考虑各系统间的兼容性。通过行政命令结合补贴的方式可以快速推进渔业船联网的建设。渔业船联网与其他船联网相比除了都可以共享船舶运营产生的自身数据信息，更可在获得更多有关海洋信息、助力发展海洋经济、辅助维护海洋方面发挥重要作用。

渔业船联网通过采用融合各组网方式进行联网，可保持大多数的节点在网状态，甚至一些岸基节点可做到永久在线，无论是采用常规技术还是采用区块链技术都可以提供足够多的可靠节点。采集、传输数据不可避免地需要进行数据的存储。传统服务器——客户端的模式需要建立专门的中心服务器，数据存储于岸基数据中心及船基数据中心，其中岸基数据中心主要负责复杂计算及控制，船基数据中心只进行存储和简单的数据处理。以上这种模式对中心服务器来说成本巨大。而区块链方式是一种分布式点对点联网模式，其特点是每个节点都是小型服务器，通过合理规划每个区块的格式，减小区块链的体积，就可以有效

利用每个节点。

2. 渔业船联网数据处理与传输机制

渔业船联网中数据的采集、数据传输与处理都是多源的。采集的数据包括气象部门的水质、水文、气象、生物信息数据，渔船生产运营信息数据，进出港动态的船位信息数据，渔业渔政管理信息数据，生活通信数据等。渔业船舶单船的多源异构数据采集系统的主要采集内容共有 9 大类别，每个类别又包含 3 ~ 11 种数据内容，而数据类型则涵盖了数字、图像、文字、语音、视频等 5 种。图 6 – 9 为渔业船舶采集系统主要采集内容统计图。

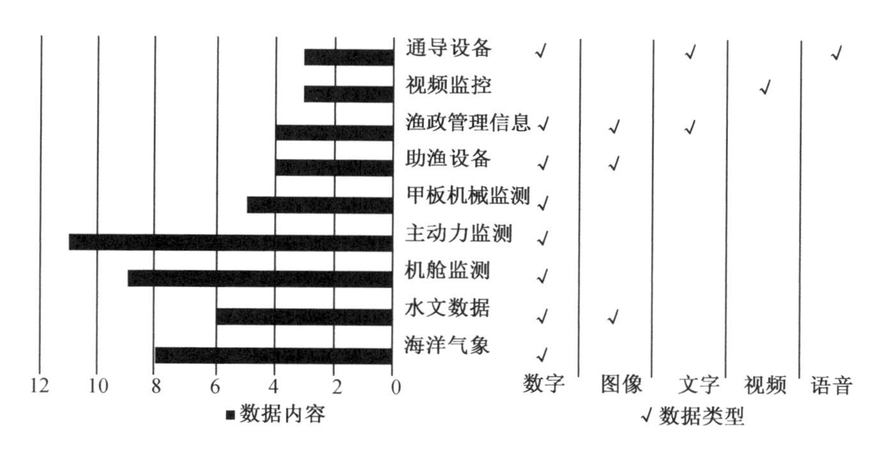

图 6 – 9　渔业船舶采集系统主要采集内容统计图

受渔业船联网各节点中数据处理能力限制及结合实际使用需求，数据多为采集、记录、存储、加密、传输等处理，复杂的解密计算、统计分析等由设计、管理等部门后期专门进行。

渔业船联网涉及的采集数据不仅数量大，采集的方式也多种多样。数据依据作用不同传输也有单向与多向之分。单向多为获取外界气象水文等环境信息或向外发出船上信息。多向数据传输主要涉及交互通信的数据，包括船舶动力相关的运营数据、渔捞作业相关机械设备实时数据、监控通导与生活通信等数据。对于单向传输的数据主要涉及记录、存储，而对于多向传输的数据还需涉及数据验证、校核、存证等多个环节，对数据安全要求较高。

3. 区块链技术的特征

(1) 区块链技术的本质

区块链技术是一种去中心化的分布式数据库技术，通过区块链技术能有效保障数据的隐私性,利于数据流通与数据共享。狭义来讲,区块链即“区块”加“链”,是一种按照时间顺序将数据区块以顺序相连的方式组合成的一种链式数据结构,并以密码学方式保证数据不可篡改和不可伪造的分布式账本。广义来讲,区块链技术是利用块链式数据结构来验证与存储数据、利用分布式节点共识算法来生成和更新数据、利用密码学的方式保证数据传输和访问的安全、利用由自动化脚本代码组成的智能合约来编程和操作数据的一种全新的分布式基础架构与计算范式。

采用区块链技术在以下情况下比传统数据库有显著优势:需要多方共同存储资料;需要多方参与者写入资料;采用公正的第三方成本过高甚至没有公正的第三方。传统数据库需要投入大笔资金建立或租用服务器,为防止数据丢失还需建立镜像服务器,而区块链分布式的特性很好地弥补了这方面的不足。

(2)区块链的基础架构

典型区块链的基础架构如图 6 - 10 所示,由数据层、网络层、共识层、激励层、合约层、应用层组成。一个区块链就是一种特殊的随时间增加的单链数据结构,整个分布式点对点网络中的节点共同参与写入计算,甚至是恶意节点也并不排斥进入,但若想篡改区块链的数据需有半数以上的节点认证通过才能加到区块链中,且随着新区块的加入,若要篡改区块需将所有节点从篡改区块到后代区块都改变,该特性使恶意节点篡改数据的成本和难度都大大上升,累积的区块越多越不可能被篡改,这极大地保证了数据的安全性。

(3)区块链技术的类型与适用范围

区块链作为一种新型的数据库,也并非所有的应用场景都适用,其并不能够完全代替传统数据库。应用区块链技术需要满足:有多个主体写入数据、写入数据方存在利益不一致且互为不可信、缺少独立的可信第三方。

按使用范围区分,区块链有公有链、联盟链、私有链三种形式。公有链是完全公开的,所有接入的节点都可以发起写入数据,广泛使用的虚拟货币均属于公有链,而每个币种有且仅有一条对应的公有链。联盟链仅限区块链中指定的多个预定节点有写入数据的权限,每个区块生成由所有预定节点共同决定,其他节点仅进行存储和查询。私有链仅适用区块链的总账技术进行记账,写入数据的权限为私有机构内部,与其他的分布式存储方案类似。公有链各节点无须系统控制权且数据公开,联盟链与私有链都存在共识范围的限制,但联盟链应用于机构之间,私有链应用于机构内部。根据渔业船联网实际应用场景,可分别采用不同的区块链形式。对于适宜公开的信息如水产品溯源管理、渔船管理、能源管理等可以采用公有链的形式；船用设备管理、人员管理、渔业资源管理等信息可采用联盟链的形式；机构内部的信息可采用私有链的形式。

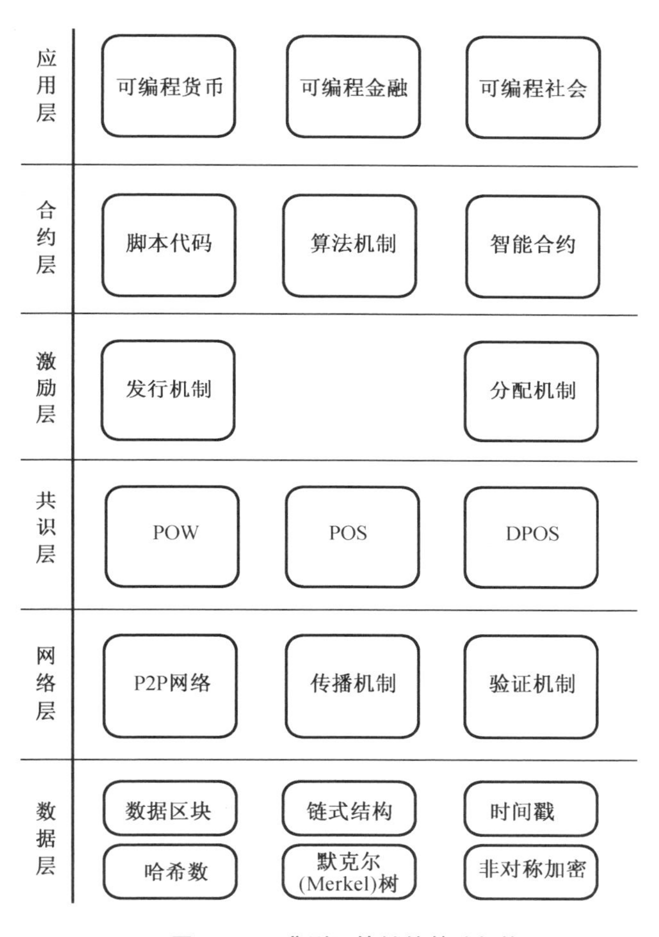

图6－10　典型区块链的基础架构

表6－1为常见船型典型工况及典型区块链应用方向表。常规货船一般是点对点，由一个码头装货之后至另一个码头卸货，载货信息在运输过程中并不会有什么增减，区块链在货船上的应用一般需与航运公司载货信息系统结合，并且只需要记录货物名称、货物数量、货主等信息。客船中涉及乘客或游客是否实名制的问题，对于非实名制的渡轮区块链技术主要用于统计人流量对合适的开航时间进行优化，对于实名制的远洋游轮采用区块链技术可对游客信息，食物的制作、消耗及食品安全信息，船上商品的库存信息等进行记录。军船、渔政船、救助

船等船由于涉及保密、安全、航线不固定等原因不适用公开的区块链模式。渔业船舶按用途可分为捕捞渔船、养殖渔船、管理船、辅助船等。对于在渔场捕捞鱼类的各类捕捞渔船及其他船舶来说，虽然不是固定的点对点航线，但渔场有一定的规律性，而且渔场中有大量渔船作业，同时收鲜、补给船在各渔场与渔港间巡游，使渔获物能第一时间运输至渔港。捕捞渔船无论其对象是野生还是养殖的水产品，其涉及的捕捞、加工、运输、存储等信息都可以采用区块链技术进行整合，生产消费链上所有相关方都记录在区块链中不可篡改，一方面对于消费者来说，通过水产品溯源可对食品安全更放心；另一方面对于管理部门来说，一旦需要查找某个水产品在某个环节的涉及者，无须经过复杂的查询，只需通过该水产品对应的区块链即可查询。养殖渔船分固定在养殖水域的深水网箱及带自航功能的养殖工船模式，采用区块链技术可以将养殖过程中的环境参数、投喂情况、水产品生长情况等进行如实记录；同时由于养殖渔船位置较为固定，亦适宜作为通信、导航、预警、救助的节点，这些节点功能可采用区块链技术进行综合数据融合。

表 6－1　常见船型典型工况及典型区块链应用方向表

类别	船型	典型工况	点对点	典型区块链应用
货船	集装箱船	港口－港口	是	集装箱信息
	散货船	港口－港口	是	散货信息
	油船	采油平台－港口	是	液货信息
客船	远洋游轮	游轮母港－游轮港口	是	游客、食物、商品信息
	渡轮	码头－码头	是	乘客信息
军船	军舰	港口－巡游	否	不适合公开链
渔船	拖网渔船	渔港－渔场－渔港	否	水产品信息
	围网渔船	渔港－渔场－渔港	否	水产品信息
	南极磷虾船	渔港－渔场巡游－渔港	否	捕捞、加工信息
	金枪鱼延绳钓	渔港－渔场－渔港	否	水产品信息
	养殖工船	养殖水域－养殖水域	是	综合数据融合
	大型深水网箱	养殖水域固定	否	综合数据融合
	渔政管理船	港口－巡游	否	不适合公开链
	收鲜船	渔场－渔港	否	水产品信息

4. 基于区块链技术渔业船联网的功能设计

对比渔业船联网的基本架构与区块链的基础架构，可以明显发现在网络层与应用层有交叉，因此主要在这两个层面进行功能设计的时候将区块链的特性应用于渔业船联网中。而在其他层面中，随着研究的深入也可以考虑区块链技术与渔业船联网更深层次的交互。

在网络层上，渔业船联网的组网方式分单船组网与多船联网和组网两种模式。基于区块链技术的单船组网主要体现在机舱运行监控、渔获物状态、网具状态、鱼群信息、油水状态监控等方面。基于区块链技术的多船联网和组网主要是设计区块的时候区块链技术单船内部的数据由各个船上节点参与区块链的写入，而需与外部交互的数据则通过整个船联网的各节点参与区块链的写入。

在应用层上采用区块链技术进行的功能设计主要体现在辅助渔业生产、渔业监管、海洋科研、通信保障、产品溯源、国防安全等方面。在进行功能设计的时候需要考虑到合理性、可靠性、稳定性、安全性，并结合渔业船联网的特点和区块链的特性来进行设计。区块链在应用层面上有两个典型特性：存证和自动化交易，而其中自动化交易又包含价值流动和代码合约。基于区块链技术渔业船联网在以上特性的基础上进行的功能设计有如下三点。

（1）存证

存证即留存证据，区块链的数据天然有不被篡改的存证功能。对于将来需要追溯的应用场景来说，区块链技术是非常合适的。对于单船来说，船上每个关键数据的更新，尤其是在渔场作业时的气象情况、机舱运行情况、鱼群情况、渔捞方式、作业时间、捕鱼量、加工存储方式等信息都将被留存下来，以便统计分析鱼群分布情况、检索机械设备运行状况、追溯水产品的产品质量等。对于多船来说，油水舱的存量、渔获情况、冰的储备量、航行海区的天气及水文情况都是可以记录并共享的，便于收鲜补给船及时对渔场作业的渔船进行补给并收取渔获，也便于管理部门及时掌握渔船的实施状况。

（2）价值流动

传统的区块链应用，如比特币等的应用，其价值流动主要是基于数据的货币价值随着区块链数据的交换而同步产生货币价值的流动。渔业船联网中的区块链数据除小部分涉及进入流通领域的水产品有货币价值的特性，多数的数据不产生货币价值，但有其特定的数据使用价值。例如，某一节点想与其他节点交换运行数据，节点之间需要先验证是否有权限交互数据，可以在渔业船联网中建立一种虚拟的价值流动，使有传递价值的数据通过区块链的特性进行价值流动，满足不同节点中有条件地传递数据的要求。

(3)代码合约

目前阻碍船联网技术得到广泛应用的关键问题是船联网的安全需求及目标信息安全问题,区块链技术因其数据不可篡改的特性很好地弥补了信息安全方面的不足。在初始阶段采用合理的一体化的合约代码进行布局,每个区块中记录写入该区块的时间、发起节点、发起节点校验码、密钥等关键信息,在积累到一定的数据总量后,方能确保越是前部的数据可靠性越高。

5. 小结

现阶段区块链技术的特性之一是每条区块链只能不断增加不能减少,防止了数据被篡改,但也势必造成每条链的体积不断增长,对存储空间是个极大挑战。而渔业船联网各节点所能提供的存储空间有限,这就使得在现有技术下需要对每条区块链所包含的信息尽量精炼,并将对安全性要求不高或不宜共享到整个船联网中的数据从区块链中剔除。再者,区块链本身不存储大量数据,只需记录序号,采用共同的数据压缩算法,可以在查询时依据序号找到对应的数据。渔业船联网中的数据,尤其是涉及水产品溯源的数据有一定的时效性,水产品销售之后进入流通领域并过了保质期一定时间后,大部分数据就失去了保存的意义。基于以上特征,如果能突破现有技术,设置区块链的时效性,将失去保存价值的过期前部数据解锁,仅保留连续的后部数据,就可以有效解决存储空间受限的问题。

另一个需要考虑的是提高共识确认运行效率的问题,目前比特币每秒的交易仅 7 笔,船联网的节点数远远少于传统陆域物联网的节点数,受渔业船联网各节点计算性能限制,若按类似算法每秒处理的数据笔数将更少。简化共识算法、减少共识确认所需的节点数、明确重要节点与普通节点权重比等措施或可解决该问题。

未来的渔业船联网不应仅仅着眼于渔业,也不仅仅只是船联网,而应通过区块链的技术,将养殖、捕捞、加工、流通、销售、生产、管理等环节有机结合在一起,形成一个更大的网,使地域不再成为限制,全产业链数据无障碍联通,增加消费者对渔业产业的信心与认可。

6.3.3 养殖云中心

1. 云控制系统

在过去 10 年中,网络技术取得显著发展,越来越多的网络技术应用于控制

系统,形成了网络化控制系统,它是控制理论的一个新领域。

物联网利用局部网络或互联网等通信技术来实现物物互联、互通、互控,进而建立了高度交互和实时响应的网络环境。网络化控制理论在物联网技术的快速发展中发挥了关键作用。我们可以通过传感器技术,检测对象物理状态的变化,获取各种测量值,最终产生需要储存的海量数据。伴随着物联网的发展,能够获取到的数据将会越来越多,控制系统必须能够处理这些海量数据。控制系统中的海量数据将会增加网络的通信负担和系统的计算负担。在这种情况下,传统的网络化控制技术难以满足高品质和实时控制的要求。

为了解决这个问题,一个新概念——云控制系统(cloud control systems,CCS)应运而生,它结合了网络化控制系统和云计算技术的优点。在这个新的控制拓扑结构中,控制的实时性因为云计算的引入得到了保证,通过各种传感器感知汇聚而成的海量数据,即大数据储存在云端,在云端利用深度学习等智能算法,实现系统的在线辨识与建模,结合网络化预测控制、数据驱动控制等先进控制方法实现系统的自主智能控制。我们要发展的网联系统,也就是这个基于云中心的智能化养殖网联系统。

(1)云控制系统的概念

云控制系统是云计算与信息物理系统的深度融合,但也非简单地将云计算应用到信息物理系统。

通过与人体控制系统的比较,可以形象地认识云控制系统。云控制系统中各分立的小系统可以比作人体各个器官及与之对应的脊髓神经,将系统中的传感器比作人体的感觉器官,将互联网比作信号传输经过的神经网。正如膝跳反射的中枢在腰部脊髓,分立的小系统有自己独立的控制能力。将云端比作脊椎以上的大脑和小脑,提供大部分或者高级的控制能力。正如大脑和脊髓神经的计算运行方式不同,云计算的方式和分立小系统的计算方式也不同,特殊的设计和组成能够提供更强大或更优化的计算能力,使系统更加智能化,功能更强。

①云控制系统的一个雏形(图6-11)

在云控制系统雏形定义中,云控制分为两个阶段:初始阶段(也称网络化控制阶段)和云控制阶段。

控制器接收来自被控对象的测量数据,根据基于模型的网络化预测控制算法,生成控制变量。在初始阶段,云控制系统在预先定义的广播域中仅仅包含两个节点,形式上实际是一个网络化控制系统。

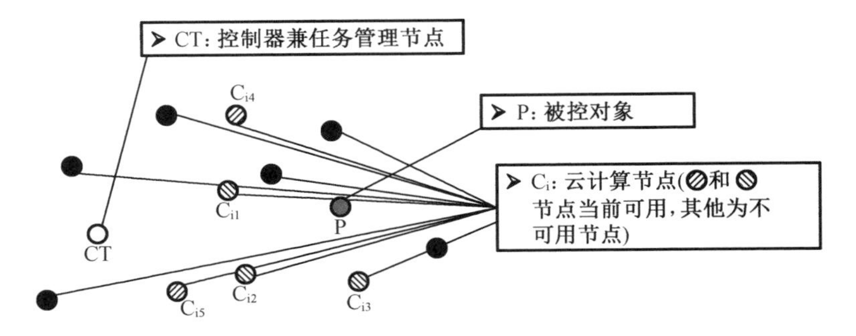

图 6－11　云控制系统的一个雏形

任何一个云控制任务都从初始阶段开始。在初始阶段，控制系统被初始化为一个网络化控制系统，包含控制器 CT 和被控对象 P 两个节点。

②云控制的控制流程(图 6－12)

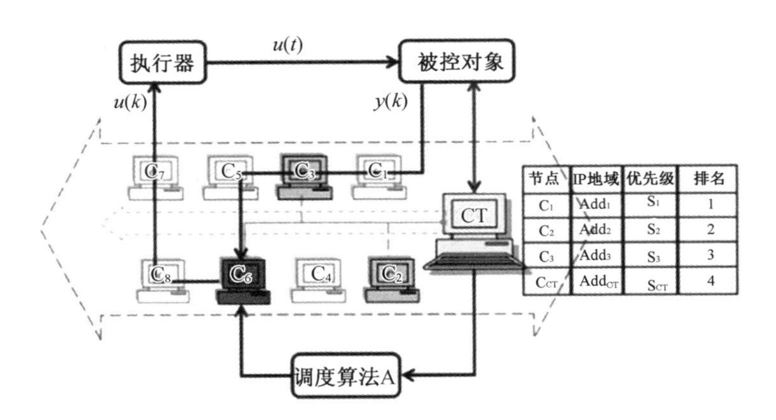

节点	IP地域	优先级	排名
C_1	Add_1	S_1	1
C_2	Add_2	S_2	2
C_3	Add_3	S_3	3
C_{CT}	Add_{CT}	S_{CT}	4

图 6－12　云控制的控制流程

a. 初始，CT 利用预先设定的控制算法，生成操作变量，并将封装好的预测控制信号发送给被控对象；在自身管理范围内，持续广播控制需求，寻找可利用的节点，替代自己完成控制任务。

b. 评价云节点的优先级(优先级越大，越适合提供服务)。

c. 建立完优先级列表后，控制节点 CT 将从中选择一些优先级高的节点，发送确认信息。

d. 当某个或某些结点反馈确认以后，控制节点 CT 将向其发控制任务描述(控制算法等)。

e. CT 也会将服务节点的信息发送给被控对象 P;P 接收到后,将开始向服务云节点发送(历史)测量数据。

f. 为了保持云控制系统的良好运行,在每个采样时刻,所有活动的云控制节点向节点 CT 发送反馈,如果节点 CT 在一个预定时间内没有收到某个云控制节点的反馈,那么这个云控制节点应该从列表中移除,并且节点 CT 将指示所有闲置意愿节点中的第一个节点来代替移除节点。

g. 与此同时,将这种替换告知节点 P。云控制系统的管理是一个动态的过程,节点 CT 不断寻找意愿节点,删除并替换失效节点和发送当前云控制节点的信息到节点 P。节点 P 可以接收来自不同云控制节点的控制信号数据包,补偿器选择最新的控制输入作为被控对象的实际输入。

③协同云控制系统

考虑到单个意愿节点的实际运算能力是有限的,同时为了缩短云端服务时间,在实际的控制实践中,协同云控制系统将会变得非常有意义。在协同云控制系统中,控制任务将由多个意愿节点协同完成。图 6 - 13 给出了协同云控制系统的一个简单示意图。

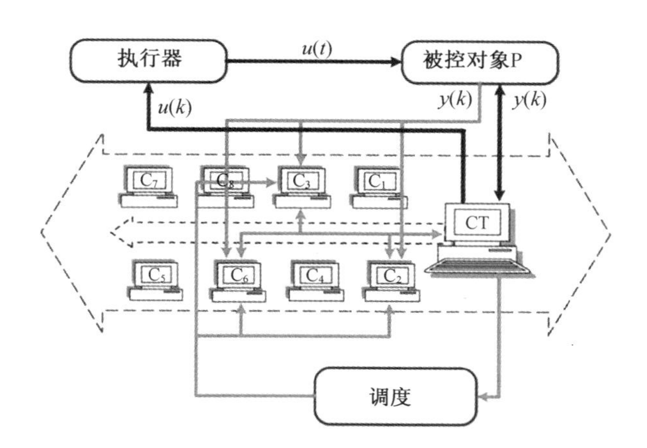

图 6 - 13　协同云控制系统示意图

(2)云控制系统的优势

从上述云控制系统的雏形的定义可以看到,与传统的网络化控制系统相比,云控制系统除上文中所述的优点外,在应用上还有以下 6 点优势。

①系统硬件可靠性高,硬件冗余

很多种原因的硬件损坏会导致服务的停止,例如,硬盘、主板、电源、网卡等,针对这些弱点,管理人员虽然可以找到替代方案,如建立一个全冗余的环境(电源、网络、盘阵等),但是这样的成本太高而且工作非常繁复。云存储通过将系统映射到不同的服务器,解决了这个潜在的硬件损坏的难题。在硬件发生损坏时,系统会自动将服务运行在另一台服务器上,保持服务的继续。

②系统设备升级不会导致服务中断

传统系统升级时,需要把旧系统停机,换上新的设备,这会导致服务的停止。云控制并不单独依赖一台服务器,因此,服务器硬件的更新、升级并不会影响服务的中断。

③不受物理硬件的限制,及时提供性能的扩展

考虑到功能和算法复杂度的增长,可能导致提前采购的浪费。当采用云控制时,可以根据具体需求动态调整,硬件和运行环境配置,避免不必要的浪费,节约用户资本。

④发挥系统的最大效能

实际应用中,常常出现工作量过度集中,而用户没有能力或者比较困难进行工作量分配,造成系统整体负载不均的现象,有些系统没有在使用,有些则负载过量,这会导致整体系统效能受限。云控制系统充分利用云计算按需分配的能力,突破了这一难题。

⑤减少 IT 支持

对于控制工程师,更多关注于整个系统的控制性能指标,而对系统的安全防护和 IT 管理规则较为陌生,而这些却是保证控制系统正常运行的基础。云控制系统的引入可以较好地调配人力资源,最大限度地提升控制工程师的效率。

⑥有利于共享与协作

由于控制系统对于相同的控制对象具有较大的相似度,云控制系统的引入为控制工程师提供了一个交换控制算法与经验的平台。当遇到较为复杂的控制任务时,云控制平台也可以完成使用者之间的协作。

(3)云控制系统面临的挑战

尽管云控制系统具有很多优势,但在当前阶段,云控制系统的发展还处在起始阶段,面临着许多挑战。主要表现在以下几方面。

①云控制系统信息传输与处理的挑战

云控制系统与一般信息物理系统的不同之处在于,云控制系统将其控制部分有选择地整合,进而采用云计算处理。系统中存在着海量数据汇聚而成的大数据,如何有效地获取、传输、存储和处理这些数据呢?如何在大延迟(主要包括

服务时间及对象与云控制器之间的通信延迟)下保证控制质量和闭环系统的稳定性呢？如何保证控制性能，如实时性、鲁棒性等？采用何种原则对本地控制部分进行分拆？与云端进行哪些信息的交流？采用何种云计算方式？云计算中如何合理利用分布式计算单元，合理地给计算单元分配适当的任务？这些都是不同于一般信息物理系统的问题，其中如何进行控制部分整合和云端计算是设计的关键。

②基于物理、通信和计算机理建立云控制系统模型的挑战

控制系统设计的首要问题是建立合理的模型，云控制系统是计算、通信与控制的融合，计算模式、通信网络的复杂性及数据的混杂性等为云控制系统的建模工作带来了前所未有的挑战。尤其是云计算作为控制系统的一部分，与传统网络化控制系统中控制器的形式有很大不同，如何构建云计算、物理对象、(计算)软件与(通信)网络的综合模型，以及如何应用基于模型的现有控制理论是一大挑战。在建模过程中，计算模型和通信模型需要包含物理概念，如时间；而建立物理对象的模型需要提取包含平台的不确定性，如网络延时、有限字节长度、舍入误差等。同时需要为描述物理过程、计算和通信逻辑的异质模型及其模型语言的合成发展新的设计方法。

③基于数据或知识的云控制系统分析与综合的挑战

作为多学科交叉的领域，云控制系统必然存在一些新特性，除了包含云计算、网络化控制、信息物理系统和复杂大系统控制的一般通性，还有自身的特性。针对这些特性，需探究和创建合适的控制理论。云控制系统作为复杂系统，其模型建立困难，或者所建模型与实际相差过大，需要探究不依靠模型而基于数据或知识的控制方法。同时，云控制系统必然存在一定的性能指标，合理提炼并进行指标分析和优化，对于设计和理解云控制系统具有指导意义。

④优化云控制系统成本的挑战

将云服务运用于控制系统减少了硬件和软件的花费。但是在运用云计算过程中，需要进行控制任务的分配与调度，本地部分功能向云端虚拟服务器的迁移，以及云控制系统的维护与维持等，如何优化云控制系统的成本是一个更为复杂的问题。

⑤保证云控制系统安全性的挑战

云控制系统的安全问题是最重要的问题。针对云控制系统的攻击形式多种多样，除了针对传输网络的 DOS 攻击，还有攻击控制信号和传感信号本身的欺骗式攻击与重放攻击等。对于云控制系统而言，设计的目标不仅仅要抵御物理

层的随机干扰和不确定性,更要抵御网络层有策略有目的的攻击。因此,云控制系统的安全性对我们提出了更高的要求,研究者需要综合控制、通信和云计算研究。目前的网络化控制系统要求控制算法和硬件结构具有更好的“自适应性”和“弹性”,以便适应复杂的网络环境。云控制系统的架构具有更好的分布性和冗余性,因此能够更好地适应现代网络化控制系统安全性的需要。

2. 云计算与物联网

云计算和物联网是当今 IT 业界的两大焦点。它们有很大的区别,但同时也有着千丝万缕的联系——物联网通过数量惊人的传感器采集到难以计数的数据量,而云计算可以对这些海量数据进行智能处理。云计算是物联网发展的基石,而物联网又是云计算的最大用户,促进着云计算的发展。二者的融合可谓珠联璧合,相辅相成。在大数据时代,二者的融合将进一步推动数据价值的挖掘,使数据价值进一步显现,促进产业爆发。

物联网就是物物相连的互联网。物联网的核心和基础仍然是互联网,是在互联网基础上延伸和扩展的网络。物联网的用户端延伸和扩展到了任何物品与物品之间进行信息交换及通信。

随着物联网业务量的增加,对数据存储和计算量的需求将带来对云计算能力的要求,于是有了“云物联”这一基于云计算技术的物联网服务。

从工作架构的角度分析,物联网可被认为是承载云计算技术的一个平台。借助云计算技术的支持,物联网可以更好地提升数据存储及处理能力,从而使自身的技术得到进一步完善。如果失去云计算的支持,物联网的工作性能无疑会大打折扣。与其他传统技术相比,它的意义也会大大降低。因此,物联网对云计算有很强的依赖性。

物联网和云计算之间的联系将越来越紧密。在云计算技术的支持下,物联网被赋予了更强工作能力,其使用率逐年上升,所涉及的领域也随之越来越广泛。云计算承载物联网有更广阔的发展空间。

云计算为物联网所产生的海量数据提供了很好的存储空间。云存储可以通过集群应用、网格技术或分布式文件系统等功能,将网络中大量不同类型的存储设备通过应用软件集合起来协同工作,共同对外提供数据存储和业务访问功能。

云计算是实现物联网的核心,运用云计算模式,可以实现物联网中各类物品的实时动态管理和智能分析。云计算为物联网提供了可用、便捷、按需的网络访问。如果没有这个工具,物联网产生的海量信息无法传输、处理和应用。

云计算促进物联网和互联网的智能融合,有利于构建智慧海洋。从技术发展视角来看，智慧海洋建设要求通过以移动技术为代表的云计算、物联网等新一代信息技术实现全面感知、互联及融合装备应用。医疗、交通、安保等产业均需要后台巨大的数据中心，需要云计算中心的支持，而云计算中心是智慧海洋的重要基础设施，数据的分析与处理等工作都将放到后台进行操作，为打造智慧海洋提供良好的基础。

移动物联网示意图如图6－14所示。

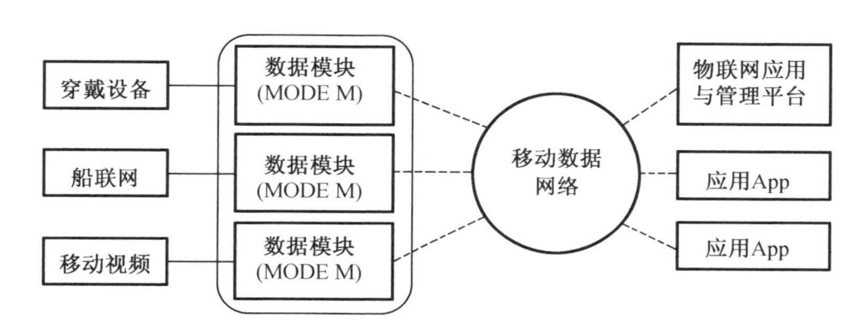

图6－14　移动物联网示意图

5G已经成为推动云计算、物联网、移动互联网产业发展的重要载体。5G技术的应用与突破，将有力推动云计算、物联网应用模式的革新和内容的丰富。随着5G商用大门开启、智慧海洋的推动，物联网和云计算将有更大的用武之地。5G网络的运行让云计算、物联网与移动互联网的智能融合有巨大的想象空间。

云控制框架的引入，将可以更有效地处理深远海养殖系统中存在的海量数据，提升效率和安全性。有助于智能化养殖系统的稳定性、可靠性，同时也将对深远海智能化养殖系统的整体推广有重要的促进作用。

6.3.4　信息安全

1. 信息安全管理体系

信息安全管理体系（information security management system，ISMS）是1998年前后从英国发展起来的信息安全领域中的一个新概念，是管理体系（management system，MS）思想和方法在信息安全领域的应用。近年来，伴随着ISMS国际标准的制定、修订，ISMS迅速被全球接受和认可，成为世界各国、各种类型、各种规模的组织解决信息安全问题的一个有效方法。ISMS认证随之成为组织向社会及其相关方证明其信息安全水平和能力的一种有效途径。

ISMS 是组织机构单位按照其相关标准的要求，制定信息安全管理方针和策略，采用风险管理的方法进行信息安全管理计划、实施、评审检查、改进的信息安全管理执行的工作体系。信息安全管理体系是按照 ISO/IEC 27001《信息技术 安全技术 信息安全管理体系要求》建立的，ISO/IEC 27001 标准是根据英国 BS7799－2:2002《信息安全管理体系规范与使用指南》发展而来的。

ISMS 是建立和维持信息安全管理的标准，标准要求组织通过确定 ISMS 范围、制定信息安全方针、明确管理职责、以风险评估为基础选择控制目标与控制方式等活动建立 ISMS；体系一旦建立组织应按体系规定的要求进行运作，保持体系运作的有效性；ISMS 应形成一定的文件，即组织应建立并保持一个文件化的 ISMS，其中应阐述被保护的资产、组织风险管理的方法、控制目标及控制方式和需要的保证程度。

深远海养殖工业系统必须建立自身的独立的 ISMS，才能确保深远海养殖工业健康、安全地发展。

2. ISMS 建设

（1）简述

组织对 ISMS 的采用是一个战略决定。因为按照 BS 7799－2:2002 建立的 ISMS 需要在组织内形成良好的信息安全文化氛围，它涉及组织全体成员和全部过程，需要取得管理者的足够重视和有力支持。

①体系标准。

要求：BS 7799－2:2002《信息安全管理体系规范与使用指南》。

控制方式指南：ISO/IEC 17799:2000《信息技术－信息安全管理实施细则》。

②要求。

相关法律、法规及其他要求。

③惯例、规章、制度。

此项包括信息安全管理手册、适用性说明、管理制度与规范、业务流程和记录表单等。

④其他的文件。

（2）遵循原则

在编写 ISMS 程序文件时应遵循下列原则。

①程序文件一般不涉及纯技术性的细节，细节通常在工作指令或作业指导书中规定。

②程序文件是针对影响信息安全的各项活动的目标和执行做出的规定，它

应阐明影响信息安全的管理人员、执行人员、验证或评审人员的职责、权利和相互关系，说明实施各种不同活动的方式、将采用的文件及将采用的控制方式。

③程序文件的范围和详细程度应取决于安全工作的复杂程度、所用的方法及这项活动涉及人员所需的技能、素质与培训程度。

④程序文件应简练、明确和易懂，使其具有可操作性和可检查性。

⑤程序文件应保持统一的结构与编排格式，便于文件的理解与使用。

(3)注意事项

编写ISMS程序文件时应注意以下事项。

①程序文件要符合组织业务运作的实际，并具有可操作性。

②实施信息安全管理体系的一个重要标志就是有效性的验证。程序文件主要体现可检查性，必要时附相应的控制标准；在正式编写程序文件之前，组织应根据标准的要求、风险评估的结果及组织的实际对程序文件的数量及其控制要点进行策划，确保每个程序之间要有必要的衔接，避免相同的内容在不同的程序之间有较大的重复。

③在能够实现安全控制的前提下，程序文件数量和每个程序的篇幅越少越好；程序文件应得到本活动相关部门负责人同意和接受，必须经过审批，注明修订情况和有效期。

(4)模式应用

①PDCA简介

计划(plan)——根据风险评估结果、法律法规要求、组织业务运作自身需要来确定控制目标与控制措施。

实施(do)——实施所选的安全控制措施。

检查(check)——依据策略、程序、标准和法律法规，对安全措施的实施情况进行符合性检查。

改进(action)——根据ISMS审核、管理评审的结果及其他相关信息，采取纠正和预防措施，实现ISMS的持续改进。

②PDCA过程模式

策划：依照组织整个方针和目标，建立与控制风险、提高信息安全有关的安全方针、目标、指标、过程和程序。

实施：实施和运作方针(过程和程序)。

检查：依据方针、目标和实际经验测量，评估过程业绩，并向决策者报告结果。

措施:采取纠正和预防措施,进一步提高过程业绩。

4个步骤成为一个闭环,通过这个环的不断运转,使ISMS得到持续改进,使信息安全绩效(performance)螺旋上升。

③PDCA的应用

a. P—建立信息安全管理体系环境与风险评估

要启动PDCA循环,必须有“启动器”:提供必需的资源、选择风险管理方法、确定评审方法、文件化实践。设计策划阶段就是为了确保正确建立ISMS的范围和详略程度,识别并评估所有的信息安全风险,为这些风险制订适当的处理计划。策划阶段的所有重要活动都要被文件化,以备将来追溯和控制更改情况。

(a)确定范围和方针

ISMS可以覆盖组织的全部或者部分。无论是全部还是部分,组织都必须明确界定ISMS的范围,如果ISMS仅涵盖组织的一部分这就变得更重要了。组织需要文件化ISMS的范围,ISMS范围文件应该涵盖如下内容。

Ⅰ.确立ISMS范围和体系环境所需的过程。

Ⅱ.战略性和组织化的信息安全管理环境。

Ⅲ.组织的信息安全风险管理方法。

Ⅳ.信息安全风险评价标准及所要求的保证程度。

Ⅴ.信息资产识别的范围。

ISMS也可能在其他ISMS的控制范围内。在这种情况下,上下级控制的关系有下列两种可能。

第一种,下级ISMS不使用上级ISMS的控制。在这种情况下,上级ISMS的控制不影响下级ISMS的PDCA活动。

第二种,下级ISMS使用上级ISMS的控制。在这种情况下,上级ISMS的控制可以被认为是下级ISMS策划活动的“外部控制”。尽管此类外部控制并不影响下级ISMS的实施、检查、措施活动,但是下级ISMS仍然有责任为这些外部控制提供充分的保护。

安全方针是关于在一个组织内,指导如何对信息资产进行管理、保护和分配的规则、指示,是组织ISMS的基本法。组织的信息安全方针,描述信息安全在组织内的重要性,表明管理层的承诺,提出组织管理信息安全的方法,为组织的信息安全管理提供方向和支持。

(b)定义风险评估的系统性方法

确定信息安全风险评估方法,并确定风险等级准则。评估方法应该和组织既定的ISMS范围、信息安全需求、法律法规要求相适应,兼顾效果和效率。组织需要建立风险评估文件,解释所选择的风险评估方法、说明为什么该方法适合组织的安全要求和业务环境,介绍所采用的技术和工具,以及使用这些技术和工具的原因。评估文件还应该规范下列评估细节。

Ⅰ.信息安全管理体系内资产的估价,包括所用的价值尺度信息。

Ⅱ.威胁及薄弱点的识别。

Ⅲ.可能利用薄弱点的威胁的评估及此类事故可能造成的影响。

Ⅳ.以风险评估结果为基础的风险计算及剩余风险的识别。

(c)识别风险

Ⅰ.识别ISMS控制范围内的信息资产。

Ⅱ.识别对这些资产的威胁。

Ⅲ.识别可能被威胁利用的薄弱点。

Ⅳ.识别保密性、完整性和可用性丢失对这些资产的潜在影响。

(d)评估风险

Ⅰ.根据资产保密性、完整性或可用性丢失的潜在影响,评估由于安全失败(failure)可能引起的商业影响。

Ⅱ.根据与资产相关的主要威胁、薄弱点及其影响,以及实施的控制,评估此类失败发生的现实可能性。

Ⅲ.根据既定的风险等级准则,确定风险等级。

(e)识别并评价风险处理的方法

对于所识别的信息安全风险,组织需要加以分析,区别对待。如果风险满足组织的风险接受方针和准则,那么就有意地、客观地接受风险;对于不可接受的风险组织可以考虑避免风险或者将转移风险;对于不可避免也不可转移的风险应该采取适当的安全控制,将其降低到可接受的水平。

(f)为风险的处理选择控制目标与控制方式

选择并文件化控制目标和控制方式,以将风险降低到可接受的等级。BS 7799-2:2002附录A提供了可供选择的控制目标与控制方式。不可能总是以可接受的费用将风险降低到可接受的等级,那么需要确定是增加额外的控制,还是接受高风险。在设定可接受的风险等级时,控制的强度和费用应该与事故的潜在费用相比较。这个阶段还应该策划安全破坏或者违背的探测机制,进而安排预防、制止、限制和恢复控制。在形式上,组织可以通过设计风险处理计划来完成步骤5和6。风险处理计划是组织针对所识别的每一项不可接受风险建立的详细处理方案和实施时间表，是组织安全风险和控制措施的接口性文档。风险处理计划不仅可以指导后续的信息安全管理活动，还可以作为与高层管理者、上级领导机构、合作伙伴或者员工进行信息安全事宜沟通的桥梁。这个计划至少应该为每一个信息安全风险阐明以下内容。

Ⅰ. 组织所选择的处理方法。

Ⅱ. 已经到位的控制。

Ⅲ. 建议采取的额外措施。

Ⅳ. 建议控制的实施时间框架。

(g)获得最高管理者的授权批准

剩余风险(residual risks)的建议应该获得批准，开始实施和运作 ISMS 需要获得最高管理者的授权。

b. D—实施并运行

PDCA 循环中这个阶段的任务是以适当的优先权进行管理运作，执行所选择的控制，以管理策划阶段所识别的信息安全风险。对于那些被评估认为是可接受的风险，不需要采取进一步的措施。对于不可接受风险，需要实施所选择的控制，这应该与策划活动中准备的风险处理计划同步进行。计划的成功实施需要有一个有效的管理系统，其中要规定所选择的方法、分配职责和职责分离，并且要依据规定的方式、方法监控这些活动。

在不可接受的风险被降低或转移之后，还会有一部分剩余风险。应对这部分风险进行控制，确保不期望的影响和破坏被快速识别并得到适当管理。本阶段还需要分配适当的资源(人员、时间和资金)运行 ISMS 及所有的安全控制。这包括将所有已实施控制的文件化及 ISMS 文件的积极维护。

提高信息安全意识的目的就是产生适当的风险和安全文化，保证意识和控制活动的同步，还必须安排针对信息安全意识的培训，并检查意识培训的效果，以确保其持续有效和实时性。如有必要应对相关方实施有针对性的安全培训，以支持组织的意识程序，保证所有相关方能按照要求完成安全任务。本阶段还应该实施并保持策划的探测和响应机制。

c. C—监视并评审

(a)检查阶段

检查阶段又叫学习阶段，是 PDCA 循环的关键阶段，是 ISMS 分析运行效果、寻求改进机会的阶段。如果发现一个控制措施不合理、不充分，就要采取纠正措施，以防止信息系统处于不可接受风险状态。组织应该通过多种方式检查 ISMS

是否运行良好，并对其业绩进行监视，包括下列管理过程。

Ⅰ. 执行程序和其他控制快速检测并处理结果中的错误；快速识别安全体系中失败的和成功的破坏；能使管理者确认人工或自动执行的安全活动达到预期的结果；按照商业优先权确定解决安全破坏所要采取的措施；接受其他组织和组织自身的安全经验。

Ⅱ. 常规评审信息安全管理体系的有效性；收集安全审核的结果、事故，以及来自所有股东和其他相关方的建议与反馈，定期对 ISMS 有效性进行评审。

Ⅲ. 评审剩余风险和可接受风险的等级；注意组织、技术、商业目标和过程的内部变化，以及已识别的威胁和社会风尚的外部变化，定期评审剩余风险和可接受风险等级的合理性。

Ⅳ. 审核是执行管理程序、以确定规定的安全程序是否适当、是否符合标准、是否按照预期的目的进行工作。审核就是按照规定的周期（最多不超过一年）检查 ISMS 的所有方面是否行之有效。审核的依据包括 BS 7799－2：2002 标准和组织所发布的信息安全管理程序。应该进行充分的审核策划，以便审核任务能在审核期间内按部就班地展开。

（b）评审阶段

Ⅰ. 信息安全方针仍然是业务要求的正确反映。

Ⅱ. 正在遵循文件化的程序（ISMS 范围内），并且能够满足其期望的目标。

Ⅲ. 有适当的技术控制（如防火墙、实物访问控制），被正确地配置，且行之有效。

Ⅳ. 剩余风险已被正确评估，并且是组织管理可以接受的。

Ⅴ. 前期审核和评审所认同的措施已经被实施。

Ⅵ. 审核会包括对文件和记录的抽样检查，以及口头审核管理者和员工。

正式评审时，为确保范围保持充分性，以及 ISMS 过程的持续改进得到识别和实施，组织应定期对 ISMS 进行正式的评审（最少一年评审一次）。记录并报告能影响 ISMS 有效性或业绩的所有活动、事件。

d. A—改进

经过策划、实施、检查之后，组织在措施阶段必须对所策划的方案给以结论，是应该继续执行，还是应该放弃重新进行新的策划。该循环会给管理体系带来明显的业绩提升，组织可以考虑是否将成果扩大到其他的部门或领域，这就开始了新一轮的 PDCA 循环。

在这个过程中组织可持续地进行以下操作。

测量 ISMS 满足安全方针和目标方面的业绩；识别 ISMS 的改进，并有效实施；采取适当的纠正和预防措施；沟通结果及活动，并与所有相关方磋商；必要时修订 ISMS，确保修订达到预期的目标。

在这个阶段需要注意的是，很多看起来单纯的、孤立的事件，如果不及时处理就可能对整个组织产生影响，所采取的措施不仅具有直接的效果，还可能带来深远的影响。组织需要把措施放在 ISMS 持续改进的大背景下，以长远的眼光来打算，确保措施不仅致力于眼前的问题，还要杜绝类似事故再发生或者降低其发生的可能性。

不符合、纠正措施和预防措施是本阶段的重要概念。

(a)不符合：是指实施、维持并改进所要求的一个或多个管理体系要素缺乏或者失效，或者是在客观证据基础上，ISMS 符合安全方针及达到组织安全目标的能力存在很大不确定性的情况。

(b)纠正措施：组织应确定措施，以消除 ISMS 实施、运作和使用过程中不符合的原因，防止再发生。组织纠正措施的文件化程序应该规定以下方面的要求。

Ⅰ. 识别 ISMS 实施、运作过程中的不符合。

Ⅱ. 确定不符合的原因。

Ⅲ. 评价确保不符合不再发生的措施要求。

Ⅳ. 确定并实施所需的纠正措施。

Ⅴ. 记录所采取措施的结果。

Ⅵ. 评审所采取措施的有效性。

(c)预防措施：组织应确定措施，以消除潜在不符合的原因，防止其再发生。预防措施应与潜在问题的影响程度相适应。预防措施的文件化程序应该规定以下方面的要求。

Ⅰ. 识别潜在不符合及其原因。

Ⅱ. 确定并实施所需的预防措施。

Ⅲ. 记录所采取措施的结果。

Ⅳ. 评审所采取的预防措施。

Ⅴ. 识别已变化的风险，并确保对发生重大变化的风险予以关注。

(4)ISO/IEC 27001 为企业云计算安全保驾护航

近几年，IT 领域出现了全面的业务和技术的融合，许多全新的技术名词开始进入大众视野。作为第三次 IT 浪潮的代表，云计算技术的风起云涌为人类生活、生产方式和商业模式带来了巨大的改变。据 Gartner 公司报告称，2011 年和 2012

年全球公有云服务市场规模突破了910亿美元和1 100亿美元，年底这一数字将增加19%，达到1 090亿美元。来自Gartner的云计算领域观察并在2016年超过2 200亿美元的规模。

伴随着云计算的高速发展与普及，随之而来的全新网络威胁、数据泄漏和欺诈的风险，在全球范围内引发了诸多危机。2011年3月，谷歌Gmail邮箱爆发大规模的用户数据泄露事件，约有15万用户的使用信息受到不同程度的破坏；2011年4月，全球最大的网络零售商亚马逊也发生了史上最严重的宕机事件，导致其云服务中断持续了近4天，业务损失十分严重。由此可见，想要获得真正全面的云计算服务，安全问题是重中之重。如何并有效地避免云计算所带来的安全隐患，国际上关于"云"的组织联盟都在积极地做出努力，在对相关技术水平提出更高要求的同时，如何更好地建立企业自身的ISMS标准也成了行业日益关注的焦点。

作为国际上具有代表性的ISMS标准，ISO/IEC 27001已在世界各地的政府机构、银行、证券、保险公司、电信运营商、网络公司及许多跨国公司得到了广泛应用。该标准重新定义了对ISMS的要求，旨在帮助企业确保有足够并具有针对性的安全控制选择。通过ISMS的建立、运行和改进，可以进一步规范企业相关的信息管理工作，从而确保企业云计算服务的安全问题。

此外，开展ISO/IEC 27001的培训也是十分必要的，而且要从不同的层面开展针对性的培训。首先，需要开展管理层的培训，让管理者对ISMS有一个初步的了解，让领导们初步了解ISMS的理念和作用。有了领导的大力支持，才能顺利实施和运行ISMS架构，如跨越不同的部门，在部门与部门之间的协调上，就需要上层领导的协调了。此外，让各部门主要信息安全专员参与标准的内审员培训，从而让内审员了解ISMS应该做哪些工作，哪些是重点工作，并且在培训中进行讨论，形成统一的认识。

实施ISO/IEC 27001标准，将为企业带来多方面的益处，如下。

①证明企业内部控制具备独立保障，并满足公司信息管理和业务连续性要求。

②独立证明已遵守各项适用法律法规，通过满足合同要求以提供竞争优势，并向客户展示其云计算安全已受到保护。

③在使信息安全流程、程序和文件材料正式化的同时，能够独立地证明云服务相关风险已得到妥善识别、评估和管理。

④证明高级管理层对其信息安全的承诺。

⑤定期的评估流程有助于不断监控企业的生产效率并最终得到改善。

6.3.5 企业的脑科技建设

1. 脑科技是科技创新的核心

人类的一切创新活动和生命运动都是通过大脑来指挥实施的，大脑是理解自然和人类本身的“终极疆域”，而脑科技是科研领域“皇冠上的明珠”。相比欧洲“人类脑计划”的迟缓，美国“推进创新神经技术脑研究计划”(BRAIN)进展颇为迅速。美国 BRAIN 2.0 工作组于 2019 年 6 月提交了《BRAIN 计划 2.0》新路线图，对其 5 年前提出的《脑 2025：科学愿景》实施情况和未来发展进行再梳理，低调展示美国以脑科技竞逐大国未来的雄心。

美国政府将脑科技置于科技创新体系核心地位，这种地位出于客观原因和主观意图，并与美国独特的科技研发体制机制、投入框架、系列科技战略倡议等因素相结合，被层层包裹而变得隐晦起来。判定脑科技在美国国家科技创新体系中的战略地位，需要观其形、窥其意、溯其源。

BRAIN 计划被誉为媲美跨世纪的全球性“人类基因组计划”，隐隐地超越了曾宣布的美国国家癌症登月计划、精准医疗计划、微生物组计划及引而不发的工程生物学(合成生物学)计划。

2. 企业的科技大脑建设

阿里巴巴集团控股有限公司在 2016 年推出了 ET 城市大脑理念；华为技术有限公司于 2017 年、2018 年分别提出“城市神经系统”和“城市超级大脑”概念，发布了“EI 城市智能体”，强调基于 AI 技术能力实现“万物感知—万物连接—万物智能”；百度在线网络技术(北京)有限公司于 2018 年推出 AI 城市“ACE 王牌计划”，基于深度识别、人脸识别、语音交互、多轮交互、大数据分析、三维空间重建等多项 AI 技术，及百度自动驾驶 Apollo、智能云、百度大脑等核心产品能力，打造城市级平台生态；腾讯计算机系统有限公司于 2019 年发布“WeCity 未来城市”，覆盖数字政务、城市治理、城市决策和产业互联等应用领域。

当今，每个企业的数据量都很巨大，大企业不可能只靠少数人来领导，而是要有科学大脑，即企业大脑来辅助企业的决策、指挥，这是企业能够更好地生存发展的必然趋势及必要条件。

（1）企业大脑的技术体系

①企业大脑组成

企业大脑由决策部门用户、日常业务处理用户、交互环境、日常业务处理系统、知识与模型管理子系统、知识库、决策数据管理子系统、日常业务、模型库、数据库、数据仓库、多维数据库等组成（图 6－15）。

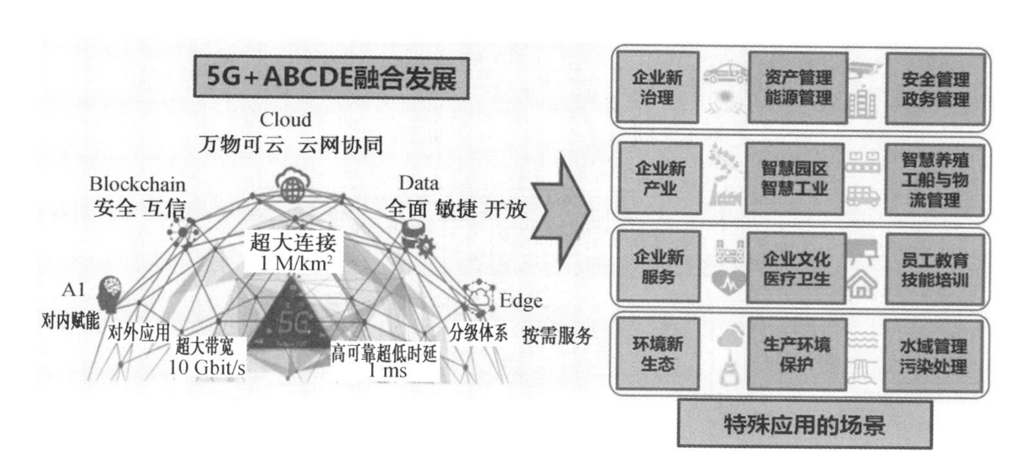

图 6－15　企业大脑组成

②企业大脑结构

企业大脑结构如图 6－16 所示。

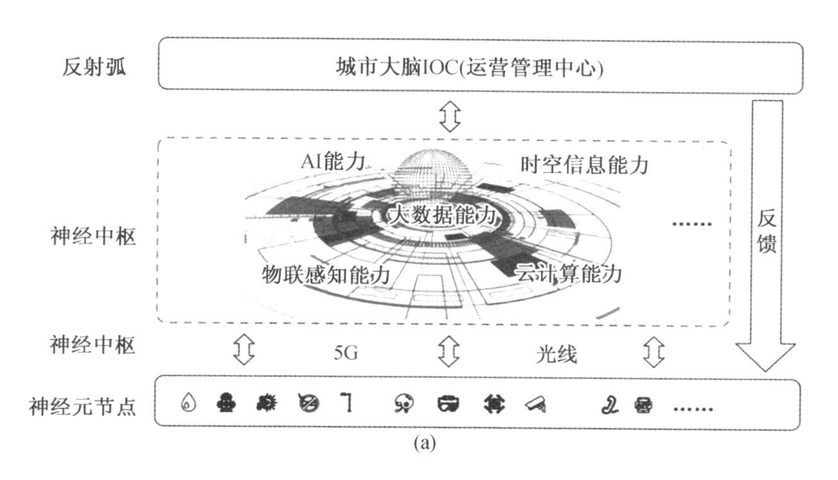

图 6－16　企业大脑结构

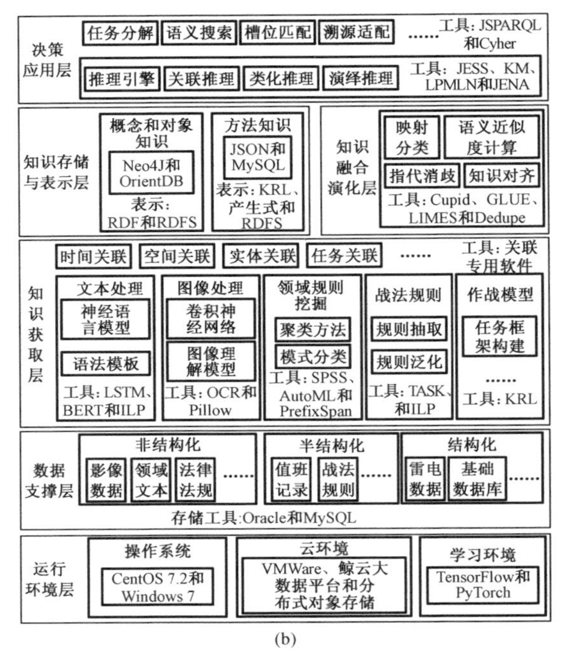

图 6－16(续)

③企业大脑关键技术

企业大脑具有许多关键技术，如图 6－17 所示。

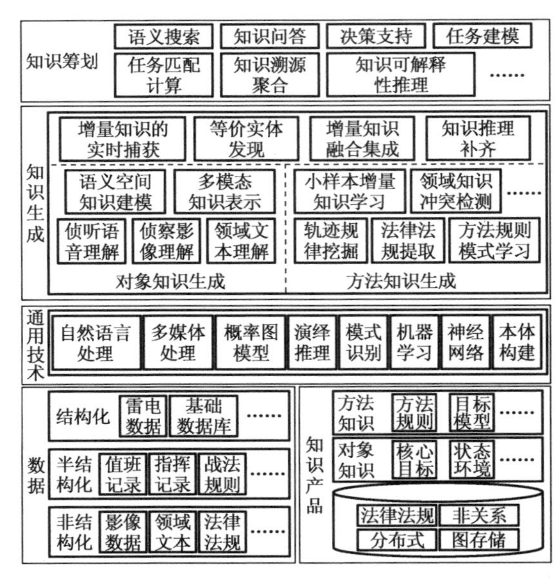

图 6－17　企业大脑关键技术

④信息与网络安全物理构架(图 6 - 18)

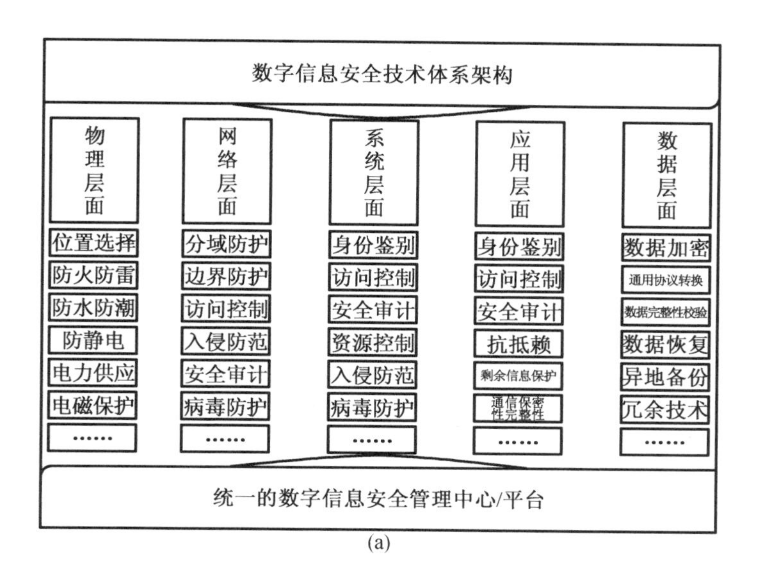

(a)

(b)

图 6 - 18　信息与网络安全物理构架

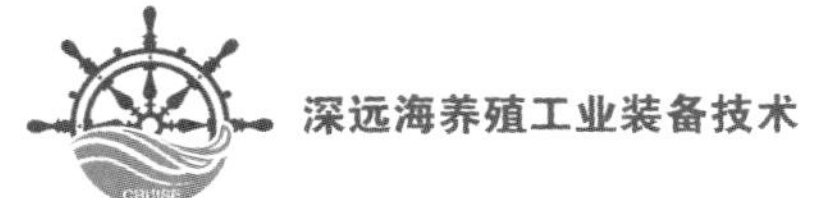

⑤虚实交互系统技术(图6-19)

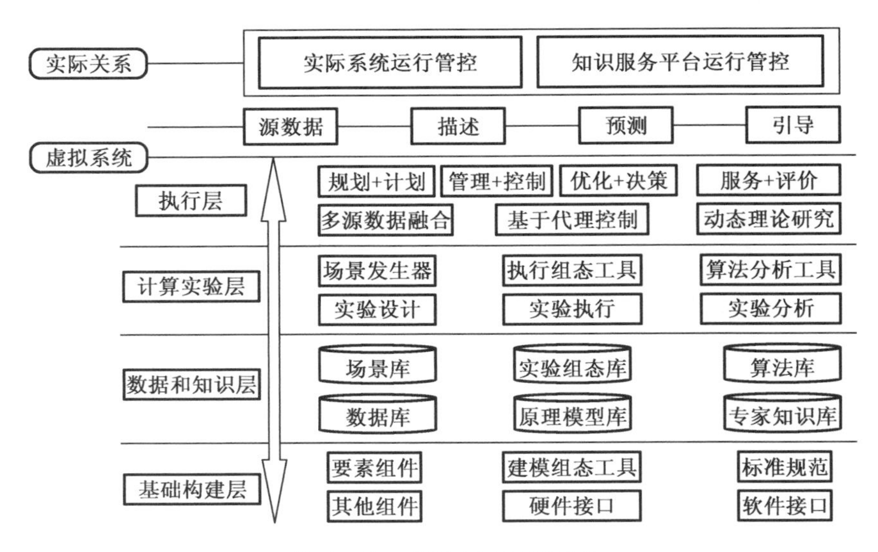

图6-19　虚实交互系统技术

⑥物理养殖工船智能运营与数字工船的数据交互(图6-20)

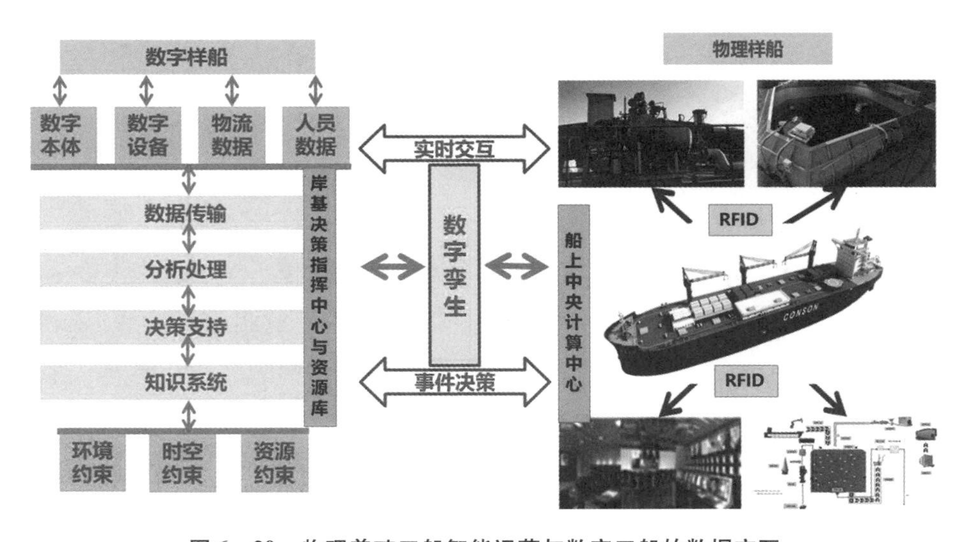

图6-20　物理养殖工船智能运营与数字工船的数据交互

⑦新一代知识中心

知识中心是企业大脑记忆、理解和推理的基石,是各种力量进行协同决策指

挥及实现最大化效能的核心枢纽。其知识内涵阶梯图如图 6－21 所示。

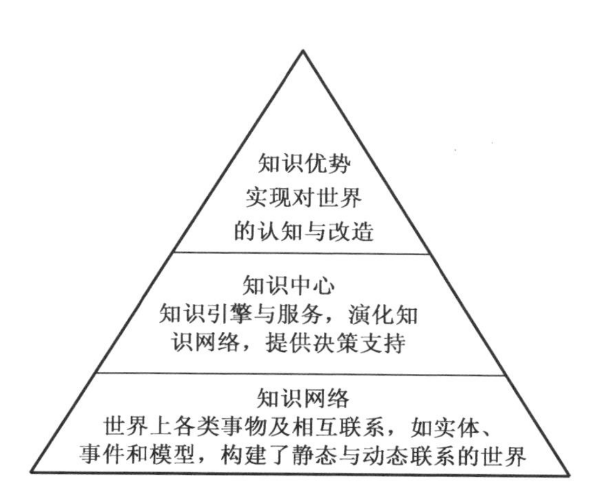

图 6－21　知识内涵阶梯图

新一代数字知识中心的基本原理示意图如图 6－22 所示。

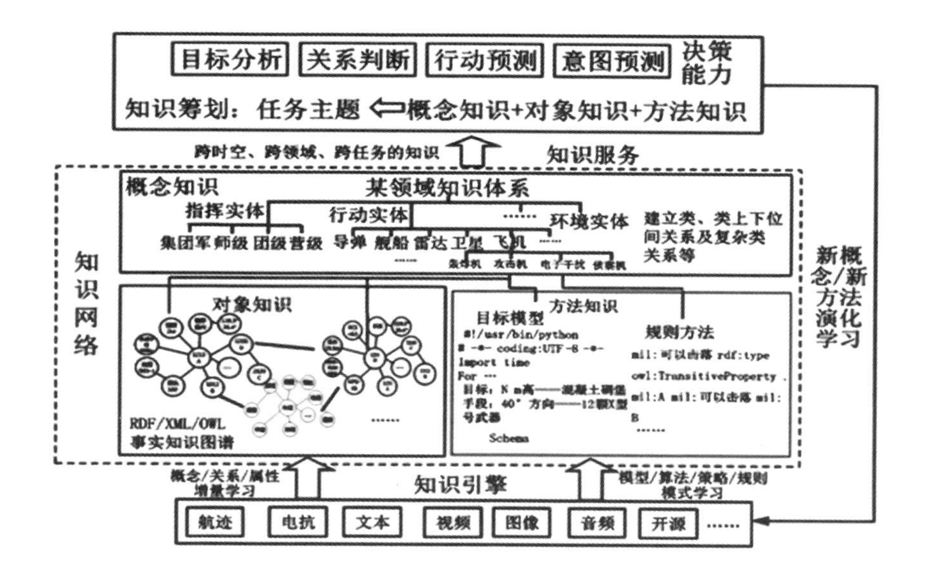

图 6－22　新一代数字知识中心的基本原理示意图

新一代数字知识中心的核心数据库结构如图 6－23 所示。

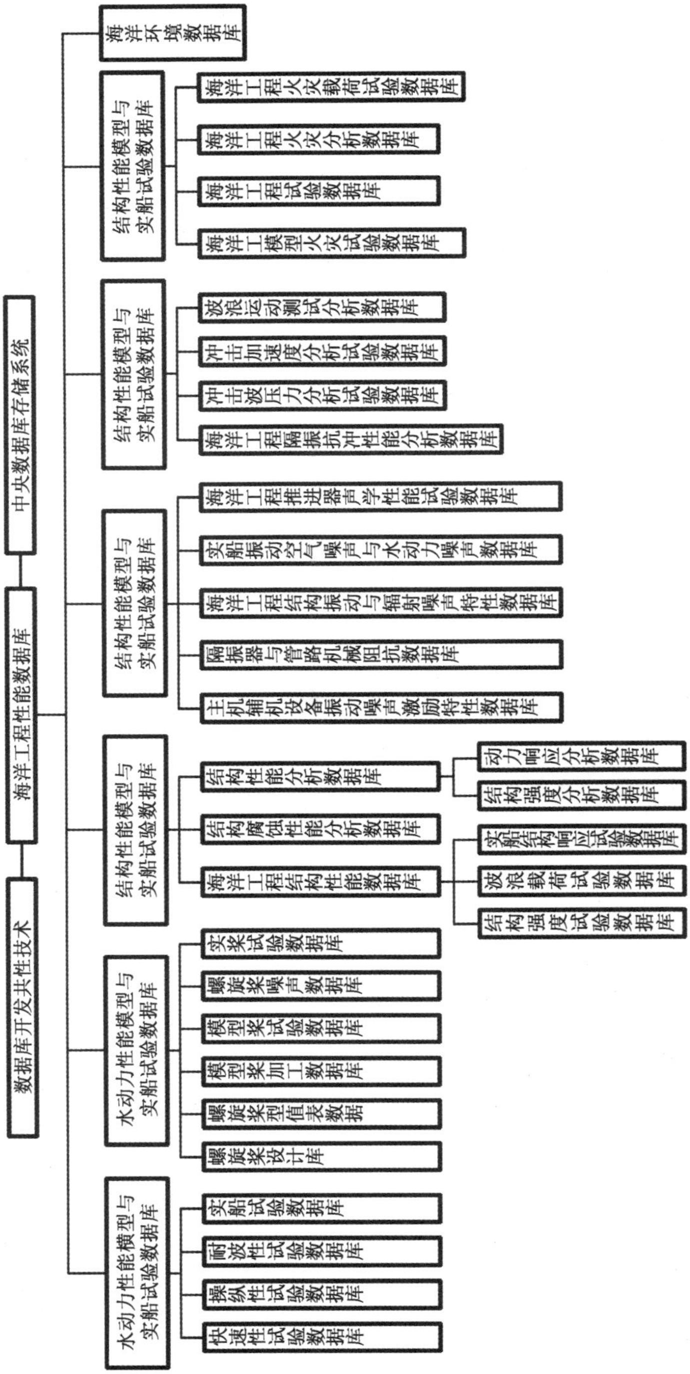

- 数据库开发共性技术
- 海洋工程性能数据库
  - 水动力性能模型与实船试验数据库
    - 快速性试验数据库
    - 操纵性试验数据库
    - 耐波性试验数据库
    - 实船试验数据库
  - 水动力性能模型与实船试验数据库
    - 螺旋桨设计库
    - 螺旋桨型值表数据
    - 模型桨加工数据库
    - 模型桨试验数据库
    - 螺旋桨噪声数据库
    - 实桨试验数据库
  - 结构性能模型与实船试验数据库
    - 海洋工程结构性能数据库
      - 结构强度试验数据库
      - 波浪载荷试验数据库
      - 实船结构响应试验数据库
    - 结构腐蚀性能分析数据库
    - 结构性能分析数据库
      - 结构强度分析数据库
      - 动力响应分析数据库
  - 结构性能模型与实船试验数据库
    - 主机辅机设备振动噪声激励特性数据库
    - 隔振器与管路机械阻抗数据库
    - 海洋工程结构振动与辐射噪声特性数据库
    - 实船振动空气噪声与水动力噪声数据库
    - 海洋工程推进器声学性能试验数据库
  - 结构性能模型与实船试验数据库
    - 海洋工程隔振抗冲性能分析数据库
    - 冲击波压力分析试验数据库
    - 冲击加速度分析试验数据库
    - 波浪运动测试分析数据库
  - 结构性能模型与实船试验数据库
    - 海洋工模型火灾试验数据库
    - 海洋工程试验数据库
    - 海洋工程火灾分析数据库
    - 海洋工程火灾载荷试验数据库
  - 海洋环境数据库
- 中央数据库存储系统

图 6-23　核心数据库结构

⑧知识与数据作业流程示意图如图6－24所示。

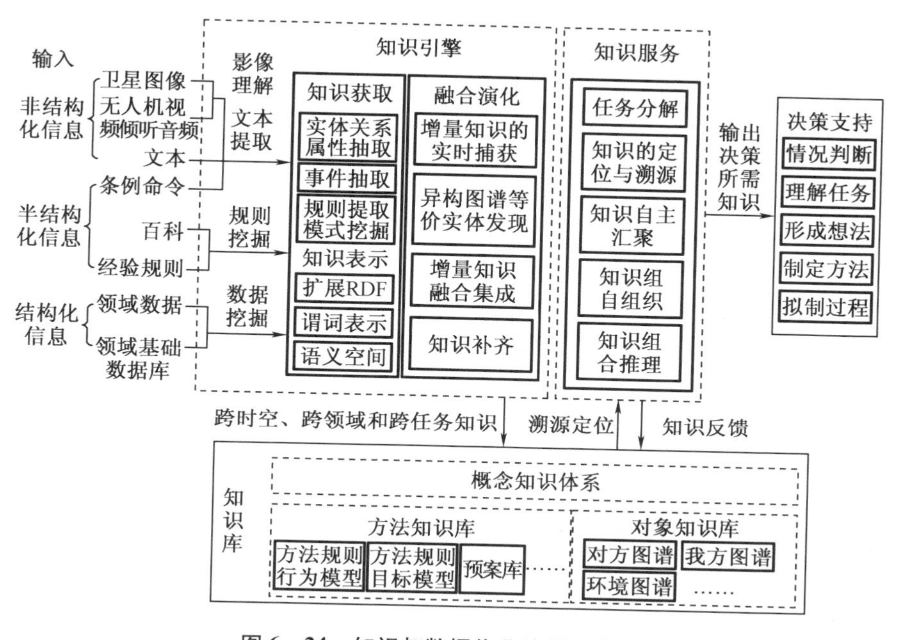

图6－24　知识与数据作业流程示意图

人无大脑，行动必迷失方向，企业没有大脑也是不可想象的。因此，建设企业大脑是每一个企业必须要做的最紧迫的事情。对于实施新兴养殖产业企业，尤其是大型企业更是应该早日建设完善。

6.4　前沿综合保障基地

从20世纪70年代中期起，人类开始进入以信息化、智能化为特征的新技术革命时期，军事技术领先民用技术的历史被终结，军事技术和民用技术互相促进，互补发展。

6.4.1　海洋前沿监测、监控中心民航与军机导航中心

2016年，国家海洋局（现自然资源部）决定开展海洋经济创新发展示范工作，这必将推动海洋生物、海洋高端装备、海水淡化等重点产业创新和集聚发展。

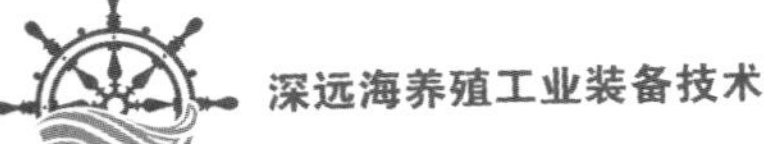

海洋高端装备领域重点在海洋观测/监测/探测装备、海洋工程配套装备、海水养殖和海洋生物资源利用装备3个方向,以推动海洋高端装备产业化水平进一步提升,这是我国海洋经济发展的重要保障。

此外,我国领海广阔,海区海况复杂、气象变幻莫测,至今仍然有许多盲区的情况没能掌控,以至我国的民航军机导航还存在欠缺。

因此,重点建设我国深远海,空、天、海、陆多维度海洋监控网,充分利用我国北斗与5G技术优势,开展海洋探测传感器、船载海洋观测仪器等关键设备,以及海洋环境数据库、海上目标雷达回波数据等关键系统的开发和研制,实现海洋环境的精确、实时预报,海洋目标物状态的精确控制,是未来发展的主要方向。

空、天、海、陆多维度观测平台(图6-25)针对海洋观测/监测/探测装备方向,是重大系统集成工作平台,由水面系统平台、水下观察平台、岸基指挥决策平台、空间无人机、太空北斗与微卫星集群等子平台,以及综合数据融合与数据处理能力等技术的各个子系统组成。它具有如下功能。

(a)

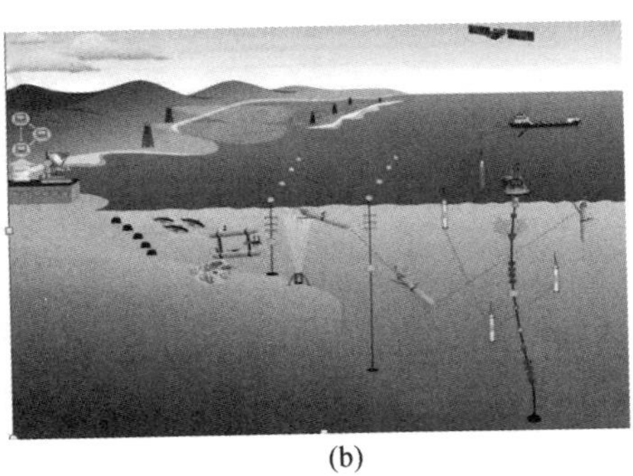

(b)

图6-25 空、天、海、陆多维度监控网络示意图

(1)海洋防灾减灾。

(2)安全航行导航。

(3)海洋环保监测。

(4)岛礁居民生活安全。

(5)养殖装备本体与作业过程安全监控。

(6)有害气象精确分析服务等。

深远海养殖装备的安全作业,迫切需要这样的监控系统服务。同时,其本身也是构建这一空、天、海、陆多维度监控网络系统的中继站、传输站和服务站。

6.4.2　海洋科考网络

发展海洋经济已经成了各个国家的国策，世界各国都在向海洋要资源与利益，纷纷开发海洋。我国具有广阔的海洋，但是海洋资源的利用与开发相对落后于发达国家，最主要的是我们对海洋资源的了解还不清楚、全面，以至影响开发海洋，特别是深远海的全面、深化、长远的开发规划。

要了解海洋，就必须进行大规模的海洋科学考察工作，我国也建造了多艘海洋科学考察船，但是这相比于我国辽阔的海域几乎是寥寥无几，海洋领域很多关键问题都与神秘的深海关系密切，需要较快地掌握我国海域的详情。主要问题如下。

(1)海洋与气候问题。海洋中微弱的热量变化就会导致全球气候的剧烈变化，但是对于全球海洋热量的传递和平衡问题我们却知之甚少。其中一个关键问题就是目前我们只对表层海洋的热量变化有所了解，而对深层海洋的热量变化了解非常少，缺少观测数据，对于热量的传递速率和不同深度海水温度的变动速率缺乏了解，而这些问题直接影响到我们对海洋与气候相互关系的了解。这些问题不解决也就不可能从根本上解决全球气候变化的问题。

(2)海洋碳循环问题。海洋作为最大的碳库，能够吸收多少碳，以及海洋碳通量、碳的生物地球化学循环、海洋碳泵与全球气候变化和海洋食物网变动之间的关系等，在这些方面我们对深层海洋中的情况缺乏了解。对深海知识的缺乏使我们难以从根本上对海洋碳循环问题有一个深入的了解。

(3)海洋酸化问题。海洋在吸收二氧化碳的同时，自身也发生了变化，海水pH值的改变就是一个非常重要的现象。我们需要了解海洋在多大深度上受到海洋酸化的影响，海水pH值的变化在多大程度上会对海洋生物产生影响。海洋的容量很大，从表层海水到深层海水，海洋酸化的梯度和速率变化是我们需要研究的重要方向。

(4)海洋溶解氧问题。海水中溶解氧的减少对海洋生态系统造成很大的影响，而深层海水中的溶解氧来自表层海水。深海中溶解氧的数量变动、氧从表层海水向深层海水的传递及其与海洋环境变动的关系也是我们所不清楚的。而海水溶解氧的变动是海洋生态系统变动的最重要的驱动因子之一，与海洋生物多样性、海洋生态系统变动和未来海洋预测等关系密切。

(5)深层海洋中的生物多样性、深海食物网的现状、变动规律、与全球气候变化和人类活动之间的关系，特别是与海底采矿和其他深海活动之间的关系等是亟待解决的问题。对一些海底潜在矿区的生物本底调查是深海生物，特别是海底生物研究的一个重要驱动因素，这方面的研究对于未来海底矿物资源开发利用的环境评估是十分重要的。

（6）深海研究中的深度问题。对深海概念的不同会导致研究战略的不同。200 m水深以下的海洋资料相对很少，也就是说应该加强对200 m以深的区域的观测。有很多人主张将深海的深度定在1 000 m，理由是1 000 m深度以下海水温度相对稳定，海水流动减弱，认为超过1 000 m才是真正的深海。从海洋研究的角度，在很多情况下我们需要对全水层进行观测，而且各个学科针对不同的科学问题对海洋观测深度的要求是不一样的。海洋研究中最大的挑战在深海，深海中的很多问题属于国际前沿问题。没有对深海的了解，我们就不可能对海洋的问题有一个确切的了解。海洋中大部分未知的事情都发生在深海，很多战略性资源也存在于深海，对深海的探索与研究更多地体现在未来战略层面上，或者说是为我们子孙后代造福。深海研究涉及一个国家疆域的拓展、战略性资源的探索、海洋技术发展和地球科学的发展，是科学与技术有机结合、海洋多学科交叉研究和海洋多圈层研究的理想领域。深海研究也是一个国家科技水平和综合国力的体现，所以未来海洋领域的竞争在很大程度上将体现在深海的探索与研究上。

因此充分利用我国的海洋装备资源，附加以科学考察的任务，将能够辅助海洋资源及环境的普查。目前，我国的养殖装备已经从近海走向了深远海，而且养殖装备如深水网箱、养殖工船将会越来越多地遍布我国各个海域，这不仅是养殖网络，这些装备具有充分的空间、电力、维护等能力，完全可附带科学考察仪器设备，由此可以组成一个科学考察的网络，为普查我国海域的资源提供服务。

200 ~ 2 000 m海山地貌与生物如图6 - 26所示，深海热液与冷泉探测如图6 - 27所示。

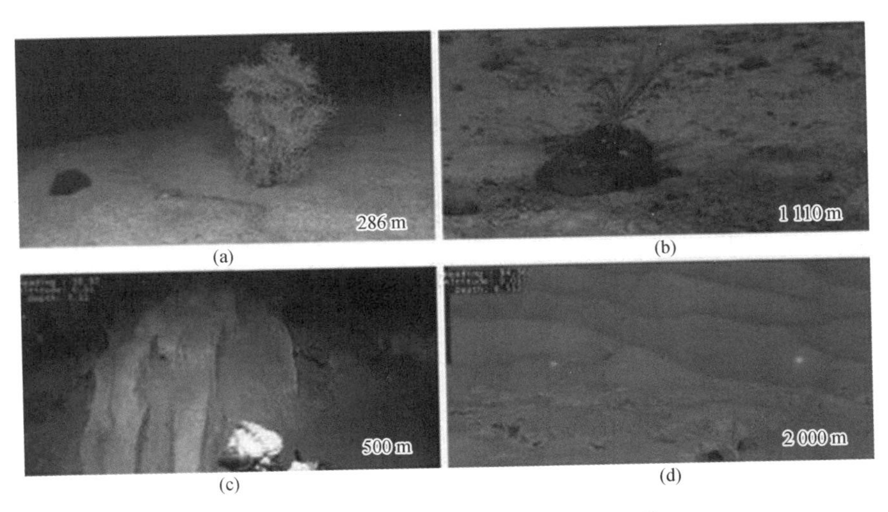

图6 - 26　200 ~ 2 000 m海山地貌与生物

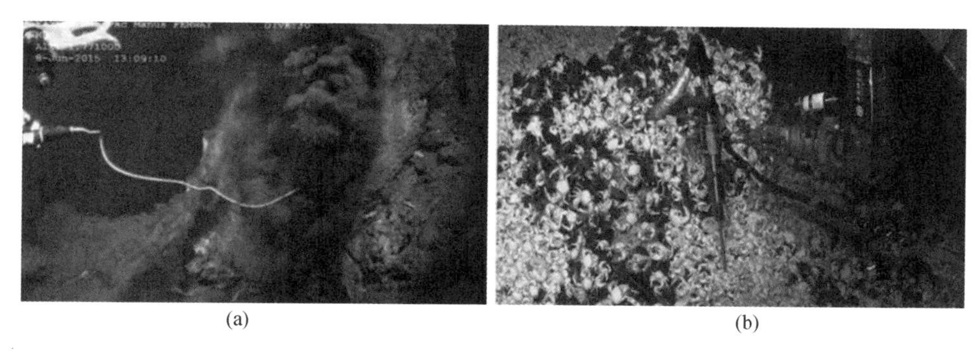

(a)　　(b)

图 6－27　深海热液与冷泉探测

结　束　语

自“十二五”以来，我国随着国家生态文明建设的推进及传统养殖方式弊端的凸显，深远海养殖模式重新受到行业关注，并逐步形成政府和地方共举及产、学、研联动的发展格局。我国大型深远海养殖设施的研发和应用成效显著，渔业科研院所联合相关船企深入研究我国深远海养殖设施的需求和性能，取得了多项核心技术。由中国水产科学研究院渔业机械仪器研究所负责设计、日照市万泽丰渔业有限公司负责建造的我国首艘3 000吨级冷水团养殖科研示范工船“鲁岚渔养61699”号，已前往黄海冷水团开展养殖试生产；大型深远海围栏式养殖设施投入生产，已养水体达6万 m^3，可养殖大黄鱼60万尾，且比近海养殖的价格提高3~5倍，饲料投喂量减少40%~60%，取得显著的经济效益和生态效益；超大型13万吨级养殖工船设计审查已经通过、建造招标工作已经完成并正式启动建造，2022年，世界上最大的养殖工船已面世并投入运营。目前国内科研院所正与渔业养殖、海洋工程、水产品加工和金融投资等企业整合优势资源和快速协同发展，深远海养殖业的产业链在不断完善。

但是我国的深远海养殖产业发展还存在许多不足，具体如下。

1. 产业发展准备不足

深远海养殖业是全新的产业，是当前推进渔业转型升级和培育经济新增长点的创新领域。我国渔业正从传统生产方式向现代化、工业化生产方式转变，缺乏标准化生产、系统化管理、现代化装备和市场化金融等要素，存在产品品质、资源消耗、环境破坏和价格趋同等问题，产业扶持和指导、前瞻性和基础性研发、公共服务，以及补贴、贸易和保险等综合保障不足，阻碍深远海养殖项目的立项、融资和运营。这些问题都有待我们完善与发展。

2. 养殖设施建设不足

养殖设施是深远海养殖业规模化发展的基础。我国深远海养殖设施建设已取得较大进展，但机械化、智能化、信息化和工程化水平仍较低，深水网箱在遭受超强台风正面袭击时的保障能力差，生产方式仍传统和粗放，操作和管理仍依靠人力和经验，尤其精准投喂、水下观测和起捕作业等配套设施建设未取得突破。

大型养殖工船虽已形成总体设计方案,并开始建造,但关键系统、环节和装备的研发仍须进一步深入细化和完善,且目前国内外可借鉴的工程案例较少,需要我们自己创新开拓。

3. 养殖生产技术不足

养殖装备的关键是通过装备能够把鱼养活、养大、养好的品种、养好品质,因此其工业化的养殖工艺、操作规范和品质管理等技术体系对于深远海养殖业的高效发展至关重要。

目前,适宜深远海养殖环境条件的养殖品种不足,如具有高价值的大西洋鲑、苏眉鱼和金枪鱼等;养殖品种的生长、投喂和水质控制等集约、精准和高效的养殖模型不足,与之配套的物流、加工、品种管控和质量保障等技术体系仍不完善;养殖饲料的配比和加工等生产技术不足,仍未形成满足规模化和集约化养殖需求的配合饲料生产体系。这些问题也制约着我国深远海养殖产业的发展,我国必须在这些关键技术上有所突破进取。

除上述表述外还需解决的问题有:传统养殖业转型升级困难,阻碍了新型养殖产业的发展;新型养殖品种的价格受到陆基动物养殖业的威胁;深远海养殖业的产业政策的不完善制约发展等。

水产品是人类食物的重要组成部分,其丰富的蛋白质和微量元素有益于人类健康。世界水产品的供应量持续增加,食用鱼品的人均消费量从 1961 年的 9.0 kg 上升到 2017 年的 20.5 kg,人类对水产品的需求巨大。联合国《2030 年可持续发展议程》提出,满足人类对食用水产品不断增长的需求是紧迫的任务,也是艰巨的挑战,并提出基于可持续捕捞和养殖的“蓝色增长倡议”。今后将严格禁止野生动物的食用,肉制品价格攀升,致使鱼类产品的需求更加旺盛,深远海养殖业日益成为保障水产品供给的重要战略性发展方向。

渔业的可持续发展正向“以养为主”转变。2014 年世界水产养殖产量首次超过捕捞产量,成为渔业生产的主体。我国是水产养殖大国,长期以来,以鱼、虾、蟹类池塘养殖,以及贝、藻类海水养殖为主要方式,养殖产量超过世界总产量的 60%。但我国水产养殖方式粗放,养殖过程大量占用自然资源和破坏生态环境,养殖病害频发,近海养殖也走到了尽头,因此,推进水产品供给侧结构性改革迫在眉睫。发展深远海养殖业有利于拓展养殖空间和推进绿色养殖,形成集养殖、捕捞、加工和流通于一体的综合生产体系,可显著提升渔业规模化和工业化水平,并有效维持海洋再生产能力,是我国发展现代渔业“调结构、转方式、升层次”的必然途径。

海洋渔业是海洋经济的重要组成部分,深远海养殖业以其可持续的生产模式将成为渔业经济增长的新支柱。为此,我国必须加快建设大型深远海养殖平台和构建覆盖全产业链的新型养殖生产模式,以提高我国渔业的国际竞争力,促进我国海洋经济发展。此外,基于遍布全球海洋的大型深远海养殖平台,可构建海洋信息网络,服务于海洋强国建设。

深远海渔业产业经济规模有一个从小到大、逐步适应、不断成熟的进程,发展过程需要扶持。目前中国深远海渔业还处于雏形发展阶段,其终端产品优质鱼产品的市场价值还需与传统养殖方式进行竞争,新生产业需要在与传统产业竞争替代的过程中逐步成长,逐渐成熟。在此过程中,经济可行的技术实现方式、投资规模和生产品种是现实的选择,产业政策的引导和扶持必不可少。可以看到,目前一些竞争劣势只是阶段性的,当传统养殖方式的环境排放和水资源占用成为必须负担的生产成本,当物联网技术将深远海养殖产品的品质与安全价值体现在产品品牌上,当规模化、标准化的深远海养殖产品获得市场定价权的时候,深远海渔业将快速发展壮大。

当前,我国正在加大政府的政策引导,在财政、金融、资本、税收和行政审批等方面出台鼓励和扶持政策,如设立中央财政专项资金、创新金融产品、促进形成多元化投资格局、给予税收优惠或减免及简化行政审批流程等。通过示范带动和政策引导,加快深远海养殖业发展;国信中船等有识企业也在加大投资力度,建造超大型10万吨级的养殖工船。由此,我国的养殖产业必然会迎来灿烂的前景。值此之际,本书面世,也算是为了迎接这光明前景的来临。

本书主要是中国水产科学研究院渔业机械仪器研究所的一些成果积累与当前的深远海超大型10万吨级养殖工船设计与建造中的工作感受。同时,也采纳了国内外一些成果,在此表示真诚谢意;但也可能有遗漏,请接受我们深深的歉意。

本书得到了众多学者的帮助,他们是任慧龙教授、冯国庆教授、汪洋博士后、傅强博士、郭宇博士、刘大辉博士、林一博士等,他们提供了宝贵意见与资料,在此对他们表示衷心的感谢!

参考文献

[1]联合国粮食及农业组织. 2016 世界渔业和水产养殖状况[R/OL]. (2016 - 07 - 15)[2021 - 03 - 22]. http://www. doc88. com/p - 4724548855396. html.

[2]联合国粮食及农业组织. 2018 世界渔业和水产养殖状况[R/OL]. (2019 - 06 - 21)[2021 - 03 - 22]. http://www. doc88. com/p - 2099994505038. html.

[3]徐皓. 水产养殖设施与深水养殖平台工程发展战略[J]. 中国工程科学,2016,18(3):37 - 42.

[4]徐皓,江涛. 我国离岸养殖工程发展策略[J]. 渔业现代化,2012,39(4):1 - 7.

[5]徐皓,谌志新,蔡计强,等. 我国深远海养殖工程装备发展研究[J]. 渔业现代化,2016,43(3):1 - 6.

[6]黄一心,徐皓,丁建乐. 我国离岸水产养殖设施装备发展研究[J]. 渔业现代化,2016,43(2):76 - 81.

[7]郑建丽,刘晃. 极地渔业和船舶技术现状[J]. 中国船检,2019(2):77 - 80.

[8]王庆丰,焦经纬,徐刚,等. FSRU 船舶运动与液舱晃荡的耦合分析[J]. 江苏科技大学学报(自然科学版),2017(5):684 - 688.

[9]吴思莹. LNG - FSRU 船舶在波浪中的运动与液舱内流体晃荡的耦合数值分析[D]. 镇江:江苏科技大学,2016.

[10]许洪露,杨永春. 养殖工船液舱晃荡的制荡措施研究[J]. 中国水运,2017(3):7 - 10.

[11]郭宇. 海洋结构物阴极保护数值仿真与优化[D]. 哈尔滨:哈尔滨工程大学,2013.

[12]胡保友,杨新华. 国内外深海养殖网箱现状及发展趋势[J]. 硅谷,2008(10):28 - 29.

[13]李玉成,宋芳,张怀慧,等. 拟碟形网箱水动力特性的研究[J]. 中国海洋平台,2004,19(1):1 - 7.

[14]郑艳娜,董国海,桂福坤,等. 圆形重力式网箱浮架结构在波浪作用下的运动响应[J]. 工程力学,2006(A1):222 - 228.

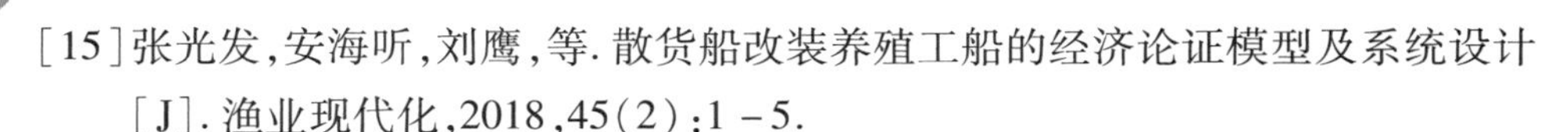

[15]张光发,安海听,刘鹰,等. 散货船改装养殖工船的经济论证模型及系统设计[J]. 渔业现代化,2018,45(2):1 - 5.

[16]周超. 首届中欧蓝色产业合作论坛成功举办[N]. 中国海洋报,2017 - 12 - 08(50).

[17]卢昆,吴文佳. 挪威海水养殖业高效发展的主要措施及经验启示[J]. 世界农业,2016(9):190 - 193.

[18]祁江涛,顾民. LNG 船液舱晃荡的数值模拟[J]. 中国造船,2007(B11):541 - 549.

[19]徐琰斐,刘晃. 深蓝渔业发展策略研究[J]. 渔业现代化,2019,46(3):1 - 6.

[20]中国船级社. 海上渔业养殖设施检验指南[S/OL]. (2019 - 07 - 04)[2021 - 10 - 08]. https://www.docin.com/p - 2226122535.html.

[21]崔铭超,金娇辉,黄温赟. 养殖工船系统构建与总体技术探讨[J]. 渔业现代化,2019,46(2):61 - 66.

[22]CELIKKOL B. LANGAN R. Open - ocean aquaculture engineering[J]. Sea Technology,2007,48(8):23 - 28.

[23]盛振邦,刘应中. 船舶原理[M]. 上海:上海交通大学出版社,2003.

[24]张亮,李云波. 流体力学[M]. 哈尔滨:哈尔滨工程大学出版社,2008.

[25]吴乘胜,赵峰,张志荣,等. 基于 CFD 模拟的水面船功率性能预报研究[J]. 中国造船,2013,54(1):1 - 11.

[26]陈骞,查晶晶,刘刚. 基于 CFD 的船舶总阻力数值模拟[J]. 船海工程,2019,48(2):170 - 173.

[27]戈亮,顾民,吴乘胜,等. 水面船自航因子 CFD 预报研究[J]. 船舶力学,2012,16(7):767 - 773.

[28]倪崇本,朱仁传,缪国平,等. 一种基于 CFD 的船舶总阻力预报方法[J]. 水动力学研究与进展 A 辑,2010,25(5):579 - 586.

[29]黄少锋,张志荣,赵峰,等. 带自由面肥大船粘性绕流场的数值模拟[J]. 船舶力学,2008(1):46 - 53.

[30]曲宁宁. 基于黏流阻力黏流阻力数值计算的肥大型船尾部线型优化方法研究[D]. 上海:上海船舶及海洋工程研究院,2011.

[31]邓锐,黄德波,周广利,等. 影响船舶阻力计算的部分 CFD 因素探讨[J]. 船舶力学,2013,17(6):616 - 624.

[32]王诗洋,王超,常欣,等. CFD 技术在船舶阻力性能预报中的应用[J]. 武汉理工大学学报,2010,32(21):77 - 80.

[33]船联网时代即将来临[J]. 珠江水运,2013(16):72.

[34]李国栋,陈军,汤涛林,等. 渔业船联网应用场景及需求分析研究[J]. 渔业现代化,2018,45(3):41-48.

[35]农业农村部渔业渔政管理局,全国水产技术推广总站,中国水产学会. 2018中国渔业统计年鉴[M]. 北京:中国农业出版社,2018.

[36]田杨,姜画宇. 渔船管理中存在的问题及其解决途径[J]. 科技创新导报,2017(27):160-161.

[37]大鱼. "区块链+物联网"是个什么样子?[J]. 金卡工程,2016(11):26-27.

[38]李国栋,陈军,汤涛林,等. 渔业船联网关键技术发展现状和趋势研究[J]. 渔业现代化,2018,45(4):49-58.

[39]覃闻铭,王晓峰. 船联网组网技术综述[J]. 中国航海,2015,38(2):1-4.

[40]汪常娥. 5G 通信与 massiveMIMO 天线技术研究[J]. 无线互联科技,2018,15(7):3-4.

[41]杨冬梅,杜凯,唐舟进. 卫星通信与 5G 的融合[J]. 卫星应用,2018(5):64-68.

[42]汪春霆,翟立君,卢宁宁,等. 卫星通信与 5G 融合关键技术与应用[J]. 国际太空,2018(6):11-16.

[43]王靖,焦尔,张彬,等. 远海钢质养殖平台锚泊模型试验研究[J]. 渔业现代化,2018,45(3):28-33.

[44]王绍敏,刘海阳,郭根喜,等. 基于动特性分析法的海上养殖平台多点系泊系统设计[J]. 农业工程学报,2017,33(5):217-223.

[45]刘杨,桂满海,邹康. 准动态分析法在工程船舶锚泊定位系统设计中的应用研究[J]. 船舶与海洋工程,2015,31(3):7-12,27.

[46]王翔,孙克俐,王东凯. 开敞式码头船舶系缆力数值分析[J]. 港工技术,2012,49(4):16-18.

[47]邱崚,唐军. 300000DWT 浮船坞的锚泊系统设计[J]. 船舶设计通讯,2010(S1):75-90.

[48]盛庆武. 工程船船体湿表面网格 NAPA 软件自动生成技术[J]. 船舶,2010,21(6):53-57.

[49]张晨晨. 沉船打捞软件框架平台搭建及计算原理研究[D]. 大连:大连海事大学,2015.

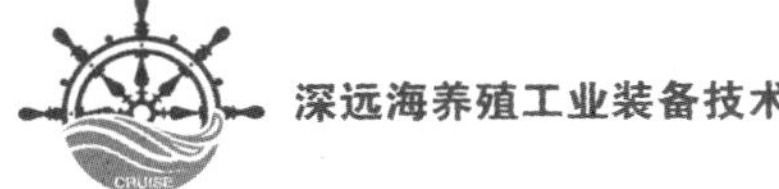

[50]刘健,钱晨荣,黄洪亮,等.国内外吸鱼泵研究进展[J].渔业现代化,2013,40(1):57-62.

[51]楚树坡,谌志新,谭永明,等.基于Solidworks的双流道吸鱼泵三维实体造型研究[J].渔业现代化,2018,45(3):55-60.

[52]黄滨,关长涛,林德芳.网箱真空吸鱼泵试验中的技术问题研究[J].渔业现代化,2004(6):39-41.

[53]曹广斌,蒋树义,韩世成.真空双筒活鱼提升机的设计与试验[J].大连水产学院学报,2004,19(3):194-198.

[54]赵希坤,韩帧锷.鱼类克服流速能力的试验[J].水产学报,1980,4(1):31-37.

[55]郑金秀,韩德举,胡望斌,等.与鱼道设计相关的鱼类游泳行为研究[J].水生态学杂质,2010,3(5):104-110.

[56]达道安.真空设计手册[M].北京:国防工业出版社,2004.

[57]刘家富.大黄鱼养殖与生物学[M].厦门:厦门大学出版社,2013.

[58]徐中伟.鱼类前处理设备的发展方向和前景[J].渔业信息与战略,22(12):32-34.

[59]王昱,李海燕,范杰英,等.低温贮藏保鲜技术的发展概况[J].安徽农学通报(下半月刊),2009,15(16):227-230.

[60]杨华,刘丽君,张慧恩.大黄鱼加工和综合利用现状及展望[J].科学养鱼,2014(4):75-77.

[61]陶文斌,吴燕燕,李来好.养殖大黄鱼保鲜、加工技术现状[J].食品工业科技,2018,39(11):339-343.

[62]刘剑侠,李婷婷,李学鹏,等.水产鱼类保鲜技术研究进展[C]//哈尔滨:中国食品科学技术学会第九届年会,2012.

[63]马妍,谢晶,周然.海水鱼类保鲜技术的研究进展[J].山西农业科学,2011(6):624-628.

[64]励建荣.生鲜食品保鲜技术研究进展[J].中国食品学报,2010,10(3):1-12.

[65]吕飞,陈灵君,丁玉庭.鱼类保活及运输方法的研究进展[J].食品研究与开发,2012(10):225-228.

[66]张晓林,王秋荣,刘贤德.鱼类保活运输技术研究现状及展望[J].渔业现代化,2017,44(1):40-44.

[67]马继安,姜慧英. 鱼类和水产品保鲜保活技术的进展[J]. 渔业信息与战略,2000,15(9):12-14.

[68]刘家富,韩坤煌. 我国大黄鱼产业的发展现状与对策[J]. 福建水产,2011,33(5):4-8.

[69]仇宝春. 渔船用海水流化冰制冰机控制系统研发[D]. 舟山:浙江海洋大学,2017.

[70]王志杰,郗艳娟. 速冻水产品的工艺装备及发展前景[J]. 河北渔业,2003(3):42-43.

[71]刘平. 基于 ANSYSCFX 的吸鱼泵的内部流场分析[J]. 流体机械,2014,42(11):43-46.

[72]刘健,钱晨荣,黄洪亮,等. 国内外吸鱼泵研究进展[J]. 渔业现代化,2013,40(1):57-62.

[73]叶燮明,徐君卓. 国内外吸鱼泵研制现状[J]. 现代渔业信息,2005,20(9):7-8.

[74]叶燮明,徐君卓,陈海鸣,等. 网箱吸鱼泵的研制和试验[J]. 渔业现代化,2003(3):25-26.

[75]赵思琪,丁为民,赵三琴,等. 基于 EDEM-Fluent 的气动式鱼塘投饲机性能优化[J]. 农业机械学报,2019,50(9):130-139.

[76]祝先胜. 气力输送管内气固两相流动的数值模拟[D]. 上海:华东理工大学,2015.

[77]胡昱,黄小华,陶启友,等. 基于 CFD-EDM 的自动投饵饲料颗粒气力输送数值模拟[J]. 南方水产科学,2019,15(3):113-119.

[78]TURMELLE C A,SWIFT M R,CELIKKOL B,et al. Design of a20-ton capacity finfish aquaculture feeding buoy[C]. 2006 OceansMTS,Boston,2006:1-6.

[79]TURIDSYNNØVE A,MAIKE O,METTE S. Analysis of pellet degradation of extruded high energy fish feeds with different physical qualities in a pneumatic feeding system[J]. Aquacult Engin,2011,44(1):25-34.

[80]陆永光,胡志超,林德志,等. 基于 CFD—DEM 花生荚果管道输送过程数值模拟[J]. 中国农机化学报,2016,37(6):104-109.

[81]杜俊,胡国明,方自强,等. 弯管稀相气力输送 CFD-DEM 法数值模拟[J]. 国防科技大学学报,2014(4):134-139.

[82]胡国明. 颗粒系统的离散元素法分析仿真[M]. 武汉:武汉理工大学出版

社,2010.

[83]胡金成,杨永海,张树森,等.循环水养殖系统水处理设备的应用技术研究[J].渔业现代化,2006(3):15－16,18.

[84]朱建新,曲克明,杜守恩,等.海水鱼类工厂化养殖循环水处理系统研究现状与展望[J].科学养鱼,2009(5):3－4.

[85]胡玉.PCL－SND系统处理循环水养殖水体的初步研究[D].上海:上海海洋大学,2015.

[86]刘文畅,罗国芝,谭洪新,等.生物絮凝反应器对中试循环水养殖系统中污水的处理效果[J].农业工程学报,2016,32(8):184－191.

[87]丁茂昌,蒲南书,陈建邦,等.养殖池排污水循环处理技术的研究[J].渔业现代化,2005(4):17－19,21.

[88]罗国芝,曹宝鑫,陈晓庆,等.循环水养殖系统中几种常用的固定膜式生物过滤器[J].渔业现代化,2018,45(1):5－11.

[89]徐皓,陈家勇,方辉,等.中国海洋渔业转型与深蓝渔业战略性新兴产业[J].渔业现代化,2020,47(3):1－9.

[90]滕斌,郝春玲,郑艳娜.波流作用下深水网箱水动力响应数值模拟的初析[C]//第一届海洋生物高技术论坛.第一届海洋生物高技术论坛论文集.北京:国家“863”计划资源环境技术领域办公室,2003:387－392.

[91]桂福坤,李玉成,张怀慧.网衣受力试验的模型相似条件[J].中国海洋平台,2002(5):22－25.

[92]桂福坤,王炜霞,张怀慧.网箱工程发展现状及展望[J].大连海洋大学学报,2002,17(1):70－78.

[93]中华人民共和国交通运输部.海港水文规范:JTS 145—2—2013[S].北京:人民交通出版社,2013.

[94]李玉成,滕斌.波浪对海上建筑物的作用[M].2版.北京:海洋出版社,2002.

[95]李玉成,宋芳,董国海,等.碟形网箱水动力特性的研究[J].中国海洋平台,2004(1):1－7.

[96]杨兴丽,周晓林,唐启斌.微生态制剂在水产养殖中的应用[J].河南水产,2006(10S):139.

[97]刘鹰,王玲玲,李忠全.工厂化养鱼的pH控制及脱氮系统设计[J].渔业现代化,2001(3):10－11,35.

[98]王武,颜鸿利.中华绒螯蟹温室育苗的水处理[J].水产学报,1999,23(4):6.

[99]臧维玲,蔡云龙,戴习林,等.罗氏沼虾育苗循环水处理技术与模式[J].水产学报,2004,28(5):529-534.

[100]国家卫生健康委员会.新型冠状病毒肺炎诊疗方案(试行第七版)[EB/OL].(2020-03-03)[2022-10-25].https://news.sina.com.cn/c/2020-03-04/doc-iimxxstf6272714.shtml.

[101]高鑫,谢大明.如何预防病毒通过邮轮HAVC系统传播[J].中国船检,2020(3):79-81.

[102]张贤勇,阚安康,王以淳,等.新冠疫情下船舶中央空调系统运行管理措施探讨[J].航海,2020(7):57-60.

[103]彭碧波,焦艳波,郭燕妮.四艘公主号邮轮新型冠状病毒肺炎疫情初探[J].中华灾害救援医学,2020,8(6):326-329.

[104]刘雷达,胡荣华."钻石公主"轮在船隔离措施的思考[J].中国船检,2020(2):24-26.

[105]中华人民共和国海事局.船舶船员新冠肺炎疫情防控操作指南(V3.0)[EB/OL].(2020-06-18)[2022-11-10].https://www.doc88.com/p-46516916212723.html?r=1.

[106]湖北省住房和城乡建设厅.方舱医院设计和改建的有关技术要求[EB/OL].(2020-02-10)[2022-11-12].https://max.book118.com/html/2020/0210/8141131053002075.shtm.

[107]中华人民共和国国家质量监督检验检疫总局,中国国家标准化管理委员会.医院负压隔离病房环境控制要求:GB/T 35428—2017[S/OL].(2021-04-27)[2022-11-20].https://www.doc88.com/p-80287132381691.html?r=1.